Zur Einführung.

Die „Technologie der Textilfasern" ist so angelegt, daß die ersten drei Bände die naturwissenschaftlichen und die gemeinsamen technologischen Grundlagen, die weiteren die einzelnen Fasern zum Gegenstande haben.

Der erste Band wird die naturwissenschaftlichen Grundlagen, vor allem Physik und Chemie der Textilfasern, behandeln.

Der zweite Band enthält die mechanische Technologie, das Spinnen, Weben, Wirken, Stricken, Klöppeln, Flechten, die Herstellung von Bändern, Posamenten, Samt, Teppichen, die Stickmaschinen. Hierbei sind beim „Spinnen" und „Weben" nur die wesentlichen Grundlagen übersichtlich dargestellt, während die Ausbildung der Maschinen und Verfahren für den Spezialisten in den späteren Bänden, bei den einzelnen Fasern, eingehend erörtert wird. Dagegen bringen die weiteren oben angeführten Kapitel ausführliche Beschreibungen, so daß nur bei wichtigen Sonderfällen in den späteren Bänden kurze Wiederholungen zu finden sein werden.

Der dritte Band gibt eine moderne Darstellung der Farbstoffe und ihrer Eigenschaften, während die Färberei und überhaupt die chemische Veredelung keine allgemeine zusammenfassende Darstellung erfahren, sondern bei jeder Faser speziell besprochen sind.

Mit dem vierten Bande beginnt die Darstellung der Einzelfasern. Dieser Baumwollband — und analog sind die den anderen Faserstoffen gewidmeten aufgebaut — enthält: Botanik, mechanische und chemische Veredelung, Wirtschaft und Handel.

Der fünfte Band behandelt Flachs, Hanf und Seilerfasern, Jute;

der sechste Seide;

der siebente Kunstseide;

der achte Wolle.

Ergänzungsbände sollen vorläufig ausgeschaltete Sondergebiete enthalten, sowie methodische und analytische Darstellungen aufnehmen.

Durch die gewählte Anordnung sollte insbesondere auch ermöglicht werden, daß, unter möglichster Vermeidung von Wiederholungen in größerem Umfange, der Einzelband oder Teilband, wenn auch ein organisches Glied des Ganzen, doch auch ein abgeschlossenes Einzelwerk darstellt. Dieser Gesichtspunkt erscheint wesentlich; denn bei der Vielseitigkeit der Materie waren nicht nur die Interessen der Textiltechniker und -industriellen, sondern auch die des Maschinenbauers, Chemikers und Physikochemikers, des Botanikers und Zoologen, sowie des Wirtschaftlers zu berücksichtigen und sind in der eingehenden, in vielen Fällen wenigstens in diesem Ausmaße oder in deutscher Sprache erstmaligen, Darstellung auch in vollem Umfange berücksichtigt worden.

Das eigenartige Zusammenströmen der Wissenschaften, ihre Vereinigung durch die Empirie in das gemeinsame Bett der Textilindustrie ist wohl als deren Charakteristikum erkannt, aber bisher nicht zu einem großen systematischen, allgemeingültigen Lehrgebäude aufgebaut worden. In diese Richtung vorwärts zu führen, systematisch durch bewußte wissenschaftliche Analyse die Empirie zu verdrängen, ist das letzte Ziel des umfangreichen Werkes, das durch die mühselige Arbeit und bereitwillige Einordnung der Mitarbeiter und durch die verständnis- und opfervolle Unterstützung des Verlages möglich wurde.

Es sei gestattet, an dieser Stelle den wärmsten Dank an alle Firmen und anderen privaten und öffentlichen Stellen auszusprechen, die die Herstellung des Werkes durch Überlassung, oft durch Anfertigung neuer Zeichnungen und Bilder, durch besondere Mitteilungen und in sonstiger Weise unterstützt haben!

Der Herausgeber.

TECHNOLOGIE DER TEXTILFASERN

HERAUSGEGEBEN VON

Dr. R. O. HERZOG

PROFESSOR, DIREKTOR DES KAISER-WILHELM-INSTITUTS FÜR FASERSTOFFCHEMIE
BERLIN-DAHLEM

IV. BAND, 1. TEIL

BOTANIK UND KULTUR DER BAUMWOLLE
VON L. WITTMACK MIT EINEM ABSCHNITT **CHEMIE DER
BAUMWOLLPFLANZE** VON ST. FRAENKEL

Springer-Verlag Berlin Heidelberg GmbH
1928

BOTANIK UND KULTUR DER BAUMWOLLE

VON

DR. PHIL. LUDWIG WITTMACK

GEH. REG.-RAT, O. PROFESSOR AN DER LANDWIRTSCHAFTLICHEN
HOCHSCHULE, O. HONORARPROFESSOR AN DER UNIVERSITÄT BERLIN
DR. AGR. H. C., DR. MED. VETER. H. C.

MIT EINEM ABSCHNITT

CHEMIE DER BAUMWOLLPFLANZE

VON

DR. PHIL. STEFAN FRAENKEL

MIT 92 TEXTABBILDUNGEN

Springer-Verlag Berlin Heidelberg GmbH
1928

COPYRIGHT 1928 BY Springer-Verlag Berlin Heidelberg
Ursprünglich erschienen bei JULIUS SPRINGER IN BERLIN 1928
Softcover reprint of the hardcover 1st edition 1928

ISBN 978-3-662-34391-3   ISBN 978-3-662-34662-4 (eBook)
DOI 10.1007/978-3-662-34662-4

Vorwort.

Das vorliegende Buch behandelt neben der Anatomie die systematische Seite der Baumwoll-Botanik, wobei im wesentlichen Sir George Watt gefolgt wird; ferner sind besonders auch die Upland-Sorten berücksichtigt worden. Soweit dies möglich war, ist auch auf die Züchtung und Vererbung eingegangen, und endlich sind die Schädlinge zusammengestellt worden. Den Schluß des Bandes bildet die chemische Beschreibung der Stoffe, die sich in den verschiedenen Teilen der Pflanze vorfinden und eine Rolle spielen, während die Chemie und die Eigenschaften der Zellulose nicht weiter behandelt worden sind. Der Gegenstand soll im ersten Bande dieses Handbuches eingehend dargestellt werden.

Es ist bei der ungeheuren Literatur über die Botanik und Kultur der Baumwolle nicht möglich, sie vollständig zu berücksichtigen[1]). Aber es ist der Versuch gemacht worden, das Wesentlichste zu bringen.

Für die Unterstützung nach dieser Richtung durch Angaben und für die Hilfe jeglicher Art möchte ich an dieser Stelle nochmals den öffentlichen und privaten Stellen verbindlichsten Dank aussprechen!

Das Manuskript ist im Januar 1925 abgeschlossen worden, die inzwischen erschienenen Veröffentlichungen konnten leider nur zum kleinen Teil berücksichtigt werden.

Berlin, November 1927.

L. Wittmack.

---

[1]) Z. B. zählt Weese in der 4. Auflage von Wiesner: „Rohstoffe des Pflanzenreichs", Bd. 1, 1927, S. 682, nicht weniger als 795 Nummern Literatur auf, wozu von Zeisel 54 Nummern chemischer Natur hinzugefügt werden. Von Herrn K. Braun in Stade wurden mir Auszüge über 1500 Abhandlungen auf diesem Gebiete zur Verfügung gestellt.

Druckfehlerberichtigung.

Seite 66, Zeile 7 von unten statt Burbon lies Burton und Note 1 statt Speko lies Speke.

„ 72, Note 4 statt Le Claire lies Le Caire.

„ 120, Zeile 9 von oben statt Devey lies Dewey.

„ 188, Abb. 42 statt anwachsende lies auswachsende.

„ 220, Mitte, bei Balls, statt von Lufträumen durchgezogen lies durchzogen.

„ 224, Zeile 7 von unten statt Bucking lies Buckling.

„ 267, Zeile 13 von unten statt Necomospora lies Neocosmospora.

„ 280, Zeile 19 von oben statt Stempel lies Stengel.

„ 281, vorletzte Zeile statt Agrie lies Agric.

„ 293, Note 1, Zeile 2 von unten statt surval lies survival.

„ 294, Note 1, hinter 1918 füge hinzu Department Bull. Nr. 1, 397, 1926.

„ 299, bei Baumwollfloh statt Kiepselkäfer lies Kapselkäfer.

„ 305, Zeile 7 von unten statt 320 lies 331.

„ 309, Note 4, Java ff. gehört zu Note 3.

„ 317, Note 1 statt 1052 und 1429 lies 1051 und 1924.

„ 318, Absatz 4 statt recersiven lies recessiven.

A. Allgemeiner Teil[1]).

I. Namen der Baumwolle.

Die Baumwolle gehört zu den wenigen Kulturpflanzen, die, wie der Weinstock, sowohl in der Alten wie in der Neuen Welt ihre Vertreter haben. Wie beim Weinstock sind aber in der Alten Welt andere Arten heimisch als in der Neuen; in der Alten Welt besonders Gossypium herbaceum, die krautartige Baumwolle, Gossypium obtusifolium, die stumpfblätterige Baumwolle, weniger Gossypium arboreum, die baumartige Baumwolle, und andere. In der Neuen Welt ist die Hauptart Gossypium hirsutum, die rauhhaarige, welche die so verbreitete Upland-Baumwolle liefert, ferner Gossypium barbadense, die berühmte langstapelige Sea Island, und Gossypium brasiliense, irrtümlich oft Gossypium peruvianum genannt, die sog. Nierenbaumwolle.

Was den Namen anbetrifft, so bedauert schon Ritter S. 304 (S. 8 des Sonderabdrucks), daß die deutsche Bezeichnung Baumwolle irreführend sei; denn einmal sei die Pflanze meistens kein Baum (O. Warburg nennt sie einen Baumstrauch), und zweitens seien die Samenhaare keine Wolle. Noch weit nachteiliger, sagt Ritter, sind aber die unbestimmten Benennungen der Griechen: ἔριον ἀπὸ ξύλου (Wolle von Bäumen) bei J. Pollux, und der Römer: lanigerae arbores, Wolle tragende Bäume, bei Plinius. — Fast alle germanischen Sprachen haben den Namen „Baumwolle" mit Abänderungen angenommen, so Boomwol oder gebräuchlicher katoen, holländisch; bohmwolle, bohmwila, lettisch; Bomuld, dänisch; Bomull, schwedisch; bavlna, tschechisch.

Das holländische Wort katoen (Kattun) führt uns hinüber zu dem arabischen el qutn (sprich kutn), oder qótn, kotn (sprich koton), kotan, kutn, gatn, nach Serapion, um 850 n. Ch., auch horon. Von koton leiten sich fast alle Namen der Baumwolle bei den West- und Südeuropäern ab. So coton, französisch, cotton, englisch, cottone, italienisch; aber auch kutnje, russisch. Aus dem mit dem arabischen Artikel el oder al versehenen koton ist im Spanischen algodon, im Portugiesischen algodão geworden. Parlatore[2]) nennt als arabische Namen noch oth, hadiae, odjas für Gossypium arboreum. Für Gossypium herbaceum gibt Parlatore noch folgende Vulgärnamen an: Cot der Soriani, Kethar der Kaldäer, Guazapemba der Perser. Tonfae der Siamesen, Cay Boung und Mien fu in Cochinchina, Aba und Abamabu in Amboina, Watta it, Watta no ki, Japan. Matthews führt an: Vavai auf Otaheiti für G. taitense; ferner für Baumwolle im allgemeinen: Indien:

---

[1]) Zusammenfassung der Literatur S. 21.
[2]) Parlatore, Le specie dei Cotoni. Firenze 1866.

Puccii, Yukatan und Altmexiko: Ychcaxihitvitl, Cochinchina: Cay Haung,
Siam: Tonfaa, Hindostan: Nurma, Mysore und Bombay: Deo Karpas und
Deo Kapas, Mongolei: Kohung. Endlich geben wir noch an: Bulgarisch:
Pamúk (aus dem Türkischen), rumänisch: Kutnie, ungarisch (nach Tschirch):
gyaput, finnisch: peruville, japanisch: mome. — Dr. Ernst Schilling
(Prof. Tobler), Die Faserstoffe des Pflanzenreichs, Leipzig, 1924, S. 127, gibt
noch folgende Namen: Kutnie, rumänisch; Bombakion, neugriechisch; Nurma,
hindostanisch; Kapas, malaiisch[1]); Tonfai, Siam; Hoa mien, China; Watta oki,
Watta ik, japanisch.

Die alten Hebräer hatten viele Namen für Baumwolle: buz, schesch,
pischtim usw.; aber es ist bei diesen Namen, wie bei denen der alten Völker
überhaupt, nicht sicher, ob es immer Baumwolle war. Luther übersetzt die
in der Bibel häufig vorkommenden Wörter buz, bus, bos, böz, boz, selbst
auch bad stets mit Leinen; Kautzsch[2]) dagegen mit Baumwolle. Luther
übersetzt z. B. die Stelle im Buch Esther 1, 6, die von der Ausschmückung
handelt, die bei dem Festmahl des Königs Ahasverus zu Susa im Hofe des
Gartens am Hause des Königs stattfand, folgendermaßen: „Da hingen weiße,
rote und gelbe Tücher mit leinenen und scharlachenen Seilen gefaßt in silbernen
Ringen auf Marmorsäulen." Kautzsch übersetzt dagegen wohl richtiger:
„Da gab es weißes Baumwollzeug (buz) und purpurblaues Tuch, eingefaßt
mit Schnüren aus Baumwollzeug und Purpur." — In Esther 8, 15 heißt es
nach Luther: „Mardachai war angetan mit einem Leinen- und Purpurmantel",
Kautzsch dagegen übersetzt: „mit einem Baumwoll- und Purpurmantel".

Oppel S. 13 sagt: „Daß die Baumwolle in Palästina einheimisch war,
beweist neben dem Zeugnis des Pausanias[3]) namentlich eine Stelle im Neuen
Testamente, 1. Korinther 4, 21, wo eine dem Stamme Juda angehörige Familie
erwähnt wird, die eine Baumwollmanufaktur betrieb, falls nicht der hier vorkommende Ausdruck „bûs" feine Leinwand bezeichnet." — An der angegebenen
Stelle findet sich aber gar nichts derartiges. Dem inzwischen im November
1924 verstorbenen Pfarrer an der Paulus-Kirche in Lichterfelde, Herrn D. Stock,
der, wie Herr Kaufmann Leo Weiß in Lankwitz, mich beim Übersetzen
der hebräischen Wörter sehr unterstützte, verdanke ich den Hinweis auf
1. Buch der Chronika 4, 21. Dort werden die Nachkommen Judas aufgeführt, und in der lutherischen Übersetzung heißt es: „Die Kinder aber
Sela’(s) des Sohnes Juda, waren: Er, der Vater Lecha, Laeda, der Vater
Maresa und die Freundschaft der Leineweber unter dem Hause Asbea."
Kautzsch dagegen übersetzt: „und die Geschlechter der Baumwoll-
arbeiter von Beth Asbea" (Beth heißt aber Haus). Wie ich nachträglich
gesehen, zitiert Grothe[4]) die Stelle richtig, sagt aber: „In der 1. Chronika 4, 21
wird unter den Nachkommen Judas eine Familie aufgeführt, welche eine Baum-
wollenfabrik besaß."

In der neuesten Bibelübersetzung, betitelt „Die Heilige Schrift", von
Prof. Dr. Hermann Menge in Goslar, Verlag der Privilegierten Württem-

---

[1]) Kápas oder gapas auch auf den Philippinen; der gebräuchlichste Name dortselbst
ist aber bulac. Merrill: Enumeration of Philippine Plants III, S. 43. 1923.

[2]) Kautzsch und Weizsäcker: Textbibel, 3. Aufl. Tübingen 1911.

[3]) Pausanias aus Magnesia in Kleinasien bereiste Griechenland, Kleinasien, Ägypten,
Italien und gab etwa 160—180 n. Chr. zehn wichtige Bücher darüber heraus, welche die
Hauptquelle für die Kunstgeschichte und die Ortsbeschreibung Griechenlands sind.

[4]) Grothe, Hermann: Geschichte der Baumwolle, Deutsche Vierteljahrsschrift 1864,
Heft 2. — Derselbe: Bilder und Studien zur Geschichte vom Spinnen und Weben,
2. Aufl. Berlin 1875.

bergischen Bibelanstalt in Stuttgart (1926), Esther 1, 6, heißt es: weiße und purpurblaue Vorhänge von Baumwolle waren mit Schnüren von Byssus und rotem Purpur an silbernen Ringen an Marmorsäulen aufgehängt.

Esther 8, 15 übersetzt Menge S. 616 folgendermaßen: Mardachai trat aus dem Palast des Königs hervor in königlicher Kleidung von purpurblauer und weißer Baumwolle, mit einer großen goldenen Krone und einem Mantel von Byssus und Purpur.

I. Chronica 4, 21 übersetzt Menge S. 496: Die Söhne Selas, des Sohnes Juda, waren Ger, der Stammvater von Lecha, und Lahada, der Stammvater von Maresa, und die Geschlechter der Byssusarbeiter von Beth Asbea.

Im Alten Testament kommen nach Menge (brieflich) folgende Bezeichnungen vor:

buz, Byssus, feine Leinwand;

bad, Leinen;

chur oder chor, Byssus, Baumwolle;

schēsch Byssus, Leinen;

pēschĕt, Plural pischtim, Flachs, Lein;

ketōnet, Leibrock, Gewand, Kleid, griechisch χιτών (chitōn);

karpăs, weißes Baumwollzeug (vgl. Esther 1, 6).

Luther übersetzt, wie gesagt, bus, buz usw. meist mit Leinen. So z. B. 1. Chron. 15, 27 (jetzt 16, 27), Hesekiel 44, 17—18 (pischtim), 3. Moses 16, 4 (bad). Das Wort schech im 2. Moses 39, 27 übersetzt Luther sogar mit Seide und in Hesekiel 27, 16 das Wort buz gar mit „Tapet".

Außer dem schon oben genannten Schesch hatten die Hebräer noch die Wörter Scheesch, Schasch, Schajosch, Schuschan (weiße Lilie, daraus der Vorname Susanne), ferner finden wir ketonet, keton, griechisch χέτον (cheton) bei dem jüdischen Geschichtsschreiber Flavius Josephus, geb. 37 n. Chr. zu Jerusalem. Statt des Plurals pischtim steht mitunter der Singular pischteh. Aus dem Sanskrit (siehe unten) entnahmen die Hebräer karpas und karpos.

Nach Mowers, Phöniker, Bd. II, 3, S. 260, zitiert von Brandes S. 98, bedeutet der ägyptische Ausdruck schesch in vorexilischen biblischen Büchern die leinene Kleidung der Priester, und Ezechiel (Hesekiel) sagt, byssus (das offenbar von buz abgeleitet ist) käme aus Syrien, schech aus Ägypten.

In den Veröffentlichungen der Alexander Kohut Memorial Foundation, Bd. II. Imanuel Löw, Die Flora der Juden. II. Iridaceae-Papilionaceae. Wien und Leipzig: R. Löwit-Verlag 1924, Gossypium S. 235—242, sagt Löw: „Für die Esther-Stelle ist das Vorkommen eines Baumwollgewebes in biblischer Zeit festzuhalten. Die Pflanze selbst taucht aber erst in nachbiblischer Zeit in Palästina auf; sie ist angeblich erst nach dem Zuge Alexanders des Großen nach Vorderasien gelangt. Nach Ägypten kam sie aus dem Irak (Kremer, Kulturgesch. d. O. 2, 285, Bacher, Tanchum 9). Nach der weiter unten angeführten Nachricht aus Assyrien werden diese Annahmen wohl revidiert werden müssen."

Nach Julius Zwiedinek von Südenhorst (Syrien und seine Bedeutung für den Welthandel, 53, Wien 1873) „ist der Baumwollbau in Syrien uralt; schon die Kreuzfahrer fanden ihn in diesem Lande, welches damals eine hohe Stufe in der Industrie erreicht hatte, eingebürgert". — Schon die mischnische Zeit — Beginn der christlichen Zeitrechnung — kennt den Anbau der

Baumwolle. Bei Acco gab es eine venezianische Faktorei für den Einkauf
der syrischen Baumwolle (Heyd 114, 116). Bis zum 19. Jahrhundert versorgte
sich Syrien selbst mit baumwollenen Geweben, erst die kolossale Entwicklung
der englischen Baumwollindustrie und die Freihandelspolitik der ottomanischen
Regierung unterdrückte die syrische Industrie, und jetzt wird alle Rohbaumwolle ausgeführt. Die beste Qualität ist die von Nablus (a. a. O. 54), wo auch
nach Schwarz (Das heilige Land, 313) Baumwolle kultiviert wird.

Im 19. Jahrhundert wird über Baumwollkultur in Palästina und Syrien
viel berichtet: Ebene Jesreel (Robinson 3, 392, Ritter 16, 30, hier „black
cotton ground") usw. Bei Jerusalem (483) war ein Baumwollentor, bab el
katānin, und im Norden der Stadt die Baumwollgrotten, große Höhlen.
maghāret el-kettan, was eigentlich Flachsgrotten bedeutet (Cyrus Adler.
Semitic Studies, Kohut, 76). Strauchartige Baumwolle wird bei Jericho erwähnt, Baumwolle ohne nähere Bezeichnung bei Hamat, Antiochia, Aleppo
und Umgegend, wenig bei Damaskus, das Baumwollgarne einführt. — Auch
in Mesopotamien finden wir Baumwolle als kutn (Ritter 11, 50) am Euphrat.
bei Mardin, wo sie schon Marco Polo sah (10, 275), bei Bagdad und Basra.
von welchen beiden Orten sie ausgeführt wurde.

Heute wird Baumwolle hauptsächlich in Nordsyrien gebaut und über
Mersina exportiert. Die jüdischen Kolonien in Palästina versuchen es, die
Baumwollkultur wieder emporzubringen, und haben auch Versuche mit einer
neuen Form, der baumartigen Caravonica-Baumwolle aus Nord-Queensland
versucht (Trietsch, Palästina-Handbuch 1919, 94, der sogar glaubte, San-
herib habe schon Caravonica gebaut). In der Halleschen Monatsschrift 1854,
S. 633 weist Brugsch nach, daß der byssus der Mumienumhüllungen in der
alten ägyptischen Sprache der Hieroglyphen pek heißt." Daraus soll durch
Lautwechsel im Griechischen βίσσος (byssus) entstanden sein, was mir sehr
unwahrscheinlich klingt.

Die Perser hatten für Baumwolle das Wort pakta, auch pumbeh.
pembeh, poombeh. Nach Laufer, Sino-Iranica, S. 490, Chicago 1919, heißt
die Baumwolle im Mittelpersischen pambac, im Neupersischen pampa, osse-
tisch bambag, armenisch bambal oder bambak. Das persische pumbeh
ist übergegangen in das neuere hindostanische pumbah, in das türkische
pembé, in das neugriechische βαμβάκι (bambaki). Im Lateinischen des Mittelalters, zur Zeit der Kreuzzüge, finden wir es als bombax oder bambax.
und seit Marco Polo, † 1323 in Venedig, im Italienischen als bambagio oder
neuerdings bambagia.

An pembeh oder an bombak schließen sich an: bambak, kroatisch:
bumago, auch chlopok, russisch; pamuk. illyrisch; pamut, ungarisch;
bavlna, bavleny, tschechisch.

Daß durch die Bezeichnung bombak oder gar bombax leicht Verwechselungen mit dem Kapokbaum oder Wollbaum, Bombax Ceiba, entstanden, ist klar. Die Haare dieses Baumes sitzen aber an den inneren
Kapselwänden, nicht an den Samen, sie eignen sich wegen ihrer Kürze auch
nicht gut zum Verspinnen, sondern mehr zum Ausstopfen von Kissen u. dgl.

Über die Namen der Alten siehe auch Sprengel[1]). Er erwähnt da u. a.,
daß nach Pausanias lib. 5, c. 5 der hebräische Byssus gelb gewesen sei. Das
würde dann mit der früheren ägyptischen Baumwolle übereinstimmen.

---

[1]) Sprengel, Kurt: Geschichte der Botanik. Neu bearbeitet. 1. Teil. S. 18. Alten-
burg und Leipzig 1817.

Die Stadt Hierapolis in Syrien hieß nach Plinius hist. nat. V, 21, 19 mit einem alten Namen Magog, nach neueren Forschern Mabog (Baumwollstadt); ein zweiter einheimischer Name Bambyke weist deutlich auf Baumwolle hin (Brandes, S. 103). — In der Bucharei und Chiva hieß nach de Lasteyrie S. 10 die Baumwollpflanze pochta, die Baumwolle selbst mammok.

Altindische Namen. Sir George Watt macht in seinem großen Werk „The wild and cultivated Cotton plants of the World", das ausführlichste Werk betreffs der Systematik. S. 9 mit Recht darauf aufmerksam, daß, während alle andern Pflanzen von den Dichtern in der Sanskritsprache so viel besprochen seien, die wichtigste von allen. die Baumwolle, kaum erwähnt werde. Ihr häufigster Name karpasa-i scheint nach F. W. Thomas zuerst um 800 v. Chr. in der Asvaláyana Srauta Sutra vorzukommen, wo das Material im Gegensatz zu Seide und Hanf als dasjenige bezeichnet wird, aus dem der heilige Faden der Brahmanen gemacht werden mußte. Dieser Opferfaden wurde in drei Streifen um den Kopf gelegt, ein Gebot, das nach O. Warburg noch heute von dieser konservativsten aller Herrscherklassen getreulich befolgt wird. Nach Todd wurde er um den Leib gelegt[1]).

Die Sanskrit-Wörterbücher geben nach Watt vier Namen für die Baumwollpflanze: vadara, kárpási, tundikeri und samudrantá; die wilde Art heißt bháradvaji. Karpasa und vadara bezeichnen das Material, die Baumwollfaser. Die Harsacarita (um 650 n. Chr.) spricht zweimal von der Baumwolle (túla) aus den Kapseln des sálmali (semul), das ist aber Bombax malabaricum, der Kapokbaum.

In den Institutionen des Manu, einem indischen Gesetzbuch des 8. Jahrhunderts v. Chr. werden u. a. Bestimmungen getroffen über die Tätigkeit der Wäscher und der Weber von karpasi, aber kárpás kann Jahrhunderte hindurch nach Watt eher eine Gattungsbezeichnung als eine Artbezeichnung gewesen sein. Es kann mit andern Worten überhaupt ein Gewebe (also auch Leinen) bezeichnet haben, wie denn Watt behauptet, daß karpasa-i ursprünglich „spanischer Flachs" (wohl gewöhnlicher Flachs) bedeutet habe. Umgekehrt bezeichnete Linon außer Lein, Flachs zu einer gewissen Zeit auch Baumwolle, und noch heute wird bekanntlich die entkörnte Baumwolle lint genannt.

Aus dem Sanskritnamen karpasa oder karpas (im Hebräischen auch kirbas) ist das griechische κάρπασος (karpasos) und das lateinische carbasus entstanden, was meistens, aber wohl auch nicht immer. Baumwolle bedeutet. In dem römischen Verzeichnis von steuerbaren Handelsartikeln in Dig. XXXIX tit. 4 16, § 7, Krügelsche Ausgabe. finden sich: opus byssinum, carbasum, vela tincta, carbasea (Brandes S. 118). Die Besteuerung, sagt Brandes, war wohl nur ein Finanzzoll; denn die kaiserlichen Webereien (lineficia) machten der Privatindustrie Konkurrenz; sie bildeten ein Monopol.

Plinius. Hist. nat. XIX 3. 6 spricht von carbasina vela. das waren lange Decken (aus Baumwolle) zum Schutze gegen die Sonne. welche zuerst Lentulus Spinter bei den Apollinarischen Spielen im Theater verwandte.

Bei den Griechen und Römern finden wir besonders häufig den Ausdruck byssus. Über seine mutmaßliche Abstammung vom hebräischen bus und buz haben wir schon oben gesprochen. Ursprünglich bedeutete byssus

---

[1]) Todd, John A.: The Worlds Cotton crop. London 1915. 460 S. 32 Abb. 16 Karten. Behandelt u. a. ausführlich die ostindischen Sorten.

wohl nur Faser, und daher werden auch noch heute die seidenartigen Fäden der Seemuschel, Pinna marina, Byssus genannt.

Ein drittes Wort für Baumwolle hatten die Griechen in ὀθόνιον (othonion), welches Ritter vom arabischen koton durch Abstoßung des harten Kehllautes k ableitet.

Ein viertes sind bei den Griechen und Römern die σινδόνες (sindones), nach Brandes besondere Binden aus Baumwolle zum Umwickeln bei Verletzungen usw.

Ein fünftes endlich ist ἐριόξυλον.

Interessant sind auch die chinesischen Namen. Der moderne Name ist mien oder Hoa mien (nicht Hoa mein, wie Schilling schreibt), der ältere potie, der auch in einem der Namen der ostindischen Dacca Baumwolle phootee (Watt S. 105) wiederklingt. Nach Laufer[1], Sino - Iranica S. 491 wird im Kwan yii ki potie als ein Produkt aus Turfan bezeichnet; der Faden käme von wilden Seidenwürmern (!) und sähe wie Hanf aus. Laufer gibt S. 514 noch an, daß Gewebe aus Baumwolle bezeichnet werden im Mongolischen mit büs, kalmückisch bös, in Jurci (Jucon oder Niuči) busu (assyrisch busu), in Mancho boso. Das führt uns zu dem Worte böz in der Uigur-Sprache, der alttürkischen Sprache[2].

Wir sehen wieder in böz, büs, busu usw. die Anklänge an das semitische bus, das griechische byssus.

Die Baumwolle hatte im Chinesischen auch den Namen kupei oder kupai. Laufer meint, dieser stamme von einer Sprache in Indochina; da aber die Baumwolle im Mongolischen auch kuben heißt, so scheint mir wahrscheinlicher, daß kupei ebenfalls mongolischen Ursprungs ist. Statt potie findet sich in Turfan auch pe-tie. Nach Chavannes[3] spricht der Heon Han chou Kap. CXVI, S. 8 von Geweben aus po-tie in Yun-nan. Diese Erwähnung ist die älteste, weil sie sich auf das 1. und 2. Jahrhundert unserer Zeitrechnung bezieht. Nach dem Nan-che, Kap. LXXXIX, S. 7 findet sich bei Kaotch'ang (Turfan) eine Pflanze, deren Frucht ein Kokon ist. Es sind darin Fäden, ähnlich feiner Seide; man nennt sie pe-tie-tie. Das Gewebe daraus (Chavannes schreibt toile, Leinwand) ist außerordentlich weich und weiß. — Nach Brettschneider, Botanicum sinicum I, 119 wurde die Baumwollpflanze erst vom 11. Jahrhundert n. Chr. an in China gebaut. Marco Polo, 1290 n. Chr., fand sie nur an zwei Stellen.

In England wurden 1590 gewisse Wollwaren „Manchester Cottons" genannt. Die Hauptbaumwollindustrie begann in England 1635, aber lange vorher bezog man Baumwollwaren aus Ostindien über Venedig.

Um die Woll-Industrie in England vor den billigeren Baumwollstoffen zu

---

[1] Laufer, Berthold, Sino-Iranica. Chinese Contributions to the history of civilisation in ancient Iran, with special reference to the history of cultivated plants and products, in Field Museum of Natural-History, Publication 201. Anthropological Series vol. XV, Nr. 3. Chicago 1919.

[2] Müller, F. W. K.: Abhandlungen der Akademie der Wissenschaften Berlin 1909 (1911), S. 70. — Schott: Altaisches Sprachgeschlecht. Abhandlungen der Akademie der Wissenschaften Berlin 1867, S. 138.

[3] Chavannes, Edouard: Documents sur les Tou-Kiue (Turcs) occidentaux, in Abhandlungen der Petersburger Akademie 1903. S. 101.

schützen, wurde 1720 der Gebrauch und das Tragen von gedruckten, bemalten oder gefärbten Kalikos in England verboten[1].

Wir geben noch folgende Namen für Baumwolle nach De Lasteyrie, Du Cotonnier S. 70:

Isländisch:	Boemull	georgisch:	bamby, hamba
russisch:	Chloptschataja, oder Clopscha; auch Bumaga	armenisch:	panboch
		bucharisch:	pachta
		indisch:	kopa
polnisch:	bawelna	mongolisch:	kobung
böhmisch:	balwa	japanisch:	watta
ungarisch:	gyapott, pamut	Cochinchina:	mien-su
essonisch:	pcom willadi, su willa	chinesisch:	caybaung, hoa mien
tatarisch:	mammok	arabisch:	cotum

In Hehn, Kulturpflanzen und Haustiere, 3. Aufl., Berlin 1911, wird die Baumwolle leider gar nicht behandelt und S. 189 alle Ausdrücke, wie z. B. $\beta\acute{v}\sigma\sigma o\varsigma$, bus usw. mit Leinen übersetzt. Der Herausgeber, Schrader, sagt allerdings S. 166, daß zwischen Baumwollstoffen und feineren Leinen nicht immer unterschieden sei. Im übrigen sind die Namen auf S. 189 für Sprachforscher sehr wichtig.

Endlich zur Ableitung des Namens Gossypium. — Wittstein, Etymologisch-botanisches Handwörterbuch, 1852, S. 399 meint, er stamme von gossum (Wulst oder Kropf) in bezug auf die von Wolle strotzenden Kapseln, was kaum glaublich ist. Wittstein setzt auch selbst hinzu: „Der Stamm liegt wahrscheinlich in dem arabischen goz (einer seidenartigen Substanz)“.

Herr Prof. Dr. Eugen Mittwoch, Berlin, der mich bei meinen Nachforschungen in so liebenswürdiger Weise unterstützte, schreibt mir:

„Das arabische gōz kommt vom persischen gōz und bedeutet ‚Nuß‘. Eine Bedeutung von ‚seidenartiger Substanz‘ kenne ich nicht; wohl aber wird gōz außer als ‚Nuß‘ mitunter als Kern, Inneres einer Sache gebraucht.“

Nach Joh. Richardson, Dictionary of Persian, Arabian and English names, London 1829, bedeutet Gozah Baumwollkapsel und nach Vullers, Lexicon persico-latinum, Bonn 1864, ist Gozeh ebenfalls Baumwollkapsel. — Nach Watt, The wild and cultivated Cottons, S. 156 ist Gossypium herbaceum das goza von Afghanistan und Chorasan.

Aus allem Angeführten scheint mir zu folgern, daß Gossypium von goz, goza, gozeh abzuleiten ist.

Mittwoch nennt als arabische Namen noch *kurfus* oder *kursuf*, auch *kursūf*.

---

[1] Als am 30. Dezember 1724, an einem Sonntage, eine Dame in London von der Polizei gesehen wurde, die ein mit Baumwollstoff garniertes Kleid trug, wurde sie zum Magistrat geführt. Da sie sich dort weigerte, das festgesetzte Strafgeld zu zahlen, „übergab man sie dem Kerkermeister“.

II. Geschichte der Baumwolle.

A. Geschichte der Baumwolle in der Alten Welt.

1. Ägypten.

Die erste sichere Nachricht über die Baumwolle finden wir bei Herodot. 484—408 v. Chr. Er erzählt III, 106, daß in Indien wilde Bäume als Frucht Vliese tragen, welche die Wollpelze der Schafe an Schönheit und Güte übertreffen, und daß die Kleider der Inder aus diesem Stoff gemacht seien. Er berichtet ferner III, 47, daß ein Panzerhemd (Thorax), das der ägyptische König Amasis, der etwa 500 v. Chr. lebte, den Lakedämoniern nach Sparta schickte, mit Gold und Stickereien aus den Vliesen von Bäumen geschmückt war. Ein anderes Panzerhemd weihte Amasis der Athene zu Lindos auf der Insel Rhodos, ein Beweis, daß es damals Baumwolle in Ägypten gab. Freilich von Baumwollpflanzen in Ägypten sagt Herodot merkwürdigerweise gar nichts weiter; aber daraus darf man nicht schließen, daß sie zu seiner Zeit dort noch nicht gebaut wurde; denn vom Lein, der doch in Ägypten so viel kultiviert wurde, und sich auf den Wandmalereien so oft findet, sagt Herodot auch nichts.

Lange war man im Zweifel, ob die Mumienbinden der alten Ägypter aus Leinen oder wenigstens zu einer gewissen Epoche aus Baumwolle waren; aber James Thomson von Clitheroe veranlaßte den als Zeichner in Kew tätigen berühmten Pflanzenmaler Franz Bauer zu mikroskopischen Untersuchungen, und Bauer konnte an vielen Proben von Mumienbinden nachweisen, daß sie alle aus Leinen waren. J. Thomson hat 1834 darüber ausführlich der Royal Society berichtet, abgedruckt in den Annals of Philosophy, Juni 1834, auch in The London and Edinburgh Philosophical Magazine and Journal of Science, Vol. V, 1834, S. 355 365, mit einer Tafel, darstellend Flachs- und Baumwollfaser in vierhundertfacher Vergrößerung[1]). Bauer, ein geborener Österreicher aus Feldsberg, Niederösterreich[2]). benutzte ein Mikroskop von Ploeßl in Wien, und seine Zeichnungen sind für die damalige Zeit ganz gut. Er fand auch, daß die Fasern in unreifen Baumwollkapseln noch nicht gedreht sind, sondern zylindrische Röhren darstellen; aber schon ehe die Kapsel aufplatzt, fallen die Fasern in der Mitte zusammen und nehmen die Form von Korkziehern an, während die Leinenfaser gegliedert ist wie ein Rohrstock. — Schon Hadley hatte 1763 erklärt (Philosop. Transactions 1764 Vol., LIV, London 1765, S. 4—14) daß er nur Leinen gefunden, ja noch viel früher hatte Leeuwenhoek (1632—1723) auf den mikroskopischen Unterschied zwischen Baumwolle und Flachs hingewiesen, Baumwolle habe zwei flache Seiten und zwei scharfe Kanten und sei deswegen zu Charpie nicht geeignet, Leinen habe eine runde Faser[3]).

Im selben Jahre 1834 erklärte aber Rosellini, der 200 Mumien untersucht hatte, der Byssus der Alten sei Baumwolle gewesen[4]), und das würde

---

[1]) Thomson, J.: On the Mummy Cloth of Egypt, with observations on some manufactures of the Ancient. Thomsons Aufsatz ist ferner u. a. in Baines, Edw.: History of Cotton Manufacture of Great Britain, London, 1835, deutsch von Bernouili 1836 erschienen. Auch deutsch mit Zusätzen in Wöhler und Liebig: Annalen der Chemie und Pharmacie. 8. Bd., LXIX, S. 128—143.

[2]) Über Franz Bauer und seinen Bruder Ferdinand siehe Näheres bei Wittmack: „Zwei österreichische Pflanzenmaler in England" in Beiträge zum landwirtschaftlichen Pflanzenbau usw., Festschrift zum 70. Geburtstage Professor Dr. h. c. Franz Schindler, S. 37—42. Berlin, Paul Parey 1924.

[3]) Leeuwenhoek in Philosophical Transactions für 1678, Bd. 12, zitiert n. Thomson.

[4]) Rosellini, Ippolito: Monumenti del Egitto e della Nubia. Parte II, Monumenti civili, T. I, § 6, S. 341—361. Pisa 1834.

bestätigt dadurch, daß er selbst in einem der Gräber bei Theben (Oberägypten),
das zum ersten Male geöffnet wurde, zusammen mit Gefäßen, die Weizen
(grano), Gerste und verschiedene Samen enthielten, ein kleines Gefäß (vasetto),
gefüllt mit Baumwollsamen, gefunden habe. „Diese", sagt er, „sind zu
sehen, zusammen mit den andern Gegenständen, in dem Kgl. ägyptischen
Museum in Florenz, und mir ist bekannt, daß sie mehr als einmal von andern
in denselben Gräbern gefunden sind."

In einer Fußnote bemerkt Rosellini.
daß der gelehrte Dr. Pietro Hanneri,
der sich viel mit der Botanik des alten
Ägyptens beschäftigte, die Samen als genau übereinstimmend mit Gossypium
religiosum L. bestimmt habe.

Schweinfurth, hat s. Zt. drei
dieser Samen im Florentiner Museum
zum Geschenk erhalten und diese dem
botanischen Museum in Berlin-Dahlem
übergeben. Ich habe diese in Schwein-
furths Gegenwart gesehen, und Schweinfurth
furth hat die Güte gehabt, einen Samen
davon mit der bei ihm bekannten Ge-
nauigkeit zu zeichnen (Abb. 1), auch mir
den Samen zu näherer Beschreibung
auf kurze Zeit überlassen. Ich muß nun
sagen, daß dieser Same gar nicht aus der
Alten Welt stammen kann, denn alle
altweltlichen Baumwollsamen haben außer
langer Wolle auch noch kurze Grundwolle, einen sog. Filz. Die Samen aus
Theben sind aber ganz nackt, wie die
amerikanische Sea Island (Gossypium
barbadense); sie haben nur, wie Schweinfurth es nennt, einen leichten Flaum,
der sich selbst in der vergrößerten Abbildung nicht wiedergeben läßt. Er schreibt
mir, er habe folgende Eigentümlichkeiten
bemerkt: „1. Die schwarze Spitze, die

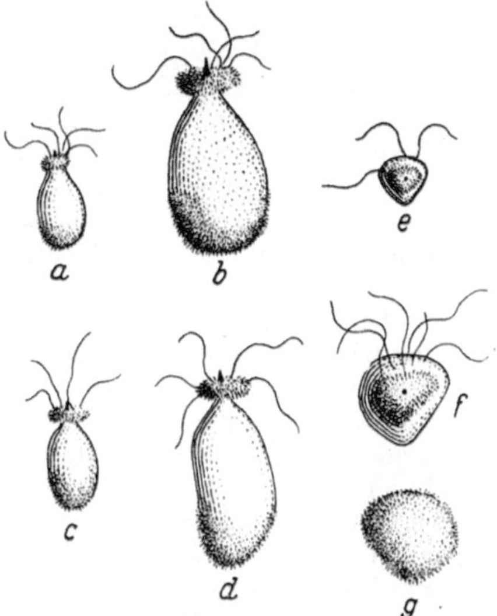

Abb. 1. Baumwollsamen aus dem Museum Florenz, Nr. 3625, von Rosellini
in Theben aus einem angeblich vorher
nicht geöffneten Grabe entnommen.

a von der breiten Seite, natürl. Größe. b ²/₁ vergrößert. c von der schmalen Seite, natürl. Größe.
d ²/₁ vergrößert. e von oben gesehen, natürl. Gr.
f ²/₁ vergrößert. g von unten gesehen, ²/₁ vergrößert.

Originalzeichnung und Figurenerklärung von Prof.
Dr. Georg Schweinfurth. Die langen Fäden
sind schwarz, gehören nicht zum Samen, sondern rühren wahrscheinlich vom Verpackungs-
material her.

am oberen Ende aus dem (braunroten) kurzen Filz herausragt, sieht gerade
so aus (ohne danach ein Identitätsmerkmal ableiten zu wollen) wie an den
sog. „Hindi"-Samen von heute, dieser Art, die wie Unkraut in den Baumwollfeldern des Deltas vorkommt. 2. Auf der einen Breitseite ist die ganze
Oberfläche mit Überbleibseln des kurzen weißen Filzes bedeckt. 3. Ein
Viertel des unteren Endes des Samens ist durchweg gleichmäßig mit dem
kurzen, mehr weißlichen als bräunlichen Filz bekleidet. 4. Die langen Haare,
die von der Spitze, wo der lange, bräunliche Filz sich befindet, auszugehen
scheinen, sind dunkel. Ich habe sie auf der Zeichnung angeben müssen.
Vielleicht untersuchen Sie diese unter dem Mikroskop. Sie können doch
wohl nicht von außen als Folge einer Verpackung hinzugekommen sein."

„Rosellini hat die Epoche des Grabes nicht angegeben. Die meisten
großen Gräber von Theben gehören ja dem neuen Reich an, meist der
XVIII. bis XXII. Dynastie. Es gibt aber bei Theben Gräber aus allen
späteren Epochen."

Schweinfurth gibt weiter Abschrift des Blattes, auf dem seine Bemerkungen zu den im Museum von Dahlem befindlichen drei Gossypiumsamen des Florentiner Museums notiert sind.

„Gossypium herbaceum (conf. arborescens), drei Samen von entschieden altem Aussehen, obgleich keine Fundgrube von chronologischem Wert beigegeben war, als Geschenk erhalten 1885 vom Ägyptischen Museum zu Florenz. In diesem Museum ist dieser bei Rosellini näher bezeichnete Fund folgendermaßen bezettelt: „un vasetto ripieno dei Semi del cotone". Diese Aufschrift stammt wahrscheinlich von Rosellini selbst her, der die Samen in einem Tongefäß (wohl offener Napf?) in einem Grabe von Theben auffand, selbst dabei war, als man sie fand. Als ich die drei Samen 1885 erhielt, waren sie mit der Nr. 3625 bezeichnet. Wahrscheinlich stammten die als Totenbeigabe (Totenopfer) im Grabe aufgestellten Samen aus Äthiopien oder aus einem Garten, wo man fremdländische Pflanzen zog. — Wohl aus griechisch-römischer Periode. In diesem Falle könnten sie aus Indien stammen (der von Theophrast erwähnten Baumwolle entsprechend)."

Ich habe mir über den einen Samen, den Schweinfurth mir zur Untersuchung leihweise überlassen hatte, und der dem Botanischen Museum zurückgegeben ist, folgendes notiert: Same eiförmig, schwarzbraun, 8 mm lang, bis 5 mm dick, am unteren Ende verschmälert und dort mit einer kurzen zylindrischen Spitze, die abgestutzt ist wie bei Gossypium barbadense, versehen. Rund um die Spitze ist, wie bei barbadense, ein Büschel von rostbraunen kurzen Baumwollhaaren (mikroskopisch untersucht). Aus diesem Büschel ragen einige längere schwarze Haare hervor, die nach der mikroskopischen Untersuchung tierische Haare (aber nicht etwa Schafwolle) sind. Vielleicht sind es menschliche Haare, obwohl diese meistens etwas dicker sind. Von dem Büschel oder Kranz der rostbraunen Haare an der Spitze zieht sich in einer schwachen Furche, der Samennaht oder Raphe, eine Reihe kurzer hellerer Baumwollhaare bis zum breiten oberen Ende des Samens hin, wo sie auf der einen Seite etwa ein Drittel der Samenlänge bedecken und fast weißlich sind. Der größte Teil des Samens ist aber kahl und macht nicht den Eindruck, als wenn Grundwolle (Filz) vorhanden gewesen wäre, sondern der Same sieht aus wie der von nacktsamiger Baumwolle.

Ich erhielt von Schweinfurth, der in seinem schönen Herbarium außer den Pflanzen auch möglichst reife Kapseln eingelegt hat, auch Samen einer Sorte, die als Gossypium barbadense „Bamie", bezeichnet war, aus Birket es Ssab (d. h. Löwenbrunnen) 30. 10. 1879. Das Etikett besagt: „Blüte hell zitronengelb, Nagel innen purpurrot, nach der Mitte rosa." Diese Samen stimmen genau überein mit den Rosellinischen. Das tun aber auch die Samen der „Safiri"-Baumwolle, die Schweinfurth 1892 von Johannides in Dalgamun im Delta, Provinz Menufieh, erhielt. Es ist nicht zu vergessen, daß schon früh im vorigen Jahrhundert amerikanische Baumwolle in Ägypten eingeführt wurde.

Nach allem scheint mir, daß, wie so oft, hier eine Mystifikation vorliegt daß man moderne Samen ins Grab getan hat [1]).

---

[1]) Wie mir Professor Schweinfurth sagte, fand er 1885 im Florentiner Museum auch einen schönen Schrank mit riesigen Weizenhalmen, angeblich aus Mumienweizen erwachsen. Ob von Rosellinis Samen, ist nicht bekannt. Nach 20 Jahren, als Schweinfurth wieder im Museum war, fand er den Schrank nicht mehr, und auf Befragen hörte er, daß man ihn entfernt habe, weil es eine Täuschung gewesen sei. Ähnlich ist es in Deutschland dem Grafen Ungern-Sternberg ergangen, der 1833 auf der Naturforscherversammlung in Stuttgart Mumienweizen-Pflanzen vorführte. Es stellte sich aber heraus, daß der Gärtner des Grafen, da die Mumienkörner nicht aufgingen,

Wenn im alten Ägypten Baumwolle gebaut worden wäre, so würde doch sicherlich solche auf den Wandgemälden dargestellt sein, wie wir das beim Flachs finden, denn eine so schön blühende Pflanze hätte sich doch sehr zur Darstellung geeignet. — Daß zu Plinius' Zeit, 23—79 n. Chr., in Oberägypten Baumwolle gebaut wurde, mag richtig sein. Er sagt im XIX. Buch. Kap. II, 1[1]), nachdem er vom Lein gesprochen: Der obere, nach Arabien hin liegende Teil Ägyptens erzeugt eine Staude. Manche nennen sie Gossypinos[2]), die meisten Xylon und die daraus verfertigte Leinwand xylinische. Sie ist klein und trägt eine der Bartnuß (Haselnuß)[3]) ähnliche Frucht, aus deren inneren Flocken eine Wolle gesponnen wird, der keine andere an Weiße nnd Zartheit vorzuziehen ist, sie liefert den Priestern Ägyptens die angenehmsten Kleider.

Im XII. Buche, Kapitel XXIX, spricht Plinius von der Insel Tylos, einer der heutigen Bahrein-Inseln[4]) im Persischen Golf, und sagt u. a.: In einer Gegend der Insel wachsen wolltragende Bäume, jedoch von anderer Art als die der Serer; sie haben unfruchtbare Blätter (d. h. Blätter ohne Wolle), und wären diese nicht kleiner, so könnten sie für Rebenblätter gelten. Sie tragen Kürbisse[5]) von der Größe eines Quittenapfels, welche bei der Reife bersten und die Wollknäuel zeigen, aus welchen man Kleider von kostbarer Leinwand macht.

Noch fruchtbarer daran ist das 10 000 Schritte (2 Meilen) weit entfernte kleine Tylos[6]).

Kapitel XXII sagt Plinius: Juba schreibt, daß es auch an einem Strauch Wolle gebe[7]), und daß die Leinenzeuge daraus vorzüglicher seien als die indischen, daß aber diese Bäume Arabiens, von denen man Kleider mache. Cyna heißen und Blätter hätten, welche denen der Palme ähnlich seien (unverständlich).

2. Griechenland.

Die Griechen lernten die Baumwolle wohl besonders durch den Zug Alexanders des Großen 333 v. Chr. kennen, und offenbar hat Plinius seinen Bericht über Tylos dem Theophrast, geb. um 390 v. Chr., entnommen. Der sagt in seiner „Naturgeschichte der Gewächse" (Historia plantarum ed. Schneider), übersetzt und erläutert von Kurt Sprengel, I. Teil, IV. Buch, S. 156, Kap. 8: „Das Behältnis, in dem die Wolle liegt, soll so groß sein wie ein Frühlings-

---

neue in den Topf getan hatte. (Siehe Wittmack: Landwirtschaftliche Samenkunde, S. 96, Berlin 1922.)

[1]) Plinius Secundus, Cajus, Naturgeschichte, übers. von Ph. H. Külb, S. 2140. Stuttgart 1853.

[2]) Daraus soll der botanische Gattungsname Gossypium entstanden sein.

[3]) Man nennt diese Bäume Baumwollbäume, arbores gossympini (nach Külb Gossypium nigrum; das ist aber eine Varietät des westafrikanischen Gossypium punctatum).

[4]) Die wegen der Perlenfischerei so berühmten fünf Bahrein-Inseln liegen zwischen den Halbinseln El Katar und El Katif an der arabischen Seite des Persischen Golfs. Von Juni bis Oktober kommen hier fast 5000 Boote mit ungefähr 35 000 Tauchern zusammen, um auf den von der Hauptinsel Bahrein bis Kap Rekam (Ras Reçam) sich erstreckenden Bänken nach Perlmuttermuscheln bzw. Perlen zu tauchen. Zugleich findet hier ein großer Durchgangshandel ins Innere statt, und England plant eine Bahn quer durch Arabien von El Sid, nahe bei Djidda am Roten Meer, der Hafenstadt für Mekka, nach dem kleinen Hafen Ojein, nahe den Bahrein-Inseln. (Nach Oberstleutnant a. D. Heinicke in der Deutschen Allgemeinen Zeitung 1925, Nr. 276, 2. Beilage.)

[5]) Schlecht übersetzt, soll heißen Koloquinthen, die Apfelgröße haben.

[6]) Kann nach Külb nicht wohl eine andere Insel sein als Arav, obwohl diese nicht so weit von Bahrein entfernt ist.

[7]) Külb sagt in einer Note: weiße Baumwolle, Gossypium album, ein Synonym für Gossypium hirsutum, eine amerikanische Art, die Upland-Baumwolle. Die ist aber kein Strauch.

apfel (soll wohl heißen: unausgewachsener Apfel). Diese Bäume wachsen
auch in Indien, wie gesagt worden, und in Arabien. Vorher (IV. Buch, Kap. 4.
S. 132 ed. Schneider, S. 144 bei Sprengel) sagt Theophrast: Der Baum,
woraus sie (die Inder) Kleider machen, hat ein ähnliches Blatt wie der
(schwarze) Maulbeerbaum; das ganze Gewächs aber stimmt mit dem einer
Hundsrose überein. Sie pflanzen sie in den Ebenen in Reihen, daher sie
von weitem wie Weinstöcke erscheinen. Daß Sprengel diese Pflanzen für
den Papier-Maulbeerbaum, Broussonetia papyrifera, glaubte halten zu müssen,
ist unbegreiflich.

Dr. Hugo Bretzel (Botanische Forschungen des Alexanderzuges, Leipzig
1903. 8°. 412 S., 11 Abb., 4 Karten) beschäftigt sich S. 136—139 mit (Nr. 4)
den Baumpflanzungen auf der Insel Tylos, und sagt: Auf der Insel Tylos
sahen die Griechen die Baumwollstauden wieder, deren Bekanntschaft sie
schon in Indien gemacht hatten. Er zitiert dann die bekannte Stelle des
Theophrast, Hist. pl. IV, 7, wonach die Wolle liefernden Bäume der Insel
Tylos auch in Indien wüchsen, und schließt, daß es sich um Gossypium herbaceum handeln müsse.

In dem Werk über die Umschiffung des Roten Meeres, von einem
Unbekannten[1], wahrscheinlich einem Kaufmann, geschrieben, finden sich viele
auf den Handel in alter Zeit bezügliche Stellen. So wird § 41 gesagt, daß
die von der indischen Stadt Barygaza, dem heutigen Broach, oder von
Limyrike abgehenden Schiffe in Moscha im Golf von Oman überwintern
und gegen Baumwolle (othonion) Getreide, Sesamöl und Weihrauch ein-
tauschen. Auch nach Aduli, einem Hafen am Roten Meere, soll indische
Baumwolle verschifft sein. Es bestanden Handelsbeziehungen zwischen den
Ländern am Roten Meer bzw. Persien mit den indischen Plätzen Patiala.
Ariake und dem erwähnten Barygaza. — Masulia, das heutige Machli-
patam, auch Masulipatam genannt, war wegen seiner ausgezeichneten
Baumwollstoffe berühmt.

Yates[2] vermutet, daß die Baumwolle wohl nicht vor dem 14. Jahrhundert n. Chr. in Ägypten gebaut sei; denn Abdullatiph, ein arabischer
Arzt, der Ägypten um 1200 n. Chr. besuchte, erwähnt Baumwolle nicht,
und Prosper Alpinus, einige Jahrhunderte später, sagt in seinem „De
plantis Aegypti", daß 1592 die Ägypter Baumwolle zu ihrem eigenen Gebrauch importierten aus Syrien und Cypern und nur als Zierpflanze in ihren
Gärten das Gossypium kultivierten, welches er abbildet und beschreibt, nämlich Gossypium arboreum. Er sagt weiter, daß die Araber Gewebe aus
dieser Baumwolle anfertigen, welche sie Sessa nennen.

Sehr wenig erfahren wir von den Kreuzfahrern über Baumwolle in
Palästina usw. Sie wurde nach Oppel, S. 21, in den christlichen Staaten,
die während der Kreuzzüge im Orient entstanden, aber nur ein kurzes Dasein
hatten, angebaut und in verarbeitetem Zustande von Beirut ausgeführt. Baumwolle aus Antiochien kam um das Jahr 1140 neben der aus Alexandrien
und Sizilien auf der öffentlichen Wage von Genua vor.

---

[1] Der Periplus des Erythräischen Meeres, von einem Unbekannten. Griechisch
und deutsch. Mit kritischen und erklärenden Bemerkungen nebst vollständigem Wort-
verzeichnis von B. Fabricius. Leipzig S. 83, 1888.

[2] Yates, James, Textrinum antiquorum (Die Weberei der Alten). The raw mate-
rials, S. 334. London 1843. — Vgl. Watt, der S. 15 noch verweist auf Rawlison
Egypt, I, 53, Joret: Les plantes dans l'Antiquité, S. 43, 1897.) — Yates teilt ferner
mit, daß Dr. Bowring ihm gesagt habe, er hätte in (den Ruinen von) Abydos eine
Kindermumie in Baumwolle gewickelt gefunden, möglicherweise sei diese Wolle wie die
Rosellinischen Samen importiert.

Nach dem Fall von Accon stieg der Haß der Christenheit gegen den Islam so hoch, daß der venezianische Doge Marino Sanudo die Christenheit aufforderte, allen Verkehr mit den Völkern des Islam abzubrechen, manche Hauptartikel wüchsen auch in christlichen Ländern, so z. B. Zucker und Baumwolle. Letztere wachse in Apulien, Sizilien, Kreta, Romanien (Griechenland), Cypern und Armenien. Er hätte noch Spanien, Malta, Kalabrien hinzufügen können. Freilich galt die abendländische Baumwolle nicht viel. Pegolotti, Verfasser eines der ältesten und wertvollsten kaufmännischen Handbücher, nennt als schlechteste die sizilianische, etwas besser sei die von Calabrien und Malta, noch besser die der Basilicata, aber keine erreiche die Güte der levantinischen Sorten, wie die von Hamah (Hamath, dem alten Epiphania) und Haleb. Die zweitbeste kam aus Kleinarmenien und Damaskus, die drittbeste aus Accon, Cypern und Laodicea (Syrien).

Die Araber haben jedenfalls sehr zur Kenntnis und Verbreitung der Baumwolle nach Westen beigetragen. Serapion, ein arabischer Arzt (um 850 n. Chr.) nennt einige frühere Autoren, so Ibn Hanifa, der von Kelbe sagt, daß dort Baumwolle auf Bäumen wüchse, die 20 Jahre lebten. Der Abbé Rénaudot gab, wie Watt anführt, eine Übersetzung des Tagebuches eines arabischen Reisenden Sulaimán, der China und Indien besuchte (851 n. Chr.). Das älteste bekannte Manuskript Sulaimáns mit Anmerkungen von Abú Zaidu trägt das Datum 1173, es wurde 1718 von Renaudot ins Französische übersetzt und 1733 ins Englische, endlich 1845 aufs neue ins Französische von Reinaud. Sulaimán sagt u. a., daß die Gewänder von Calicut meist rund seien und so fein gewebt, daß sie durch einen mittelgroßen Ring gezogen werden konnten. Sulaimán sagt auch, daß die Chinesen, Reiche wie Arme, in Seide gekleidet seien; von Baumwolle sagt er nichts, und heute ist Baumwolle die allgemeine Kleidung in China! Es geht mit der Baumwolle wie mit der Kartoffel. Jahrtausende lang kannte man die Kartoffel in der Alten Welt überhaupt nicht, heute können wir sie gar nicht mehr entbehren.

3. China.

Im 6. Jahrhundert n. Chr. soll der chinesische Kaiser Wuti oder Outi ein baumwollenes Gewand gehabt haben, das er sehr hoch schätzte. Gegen Ende des 7. Jahrhunderts wurde Baumwolle als Zierpflanze in chinesischen Gärten gebaut, aber erst um 1000 n. Chr. war sie nach Mayers in China völlig eingeführt. Das stimmt mit Bretschneider, Bot. Sininicum I, S. 119, der auch sagt, daß die Kultur in China mit dem 11. Jahrhundert n. Chr. begann.

Marco Polo, 1290 n. Chr., der einen großen Teil von Asien durchreiste, spricht von Kultur und Verarbeitung der Baumwolle in Persien, Kashgar, Yarkand, Khotan, Guzerat, Cambay, Telingana, Malabar, Bengalen usw., aber sagt fast nichts von China, nur daß in Kuenlifu (Kienningfu) in der Provinz Fokien Baumwollmanufaktur bestände, während er doch sonst so viel von den seidenen Kleidern der Chinesen spricht (Oppel). Wie E. Baines jun., History of the cotton manufacture in Great Britain, London 1835[1], meint, ist der Anbau und der Gebrauch der Baumwolle erst durch die Tataren, die China eroberten, eingeführt. Von China kam die Baumwolle um 1500 n. Chr. nach Korea. In Japan trat sie am Ende des 8. Jahrhunderts n. Chr. auf.

4. Japan.

In dem japanischen Werk „Honzo-kômo-kukeimo" wird gesagt, daß sie unter Kaiser Kuwammu-Tenno im 18. Jahre Euriyaku (798 n. Chr.) von einem

---

[1]) Freie deutsche Bearbeitung von Bernoulli 1836 (zitiert nach Oppel S. 17).

Bewohner aus Conron (Indien), der in einem kleinen Schiff an die Küste der Provinz Mikawa auf der Insel Hondo (Nippon) verschlagen wurde, mitgebracht sei. Im nächsten Jahre wurde sie versuchsweise in allen Provinzen der Insel Shikoku kultiviert und fand ziemlich große Verbreitung. Aber nach wenigen Jahren ging sie wieder ein und blieb fast acht Jahrhunderte unbeachtet, bis sie nach Fesca im Jahre 1592 wahrscheinlich durch die Portugiesen zum zweiten Mal eingeführt wurde und sich namentlich im 17. Jahrhundert unter der Regierung von Tokugawa mehr und mehr ausbreitete.

Nach mündlicher Mitteilung des Herrn Professor Yuzo Hoshino vom College of Agriculture, Hokhaido, Imperial University Sapporo, Japan (16. 7. 1924) heißt Baumwolle im Japanischen momen, die Baumwollstaude aber Watta-no-ki. Watta ist Baumwolle, no bedeutet von und ki Baum.

Dr. Kondo in Kuraschiki, vom Ohara Institut, schreibt mir: „In Japan war die Kultur der Baumwolle (Wata) früher sehr verbreitet, 1887 betrug die Anbaufläche 98479 ha; seitdem ist aber ausländische Baumwolle sehr viel eingeführt worden, besonders aus den Vereinigten Staaten von Nordamerika, Ägypten, Westindien und China und die Anbaufläche 1921 auf 2470 ha zurückgegangen. Ich selbst habe schon lange die Kultur von Baumwolle nicht mehr gesehen.

Nach geschichtlichen Quellen ist die Baumwolle dreimal in Japan eingeführt worden: Das erste Mal 799 n. Chr., zur Zeit des Kaisers Kuwammu-Tenno von einem indischen Priester, der an der Küste von Mikawa strandete. Diese Kultur ging aber bald wieder ein.

Zum zweiten Male wurde sie zur Zeit des Kaisers Gonara-Tenno im Jahre 1542 durch die Portugiesen, welche die Samen an Otomo Sorin, Feudalherrn von Bungo, verschenkten (und auch wohl selbst anbauten).

Zum dritten Male ist sie zur Zeit des Kaisers Goyozei-Tenno 1598 aus Korea eingeführt worden, und zwar nach dem Siege der Japaner über die Koreaner bei Toyotomi Hideyoshi durch die heimkehrenden Soldaten, welche die Samen mitbrachten.

Die japanische Baumwolle gehört zum gelben Gossypium herbaceum. Die Samen werden im Mai zwischen Gerste gesät. Man legt die Samen einzeln, zirka 6—9 cm voneinander, in 50—60 cm voneinander entfernten Reihen. Vor dem Säen werden sie in Wasser eingeweicht und auch noch in Strohasche oder Ruß gewälzt. Der Boden wird nur flach beackert und die Samen flach untergebracht. Der dichte Stand soll das Wachstum der Pflanze etwas einschränken. Die Keimpflanzen werden „ausgewählt" (gemeint ist wohl „verdünnt"). Die Blüte tritt im Juli ein, und die Ernte erfolgt vom September bis November.

Man kann nicht sagen, daß das japanische Klima für Baumwollkultur geeignet sei; in Korea ist das Klima für den Anbau viel besser, und die Regierung fördert ihn auch sehr."

Kondos Brief ist vom 19. Mai 1924. Inzwischen hat Kondo eine ausführliche Arbeit über die Anatomie des Baumwollsamen und die einiger anderer Malvaceen veröffentlicht und dabei auch die Geschichte der Einführungen gegeben [1]).

5. Indien, Westasien, Mittelmeerländer.

Forskål, Flora Aeg. Arab. 1775, p. 88, et cent. 4. p. 125, zitiert nach Todaro, sah in Arabien zwei Arten; die eine nennt er Gossypium rubrum Forskål,

---

[1]) Mantaro Kondo in „Berichte des Ohara-Instituts für landwirtschaftliche Forschungen in Kuraschiki, Provinz Okayama, Japan, Band 2, Heft 5, S. 559—576, mit 5 Abb. Verlag der Ohara-Schönökwai, 1925.

das ist wahrscheinlich Gossypium arboreum L. Die Araber nannten sie Oth.
hadiae oder odjas; die zweite Art, die Forskål Gossypium arboreum nennt,
ist nach seinen Herbarexemplaren im British Museum zu London wahrscheinlich Gossypium herbaceum[1]).

Watt findet es S. 15 bemerkenswert, daß die Angaben früherer Autoren
bei indischen und ägyptischen Baumwollen fast alle auf ausdauernde, nicht
einjährige Pflanzen hinweisen. Betreffs der einjährigen seien zwei große und
anscheinend voneinander unabhängige Zentren zu unterscheiden: a) das orien-
talische Zentrum: Indien und die karpasi der Sanskrit-Autoren. und b) das
okzidentale: Kleinasien und Arabien mit dem arabischen qutn, möglicherweise auch dem koptischen kontion. Das arabische Wort kirbas bezeichnet
wahrscheinlich Fabrikate aus Indien und bildet so vielleicht die Vermittlung
zwischen beiden Zentren[2]).

Nachdem die Sarazenen im 9. Jahrhundert Sizilien erobert hatten, führten sie, wie Abu Zacaria Ebn el Awam[3]) berichtet, sofort die Kultur der
Baumwolle ein, und nach der Beschreibung der Kulturmethode muß das die
einjährige Baumwolle, unser Gossypium herbaceum, gewesen sein. Im
10. Jahrhundert brachten sie (wahrscheinlich) dieselbe Art nach Spanien, und
Barcelona hatte drei Jahrhunderte lang eine blühende Baumwollindustrie.
Als Zentrum des heutigen Anbaues von Gossypium herbaceum sieht Watt.
der sich sträubt, Vorderindien als seine Heimat zu betrachten, die nördlichen
Teile von Arabien und Mesopotamien an, wo er nach ihm wahrscheinlich
einheimisch ist. Gossypium herbaceum war jedenfalls mit den frühen Sarazenen
vergesellschaftet; ihre Religion, ihre Baumwolle, ihr Zuckerrohr waren nach
Watt die drei Agenten ihrer Zivilisation. Als kultivierte Pflanze wurde die
Baumwolle durch sie nach Konstantinopel gebracht und möglicherweise durch
die Türkei, Kleinasien, Armenien, Kurdistan und Mesopotamien nach Khotan
und Persien, wenn nicht gar an die Grenze von Ostindien. Sie mögen auch
die Baumwolle nach Ägypten gebracht haben in Verbindung mit ihrem Bagdad-
Handel, der nach der Eroberung Spaniens über Alexandrien ging.

Nach meiner Meinung muß man auf Grund der Herbarexemplare, wie der
weiter oben gegebenen Namen der Baumwolle annehmen, daß die Baumwolle,
und zwar speziell auch Gossypium herbaceum, in einem viel größeren Gebiet.
von Ostindien bis Kleinasien, ja bis Abessinien einheimisch ist.

Aus dem 14. Jahrhundert haben wir über Indien Nachrichten von
Rashiduddin (Jamiu-t Tawarikh 1310 n. Chr.), der nach Watt vieles von
Ali Biruni (dieser lebte 970—1039) entnahm. Er sagt, die Baumwollpflanzen
von Gujarat wachsen wie Weiden und Platanen und geben 10 Jahre lang Ertrag. Marco Polo hatte auch bei Gujarat gesagt, die Baumwollbäume würden
sehr groß und 20 Jahre alt, gäben aber in den letzten Jahren nur Material
zum Stopfen von Kissen. (Ob das nicht Bombax Ceiba war? L. W.) Marco
Polo spricht auch von Socotra und Abash (Abessinien), die beide viel Baumwolle besitzen und feine Gewebe (buckrams) anfertigen.

Im 16. Jahrhundert spricht Ralph Fitch, der 1583 in Ostindien reiste, von
den feinsten Baumwollgeweben in „Sinnergan"; Abul Fazil, ungefähr um
dieselbe Zeit, von Baumwollgeweben „Cassas" in Soonergong.

---

[1]) Watt sagt: Vgl. Adler und Casanowicz, Biblical Antiq. in Ann. Report Smithsonian Institution, S. 1005. Washington 1896.

[2]) Nach Balls, Studies, S. 119, sollen die Kalifen Omar und Aly in baumwollenen
Gewändern gepredigt haben. Balls nimmt an, daß die Baumwolle erst um 200 v. Chr.
in Ägypten existierte.

[3]) Banqueris Übersetzung II, Kap. 22, S. 103.

Mir Muhammad Masum aus Bhakkar redet in seiner „History of Sind" 1600 von Baumwollpflanzen, die so groß wie Bäume würden.

Der Reverend E. Terry, Kaplan bei der Gesandtschaftsreise von Sir Thomas Roe nach Indien 1615, erwähnt die Baumwollpflanzen bei Surat, die drei bis vier Jahre stehen blieben.

Della Valle (Travels in India 1623) sagt, daß das Surat-Leinen alles „bumbast" oder Baumwolle sei. Rheede beschreibt die Baumwolle, die er 1686 in Malabar sah, als einen Strauch 10—12 Fuß hoch, an sandigen Plätzen, er sagt nicht, ob kultiviert. Nach seiner schönen Abbildung im Hortus malabaricus ist es Gossypium arboreum.

Was noch Ägypten anbetrifft, so vermutet Yates (Textrinum Antiquorum) (Watt, S. 14), daß die von Plinius erwähnte Baumwolle in Oberägypten, die sich durch sehr große Kapseln und wollige Fasern auszeichne, auch Gossypium arboreum gewesen sei. Yates macht ferner darauf aufmerksam, daß in der Abschrift von Plinius' Werken und denen des ein Jahrhundert später lebenden Pollux[1]) im 14. Jahrhundert n. Chr. von den Abschreibern vielfach Randbemerkungen gemacht seien, die man nicht als echt ansehen dürfe.

Yates behauptet, daß die Baumwolle erst um das 13. und 14. Jahrhundert n. Chr. in Ägypten gebaut wurde und daß der arabische Arzt Abdullatiph, der Ägypten 1200 besuchte, in seiner Liste der von ihm gesehenen Pflanzen die Baumwolle nicht aufführt. Prosper Alpinus (De plant. Aeg.) sagt 1592, daß die Ägypter Baumwolle aus Syrien und Cypern importierten und sie selber sie nur als Zierpflanze im Garten bauten. Nach seiner Abbildung soll das Gossypium arboreum gewesen sein. Denham gibt S. 14, Abb. 3, die Abbildung wieder, sie zeigt allerdings einen verzweigten Stamm.

In Abessinien ist die Kultur der Baumwolle wohl ebenso alt wie in Ägypten. Sie führt dort den Namen Tit. Nach Kostlan[2]) wird sie in der Kolla und den unteren Lagen der Woina Deka gebaut, und zwar G. herbaceum; auch G. arboreum kommt vor.

Überblicken wir die Geschichte der Baumwolle in der Alten Welt, so wird man Otto Warburg recht geben müssen, wenn er in seiner Pflanzenwelt, II. Bd., S. 402 sagt, daß die Baumwollkultur zwar in eine frühe Zeit hineinreicht, aber ihr Alter mit dem der älteren Zerealien, wie Weizen, Gerste, Reis, Hirse sowie dem des Weinstocks, des Leins usw. nicht zu vergleichen ist. — Dies erklärt sich zum Teil daraus, daß vielfach den Menschen Wolle zur Verfügung stand, und zum Teil dadurch, daß das erste Anbaugebiet ein beschränktes war. Ordnen wir die Kunde von der Baumwolle chronologisch, so haben wir etwa

800 v. Chr.: Baumwolle nicht als Gewebe, sondern als Opferfaden für die Brahmanen.

484—408 v. Chr.: Herodot berichtet über Baumwolle in Indien.

370—285 v. Chr.: Theophrast berichtet über Baumwolle in Indien.

333 v. Chr.: Alexanders des Großen Begleiter berichten über Baumwolle in Indien.

79 n. Chr.: Plinius berichtet über Baumwolle in Oberägypten.

100 n. Chr.: Josephus berichtet über Baumwolle in Palästina.

---

[1]) Julius Pollux aus Naukratis in Ägypten schrieb ein Onomasticon (d. h. Wörterbuch) 177 n. Chr. in zehn Büchern. Darin wird nach Denham, S. 6, die Baumwolle dem Leinen und der Seide gegenübergestellt.

[2]) Kostlan: Beihefte z. Tropenpflanzer, Jg. 14, S. 240, 1913. Kolla = Tiefland, Woina Deka = Weinland, mittleres Hochland.

9. Jahrhundert: Araber bringen die Baumwolle nach Sizilien.

10. Jahrhundert: Araber bringen die Baumwolle nach Spanien.

11. Jahrhundert: Baumwolle kommt nach China, hat dort aber selbst im 13. Jahrhundert noch keine Bedeutung. (Daß die Söhne des himmlischen Reiches bereits um das Jahr 2300 v. Chr. zu Kaiser Yoas Zeit ihre gelben Glieder in baumwollene Gewänder hüllten, wie Supf[1]) sagt, ist, wie der Kaiser Yoas selbst, wohl nur eine Sage. Die älteren chinesischen Schriftsteller liebten es, wie mir Herr Professor Dr. F. W. K. Müller sagte, alles recht alt darzustellen.)

1430 erste Erwähnung des englischen Baumwollhandels. Bis zum 17. Jahrhundert lieferten Ostindien und die Levante, besonders Smyrna und Cypern den ganzen Bedarf Europas an Baumwolle; bis 1592 wenigstens auch den von Ägypten. 1590 wurden Baumwollstoffe von Guinea in London eingeführt. Um 1750 brachte die Erfindung der mechanischen Spinnerei einen größeren Materialverbrauch, und man war genötigt, sich nach anderen Produktionsgebieten umzusehen. So kam allmählich Nordamerika als Lieferant in Betracht. Dort hatte man schon im 16. Jahrhundert englische Kolonien gegründet. Die systematische Kultur der Baumwolle begann aber nach Watt erst in der zweiten Dekade des 17. Jahrhunderts, und zwar mit Samen aus der Levante und Westindien.

Abb. 2 Die Entstehung des Barometz, des Pflanzenschafes. Nach Sir John Mandeville (Maundeville).
Aus Oppel, Die Baumwolle. Die Lämmer kommen angeblich aus den Früchten heraus.

Bevor wir uns der Geschichte der Baumwolle in der Neuen Welt zuwenden, sei noch der Fabel vom Pflanzenschaf oder der Schafspflanze der Tatarei, des skytischen Schafs oder Barometz gedacht (Barometz, Schaf oder Lamm). Abb. 2 nach Oppel. Keine mythologische Erdichtung des Mittelalters hat nach Henry Lee (zitiert von Oppel, S. 18) so viel Aufsehen gemacht und ist so zähe festgehalten worden wie die vom Pflanzenschaf. Man dachte sich den Barometz als ein Doppelwesen, Tier und Pflanze. Wenn die Frucht des Baumes reif sei, breche sie auf und zeige ein vollständig entwickeltes kleines Lamm.

Oppel bringt drei Abbildungen (seine Abb. 2—4) des Pflanzenschafes. Die erste (Abb. 2) nach Sir John Maundeville, der 1322 nach dem Osten reiste und in England zur Verbreitung des Märchens viel beitrug; die zweite (Abb. 3) nach Claude Duret; die dritte (Abb. 4) nach Johannes Zahn. Wir geben die erste, die sich auch in Warburg, Die Baumwolle S. 43 findet, hier wieder.

Noch im Jahre 1725 schrieb der Danziger Kaufmann Philipp Breyn, ein tüchtiger Botaniker, eine „Dissertationcula de Agno vegetali. Scythio, Barometz vulgo dicto".

---

[1]) Supf, Kurt: Deutsche Kolonial-Baumwoll-Berichte 1900—1908. 1. Artikel. Zur Baumwollfrage, S. 3.

B. Geschichte der Baumwolle in der Neuen Welt.

Hier können wir uns kürzer fassen, schon aus dem Grunde, weil wir über den Anbau im alten Amerika wenig wissen. Das aber kann man annehmen, daß fast überall, wo das Klima es zuließ, schon lange vor der Entdeckung Amerikas von den Eingeborenen Baumwolle kultiviert und verarbeitet wurde. Schon bei der Landung des Genuesers Christoph Kolumbus 1492 auf der Insel Guanahani (St. Salvador) machten die Eingeborenen ihm Baumwolle zum Geschenk. Besonders ausgebildet aber war die Verarbeitung im alten Mexiko. Die Azteken fertigten schön gewebte Gewänder, die noch dazu schön gefärbt waren. Besaßen sie doch die prächtigsten Farbstoffe, Koschenille, Indigo, Orleans, Brasilholz usw. Cortez sandte solche prächtige Stoffe an Karl V. Ähnlich war es bei den Mayavölkern und den Chibchas in Kolumbien. Schmale Streifen Baumwollzeug sollen nach Clavigero als Geld gedient haben, wie noch heute im Sudan (Oppel), und ferner sollen nach Humboldt Papier aus Baumwolle, ja sogar Panzerhemden daraus hergestellt sein. Nach der Eroberung durch die Conquistadores ging leider die so hochstehende Kultur, wie Warburg sagt, wieder ein. — Die erste Abbildung mexikanischer Baumwolle findet sich bei Hernandez 1651. Denham reproduziert sie S. 16, Abb. 4. Ein Blatt ist einzeln dargestellt, kurz dreilappig, ganz vom Upland-Typus.

Von den Mayavölkern berichtet, wie Oppel mitteilt, Villagutierro Soto-Mayor: „Sie bauten und webten Baumwolle, und sie webten ihre Tücher mit Geschick und Fleiß, indem sie ihnen ihre vorzüglichen Farben gaben; das Rot im Überfluß, das sie vom Brasilholz[1]) bekamen, und das Schwarz mit Pulvern, welche sich in allen Häusern fanden, in Barillas[2]) in solcher Menge, daß man annahm, daß sie dieselben von anderen Völkern im Umtausch gegen andere Sachen einhandelten, denn das Geld der Spanier schätzten sie nicht und wußten auch nicht, was es war, bis es ihnen erklärt wurde.“

Auch die Chibchas hatten viel Baumwolle, die zum Teil verarbeitet wurde. Die gewöhnlichen Kleidungsstücke waren (nach Oppel) von weißer Farbe. Nur die Vornehmen pflegten schwarz und rot bemalte Gewänder zu tragen, und darin bestand ihr größter Reichtum. Als die Spanier ins Land kamen, fanden sie ganze Häuser voll davon; leinene und wollene Kleider waren noch viele Jahre nach der Eroberung nicht vorhanden und wurden erst durch die Spanier eingeführt.

Die alten Peruaner verwendeten ebenfalls viel Baumwolle, wie sich aus den Gräberfunden, namentlich auf dem Totenfeld zu Ancon bei Lima ergibt[3]).

Während die Agavefaser wohl hauptsächlich zu Seilerarbeiten diente, wurde die Baumwolle versponnen und gewebt mit ähnlichen einfachen Geräten, wie man sie bei allen Naturvölkern findet, ähnlich wie die Fischerei-Gerätschaften bei allen alten Völkern und selbst in der Neuzeit oft dieselben sind.

Roh wurde die Baumwolle auch zum Ausstopfen der Brüste bei den Mumien benutzt.

In Ancon, wo hauptsächlich arme Fischer die Bevölkerung bildeten, ver-

---

[1]) Brasilholz = Caesalpinia echinata.   [2]) barril = Faß, auch großer Krug.

[3]) Reiss und Stübel: Das Totenfeld von Ancon. Gr.-Fol., mit vielen Tafeln. Berlin 1887. — Siehe auch Wittmack: „Die Nutzflanzen der alten Peruaner“ im Bericht über den internationalen Amerikanistenkongreß zu Berlin 1888, S. 325 ff. Berlin 1890. — Costantin und Bois fanden auch Baumwollsamen, Revue génér. Bot. Bd. 22, S. 242 bis 265, 1910. Ref. in Zeitschr. f. Botanik, Bd. III, S. 518. 1911.

wendete man aber nach Rochebrune[1]) auch Wolle vom Wollbaum, Bombax oder Ceiba pentandra, und zwar zum Umwickeln von kleinen Tonfiguren, die Lamas darstellen sollten, ferner zum Umwickeln von Puppen usw.

Die von mir gemessenen Baumwollfasern aus Ancon sind etwa 26 μ [2]) breit und ihre Wand 8—10 μ dick. Die Farbe ist dunkelbraun, hell bräunlich-grau, aber auch weiß. Das Gewebe ist zum Teil auch weiß, die Schnüre schwarz. Einige Fasern sind wenig gedreht, andere normal, noch andere gedrehte zeigen spiralige Streifung im Lumen.

J. de Acosta sagt in seiner Historia natural y moral de las Indias, S. 255, Sevilla 1590, anscheinend zunächst von Mexiko, da er eben vorher vom Koschenille-Kaktus gesprochen hat, dann auch von Südamerika usw. überhaupt:

Die Baumwolle wächst auf kleinen und großen Bäumen. Die Kapseln enthalten jene Fäden oder Haare, welche sie spinnen und weben und daraus Zeug anfertigen. Es ist eine der größten Nutzpflanzen, welche die Indianer haben; denn sie dient ihnen statt Leinen und Wolle. Sie wächst in heißen Gegenden, in den Tälern und an der Küste von Peru viel, in Neuspanien, den Philippinen, China und noch mehr, soviel ich weiß, in der Provinz Tucuman, in Santa Cruz de la Sierra und in Paraguay, und in diesen Gegenden bildet sie das Haupteinkommen. Von San Domingo bringt man Baumwolle nach Spanien, im genannten Jahr (1583 ?) 64 Arrobas (à $11^1/_2$ kg). In den Teilen Indiens, wo Baumwolle wächst, gibt sie das Gewebe, in welches sich Männer und Frauen am meisten kleiden; sie machen auch Tischtücher und Segel daraus. Eine (Sorte) ist grob und dick, eine andere zart und fein; man hat sie auch in verschiedenen Farben, und geben diese die Verschiedenheiten, wie wir sie an Tüchern Europas an der Wolle sehen.

Ob die Eingeborenen in Brasilien überall die Baumwolle anbauten, steht dahin; jedenfalls benutzten sie aber die Fasern. Nach Beauchamp, der die Zeit von 1500—1521 behandelt, machten sie Bogensehnen aus Baumwolle, und nach Visconte de Porto Seguro umwickelten die Bewohner des oberen Amazonastales die Pfeile für ihre Blasrohre mit Baumwolle, die Küstenbewohner aber fertigten, wie Auguste de Saint-Hilaire berichtet, Stricke, Hängematten und auch Kleidungsstücke daraus. Gabriel Sari de Souza, der 1570—1587 in dem heutigen Staat Bahia lebte, erzählt u. a., daß die Männer ihr Haar so lang tragen, daß es ihren Leib erreicht, bisweilen haben sie es mit Baumwollstreifen besetzt und verflochten, so daß es wie ein breites Gewebe aussieht. Die Frauen sind kahl geschoren und tragen Schürzen aus Baumwollfäden mit einer langen Franse. Daß hier die Baumwolle kultiviert wurde, geht daraus hervor, daß Souza berichtet, die Eingeborenen behackten die Pflanzen zwei- bis dreimal, um sie vom Unkraut zu reinigen. — Im Jahre 1570 erschien auch brasilianische Baumwolle auf dem Ulmer Markt (nach Oppel).

Magellan (Magalhães 1519) fand, daß die Bewohner Brasiliens eine vegetabilische Daune für ihre Betten und zum Spinnen von Fäden usw. benutzten. Cabeza de Vaca soll 1536 eine wilde Baumwolle in Texas und Lousiana gefunden haben.

Vereinigte Staaten von Nordamerika. Nach Bancroft wurden die ersten Versuche des Anbaues in den Vereinigten Staaten in Virginien während Wyatts Verwaltung 1621 gemacht; 1733 begann die Kultur in Karolina durch den Schweizer Peter Purry, und ein Jahr später ebenfalls durch

---

[1]) Rochebrune in Actes de la Soc. Linnéenne de Bordeaux XXXIII (4. sér., t. III), Janvier 1880.

[2]) $\mu = {}^1/_{1000}$ mm.

einen Schweizer, Samuel Anspurge, in Georgia. 1788 ging die erste Ladung von Georgia-Baumwolle nach England.

Im Jahre 1758 wurde weiße Siam-Baumwolle in Louisiana eingeführt. 1784 kamen 14 Ballen Baumwolle aus Amerika nach Liverpool, von denen 8 Ballen konfisziert wurden, da so viel Baumwolle in den Vereinigten Staaten nicht erzeugt werden könne. — Im Jahre 1788 wurde die schwarzsamige Baumwolle, G. barbadense, von den Bahama-Inseln in Georgia eingeführt.

Die erste Baumwollspinnerei in den Vereinigten Staaten scheint in Beverly, Massachusetts, 1787 errichtet zu sein (nach Matthews).

C. Fossile Baumwolle.

Eine der interessantesten Entdeckungen ist die, daß in Braunkohlen Baumwoll- und Leinenfasern von G. Wisbar und J. Marcusson nachgewiesen sind. Prof. Dr. G. Wisbar berichtet darüber in Nr. 52 der Zeitschrift „Braunkohle", Jg. 22, S. 789—793, 1924, mit 3 Abbildungen [1]). Durch ein besonderes Aufschließungsverfahren war es ihnen gelungen, die Braunkohlensubstanz allmählich vollständig in Lösung zu bringen, während Pflanzenzellen, Kutikula- (Oberhaut-) Fetzen und sandige Teile zurückblieben. Die Blau- und Violettfärbung, welche bei den Zellen mit Chlorzinkjod, Jodschwefelsäure und Jodphosphorsäure eintrat, ließ keinen Zweifel, daß es sich um Zellulose handelte, und die allerdings geringen Mengen Faser zeigten teils die Struktur von Baumwolle, andere die von Flachs.

Das Verfahren besteht im wesentlichen darin, daß eine Probe von etwa 50 g Braunkohle mit 3—4 prozentiger Natronlauge auf dem Dampfbade mehrere Stunden erhitzt wird. Man läßt dann mehrere Tage bei Zimmertemperatur stehen und filtriert durch ein feines Messingsieb. Dann wird wiederholt durch Dekantieren mit Wasser gewaschen und nach Hugo Mueller [2]) abwechselnd mit Bromwasser und mit 3—4 prozentiger Natronlauge behandelt. Näheres wolle man im Original nachsehen.

Wenn es auch zunächst überraschend scheint, daß in früheren Zeiten in Deutschland Baumwolle wuchs, so weist Wisbar darauf hin, daß noch im jungen Tertiär (Miozän) bei uns ein bedeutend milderes Klima als heute geherrscht haben muß, was aus der Zusammensetzung der Braunkohlenflora und der Tertiärflora überhaupt zur Genüge hervorgeht. Im älteren Miozän waren sogar noch Palmen bei uns vorhanden, worauf Gothan [3]) und Mathiesen erst neuerdings wieder hingewiesen haben.

Man könnte vielleicht einwenden, daß Baumwolle und Flachs sich gegenseitig ausschließen, da der Flachs ein kühleres Klima verlangt. Das ist aber nicht der Fall. In Ostindien und Argentinien wird auch in wärmeren Lagen Flachs, meist zur Leinsamengewinnung, gebaut.

---

[1]) Wisbar, Dr. G.: Nachweis von Zellulose in Form von gut erhaltenen Baumwoll- und Leinenfasern (wie Samenhaare von Gossypium und Bastzellen von Linum) in deutscher Braunkohle.

[2]) Witt, Otto N.: Chemische Technologie der Gespinstfasern, S. 111. Braunschweig: Vieweg 1888.

[3]) Gothan: Die „Braunkohle", Jg. 22, Nr. 36. Gothan hat inzwischen auch nachgewiesen, daß die sog. „Affenhaare" in der Braunkohle Kautschukfäden! sind. Berichte der Deutschen botan. Gesellschaft, Bd. 43, S. 87—90, 1925.

III. Wichtigste Literatur.

Oppel, A.: Die Baumwolle nach Geschichte, Anbau, Verarbeitung und Handel, sowie nach ihrer Stellung im Volksleben und in der Staatswirtschaft. Im Auftrage und mit Unterstützung der Bremer Baumwollbörse, 745 Seiten, 236 Abbildungen und Karten. Leipzig: Duncker & Humblot 1902. — Warburg, O., und van Sameren Brand: Kulturpflanzen der Weltwirtschaft, Artikel X. Baumwolle von O. Warburg, mit vielen Abbildungen, S. 933. Leipzig, ohne Jahreszahl (1908). — Warburg, O.: Die Pflanzenwelt, Bd. 2, S. 399. Leipzig und Wien 1916. — Watt, Sir George: The wild and cultivated Cotton plants of the world. A Revision of the genus Gossypium, 406 Seiten, 53 z. T. farbige Tafeln. London, New York, Bombay and Calcutta 1907. — Siehe auch Watt: Dictionary of the Econom. Products of India. Bd. 4, S. 1—174. 1890. — Ritter, Karl: Über die geographische Verbreitung der Baumwolle. I. Abschnitt: Antiquarischer Teil (weiter nichts erschienen) in Abhandlungen der Akademie der Wissenschaften zu Berlin 1852, S. 204. — Brandes, H.: Über die antiken Namen und die geographische Verbreitung der Baumwolle im Altertum. Im 5. Jahresberichte des Vereins von Freunden der Erdkunde zu Leipzig 1865. Leipzig: J. C. Hinrichsche Buchhandlung 1866. — Denham, H. J.: Gossypium in Pre-Linnaean Literature. Oxford Botanical Memoirs Nr. 2. Verlag der Humphrey Milford Oxford University Press 1919. — Matthews, J. Merritt: The textile fibers, 4. Aufl. New York 1924. — Pauly, Real-Enzyklopädie des klassischen Altertums, V. Halbband, S. 167, 1897. — Wiesner: Die Rohstoffe aus dem Pflanzenreich, Bd. 3, 4 Aufl., 1927. — Schilling, Ernst: Die Faserstoffe des Pflanzenreiches (Bücherei der Faserforschung, herausgegeben von Prof. Dr. Tobler, Bd. 2), Leipzig 1924. — Textil-Literatur-Verzeichnis, unter Mitwirkung von Prof. Dr. Krais. Dresden, ohne Jahreszahl, etwa 1923. — Kuhn, H.: Die Baumwolle. Wien, Pest und Leipzig 1892. — Zimmermann, A.: Anleitung für die Baumwollkultur in den deutschen Kolonien. 2. Aufl., Berlin 1910. — Lasteyrie, Ch. Phil. de: Du Cotonnier et de sa culture. Paris 1808. — Tschirch, A.: Handbuch der Pharmakognosie. Bd. 2, 1. Abt. Leipzig 1912. — Pietsch: Die Baumwolle. Leipzig 1920. — Kränzlin, G.: Die Baumwolle. (Wohltmann-Bücherei, Hamburg.) Im Erscheinen begriffen. — Ulbrich, E.: In Gartenflora 1917. — Derselbe in Diels, Ersatzstoffe aus dem Pflanzenreich. Stuttgart 1918, S. 373. — Goulding, E.: Cotton and other Vegetable Fibres: their production and utilisation. (Imperial Institute Handbooks.) London: John Murray 1917. 97 S. — Harland, S. C.: On the Genetics of Crinkled Dwarf Rogues in Sea Island Cotton. (West Indian Bulletin, Vol. XVI, S. 82—84, 353—355, mit Abb. Bridgetown: Barbados 1916—18.) — Harland, S. C.: On the Inheritance of the number of teeth in the bracts of Gossypium. (West Indian Bulletin, Vol. XVI, S. 111—120, mit Abb. Bridgetown: Barbados 1917.) — Mason, T. G.: Growth and Abscission in Sea Island Cotton. (Annals of Botany, Vol. XXXI, S. 457—484, mit 14 Abb. London 1922.) — Ewing, E. C.: A study of certain environmental factors and varietal differences influencing the fruiting of Cotton. (Mississipi Agric. Exper. Stat. Technical Bulletin, Nr. 8, S. 1—92, mit 40 Abb. Jackson 1918.) — Dudgeon, G. E.: History, development, and botanical relationship of Egyptian Cottons. (Ministry of Agriculture, Egypt. Egyptian Agric. Products 1916, Nr. 3 A, 84 S. und 10 Tafeln. Cairo 1917). — Leake, H. M.: Experimental Studies in Indian Cottons. (Proc. Roy. Soc. London, Ser. B, Vol. 83, S. 447—551, 1911.) — Alle folgenden finden sich in den Memoirs of the Department of Agriculture in India, Botanical Series (in Calcutta): Gammie, G. A.: The Indian Cottons. (Vol. II, Nr. 2, S. 1—23, 14 farbige Tafeln 1908.) — Fyson, P. F.: Some experiments in the Hybridising of Indian Cottons. (Vol. II, Nr. 6, S. 1—29, Abb. 1—19, 1908.) — Leake, H. M., und R. Prasad: Notes on the incidence and effect of Sterility and of Cross-fertilisation in the Indian Cottons. (Vol. IV, Nr. 3, S. 37—72. 1912.) — Leake, H. M., und R. Prasad: Observations on certain Extra-Indian Asiatic Cottons. (Vol. IV, Nr. 5, S. 93—114, Tafel 1—7. 1912.) — Leake, H. M., und R. Prasad: Studies in Indian Cottons. I. The vegetative characters. (Vol. VI, Nr. 4, S. 115—150, Tafel 1—19, und 3 Karten. 1914.). — Kottur, G. L.: "Kumpta" Cotton and its Improvement. (Vol. X, Nr. 6, S. 221—272, Tafel 1—7. 1920.) — Patel, M. L.: Studies in Gujarat Cottons. Pt. I. (Vol. XI, Nr. 4, S. 75—127, Tafel 1—8. 1921.) — Pt. II. (Vol. XII, Nr. 5, S. 185—262, Tafel 1—3, 1924.) — Kottur, G. L.: Studies in Inheritance in Cotton. I. History of a cross between Gossypium herbaceum und G. neglectum. (Vol. XII, Nr. 3, S. 71—133, Tafel 1. 1923.) — Johnson, W. H.: Cotton and its production London 1927.

Zeitschriften: „The Empire Cotton Growing Review", auf Veranlassung der Empire Cotton Growing Corporation. Eine Vierteljahrsschrift reichen Inhalts. London, 4 Sohe Square: A. & C. Black. — „Annual Reports (1920—22) of the Cotton Research Board". Ministry of Agriculture, Egypt, published at the Government Press, Cairo. — Die meisten Zeitschriften siehe im Text und in den Fußnoten.

B. Spezieller Teil.

IV. Systematik.

A. Allgemeines.

Die verschiedenen Baumwollarten bilden zusammen die Gattung Gossypium, und diese gehört zur Familie der Malvengewächse oder Malvazeen. Die Malvazeen sind meistens krautartige, in den Tropen aber nicht selten auch strauchartige oder gar baumförmige Gewächse mit wechselständigen Blättern, die oft gelappt sind. Die Blüten sind nach der Fünfzahl gebaut, doch wird diese Zahl bei den Fruchtblättern der eigentlichen Malven, die

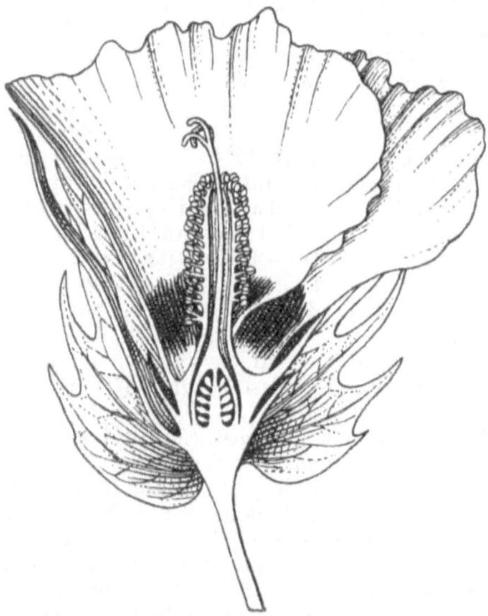

Abb. 3. Blüte von Abbassi-Baumwolle, einer ägyptischen Sorte, im Längsschnitt.
Nach Zimmermann.

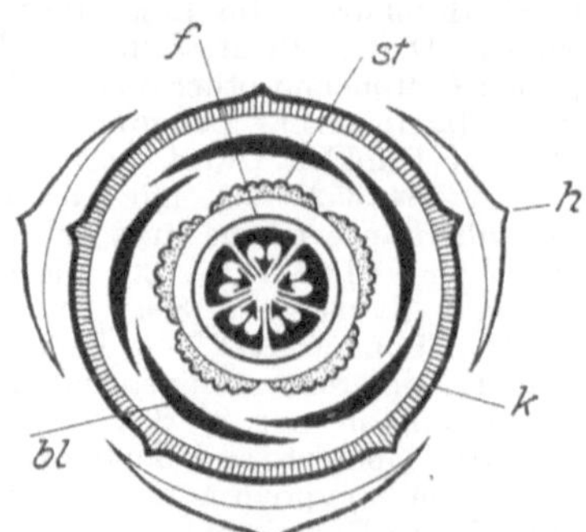

Abb. 4. Grundriß (Diagramm) der Baumwollblüte.

h die drei Blätter des Hüll- oder Außenkelchs, auch Brakten genannt. *k* der eigentliche, einen Becher bildende Kelch. *bl* Blumenblätter, hier deren rechte Seite deckend. *st* die unten zu einer Röhre verwachsenen Staubgefäße. *f* der hier fünffächerige Fruchtknoten. (Original.)

sog. Spaltfrüchte bilden, weit überschritten. Charakteristisch ist, daß außerhalb des eigentlichen Kelches noch ein Hüllkelch oder Außenkelch vorhanden ist, der bei der Baumwolle aus 3 Blättern besteht, die meist sehr groß und oft zerschlitzt sind. Die Blumenblätter sind frei, nur bei der Baumwolle am Grunde etwas verwachsen, meist unsymmetrisch und in der Knospenlage gedreht, d. h. jedes Blumenblatt deckt mit demselben Rande und wird mit dem anderen Rande gedeckt. Ist, von außen gesehen, der rechte Rand der deckende, so ist das rechts deckend, aber links gedreht; umgekehrt, wenn der linke Rand deckt, heißt es links deckend, aber rechts gedreht, wie der Zeiger der Uhr. Um Mißverständnisse zu vermeiden, tut man gut, die Ausdrücke links gedreht und rechts gedreht nicht zu gebrauchen, sondern zu sagen, rechts deckend bzw. links deckend. (Abb. 3 und 4.)

Höchst charakteristisch ist ferner, daß die zahlreichen Staubfäden zu einer Röhre verwachsen sind, durch die der Griffel hindurchtritt. Die Staubfäden sind in ihrem oberen Teil der Länge nach in zwei Hälften gespalten, jede Hälfte trägt daher nur einen halben Staubbeutel, eine einfächerige, nicht zweifächerige Anthere; die Blütenstäubchen oder Pollenkörner sind sehr groß und stark bestachelt. (Abb. 5 a.)

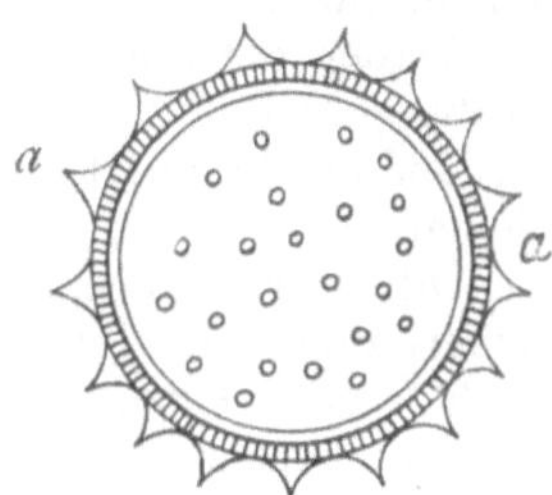

Der Fruchtknoten besteht aus drei bis vielen Fruchtblättern[1]), die entweder jedes für sich bleiben und Spaltfrüchte bilden, wie bei den eigentlichen Malven und Stockrosen, oder zu einer Kapsel verwachsen, wie bei der

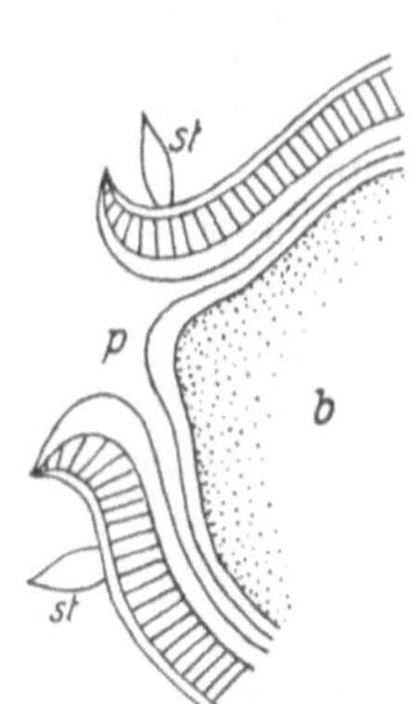

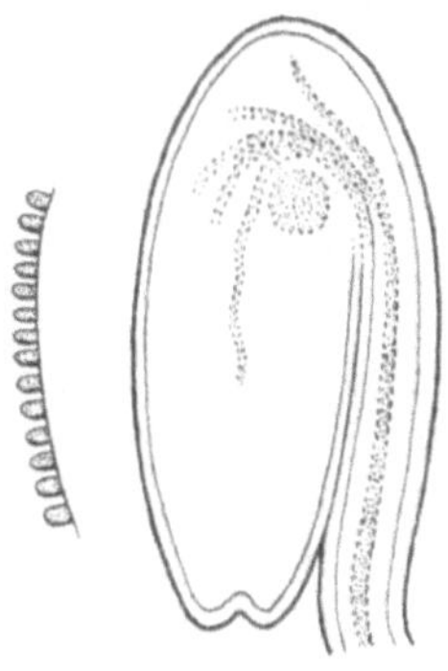

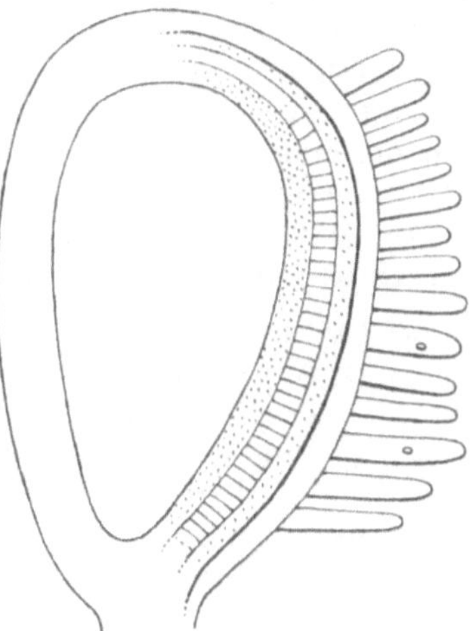

Abb. 5. Pollenkern.

a Original. *b* Pollenschlauch. *p* im Begriff auszutreten, frei nach D e n h a m. *st* durchschnittene Stacheln.

Abb. 6 a.

Optischer Längsschnitt durch eine umgewendete Samenanlage mit der Naht (rechts) und der Chalaze (der obere Kreis). Links die ersten Anfänge der Haare. (Original.)

Abb. 6 b. Samenanlage, etwas weiter entwickelt, mit Haaren.
(Schematisches Original.)

Baumwolle. Griffel bei Spaltfrüchten meist so viele als Fruchtblätter, bei Kapseln nur einer mit 3—5 Narben. Die Spaltfrüchte enthalten je nur einen Samen, die Kapseln mehrere in jedem der 3—5 Fächer. Die jugendlichen Samen (die Samenanlagen) sind im Fruchtknoten an der Mittelachse befestigt, entweder aufsteigend, hängend oder horizontal. Sie sind stets umgewendet, d. h. der Keimmund liegt neben der Anheftungsstelle (Abb. 6 a). Der Keimling füllt fast den ganzen reifen Samen aus. Er ist in der Regel gekrümmt und hat zwei große, gefaltete blattartige Keimblätter, die beim Keimen über die Erde treten. Für Nährgewebe bleibt nur wenig Platz; es liegt hauptsächlich unter der Schale des Samens.

Die Blätter sind oft an demselben Stock verschieden, die untersten und die obersten oft ungeteilt, die übrigen 3—5-, selten mehrlappig. Zweige und Blätter sind namentlich in der Jugend mit Sternhaaren, Köpfchenhaaren

---

[1]) Gewöhnlich wird angegeben fünf bis viele Fruchtblätter, bei der Bamwolle sind aber oft nur drei, seltener vier, öfter fünf. K. S c h u m a n n sagt in E n g l e r und P r a n t l, Natürliche Pflanzanfamilien, III. Teil, 6. Abt., S. 32: „3 Fruchtblätter setzen das Ovar bei Gossypium und Cienfuegosia zusammen." Das ist wieder nur teilweise zutreffend.

(Drüsenhaaren) oder einfachen oder mit allen drei Arten von Haaren bekleidet, die öfter bald abfallen.

Die Blumenblätter sind dem Grunde der Staubfädenröhre angewachsen; nach dem Verblühen fallen beide gemeinsam ab. Die Staubbeutel sind meistens gelb, nierenförmig und springen durch einen über den Scheitel sich hinziehenden Spalt auf. — Die Pollenübertragung erfolgt gewöhnlich durch Insekten. Er wird meist eher entlassen, als die Narben empfängnisfähig sind. (Die Blüten sind protandrisch, voreilig männlich.) Daher entstehen viele Bastarde; doch kommt auch bis zu $50\,^0/_0$ Selbstbestäubung vor.

Die Malvazeen haben meist zähen Bast und viel Schleim, der sie befähigt, das Wasser zu speichern und in trockenen Gegenden zu leben.

Ihre Samen sind entweder nierenförmig wie die Spaltfrüchte der Malven, die Käseschnitten ähnlich sehen, oder eiförmig. Die Oberhautzellen der Samenschale sind oft zu Wärzchen oder kurzen Härchen (Filz- oder Grundwolle) oder außerdem zu langen Haaren wie bei der Baumwolle ausgezogen.

Die Malvazeen sind fast über die ganze Erde mit Ausnahme der kalten Zone verbreitet, besonders aber in den wärmeren Gegenden. Sie umfassen etwa 900 Arten und zerfallen nach der Fruchtbildung in 4 Unterfamilien, von denen uns nur die letzte, die Hibisceae, deren Frucht eine Kapsel ist, interessiert, denn zu ihr gehört die Baumwolle, Gossypium.

Die Hibisceae umfassen etwa 10 Gattungen, von denen aber nur 4 näher mit Gossypium verwandt sind.

a) Brakteolen (Blätter des Außenkelchs), klein oder schmal:
    α Kapsel aus 5 Fruchtblättern bestehend, fast
        beerenartig . . . . Thespesia (Thurberia)
    β Kapsel aufspringend, meist aus 3 Frucht-
        blättern bestehend . . . . Cienfuegosia

b) Brakteolen groß, herzförmig:
    α Fruchtknoten 5fächerig . . . . Gossypium
    β   „   3fächerig, Kapsel lederartig . Ingenhousia
    γ   „   3fächerig, Kapsel holzig . . . Selera

B. Die Gattung Gossypium.

Die Gattung Gossypium zeichnet sich, wie schon erwähnt, besonders durch den großen Außen- oder Hüllkelch aus (Involucrum), der aus 3 eiförmigen, an der Basis herzförmig geöhrten, nach der Spitze zu meist stark gezähnten oder gar geschlitzten Blättern besteht. Diese Blätter sieht man als Deckblätter an und nennt sie auch deshalb bracteolen, so besonders im Auslande. Sie sind entweder an der Basis etwas miteinander verwachsen oder frei. Jedes trägt am Grunde eine quer ovale, eingedrückte Honigdrüse (ein extraflorales Nektarium). Dieses fehlt aber nach Tyler[1]) den asiatischen Arten, ist bei den amerikanischen auch nicht immer an jeder Blüte vorhanden. Auch zwischen ihnen, am oberen Ende des Blütenstiels, sitzen 3 Nektarien in Gestalt flacher Gruben, die mit den äußeren abwechseln. Sie sind sowohl bei asiatischen wie bei amerikanischen Arten vorhanden, können aber bei einzelnen Blumen fehlen.

---

[1]) Tyler, Frederick J.: The nectaries of Cotton. U. S. Dep. of Agr. Bur. of Plant Industry. Bulletin N. 131, Part V, S. 45—54. 1. Tafel. Washington 1908.

Bei den asiatischen Arten sind sie durch eine samtartige Bedeckung von kurzen Sternhaaren (Tyler) geschützt, bei einer Varietät von Gossypium hirsutum aus Guatemala sind sie mit wenigen sehr langen, verzweigten Haaren bedeckt; den anderen amerikanischen Arten fehlen diese Haare. Näheres im Abschnitt Anatomie.

Der eigentliche Kelch ist viel kleiner als der Außenkelch und weicht von dem der meisten Malvazeen sehr ab, indem er nicht aus 5 getrennten Blättern besteht, sondern gewissermaßen einen durch Verwachsung dieser Blätter gebildeten Becher oder eine Röhre bildet. Der Rand ist entweder abgestutzt oder schwächer oder stärker fünfzähnig. Er umgibt lose den Fruchtknoten. An der Basis der Innenseite des Kelches sitzt das nur schwer sichtbare „florale" Nektarium. Es besteht aus einem Ringe warzenförmiger (papillöser) Zellen, die öfter durch einen über ihnen stehenden Ring von steifen Haaren geschützt sind. (Siehe Anatomie.)

Blumenblätter 5, groß und schön, in der Knospenlage gedreht, frei, aber am Grunde verwachsen und dort mit der Staubfadenröhre vereinigt, im Umriß dreieckig, verkehrt eiförmig, unsymmetrisch, die deckende Seite größer; unten in einen Nagel ausgezogen, meist gelb, der Nagel meist dunkel purpurn (seltener, z. B. bei Gossypium arboreum das ganze Blumenblatt purpurn), fächerartig genervt, nahe der Basis am inneren Rande gebärtet. Beim Welken alle Blumen schmutzig rosa. Staubfadenröhre an der Basis verbreitert, gewölbt, den Fruchtknoten bedeckend, unten ohne Staubbeutel, von unterhalb der Mitte an mit dicht stehenden gelben Staubbeuteln besetzt.

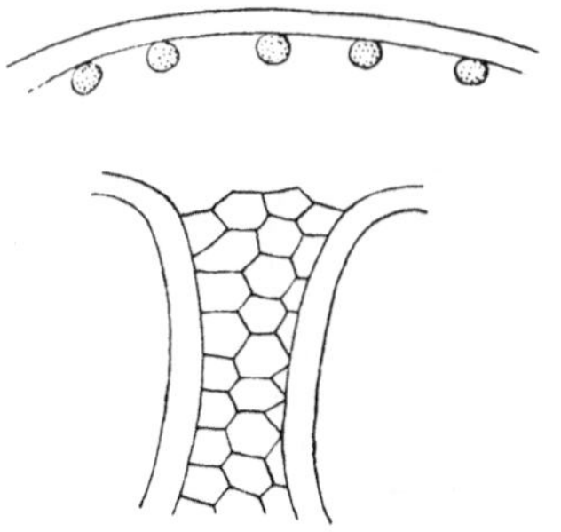

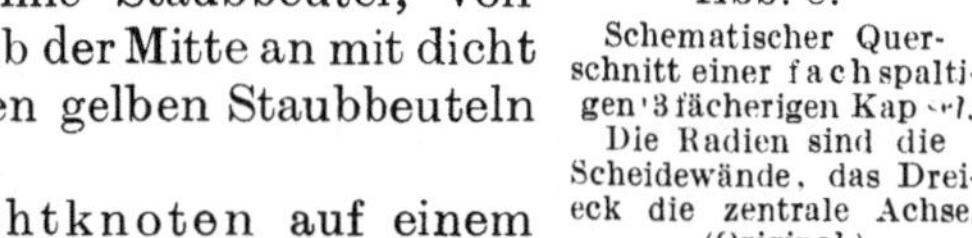

Abb. 7. Lockeres Wassergewebe in der Scheidewand der Baumwollkapsel.
Am Rande der Kapsel die Öldrüsen. Querschnitt (Original).

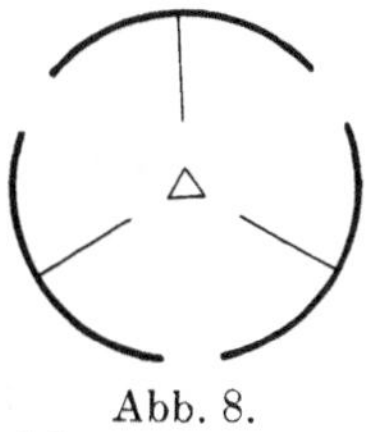

Abb. 8.
Schematischer Querschnitt einer fachspaltigen 3fächerigen Kapsel. Die Radien sind die Scheidewände, das Dreieck die zentrale Achse. (Original.)

Fruchtknoten auf einem kurzen Sockel sitzend, drei- bis fünffächerig. Samenanlagen in jedem Fach dem Zentralwinkel angeheftet, aufsteigend oder auch fast horizontal, zweireihig. Griffel etwas länger als die Staubfadenröhre, an der Spitze 3—5 spaltig, die Teile mit Wärzchen versehen und so 3—5 Narben, die oft fast verklebt sind, darstellend.

Kapsel etwa von der Größe einer grünen Walnuß, eiförmig oder fast kugelig oder kegelförmig mit kurzer oder längerer Spitze, die Scheidewände breit, mit reichlichem Wassergewebe (Abb. 7), die Außenwand lederartig, an der Spitze mit 3—5 Klappen aufspringend, und zwar in der Weise, daß sie nicht da aufspringen, wo die 3—5 Fruchtblätter gewissermaßen zusammengeleimt sind, sondern in der Mitte jedes Fruchtblattes (fachspaltig, nicht scheidewandspaltig), so daß die Klappen in der Mitte die Scheidewand tragen (Abb. 8) (ähnlich wie bei der Roßkastanie). — Die Samen sind gewöhnlich in jedem Fach der Kapsel so angeordnet, daß an der Spitze ein Same sitzt und dann zwei und zwei bis zur Basis des Faches folgen (Hilson in Pusa Bulletin 38). — Am besten ist das zu sehen bei der Nierenbaumwolle, Gossypium brasiliense. (Abb. 39.)

Samen groß, verkehrt eiförmig, etwas eckig, am Würzelchenende in eine kurze Spitze auslaufend, frei oder seltener (bei der sog. Nierenbaumwolle) die Samen eines Faches aneinanderhaftend. Samenschale lederig, fast holzig,

mit langer Wolle (Vlies) und außerdem oft noch mit kurzem Filz (Grundwolle). Nährgewebe dünn, Keim groß, Keimblätter gefaltet.

Ein- oder zweijährige Kräuter oder Sträucher, seltener Bäumchen.
Die perennierenden in der Kultur auch meist ein- oder zweijährig. Fast
überall mit schwarzen Punkten (Drüsen) bedeckt, oft durch Sternhaare oder
außerdem noch durch einfache Haare oder Köpfchenhaare rauh, selten glatt.
Stengel bzw. Stamm aufrecht, stielrund, verzweigt, Rinde oder Zweige oft
purpurn getönt, sonst grau, Blätter abwechselnd, lang gestielt, 3—5 lappig,
selten 7 lappig, herzförmig, die untersten und die obersten oft ungeteilt,
herz-eiförmig, alle unterseits stark netzaderig. Der Mittelnerv und mitunter
auch die beiden nächsten Seitennerven nahe der Basis unterseits fast stets
mit einer ovalen offenen Drüse, einem extrafloralen Nektarium. — Nebenblätter 2, ziemlich klein, lanzettlich oder lineal, zugespitzt, oft sichelförmig,
bald abfallend.

Zur Bestimmung der Tiefe der Einschnitte
zwischen den Blattlappen genügt es meistens
zu sagen: Das Blatt ist bis ein Drittel eingeschnitten, bis zur Hälfte oder über die

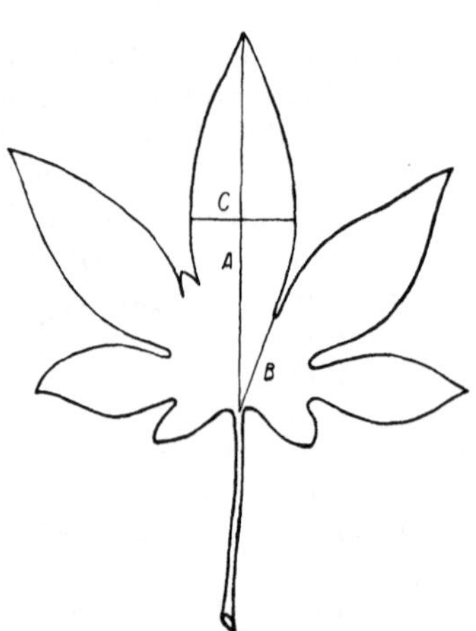

Abb. 9. Blattfaktor nach Leake

$$\frac{A-B}{C}.$$

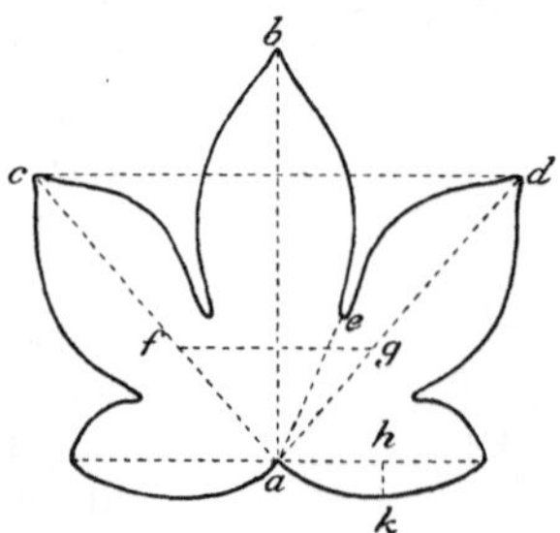

Abb. 10. Diagramm eines Baumwoll-
blattes nach Kearney.

$a\,b$ Länge, $c\,d$ Weite, $a\,e$ Buchtentfernung,
$f\,a\,g$ Winkel der Nerven, $h\,k$ basale Ausdehnung. (¹/₂ des Originals.)

Hälfte. Wenn es sich aber um genauere Vergleiche der Blattformen, z. B. bei
der Züchtung und Auslese handelt, muß man genauere Messungen vornehmen.
Vorschläge dazu sind namentlich von Leake im Journ. Asiatic Soc. IV, S. 13,
daraus in Fruwirth, Handbuch der landw. Pflanzenzüchtung, Bd. 5, S. 212,
und von Kearney (siehe unten) gemacht.

Leake (Abb. 9) mißt A die Gesamtlänge des Mittellappens, B die Entfernung vom Blattgrunde bis zur Bucht zwischen Mittel- und nächsten Seitenlappen, C die Breite des Mittellappens, und nennt die Zahl $\dfrac{A-B}{C}$ den
Blattfaktor.

Kearney (Segregation and correlation of characters in an Upland-Egyptian
cotton hybrid) in U. S. Dep. of Agric., Department-Bulletin Nr. 1164, 1923
mißt die Länge des Mittellappens (Abb. 10 $a\,b$), aber nicht seine Breite, dafür
aber, was Leake nicht tut, das Ausspreizen der Hauptseitenlappen, d. h. die
Entfernung zwischen den Spitzen derselben, was er Blattweite nennt
(Ab. 10 $c\,d$).

Das Prozentverhältnis der Blattweite zur Blattlänge nennt er Blattindex. Ein verhältnismäßig weites Blatt hat einen hohen Blattindex und
umgekehrt.

Nicht zu verwechseln damit ist der **Lappenindex** $(a\,e)$, das ist die Entfernung vom Blattgrunde bis zur **Bucht** zwischen Mittellappen und oberstem, rechtem Seitenlappen (**Leakes** B), ausgedrückt in **Prozenten der Blattlänge**. Ein hoher Lappenindex zeigt ein flach eingebuchtetes Blatt an, und umgekehrt. **Kearney** bestimmt ferner den Winkel $f\,a\,g$ der Hauptseitennerven, ausgedrückt in Graden, und endlich den **Blattausdehnungs-Index** $h\,k$, das ist die rückwärtige Verlängerung der Blattspreite unterhalb einer Linie, welche die Basis der Mittelrippe im rechten Winkel schneidet, ausgedrückt in **Prozenten der Blattlänge**.

Als Beispiel gebe ich die Maße eines größeren Blattes von Gossypium herbaceum im Kolonialhause des botanischen Gartens in Dahlem vom 3. Juli 1925.

Blattfaktor nach **Leake**: $A = 95\,\text{mm}$, $B = 52{,}5\,\text{mm}$, $C = 43\,\text{mm}$.

$$\frac{A-B}{C} = 95\,\text{mm} - 52{,}5\,\text{mm} = \frac{42{,}5\,\text{mm}}{43\,\text{mm}} = 0{,}91 \ \text{Blattfaktor.}$$

Blattindex nach **Kearney**:

$$a\,b = 95\,\text{mm} \qquad a\,e = 52{,}5\,\text{mm} \qquad c\,d = 95\,\text{mm} \qquad h\,k = 0,$$

weil das Blatt nur 3 lappig war.

Da zufällig Blattlänge und Blattweite gleich sind (95 mm), so ist das Prozentverhältnis, d. h. der Blattindex 100. Der Lappenindex ist $a\,e : a\,b = 52{,}5 : 95\,\text{mm} = 55\%$.

Kearney hält, wie er mir unter dem 14. Sept. 1926 schreibt, die Bestimmung der Breite des Mittellappens nicht für nötig, da ein „weites" Blatt meist auch einen breiten Mittellappen hat und somit Blattbreite und Mittellappen-Breite in Korrelation stehen. Wichtig ist dagegen der **Lappenindex** $(a\,e)$, da er die Tiefe der Lappung anzeigt. — Ich möchte für Lappenindex **Buchtentfernung** vorschlagen.

Blüten gestielt, meist dem Blatt gegenüber, nicht in seiner Achsel stehend (sympodial, wickelartig, siehe Biologie), Blütenstiel etwas dreikantig, an der Spitze oft verdickt und dort die Seite 24 erwähnten Nektarien tragend.

Vorkommen. Die wilden Arten sind hauptsächlich in den Ländern um den Pazifischen Ozean heimisch, sieben Arten in Ozeanien, zwei in Kalifornien, drei in Mexiko, eine in Yukatan, eine in Kolumbien, eine auf Haiti; andererseits im Gebiet des Indischen Ozeans. Die kultivierten Arten haben zum Teil in der Alten, zum Teil in der Neuen Welt ihre Heimat. (Näheres weiter unten.)

C. Geographische Verbreitung der Baumwolle[1]).

Auf der nördlichen Halbkugel ist im allgemeinen der 40. Breitengrad die Nordgrenze, doch ist das je nach den einzelnen Gebieten verschieden. In den Vereinigten Staaten hört die geschlossene Baumwollfläche schon beim $37.^{0}$ n. Br. auf, Ausnahme in Missouri bis $39^{0}\,0'$ zwischen 93 und 95^{0} w. L. von Greenwich. In Europa aber geht sie bis $42^{0}\,40'$ n. Br., und zwar in Ostrumelien am Südfuße des Balkan bei den Orten Chaskowo, Stara Zagora und Sliven. Noch weiter nach Norden geht die Grenze in der Krim in deren

---

[1]) **Eckardt**: Der Baumwollbau in seiner Abhängigkeit vom Klima an den Grenzen seiner Anbaugebiete. Beihefte zum Tropenpflanzer VII, S. 1—113. 1906.

südwestlichem Teil und im Gouvernement Astrachan, 46⁰ n. B. Dies ist die
nördlichste Verbreitung.

Herr Dr. Mattfeld, der in Bulgarien reiste, macht mich aufmerksam auf
eine kleine Karte über die Verbreitung der Anbaugebiete der Baumwolle in
Bulgarien in der bulgarisch geschriebenen Arbeit von N. Stojanoff: „Die
Verbreitung der Mittelmeervegetation in Südbulgarien und ihre Beziehung zu
der Tabakkultur", Sofia 1922, 99 Seiten und 3 Seiten kurze deutsche Zusammenfassung. — Nach der Karte scheint Stara Zagora, ca. $42\,^1/_2\,^0$ n. Br., der
Mittelpunkt des Anbaues zu sein. — Auch in Südungarn wird Baumwolle
gebaut.

In Mittelasien liegen die nördlichsten Stellen in der Nähe der Ortschaften
Wernje (Wjernye), Kuldscha und Altyn jemelskii (44⁰ 30′) im Tal des Flusses
Ili oder in dessen Nähe. Weiter nach Osten senkt sich (wie die Isothermen)
die Nordgrenze bis auf 40⁰ n. Br., so in Nordchina und der südlichen
Mandschurei und in Japan auf 39⁰.

Auf der südlichen Halbkugel liegt die Südgrenze in weit niedrigeren
Breiten; an der Ostküste Südamerikas geht sie etwa bis zum Wendekreis
des Steinbocks, an der Westküste bei Tacna in Nordchile bis $18\,^1/_2\,^0$ s. Br.

In Afrika, abgesehen von einigen Versuchsstationen in Natal und von
dem Vorkommen wilder Baumwolle im Süden des 19. Breitengrades von
Deutsch-Südwestafrika, liegt sie, von Süden aus gerechnet, in der Umgebung
des Njassasees, in der Nähe des 14. Parallelkreises.

D. Zahl der Arten und Einteilung.

Je nachdem man den Artbegriff weiter oder enger faßt, werden von den
Autoren wenige oder viele Arten unterschieden. Oft lassen sich Übergänge
von einer Art zur andern infolge von freiwilliger Bastardierung erkennen.

Filippo Parlatore unterschied in seinem Werk „Le specie dei Cotoni",
(4⁰, 64 S. mit 5 Tafeln Folio), Firenze 1866, nur 7 Arten und 8 zweifel-
hafte, Agostino Todaro in seiner „Relazione sulla cultura dei Cotoni in
Italia, seguita da una Monografia del genere Gossypium" (Text in 8⁰ mit
12 Tafeln Folio), Rom und Palermo 1877—78, 54 Arten, wovon allerdings
einige abgehen, die jetzt zur Gattung Thespesia gerechnet werden.

Karl Schumann in Engler und Prantl: „Natürliche Pflanzenfamilien",
III. Teil, 6. Abt., Berlin 1896, nimmt nur etwa 10 Arten an. Ihm folgten
Gürke und Ulbrich. Letzterer stellt für die kultivierten Arten in Garten-
flora 1917, S. 142 u. 173, 5 Grundformen auf.

Über die fünf wichtigsten Arten gibt Gürke einen Schlüssel in Engler:
Pflanzenwelt Ostafrikas, Band B, S. 384. Daraus abgedruckt von Volkens
in dessen „Die Nutzpflanzen Togos, im Notizblatt des botanischen Gartens
Berlin-Dahlem", App. XXII, Nr. 2, S. 64, 1909. Ähnlich auch Ulbrich in
Gartenflora a. a. O.

Grundformen der kultivierten Baumwollen[1].

I. Samen ohne Grundwolle. Blüten anfänglich gelb, beim Abblühen rötlich.

A. Samen einzeln. Sea Island, Westindien. 1. *Gossypium barbadense.*

B. Samen zusammenhängend, meist verklebt. 2. *G. peruvianum*[2]. Nierenbaumwolle.

---

[1] Nach Ulbrich in Gartenflora 1917, S. 142 und 173.
[2] Muß der Priorität nach jetzt G. brasiliense heißen.

II. Samen mit Grundwolle und sehr langen Haaren.

A. Blüten gelb oder weiß, beim Abblühen rötlich.

a) Blätter 3—5 lappig, ziemlich groß mit dreieckigen, am Grunde nicht verschmälerten, mehr oder weniger lang zugespitzten Lappen. 3. *G. hirsutum.* Upland-Baumwolle. Heimat Mexiko.

b) Blätter 3—5 lappig, ziemlich klein, mit am Grunde verschmälerten eiförmigen, schwach zugespitzten Lappen. 4. *G. herbaceum.* Indische Baumwolle. Heimat Indien.

B. Blüten rot. Blätter sehr tief eingeschnitten, 3—7—9 lappig, härtlich, mit lanzettlichen, schmalen Lappen. 5. *G. arboreum.* Baumartige Baumwolle. Heimat tropisches Ostafrika.

Angelo Aliotta nimmt ebenfalls nur 5 Arten an, nebst vielen mutmaßlichen Bastarden in seiner „Revista critica del genere Gossypium" Portici 1903[1]). Die 5 Arten sind: 1. Gossypium barbadense, 2. G. religiosum, 3. G. arboreum, 4. G. herbaceum, 5. G. hirsutum. Dagegen führt Sir George Watt in seinem großen Werk „The wild and cultivated Cotton plants of the world", London 1907, gr. 8°, 406 S. und 53 Tafeln, 42 Arten und Varietäten auf; einige davon nur nach Herbarmaterial, also nach einzelnen Individuen. Mit Recht machen namentlich die amerikanischen Spezialisten darauf aufmerksam, daß man die Baumwolle auf dem Felde beobachten müsse, um zu sehen, wie weit eine Art ihre Eigenschaften ändert.

Wir werden im allgemeinen zwar Watt folgen, zumal auch einige deutsche, sowie die englischen und amerikanischen Autoren meist Watts Einteilung benutzen. Es ist immerhin besser, mehr Arten oder Varietäten beizubehalten, als viele zu einer Art zusammenzuziehen. Wir werden aber nur die wichtigsten Wattschen Arten genauer besprechen. Zunächst lassen wir eine Übersicht über Watts sämtliche Arten mit der von ihm gegebenen kurzen Charakteristik voraufgehen.

Neunzehn Jahre nach Erscheinen seines Werkes hat Watt einen Nachtrag dazu im Bulletin of Miscellaneous Information der Royal Botanic Gardens in Kew, Nr. 5, April 1926, S. 193—210 gegeben. Er beschreibt da besonders afrikanische Arten, und lassen wir das Wichtigste am Schluß unseres Abschnitts über afrikanische Baumwollen folgen. (Siehe S. 84.)

Wir selbst führen 37 Arten auf, haben aber von Watts Sektion I die ersten 8, weil unwichtig, weggelassen und nur die 9. Nummer, Gossypium Stocksii, aufgenommen, weil diese mutmaßlich die Stammpflanze von Gossypium herbaceum ist. Mit den ersten 8 Wattschen Arten würden sich also 45 Arten ergeben.

E. Watts Einteilung von Gossypium.

Sektion I. Samen mit Filz, aber ohne Vlies, d. h. ohne lange Wolle.

Außenkelchblätter (Brakteolen) ganz frei, nicht verwachsen, mitunter selbst genagelt und häufig in verschiedener Höhe an der Basis des Kelches sitzend. An den Blütenstielen selten extraflorale Drüsen (Nektarien), niemals innerhalb am Kelch, Samen mit deutlichem, fest anhaftendem Filz, aber keine Spur von einem wahren Vlies.

---

[1]) Abdruck aus „Annali della R. Scuola sup. d'Agricoltura in Portici", Bd. 5, 111 S.

Ausdauernde Sträucher, die ersten Blätter ungeteilt, d. h. nicht gelappt, behaart oder filzig; wilde Arten, nie in Kultur, von der Westküste Amerikas und den dortigen Inseln bis Australien.

Analytischer Schlüssel zu den Arten der I. Sektion.

* Blätter behaart, ungeteilt oder eckig, nie gelappt.

† Außenkelchblätter ganzrandig. **G. Sturtii F. v. Müller**, Australien 1.

† 2. Außenkelchblätter tief eingeschnitten.
a) Blätter oft fast glatt. **G. Davidsonii Kellogg**, Kalifornien 2.
b) Blätter filzig. **G. Klotzschianum Andersson**, Galapagos-Inseln 3.

** Blätter gewöhnlich dünn und weich behaart. 3 lappig, die Lappen verlängert, spreizend.

† Außenkelchblätter ganzrandig, eiförmig, spitz mit Stachelspitze.
G. Robinsoni F. v. Müller, Australien 4.

† 2. Außenkelchblätter dünn, eingeschnitten, eiherzförmig, ihre Zähne pfriemenförmig, hakenförmig, Blätter tief 3 lappig, Lappen lanzettlich, die Buchten gefaltet. **G. Darwinii Watt**, Galapagos-Inseln 5.

† 3. Außenkelchblätter dick, gezähnt, länglich, spitz herzförmig (G. sandwicense Parlatore). **G. tomentosum**, Nuttall, Hawai 6.

*** Blätter lederartig, oft fast glatt, 3—5- oder 7 lappig, die Lappen abgerundet und handförmig spreizend.

† Außenkelchblätter fast herzförmig, breiteiförmig, sehr groß, auswachsend, ganzrandig oder gesägt, stark netzaderig.
G. drynarioides Seemann, Hawai 7.

† 2. Außenkelchblätter frei, ganzrandig, eiförmig, nicht herzförmig, aber zugespitzt, Blätter efeuartig, Samen halb zusammenhängend.
G. Harknessii Brandegee, Kalifornien 8.

* 3. Außenkelchblätter gezähnt, genagelt, eiförmig länglich. Dies vielleicht die Stammpflanze von G. herbaceum.
G. Stocksii M. Mast, Ostindien 9.

Bemerkungen zur I. Sektion.

Zu Nr. 6. Gossypium tomentosum Nuttall hat als Synonym Gossypium sandwicense Parlatore, heißt auch „Mao" oder „Hulu-hulu"-Baumwolle in Hawai.

Zu Nr. 7. Gossypium drynarioides Seemann gehört nicht mehr zu Gossypium, heißt jetzt Kokia drynaroides Lewton in Smithsonian Miscellaneous Collections IX, Nr. 5, 2 (1912), benannt nach dem Vulgärnamen dieser Pflanze „kokio" in Hawai. Samenanlagen einzeln im Fach. Kapsel 5 fächerig, holzig, eiförmig, spät sich an der Spitze öffnend. Same verkehrt eiförmig mit kurzem, bräunlichem Filz, Blumen rot. Außenkelchblätter hoch an der Kelchröhre eingefügt. Erinnert in dieser Hinsicht an die im tropischen Ostafrika vorkommende Thespesia Danis Oliver[1]) und die von den Philippinen stammende T. campylosiphon Rolfe[2]).

Vielleicht bilden nach Lewton alle drei ein neues Genus; sie erinnern auch an die Gattung Dicellostyles.

Alle folgenden Sektionen haben am Samen lange Wolle (Vlies, lint) und außerdem meist kurzen Filz.

---

[1]) Hook. Ic. Pl. XIV, t. 1336.   [2]) Journ. Linn. Soc. XXI, 308.

Sektion II. Filzsamige Baumwollen.
Mit an der Basis verwachsenen Außenkelchblättern[1]).

Außenkelchblätter an der Basis verwachsen, nie genagelt, an der Spitze des Blütenstiels durch eine halbkreisförmige oder hufeisenförmige Einschnürung innerhalb der geöhrten Basis angeheftet; keine deutlichen äußeren Drüsen (Nektarien), aber gewöhnlich innere an der Basis der Kelchröhre, abwechselnd mit den Außenkelchblättern[2]). Samen mit Grundwolle (Filz) und mit langer Wolle (Vlies), die fest am Samen haften; Blumenblätter mit purpurnem Nagel.

Ausdauernde oder einjährige Sträucher. Blätter handförmig, 5 lappig, meist sternhaarig, filzig, gelegentlich mit langen einfachen schwachen Haaren oder beides, die langen Haare meist an den Zweigen, Blattstielen und Nerven. Bei anderen Formen sind die Blätter ziemlich glatt und lederig.

Eine oder vielleicht zwei Arten sollen wild gefunden sein; die andern sind zweifellos kultivierte Pflanzen, die sehr wahrscheinlich von vier Arten abstammen: G. arboreum, G. Nanking, G. obtusifolium und G. herbaceum.

Vorkommen: Küsten des Mittelmeeres durch Afrika, Ägypten, Kleinasien, Arabien, Kurdistan, Persien, Indien, China, Japan, auf der malaiischen Halbinsel und im malaiischen Archipel.

Analytischer Schlüssel zu den Arten und Varietäten der II. Sektion.

* Blätter tief, bis zwei Drittel der Spreite handförmig 3—7 lappig; die Lappen schmal lanzettlich, stachelspitz. Basis gewöhnlich deutlich herzförmig; nur der Mittelnerv unterseits mit einer Drüse.

† Blätter glatt, eben. Außenkelchblätter ganzrandig oder nur leicht gezähnt; Blumen purpurn. **G. arboreum, L. Typus. 10.**

† 2. Blätter breiter als im Typus; Außenkelchblätter zerschlitzt; Blumen purpurn. **G. arb. var.**[3]) **sanguineum** (G. sanguineum Hasskarl) **11.**

† 3. Blätter behaart, grob (blasig), Außenkelchblätter groß, ganzrandig oder gezähnt. Blumen gelb, mit purpurnem Nagel oder mit purpurnem Anflug, selten sich völlig öffnend.
G. arb. var. neglectum (G. neglectum Todaro) **12.**

† 4. Blätter weich behaart, sehr lang gestielt, Lappen (oft 7) aufwärts strahlend, Blattbasis unvollkommen herzförmig. Außenkelchblätter verhältnismäßig klein, aber mit der Frucht auswachsend und dann groß, spitz, oft ganzrandig; Blumen groß, blaßgelb oder weiß. Kapseln sehr lang. **G. arb. var. assamicum Watt** (G. cernuum Todaro) **13.**

† 5. Blätter rauh, dick, tief in 5—7 Lappen geteilt, das unterste Paar nach rückwärts gerichtet und viel kleiner. Außenkelch sehr groß, Blumen aber verhältnismäßig klein, gelb, mit purpurnen Nägeln oder weiß oder gelb mit rosa Tönung. Kapseln verhältnismäßig kurz. **G. arb. var. roseum Watt** (G. roseum, Todaro) **14.**

** Blätter nur bis zur Hälfte 3—5 lappig (meist 3 Lappen), die beiden untersten Lappen wie künstlich angesetzt erscheinend und so die Breite abnorm vergrößernd. Lappen dreieckig länglich, spitz oder zugespitzt, die Basis

---

[1]) Alles Arten der Alten Welt.
[2]) Näheres über die Anordnung der Nektarien siehe in Anatomie.
[3]) var. lies: varietas.

gewöhnlich nur leicht herzförmig; sehr oft alle mittleren Nerven unterseits mit einer Drüse.

† Blätter dünn, eben, von derber Textur, behaart, Lappen eilänglich, meist
stumpf. Außenkelchblätter groß, purpurn[1]), spitz, mit (gewöhnlich 3)
Zähnen an der Spitze, Blumen groß, gelb mit schwach gefärbten Flecken
am Nagel. **G. Nanking Meyen, Typus 15.**

† 2. Blattlappen dreieckig, zugespitzt, Blattbasis mehr oder weniger herzförmig, Blumen groß, gelb, mit purpurnen Nägeln.
G. N. var. himalayanum, Watt 16.

† 3. junge Blätter klein, dicht sternhaarig. Außenkelchblätter groß, eiförmig, fast ganzrandig, Blumen tief purpurn.
G. N. var. rubicundum, Watt 17.

† 4. Blätter dick, lederig, ziemlich glatt, Drüsenpunkte deutlich, Lappen
etwas breit dreieckig. Außenkelchblätter klein, dick, spärlich gezähnt.
Blumen leuchtend gelb mit purpurnen Flecken an den Nägeln.
G. Nanking var. Nadam, Watt 18.

† 5. Blätter groß, dünn, weich behaart, Lappen im Umriß wellig. Außenkelchblätter groß, purpurn, ganzrandig oder mit wenigen spitzen Zähnen
wie bei Nadam. **G. N. var. Bani, Watt 19.**

† 6. Blätter dick, lederartig, aber oft ziemlich glatt, Lappen eiförmig-spitz,
unten nach der Basis leicht zusammengezogen. Drüsenpunkte sehr vorspringend. Außenkelchblätter gezähnt oder ganzrandig, tief herzförmig.
Blumen groß, gelb mit purpurnen Nägeln. **G. Nanking var. Roji, Watt 20.**

† 7. Blätter ganz glatt, tief geteilt mit zahnartigen Anhängseln in den
Buchten. Außenkelchblätter breit eiförmig, meist tief zerschlitzt, Blumen
gelb mit purpurnen Nägeln. **G. N. var. soudanense, Watt 21.**

*** Blätter weniger als zur Hälfte eingeschnitten (also nicht bis zur Mitte
der Spreite) Lappen 5, seltener 3 oder 7, nach der Basis hin eingeschnürt „ogee"-förmig (d. h. spitzbogenförmig) stumpf oder spitz, deutlich
herzförmig, nur der Mittelnerv unterseits mit einer Drüse.

† Blätter sternhaarig, 3 oder 5 lappig. Lappen verkehrt eiförmig-länglich,
stumpf, plötzlich in eine borstenförmige kleine Spitze auslaufend; Außenkelchblätter eiförmig, spitz, ganzrandig oder nur an der Spitze gezähnt,
nicht sehr tief herzförmig. Blumen gelb mit purpurnen Nägeln.
G. obtusifolium Roxburgh, Typus 22.

† 2. Blätter eirund, oft mit bleibenden Haaren, Blattlappen 5—7 (selten 3)
eilänglich, zugespitzt, die Buchten eng und in Falten aufgeworfen.
Außenkelchblätter verhältnismäßig klein, eiförmigspitz, in der oberen
Hälfte tief gezähnt.
G. obt. var. Wightianum, Watt (G. Wightianum, Todaro) 23.

† 3. Blätter etwas mehr ausgezogen und die Lappen mehr eingeschnürt
als bei 2. Außenkelchblätter fast rund, kurz und grob gezähnt.
G. obt. var. africanum, Watt 24.

† 4. Blätter fast nierenförmig, deutlich herzförmig geöhrt, lederartig, im
Alter glatt, weniger als bis zur Hälfte in 5—7 Lappen geteilt; Lappen
breit eirund, plötzlich spitz oder zugespitzt. Außenkelchblätter groß,
breit eiförmig-stumpf, tief herzförmig, nur sehr wenig an der Basis
verwachsen, in 7—9 ziemlich lange Zähne zerschlitzt.
G. herbaceum L., Typus 25.

---

[1]) Meyen sagt von purpurn nichts; es trifft wohl nur bei Nr. 19 zu.

Sektion III. Filzsamige Baumwollen.

Mit freien (nicht verwachsenen) Außenkelchblättern[1]).

Außenkelchblätter (bracteolen) ganz frei (sehr selten an der Basis leicht verwachsen, was meist die Folge von Bastardierung ist). Blütenstiele oberwärts verdickt und oft ziemlich deutliche äußere und innere Drüsen (Nektarien) tragend[2]); Samen groß mit deutlichem, meist die ganze Oberfläche bedeckendem Filz und fest anhaftender langer Wolle (Vlies); Blätter gewöhnlich groß, handförmig 3—7lappig, behaart, seltener filzig oder noch seltener glatt.

Amerikanische Arten. In einem Falle, G. punctatum, auch afrikanisch. Keine asiatischen.

Ein ziemlicher Prozentsatz existiert als zweifellos wilde Formen, und die hauptsächlich kultivierte Art — die grünfilzige Baumwolle (Gossypium hirsutum) — zeigt nach Watts Ansicht eine nahe Vergesellschaftung mit den britischen Kolonisten. Zusammengefaßt bilden sie ein paralleles Sortiment zu den asiatischen Arten der Sektion II. Beide haben filzige Samen, aber bei Sektion III sind die Blätter groß, breit und meist nur in der oberen Hälfte der Spreite geteilt.

Analytischer Schlüssel zu den Arten der Sektion III.

* Blätter breit, filzig behaart, bis zur Hälfte in 3 (unvollständig und nur gelegentlich 5) Lappen geteilt; Lappen breit dreieckig. Blumen meist mit purpurnen Nägeln.

† Blätter dick, körnig filzig; Außenkelchblätter mit langen linearen, bewimperten Zähnen. Kapsel 3fächerig.

G. mustelinum, Miers (Brasilien) 26.

† 2. Blätter zottig, besonders unterseits oft deutlich punktiert. Kapsel meist 3fächerig, Samen groß mit grauem oder rostfarbenem Filz.
G. punctatum, Schumacher et Thonning (Afrika), ob auch Amerika? 27.

† 3. Schosse steif aufrecht, Blätter grob, bräunlich-grün, rauhhaarig und wie mit Staub bedeckt, Kapsel gewöhnlich 4fächerig; Samen groß, frisch mit grünlichem Filz. Amerika. G. hirsutum, L., Upland-Baumwolle 28.

† 4. Schosse schlank, niederliegend oder kletternd. Blätter stark behaart, filzig. Außenkelchblätter verhältnismäßig groß und tief geschlitzt. Filz (und oft auch das Vlies) rostfarbig.

G. hirsutum var. religiosum, Watt, Amerika 29.

** Blätter filzig oder fast glatt, ungeteilt oder ($^3/_4$ des Durchmessers oder mehr) in 3—5 Lappen geteilt. Lappen linear länglich, gewöhnlich unterwärts zusammengezogen und viel schmäler als lang. Blumen meist ohne purpurnen Nagel.

† Blätter fast glatt, linear, fiedernervig oder tief 3spaltig. Blumen sehr klein. Filz grün. Nebenblätter groß, abfallend, ihre Narben hervortretend.

G. Palmeri, Watt, Mexiko 30.

† 2. Blätter glatt, sonst wie vorige.

G. fruticulosum, Todaro, Mexiko 31.

† 3. Blätter behaart, fast gespalten in 3—5 lineare, keilförmige Lappen.

---

[1]) Meist Arten der Neuen Welt.

[2]) Die inneren Drüsen (Nektarien) sitzen eigentlich am Kelch zwischen den 3 Außenkelchblättern.

Basis kaum herzförmig. Blattstiel ungefähr so lang als die Spreite. Blumen ziemlich groß, Filz rostfarbig. Nebenblätter und ihre Narben nicht deutlich.   **G. Schottii**, Watt, Guatemala 32.

† 4. Blätter behaart, ungeteilt, lanzettlich. Blattstiel sehr lang.
G. lanceolatum, Todaro, Mexiko 33.

† 5. Blätter behaart, gewimpert, tief herzförmig in 5, seltener 3 lineare Lappen mit vorspringenden erhabenen Mittelrippen, geteilt. Blumen groß, Blumenblätter dick, filzig; Kelch sehr groß, Zähne deutlich. Kapsel dreifächerig. Samen halb zusammenhaftend, Filz nur teilweise vorhanden, oft grün.
G. microcarpum, Todaro, Mexiko 34.

† 6. Blätter groß, breit, jung unterseits filzig. Bis zu $^1/_2$ oder $^3/_4$ in längliche, stachelspitzige Lappen geteilt. Blumen sehr groß, Blumenblätter gewöhnlich filzig, beim Trocknen einen grünlich-gelben Ton annehmend. Kelch undeutlich gezähnt, Kapsel dreifächerig. Samen groß, frei, mit einem deutlichen, wenn auch oft nur teilweise ausgebildeten Filz. Dieser grün oder rostfarbig, Wolle reichlich und seidenartig.
G. peruvianum, Cavanilles[1]) 35.

*** Blätter sehr breit, ganz glatt (ausgenommen, wenn jung oder auf den Adern) kaum mehr als bis $^1/_3$ des Durchmessers in 3—7 strahlende Lappen geteilt (das untere Paar öfter mehr Zähne darstellend als Lappen). Die Lappen dreieckig, viel breiter als lang.

† Blumen klein auf kurzen Stielen. Kapsel meist fünffächerig. Samen mit einem vollständigen oder nur teilweise vorhandenen Filz.
G. mexicanum, Todaro 36.

Die filzsamigen Baumwollen der Alten Welt haben ihre Analoga in der Neuen, und wenn man, wie Watt will, eine in Amerika vorkommende Art[2]) als Varietät des an der Westküste Afrikas vorkommenden *Gossypium punctatum* ansieht, so bildet letztere Art den Übergang von den asiatischen zu den amerikanischen. In die Nähe von Nr. 27, Gossypium punctatum, ist wohl auch *Gossypium irenaeum* Lewton in Smithsonian Miscellaneous Collections Bd. 60 Nr. 4, Washington 1912 zu stellen, da es sehr lange Kelchzähne hat, auch die Blätter 3—5 lappig wie bei Upland sind, was auch bei Gossypium punctatum der Fall ist. Ob die Außenkelchblätter bei Gossypium irenaeum verwachsen oder frei sind, sagt Lewton nicht (siehe weiter unten Neuere Arten).

Sektion IV. Nacktsamige Baumwollen.
Mit freien oder fast freien Außenkelchblättern (Brakteolen) und sichtbaren Drüsen (Nektarien) an denselben.

Die Außenkelchblätter unten nur leicht verwachsen oder frei, mit großen sichtbaren äußeren Drüsen innerhalb der Ohren und oft auch zwischen den Außenkelchblättern und dem Kelch. Samen nackt, d. h. ohne Filz oder Grundwolle, oder fast nackt. Vlies leicht abzunehmen. Blätter oft sehr groß, meist glatt. Sowohl Formen der Alten wie der Neuen Welt, nur eine anscheinend wild gefunden (G. taitense), zwei andere entweder wild gesehen oder verwildert: G. brasiliense und G. vitifolium.

---

[1]) Nicht das G. peruvianum des Handels; das ist G. brasiliense Macfadyen.
[2]) G. jamaicense Macfadyen.

Analytischer Schlüssel zu den Arten der Sektion IV.

* Zweige stark kantig, glatt, purpurn, Blätter oval, schwach herzförmig, ungeteilt, oder an der Spitze dreilappig. Blumen klein, nur wenig den Hüllkelch überragend, gelb mit purpurner Tönung.

† Blattstiele jung bewimpert, Blattlappen aufwärts gerichtet, Kelch becherförmig, gezähnt, die Zähne dreinervig, spitz oder pfriemenförmig. Samen blaß braun, ganz nackt, abgerundet oder nicht eckig.

G. taitense, Parlatore 37.

† 2. Blattstiele warzig, selten gewimpert, Lappen der Blätter auswärts gebogen, Kelchzähne dreinervig, höchstens spitz, nie geschwänzt, Samen rundlich, geschnäbelt, oft mit einem sehr seichten filzigen Büschel an der Spitze, d. h. an der Basis des Samens.

G. purpurascens, Poiret 38.

** Zweige an den jungen wachsenden Teilen und Blütenstiele schwachkantig, grün oder braun, Blätter eilänglich, mehr oder weniger herzförmig, ganzrandig oder tief handförmig 3—5 lappig. Blumen groß, fast zweimal so lang als der Hüllkelch oder mehr. Blumen rein gelb mit deutlich purpurnen Nägeln.

† Blätter unterseits filzig. Lappen etwas unregelmäßig, mehr oder weniger aufwärts gerichtet, breit, gewöhnlich nur 3, der mittlere meist viel länger. Blumen häufig dreimal so lang als der Hüllkelch. Kapsel 3—4-, oft 5 fächerig. Samen frei, braun, glatt.

G. vitifolium, Lamarck 39.

† 2. Blätter fast glatt, bis zur Hälfte oder mehr in 3—5 spreizende, längliche, zugespitzte Lappen geteilt. Blumen kaum mehr als zweimal so groß als der Außenkelch. Kapsel 3—4, meist dreiklappig. Samen frei, braun, fast glatt. **G. barbadense, L. 40.**

† 3. Blätter fast ganz glatt, im Herbar gewöhnlich braun, tief herzförmig, sehr breit und groß, in 5 handförmig spreizende, zugespitzte Lappen geteilt, der mittelste der längste, oft 10—20 cm[1]) lang; Blumen sehr groß, Außenkelchblätter zuweilen auf der Innenseite gefleckt. Kapsel dreifächerig, Samen fast ganz nackt, gestreift und zu einer nierenförmigen Masse vereinigt[2]). **G. brasiliense, Macfadyen 41.**

Sektion V. Nacktsamige Baumwolle.

Mit ganz freien Außenkelchblättern. Blütennektarien fehlen.

Außenkelchblätter frei, eirund, tief geöhrt, Drüsen, sowohl innere wie äußere, fehlen. Samen ganz nackt, gestreift, das Vlies leicht zu entfernen. Blätter sehr groß, tief herzförmig, handförmig-5 spaltig, glatt oder fast glatt, aber unterseits auf allen Nerven eine Drüse.

Nur eine Art in Ost- und Zentralafrika, nicht in Kultur.

Analytischer Schlüssel zu dieser Art.

Nebenblätter groß, schief, stengelumfassend.

G. Kirkii, Maxwell Masters 42.

---

[1]) Ich maß 28 cm Weite, 25 cm Länge im Kolonialhause des Botanischen Gartens, Dahlem.

[2]) Gemeint ist die Ähnlichkeit mit einer Rinderniere, nicht etwa einer Schweineniere. Siehe auch Watts Nachtrag von 1926, S. 84.

Wir werden im Text noch einige Arten besprechen, die sich in Watts System nicht einreihen lassen, namentlich weil nicht angegeben ist, ob die Außenkelchblätter am Grunde verwachsen sind oder frei. Das läßt sich mitunter übrigens schwer entscheiden. Auch teilen wir der Übersichtlichkeit wegen nur in 2 Abteilungen: Arten der Alten und der Neuen Welt.

F. Baumwollen der Alten Welt.

1. Gossypium Stocksii Maxwell Masters, 9 [1]). (Abb. 11.)

Von den wilden Arten interessiert uns nur *Gossypium Stocksii Maxwell Masters*. Abb. 11. Diese Art steht der gewöhnlichen krautartigen Baumwolle, Gossypium herbaceum L., so nahe, daß man sie wohl als die Urform der letzteren und damit auch einiger indischer Baumwollen, G. Nanking und Gossypium obtusifolium, ansehen kann. Todaro, der sonst so viele Arten aufstellte, erkannte G. Stocksii nicht an, sondern sah es als ein Synonym für G. herbaceum an, ebenso Parlatore, der überhaupt sehr zusammenzieht.

Beschreibung. Strauchartig. Nach Watt perennierend, verzweigt. Blätter klein, kaum 3,5 cm lang, 5 cm breit, dick, lederig, sternhaarig, im Umriß kreisrund, an der Basis tief herzförmig, kaum bis zur Hälfte in 5, seltener nur in 3 Lappen geteilt. Lappen breit oval, fast einen Halbkreis bildend. stumpf, aber mit Stachelspitze (Abb. 11 B), selten ungeteilt. Nerven unterseits ohne Drüsen.

Außenkelchblätter ganz frei, genagelt, d. h. nach unten verschmälert (siehe bei G), ihre Basis der Kelchröhre eingefügt, eilänglich, tief zerschlitzt in 9 bis 11 lange Zähne. Kelch halb so lang als der Außenkelch, becherförmig, filzig, deutlich fünfzähnig, mit 15 Nerven. Blumen groß, doppelt so lang als der Außenkelch, gelb, drüsig punktiert, mit schwachen unregelmäßigen purpurnen Flecken auf den Nägeln. Im Alter rötlich, Blumenblätter rechts, bzw. links gedreht.

Pollenkörner nach Watt mit dunklen Warzen, die in einen scharfen Dorn enden. (Ist bei allen Arten so.)

Kapsel rundlich, plötzlich zugespitzt, mit zahlreichen schwarzen Drüsen auf dunkel-grünblauem Grunde, 3fächerig, die Klappen starr, aber ihre Ränder zur Reifezeit nicht zurückgebogen, Samen und Wolle kaum hervorragend. Samen in jedem Fach 2—3, aneinander gepackt, aber nicht vereinigt, die spitze Basis nach unten gerichtet, im Querschnitt dreieckig, am oberen Ende abgestutzt; ohne deutlichen Unterschied zwischen Grundwolle und langer Wolle, nur mit einem einheitlichen schön rostfarbigen oder goldenen, gekräuselten Vlies, das wie ein Filz den Samen umgibt. Die Haare dieses Vlieses sind, wenn gerade gestreckt, bis 6 mm lang, aber unregelmäßig in der Länge; nach Entfernung des Vlieses erscheint der Same glatt, schwarz, leicht geschnäbelt.

Vorkommmen. Kalksteinfelsen an der Küste von Sindh, westl. Vorderindien, bei Karachi, von J. E. Stocks, von Dalzell und Dr. Cooke gefunden. Außerdem von J. Th. Bent 1895 in Südarabien auf den Dhofar Bergen.

Dr. Cooke berichtet, daß die Pflanzen aus Karachi im Botanischen Garten zu Poona eine starke Neigung zeigten, Kletterer oder wenigstens Ranker zu werden. Vulgärname in Sind hiraguni kápas.

---

[1]) Die Nummern hinter dem Namen verweisen auf die Nummern in der Übersicht S. 30 ff.

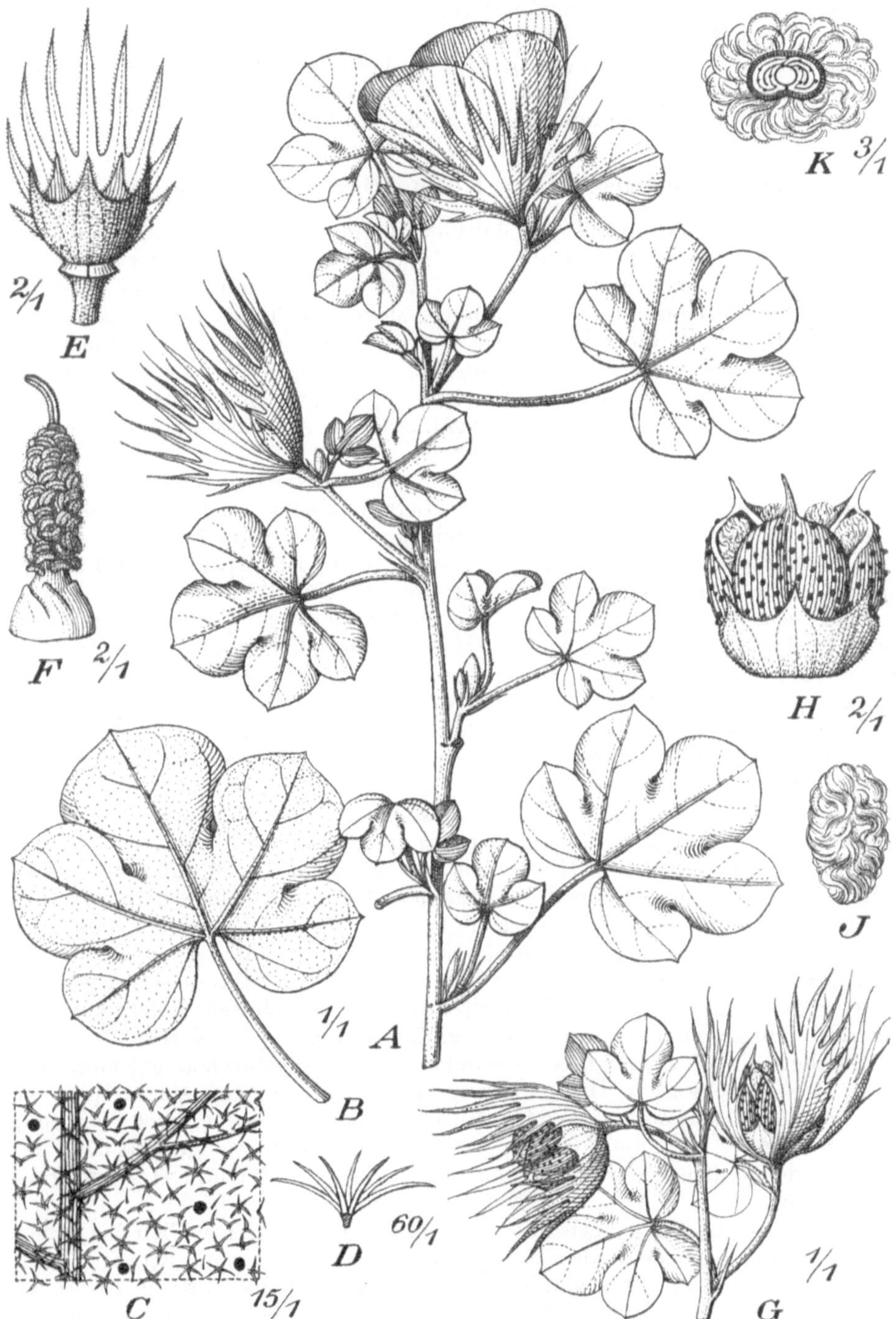

Abb. 11. Gossypium Stocksii Masters.

A Blütenzweig. *B* Blatt. *C* Blattunterseite mit Sternhaaren und Drüsenpunkten $^{15}/_1$. *D* Ein einzelnes Sternhaar. *E* Kelch, dahinter ein Blatt des Außenkelchs. *F* Staubgefäßsäule. *G* Junge Kapseln. *H* Aufspringende Kapsel. *J* Same mit dem krausen goldenen Filz umgeben. *K* derselbe im Durchschnitt. (Original. Gezeichnet von J. Pohl.)

Watt sieht G. Stocksii nicht als verwandt mit G. herbaceum an, ebenso
Gammie, und doch ist die Ähnlichkeit sehr groß. Die Wolle freilich ist kurz
und wertlos; aber als Stammpflanze für G. herbaceum darf man die Pflanze
wohl ansehen, zumal, wenn man mit Watt meint, daß die mutmaßlichen Ur-
formen der Baumwolle braune, keine weiße Wolle hatten.

2. Gossypium herbaceum. L. Krautartige Baumwolle. (Abb. 12.)

Syrische, Levante, arabische, Malteser Baumwolle, auch manche der indischen Baumwollen und nach Watts Meinung a. a O. S. 156 sogar einige der
kurzstapeligen nordamerikanischen, was wohl ein Irrtum. Wenn man die
Nanking- oder Dut-Baumwolle, G. Nanking Meyen, nicht als besondere Spezies
ansehen will, gehört auch sie hierher und endlich wird auch G. obtusifolium
Roxburgh, die stumpfblätterige Baumwolle, von einigen hierher gerechnet.

Wir besprechen zunächst G. herbaceum im engeren Sinne (Abb. 12). (Vgl.
in der Übersicht S. 32, Nr. 25). Vulgärname in Afghanistan und dem angrenzenden Khorasan (Persien) „Goza".

$^1/_2$—2 m hoch, einjährig, in den Tropen, besonders, wenn zurückgeschnitten,
mehrjährig. Mit Stern- und einfachen Haaren besetzt, später oft kahl, von
sparrigem Wuchs. Blätter klein bis mittelgroß, bis 8 cm lang, aber 12 cm
weit. Mittellappen 4,5 cm lang und ebenso breit. Blätter im Umriß nierenförmig, an der Basis herzförmig, kaum bis zur Hälfte eingeschnitten, meist
5lappig, selten 3- oder 7lappig. Lappen breit-eirund, größte Breite meist
oberhalb der Mitte, plötzlich zugespitzt oder mit Stachelspitze, übrigens sehr
veränderlich in der Form. Unterseite zerstreut sternhaarig und deutlich
schwarz punktiert (Abb. 12 B). Der Mittelnerv in $^1/_3$ von der Basis unterseits mit einem großen länglichen rötlich-gelben Nektarium (Abb. 12 B).

Nebenblätter am Stengel pfriemenförmig, am Blütenstiel breiter, lanzettlich, etwas gezähnt, 3—5nervig, das eine oft breiter als das andere.
Blütenstiel oben ohne die 3 Nektarien, die sonst bei vielen Arten vorhanden.
Außenkelchblätter groß, an der tief-herzförmigen Basis nur schwach verwachsen,
breit-eiförmig, in der oberen Hälfte mit 6—9 ziemlich langen Zähnen. Blumen
nicht sehr groß, kaum $1^1/_2$mal so lang als der Außenkelch, gelb mit purpurnem Fleck am Nagel, abwechselnd rechts oder links gedreht, außen behaart. Kelch verhältnismäßig groß, aber doch nur halb so groß wie der
Außenkelch, locker den Fruchtknoten umschließend, am Rande schwach wellig
(im Gegensatz zu Gossypium Stocksii, das einen gezähnten Kelchrand hat).
Die drei Drüsen an der Basis sehr deutlich (Abb. 12 C), Narben 3—5, die
Staubfädensäule überragend; voneinander durch Längsfurchen getrennt, jede
mit 2 Reihen schwarzer Drüsen. Kapsel klein, ei-kugelig, stachelspitz, geschnäbelt, 3—5klappig, tiefgrubig-drüsig punktiert. Same groß, eiförmig,
etwas vierkantig, etwa 8—9 mm lang, 5—5,5 mm breit, 4—4,5 mm dick, mit
grauem oder weißem, sehr festsitzendem Filz (Grundwolle) und starrem, grau-
weißem Vlies.

Vorkommen: Im ganzen Mittelmeergebiet und weiter östlich bis Indien,
auch in Abessinien; denn das dort gefundene G. punctatum Richard (nicht
G. punctatum Schum. et Thonning) ist G. herbaceum; es führt in Abessinien
den Vulgärnamen hont, jetzt heißt Baumwolle aber nach Kostlan dort tit.

Eine der härtesten, anspruchlosesten Arten und deshalb am weitesten
nach Norden, in Europa bis Bulgarien, gehend, andererseits jetzt fast in ganz
Afrika, nach Ulbrich in „Gartenflora", 1917 S. 146 kultiviert. Es ist sicherlich diejenige Art, welche seit den ältesten Zeiten in Asien und den Mittel-

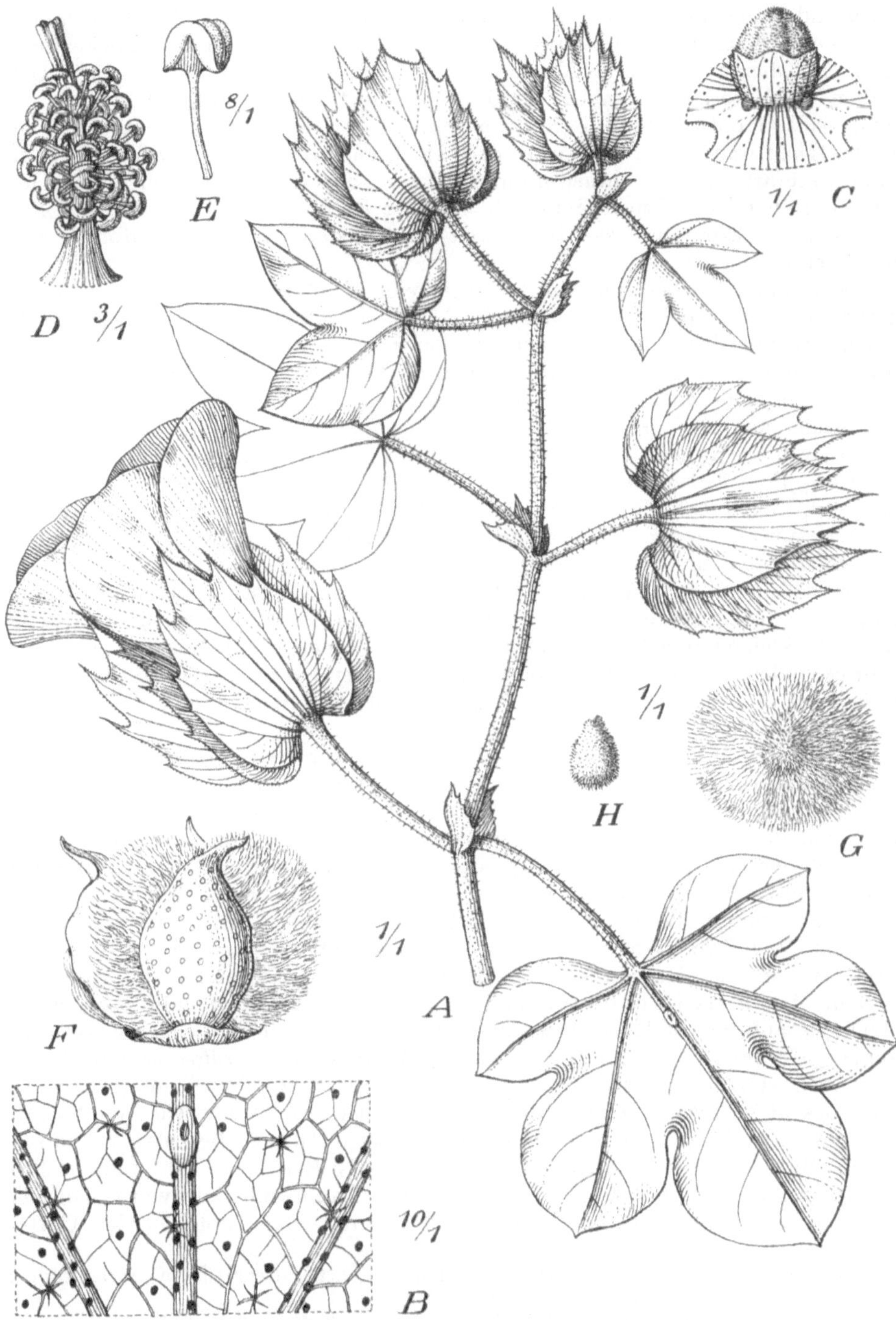

Abb. 12. **Gossypium herbaceum.** Krautartige oder Levante-Baumwolle.
A Blütenzweig. *B* Blattunterseite mit Nektarium-Sternhaaren und Drüsenpunkten. *C* An der Basis verwachsene Außenkelchblätter, Kelch mit den 3 Nektarien und junger Kapsel. *D* Staubgefäßsäule und Narben. *E* Staubbeutel. *F* Aufgesprungene 3fächerige Kapsel. *G* Samen mit der Baumwolle. *H* Derselbe mit der Grundwolle, dem Filz, nach Entfernung der Baumwolle. (Original.)

meerländern gebaut wurde. Wild ist sie nirgends gefunden. Watt vermutet, daß sie wahrscheinlich in Nordarabien und Kleinasien (und möglicherweise auch in Oberägypten und Abessinien) einheimisch sei, will aber nicht Ostindien als Vaterland ansehen, sondern die dort am meisten gebaute Baumwolle soll G. obtusifolium Roxburgh sein; G. herbaceum werde nur in Gilgit und Afghanistan gebaut. (Watt, S. 146). Gammie[1]) sieht G. herbaceum als eine Unterart von G. obtusifolium an und sagt: Wir haben nur eine echte Art in Indien: G. obtusifolium mit ihren 2 Subspezies: arboreum und herbaceum. (G. arboreum ist himmelweit verschieden von G. obtusifolium und herbaceum.)

Gossypium herbaceum wurde auch von G. Dinter unter Nr. 2271 in Deutsch-Südwestafrika am 13. Januar 1912 in Onguma-Ondera gesammelt. Nach Dinter besonders an Termitenhaufen, „Halbstrauch; wird jetzt, um gutes Material zu gewinnen, in Okahandje kultiviert, zweifellos endemisch". Nach Ulbrichs und meiner Meinung nur verwildert. Ich finde die Blätter sehr klein, kaum 3 cm lang und breit, fein punktiert, Zweige grau, bei herbaceum braun. Kapsel 3 klappig. Wolle weiß. Es ist dies:

Gossypium herbaceum var, Dinteri. Ulbrich beschreibt diese Varietät in Engler, Bot. Jahrb. Bd. 48, S. 379, 1912 folgendermaßen: 2 m hoch, Zweige knorrig, nur an der Spitze beblättert, die älteren grau, fein grubig, die jüngeren kastanienbraun, mit Sternhaaren; Nebenblätter 3—4 mm lang, braunrot, sehr leicht abfallend, lanzettlich. Blatt ziemlich lang gestielt, klein, 5 lappig, Lappen eiförmig, stumpf oder schwach zugespitzt, 6—7 nervig, überall filzig, mit sehr kleinen angedrückten Sternhaaren, unterseits dunkelviolett punktiert. Blüten fehlen. Kapseln braun, glatt, fein punktiert, zugespitzt. Samen 3 eckig-eiförmig, 6—7 mm lang, weißwollig und überall mit dichtem, weißem Filz. Wolle 15—20 mm lang.

Kultur von G. herbaceum in Europa[2]). Die ersten Nachrichten deuten nach Watt auf eine Kultur in der Krim, aber wie schon oben, S. 16 gesagt, kam sie mit den Eroberungen der Sarazenen im 10. Jahrhundert nach Spanien[3]) und von da nach Italien[4]). Mit der Eroberung von Konstantinopel wurde sie weit verbreitet, u. a. nach Mazedonien, sie ist das Xylon der botanischen Schriftsteller. Varthema[5]), der 1503 Damaskus besuchte, spricht von der vielen Gossampine-Wolle in Aman. Porta (Villa S. 900), der 1515 starb, spricht von ihr (ohne Zweifel dieser Spezies) als viel gebaut in Italien. Ruellius (l. c.) sagt, sie sei aus Italien gekommen, werde aber jetzt (1537) in Frankreich gebaut. Leonhard Fuchs spricht von ihr als gebaut in Oberägypten, gegen Arabien, auf Kreta, Malta usw. und als neuerdings in deutschen Gärten gezogen. Jonston (l. c. 1662) nennt diese Baumwolle *G. frutescens* (ein Name, der auch von beiden Bauhin angewandt wird) und gibt die Methoden des Anbaues auf Kreta, Lemnos, Sizilien, Malta usw. an. Sie wurde im März bis Mai gesäet und im September-Oktober geerntet. Heuzé, Les plantes Industr. (1893) S. 133 sagt, daß nach De Quinqueron de Beaujeu (De Laudibus Provinciae 1539) man zuweilen in der Provence Baumwolle kultiviere. Dies ist nicht ganz richtig. Abul Jouan sagt 1566, daß Baumwolle in den Gärten

---

[1]) Gammie, The Indian Cottons in Memoirs of the Departm. of Agriculture in India, Vol. II. Nr. 2, Sept. 1907. Calcutta.

[2]) Wir folgen im nachstehenden Watt. Es ist zugleich eine Ergänzung zur Geschichte der Baumwolle, S. 15.

[3]) Vgl. Eben-el Awan aus Sevilla.

[4]) Vgl. Targioni Tozetti, übersetzt von Bentham in Journ. Hort. Soc. London IX. S. 149. 1855.

[5]) Travels in East, in Hakluyt, Voyages etc., Vol. IV, S. 552.

von Hyères gebaut werde, spricht aber nicht von Feldkultur. Ein Jahrhundert später wurde nach Heuzé die Kultur versucht in Frankreich, der Schweiz, Österreich usw. Besonders bemühte sich Dupoy darum in den Departements Nieder-Alpen und Nieder-Pyrenäen. Die französische Regierung setzte damals eine Prämie von 1 Frank pro kg aus für in Frankreich gebaute Baumwolle, gereinigt, fertig zum Entkörnen. Alle diese Versuche zeigten, daß nur bis zum 41° n. Br. die Kultur möglich ist.

Fin arabischer Arzt, der 1200 Ägypten besuchte, führt in der Liste der von ihm gesehenen Pflanzen die Baumwolle nicht auf. Prosper Alpinus (1592) berichtet, daß die Ägypter Baumwolle aus Syrien und Zypern importierten, daß G. arboreum in Gärten im kleinen gebaut werde, daß aber die syrische (G. herbaceum) in Ägypten nicht kultiviert werde.

Pena und de Lobel (Lobelius) (1570) bemerken, daß die Baumwolle, die ihren Vorfahren kaum bekannt gewesen sei, jetzt in solcher Menge im Mittelmeergebiet gebaut werde, daß es nicht mehr nötig sei, sie aus Arabien zu holen.

Lobelius fügt 6 Jahre später hinzu, daß er sie in Padua (Patavia) und Venedig gesehen habe. Rauwolff (Hodoeporicon, Reisebeschreibung, I 5, 65, 1583), Morison (1699) und andere berichten von der ausgedehnten Kultur im Euphrattal und zwischen Jerusalem und Damaskus.

Camerarius (1611) und Pomet (1694 Hist. of Drugs, Engl. Übersetzung 1712) erwähnen rohe Baumwolle als von Zypern, Smyrna usw. kommend und Baumwollgarne von Damaskus. Die Baumwolle aus Jerusalem wurde „bazac" genannt. Die echte müsse weiß, fein, glatt, gut gesponnen und recht gleichmäßig sein. Shaw[1]) erwähnt Baumwolle nicht. Dagegen sagt Gerarde[2]), daß Samen von Aleppo nach London gebracht seien und gekeimt hätten, daß die Pflanzen aber erfroren seien.

Von Schriftstellern, die über die Kultur in Europa berichten, sind noch zu nennen: Don Joseph Quer[3]), der die Kultur in Valencia beschreibt, und Baines[4]); dieser bespricht den Handel mit Levantiner Baumwolle.

Schon früher (1621) wurde, wie Watt schreibt, die Baumwolle, G. herbaceum, nach Virginien gebracht und dort viel kultiviert, ehe man die andern Arten, besonders die westindischen in Amerika entdeckte, wodurch G. herbaceum zurückgedrängt wurde. Mit diesen amerikanischen Arten erlangten die Vereinigten Staaten ihre Vorherrschaft und dehnten die Kultur nach dem Süden und Westen aus.

Daß G. herbaceum früher in Amerika viel gebaut wurde, geht nach Watt u. a. aus einer Beschreibung Samuel Wilsons von Karolina hervor, wo er dem Grafen von Craven 1682 berichtet: Baumwolle von Smyrna und Zypern gedeiht gut, viel Saat wird von dort hierher geschickt.

Linné, sagt Watt, beging einen großen Irrtum, daß er die Levantiner Pflanzen mit den Arten aus Brasilien und Jamaika identifizierte, die von Markgraf, Hernandez, Zanoni, Miller u. a. abgebildet waren.

Gegen das Ende des 16. Jahrhunderts wurden die europäischen Schriftsteller mit der sog. Ketten- oder Nierenbaumwolle (G. brasiliense, oft leider

---

[1]) Travels and Observations relating to Barbary and the Levant. 1757.
[2]) Herbal 1597, auch 2. Aufl. 1636.
[3]) Contin. de la Fl. Española 1784, VI. S. 502—5.
[4]) Hist. Cotton Manufactures of Great Britain. 1835.

auch G. peruvianum genannt) bekannt, bei der die Samen eines Faches zusammenhaften, und es scheint, als wenn sie glaubten, daß alle Baumwollen solche Samen hätten. So setzt Lobelius (1576) der von ihm verbreiteten Abbildung von Fuchs und Matthiolus, die etwa 30 Jahre früher erschien, eine nierenförmige Masse mit 7 Samen hinzu, aber weder er noch andere sagen in der Beschreibung etwas von nierenförmig zusammengeballten Samen. Nur Parkinson (1640), der wohl keine persönliche Kenntnis von dem Verhalten hatte, sagt, die Samen seien in einem Klumpen oder Büschel. Vesling dagegen sagt (in der Ausgabe von Prosper Alpinus 1640), daß die Baumwolle, die er bei dem Aquädukt von Kairo gefunden, Samen hatte, die nicht zusammengehäuft, sondern in der Wolle zerstreut waren.

Kultivierte Formen: a) solche für kältere Gegenden, b) solche in den Vereinigten Staaten, die viel mit G. hirsutum bastardiert sind [1]). Die großblättrigen behaarten Arten von G. herbaceum verlangen ein viel wärmeres Klima als die fast glatten typischen. O. F. Cook [2]) sagt, daß die Upland-Baumwolle G. hirsutum L. sei und daß G. herbaceum nicht in den Vereinigten Staaten gebaut wurde. Dagegen behauptet Watt (S. 163), daß G. herbaceum vor 1732 viel gebaut sei und noch viele Jahre später die Upland-Baumwolle gewesen sei, und er meint, daß sie noch jetzt dort vorkomme, wenn auch meist bastardiert mit G. hirsutum. (Die heutige Upland-Cotton ist aber reines G. hirsutum, und die heutigen amerikanischen Sachverständigen schreiben mir, daß G. herbaceum dort längst verschwunden sei. Gossypium herbaceum gab in den Vereinigten Staaten unter den günstigsten Umständen reife Samen, deren Wolle betrug aber nur $25\,^0/_0$ des Gewichtes, und der Stengel war nur 20—30 cm lang.

Nachstehend einige Maße nach einem am 3. August 1923 aus dem Kolonialhause des Botanischen Gartens Berlin-Dahlem erhaltenen Blütenzweige von G. herbaceum:

Blütenzweig 30 cm lang, 3,5 mm dick, fein behaart, mit zahlreichen schwarzen Drüsenpunkten, wie an der Unterseite der Blätter. Unterstes Blatt 8 cm lang, 9 cm breit, fein behaart, sein Stiel 6 cm lang, unten 2,5 mm dick. Die Blätter weiter unten an der ca. 1,5 m hohen Pflanze sind größer. Blütenstiel 6 cm lang, 1,5 mm dick, Blätter des Außenkelchs 20—25 mm lang, 13—15 mm breit, eiförmig, spitz, wenig, aber grob gezähnt; vielnervig, die Nerven anastomosierend, die Feldchen zwischen ihnen schwarz punktiert. Zähne bis 3 mm lang. Basis der Außenkelchblätter hufeisenförmig ausgerandet, etwas knorpelig, nur wenig miteinander verwachsen. Kelch 8 mm hoch, 7 mm Durchmesser, weit röhrenförmig, gestutzt, kaum gezähnt, stark schwarz drüsig punktiert. Blumenblätter unsymmetrisch, groß, 25 mm lang, 17 mm breit, schön schwefelgelb, mit großem purpurnem Fleck am Grunde (am Nagel) Staubbeutel goldgelb. Griffel mit 4 linealen Narben, die einen purpurnen Längsnerven und fein weiß behaarte Kanten (die Narbenpapillen) besitzen. Pollen sehr groß, $117\,\mu$, Nebenblätter schmal, sichelförmig, 7 mm lang, 2,5 mm breit.

Die einzelnen Blüten stehen dem Blatt gegenüber, oder doch von ihm ab, sind also sympodial angeordnet.

3. Gossypium Nanking Meyen. 15. (Abb. 13.)

J. Meyen beschreibt diese Art in „Meyens Reise um die Erde"; Bd. II, S. 323 und in „Verhandlungen des Vereins zur Beförderung des Gartenbaues in den preußischen Staaten", Bd. XI, Berlin 1835, S. 258 mit Tafel III. Er sagt, er habe 1831 in Macao in dem berühmten Garten des Herrn Beal das schöne Gossypium gefunden, dessen gelbe Wolle den bekannten gelben

---

[1]) Das ist nur Watts Ansicht.
[2]) U. S. Dep. Agr. Bur. of Plant Industry Bull. Nr. 88. 1906.

chinesischen Nanking liefert; und nach einer genauen Vergleichung zeigte es
sich, daß dieses Gossypium einer neuen, noch nicht beschriebenen Spezies ange-
höre, welche er mit dem Beinamen „Nanking“ bezeichnet. Seine Diagnose lautet:

„G. Nanking. Stengel und Blattstiele zottig, schwarz punktiert, Hüllkelch fast dreiblätterig, etwas rauhhaarig, an der Spitze 5—7 zähnig, Blätter

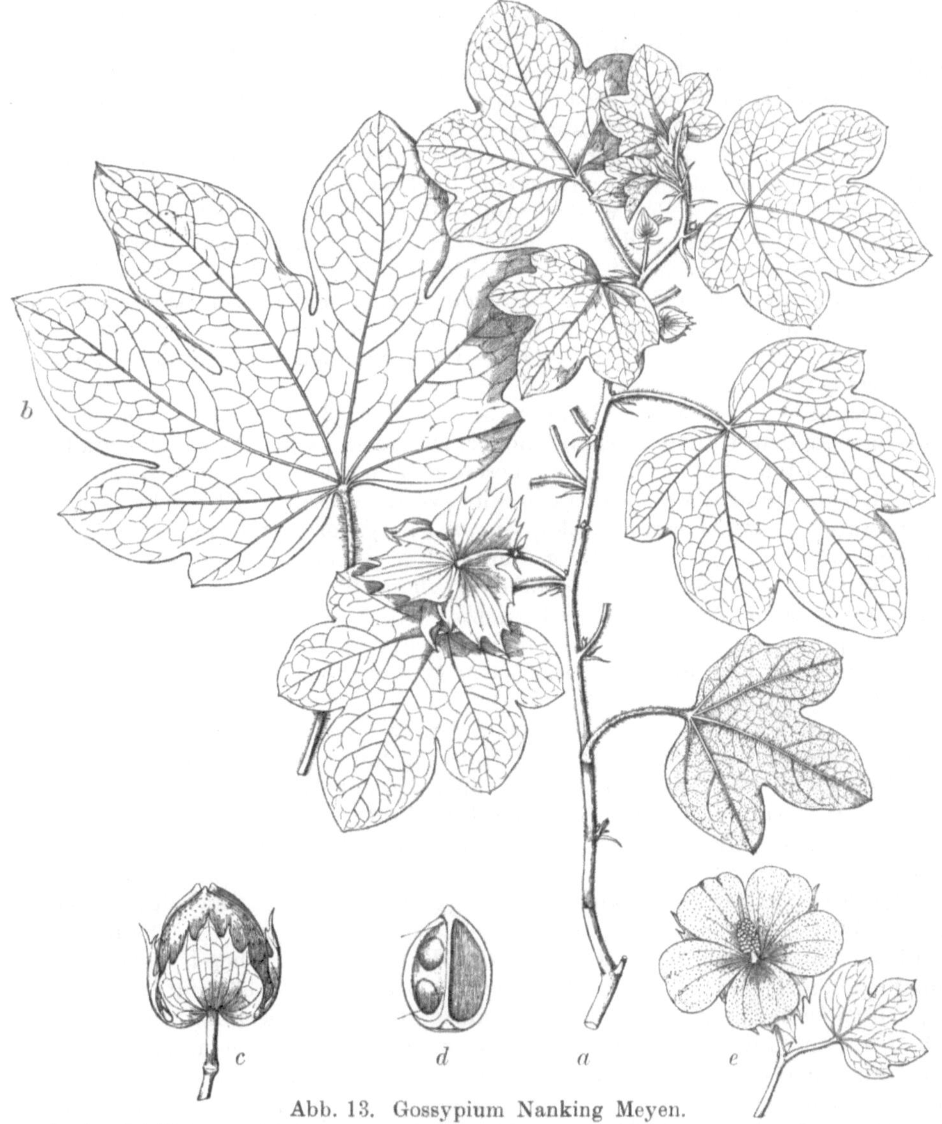

Abb. 13. Gossypium Nanking Meyen.

a Zweig mit Blüten.   *b* Blatt.   *c* Außenkelch und Kapsel.   *d* Kapsel im Längsschnitt.   *e* Blüte.
Nach Meyens Tafel auf ²/₃ verkleinert.

3 lappig, 5 lappig, selten 7 lappig. Mittelnerv unterseits mit einer Drüse,
Blattlappen breit, gegen die Spitze zugespitzt, stachelspitz, unterseits rauhhaarig, schwarz punktiert.

Die Pflanze war im Sommer 1830 aus den nördlichen Provinzen des
chinesischen Reiches nach Macao gebracht, und Meyen fand sie daselbst mit

zahlreichen Früchten beladen. Sie bildete ein sternhaariges Gewächs von 4 Fuß Höhe, wovon eines der äußersten Ästchen auf seiner Tafel Fig. 1 abgebildet ist (auf unserer Abbildung 13 a).

Die Größe und die Form der Blätter, sagt Meyen, ist je nach dem Alter und der Üppigkeit sehr verschieden. An der zweijährigen verholzten Pflanze, die er aus Macao mitbrachte, sind fast alle oberen Blätter fünflappig (Abb. b), während dieselben an den im Jahr 1834 zu Berlin zur Fruchtbildung gekommenen Exemplare meistens, wie gewöhnlich, klein, dreilappig sind. An einer einjährigen Pflanze, welche sehr üppig wuchs, waren die Blätter besonders groß und sogar 7 lappig, während sich auf einigen Blättern noch eine zweite Drüse außer derjenigen auf der Mittelrippe vorfand.

Blumenblätter wenig länger als der Hüllkelch, schön gelb mit purpurroten Nägeln. Kapsel dreifächerig, in jedem Fach wenigstens 4 Samen, in gelbe Wolle eingehüllt. Die Form der Spitze ihrer Fächer weicht von unserem gewöhnlichen Gossypium sehr bedeutend ab, zeigt hierin aber große Ähnlichkeit mit Gossypium indicum. Im nördlichsten Teil der subtropischen Zone bei Nanking gebaut, auf der Breite von Syrien, möchte sie sich vielleicht zum Anbau auf Sizilien und in Griechenland eignen, wo schon jetzt eine andere Art von Gossypium, mit gelber Wolle, nämlich Gossypium religiosum kultiviert wird."

„Bekanntlich bringen die Chinesen auch eine große Menge eines sog. weißen Nankings in den Handel, welcher höher im Preise steht. Wird gleichfalls in den nördlichsten Provinzen Chinas bereitet, und zwar aus der Wolle eines anderen Gossypiums, welches mit weißer Wolle versehen ist. Sehr zu wünschen wäre es, daß unsere Fabrikanten, welche gegenwärtig (1835) den gelben Nanking in so großen Quantitäten künstlich nachmachen, auch diesen weißen Nanking zu verfertigen suchen möchten, wozu gewiß unsere gewöhnliche Baumwolle mit bestem Erfolg zu benutzen wäre."

Gossypium Nanking Meyen kann ich, wie viele andere Autoren, namentlich auch Ulbrich, nur als eine Varietät von Gossypium herbaceum mit rostgelber Wolle ansehen.

Watt (S. 78, in unserer Übersicht Nr. 15) rechnet G. Nanking zu der Gruppe, bei der die Blätter bis zur Hälfte gelappt sind, G. herbaceum und obtusifolium zu der, bei denen sie weniger als zur Hälfte geteilt sind; aber auf Meyens Abbildung sind die meisten Blätter auch weniger als bis zur Hälfte gelappt, nur bei dem einen Blatt (Fig. b) sind sie bis zur Mitte gelappt.

Meyen sagt S. 258: „Lappen breit, gegen die Spitze zugespitzt, stachelspitz", Watt sagt S. 115: „Blätter unvollkommen herzförmig, halb eingeschnitten in 3—5 (meist 3) Lappen, das Extrapaar aussehend, als wenn es künstlich angeheftet wäre, so daß die Blätter breiter als lang erscheinen; Lappen eilänglich, spitz (oder auch stumpf) bis oft zugespitzt und gewöhnlich 3 Nerven mit Drüsen auf der Unterseite." In der genaueren Beschreibung sagt Watt: die Lappen steigen bogenartig (arching upwards) von der oft unvollständig herzförmigen Basis in einer Weise auf, die, wenn man sie einmal gesehen hat, nicht verwechselt werden kann.

Wenn nun auch botanisch die Trennung von G. Nanking von G. herbaceum schwer ist, so ist sie aber doch vom Handelsstandpunkt aus zweckmäßig; denn unter Nanking-Baumwolle wird eben eine bestimmte Art verstanden. Sie wird in ganz Ostasien, China, Japan, Siam usw., aber auch in den wärmeren gemäßigten Gegenden des nördlichen Indiens gebaut.

Watt unterscheidet folgende Varietäten (siehe die Übersicht S. 32).

a) **Gossypium Nanking var. himalayanum Watt.** Einjährig oder perennierend. Blätter (sehr abweichend von der Stammform) dreieckig zugespitzt, über die Hälfte eingeschnitten, die Lappen nach der Abbildung Watts Tafel 16 länglich, ziemlich schmal. In einer großen Ausdehnung die Hauptbaumwolle in Zentralasien, verwandt mit den transkaukasischen Pflanzen einerseits und denen von Korea andererseits. Vulgärnamen in Indien längs der Himalayakette Bagar oder watni Baumwolle. Dort bis in 5000 Fuß Meereshöhe. Filz grünbraun, Wolle etwas seidig. Farbe nicht angegeben.

b) **Gossypium Nanking var. rubicundum Watt.** Blätter kleiner, Lappen spreizend, etwas dreieckig bis länglich, spitz, nach unten zusammengezogen in die runden offenen Buchten. Außenkelchblätter fast ganzrandig. Blumen tief purpurn, Wolle rein weiß, seidig, Filz braun.

c) **Gossypium Nanking var. Nadam Watt**, hin und wieder in den heißeren Teilen Indiens.

Im Handel Coconada-Baumwolle[1]) genannt, vulgär nadam, yerra (d. h. rot) paira, burada, errapathi chettu, karung kanni parthi chedi, villa kanni parthi chedi, in Burma wagale. Letztere ist ziemlich widerstandsfähig gegen Welke-Krankheit.

Perennierende buschige Pflanze mit dunkelgrünen Blättern und dunkelroten Stengeln, an var. rubicundum erinnernd. Blätter dick, lederig, sehr punktiert, 3—5lappig, Lappen gewöhnlich sehr breit, dreieckig oval, allmählich verschmälert.

Vorkommen: In Dekan, Südindien, Burma. Tropisches Grenzgebiet der Art, während himalayana das Grenzgebiet der nördlichen Form bewohnt.

Die Nadam gehören zu den geringeren Baumwollen der Präsidentschaft Madras, haben oft Blumen, die in der Knospe rosarot und im Alter rötlich purpurn (daher der Name yerra). Sie werden entweder während des Nordost-Monsuns (Sept.—Nov.) gesät oder während der Südwest-Monsune (April bis Juni) und bleiben 3—5 Jahre oder länger stehen. Erster Ertrag etwa 9 Monate nach der Aussaat; im 2. Jahre geben sie zwei Ernten, eine im September, die andere im Januar. Meist auf roten sandigen Böden, meist perennierend, 1,8—2,4 m hoch.

d) **G. Nanking var. Bani Watt. Berar-Baumwolle.** In Berar Jethi oder Deshi, in Süd-Kathiawar Mathio genannt. Syn. G. herbaceum var. Jethi Gammie. l. c. 4, IV.

Ähnlich wie Nadam, aber die Blätter der feinsten Grade der Bani viel größer, dünner, im Umriß welliger und viel behaarter. Außenkelch gewöhnlich sehr groß, purpurn, seine 3 Blätter ganzrandig oder mit wenigen lang zugespitzten Zähnen. Eine frühreife, für kaltes Wettter geeignete Sorte, die schon nach 5—6 Monaten gepflückt werden kann. Wird in günstigen Monaten ohne Bewässerung gebaut. In fast ganz Indien, besonders im mittleren. Die beste Baumwolle für alle die trockenen Böden, die als zweitbeste für Baumwollpflanzung gelten. Auch in Afrika.

Liefert die feinsten und seidigsten Qualitäten derjenigen Baumwollen, die im Handel als Oomras (Amraoti) bekannt sind, ferner die Hinganghats, die Nagpurs und Berars. Unter jeder von diesen gibt es zwei Grade: bani und yari, Bani auf höher gelegenen trockenen Böden, besonders des südlichen Distrikts, nach Schanz frühreif, aber sehr blattreich, mit feinem,

---

[1]) Gammie: The Indian cottons, S. 9, führt dagegen Coconada als neue Varietät von G. obtusifolium an. Sie unterscheidet sich vom Typus durch mäusegraue Wolle. Nach Benson ist der Haupthandelsplatz für diese Sorte Guntur.

seidigen Vlies, aber mit niedrigem Ertrag. Yari auf den niedriger gelegenen schwarzen Böden der nördlichen Distrikte, gibt einen geringeren Stapel von wolliger Beschaffenheit, aber höherem Ertrag. „Die beliebte Oomras-Baumwolle duftet nach Moschus", sagt A. W. Cramer, Präsident der Bremer Baumwollbörse in der Festschrift „Bremer Baumwollbörse 1872/1922", S. 13.

Die Nadam- und Bani-Baumwollen, obwohl botanisch nahe verwandt, stehen wirtschaftlich einander gegenüber. Die Nadam sind meist perennierend und geben den niedrigsten Grad des Stapels. Die Bani sind sehr kurzlebige Einjährige, die die besten Baumwollen geben. Die Nachfrage nach billigen kurzstapeligen Baumwollen hat aber diese besseren z. T. verdrängt. Middleton sagt im Agricultural Ledger 1895, Nr. 8, S. 24: Wir brauchen in Indien eine Baumwolle, die sich für Tonböden eignet, in 6 Monaten reift, einen guten Stapel und guten Ertrag gibt. Die Bani der Zentralprovinzen genügte zu einer Zeit den meisten dieser Anforderungen, aber sie ist nicht so widerstandsfähig, und der Ginertrag ist klein, so daß sie ausstirbt und sehr viele geringere Pflanzen ihren Platz einnehmen. Man sollte sie mit der Deshi von Broach oder selbst der Wagria von Kathiawar kreuzen.

Major Trevor Clarke kreuzte die ertragreiche Garo-hill-Baumwolle mit Bani, und es sind daraus augenscheinlich die Varadi Indiens entstanden, der Triumph in hohem Ertrag, aber von niedrigem Grad.

Nach Middleton gibt es eine dritte Art Baumwollböden, die zu sandig sind und zu wenig Regen haben, um feinere Sorten zu bauen; für diese sind die perennierenden B. von Gujarat und Madras und die Hauptmasse der „Bengals" des Handels geeignet.

e) Gossypium Nanking var. Roji [G. Vaupellii][1]). Perennierender Busch, gelbblumig, jüngere Teile grün, sternhaarig, reif fast glatt: Blätter herzförmig, dick, lederig, starr, gewöhnlich unterseits mit 3 Drüsen. Bis zur Hälfte 5 lappig, oft mit einem Extrapaar in den seitlichen Buchten. Lappen eiförmig spitz, an der Basis etwas eingezogen. Blattstiel fast so lang als das Blatt. Blütenstand sekundäre oder tertiäre Zweige, die höchstens 3 Blumen tragen. Hüllkelchblätter gezähnt oder ganzrandig, tief herzförmig, fast halb so lang als die Blumenkrone. Blumen groß, blaßgelb mit purpurner Mitte (gemeint ist: am Nagel), im Alter fleischfarben. Kelch gestutzt oder fein gekerbt mit 3 großen Drüsen an der Basis und innerhalb der Außenkelchblätter. Kapsel dreikantig, eiförmig spitz, sich gut öffnend. Samen 5—7 in jedem Fach mit grünlich-grauem Filz und festsitzender weißer Wolle. Stapel kurz und hart. Samen als Futter weniger gut, weil mehr Filz als bei anderer Baumwolle.

Vorkommen: Indien (Gujarat, besonders in Baroda und Khaira), Afrika, Arabien, Madagaskar.

Schon Marco Polo erwähnt im 13. Jahrhundert, daß in Gujarat viel Baumwolle sei, die Bäume bis 6 Schritte Höhe bilde, die ein Alter von 20 Jahren erreichen. Auch de Hove (1787) spricht von perennierender Baumwolle, rot und gelb, sowie von einjähriger.

Roji wird auf leichten Böden gebaut, meist als Mischfrucht, d. h. eine Reihe Baumwolle zwischen 10—12 Reihen Getreide. In der heißen Jahreszeit wird sie auf 1 Fuß abgeschnitten und im zweiten Monsum wächst sie üppig und gibt ihre erste Ernte in den kommenden heißen Monaten.

---

[1]) Graham: Cat. Pl. Bomb. 1839, S. 15; Middleton, T. H.: The Agric. Ledger 1895, Nr. 8, S. 5.

Degeneration. In Hecken wird Roji fast kletternd, die Wolle verkürzt sich, wird gelbrot, der Filz wird länger und wird auch rot. Wenn die Feldpflanzen länger als 3 oder 4 Jahre stehen, wird die Wolle schlechter und dient nur zum Polstern.

f) Gossypium Nanking var. soudanensis Watt. Sehr nahe Roji. Großer perennierender Strauch, Blätter ganz glatt, tief geteilt, mit Zusatzlappen und 1—3 Drüsen unterseits. Blütenstand axillär. Blätter des Hüllkelchs breit oval, $^2/_3$ der herzförmigen Basis vereinigt, Rand tief zerschlitzt. Samen groß, grob, eiförmig, stumpf, mit reichlichem, bräunlich-grauem Filz und einer guten Menge harten wolligen Vlieses.

In der Blattform näher Gossypium arboreum als G. Nanking, aber ein gelb blühendes G. arboreum mit tief zerschlitztem Hüllkelch gibt es nicht.

Isert, Reise nach Guinea (Kopenhagen 1788, S. 176) spricht von einer hochgelben Baumwolle, die er in Fida sah. Sie soll in Dahomey wachsen, es sei bei Lebensstrafe verboten, Wolle oder Samen auszuführen, ersterer sei allein zum Gebrauch des Königs bestimmt. Möglicherweise ist das G. Nanking var. soudanensis.

Schlußbemerkung über G. Nanking. Die Varietäten himalayana, rubicunda usw. enthalten viele Rassen, die G. Nanking fast mit G. arboreum und andererseits mit G. obtusifolium verbinden. Alle gelb blühenden perennierenden Pflanzen mit dicken lederigen, oft 3 Drüsen unterseits tragenden Blättern, mit kleinen dicken, zerstreut gezähnten Hüllkelchblättern sind nach Watt G. Nanking.

4. Gossypium obtusifolium Roxburgh. Stumpfblättrige Baumwolle, 22.
(Abb. 14.)

Ähnlich wie Gossypium Nanking dem G. herbaceum nahesteht, ist es auch mit G. obtusifolium der Fall, und Parlatore sowie neuerdings Aliotta[1]) erklärt G. obtusifolium sogar für synonym mit G. herbaceum, während Gammie[2]) meint, daß G. obtusifolium die Stammpflanze aller indischen Baumwollen sei. Roxburgh stellte sein G. obtusifolium nach Pflanzen auf, die aus Samen von angeblich wilden Pflanzen aus Ceylon gezogen waren. In den Herbarien sind Originale von Roxburgh nicht mehr vorhanden. Im Botanischen Garten in Kew bei London ist aber eine Kopie der farbigen Abbildung, die Roxburgh machen ließ. Diese gibt Watt[3]) auf seiner Tafel 20 verkleinert wieder.

J. H. Burkill[4]) glaubt, in Calcutta Herbariumtypen von Roxburghs G. obtusifolium gefunden zu haben. Watt hat aber S. 117, 127 und 141 nachgewiesen, daß das nicht der Fall ist, sondern daß das G. Nanking var. rubicunda oder eine damit verwandte Varietät ist.

Gammie sieht Watts G. obtusifolium var. Wightianum, das Todaro als eine besondere Art, G. Wightianum, aufstellte, als den Typus von

---

[1]) Aliotta: Rivista critica Gener. Gossypii 1903, S. 67.

[2]) Gammie, G. A.: The Indian Cottons in Memoirs of the Departm. of Agric. in India, Vol. II, Nr. 2, S. 3, Sept. 1907.

[3]) Watt, Sir George: The wild and cultivated Cottons of the World 1907, S. 139.

[4]) Burkill: Gossypium obtusifolium Roxburgh in Mem. Dep. of Agric. in India Bot. Ser. Vol. I, Nr. 4, August 1906. Burkill schließt: G. obtusifolium ist eine gute Art, aber die genaue Rasse, die Roxburgh erzog, ist keine der heutigen noch der in Herbarien.

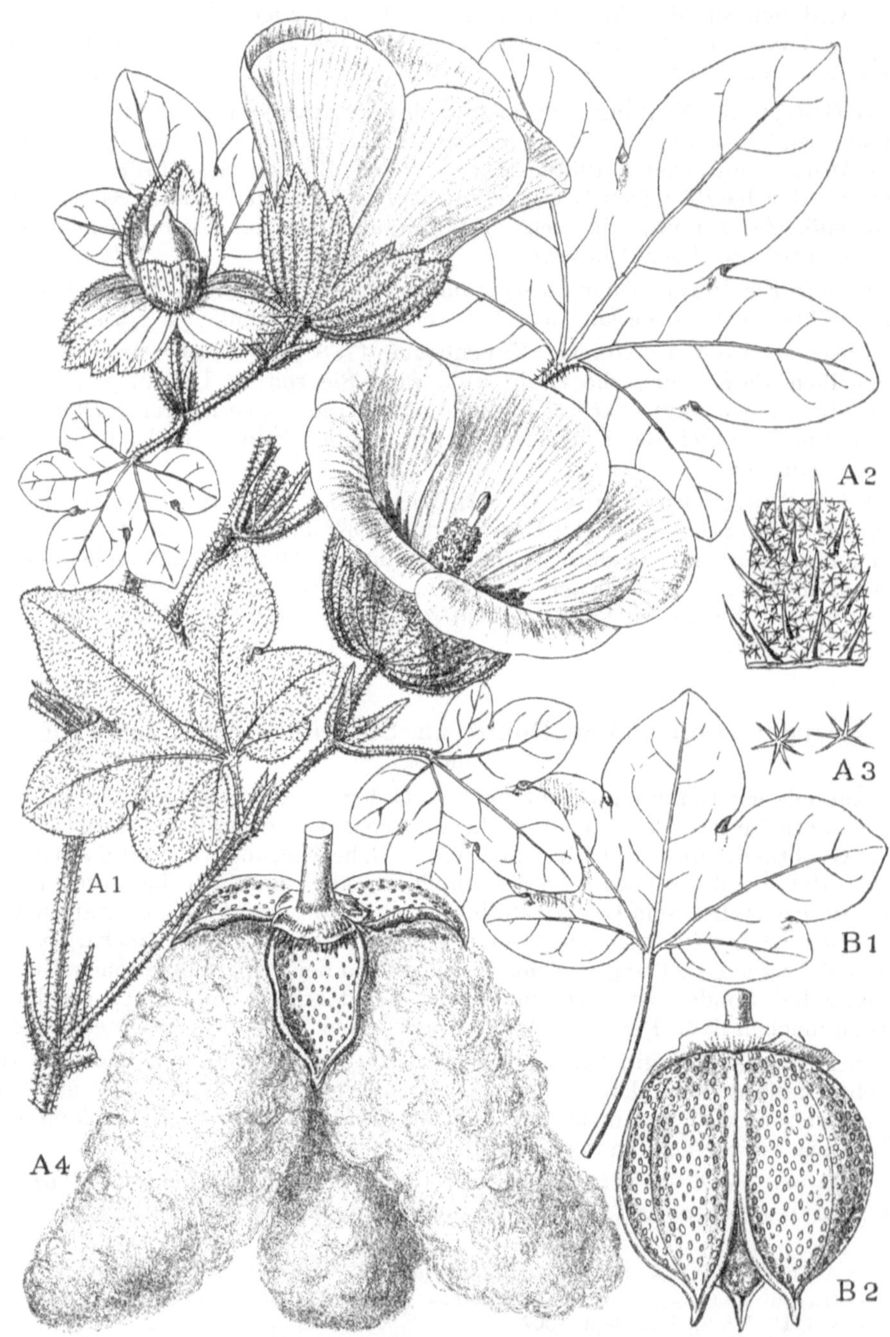

Abb. 14. **Gossypium obtusifolium Roxburgh var. Wightianum Watt.**

A 1 Blütenzweig der Sorte Kahnami oder Broach. *A 2* Teil eines Blattes, mit Sternhaaren und verlängerten einfachen Haaren. *A 3* Sternhaare. *A 4* Kapsel der Sorte Lalio. *B 1* Blatt der Sorte Wagria. *B 2* Reife, aber noch nicht aufgesprungene Kapsel von Wagria. (Nach Watt.)

G. obtusifolium an und schreibt: *G. obtusifolium* Roxburgh syn. *G. Wightianum* Todaro.

Beschreibung von Gossypium obtusifolium. Strauchartig. sehr verzweigt, mit kleinen, denen von G. herbaceum ähnlichen, aber doch größeren 3 -5 lappigen dünnen, festen Blättern, die wie die Stengel und B. sternhaarig sind.

Blätter 25 -43 mm lang, fast ebenso breit. Lappen meist verkehrt eilänglich, unten sehr wenig zusammengezogen, aber mit feiner Borstenspitze oder dort ausgerandet. Basis herzförmig; eine undeutliche Drüse auf dem unteren Drittel des Mittelnervs unterseits. Blätter gelblich-grün mit einem deutlichen roten Fleck an der Basis (nach Gammie; Watt sagt: Blattstiel an der Einfügung der Basis fleischfarben), Außenkelchblätter nach Roxburgh ganzrandig[1]); das wechselt aber an ein und derselben Pflanze; sie sind dann fast ganzrandig oder im oberen Drittel grob gezähnt. Kelch abgestutzt oder unregelmäßig fünfzähnig.

Blumen leuchtend gelb mit sehr großem purpurnem Fleck auf den Nägeln, bis 45 mm lang. Kapsel kaum den Außenkelch überragend, 28 -30 mm lang, 19- 22 mm dick, eiförmig, 3 fächerig, Samen sehr groß, unregelmäßig, eirund; mit dichter gelbroter oder grauer Grundwolle und zerstreut stehender, grober, starrer, rötlich weißer Wolle (so die Urform).

Vorkommen in ganz Indien, und im malaiischen Archipel, nach Watt verbreitet nach den Philippinen, auch in Afrika.

G. obtusifolium liefert die sog. langstapeligen indischen oder Gujarat-Baumwollen, die Surat-, Broach-, Kathiawar- und Kumpta-Baumwollen; besonders verbreitet ist die varietas Wightianum (Abb. 14).

a) **Gossypium obtusifolium var. Wightianum Watt (syn. G. Wightianum Todaro).** Im kultivierten Zustand einjährig, 0,45—1,20 m, selbst 1,80 m hoch, mit sternförmigen und langen spreizenden, einfachen, gelblichen Haaren. Blätter nicht sehr tief herzförmig. 5- bis 7-, selten 3 lappig. Lappen eilänglich, zugespitzt, Buchten eng, oft in Falten aufgeworfen, auf dem Mittelnerv unterseits eine Drüse. Mittellappen größerer Blätter 6 cm lang, 3 cm breit, Buchtentfernung 2,3 cm, Blattweite 8 cm. Blütenstand oft sprossende seitliche Schosse bildend (nach Watt eine wichtige Abweichung vom Speziescharakter). Hüllkelchblätter verhältnismäßig klein, nach Matthews leicht an der Basis verwachsen, eiförmig, spitz, tief gezähnt[2]) (nie rund oder fast nierenförmig wie bei G. herbaceum), Kelch undeutlich gezähnt, Zähne rundlich. Kapsel oval, spitz, gewöhnlich 4 fächerig, oft klein, 3 -3,5 cm groß. In jedem Fach 8 Samen, diese viel kleiner als bei der wilden Pflanze. Filz sehr kurz, gewöhnlich aschgrau. Baumwolle nach Todaro weiß, etwas rauh.

Vorkommen. Wird in einem Gürtel kultiviert, der von der Westküste Ostindiens von dem Meerbusen von Kach (Kachh) durch Kathiawar und Gujarat nach dem südlichen Maratha-Lande und Südindien geht. Die wertvollste aller indischen Baumwollen heutigen Tages.

Bei G. obtusifolium var. Wightianum bespricht Watt S. 147 die Bodenarten. Es gibt in Indien 3 Arten Baumwollböden mit 3 korrespondierenden Hauptgruppen von Baumwollpflanzen: a) Reiche, schwarze, lehmige Böden wie in Kathiawar, Gujarat,

---

[1]) Nach Burkill, S. 7 haben die Außenkelchblätter auf Roxburghs Zeichnung einen oder mehrere kleine Zähne.

[2]) Matthews: Textile Fibers, schreibt S. 379: Kurz gezähnt.

Kandesh oder Karnatic, „Black Cotton soils" genannt. Hier werden hauptsächlich die
Formen von G. obtusifolium gebaut. b) Gemischte, rote und schwarze, steinige Böden,
wie in Deccan, Berar, den Zentralprovinzen usw., wo Formen von G. Nanking gebaut
werden. c) Alluviale, sandige Böden, wie in den Bassins des Ganges und des Indus, wo
G. arboreum besonders kultiviert wird.

Auf den roten und schwarzen steinigen Böden degeneriert G. obtusifolium schnell
oder wird mit G. Nanking bastardiert.

Die feinste Baumwolle wird gebaut auf dem reichen tiefen schwarzen Boden von
Broach und Navsari (Nausari, der als kahnam bekannt ist); sie wird kahnami oder
Broach deshi (deshi = Land) Baumwolle genannt.

Milburn[1]) bezeichnet Ahmood als die feinste Surat-Baumwolle.

Rassen von G. obtusifolium var. Wightianum nach Watt.

1. Wahrscheinlich reine Rassen. (Abb. 14.)

a) Kahnami: die deshi (deshi = Land) Baumwollen von Broach, Surat,
Navsari, Baroda usw. Pflanzen größer und kräftiger als alle anderen indischen. Stengel spärlich verzweigt. Blätter größer und breiter (mehr G.
herbaceum ähnlich als sonst in Indien), Blütenzweige meist verlängert, sekundäre Schoße mit einzelnen achselständigen Blumen, oft hängend. Blütenstiel niedergebogen, so daß die Kapsel hängend wird. Drüsen an der Spitze
des Blütenstiels oft sehr groß. Die Drüsen auf dem Kelch oft fehlend.
Krone sehr oft verhältnismäßig kurz, plötzlich und weit ausgebreitet. Kapsel
im Querschnitt dreikantig, plötzlich zugespitzt, mit tiefen Einsenkungen
zwischen den Scheidewänden. Vlies sehr weich und seidig, leicht von den
Samen zu trennen, aber nicht viel herausragend, wegen der Kleinheit des
Hüllkelches gewöhnlich sehr rein, höchst wertvoll auf tiefem, schwarzem
Boden. Wird im Juni gesäet und im Januar bis März geerntet. Eine gute
Ernte gibt 400—500 Pfund[2]) Samen-Baumwolle[3]) pro acre[4]).

b) Goghari: Zu beiden Seiten des Dhadarflusses (zwischen Baroda und
Broach) ist kalkhaltiger Lehm; dort tritt eine besondere Sorte „goghari" auf,
die eine Zwischenstufe zwischen den Pflanzen des schweren und leichten
Bodens bildet. Auf den leichten Böden finden sich die kanvi-Baumwollen
von Bhavnagar, Palitana, Dholca, Amreli und Junagardh, die ambli von
Dhollera und die wagria von Wadhwan, Viramgam, Morvi, North Kathiawar
und Kach.

Eine ähnliche Klassifikation waltet zweifellos vor in dem südlichen Maratha-Lande. Die Kumpta oder Coompta von Dharwar und Belgaum sind
die südlichen Äquivalente der kahnami-Baumwolle von Gujarat. Noch weiter
südlich, in der Präsidentschaft Madras, entsprechen die uppams von Tinne-
vally, Coimbatore usw. sehr den goghari-Baumwollen, während die tellapatti
oder jowari-hatti (Hybriden) von Bellary und Kurnool in einigen Hin-
sichten den wagria von Nord-Gujarat entsprechen.

Die Goghari ist einer der niedrigen Grade der Baroda- und Broach-
Baumwollen, aber rentabel. Sie ist außerordentlich lokal, kommt außer in
obigen Gegenden noch in einiger Ausdehnung im Staate Rajpipla vor. Von
der kanahmi außer durch die Kapselform kaum zu unterscheiden, aber
kräftiger, weil der Boden besser entwässert ist. Die Kapseln sind kugelig und
viel größer als die von kahnami, die Samen auch größer, dunkler und ihr

---

[1]) Milburn, Oriental Commerce 1813, I, S. 280.
[2]) 1 Pfund englisch = 453,6 g.
[3]) Unter Samenbaumwolle ist immer noch nicht entkörnte Baumwolle zu verstehen.
[4]) 1 acre = 0,406 ha.

Filz reichlicher, die Wolle sitzt fester, ist weißer, wolliger und viel reichlicher. Sie gedeiht auf Böden, wo kahnami weniger vorteilhaft ist, wird aber auch im Gemisch mit dieser gebaut.

c) Lalio (d. h. Speichel). Dies ist die deshi- (also Land-)Baumwolle von Ahmedabad und Kathiawar, im Handel bekannt als Dhollera. Es ist ein geringerer Grad von kahnami, für leichte lehmige Böden, ist aber größer und kräftiger als die typische deshi von Broach. Bei der Kathiawar-Baumwolle sind die Kapseln herabgebogen, so daß die Wolle oft wie Speichel heraushängt und leicht schmutzig wird. Der Name lalio oder lahrio ist anwendbar auf die deshis, kanvis und kanpuris des Südens und der bhalia (Ambli usw.) des Bhal- Landes im Osten. Die Kathiawar deshi heißt auch asul deshi.

Zu den Lalio gehören auch die Ambli- und Sakalio- Baumwollen, ferner die deshi (oder mathio) von Bhavnagar, Palitana, Junagardh und Gondal. Sie unterscheiden sich nur wenig voneinander, je nach der Güte des Bodens und der Kultur, alle gehen im Handel als Dholleras.

d) Kumpta, im Handel Coomptas. Sie sind charakteristisch für das südliche Maratha-Land; wie schon oben, S. 50, gesagt, nahe verwandt mit den deshi von Broach, Surat und Baroda. Es sind eben nur geographische Formen, aber der Stapel der Gujarat-Pflanzen ist länger, der Außenkelch bei den Kumpta viel kleiner und nur an der Spitze gezähnt. Kapsel dreifächerig, klein, oval.

e) Uppam. Ist die langstapelige Baumwolle Südindiens, besonders in Tinnevelly und Coimbatore, ähnlich der goghari von Gujarat, aber das Verhältnis von Wolle zum Samen viel niedriger. Pflanzen kräftig, aber weniger ertragreich. Uppam (oder ukkam) bedeutet Seebrise. Die Kapseln sollen sich nach der Seebrise öffnen.

2. Wahrscheinlich hybride Rassen.

f) Kanvi oder Khanpury, eine Form von goghari, verhält sich zu den deshi von Kathiawar wie goghari zu den deshis von Broach. Qualität gering, Ertrag aber sehr reich, daher beliebt. Vielleicht ein Bastard zwischen der deshi von Kathiawar oder gar Baroda und dem Gossypium arboreum var. neglectum und roseum. Sorten: belati, d. h. fremd, und varadi.

g) Wagria gibt die Nord-Gujarat-Baumwolle, wird dort und in Kathiawar, auch in Katsch viel gebaut. Ein kleiner aufrechter Busch, 45—75 cm hoch, für leichte Böden, verlangt wenig Feuchtigkeit, braucht 8—10 Monate zur Reife, kann auch 2—3 Jahre stehen bleiben. Hauptkennzeichen: Die kugelige Kapsel. Weitere Vulgärnamen: Wagadio, Wadhiaro, Kanmiri usw. Weniger behaart als sonst G. obtusifolium ist. Ältere Blätter dick, dunkelgrün, glänzend, Blätter im Umriß oval bis fast rund, 3—5 lappig, herzförmig, Lappen breit oval. Hüllkelch spreizend, Blumenblätter nach links gedreht. Kapsel kugelig, meist dreifächerig. Klappen sehr breit, nur halb geöffnet. Samen ziemlich groß, mit gelbem bis braunem Filz und grobem wolligem Vlies, sehr ähnlich wie goghari. Im Süden der Gegend, wo Wagria gebaut wird, mischen sich die Pflanzen mit den kanvi-Sorten. Vielleicht ist Wagria selber ein Bastard zwischen den deshi von Broach und den Bani der Zentalprovinzen und Berar.

h) Tellapatti, auch jowari hathi. Ist die schwarzsamige Baumwolle Südindiens in Bellary und Karnool (Karmul). Vielleicht nach Watt ein natürlicher Bastard zwischen uppam- und Bourbon-Baumwolle, was Middleton zwar bezweifelt. Die Samen sind teils ohne, teils mit Filz.

b) G. obtusifolium var. africanum Watt. Blattlappen etwas mehr ausgezogen und unten etwas zusammengezogen. Hüllkelchblätter eiförmig, fast rundlich, grob gezähnt, fest in Textur. Samen mit gewöhnlich weißem oder grauem Filz, die Wolle reichlicher und feiner als bei den indischen Formen.

Manche gesammelte Formen gleichen G. obtusifolium Wightianum, doch will Watt sie lieber als africana bezeichnen. Mattei[1]) hält eine von Macaluso im italienischen Somalilande als angeblich wild gesammelte Pflanze mit schöner Wolle vielleicht für naturalisiert. Sie habe viele Charaktere gemeinsam mit G. herbaceum, die man als älteste Kulturart in Afrika ansehen müsse.

Watt behandelt die afrikanischen Baumwollen nur kurz und schließt:

1. Das eigentliche G. herbaceum kommt in Afrika nicht vor[2]), obwohl es in Ägypten vor mehreren Jahrhunderten eingeführt sein mag.

2. Die hauptsächlich kultivierten einheimischen Pflanzen längs der ganzen Ostküste Afrikas bilden eine vollkommen parallele Reihe mit denen Ostindiens und stammen hauptsächlich von G. obtusifolium und G. Nanking. (In Abessinien ist es aber entschieden G. herbaceum.

3. Auf der Westseite Afrikas ist eine vielfältige Zusammenstellung. Die charakteristischste Art ist *G. punctatum,* die auch wiederholt wild gefunden ist. Die Arten im Westen, besonders nahe der Küste, nähern sich mehr den amerikanischen, obwohl Formen von G. obtusifolium auch dort gefunden werden.

4. *G. arboreum* wird in Afrika mehr kultiviert als selbst in Indien. Die Formen dieser Art auf der Ostseite Afrikas korrespondieren mit denen von Arabien und Indien (typisches G. arboreum, und die krautartige var. neglectum). Auf der Westseite Afrikas kommt hauptsächlich die var. *G. sanguineum* Hasskl. vor. Aber die Formen von G. arboreum erstrecken sich über ganz Afrika und sind keineswegs so auf die östlichen und westlichen Teile beschränkt wie G. obtusifolium und G. punctatum. Die speziellen neueren amerikanischen Rassen werden sich mehr für Westafrika eignen und die indischen für Ostafrika. Die ägyptischen Baumwollen werden mehr für das östliche Afrika passen.

Weitere Literatur über Baumwollkultur und Handel in Indien nach Watt S. 149.

Lord Auklands Minute. 1839. Briggs: The Cotton Trade of India R. As. Soc. 1839, S. 1—88 mit Karte. Chapman: The Cotton and Commerce of India. 1851. Royle: Culture and Commerce of Cotton in India. 1851. Cassels: Cotton in Bombay Presidency. 1862. 800 S. Das Wort Gossypium ist dort nicht ein einziges mal erwähnt! Wheeler: Handbook Cotton Cult. Madras. Shortt: Prize Essay on Cotton Culture in India. 1862. Mallet: Conditions involved in successful Cult. 1862. Rivett-Carnac: Reports Cotton Dept. 1867—69. Maddox: Essay on culture of cotton (Journ. Agric. Hort. Soc. XIII; Walton: Hist. Cotton in Belgaum 1880. Beaufort: Cotton Production and Trade of India. 1902—3. Schanz, Moritz: Die Baumwolle in Ostindien. Beiheft 5/6 zum „Tropenpflanzer", 14. Jahrg. 1913. S. 439—609.

5. Gossypium arboreum L. Baumartige Baumwolle. 10.
(Abb. 15.)

Diese Art, die sich vor allem durch ihre roten Blumen auszeichnet (die var. neglectum ist allerdings gelb), wurde sicherlich im Altertum und im Mittelalter mehr gebaut als heute, da sehr oft in den alten Schriften von

---

[1]) Mattei in Bull. Orto bot. e Giard. colon. di Palermo, Ann. VII, S. 182, Nr. 168. 1908.
[2]) Das ist sicher ein Irrtum Watts. G. herbaceum wird mehr oder weniger in ganz Afrika gebaut, wenigstens zu bauen versucht.

Abb. 15. Gossypium arboreum L.

1. Blühender Zweig. 2. Knospe, zeigend den Kelch mit seinen Nektarien (zwei von den dreien sichtbar) und den Drüsenpunkten. 3. Junge Kapsel, geschnäbelt zugespitzt. 4. Same mit Filz und Vlies. 5. Same nach Entfernung des Vlieses, den Filz (die Grundwolle) zeigend. (Nach Watt.)

baumartiger Baumwolle die Rede ist. Sie ist sowohl in Indien wie in Afrika zu Hause, hat in Indien den Vulgärnamen *Nurma* (der häufigste), Deo-kapás, Manua, Bajwara, Red Navsari, Ram-kapas usw. Rheede, Hortus indicus malabaricus, Amsterdam 1678—1703, I. Bd. t. 33 bildet sie sehr gut ab und nennt sie *Cudu Pariti.* In Togo heißt sie *Palgunda,* auch *Mangu indi.*

Kleiner Baum oder Strauch 2—3 m hoch, in der Kultur aber ein- oder zweijährig. Zweige schlank, oft purpurn, mit Sternhaaren und längeren einfachen Haaren. Blätter klein, aus tiefherzförmiger Basis handförmig, bis über $^2/_3$ in 5—7 sehr schmale, länglich lanzettliche oder lanzettliche, kurz gespitzte Lappen geteilt, fast gefingert, Buchten stumpf, tief, oft mit einem zusätzlichen Läppchen. Auf dem Mittelnerv und oft auch auf den beiden ersten Seitennerven nahe der Basis auf der Unterseite mit einer gelblichroten Drüse (Nektarium). Mittellappen größerer Blätter 8 cm lang, nur 1,8 cm breit, Bucht von der Blattbasis nur 2,5 cm entfernt.

Blütenstiele so lang wie die Blattstiele, ohne Drüsen am oberen Ende, 1—2 blütig. Außenkelchblätter eiherzförmig, verhältnismäßig klein, bis 4 cm lang, 2,5 cm breit, auf $^2/_3$ gezähnt oder fast ganzrandig. Kelch lose, glockenförmig, der Rand abgestutzt oder schwach fünfzähnig. Blume groß, 6 cm Durchmesser, fast dreimal so lang als der Außenkelch, tief purpurn, mit noch dunkleren Nägeln, etwa 3 cm hoch, 2,5 cm breit, im Welken fast schwarz, Staubfadensäule $1^1/_2$ cm lang, Griffel 3—4 mm vorragend. Kapsel fast hängend, etwas länger als der Außenkelch, nach Parlatore 2,4—5 cm lang, 2—2,5 cm dick (Gammie gibt nur 28×22 mm an), eiförmig spitz und sich ganz öffnend, so daß die Wolle herunterhängt. Fächer meist 3, in jedem Fach 3—8 Samen. Diese mit grünlich-grauem Filz und spärlicher, mäßig feiner lockiger Wolle.

Das typische G. arboreum mit purpurnen Blüten wird nach Watt jetzt gar nicht als Faserpflanze gebaut, obwohl nach der indischen Tradition es die Baumwolle ist, die für die Anfertigung der heiligen Brahmanenschnur und für die Dochte der Lampen in den Tempeln gebraucht wurde.

Die Blütenfarbe variiert von purpurrot durch rosa zu gelb und weiß. Die rosafarbenen bilden die var. *sanguineum* (*G. sanguineum* Haßkarl als Art), die gelben die var. *neglectum* (*G. neglectum* Todaro als Art). Die Drüsen der Keimblätter sind nach Parlatore weniger zahlreich und gelblich (also nicht schwarz).

Nach Engler: Die Pflanzenwelt Afrikas, III. Bd., 2. Heft, S. 368 bildet das wilde *G. arboreum* (Nurma- oder Deo-Baumwolle) in der Park-Steppenprovinz des Sudan einen bis 6 m hohen Baum, kultiviert werde es in Indien namentlich in Tempelgärten, daher auch (wie manche andere) als *G. religiosum* bezeichnet. Es kommt bis Westafrika vor.

Eine sehr schöne farbige Abbildung findet sich in Parlatores Werk: Le specie dei Cotoni (Text in 4⁰, Abb. in Folio, t. I, Florenz 1866, das außerdem noch 5 andere Tafeln enthält). Auch Todaros zahlreiche Tafeln in seiner „Relazione dei Cotoni" sind musterhaft, und man muß es der italienischen Regierung Dank wissen, daß sie solche Prachtwerke herausgegeben hat, wie sie kein anderes Volk über Baumwolle besitzt.

Kersting fand die baumartige Baumwolle wild in Togo bei Sokode-Basari, 3—4 m hoch. Deren Kapsel ist oval, sehr spitz, nach meinen Messungen 2,5 cm lang, 1 cm dick, die Spitze allein fast 5 mm.

C. Ledermann fand sie in Kamerun, Station Garuo, auf felsigen, mit Bäumen und Sträuchern leicht bedeckten Sandsteinhügeln. Blumen purpurn, Stengel blaurot, Blätter blaugrün, Nerven weinrot. Ganze Pflanze schwarz aussehend (9. August 1905).

W. Busse fand sie kultiviert bei Aden als Strauch mit aufrechten Zweigen, die Blätter sind nur klein, 5 lappig, die Lappen schmal, Mittellappen 6 cm lang, kaum 1,5 cm breit, arabisch: otba[1]).

Graf Zech, der sie in Togo sah, schrieb dem Botanischen Museum Berlin-Dahlem unter dem 19. März 1903: Die Samenwolle hat ein seidenartiges Ansehen, fast wie Kapok, Samen rosagrau, nicht so dunkel wie die gewöhnlichen Baumwollsamen.

In Abessinien wird nach Kostlan[2]) Baumwolle (tit) gebaut in der „Kolla", dem Tieflande, und in der „Woina Deka", dem mittleren Hochland. Man kultiviert zwei Arten: *G. herbaceum*[3]) und *G. arboreum*. Die Baumwolle wird entweder allein gebaut, oder die Pflanzen werden weit auseinandergesteckt, so daß zwischen den Stauden noch Getreide gesäet werden kann. (Vgl. S. 38.)

a) Gossypium arboreum var. sanguineum Watt (G. sanguineum Haßkarl als Art) unterscheidet sich von der Stammart u. a. durch breitere Blattlappen, viel größere, tiefer zerschlitzte Außenkelchblätter, sehr spitze, kleine Kapsel, grauen oder nur leicht grünlichen Filz der Samen und längere und bessere Wolle.

Vorkommmen: Afrika, Oberguinea, vulgär Akese Cotton oder Abbeokuta; auch in Asien kultiviert, wo sie in Madras Semparuthi heißt.

b) Gossypium arboreum var. neglectum Watt (G. neglectum Todaro als Art.) Die Daccabaumwolle hat gelbe Blüten, geht im Handel auch als Bengal-Baumwolle und hat viele Vulgärnamen: Bilatee oder vilayati (d. h. fremd) Khandeshi, kateli (wegen der Spitze am Samen), mathi (wegen der Ähnlichkeit der Blätter mit denen von Phaseolus aconitifolius) usw. In Bengalen, Assam und den vereinigten Provinzen ist es die deshi oder desi, d. h. Landrasse, heißt auch kherdya, und eine besondere Rasse liefert die berühmte Dacca-Baumwolle. In Dacca sind Vulgärnamen: photee, siehe S. 6, nurmah und bairaite.

Vorkommen: Die var. *neglectum* ist in Südindien und Burma wenig häufig; neuerdings ist sie nach allen Gegenden gebracht, wo früher die perennierenden Baumwollen vorherrschten, und leider wegen des Verlangens nach kurzem, billigem Stapel auch nach Gujarat und Kathiawar, dem Heim der langstapeligen Arten.

Nach Todaro sind die Außenkelchblätter ziemlich klein, kürzer als die Krone, die Kapseln klein, eiförmig, die Lappen der Blätter länglich-lanzettlich, spitz, bei *G. arboreum* sagt er breit lanzettlich (was doch kaum der Fall, da sie meist schmal sind) mit Endborste. — Die in dem Jalaun-Distrikt in Bundelkhand gebauten Sorten *Kalpi*, *Kulpahar* und *Rath*, sowie *Karwi*, die meist nach den Orten, wo sie entkörnt oder auf den Markt gebracht werden, benannt sind, gehören nach Burt und Hyder[4]) eher zu *G. indicum* als zu *G. neglectum*. Sie haben die längeren und hängenden Fruchtzweige der ersteren Art. Vielleicht sind einige auch Bastarde, da zweifellos Sorten aus Zentralindien und den Zentralprovinzen nach Bundelkhand eingeführt sind. *Kulpahar* hat den längsten Stapel, dann folgt *Jalaun*. *Rath* hat sehr schöne Farbe, ist aber kürzer und wolliger. Der Stapel aller schwankt zwischen $1 - 7\frac{1}{8}$ Zoll. Pflanzen mit weißen Blumen (wohl G. arboreum var. roseum) gaben nie gute Fasern, was auch schon Middleton sagte. Siehe Watt

---

[1]) Busse: Reise nach Java 1902—1903, Nr. 2108.
[2]) Kostlan: Beihefte zum „Tropenpflanzer", 14. Jahrg. 1910, S. 240.
[3]) Schweinfurth bezeichnet in seiner Abhandlung: Die abessinischen Pflanzennamen, die abessinische Baumwollstaude (tit) als G. barbadense, was wohl ein Irrtum.
[4]) Agricultural Research Institute Pusa, Eastindian Bull. 123, S. 4. 1921.

S. 113. Gezüchtet wurde eine JN. 1, aus der Jalaun-Sorte mit gutem Stapel (0,85—0,90 Zoll und 36 % Lint), eignet sich für 16's bis 18's Ketten und 20's Einschlag, während gewöhnliche deshi (Bengals) nur 10's zu 12's liefert[1]. Besonders gut im Ertrag in nassen Jahren; obgleich gelb blühend, ist sie leicht von den gewöhnlichen deshi, d. h. Landsorten, zu unterscheiden durch ihr breit gelapptes Blatt, den charakteristischen Habitus und größere Kapseln.

Eignet sich für bewässertes und unbewässertes Land.

c) Gossypium arboreum var. assamicum Watt (vielleicht G. cernuum Todaro). Kann als Spielart von *G. arboreum neglectum* angesehen werden, einjährig, Blattstiele sehr lang, 10—20 cm, doppelt so lang als die Blattspreite. Mittellappen oft nahe der Bucht 1 oder zweimal gezähnt. Die Blattnerven ohne Drüsen (?). Außenkelchblätter verhältnismäßig klein, 3 zähnig oder fast ganzrandig, Blumen zweimal so lang als der Außenkelch, gelb bis weiß, Kapsel die längste von allen Arten. Die heraustretende Wolle ist 15—20 cm lang, enthaltend 15—20 Samen, Samen groß, flach, mit schwacher Spitze, frei voneinander, aber durch Verfilzung ihrer Wolle fest aneinander gebunden. Filz reichlich, weißlich braun, Vlies kurz, weiß, sehr grob und wollig.

Vorkommen: Besonders auf den Garo- und Mikir-Hügeln, in einiger Ausdehnung auch in den Ebenen von Assam (Nowgong, Golaghat, Kamrup usw.) dient zu den „Garoblankets" (Decken). Wird besonders auf Forstland, auf kalkhaltigen, sonnigen Böden gebaut. Die dort wachsende kleine Bambusart wird abgebrannt, und die Asche ist der einzige Dünger. Die Bearbeitung des Landes muß wegen der Steilheit der Hügel mit der Hacke geschehen.

Die sog. Kil-Baumwolle von Nagpur ist ein Mittelding zwischen der var. assamicum und der folgenden var. roseum.

d) Gossypium arboreum var. roseum Watt; syn. G. roseum Todaro. (G. albiflorum Tod. ist eine extreme Form von der var. *neglectum*.)

Blätter tief 5—7 lappig, Lappen sehr schmal und sehr lang, die beiden untersten sehr abstehend oder zurückgebogen. Basis schwach herzförmig. Blumen sehr kurz, weiß, mit purpurnen Nägeln oder weiß oder gelb mit rosa Tönung. Ganz oder fast ganz in den Außenkelch eingeschlossen, nach Todaro kürzer, nach seiner Abbildung etwas länger. Vulgärnamen: Varadi, Katel Belati, Nimari, Bangai (in Sylhet), Nurdki in Bengalen. Ist die geringste indische Sorte, aber leider wegen ihres hohen Ertrages sehr verbreitet. Eine von Lawrence Balls als „Sennar baumartige Baumwolle" erhaltene Pflanze scheint nach Watt hierher zu gehören.

e) Gossypium arboreum var. parviflorum Ulbrich. Auffallend durch die sehr kleinen Blumen und kleinen Blätter. Gesammelt von Dr. Wolff als N. XIX in Kamerun. Einheimischer Name Tsata bie, Haussah-Baumwolle.

Professor Gammie in Poona kreuzte *G. roseum* (Varadi) mit dem amerikanischen *G. hirsutum*[2]) und erhielt einen Bastard, der ganz der Bani der Zentralprovinzen glich. Das wäre ein Beweis, daß asiatische und amerikanischen Arten sich also doch kreuzen lassen, während gewöhnlich behauptet wird, daß das nicht gelänge. Siehe auch Vererbung. Die Chromosomenzahl im Zellkern ist nach Denham bei Baumwollen der Alten und der Neuen Welt verschieden, bei ersteren 13, bei letzteren 26.

---

[1]) Die englischen Garnnummern 16, 18 usw. sagen, daß 16, 18 usw. Strähne (hanks) zu je 840 yards auf 1 engl. Pfund gehen; 1 yard = 0,914 m, 1 engl. Pfund = 453,6 g: 1 engl. Zoll = 25,4 mm.

[2]) Gammie: Note on Classification of Indian Cottons and Cross-Breeding experiments at the Poona Farm 1901—1903, S. 15.

Gammies Vorschlag zu einer Klassifikation der indischen Baumwollen.

Gammie in Poona[1]) hat die merkwürdige Ansicht, daß, botanisch genommen, es in Indien nur eine Art gebe: *Gossypium obtusifolium* mit ihren beiden Unterarten: *G. arboreum und G. herbaceum.* Er gibt dann nachstehende Einteilung der indischen Baumwollen und sagt dazu:

„Die folgenden Arten und Varietäten sind in Wirklichkeit nur landwirtschaftliche Rassen, die ziemlich konstant bleiben in der Umgebung, in der sie entstanden sind oder eine beträchtliche Zeit gebaut werden."

A. Rozi- und Deo-Kapas-Gruppe. Alle Zweige aufsteigend und dicht gedrängt, nicht an den Enden hängend. Blätter mit basalen Lappen und seitlichen Falten in den Buchten. Außenkelchblätter ganzrandig oder nur leicht gezähnt. Blumen klein, dunkel purpurn, rosa purpurn (pink purple) oder gelb. Kapseln klein oder groß.

1. Gossypium obtusifolium Roxb. Ganze Pflanze grün. Krone gelb, Wolle weiß.

> Var. nova *Coconada.* Wolle mäusegrau.
> Var. nova *hirsutum,* behaarter, stark nach G. herbaceum hinneigend.
> Var. *Nanking,* mit Neigung zu *G. neglectum.* Kapseln und Außenkelch groß.
> Var. nov. *sindica,* Verzweigung zerstreuter als im Typ. Obere Zweige mit starker Tendenz, kürzer zu werden. Pflanze mit Neigung zu *G. indicum.*

2. G. arboreum L. Ausdauernd, Blumenkrone dunkel purpurn oder rot. Filz der Samen grün, Blattlappen schmal.

> Var. nov. *platyloba.* Blattlappen breit.
> Var. nov. *vagans.* Wolle khakifarben.

3. Gossypium sanguineum Hassk. Einjährig. Pflanze dunkelpurpurn, Krone dunkelpurpurn.

> a) Breitblättrige Formen,
> b) schmalblättrige Formen.
>
> Var. nov. *minor.* Krone blaß purpurn.
>
> a) Breitblättrige Formen,
> b) schmalblättrige Formen.

B. Herbaceum-Gruppe. Büsche rundköpfig oder die Spitze des Stengels leicht verlängert und spärlich verzweigt. Alle Zweige gewöhnlich lang und spreizend. Blätter weich behaart, hellgrün, seitliche Falten nur in den Buchten. Außenkelchblätter rund, gleichförmig zerschlitzt, die der Frucht gewöhnlich spreizend. Blumen gelb mit dunklem Auge. Das Auge in der Blumenkrone von *G. herbaceum* zeigt im Zentrum einen gelblich weißen Kreis, von dem die Staubfädenröhre und der Griffel abgehen. Dieser Kreis entsendet schiefradiale, gelbe, schmale Bänder oder Flecke nach oben, die nicht von dem dunklen Karmesin des Auges eingenommen werden. Bei anderen Typen ist dieser Kreis durch ein vollkommen regelmäßiges Fünfeck vertreten, das keine radialen gelben Linien hat.

4. Gossypium herbaceum L. Kapselklappen stark zurückgebogen, so daß die Wolle hängend ist.

---

[1]) Gammie: The Indian Cottons, in Memoirs of the Dep. of Agric. in India. Vol. II. Nr. 2, Sept. 1907, Calcutta, S. 5.

Var. nov. *madraspatana*. Kapseln kleiner, sonst wie der Typus. Wahrscheinlich eine degenerierte Form.

Var. nov. *melanosperma*. Wie vorige, aber Samenschale nackt.

Var. nov. *sakalia*. Kapsel groß, sich nicht weit öffnend.

C. Jethia-Gruppe. Rundköpfige Büsche, Spitze des Stammes selten vortretend. Zweige schärfer aufsteigend als bei G. herbaceum. Blätter dunkelgrün, mit seitlichen Falten und selten mit basalen Lappen in den Buchten. Außenkelchblätter fast dreieckig, am ganzen Rande zerschlitzt oder ganzrandig, an der Frucht nicht spreizend.

5. Gossypium intermedium Todaro. Blumen gelb, Außenkelchblätter tief zerschlitzt.

Var. nova *alba*. Blumen weiß, Außenkelchblätter oft ganzrandig. Ein Verbindungsglied mit G. neglectum. (Watt erklärt G. intermedium Todaro für synonym mit G. arboreum var. neglectum.)

D. Bani-Gruppe. Große, sparsam verzweigte Pflanzen. Untere Zweige lang, leicht aufsteigend, mittlere und obere zerstreut, kurz, mehr oder weniger hängend, allmählich kürzer. Spitze des einfachen Stammes sehr vortretend. Blätter gelblich grün, ungeteilt oder gewöhnlich bis 3 lappig. Lappen breit eiförmig. Außenkelchblätter dreieckig, ganzrandig oder aufwärts leicht gezähnt. Blumenblätter zurückgebogen, gelb oder weiß. Wolle spärlich und fein bei den typischsten Exemplaren.

6. G. indicum Lamk. Blumen gelb. (G. indicum Lamarck ist nach Watt G. Nanking Meyen.)

Var. nov. *Mollisoni*. Blumen weiß. Benannt zu Ehren des Direktors Mollison in Poona.

E. Jari- und Varhadi-Gruppe. Große, spärlich verzweigte Pflanzen. Untere Zweige lang, leicht aufsteigend, mittlere und obere zerstreut, mehr oder weniger hängend, allmählich kürzer, Spitze des einfachen Stengels sehr vortretend. Blätter dunkelgrün, stark heliotropisch. Außenkelchblätter dreieckig, ganzrandig oder aufwärts leicht gezähnt. Blumenblätter zurückgebogen, gelb oder weiß.

7. Gossypium neglectum Todaro (ist nach Watt G. arboreum var. neglectum Watt).

Var. nov. *vera*. Blattlappen schmal länglich, Basis nicht tief herzförmig. Blumen gelb, Wolle reichlich und grob.

Subvar. nov. *kathiavarensis*. Blattlappen breit, eilänglich. Wolle mäßig fein.

Subvar. nov. *malvensis*. Habitus des Typus, aber Wolle von besserer Qualität.

Subvar. nov. *bengalensis*. Blattlappen schmal, strahlend. Kapseln und Außenkelch größer als beim Typus. Wolle grob.

Subvar. nov. *Kokatia*. Wie vorige, aber Wolle mäusegrau.

Subvar. nov. *burmanica*, wie bengalensis, aber Blattlappen breit, Wolle weiß.

Subvar. nov. *rosea*, Blattlappen schmal, Blumen weiß. Wolle grob.

Subvar. nov. *cutchica*. Blattlappen breit, eilänglich. Wolle mäßig fein.

Subvar. nov. *avensis*. Blattlappen breit. Außenkelch und Kapseln größer als beim Typus.

F. Kil-Gruppe. Niedrige Pflanzen, untere Zweige hängend, obere allmählich kürzer, Blätter dunkelgrün mit schmalen, strahlenden Lappen. Außenkelchblätter groß, dreieckig, zugespitzt, ganzrandig oder nur an der Spitze gezähnt, länger als die Blumen, zur Fruchtzeit zurückgebogen. Blumen normalerweise weiß. Kapseln ungewöhnlich groß.

8. Gossypium cernuum Todaro. Wolle weiß (ist nach Watt G. arboreum var. assamicum Watt).

Var. nov. *silhetensis*. Wolle mäusegrau.

G. Dharwar-Amerikanische Gruppe. Niedrige, rundliche Büsche. Blätter ziemlich hautartig, gelblich grün, ungeteilt, bis 5 lappig, gewöhnlich 3 lappig. Lappen kurz, dreieckig mit geraden Rändern. Außenkelchblätter rundlich, mit geschwänzten, zugespitzten Zähnen. Blumen hellgelb, ohne dunkles Auge. Kapseln groß, kugelig.

9. G. hirsutum Mill. Wolle weiß.

Var. rufa Tod. Wolle mäusegrau.

Diese amerikanische Art (Upland-Baumwolle) ist jetzt in Ostindien ganz naturalisiert.

6. Gossypium punctatum Schumacher et Thonning.
Punktierte Baumwolle. (Abb. 16.)

Von den Baumwollen der Alten Welt interessieren uns noch 7 Arten: das westafrikanische G. punctatum, dessen Verwandte, G. prostratum und die weiter unten zu besprechenden ostafrikanischen G. Kirkii, G. Paolii und G. benadirense sowie G. anomalum, fast im ganzen tropischen Afrika, und die Hindi-Baumwolle.

G. punctatum gehört zu Watts III. Sektion: Filzsamige Baumwolle mit freien, nicht verwachsenen Außenkelchblättern. Watt spricht die Ansicht aus, daß G. punctatum auch in der Neuen Welt vorkomme und gewissermaßen die Stammpflanze von G. hirsutum, der Upland-Baumwolle, sei. Generaldirektor Geo Freeman, Port au Prince, Haiti, schreibt mir darüber unter dem 16. April 1925:

„Ich stimme Ihnen bei, daß Sir George Watt im Irrtum ist, wenn er annimmt, daß G. punctatum von Westafrika nach Amerika gekommen sei. Ich bin ganz sicher, daß es umgekehrt erfolgt ist, von Amerika nach Afrika. Es ist gerade so wie bei den Eingeborenen in Kambodja, die da glauben, daß die Kambodja-Baumwolle (G. hirsutum) bei ihnen einheimisch sei, während historische Nachweise deutlich zeigen, daß sie aus Mexiko durch portugiesische Händler eingeführt ist. Ich persönlich halte es für sicher, daß die Heimat von Gossypium punctatum Mexiko und Zentralamerika ist."

„Die Sea Island hat sich aus den wilden perennierenden Vorfahren zu einer einjährigen mit längeren Haaren entwickelt, die Upland (G. hirsutum) dagegen hat nur die Größe der Kapseln, die Zahl der Fächer und den Prozentgehalt an Lint vermehrt. In dieser Hinsicht hat das sog. G. mexicanum mehr Fortschritte gemacht als G. hirsutum." Freeman scheint danach die Sea Island von G. mexicanum ableiten zu wollen, während wir G. mexicanum als Stammform von G. hirsutum ansehen.

Für uns ist es wichtiger, daß eine Varietät von G. punctatum, die var. *acerifolium* Guillemin et Perrotet, wahrscheinlich die in den ägyptischen Baumwollkulturen so verhaßte Hindi-Baumwolle ist. Um genau zu sehen, was Professor Schumacher und Etatsrat Thonning unter G. punctatum verstanden haben, geben wir deren Beschreibung wörtlich wieder[1].

---

[1] Schumacher et Thonning: Bescrivelse af Guineiske Planter (Kopenhagen) 1827, 2. Teil, S. 83, Nr. 192.

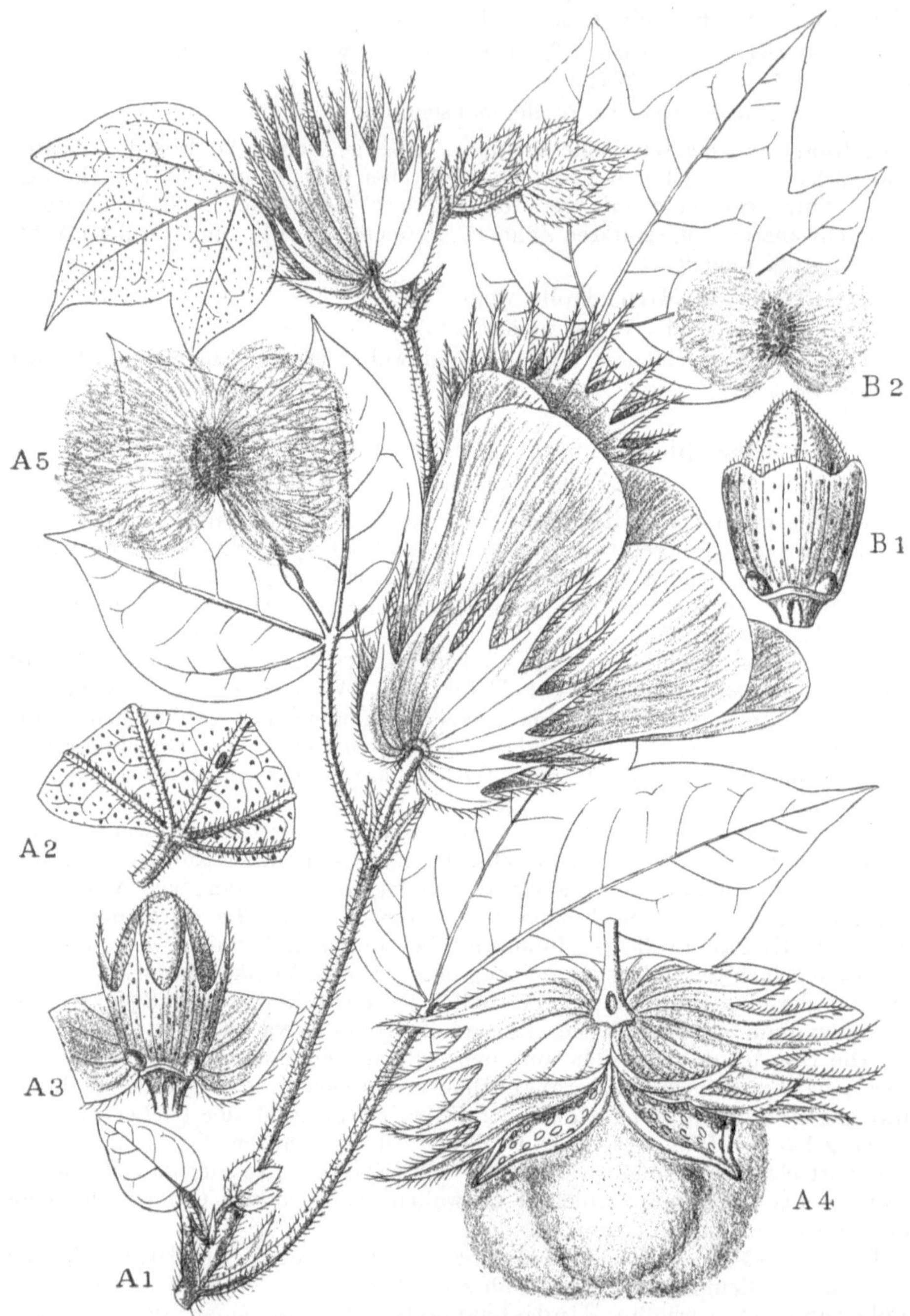

Abb. 16. Gossypium punctatum Schumacher et Thonning.

A 1 Blütenzweig der Varietät *nigeria*. *A 2* Teil eines Blattes, Unterseite mit Nektarium auf dem Mittelnerv und zahlreichen schwarzen Drüsenpunkten. *A 3* Kelch mit zugespitzten Zähnen und den Nektarien an der Basis. *A 4* Reife Kapsel. *A 5* Same mit Filz und Vlies. *B 1* Kelch der Varietät *jamaica*. *B 2* Same mit Filz und Vlies; das Vlies geringer an Masse und kürzer als bei *A 5*. (Nach Watt.)

Schumacher sagt: Blätter dreilappig, eindrüsig, etwas behaart, unterseits etwas filzig, Zweige undeutlich dreikantig, Blattstiele und Blütenstiele schwarz punktiert. Blattstiele an der Basis der Blüte mit 3 Drüsen (die bei dem verwandten G. herbaceum fehlen). Wird angebaut[1]).

Thonning fügt hinzu: Strauch 1—1$^1/_2$ Faden (1 Faden gleich ca. 2 m) hoch, aufrecht, sehr verzweigt. Rinde graubraun, Zweige lang abstehend, untere zurückgebogen, die untersten oft niederliegend, Zweiglein rund oder undeutlich dreikantig, durch die Narben der abgefallenen Nebenblätter quer gegliedert, oft etwas gebogen, punktiert, fast wollig, rauhhaarig, selten glatt oder nur etwas behaart, oft horizontal, Blätter zweizeilig. Die Blütenstiele auf der oberen Seite, aufrecht. Blätter wechselständig, meist 3 lappig, fast ebenso lang wie breit, bis zur Mitte geteilt, Lappen eiförmig, zugespitzt, fast spitz und stachelspitz, der mittlere kaum länger, herzförmig, 5 nervig, Seitennerven sehr zart, netzaderig, oberseits etwas behaart, unterseits fast filzig, undeutlich punktiert, Drüse auf dem Mittelnerven. Blätter eine Querhand bis eine Spanne lang. Blattstiel stielrund, schwarz punktiert, rauh, wie der Stengel rauhhaarig oder glatt, $^1/_3$ kürzer als das Blatt; Nebenblätter sitzend, länglich, zugespitzt, punktiert, weichhaarig, abfallend. Blütenstiele auf den Zweigen fast blattgegenständig (von mir gesperrt), einzeln, einblütig, zollang, undeutlich dreikantig, wie der Stengel punktiert und weich behaart, an der Basis der Blüte mit dreifacher Drüse. Kelch doppelt, bleibend. Außenkelch fast dreiteilig, an der Basis dreieckig, die Ecken zurückgebogen, wodurch die Abschnitte dem flüchtigen Auge herzförmig erscheinen. Die Abschnitte eiförmig, 4—6 zähnig, zugespitzt, zerschlitzt, undeutlich nervig und aderig, mit wenig schwarzen Punkten, außen behaart, innen glatt, flach aufrecht, 1$^1/_2$ Zoll lang. Der innere Kelch glockig-krugförmig, dreimal kürzer als der äußere, mit 5 stumpfen Zähnen und Buchten, ohne Nerven, weißlich, sehr glatt, am Rande weichhaarig, schwarz punktiert. Basis 3 drüsig, Drüsen zur Blütezeit undeutlich, zur Fruchtzeit stets deutlich (von mir gesperrt), Blumenkrone malvenartig, ausgebreitet, gelb, welk morgenrotfarbig, $^1/_3$ länger als der Außenkelch. Blumenblätter ebenso lang wie breit, sehr stumpf, schief abgeschnitten, an der Basis schief verschmälert, mit den Nägeln der Staubfadensäule angeheftet. Staubfadenröhre kugelig-zylindrisch, kaum halb so lang als die Blumenkrone, oberwärts mit zahlreichen, abstehenden Staubfäden, die unteren (davon) allmählich kürzer. Staubbeutel nierenförmig, gelb, Fruchtknoten oval, spitz, sehr glatt, zart punktiert, Griffel fast doppelt so lang als die Staubfäden, keulig-fadenförmig, oben 4 kantig, zusammengedreht, die Kanten weichhaarig, an den Seiten punktiert, durch eine Furche rinnig, an der Spitze stumpf, sehr selten gespalten; Narben weichhaarig. Kapsel eiförmig, stumpflich, sehr selten spitz, von der Größe einer Walnuß, sehr glatt, punktiert, 3—4 fächerig, elastisch mit Geräusch aufspringend, Samen in jedem Fach 7—8, frei (nicht vereinigt), mit weißer Wolle, eiförmig.

Ändert ab: Blätter 5 lappig, 3 drüsig, fast keins ungeteilt, Blattlappen eilanzettlich, Mittellappen verlängert, seitliche klein, Lappen spitz, nicht zugespitzt, fast nicht behaart. Samenoberfläche glatt oder mit kurzer dichter Wolle bedeckt. Samen frei und im einzelnen Fach vereinigt. Scheint nahe verwandt mit *G. religiosum*.

Nach Supf ist die Doti dyi, d. h. gelbe Baumwolle in Togo „zweifelsohne" Gossypium punctatum, ähnlich G. hirsutum.

---

[1]) Prof. Dr. Ostenfeld, Direktor des bot. Gartens Kopenhagen, teilt uns mit, daß Original-Exemplare nicht vorhanden sind; er macht mit Recht darauf aufmerksam, daß die Diagnosen von G. punctatum nach kultivierten Pflanzen aufgestellt worden sind.

Guillemin, Perrotet et Richard beschreiben in ihrem Florae Senegambiae Tentamen, Paris 1830—33, S. 62, Gossypium punctatum folgendermaßen: „Strauchig, sehr verzweigt, ausgebreitet, Zweige abstehend, etwas niederliegend. Blätter lang gestielt, 3—5 lappig, unterseits schwarz punktiert, 5 nervig, Lappen eirundlich zugespitzt. Blumenkrone doppelt so lang als der 6 zähnige Außenkelch. Kapsel schwarz punktiert, grubig, 5 klappig, vielsamig, Wolle schneeweiß, dicht anhaftend. G. punctatum Schum. et Thonn. Guinea, 2. part, p. 83.

„Ein Bäumchen von 6—12 Fuß Höhe, Stengel sehr verzweigt, ausgebreitet, Zweige gebogen, braunrot, rundlich, abstehend, etwas niederliegend, warzig rauh, fast kahl oder an der Spitze leicht behaart. Blätter lang gestielt, Basis ausgerandet, 3 lappig, selten 5 lappig, unterseits mit sehr kleinen vorspringenden Punkten dicht bedeckt, 5 nervig, fast glatt, unterseits unterhalb der Mitte des Hauptnerven 1 drüsig, oberseits glatt; Lappen eirund, kaum stachelspitz, der obere größer. Blattstiel fast kantig, mit zahlreichen schwarzen Punkten. Nebenblätter lanzettlich, spitz, wenig behaart, etwas schwarz punktiert; Blüten achsel- oder endständig, groß, gelblich, mit Außenkelch, gestielt. Blätter des Außenkelchs fast herzförmig, fast 1 Zoll lang, 4—5 Linien breit, genervt, sparsam behaart, an der breiteren Basis kaum verwachsen, mit 2 Brakteolen. An der Spitze tief 6 spaltig (zähnig), die Segmente (Zähne) aufrecht, lanzettlich, ganzrandig, dicht mit schwarzen Punkten besetzt, Blumenkrone 5 blättrig, Blumenblätter 2 Zoll lang, an der Spitze abgerundet, fast ganzrandig, gelblich, Basis dunkelpurpurn, Staubfadenröhre halb so lang als die Blumenblätter, ihre Basis aufgeblasen-verbreitert, dunkelpurpurn. Staubbeutel fast sitzend, der Oberfläche der Röhre dicht eingefügt. Griffel 3—4-, oft 5 spaltig, Zipfel kaum die Staubfäden überragend, Narben stumpf, rötlich, papillös. Kapsel eilänglich, zugespitzt, stark schwarz punktiert, grubig, schwarz, 3—5 fächerig, 3—5 klappig, Fächer vielsamig, Klappen in der Mitte die Scheidewand tragend. Samen etwas eckig, eiförmig, mit bräunlicher Grundwolle, die Baumwolle sehr zart, schneeweiß, dem Samen anhaftend.

Auf sandigen und tonigen Böden des Reiches Cayor, Walo und überall in Senegambien, von allen afrikanischen Völkern gebaut. Blüht August bis Oktober, fast das ganze Jahr.

Var. *acerifolium*. Zweige ziemlich aufrecht. Blätter 5 lappig, oberer Lappen länger. Wolle sehr lang, schmutzig-weiß, dem Samen sehr anhaftend.

Steht sehr nahe dem *G. herbaceum*, unterscheidet sich durch die zahlreichen schwarzen Punkte, die ausdauernden Stengel, welche 12 Fuß hohe Büsche bilden, während G. herbaceum höchstens 2 Jahre alt und kaum 3 Fuß hoch wird. Die Außenkelchblätter haben nur 5—6 Zähne statt 10—12. Endlich durch die sehr festsitzende Wolle.

Ausdauernd, an den Ufern des Senegal und Gambia. Die Eingeborenen kultivieren sie wegen der Feinheit und Weiße der Wolle. Auf gutem Boden bildet sie große, ausgebreitete Büsche. Die Blumen erscheinen gegen Ende Juli und folgen sich bis Oktober. Wenn das Land feucht wäre, könnte man sie mit Vorteil benutzen. Auf anderem Boden, der nicht so trocken, sollte man sie zu bauen versuchen.

Die Varietät *acerifolium* wird am Senegal nicht gebaut, und obwohl sie sich in Plantagen findet, sammelt man ihre Wolle nicht, weil sie grob, schmutzig-weiß und schwer abzunehmen ist. Die Neger erkennen diese Baumwolle leicht, wenn sich die ersten Blätter entwickelt haben und reißen sie aus. Sie nennen sie Outen Boukit. Die Pflanzer nennen sie „Baumwolle mit Ahornblättern".

„Die Bewohner des Landes Walo benutzen die Samen, um ihre Kleider zu färben. (Der Farbstoff liegt jedenfalls in den Drüsenpunkten.) Außerdem machen sie einen Brei daraus und legen den als Pflaster auf Stirn und Schläfen gegen Kopfschmerzen.“

Die Var. *acerifolium*, welche die Neger ausreißen, ist vielleicht die in Ägypten als Unkraut so gefürchtete Hindi-Baumwolle, die aber oft nackte Samen hat (Hindi weed), Abb. der Hindi-Baumwolle nach Zimmermann (unsere Abb. 18, 19). Watt erklärt S. 169 *Gossypium punctatum* überhaupt für die Hindi-Baumwolle, während er andererseits meint, die Moqui-Baumwolle der Indianer in Arizona und die Molango-Baumwolle in Texas sei auch G. punctatum. In Senegambien sei es die N'Dargua-Baumwolle. Wir können uns Watts Ansicht, daß G. punctatum auch in Arizona vorkomme, nicht anschließen, wollen aber seine Beschreibung des afrikanischen G. punctatum des Vergleichs mit Schumacher und Guillemin wegen noch hinzufügen.

Watts Beschreibung von *G. punctatum*. Schosse, junge Blätter und Hüllkelch zottig, sternhaarig, deutlich punktiert. Obere Blätter ei-herzförmig, etwas länger als breit, 3- oder undeutlich 5 nervig, nur der Mittelnerv mit einer ausgehöhlten Drüse, untere Blätter auf $^1/_3$ der Länge in dreieckig-eiförmige, zugespitzte Lappen geteilt. Außenkelchblätter eiförmig, spitz, geöhrt, die Zähne filzig gewimpert (Abb. 16). Kelch groß, lose, abgestutzt, ganzrandig, etwas gekerbt oder mit 5—10 oft großen, eckigen, unregelmäßigen oder selbst geschwänzten Zähnen, deren Rand mehr oder weniger gewimpert. Kapsel oval, plötzlich und scharf geschnäbelt, meist dreifächerig. Samen groß, unregelmäßig, grob bedeckt mit rostfarbigem Filz und reichlichem, seidigem, weichem, weißem Vlies.

Genauere Beschreibung. Holziger Strauch, Zweige ganz rund, mit langen, spreizenden, oft gebüschelten oder sternförmigen Haaren. Blätter oberseits weichhaarig, unterseits zottig. $1^1/_2$—3 Zoll (37—75 mm) lang, 1—$1^1/_2$ Zoll breit (25—62 mm), meist 3 lappig.

Die Lappen nach der Basis nicht zusammengezogen (von Watt gesperrt), Nerven 3—5, dick, flach, nur der Mittelnerv mit einer groben Drüse nahe dem Grunde. Blattstiel hervortretend drüsenwarzig, mit büscheligen Haaren in der herzförmigen Basis, die auch bleiben, wenn die Pflanze sonst haarlos ist. Nebenblätter länglich bis linear lanzettlich, abfallend, Blätter oft in 2 Reihen mit einzelnen aufsteigenden Blütenstielen. Blütenstand auf kurzem, seitlichem, extra-axillärem (von mir gesperrt) Schosse, meist nur 1 Blatt und 1 Blüte tragend, das Blatt zuweilen früh abfallend, so daß es dann aussieht, als wenn die Blüte auf einem langen, gegliederten Blütenstiel säße; der obere Teil, der eigentliche Blütenstiel, 3 kantig, warzig, durch Massen von Sternhaaren zottig, oberwärts verdickt in eine drüsenähnliche Anschwellung innerhalb der Öhrchen des Außenkelches. Außenkelchblätter eiförmig, spitz, fast ganz frei, tief geöhrt, 9—11 zähnig, beiderseits wimperig zottig, auswachsend, häutig. Blumen mittelgroß, weit, mit sehr kurzer Röhre, gelb mit kleinen, unregelmäßigen, purpurnen Flecken und beim Altern fleischfarbiger Tönung auf den Spitzen der Blumenblätter. Letztere außen filzig, Ränder der Nägel gewimpert. Kelch glockenförmig, 5 eckig oder gezähnt, vielnervig, glatt, hervortretend schwarz drüsig punktiert, zur Fruchtzeit aufgerissen, zu welcher Zeit die drei Drüsen an der Basis deutlicher werden. Kapsel eilänglich, glatt, Griffel stark vorragend, dadurch die Frucht geschnäbelt (auf der Tafel nicht), 3—4 fächerig, jedes Fach 3—8 samig. Samen frei voneinander, auffallend groß, deutlich mit oft rostfarbenem Filz und fest anhaftendem rein weißem, seidigem Vlies bedeckt.

Hiervon gibt es nach Watts Auffassung 2 Formen: a) var. *jamaica*, die amerikanische und westindische und b) *nigeria*, die afrikanische. Erstere, *G. jamaicense Macfadyen*, fast glatt, Blätter tiefer gelappt. Kelchzähne dreieckig bis gekerbt, Samen klein, unregelmäßig, Filz rostfarben, Vlies schmutzig weiß, wollig. Letztere (nigeria), *G. punctatum Schumacher et Thonning*, oft behaart, Blätter eiherzförmig, zugespitzt, ungeteilt oder kurz 3 lappig, Kelchzähne geschwänzt. Samen groß, Filz weiß, Vlies ziemlich reichlich.

Vorkommen nach Watts Auffassung. Länder an der Ostküste Amerikas von Alabama bis Costa Rica, einschließlich der Inseln Jamaica und Curaçao und westwärts bis Arizona (letzteres scheint mir sehr unwahrscheinlich), auch Westküste von Afrika, vom Senegal bis Angola und im Inland bis Zentralafrika und den Grenzen von Oberägypten und Ostafrika. In Kaschmir kultiviert als keas (Batti). Die amerikanische Art scheint zuerst von Rohr 1790 gesehen zu sein auf den Felsen um den Hafen von Williamstown auf Curaçao. Nach Macfadyen ist es die wilde Baumwolle von Rockfort (Jamaica); auch eine von Wight auf Kuba gesammelte mit riesigen Kapeln scheint hierher zu gehören. Ebenso in Afrika wild und kultiviert. R. Webb sammelte sie 1896 im Nyassa-Land, wo sie kota-kota heißt. E. Vogels Nr. 35 von Zentralafrika (genannt koukou, 2. Febr. 1854) ist wahrscheinlich dasselbe.

Die amerikanische Form geht vom 30.^{0} n. Br. bis 10.^{0} s. Br., die afrikanische vom 15.^{0} n. Br. bis 15.^{0} s. Br.

Nach T. A. Sprague in Kew Bull. 1914, S. 193 gehört die wilde Baumwolle von der Insel Canouan, Westindien, zu *G. punctatum var. jamaica*.

Ich wandte mich wegen G. punctatum auch an Herrn Prof. Aug. Chevalier, Paris, und dieser ausgezeichnete Kenner der afrikanischen Flora, der sich seit fast dreißig Jahren mit der Systematik der Baumwolle beschäftigt, schrieb mir ausführlich unter dem 21. März 1926. Er sagt u. a.:

„Es gibt in Afrika zwei *Gossypium punctatum*: 1. Das von Schumacher-Thonning (1827). Obwohl der Typus von Thonning nicht aufbewahrt ist, weder in Kopenhagen noch im Herbar des Pariser Museums, habe ich nach der Beschreibung die Überzeugung, daß es sich um die Pflanze handelt, die Watt *G. peruvianum* nennt (welche wahrscheinlich nicht das Cavanillessche G. peruvianum ist).

Auch ist es diese Art, welche man vor fünfundzwanzig Jahren (ehe Samen aus Amerika eingeführt wurden) am allgemeinsten in den Kulturen der Eingebornen an der Goldküste und in Dahomey fand, d. h. in der Nähe der Länder, die Thonning erkundete.

Diese Baumwolle kommt ausschließlich kultiviert vor und ist aus Amerika vor mehreren Jahrhunderten eingeführt." (Also dieselbe Ansicht, die Freeman hat, siehe S. 59.)

2. „Das Gossypium punctatum von Guillemin-Perrotet (1830). Wir haben den Typus im Herbar des Pariser Museums!

Diese Pflanze ist das Gossypium *punctatum var. nigeria* von Watt. — In meinen verschiedenen Veröffentlichungen (siehe besonders Revue de Botanique appliquée 1921—1925) nenne ich sie gewöhnlich „punctatum africain". Sie gleicht sehr dem Gossypium Hopi der Indianer[1] von Amerika und ist wahrscheinlich damit identisch.

Das ist die Form, welche bedeutend dominiert in den Eingebornenkulturen

---

[1] Siehe *Gossypium Hopi Lewton*, Smithsonian Miscell. Collections, Bd. 60, Nr. 6, 1912 weiter unten. Ist identisch mit Moqui und Moki, S. 62 u. 124.

des Sudan. Ist sicherlich nicht einheimisch in Afrika, sondern vor mehreren Jahrhunderten aus Amerika eingeführt.

Im Herbar Adanson findet sich die Art, gesammelt am Senegal 1750! Es ist ein *G. hirsutum*[1]), welches auf den Blättern nicht rauhhaarig ist. Ich habe sie früher für einen primitiven Typ von G. hirsutum angesehen.

Auf allen meinen Reisen durch das tropische Afrika habe ich nur ein einziges wild wachsendes Gossypium angetroffen. Das ist G. anomalum Wawra et Peyr."

Die afrikanische Form von G. punctatum ist nach Watt wahrscheinlich gemeint, wenn Ramusio 1450 sagt, daß Baumwollengarn und Kleider daraus in Nigeria verkauft würden. Botanisch erkannt wurde sie, wie Watt schreibt, zuerst von Guillemin und Perrottet, die sie in Senegambien sammelten und ihr den Manuskriptnamen G. punctatum gaben, ein Name, den später Schumacher annahm. Das ist nicht ganz richtig. Guillemin, Perrottet und Richard (1830) sagen zwar, daß sie den Namen *punctatum* im Manuskript gegeben hätten, daß aber Schumacher denselben Namen für diese Pflanze schon (1827) veröffentlicht habe, und sie führen Schumacher et Thonning auch als Autoren an. Siehe S. 62.

Brunner[2]) teilt die Baumwolle Senegambiens in 3 Gruppen: kultivierte, teilweise kultivierte und ganz wilde.

Die wilden wurden auf den Hügeln von Sal gesehen, die Blätter waren sehr tief gelappt und stärker mit Drüsenpunkten bedeckt als bei den kultivierten.

Winterbotton[3]) spricht von einer Baumwolle nahe der Küste, die so gemein und fast so unbeachtet sei, wie die Distel in England, der Stapel sei zu kurz. Höchstwahrscheinlich ist es dieselbe, von der Mockler-Ferryman als wild in vielen Teilen Westafrikas spricht[4]). Trotz ihres geringen Stapels ist sie nach Watt vielleicht eine der interessantesten von allen Baumwollen, da sie wirklich wild in mehreren Gegenden gefunden ist. Andere sind vielleicht Überbleibsel von Kulturpflanzen und können, wie Watt meint, in die Reihe der behaarten Formen allmählich übergehen, in G. hirsutum, und in die Reihe der glatten, in G. mexicanum Todaro, wenn nicht gar zuletzt in G. purpurascens Poiret (Bourbon-Baumwolle).

7. Gossypium prostratum Schum. et Thonn.

l. c. S. 85. Blätter ungeteilt oder 3- oder 5lappig. Stengel niederliegend, Zweige spreizend, niederliegend. Wird gebaut. Niedergedrückter, 1 Fuß hoher Strauch, spreizend, sehr verzweigt. Zweige 5—10 Fuß lang, niederliegend. Im übrigen wie vorige. Blätter ungeteilt oder 3lappig, sehr selten 5lappig, weniger zugespitzt und geteilt als vorige; weniger behaart, um die Hälfte kleiner. Innerer Kelch oft mit 2 zugespitzten Zähnen. Samen frei; mit weißer Wolle. Wolle zusammengedrängt, anhaftend. Davon eine Variation: Kleiner im Habitus, Wolle blaß rostfarbig.

Es wird meiner Meinung nach am besten sein, nur diejenige Form *G. punctatum* zu nennen, die ausdauernd ist und die bewimperte Außenkelchzipfel und einen stark gezähnten Kelch hat.

---

[1]) G. hirsutum ist die amerikanische Upland-Baumwolle.
[2]) Flora 1840, Beiblätter S. 75.
[3]) Account of the Natives of Sierra Leone, I, S. 95.
[4]) Westafrika, 2. Ed., 1900, S. 439—441.

Verwandt mit G. punctatum ist G. Ekmanianum auf Haiti. Siehe Baumwollen der Neuen Welt.

Mockler-Ferryman sagt, daß die großen Hoffnungen auf den Handel mit Baumwolle von Westafrika, die man während des amerikanischen Bürgerkrieges hegte, nicht in Erfüllung gingen, da bald nach Beendigung des Krieges die Preise wieder fielen. Inzwischen hat sich bekanntlich die Baumwollkultur in West- und Ostafrika wieder weiter ausgedehnt, namentlich auch durch die Tätigkeit unserer Landsleute in den ehemaligen deutschen Kolonien.

Wir können der deutschen Kolonialregierung und dem Kolonialwirtschaftlichen Komitee nicht dankbar genug sein für die Unterstützung, die sie dem Baumwollbau durch Gründung von Baumwollschulen, Entsendung landwirtschaftlicher Sachverständiger und wissenschaftlicher Forscher usw. gewährt haben.

Erfreulicherweise wirken die englische „Empire Cotton Growing Corporation" und die „British Cotton Industry Research Association" in ähnlichem Sinne weiter. So auch die Regierungen der übrigen Baumwolländer.

Von den vielen Veröffentlichungen über Baumwolle unserer einstigen Kolonien führen wir an: Supf, Karl: Deutsche Kolonial-Baumwolle, Berichte 1900—1908; Schneider, Karl: Jahrbuch über die deutschen Kolonien, Essen III. Jahrg. 1910; Busse in Beihefte 4/5 zu Tropenpflanzer, VII, 1906, Bericht über die pflanzenpathologische Expedition nach Kamerun und Togo 1904/5.

— Zimmermann: Anleitung für die Baumwollkultur in den deutschen Kolonien. 2. Aufl. Berlin 1910. — Pape: Anleitung für die Baumwollkultur in Togo. Berlin 1911. — Veröffentlichungen des Reichskolonialamts Nr. 1: Die Baumwollfrage. Denkschrift über Produktion und Verbrauch von Baumwolle, Maßnahmen gegen die Baumwollnot. Jena 1911.

Eingehende Literatur stellte mir Herr Regierungsrat Prof. Dr. K. Braun, früher in Amani, jetzt in Stade, zur Verfügung, wofür ich auch an dieser Stelle ihm den verbindlichsten Dank ausspreche. Er machte dazu auch allgemeine Bemerkungen. So schreibt er, daß die Eingeborenen (jetzt) stets Sorten bauen, deren Samen sie durch Europäer erhalten haben. — *Gossypium barbadense* wurde schon 1869 von Masters in Oliver: Flora of Tropical Africa, aufgeführt. — *G. Kirkii* ist Braun nur als wild bekannt, wird aber nirgends verwendet.

G. punctatum wird um 1864 erwähnt und angegeben, daß die Wanyamwezi daraus ihre Baumwollstoffe herstellen[1]). Braun sammelte solchen Stoff 1913 in Nyembe-Bulungwa zwischen Tabora und Bukoba, fand aber nichts von wildwachsender und von den Eingeborenen in Kultur genommener Baumwolle.

Schon Vasco de Gama fand Baumwolle vor, die benutzt wurde[2]).

Burbon und Speke nennen baumförmige, perennierende und zu Stoffen verwendete Baumwolle[3]).

Stuhlmann, F.: Beiträge zur Kulturgeschichte von Ostafrika, S. 500, 1900. — Derselbe, Handwerk und Industrie in Ostafrika, S. 40, 1920. In beiden viele wertvolle Angaben (G. arboreum, S. 514).

Emin Pascha[4]) fand im Lande der Bari eine Sorte mit grünen Kernen (S. 169) und eine mit weißgelbem Filz.

---

[1]) Speko, J. H.: Die Entdeckung der Nilquellen, Bd. II, S. 311. Leipzig 1864.
[2]) Strandes, J.: Die Portugiesenzeit in Ostafrika, S. 18, 29, 90. 1899.
[3]) Petermanns Mitteilungen 1859, S. 500, 509.
[4]) Schweitzer: Emin Pascha. 1898.

Vielfach wird von den Reisenden von wilder Baumwolle gesprochen; doch handelt es sich wohl meist um verwilderte. Eine Baumwolle aus dem Innern Deutsch-Ostafrikas, von Bismarckburg, zeigte den Typus der peruanischen Baumwolle G. brasiliense Macf.[1]).

Leider gestattet es der Raum nicht, von den vielen Auszügen Brauns hier weiteren Gebrauch zu machen.

Yves Henry[2]) bespricht die Varietäten und Sorten in Senegambien, die er zwar alle zu *G. punctatum* rechnet, aber bezweifelt doch, daß es nur eine Spezies sei, zumal seit 80 Jahren fortwährend neue Formen eingeführt seien, die sich mit den einheimischen bastardierten.

Von den einheimischen unterscheidet er 3 Hauptformen:

1. N'Dargua, die am meisten verbreitete und viel kultivierte Form, in den Provinzen Sereres, Sine-Saloum, Djoloff, Cayor und Oualo, genannt lado, im Senegaltal. Junge Schosse und Unterseite der Blätter $\pm$ stark weichhaarig, deutlich schwarz punktiert. Blumen gelb ohne purpurnen Schlund. Samen mit Filz und mit kurzer trübweißer, grober, aber starker Wolle: Nach Watt *G. punctatum*. — Henry schreibt in „Le Coton" stets *N'Durgau*.

2. Mokho, weniger ausgiebig, besonders in Sereres, viel kleiner als vorige, Blätter klein, 3—5 lappig. Lappen stumpf, Schosse glatt, Wolle wenig, aber sehr weiß, fein und seidig und sich gut mit Indigo färbend; vulgär rimo. Spät reif, Ernte nicht vor Januar, bis April dauernd. Nach Watt ist das *G. obtusifolium*. Blumen gelb.

3. N'Guiné. Am wenigsten wertvoll wegen der rötlichen Farbe der Wolle. Nach Henry wohl nur eine weniger hoch kultivierte N'Dargua. Blätter groß, glatt, ungeteilt oder meist tief 3—5 lappig. Samen scheinen nackt. Reife November. Meist auf geringerem Boden. Nach Watt vielleicht *G. purpurascens*.

Alle 3 Formen sind meist perennierend und geben 3—10 Jahre Erträge, im 2. und 3. Jahr am meisten. Henry hält perennierende Sorten gerade geeignet für Gegenden mit wenig Regen und einem Boden, der die Feuchtigkeit nicht hält.

In Senegambien hat man 3 Kulturarten:

a) Winterkultur, die gewöhnlichste. Die Samen werden im September in Reihen zwischen Hirse gesät.

b) Sommerkultur, auf den Uferrändern, je nachdem der Fluß fällt, was natürlich eine einjährige Kultur bedingt.

c) Mit Bewässerung. Letzteres Verfahren ist erst im Beginn; zuerst von Th. Lecard 1865 auf der Station Richard Toll versucht.

Weitere Literatur über Westafrikanische Baumwollkultur: Kew Bull. Add., series II, 1898, 11—19 und 23—27; Board of Trade Journ., Okt. 24, 1901, June 1903, 467; Aug. 27, 1903, 415, Nov. 5, 1904. Berichte über Land und Forstw. in Deutsch-Ostafrika, I, 1903, S, 195. Lady Lugard: Cotton growing in Nigeria. Board Trade Journ. 1904, 12—13. Bull. Imp. Inst., II, 1904, 125—26; II, 1905, 249—59 usw. Hammerstein, H. L.: Die Landwirtschaft der Eingeborenen Afrikas, Beiheft 2/3 zum Tropenpflanzer 1919, S. 114. — Siehe ferner die verschiedenen Jahrgänge des Tropenpflanzer. Schanz, Moritz: Baumwollbau im belgischen Kongo, Tropenpflanzer 1921, S. 49—52. — Derselbe: Baumwollbau in den französischen Kolonien, ebenda S. 72—73.

Um Afrika in systematischer Hinsicht ganz zu erledigen, lassen wir von den übrigen Arten der Sektion III und IV (siehe S. 33 ff.) alles amerikanische zunächst beiseite und geben die Beschreibung der einzigen, zur Sektion V ge-

---

[1]) Voigt, A.: Bericht über die Tätigkeit d. Labor. f. Warenkunde 1910—11, S. 41; Jahrb. d. Hamburger Wissensch. Anstalten XXVIII, 1910.

[2]) L'Agriculture pratique des Pays chauds, Bd. 2 (1902) bis 4. — Le Coton dans l'Afrique occidentale française 1906 S. 15.

hörigen Art: *G. Kirkii* aus Ostafrika, sowie der erst neuerdings benannten
G. Paolii und *G. benadirense* aus dem italienischen Somalilande. Da bei letzteren beiden nicht angegeben ist, ob die Außenkelchblätter verwachsen oder
frei sind, lassen sie sich nicht sicher in Watts Klassifikation einreihen. Dasselbe gilt für G. anomalum und für die Hindibaumwolle.

Über die ägyptischen Baumwollen, die jetzt meist von dem amerikanischen
G. barbadense stammen, wird als Übergang von Afrika zu Amerika bzw. umgekehrt berichtet werden.

Nacktsamige Baumwollen mit ganz freien Außenkelchblättern (bracteolen) und ohne Blütendrüsen.

Außenkelchblätter frei, eirund, tief geöhrt, äußere wie innere Drüsen
fehlend. Samen ganz nackt, gestreift, Vlies leicht ablösbar. Blätter sehr
groß, tief herzförmig, handförmig-5lappig, glatt oder fast glatt, aber mit
Drüsen auf allen Nerven unterseits.

Eine einzige Art Ost- und Zentralafrikas, nie in Kultur gewesen: G. Kirkii.

8. Gossypium Kirkii Maxwell Masters.

Nebenblätter groß, schief, stengelumfassend. Blattstiele lang, kräftig, Blätter
handförmig - 5- oder 3lappig. Lappen tief eingeschnitten, länglich eiförmig,

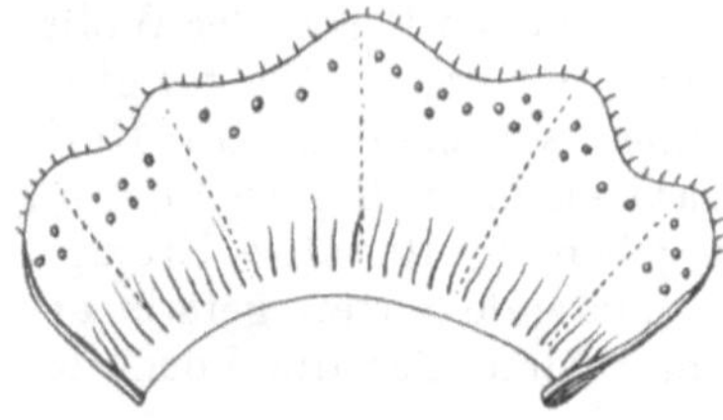

allmählich kurz zugespitzt. Außenkelchblätter dick, aber nicht genagelt, wollig,
tief geöhrt, von oben bis unten lang grob
gezähnt. Kelch verhältnismäßig klein, fein
gezähnt, dick, an der Innenseite an der Basis
wollig behaart (Abb. 17), Adern nicht sichtbar; Samen frei, eiförmig, glatt, wie poliert,
schwarz mit grauen (Längs-) Linien, die den
Ansatz der kurzen (5 mm langen), rostfarbigen, leicht ablösbaren Wolle anzeigen.

Abb. 17. Kelch von G. Kirkii, Innenseite an der Basis mit Haarkranz.

Zweige lang, rankenartig, wie die Blatt- und Blütenstiele fünfkantig, nur
ganz junges Holz und Blattstiele rund. Alle dicht mit kurzen Sternhaaren
bekleidet. Blätter bis $^2/_3$ fünflappig, obere an den Blütenzweigen nur dreilappig, kahl, $1^1/_2$—3 Zoll lang, 2—$4^1/_2$ Zoll breit. Mittellappen bedeutend
größer als die übrigen Lappen, länglich, zugespitzt, mit Borstenspitze, Buchten
offen, rundlich, Blätter auf den Nerven und Adern sternhaarig, sonst kahl,
drüsig punktiert und mit einem vorspringenden Nektarium auf den Mittelrippen aller Lappen, das Nektarium des Mittellappens und die der ersten
Seitenlappen innerhalb der Lappen, die des (äußersten) unteren Paares außerhalb der Blattspreite (also am Blattstiel). Im Herbar ist die Unterseite schiefergrau, die Oberseite braun-schwarz, was sehr charakteristisch. Blattstiele
3—5 Zoll lang, Nebenblätter sehr deutlich, sichelförmig, kurz, aber breit;
Blütenstand: reichlich kurze Seitentriebe, nicht viel länger als die Blätter,
jeder aber nur 2 oder nur eine Blume und 2 oder 3 kleine Blätter tragend.
Die 3 Außenkelchblätter sehen in der Knospe wie eine 2klappige Muschel
aus, indem das dritte kleinere Blättchen auf eine Seite geworfen und zwischen
die größeren gepreßt ist. Diese sind auf beiden Seiten filzig, besonders in
der Jugend, auswachsend, und zur Fruchtzeit halb häutig, die Frucht ganz
einschließend. Blumenkrone klein, gelb, Röhre sehr kurz. Blumenblätter verkehrt eiförmig, alle gleichförmig, d. h. nicht schief. Nagel mit deutlichem

braunrotem, dunklerem Fleck. Außenseite gestreift durch Querlinien sehr kurzer dichter Sternhaare auf den Längsnerven. Kelch klein, glockenförmig, gestutzt, fein gezähnt. Ein Ring von Drüsen nahe der Basis auf der Innenseite[1]) und ein korrespondierendes Büschel ziemlich langer Haare auf der Innenseite (nach der Abbildung kein Büschel, eher ein Ring, was auch meine Untersuchung ergab, Abb. 17). Kapsel klein, von der Größe einer kleinen Walnuß, rundlich oval, 3- oder 4fächerig. Samen wenige, frei, nicht kantig durch Aneinanderpacken wie sonst bei den meisten wilden Arten, gestreift (was an G. brasiliense erinnert), Wolle so leicht abtrennbar, daß nur die Spitze der Samen einen kleinen Büschel Haare trägt. Pollenkörner nach Watt (S. 348, t. 53, Fig. 21) mit langen scharfen, nach einer Seite gebogenen Stacheln.

Vorkommen: Tropisches Ostafrika, rein wild, anscheinend nie kultiviert. In Malindi in entlegenen Wäldern sicher wild. Nach Weißleder 3 m hoher Strauch, Stengel 5 cm dick. Makonde-Plateau, vulgär Nyukudumba.

Hat Ähnlichkeit mit G. brasiliense (nach Watt); dies hat zwar nicht so große Nebenblätter, aber seine Nebenblätter sind doch die größten aller kultivierten Arten. Da G. brasiliense jetzt in Afrika häufig ist, ist G. Kirkii vielleicht öfter dafür gehalten.

Nach Weißleder wog der Inhalt einer Kapsel 0,25 g, davon entfielen 0,2 g auf die 6 Samen und 0,05 g auf die Wolle (Herbar-Notiz). Hauptblütezeit scheint Ende Juni bis Mitte August.

In Amani ist der einheimische Name Pambo mvitu oder Pamba mwitu. Zweige mit vielen Ranken. Nach Busse[2]) Stamm kurz, ca. 4 cm stark, mit langen, weit ausladenden, sich stützenden Ästen und roten Zweigen, reich belaubt. Blätter breit bis schmal länglich. Blüten gelb. Fundort Kwa-Sikumbi, zwischen Muëra und dem Noto Plateau, Rand des Urwaldes, auf humosem, sandigem Boden, ca. 400 m 16/6.

Name in Kisuaheli: Mpamba ya mwituni, d. h. Waldbaumwolle. Wird nicht kultiviert. Blätter breit länglich bis schmallänglich. — Nach Koerner im November blühend, Wolle rostbraun.

Masters Beschreibung[3]) lautet: Halbstrauchig, halbkletternd (Kirk), weichhaarig, Blattstiele spreizend, etwas kantig, länger als die Spreite. Blätter oberseits sternhaarig, unterseits samtartig, mit schwarzen Drüsen, im Umriß breit oval, spitz, an der Basis herzförmig, handförmig 5lappig, Lappen eilanzettlich zugespitzt, Mittellappen länger, Nebenblätter sichelförmig, zugespitzt. Blütenstiele die Blattstiele überragend, oberhalb der Mitte gegliedert. Außenkelchblätter groß, herzförmig, fast kreisförmig, Rand schmal und scharf zerschlitzt. Kelch becherförmig, undeutlich 5zähnig, an der Innenseite an der Basis behaart (von mir gesperrt, es sind die Haare oberhalb des Nektariums, die zum Schutz des letzteren dienen); siehe Nektarien. Blumenkrone gelb mit rotem Fleck (an der Basis). Kapsel viel kleiner als der Außenkelch, 8—9 mm lang, länglich-kegelförmig, grubig. Samen frei, mit 2—3 behaarten schwarzen Längslinien. Baumwolle kurz, braunrot.

Von Sir John Kirk in Daressalam gesammelt. Oft 14 Fuß hoch; wild. — Masters hält sie für näher verwandt mit G. barbadense als mit einer andern Art. G. barbadense wird sehr viel in Afrika gebaut, eine var. G. barbadense acuminatum sogar 80 Meilen von der Küste bei den Makonde-Leuten.

---

[1]) Watt schreibt auf der Außenseite; das muß ein Irrtum sein. Siehe den Abschnitt: „Anatomie".

[2]) Busse: Reise in Deutsch-Ostafrika, III, 1893, Herbar N. 2911.

[3]) Masters: Journ. Linn. Soc., XIX, S. 212—214.

9. Gossypium Paolii Mattei,

in Bulletino di Studi ed informazioni del R. Giardino Coloniale di Pa-
lermo, Vol. II, 1916, p. 223; mit Abbildung eines Blattes, eines Außenkelch-
blattes und des Kelches. Ferner Abbildung eines Zweiges in Chiovenda.
Prof. Emilio: Le Collezione botaniche della Missione Stefanini-Paoli nella
Somalia Italiana, dalle Publicazioni del R. Istituto di Studi Superiori di
Firenze 1916, p. 33, Tafel 4, Fig A, Paoli N. 543.

Ein Strauch, Zweige holzig, kräftig, abstehend, grau, rissig, die jüngeren
dunkelrötlich, die neuen aschgrau-filzig, Blätter mittelgroß, gestielt, eirundlich, an der Basis mäßig herzförmig, ziemlich spitz, fast alle gegen die
Spitze hin breit 3 lappig (nach der Abbildung nur schwach eingeschnitten),
im übrigen ungeteilt, oberseits sehr fein weichhaarig, unterseits ziemlich
filzig, nicht punktiert (von mir gesperrt), Nerven fast gleichfarbig, vorspringend. Das Nektarium oft nur auf dem Mittelnerven, sehr selten auch
auf den Seitennerven. Nebenblätter schmal-lineal lanzettlich, abfallend, Blumen
klein, auf einem kurzen, fast axillären Zweiglein, das öfter einblütig. Gemeinsamer Blütenstiel mäßig lang, später oft bleibend. Außenkelchblätter 3,
gleichartig, breit-eiherzförmig, spitz, 7—11 zähnig-gesägt, Zähne sehr spitz.
stachelspitz, krautartig, endlich hautartig, genervt, etwas weichhaarig oder
fast glatt, Kelch becherförmig, gestutzt, undeutlich gelappt. Blumenkrone
trocken gelbrötlich, Basis mit rotem Fleck, Kapsel nicht gesehen.

Mattei hält diese Art für wertvoller als die folgende G. benadirense.

10. Gossypium benadirense Mattei

in Bolletino di Studi ed informazioni del R. Giardino Coloniale di Palermo.
Vol. II, 1916, S. 223 mit Abbildung zweier Blätter, eines ungeteilt, ein anderes schwach 3 lappig, wie bei *G. Paolii*, Blätter des Außenkelches ganzrandig (von mir gesperrt. L. W.), Kelch auch ganzrandig.

Auch Abbildung eines Zweiges in Publicazioni del R. Istituto di Studi
Superiori di Firenze 1916, S. 33, Tafel 4, Fig. B.

Ein Strauch, Zweige holzig, lang, aufrecht, fast einfach, die jüngeren
dunkelrötlich, die neuen aschgrau-filzig. Blätter klein, mäßig lang gestielt.
breit elliptisch-eiförmig, an der Basis etwas herzförmig oder abgerundet, kaum
spitz oder mitunter gegen die Spitze hin undeutlich 3 lappig. Die Lappen
rundlich, oberseits sehr fein weichhaarig, unten bleich filzig, nicht punktiert (von mir gesperrt). Die Nerven rostfarbig, vorspringend, das
Nektarium oft nur auf dem Mittelnerven. Nebenblätter fadenförmig, lang,
abfallend. Blumen klein, auf einem kleinen Zweiglein, das fast axillär, mit
2 Vorblättern (bibracteolato), gemeinsamer Blütenstiel lang, zuletzt holzig,
längere Zeit bleibend. Außenkelchblätter 3, gleich, breit ei-herzförmig, fast
stumpf, ganzrandig, etwas häutig, stark genervt, mehr oder weniger sam-
metig, Kelch becherförmig, gestutzt, buchtig, etwas gelappt. Krone trocken.
gelbrötlich, Blumenblätter mit großem Fleck (am Grunde). Kapsel nicht gesehen.

Erinnert wegen der oft ungeteilten Blätter und der ganzrandigen Außenkelchblätter sehr an G. Sturtii Ferd. v. Müller in Australien.

G. Ägyptische Baumwollen und amerikanisch-ägyptische Baumwollen.

In Ägypten wurde nach Schanz vor 1820 besonders die einheimische Belledi-Baumwolle gebaut (Belledi, arabisch, = einheimisch), eine grobe kurzfaserige Sorte, ähnlich der indischen Surat; aber es waren schon zu Anfang des 19. Jahrhunderts Baumwollenarten aus Amerika, vor allem Sea Island eingeführt worden, indes war die Kultur nur eine beschränkte.

Erst durch Mehemed Ali und den aus Genf stammenden Ingenieur Jumel, der in Nordamerika gewesen war, wurde der Anbau in großem Stile betrieben. Die Berichte über die Einführung der neuen Sorte, die Jumel dem Vizekönig zeigte, lauten recht verschieden, sogar bei einem und demselben Schriftsteller. So sagt Oppel, S. 33: Die Einführung des Anbaues verdankt man nach Th. Neumann dem Franzosen (Genfer) Jumel. Als dieser im Jahre 1821 in einem Garten in Kairo eine ausgezeichnete mehrjährige Baumwollstaude angetroffen hatte (nach Schanz im Garten von Mako[1]) Bey zu Bulak), eilte er damit zu dem damaligen Vizekönig Mehemed Ali, um ihm die Vorteile einer Pflanzung im großen vorzustellen. Der Vizekönig stellte sich, als ob er an die Wichtigkeit der Entdeckung nicht glaube, befahl aber doch, einige Äcker mit der Staude zu bepflanzen. Die Ernte Jumels bei Matarieh ergab 100 Kantar[2]) einer ausgezeichneten Baumwolle, die, in Triest verkauft, einen sehr guten Preis erzielte. Infolgedessen befahl Mehemed Ali den Anbau auszudehnen, so daß man im Jahre 1824 bereits 22800 Kantar erntete. Die Gesamternte an Baumwolle war am höchsten im Jahre 1897/98 mit 6543000 Kantar oder 291200000 kg. [Das Jahr 1920/21 kam dem nahe, die Ernte betrug nach Stempel[3]) 6035504 Kantar.]

S. 576 sagt Oppel dagegen: „In der ersten Zeit der Baumwollkultur, also während der Regierung Mehemed Alis, benutzte man nach Kuhn Samen einer langfaserigen Art aus Dongola und Sennaar und dann solche der besten brasilianischen Baumwolle. Eine weitere Verbesserung der Qualität erfolgte im Jahre 1838, als der französische Kaufmann Jumel Samen von Sea Island nach Kairo brachte und deren Entwicklung mit größter Aufmerksamkeit verfolgte. Der Anbau der Sea Island verbreitete sich rasch, und man nannte sie „Jumel“: sie gehört zu den geschätztesten Sorten, aber sie hat einiges von ihrer Güte im Laufe der Zeit eingebüßt, auch nahm sie eine gelblich braune Farbe an.

Otto Warburg[4]) sagt dagegen: Auf Wunsch von Mehemed Ali sandte Mako Bey von Dongola die Samen einer weiter südlich angebauten Baumwollsorte nach Ägypten, und noch bis heute wird die ägyptische Baumwolle Mako-Baumwolle in Deutschland und England benannt, während die Franzosen sie nach ihrem Landsmann, der bei der Einführung des Baumwollbaues in Unterägypten tätig war, Jumel-Baumwolle nennen.

Watt (S. 166) hält Jumels baumartige Pflanze, die dieser 1822 nach Unterägypten brachte, für *G. brasiliense*, die lange schon in Oberägypten, und zwar bei den Nyam-Nyam im Sudan kultiviert war.

---

[1]) Mako war früher Gouverneur von Dongola und Sennaar gewesen und hatte die Samen, wie Schanz meint, wohl mitgebracht. Siehe Schanz, M.: Die Baumwolle in Ägypten und im englisch-ägyptischen Sudan. Beiheft 1/2 zum Tropenpflanzer, Jg. 14, S. 1 bis 181. 1913.

[2]) 1 Kantar = 44,9 kg. — Auf wieviel Fläche ist nicht angegeben.

[3]) Deutsches Baumwoll-Handbuch, Jg. 14, S. 194. Bremen, Okt. 1922.

[4]) Warburg, Otto und J. E. van Someren-Brand: Kulturpflanzen der Weltwirtschaft, S. 24 des Sonderabzuges

S. 220 sagt er, daß Jumel 1820 eine weißwollige Varietät nach Ägypten brachte, die wahrscheinlich vom oberen Nil stammte, und daß Mehemed Ali die Landwirte gezwungen habe, sie in verschiedenen Distrikten anzubauen. Zu jener Zeit wurde die Bewässerung von Unterägypten sehr verbessert durch tiefere Kanäle, die es gestatteten, das Niedrigwasser des Nils auf die Felder zu leiten.

Durch spontane Kreuzungen der Jumel mit anderen Arten, wohl hauptsächlich mit einheimischen braunen ägyptischen Sorten, entstanden viele neue, von denen manche noch heute gebaut werden. Die älteste ist Ashmouni.

Auguste Chevalier gibt eine kurze Geschichte des Baumwollbaues in Nordafrika und Ägypten[1]). In Nordafrika wurde viele Jahrhunderte hindurch, wahrscheinlich seit der Invasion der Araber, ausschließlich *Gossypium herbaceum* gebaut.

Vor zwei oder drei Jahrhunderten kamen auch einige amerikanische Arten hinzu, besonders *G. hirsutum* (Upland-cotton), die gut der Trockenheit widersteht. Es scheint, daß diese vor hundert Jahren auch die dominierende Art in Ägypten war, als die Kultur von G. herbaceum zurückging. Einige Pflanzen von G. hirsutum mögen noch jetzt hier und da bei den Fellachen (wenigstens als Hybriden) existieren, mit G. barbadense bastardieren und so von Zeit zu Zeit als Hindi unter G. barbadense auf bewässertem Terrain auftreten.

G. barbadense ist vor mehreren Jahrhunderten von Amerika nach Westafrika und selbst nach Spanien gekommen; jetzt findet es sich bei vielen Volksstämmen im tropischen Afrika bis zum oberen Nil. Der Genfer Jumel entdeckte 1820 diese Art im Garten von Mako- (Chevalier schreibt Maho) Bey in Bulac bei Kairo, erzogen aus Samen, die angeblich aus Oberägypten erhalten waren[2]), andere sagen aus Ostindien[3]).

Ascherson und *Schweinfurth*[4]) führen in Ägypten nur auf: *G. herbaceum* L., arabisch *qotn*, in den rückständigen Dörfern von Oberägypten wie in den Oasen, und *G. barbadense* L., syn. *G. vitifolium* Lamck, arabisch *qotn-ech chequer*, d. h. wie mir Herr Prof. Mittwoch freundlichst übersetzte, Wolle von Bäumen.

Die gemeinste Varietät davon heißt *achmûny*, überall kultiviert.

E. Sickenberger[5]) zählt 6 Arten und viele vermeintliche Hybriden auf. Er unterscheidet sie nach den Samen, ob nackt oder mit Filz (Samt) versehen. Außerdem will er die Sekundärnerven der Blätter zur Unterscheidung benutzen. Diese sind entweder gegenständig oder wechselständig, oder zur Hälfte gegenständig, zur Hälfte wechselständig.

Sickenbergers Einteilung.
I. Samen nackt.

1. Samen zu einer nierenförmigen Masse vereint: *G. peruvianum* (jetzt *G. brasiliense*).

---

[1]) Chevalier, Auguste: La sélection des Cotonniers en Algérie et au Maroc. Revue de botanique appliquée et d'agriculture coloniale. 5. annaée, Bull. Nr. 44, S. 265—267. Paris, 30. April 1925.

[2]) Chevalier bemerkt in einer Fußnote: Es scheint, daß *G. barbadense* in Ägypten schon seit der Expedition Bonapartes existierte; denn der Botaniker der Expedition, Delile, hat unter dem Namen *G. vitifolium* eine Pflanze beschrieben, die ohne Zweifel G. barbadense ist.

[3]) Lecomte: Le cotonnier en Egypte S. 28.

[4]) Ascherson u. Schweinfurth: Illustration de la Flora d'Egypte. Le Claire 1887, S. 52.

[5]) Sickenberger, E.: Contributions à la flore d'Egypte. Extrait des mémoires de l'Institut égyptien. Le Caire 1901, S. 193.

2. Samen frei: *G. barbadense*

α) americanum. Sea Island; *Gallini*: Sekundärnerven wechselständig;

β) aegyptiacum, *Ashmouny*: Sekundärnerven zur Hälfte wechselständig, zur Hälfte gegenständig;

γ) borbonicum, Bombay-cotton: *Hariri*.

II. Samen mit Filz.

3. *G. punctatum*. Kapseln punktiert, Filz weiß. Dies ist die halbwilde Baumwolle der Oase Abbassy, die Baumwolle der Chattes von Tunesien, die wilde Baumwolle von Transvaal. (?)

4. *G. herbaceum*. Kapseln nicht punktiert, Filz grau.

5. *G. arboreum*. Filz grün.

6. *G. tomentosum*. Filz braungelb.

α) typicum. Wolle auch braungelb;

β) diversicolor. Wolle weiß.

(G. tomentosum ist auf Hawai einheimisch und wohl niemals kultiviert. Sollte nicht eine Verwechselung mit G. Nanking vorliegen?)

Wir besprechen die ägyptischen Sorten in alphabetischer Reihenfolge unter Benutzung der Beschreibungen von A. Zimmermann[1]), Watt, Schanz[2]. Snell[3]) u. a.

1. Abbassi. Benannt nach dem Khediven Abbas. Schön weiß, jetzt die einzige weiße ägyptische Sorte, fein, seidig, sehr lang, aber nicht so stark wie Mitafifi. Entkörnung daher etwas schwieriger. Faserprozent wie Mitafifi. Erträgt besser den Wassermangel. Faser 39—41 mm lang. Faserprozent 33—34. Abbassi wächst nach Foaden am besten auf lehmigem Boden, nicht auf schwerem Tonboden, verlangt im Oktober und November warmes Wetter, um die späteren Kapseln zur Reife zu bringen. Zuerst gebaut nach Matthews (S. 390) von einem Griechen Parachimonas, der sie auch benannte. Wird auch Abassi geschrieben.

2. Abiad, d. h. die weiße, besonders von 1864 1890 gebaut. Stapel 27 35 mm. Heute von der besseren Abbassi verdrängt.

3. Afifi Asil oder Assili. Braun. Stapellänge nach Schanz 34 bis 38 mm. Faserprozent 34 36. Siehe auch S. 74.

4. Ashmouni (Ashmuni), benannt nach der Stadt Ashmoun in der Provinz Menoufieh im Delta. Sie ist die älteste der noch in Kultur befindlichen Varietäten. Bei ihr wurde zuerst entdeckt, daß die weiße Sea Island sich in Ägypten hellbräunlich färbt. Lieferte von 1863—1892 die Hauptmasse der ägyptischen Baumwolle. Stapellänge 29 32 mm. Faserprozent 30 32.

Jetzt in Oberägypten und Fayum gebaut, da sie sich für das dortige trockne Klima besser eignet; daher auch oberägyptische benannt. Samen besonders glatt und ölreich. Ertrag nur 390 kg pro acre (zu 0,4 ha).

Wolle hellbräunlich, kurzstapeliger, weniger fein und glänzend als Mitafifi. S. Schanz S. 12.

---

[1]) Zimmermann, A.: Anleitung für die Baumwollkultur in den deutschen Kolonien, 2. Aufl. Berlin 1910.

[2]) Schanz, M.: Die Baumwolle in Ägypten und im englisch-ägyptischen Sudan. Beiheft 1/2 zum Tropenpflanzer, Jg. 14, S. 1—181. 1913.

[3]) Snell: Die Verschlechterung der ägyptischen Baumwolle im Jahresbericht der Vereinigung f. angewandte Botanik, Jg. 14, I. Teil, S. 9. Berlin 1913.

5. **Bamieh** oder **Bamia**. In Amerika **Okra** oder **Splitleaf**. „Bamia" ist eigentlich Hibiscus esculentus. Der Name wurde dieser Baumwolle gegeben, weil die Blätter mit ihren schmalen Lappen denen des Hibiscus esculentus ähnlich sind. — Wurde 1873 von einem **Kopten** in Birket-es-Sab in Unterägypten entdeckt, zeitweilig (1878—1898) viel gebaut, jetzt nicht mehr so viel, fast ganz aufgegeben, weil sie als besonders kräftige Pflanze starke Bewässerung verlangt und spät reift. Bis 3 m hoch; Faserprozent 32—34. Die Wolle ist **hellbraun** und nach **Henry**[1]) weniger lang, fein und nervig als Mitafifi. Die Samen sind nach **Foaden**[2]) größer als die der anderen ägyptischen Varietäten. Sie sind kaffeefarbig und weniger mit Haaren bedeckt als Mitafifi.

Was ich von Prof. **Schweinfurth** als **Bamieh** erhielt, von ihm 1879 in Birket-es-Sab, d. h. Teich des Löwen, im Delta, im großen kultiviert gefunden, ist eine **nacktsamige** Art, mit schön seidiger **weißer**, ein wenig ins Gelbliche schillernder Wolle von ca. 35 mm Stapellänge. Die Wolle ist z. T. etwas lockig und erinnert ein wenig an die Wolle der Leicester- und Lincolnschafe. Es ist ohne Zweifel **Gossypium barbadense**, Sea Island. Die Samen sind umgekehrt eiförmig, mit der langen Spitze 9 mm lang, 5,5 mm im Durchmesser, schwarzbraun, kahl, mit einem Kranz kurzer, rotbrauner Haare am Grunde der Spitze. — Sie sind den reinen Sea-Island-Samen ganz gleich und ebenso den angeblichen antiken Samen Rosellinis aus Theben (siehe S. 9). **Foaden** hat ganz recht, wenn er sagt, die Samen seien größer als die aller anderen ägyptischen Baumwollen.

6. **Assili**. Wahrscheinlich ein Bastard von G. barbadense × hirsutum. Blätter an einem von K. **Snell** eingelegten Exemplar aus Bahtim bei Kairo 3lappig, die Lappen fast eckig, nur der Mittelnerv mit einer Drüse. Außenkelch bis unten hin stark gezähnt, Blumen sehr groß. Schien nach **Schanz** eine große Zukunft zu haben. Sie wurde 1905 in einem Feld von Mitafifi von dem Griechen **Parachimonas** als natürliche Hybride entdeckt, zeichnet sich durch größere Kapseln und hervorragenden Glanz der Fasern aus. Die Alexandria-Firma J. **Planta & Co.** übernahm die Überwachung der sorgfältigen Weiterzucht durch zuverlässige Pflanzer und verkaufte die Saat nur unter der Bedingung, daß alle daraus gezogene Baumwolle an sie verkauft werden durfte. In der Saison 1911/12 lieferte sie bereits 5000 Ballen.

Faser ähnlich **Nubari**, etwas heller braun, nach **Matthews** schön goldgelb, die Faser lang, fein, kräftig, gleichmäßig, glänzend. Länge 34—38 mm. Faserprozent 34—36. Ertrag an Lint auf mittelgutem Boden 3—5, auf gutem 5—8 Kantar und mehr je Feddan[3]).

Die British Cotton Growing Association hatte für die Landwirtschaftliche Ausstellung in Kairo im Februar 1912 einen Pokal gestiftet für diejenige Baumwolle, die der alten **Mitafifi** am nächsten käme, und zum Vergleich ein Muster Mitafifi von 1890 eingesandt. Der Preis fiel der **Assili** zu. Das arabische Wort Assil bedeutet die „Ursprüngliche", die Sorte wird deshalb auch **Assil-Afifi** genannt. Die bisherige Entwicklung hat aber die Erwartungen nicht ganz erfüllt, besonders klagt man über ungleiche Stapellänge.

6a. **Casuli**[4]). Auch **Cassuli**, früh. Faser weiß. (Näheres siehe S. 78.)

---

[1]) **Henry**: Le Coton en Egypte (L'Agriculture pratique des pays chauds. Année I. S. 53).

[2]) **Foaden**, G. P.: Cotton Culture in Egypt. (U. S. Dept. of Agr. Office of Exp. Stat. 1897, Bull. Nr. 42).

[3]) 1 Feddan = 4200 qm = 1,038 engl. acres = 1,645 preuß. Morgen.

[4]) Casuli, auch **Casulli**, S.: Tropenpflanzer 1923, S. 93 und unten S. 78.

7. **Charara**, nach **Balls** ein Bastard von G. barbadense, gekreuzt mit der gleichfalls amerikanischen **moqui**. Das wäre ein Bastard zwischen einer kahlsamigen und einer filzhaarigen Art (**Watt**, S. 293).

8. **Gallini**, benannt nach dem Ort Galline in der Provinz Gharbieh. Soll eine reine Sea Island sein. Nach **Lecomte**[1]) wurde dieselbe früher, bis 1887, auf schwerem und etwas salzhaltigem Boden ziemlich viel in Unterägypten kultiviert; jetzt ist aber die Kultur fast völlig aufgegeben, weil sie wenig ertragreich ist, leicht an Wassermangel leidet und spät reift. Nach **Foaden**[2]) Faserprozent 27—28. — Hat nach Watt den längsten Stapel unter den ägyptischen, 1,60 Zoll = 40,6 mm, nach **Schanz** 38 mm, blaß gelbgoldfarbig, bis Nr. 200 spinnbar.

9. **Hamouli.** Nach dem Orte Hamoul, Provinz Menufieh, wegen der hellgelblich-weißen, dem Rohrzucker ähnlichen Farbe auch **Sukari** genannt. Wird nach **Foaden** I, S. 17 nicht mehr viel gebaut, obwohl ertragreich und sehr früh. Wolle **hellgelblich-weiß,** ziemlich kurz, aber fein und stark. Faserprozent 35. Preis niedriger als Mitafifi. — Stapel zu kurz und die helle Farbe unbeliebt.

10. **Hariri,** d. h. Baumwollseide, wurde nach **Watt** (S. 221) zuerst im Delta im Goddaba-Distrikt kultiviert, war feiner als Jannovitch, ist aber wegen geringeren Ertrages aufgegeben. Faserprozent nur 19—22 (**Foaden** II, S. 35).

11. **Joannovich**[3]) oder **Jannovitch** wurde nach **Preyer**[4]) von einem Griechen oder Albaneser **Ivanovich** 1892 in Fagalla bei Kairo unter Mitafifi entdeckt und ist seit etwa 1897 in Kultur. Lange Zeit war sie sehr beliebt, jetzt ist der Anbau sehr zurückgegangen (auf 300 Feddan 1921/22). Faserprozent 31—32, und Stapellänge 36—42 mm nach **Schanz**; nach **Foaden** Faserprozent 30,8—31,7, in manchen Gegenden bis 32,4; Stapel 38—41 m. — Diese Sorte hat gelbliche Wolle und soll am besten in der Nähe des Meeres und auf etwas salzhaltigem Boden gedeihen, aber gute Bodenbearbeitung und Pflege verlangen, während die Erträge im allgemeinen geringer sind als bei Abbassi und Mitafifi. Die Wolle fällt nach dem Aufspringen der Kapseln schon nach wenigen Tagen heraus, während das bei Mitafifi erst nach 10 Tagen eintritt. Um **reine Wolle** zu erhalten, muß man also bei Jannovitch viel häufiger pflücken als bei Mitafifi. Der Anbaufläche nach stand sie um 1913 an 3. Stelle, nach Mitafifi und Ashmouni, jetzt an 8. Stelle.

Jannovitch kommt auch mitunter mit **weißer Wolle** vor.

11a. **Maarad,** eine neue Sorte ägyptischer Baumwolle, gezüchtet von der Kgl. Landwirtschafts-Gesellschaft in Ägypten, kam 1925/26 auf den Markt. In nächster Saison werden etwa 3000 Ballen zur Verfügung stehen, dürfte Sakellaridis ersetzen, denn ihr Stapel ist lang, seidig und fest, die Farbe schön und der Ertrag je Acker etwa 2 Kantar höher als bei Sakellaridis"[6]).

12. **Maskas.** Reift nach **Lecomte**[5]) sehr langsam und gibt wenig Ertrag. Nach dem Entdecker benannt, jetzt aufgegeben.

13. **Mitafifi** lieferte bis vor einigen Jahren den Hauptbestandteil der ägyptischen Baumwolle, besonders in Unterägypten; jetzt ist sie durch Sa-

---

[1]) **Lecomte, Henri:** Le Coton en Egypte, S. 34. Paris 1905.
[2]) **Foaden:** Notes on Egyptian Agric. Bur. of Plant Industry 1904, Bull. Nr. 62, S. 31.
[3]) So schreibt **Stempel** im Deutschen Baumwollhandbuch 1922—23.
[4]) **Preyer, A.:** Baumwollbau in Ägypten. Tropenpflanzer 1904, S. 689.
[5]) Le Coton en Egypte, S. 40. Paris 1905.
[6]) Nach Bericht der Firma Lindemann & Co., C. G. in Alexandrien vom 13. Januar 1926 im Tropenpflanzer, Jg. 23, Nr. 2, S. 81. 1926.

kellaridis und Ashmouni überholt. Benannt nach dem Orte Mit Afifi, Provinz Menoufieh, Unterägypten, wo sie 1882/83 von einem griechisc*h*en Kaufmann unter Ashmouni gefunden wurde. Sie fiel ihm durch den bläulich-grünen „Filzfleck", d. h. Haarkranz aus kurzer Grundwolle an der Spitze des Samens auf (sonst ist dieser Haarkranz meist rostfarbig). — Etwas später reif als Abbassi und früher als Jannovitch.

Wir geben die genaue Beschreibung von Schanz hier wieder unter Benutzung der Angaben von Zimmermann.

Mitafifi. Faser hellbräunlich, auf Salzboden nach Lecomte dunkler, 34—38 mm lang, fein, seidenartig, sehr stark, frühreif, Ertrag am höchsten, selbst auf Durchschnittsböden, nach Foaden 560—670 kg Lint je ha. Leicht zu ernten und zu entkörnen. Qualitätsunterschiede zwischen 1., 2. und 3. Pflücke nicht so groß wie bei anderen Sorten. Anfänglich ergaben 315 Pfund Saatbaumwolle 115 Pfund Lint (also $36,5^0/_0$), aber infolge Degeneration ging es bis auf 103 Pfund ($32,7^0/_0$) zurück. Mitafifi ist ganz überwiegend auf Unterägypten beschränkt, wurde seit 1887 in größerem Maßstabe gebaut und beherrscht seit dem ersten Drittel der neunziger Jahre den ägyptischen Markt. Denn der Preis für „Mitafifi fully good fair" ist lange als Grundnotierung für die Bewertung der ägyptischen Baumwolle überhaupt maßgebend gewesen. Nach 1910 waren mit Afifi $^2/_3$ des gesamten mit Baumwolle bestellten Landes bepflanzt, in Unterägypten sogar $90^0/_0$.

Da Mitafifi aber bereits stark zu degenerieren anfängt, rein nur noch auf Staatsdomänen angetroffen wird, sonst aber geringer in Länge, Feinheit, Widerstandsfähigkeit und Ausbeute, heller an Farbe ist und ständig wechselnde Beimengung von Hindi-Baumwolle zeigt, so wird man sich mehr und mehr auf den Anbau von neueren Sorten verlegen, die höhere Preise erzielen. Davon sind zwei bräunliche: Nubari und Assili.

14. Nubari. Nach Bogos Nubar Pascha, einem der größten ägyptischen Landbesitzer benannt, im Delta seit 1903 gebaut. Faser gut, bräunlich, im Wert zwischen Mitafifi und Jannovitch, so hart wie Mitafifi und ebenso leicht zu ernten, länger im Stapel (36—40 mm lang), frühzeitiger und ertragreicher als Mitafifi. Faserprozent 32—33. Nach Agathon[1]) Wolle wie Jannovitch. Ist leider auch schon stark in der Qualität zurückgegangen.

15. Pilion. Eine neuere Sorte, die verschieden beurteilt wird[2]). (Siehe auch am Schluß von Sakellaridis.)

16. Psikha, nach dem Entdecker in Tantah benannt. Nach Lecomte, II, 39 dunkler als Zafiri, aber geringer in Qualität. Heute verschwunden.

17. Sakellaridis oder abgekürzt Sakel. Jetzt die am meisten angebaute Sorte. Benannt nach einem Griechen, der sie entdeckte. Seit 1906 angebaut. Frühreif, Faserprozent zwar nur 30—31, aber Ertrag vom Feddan höher als Mitafifi, wegen des längeren Stapels (38—45 mm!). Übertrifft an Feinheit, Seidenglanz und Festigkeit alle anderen ägyptischen Sorten, rangierte nach Schanz 1913 der Anbaufläche nach an 4. Stelle; auch in Oberägypten wurden Versuche damit gemacht. Seit mindestens 1918 steht sie in der Anbaufläche an erster Stelle und übertrifft Ashmouni an Fläche um das 4- bis 5fache. Nach der Tabelle von Stempel im Deutschen Baumwollhandbuch, 1922/23, 2. Aufl., S. 194, war die größte Anbaufläche 1920/21 1 270 481 Feddan (Ashmouni nur 283 906); 1921/22 ging sie etwas zurück auf 995 479

---

[1]) Agathon, Y.: Le nouveau coton Nubari. Bull. de l'Union Syndicale des Agriculteurs d'Egypte 1903, A. II, p. 1092.
[2]) Tropenpflanzer 1923, S. 93; 1924, S. 178.

[Ashmouni nur 170514 Feddan]. Im September 1924 schätzte die ägyptische Regierung den Anbau von Sakellaridis auf 872624 Feddan und 915290 Feddan andere Sorten, zusammen 1787843 Feddan, ungefähr wie 1922. Ertrag von Sakellaridis je Feddan 2,79 Zentner, von den anderen Sorten 3,83 Zentner, also entgegengesetzt den obigen Angaben. — Gesamtergebnis 5944353 Zentner, davon Sakellaridis 2,4 Millionen Zentner[1]). Sakellaridis hat also wieder weiter abgenommen[2]):

$$1922 \text{ waren mit Sakellaridis bebaut: } 1357197 \text{ Feddan,}$$
$$1923 \text{ „ „ „ „ } 1162036 \text{ „}$$
$$1924 \text{ wie oben gesagt: } 872624 \text{ „}$$

Dagegen haben Ashmouni und Zagora um das Doppelte zugenommen. Die Qualität der mittleren Sorten läßt vielfach zu wünschen übrig. Leider hat sich auch bei Sakellaridis die Qualität verschlechtert. Nach N. W. Barrit[3]) war die häufigste Stapellänge:

$$1913 \qquad 1^3/_7 \text{ Zoll } = 34,9 \text{ mm,}$$
$$1923 \text{ nur } 1^1/_4 \text{ „ } = 31,7 \text{ „}$$

Der Durchmesser der Haare hat dagegen leider sehr zugenommen und war 1923 so dick wie 1913 der Kammabfall. Entweder ist Vermischung mit Ashmouni schuld oder Bastardierung.

Starke Nachtnebel und darauf folgende große Tageshitze haben in Ägypten 1923 starken Abfall der Kapseln bewirkt. Im allgemeinen hatte die große Sommerwärme (ganz besonders in Oberägypten und den südlichen Teilen des Deltas) die Kapseln fast gleichzeitig zur Reife gebracht, so daß statt 3 Pflücken in diesem Jahr nur eine stattfand. Dadurch wurden die Qualitäten schon bei der Pflücke gemischt.

Von Pilion kamen zum Teil vorzügliche, zum Teil recht geringe Partien auf den Markt.

18. Sultani, stark an Sea Island erinnernd, hat, wenn rein, einen besonders langen Stapel, wird aber wenig gebaut.

19. Voltos. Nach einem Griechen dieses Namens in Kafr es Zayet benannt, der sie 1900 unter Abbassi auffand. Ist eine Abart von Abbassi. In kleinem Maßstabe in den Provinzen Gharbieh und Menufieh gebaut. Widerstandsfähiger, im Stapel kräftiger, glänzender, etwas ertragreicher und mehr rahmfarben als Abbassi.

New Voltos ist eine verbesserte Form.

20. Zafiri. Von einem Griechen dieses Namens in der Provinz Menufieh gefunden. Nach Foaden aus Mitafifi gezüchtet. Wolle weißlich, glänzend und recht stark. Nach Stapellänge und Preis zwischen Mitafifi und Abbassi stehend. Nach Lecomte leidet sie sehr unter Tau und Temperaturschwankungen, auch ist die Färbung ungleichmäßig. — Ich erhielt von Professor Schweinfurth eine Probe, die von Johannides 1893 in Dalgamum im Delta gebaut war. Danach sind die Samen nackt, schwarz, nur an den Enden mit rostfarbiger Grundwolle; die Wolle weiß, ziemlich schwer ablösbar; Abstammung wohl von Sea Island.

---

[1]) Tropenpflanzer 1924, S. 177.

[2]) Aus einem Bericht des Deutschen Konsulats in Alexandria im Tropenpflanzer 1924, Nov.-Dez., S. 177 und 178.

[3]) Barritt in Empire Cotton Review 1924, I, 214—217.

21. **Zagora.** Hoher Ertrag, aber wenig gefragt, $^1/_2$ Taler billiger als die gleiche oberägyptische Qualität[1]).

22. **Ziftawi.** Nach dem Orte Zifta im Delta benannt. Soll nach **Foaden** (I, 18) indischen Ursprungs sein. Ertrag gut, Wolle weiß, aber kurzstapelig und mäßig stark, hart, rauh, 32 mm, Faserprozent sehr hoch, 33—38. Wächst besser auf schwerem, schwarzem Tonboden als alle anderen ägyptischen.

Über „die Baumwollkultur in Ägypten" hat **Arno Schmidt**, Sekretär des Internationalen Verbandes der Spinner- und Webervereinigungen in Manchester 1912 einen höchst eingehenden Bericht mit Karte und Abbildung auch in deutscher Sprache veröffentlicht. Siehe ferner den bereits oben genannten Artikel von **Moritz Schanz**: Die Baumwolle in Ägypten und im englisch-ägyptischen Sudan[2]).

Wir geben zum Schluß der ägyptischen Baumwollsorten einen Auszug aus dem Bericht der Produktenbörse in Alexandria, April 1923, Auszug im Tropenpflanzer 1923, S. 93.

In Unterägypten nimmt **Sakellaridis** 80—85% der Baumwollfläche ein. Ihr Anbau hat etwas abgenommen zugunsten von **Pilion** und **Zagora** und den weißen Spielarten. In Oberägypten und Fayum ist hauptsächlich **Zagora** gesät worden auf Kosten von Ashmouni.

Nach dem 2. Jahresbericht des „Cotton Research Board" für 1921 wurden Versuche gemacht mit den

braunen Sorten: Assili, Nubari, Britannia;
und den weißen Sorten: Casuli, Theodorou, New Voltos;
und ferner mit: Nr. „310", Pilion und Sakel (Abkürzung für Sakellaridis).

Frühreife: an 1. Stelle stand **Pilion**, an 2. **Casuli**; Britannia und Nubari bildeten den Schluß.

Ertrag: am höchsten auch bei **Pilion** und **Casuli**; bei Britannia und Theodorou am geringsten.

Faserprozent: am höchsten bei **Pilion** und **Nubari**, am niedrigsten bei Theodorou und Casuli.

Bei der **Bewertung** wurden 4 Gruppen gebildet:

1. Sakel und „Nr. 310" mit . . . . 33,55 Dollar
2. Casuli, New Voltos und Theodorou   . . . 27,74   „
3. Assili, Nubari und Britannia   25,10   „
4. Pilion 24,45   „

Nach Gesamtwert der Ernte (Lint und Saat) pro **Flächeneinheit** ergibt sich folgende Reihenfolge:

1. Sakel,
2. „Nr. 310",
3. Pilion,
4. New Voltos,
5. Casuli,
6. Assili, Nubari, Britannia und Theodorou. Theodorou ist ein unreiner Typ.

Der „Tropenpflanzer" 1923, S. 27 sagt über den **Abbau ägyptischer Baumwollsorten**:

---

[1]) Tropenpflanzer 1924, S. 178.
[2]) Beihefte 1/2 zum Tropenpflanzer, Jg. 14, S. 1—181. 1913.

„Wie uns von gut informierter Seite mitgeteilt wird, sind die bekannten Sorten Joanovich, Abbassi und Mitafifi im Laufe der letzten Jahre zum Teil ganz degeneriert und werden kaum noch angebaut. Als Ersatz für Joanovich ist Sakellaridis getreten, für Abbassi die neue Sorte Casuli und für Mitafifi Nubari. Die Ursachen sind unbekannt, bisher ist bei Baumwolle ein Abbau nicht beobachtet [1])."

Aus Mitafifi wurde in Kalifornien 1907 eine Pflanze ausgelesen, welche die Yuma-Cotton ergab; aus dieser wurde 1910 die vorzügliche Pima-Cotton gezogen; diese hat viel lichtere Farbe als Yuma und Mitafifi (siehe weiteres bei Amerika).

H. Die Hindi-Baumwolle.
(Hindiweed d. h. Hindi-Unkraut.)

Die namentlich in Ägypten als Unkraut so gefürchtete Hindi-Baumwolle kommt auch in Amerika unter den in Texas, Arizona usw. angebauten ägyptischen Sorten sowie deren Kreuzungen vor. Über ihre ursprüngliche Heimat sind die Ansichten sehr geteilt, wie aus nachstehenden Artikeln hervorgeht.

Eine gute Übersicht über die Unterschiede zwischen ägyptischer und Hindi-Baumwolle gibt Zimmermann in seiner „Kultur der Baumwolle in Ostafrika", 2. Aufl. 1910, mit Abbildungen, die wir mit seiner Erlaubnis wiedergeben.

Unterschiede zwischen Hindi- und guter ägyptischer Baumwolle nach Zimmermann.

Hindi-Baumwolle.	Gute ägyptische Baumwolle.
Untere Zweige stark ausgebildet und aufwärts gekrümmt. Wuchs infolgedessen buschiger, Belaubung dichter.	Untere Seitenzweige mehr horizontal und im Verhältnis zum Hauptstamm schwach ausgebildet.
Blätter ziemlich hell, bläulichgrün, wenig glänzend, meist dreilappig (Abb. 18 II), nicht bis zur Mitte eingeschnitten; an der Basis auf der Oberseite ein rotes samtartiges Polster.	Blätter dunkelgrün, glänzend, meist bis über die Mitte eingeschnitten, 3—5 lappig. Rotes Polster an der Basis fehlt (Abb. 18 I).
Nektarien an der Basis des Hüllkelches fast immer vorhanden, häufig rot.	Nektarien an der Basis des Hüllkelches häufig fehlend.
Kelch mit spitzen Zähnen. Im oberen Teil desselben keine Öldrüsen (Abb. 19 II).	Kelchzähne stumpf, Öldrüsen gleichmäßig über den Kelch verteilt (Abb. 19 I).
Kronenblätter sehr hellgelb, ohne dunkleren Fleck an der Basis; beim Welken purpurfarbig werdend.	Kronenblätter zitronengelb, mit purpurnem Fleck an der Basis; beim Welken mehr zinnoberrot werdend.
Kapseln rund, fast ohne Öldrüsen, meist 4—5 fächerig (Abb. 19 II).	Kapseln meist kegelförmig mit zahlreichen eingesenkten Öldrüsen an der Außenwand, meist 3 fächerig (Abb. 19 I).
Stapellänge gering, Wolle weiß.	Wolle weiß oder bräunlich, mit langem Stapel.
Samen häufig nur zur Hälfte mit Wolle bedeckt, mit schwachem bräunlichen Filzfleck oder kahl.	Wolle die ganze Samenoberfläche bedeckend, meist mit Filzfleck an einem Ende.

Eine genaue Beschreibung gibt auch Cook [2]):

---

[1]) Die Verschlechterung der ägyptischen Baumwollen ist nach Snell besonders durch die natürliche Bastardierung der Kultursorten mit der als Unkraut auftretenden Hindibaumwolle veranlaßt. Das Abfallen der Blüten und die damit verbundene Verringerung der Erträge beruht auf der Schädigung der Wurzeln durch die Erhöhung des Grundwasserstandes infolge der stärkeren Bewässerung. (Jahresbericht der Vereinigung f. angewandte Botanik, Jg. 11. S 9 Berlin 1913.)

[2]) Cook, O. F.: Origin of the Hindi Cotton. U.S. Dep. Agric. Bureau of Plant Industry Circular (nicht Bulletin) Nr. 42, S. 12, 1909 Auf S. 11 und 12 ist auf die Arbeiten von W. Lawrence Balls in der Juli-Nummer 1909 des Cairo Scientific Journal hingewiesen.

Diagnostische Charaktere. Kräftiger als ägyptische, mit mehr vegetativen Zweigen an den unteren Knoten des Hauptstengels, die vegetativen Zweige auch mehr aufrecht, daher die Pflanze buschiger, dichter belaubt.

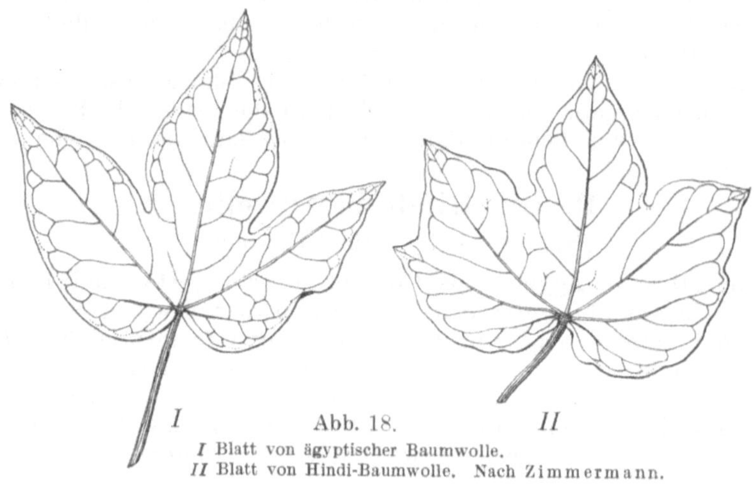

I   Abb. 18.   II
I Blatt von ägyptischer Baumwolle.
II Blatt von Hindi-Baumwolle. Nach Zimmermann.

Blätter dünner als ägyptische, heller und mehr gelblichgrün, was besonders auffallend ist in Arizona, wo die ägyptische Baumwolle gewöhnlich sehr dunkelgrau oder grün oder bläulichgrün ist. Die Seitenlappen der Blätter sehr kurz und breit im Verhältnis zur ägyptischen und selbst mancher Upland-Sorten. Die seitlichen Lappen (angles) sind so wenig vorgezogen, daß

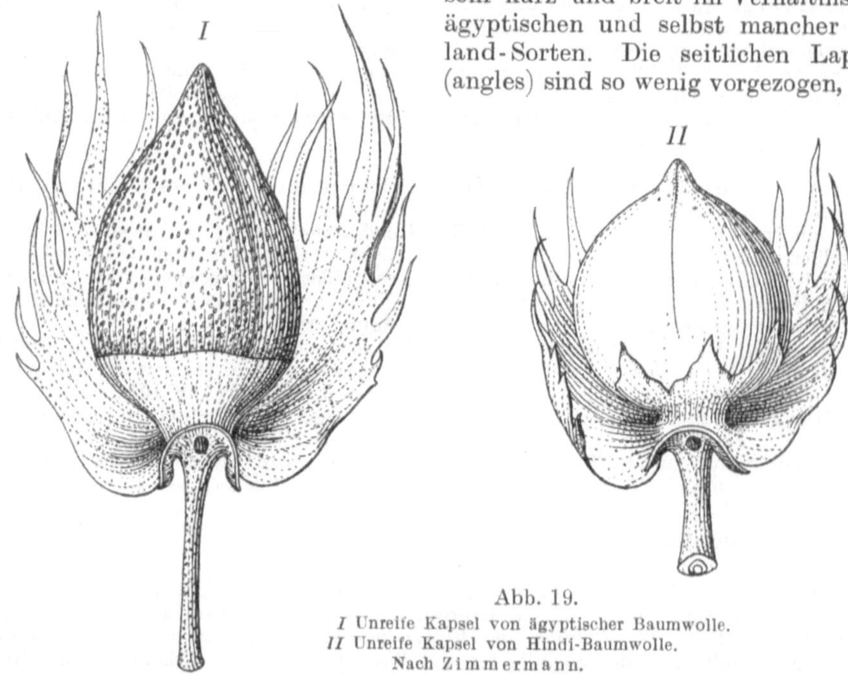

Abb. 19.
I Unreife Kapsel von ägyptischer Baumwolle.
II Unreife Kapsel von Hindi-Baumwolle.
Nach Zimmermann.

der äußere Rand fast gerade ist, wenn der Mittellappen abgeschnitten wird (Abb. 18 I u. II). Das Polster an der Basis der Blattspreite ist rot, ebenso der anstoßende Teil des Blattstiels, und besonders die etwas angeschwollene

Oberseite des Blattstielendes, die als ein Teil des Polsters angesehen werden
kann. — Außenkelchblätter fast kreisrund, an der Basis sehr tief herzförmig und mit zahlreichen langen Zähnen am Rande. — Kelch mit lang-
spitzigen dreieckigen Lappen. — Blumenblätter rahmweiß, und der rote
Fleck am Nagel schwach oder ganz fehlend. — Kapseln klein, kegelförmig,
3—5-fächerig, blaßgrün, mit wenigen tiefsitzenden Öldrüsen. Wolle weiß,
von sehr untergeordneter Qualität. Samen länger und eckiger, Oberfläche
gewöhnlich völlig nackt. In seltenen Fällen findet sich Filz an den Enden der
Samen, wie bei der ägyptischen Baumwolle, oder nach der Mitte etwas mehr.

Vermutete Beziehung der Hindi-Baumwolle zu Upland-Sorten.
Hindi ist der arabische Name für indisch. Alles Fremde wird oft als „indisch“ bezeichnet. Einige meinen, Hindi sei eine in Ägypten einheimische
Sorte oder eine, die dort vor dem jetzigen Handelstypus kultiviert wurde,
weil sie oft wild oder spontan in unkultivierten oder vernachlässigten Ländereien auftritt.

Cook bestreitet Watts Ansicht, der drei Arten als Ursprung in verschiedenen Ländern, besonders aber *G. punctatum* in Westafrika annimmt.
Watts Ansicht, daß die *Moqui*-Baumwolle der Indianer G. punctatum sei, ist
nach Cook falsch. Es gibt keine wilde Baumwolle im Baumwollgürtel der
Vereinigten Staaten. Die einzige wilde Art ist im äußersten Süden von Florida,
abgesehen von den Varietäten, welche die Indianer in Arizona kultivieren.

Hindi gleicht nicht der Moqui, sie ähnelt mehr der Baumwolle aus Süd-
mexiko und Zentralamerika. Diese Typen gehören zu den Uplands, sind aber
erst ganz neuerdings in den Vereinigten Staaten und nur zu Versuchszwecken
angebaut worden. Siehe auch Cook, Hindi Cotton in Egypt. 1911. Bur. of
Plant Industry Bull. 210.

1. Verwandtschaft mit mexikanischen Varietäten.

Die Hindi-Baumwolle ist besonders verwandt mit Varietäten im Staate
Chiapas, namentlich mit einer von G. N. Collins 1906 bei der Stadt Acala
erhaltenen Sorte. Da sind dieselben hellen, gelblichgrünen, breiten, kurz-
lappigen, glatten, nackten Blätter und dieselben streng zickzackförmigen
Fruchtzweige, die sich häufig wieder aus den Achselknospen verzweigen. Wie
bei der Hindi sind die Kapseln blaßgrün, die Öldrüsen tiefliegende schwarze
Punkte. Außenkelchblätter rundlich, sehr tief herzförmig an der Basis, wie
Hindi, die Zähne länger und weiter nach der Basis reichend als bei Uplands.

Viele Acala-Pflanzen zeigten im August 1909 sich sehr ähnlich den Hindi,
die in der Jannovitch-Reihe desselben Feldes aufgetreten waren.

Der Hauptunterschied liegt in der größeren Fruchtbarkeit der mexikanischen, von denen einige würdig der Kultur in den Vereinigten Staaten erscheinen, da sie größere Kapseln und bessere Wolle als die Uplands der
Vereinigten Staaten haben. — Die Hindi ist bemerkenswert unfruchtbar oder
reift sehr spät; aber das kann mit einem Rückschlag verbunden sein. Mutationen, wie Hybriden, sind oft ± vollkommen steril.

Die ägyptischen und die Uplandstypen haben deutlich spezialisierte Fruchtzweige, die der Hindi stehen mehr aufrecht und setzen ihren vegetativen
Wuchs fort, und die jungen Blütenknospen abortieren oft.

Das zeigt sich übrigens auch bei abweichenden Pflanzen der ägyptischen
Sorten, einschließlich vieler, die Hindi-Charakter zeigen.

Die Fruchtzweige der Hindi-Hybriden sind gewöhnlich wenige und kurz,
und einige von den der Hindi gleichen Pflanzen sind vollkommen steril. Das

ist ein bemerkenswerter Kontrast mit den Bastarden zwischen ägyptischer und Upland-Baumwolle, welche die Fruchtzweige besser entwickelt haben als die rein ägyptischen Stöcke.

2. Einheimische Baumwolle in Amerika.

Die Varietäten in Mexiko und Zentralamerika mit ihren vielen Lokaltypen bilden eine gemeinsame natürliche, einheimische Gruppe. Die langen, stark verschmälerten Lappen des Kelches, welche den Hindi-Kelch so verschieden von den ägyptischen Baumwollen machen, finden sich auch bei vielen mexikanischen und zentralamerikanischen Typen, sehr selten in den Upland-Varietäten der Vereinigten Staaten.

Wie die Hindi nach Ägypten kam, ist noch ungewiß; vielleicht aus Zentralamerika, vielleicht aus Indien, wohin schon früh amerikanische Saat, vielleicht schon durch die Portugiesen aus Brasilien kam.

Ägyptische Baumwolle, auf trockenem Boden oder unter ungünstigen Umständen gebaut, zeigt größere Ähnlichkeit mit Hindi; die ersten Blätter der ägyptischen haben dieselbe Form und Farbe wie die alten Blätter der Hindi. und gestutzte Pflanzen fahren fort, die jugendliche Form der Blätter zu erzeugen.

Vermutlich mag verwilderte ägyptische Baumwolle mehr und mehr in Hindi übergehen.

3. Cooks Zusammenfassung über die Hindi-Baumwolle.

Hindi ist mexikanischen Ursprungs, kein Bastard zwischen amerikanischer und ägyptischer oder anderen Arten der Alten Welt.

Hindi ist nicht, wie Watt will, mit den Upland-Varietäten der Vereinigten Staaten identisch, sondern eher verwandt mit anderen Upland-Typen, die in Mexiko und Zentralamerika einheimisch sind.

Da die ägyptischen und andere Sea-Island-Typen anscheinend auch im tropischen Amerika entstanden sind, so ist es möglich, die Hindi-Varianten als Rückschläge auf Charaktere der entfernten Vorfahren anzusehen, eher denn als Resultat neuer Bastardierung. Die Ähnlichkeit der Hindiblätter mit den jungen Blättern der ägyptischen Baumwollen stimmt mit dieser Interpretation.

Obwohl Rückschläge auf Hindi-Charaktere häufig vorkommen, wenn ägyptische Baumwolle mit Ver.-Staaten-Uplands gekreuzt wird, gibt es auch viele Upland-Charaktere, die selten oder nie bei Hindi-Rückschlägen vorkommen.

Im Juliheft 1909 des Cairo Scientific Journal neigt dagegen Balls der landläufigen Idee zu, daß Hindi in Ägypten und den angrenzenden Gegenden einheimisch ist, ohne den rechten Beweis dafür zu bringen.

Dagegen sagt in der Novembernummer desselben Journals Fletcher, der früher in Ostindien war:

Hindi soll, wie man sagt, jetzt nicht in Ostindien gebaut werden; sie wird aber gebaut bei Bagdad, und es wird vermutet, daß sie dahin aus Indien gekommen ist; ob sie in Ägypten einheimisch ist, erörtert Fletcher nicht; er scheint Watts Meinung zu teilen, daß sie verwandt mit G. punctatum und amerikanischer Upland sei. Die Möglichkeit zentralafrikanischen Ursprungs der Hindi wird auf Grund eines der Hindi gleichen Herbarexemplares von 1863, das die Bezeichnung „eingeführt in Ägypten" trägt, zugestanden. Fletcher hat aber viele Proben Samen aus Zentralafrika erhalten, aber keine einzige ergab Hindi.

Noch ältere Exemplare aus Oberägypten und Abessinien, die als *frutescens* von früheren Autoren beschrieben und von Balls als möglicherweise zu Hindi gehörig betrachtet wurden, sind nach Fletcher Typen der Alten Welt, keine Hindi.

Balls spricht auch von G. vitifolium als einer zentralafrikanischen Art mit freien, nackten Samen.

Fletcher hält G. vitifolium nicht für verwandt mit Hindi, aber sieht es als einen der Vorfahren der jetzigen ägyptischen Baumwolle an, und Sea Island als den anderen. — Nach Balls ist eine Varietät von Sea Island 30 Jahre lang in Ramla im Distrikt Menufieh gebaut. Das mag die Tendenz der ägyptischen Baumwolle, in der Richtung nach Sea Island zu variieren, erklären.

Fletcher studierte in Paris Lamarcks Originaltypus von *G. vitifolium*, das, wie vermutet wird, aus Celebes stammen soll, obwohl die Lokalität zweifelhaft ist. Er fand, daß Delile vor 100 Jahren ein ägyptisches Exemplar richtig als G. vitifolium bestimmt hat, und gibt Photographien der Originalexemplare, die aber nicht alle günstig für seine Schlüsse sind.

Die Außenkelchblätter der Lamarckschen Pflanze sind von deutlich unägyptischer Form, denn die Zähne sind grob und lang und gehen weit abwärts nach der Basis, wie bei der Hindi.

Fletcher findet (considers) auch, daß die Delile-Pflanze übereinstimmt mit einem Exemplar der Jumel-Baumwolle, die um 1866 aus Ägypten an Todaro nach Palermo geschickt wurde mit dem Bemerken, daß sie etwa 40 Jahre vorher aus Ceylon eingeführt sei. (Das scheint betreffs der Jumel schwerlich richtig.)

Nach Balls beginnt die Feldkultur langstapeliger Baumwolle in Ägypten 1821 durch Mehemed Ali auf Veranlassung des Genfer Ingenieurs Jumel. Der vorzügliche Typ, der von Jumel gefunden wurde, war nach Balls Ansicht keine neue Einführung, sondern eine perennierende baumartige Baumwolle, die als Zierpflanze in Gärten in Kairo gebaut wurde und die, wie man vermutet, aus Indien stammte. (Vgl. S. 71.)

Mehrere direkte Einführungen von Sea Island und brasilianischer Baumwolle scheinen nach und nach erfolgt zu sein, ohne aber die von Jumel populär gemachte Sorte verdrängt zu haben.

Balls neigt dazu, die bräunliche Farbe der ägyptischen Baumwolle diesen brasilianischen Einführungen zuzuschreiben, aber Fletcher glaubt, daß Jumels Baumwolle braun war, wie einige der brasilianischen Baumwollen.

Wann die ägyptische Baumwolle aus Indien kam, ist nicht zu ermitteln, es mag der Name Hindi, der heute nur geringeren Pflanzen gegeben wird, nur ein Echo der ursprünglichen Einführung der ägyptischen Baumwolle selbst sein. Irgendeine Baumwolle, die von Indien gebracht wurde, mag anfangs Hindi genannt sein, und dieser Name würde in späteren Jahren für den übrigbleibenden Stock gedient haben, nachdem lokale Varietäten mit besonderem Namen unterschieden wurden. Balls zeigt, daß zahlreiche Varietäten von ägyptischer Baumwolle mit bestimmten Namen vorhanden waren, ehe Mitafifi 1882 eingeführt wurde.

Nachdem der Gebrauch der verbesserten Typen allgemein wurde, mag der alte Name nur noch für geringere Sorten oder selbst für zufällige Hybriden angewandt sein. Der Ursprung des Namens scheint in diesem Falle keine Beziehung zu dem Ursprung der Pflanze gehabt zu haben. — Lokale Varietäten von Gossypium mögen nach Indien aus irgendeinem Teil des tropischen Amerika gebracht sein, oder wahrscheinlicher aus Brasilien, wo die portugiesischen Schiffe auf ihrem Wege um das Kap der Guten Hoffnung anzulegen pflegten.

Entgegen seiner Behauptung, daß Hindi von G. punctatum abstamme (S. 182), sagt Watt S. 221: Nach Foaden ist Hindi in Wirklichkeit die alte einheimische (ägyptische) Varietät, sie wird unglücklicherweise jetzt in fast allen Sorten in größerer oder geringerer Ausdehnung gefunden. Dies verursacht natürlich Verschlechterung im Stapel und Erniedrigung des Entkörnungsertrages.

Nach Balls sind Aufspaltungen nach Mendelschen Gesetzen sehr häufig und gehen auch unter dem Namen Hindi, obwohl sie gewöhnlich sehr hoch sind, bis 3 m. Hindi selbst ist ungefähr 1 m hoch und ähnelt, abgesehen von dem Samen, den amerikanischen Uplands.

Die anderen Sorten, mit denen nach W. Lawrence Balls die Hindi bastardiert, sind, wie Watt vermutet, die Abassi, Mitafifi und andere ägyptische Baumwollen, die nach ihm Rassen von G. peruvianum sind (s. Watt S. 224).

Seit Rohr werden einheimische Arten oder lange kultivierte Baumwollen aus Süd- und Zentralamerika als indische Baumwolle beschrieben, und so ist wohl der Name Hindi entstanden.

Watt sagt S. 198: *Gossypium hirsutum* ist von allen sogenannten amerikanischen Arten die in Ostindien am besten akklimatisierte. Und S. 199: In der Tat ist sie in Indien fast zurückgeschlagen in den spezifischen Typus von *G. punctatum* var. *nigeria*, gerade wie in Ägypten eine ähnliche Degeneration (oder Reversion) entstanden ist in der sogenannten „Hindi weed", welche beschrieben werden kann als *G. punctatum* var. *jamaica*. Bei der ersteren ist die weiche Behaarung erhalten, und bei der letzteren geht die Tendenz zu einer glatten Form. Es ist somit möglich, daß bei nachlässiger oder mangelhafter Kultur die feinere Rasse allmählich ausstirbt und der dominierende Charakter (oder die ursprüngliche wilde Form) allmählich überwiegt.

J. Nachtrag zu Watts Baumwollen der Alten Welt.
(Vgl. S. 29.)

Sir George Watt hat 1926 eine Ergänzung gegeben zu seinem großen Werk „The wild and cultivated Cotton Plants of the world 1907", und zwar im Bulletin of Miscellaneous Information Nr. 5, 1926, Royal Botanic Gardens Kew, S. 193—210.

Er spricht zunächst davon, daß Hybriden oft zurückschlagen, und hält die *Hindi*-Baumwolle in Ägypten auch für eine Hybride, sie schlage manchmal zurück auf Gossypium *punctatum*, manchmal auf G. *peruvianum*. Im übrigen handelt er besonders von Funden in Afrika und erhebt manche seiner früheren Varietäten zu Arten. Sie gehören alle zu seiner Sektion II (Seite 31).

Neu sind: G. *Nanking* var. *japonense* Watt. Blätter groß, breit, zart, glatt oder fast glatt. Lappen dreieckig, zugespitzt, denen der var. himalayana ähnlich, aber größer. Buchten zu Falten erhoben, aber ohne supplementäre Zähne. Außenkelchblätter sehr groß, auswachsend, ei-dreieckig, Zähne an der Spitze 3—4, kurz.

Blumen gelb oder weiß, an der Basis oft purpurn.

G. *Nanking* var. *canescens* Watt. Zweige, Blatt- und Blütenstiel weich behaart. Blätter 3—5 lappig, mit kurzem, grauem Filz, weißlich grau, zuletzt kahl. Lappen spitz, mit Borstenspitze, unten leicht zusammengezogen. Außenkelchblätter groß, eiförmig, spitz, häutig, oft dreizähnig, innere Drüsen dreieckig. Die Drüsen der Epidermis punktförmig, klein, braun umschrieben. Kelch mit 5 kleinen, spitzen Zähnen. Blumen wahrscheinlich purpurn. Wolle leicht abzunehmen, seidenartig, schneeweiß. Im englisch-ägyptischen Sudan und im tropischen Afrika, Jubaland. Nahe verwandt mit der ostindischen Bani (S. 45), vielleicht deren wilde Form. Nähert sich auch dem G. arboreum var. sanguineum.

G. *Simpsonii* Watt. Zweige, Blatt- und Blütenstiele behaart, bald kahl werdend, purpurn, Blätter rundlich-ei-länglich, tief herzförmig, 3—5—7lappig, fast lederartig, glatt, blaßgrün, purpurn getönt, häufig am Rande wellig. Lappen linear-länglich, nach unten allmählich zusammengezogen, Buchten offen, zu Falten erhöht. Nebenblätter lang-linear-lanzettlich, spitz. Drüsen undeutlich, häufig auf wenigstens 3 Nerven unterseits. Nerven überall vorspringend. Außenkelchblätter verhältnismäßig klein, eiförmig oder dreieckig, spitz, im oberen Teile des Randes gezähnt. Kelch locker, fünfkantig, undeutlich gezähnt. Adern undeutlich. Blumen gelb, Nägel purpurn, Außenseite filzig. Kapsel fast kugelig, stumpf geschnäbelt, etwas dreikantig, dreifächerig. Samen in jedem Fache 6. Samen verkehrt birnförmig, Filz kurz, weiß, dicht, Vlies lang, rauh. Erzogen in El Giza, Ägypten, aus Samen von der Oase Siwa. C-I-Typus. — N. D. Simpson lieferte schöne Herbarexemplare, sowie Beschreibung und Zeichnungen, bezeichnet C I El Giza, 8. 5. 22.

W. Lawrence Balls, Nr. 213, 2 (8. Dez. 1906) ist wohl derselbe. Balls nennt es „Sennarcotton". — Weit verbreitet vom Sudan und Weißem Nil bis Angola und Nigeria. Anscheinend eine wilde Art. Ähnlich der indischen *Nadam* var. *Coconada* (S. 45), aber perennierend und dickblättrig.

G. *soudanense* Watt. War früher von Watt nur als Varietät von G. Nanking angesehen. Siehe S. 47f. Augenscheinlich in Afrika wild.

G. *africanum* Watt. War früher bei Watt eine Varietät von G. obtusifolium. Siehe S. 52.

var. *bracteatum.* Brakteen (Außenkelchblätter) größer, dicker, gröber gezähnt.

G. *transvaalense* Watt. Zweige, Blatt- und Blütenstiele grauwollig, zuletzt kahl, purpurn. Blätter rundlich-nierenförmig, herzförmig, 2,5—4 cm lang, 4—5 cm breit, 3—5lappig, samtartig. Lappen rundlich-ei-länglich, spitz oder stumpf, selten eine Borste tragend, in spitze Buchten zusammengezogen, Mittellappen viel größer. Nebenblätter kurz, eiförmig, zugespitzt. Unter dem Mittelnerv eine einzige Drüse, die durch sternhaarigen Filz oft verdeckt ist. Brakteolen (Außenkelchblätter) klein, halb so lang als die Blumenkrone, breit ei-nierenförmig oder fast dreieckig, Zähne aufwärts gerichtet oder zusammenneigend. Kelch locker, kurz fünfzähnig oder nur kantig. Kapsel rundlich, dreifächerig, nach dem Aufspringen fast platt. Samen groß, rundlich, Filz aus miteinander verwebten Haaren. Vlies schmutzig weiß, lang, festsitzend. — Ein kleiner Busch, anscheinend wild. Die Brakteen erinnern an die von G. Kirkii (siehe Seite 68).

G. *abyssinicum* Watt. Zweige, Blatt- und Blütenstiele dicht filzig, oft wollig. Blätter breit eiförmig, tief herzförmig geöhrt, grob filzig, 3—5-lappig, Lappen eilänglich, zugespitzt, mit Endborste, nach abwärts verschmälert, zuweilen spitzbogenartig. Drüsen oft auf allen Nerven. Nebenblätter lang, schief linear-lanzettlich. Brakteolen groß, halb so lang als die Blumenkrone, rundlich eiförmig, herzförmig, tief und spitz gezähnt, die Nerven mit blassem, kurzem Filz bedeckt, daher deutlich. Kelch locker, fünfeckig oder stumpf fünfzähnig, die Adern wegen des Filzes sichtbar. Drüsen sehr groß, nackt. Blumen gelb. Unreife Kapsel an der Spitze geschnäbelt, reif rundlich. Samen unregelmäßig, Filz graurot, Vlies lang, leicht abnehmbar.

G. *Bakeri* Watt. Mit grauem Filz bedeckt, die Haare ineinander gewebt, aber nicht sternförmig. Blätter ei-herzförmig, nicht bis zur Mitte in 3 Lappen geteilt, dick, dicht filzig, die Nerven durch den Filz ganz verborgen. Lappen dreieckig, spitz, Buchten weit offen. Außenkelchblätter ei-länglich, spitz, ganzrandig, unten bis fast zur Mitte verwachsen, zusammenneigend, vielnervig, leicht herzförmig, keine ausgeprägten Drüsen. Kelch kurz becherförmig, mit 5 fast dreieckigen, an der Spitze behaarten Zähnen. Blumen nach Angabe von Baker, der die Pflanze in der Wüste von Sind, Ostindien, sammelte, denen von G. neglectum Todaro ähnlich. Wahrscheinlich wild.

K. Baumwollen der Neuen Welt.

Vgl. die Übersicht S. 33.

Gossypium hirsutum L. Rauhhaarige Baumwolle, 28.

Upland Cotton (Hochland-Baumwolle).

Ein 2—2,5 m hoher, stark verästelter Busch, ausdauernd, aber in der Kultur ein-, selten zweijährig, durch Sternhaare und einfache Haare rauh, untere Blätter oft ungeteilt, herzförmig, die übrigen nur bis $^1/_3$ eingeschnitten, mäßig groß, an der Basis herzförmig, meist 3 lappig oder schwach 5 lappig. Lappen kurz, breit dreieckig, meist scharf zugespitzt, am Grunde nicht verschmälert (Abb. 20 A), selten lanzettlich (Abb. 20 B), Buchten spitz, Mittelnerv unterseits mit einer oft undeutlichen Drüse nahe der Basis. Blattstiel oben dreikantig, Außenkelchblätter groß, eiförmig, jedes an der Basis mit großer Drüse, im unteren Teil schwach gezähnt, im oberen in ziemlich lange pfriemliche Zähne zerschlitzt. — Kelch schwach 5 zähnig, nach Parlatore ohne große Drüsen. Blumenkrone länger als der Außenkelch, groß, blaß schwefelgelb bis weißlich, beim Verblühen rötlich, meist ohne Purpurfleck am Nagel. Staubfadenröhre halb so lang als die Blumenblätter. Griffel die Staubfadenröhre überragend, Narben meist 3—4, verklebt, Kapsel walnußgroß, 4—5 cm hoch, nicht grubig, an der Spitze nur kurz gespitzt, meist 4 fächerig (man trachtet aber möglichst 5 fächerige zu erzielen). Samen in jedem Fach 6—8, verkehrt eiförmig, mit grauem oder grünem Filz und ziemlich langer seidiger, sehr weißer Baumwolle, 8—10 mm lang, 4—6 mm breit.

Vaterland wahrscheinlich Mexiko, jetzt in allen Erdteilen gebaut. Die wichtigste Baumwolle der Welt, besonders für die Vereinigten Staaten von Nordamerika, wo sie 1732 eingeführt wurde, und von dessen Produktion die Upland-Baumwolle $99\,^0/_0$ ausmacht, während die noch schönere, längere Sea Island (G. barbadense) nur $1\,^0/_0$ darstellt.

Durch Kreuzung mit letzterer hat man long staple Uplands erzeugt, die der so empfindlichen Sea Island in Länge wenig nachsteht.

Unterste Blätter oft ungeteilt, ebenso öfters die alleröbersten. Nebenblätter sichelförmig, abfallend.

Var. b. lanceolatum. Viele Blätter ungeteilt, länglich-lanzettlich, 6—8 cm lang, 18—20 mm breit. Außenkelchblätter größer, die Zähne länger. Die längsten länger als die Blumenkrone. Kelch 5 zähnig. Nach Parlatore syn. G. lanceolatum Todaro.

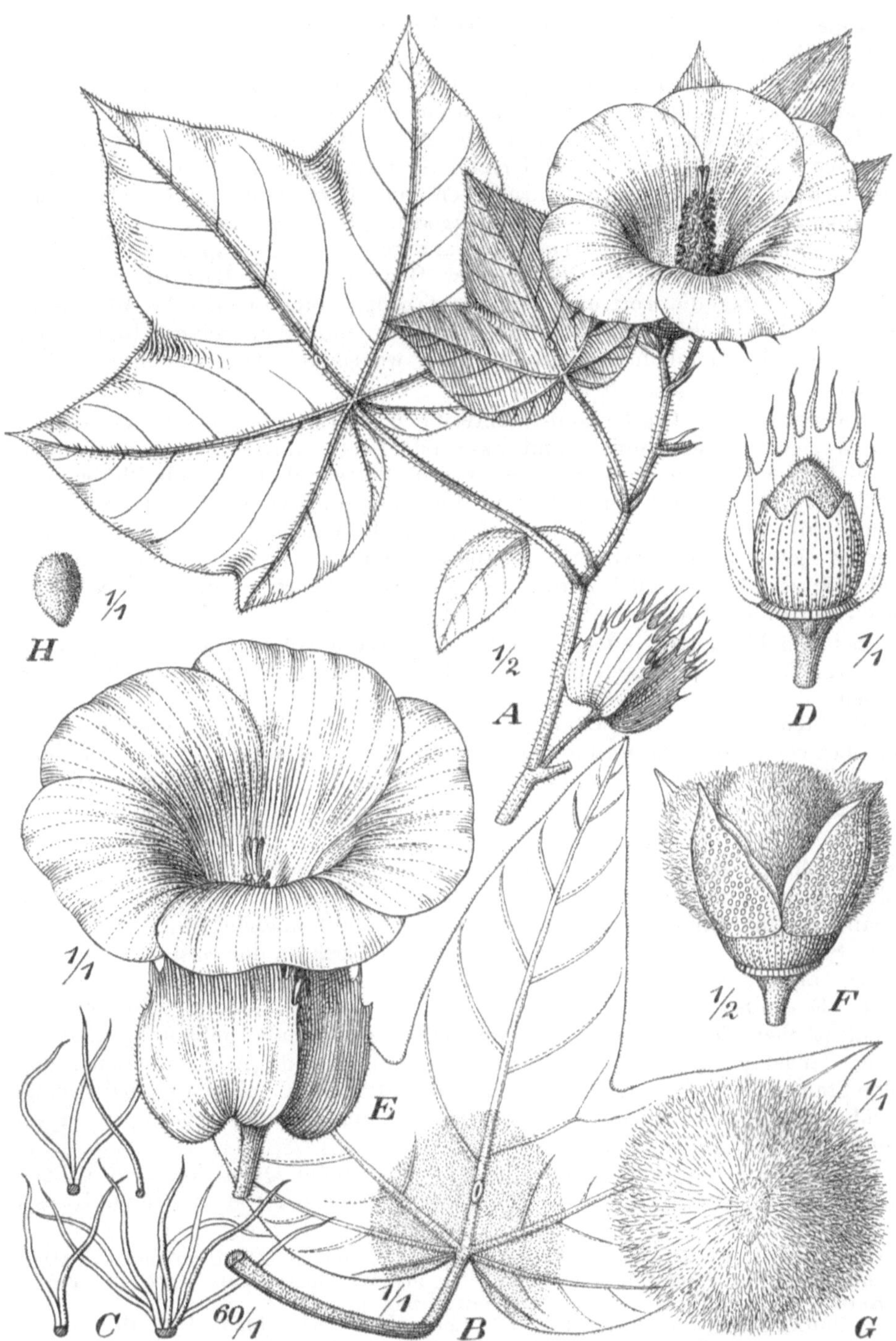

Abb. 20.   Gossypium hirsutum L.   Upland-Baumwolle.

A Blütenzweig.   *B* Blattunterseite mit Nektarium. Das Blatt ausnahmsweise tiefer geteilt und die Lappen schmäler.   *C* Sternhaare.   *D* Kelch und junge Kapsel; dahinter ein Blatt des Außenkelches.   *E* Blume. *F* Aufspringende vierfächerige Kapsel.   *G* Same mit den Haaren.   *H* Same mit der Grundwolle, dem Filz.
(Original.)

Eine eingehende Beschreibung der Upland-Baumwolle und ihrer vielen Sorten gibt Fred. J. Tyler[1]).

Bei der Wichtigkeit der Upland-Baumwollen erscheint es geboten, Tylers Ausführungen möglichst vollständig wiederzugeben. In der Einleitung sagt er, daß in den Vereinigten Staaten zwei Arten Baumwolle kultiviert werden: Sea Island (G. barbadense) und Upland (G. hirsutum). Es gibt von letzteren verschiedene Typen, so die sturmfesten von Texas, die frühen von Nord-Carolina und Tennessee, die langstapeligen des Mississippitales usw. — Tyler wendet sich gegen Watt, der mehrere andere Arten als Ursprung der Upland ansehen will. Eine Sorte Cox Yellow Bloom ist ein Bastard, und möglicherweise haben die vortrefflichen langstapeligen Baumwollen des Mississippi-tales Sea-Island-Blut in sich; die meisten sind aber reinen Blutes und stammen wahrscheinlich aus Mittelamerika, wo sie seit vorgeschichtlicher Zeit kultiviert wurden. (Vgl. S. 82.)

Verzweigung: Die Upland-Baumwolle hat zwei sehr verschiedene Arten von Zweigen[2]). Gewöhnlich sind zwei oder drei starke Zweige vorhanden, die nahe der Basis entspringen; sie tragen Blätter, aber niemals Blüten, und werden limbs (Glieder) genannt. Von ihnen und auch vom Hauptstengel gehen Zweige ab, die Blätter und normalerweise Blüten und Früchte an jedem Knoten (joint) tragen. Die unfruchtbaren Äste (limbs) sind immer schwerer und stärker als die fruchtbaren und streben aufwärts, während die frucht-baren horizontal wachsen oder selbst niederhängen.

Bei den klumpigen oder halbklumpigen Baumwollen (clustered) sind die Fruchtzweige oft zu reinen Spornen reduziert, infolge Verkürzung der Inter-nodien.

Die Knoten des Hauptstammes sind etwa 5 cm voneinander entfernt, bei hochwüchsigen Varietäten mehr, bei niedrigen weniger, so daß an jeder Pflanze etwa 16—20 vorhanden sind. Die kurzgliedrigen sind früher reif, und „short jointed cotton" ist fast synonym mit früher Baumwolle[3]).

Die Farbe der Blumen ist von geringem spezifischen Wert. „Cox Yellow Bloom" hat hell zitronengelbe Farbe, statt der rahmweißen, die fast universell bei Upland-Baumwolle ist. Diese Besonderheit ist auch bei einigen Upland-Sorten zu finden, die lange in Ostindien akklimatisiert sind. — „King"- oder „Sugar-Loaf"-Baumwolle hat einen roten Fleck an der Basis der Blumen-blätter, aber dieses Merkmal ist undeutlich oder fehlt bei $50\,^0/_0$ der Varie-täten. Es findet sich auch bei einigen der Upland-Varietäten, die seit vor-geschichtlichen Zeiten von den Indianern in Guatemala gebaut werden. — Einige langstapelige, so „Sunflower", „Floradora" und „Allen", haben schön gelbe Staubgefäße und Pollen, aber $5—10\,^0/_0$ derselben haben den bei Upland gewöhnlichen rahmfarbigen Pollen; einige Pflanzen anderer Gruppen haben ebenfalls gelben Pollen.

Der Außenkelch (involucrum) besteht aus einem Quirl von drei grünen blattartigen Deckblättern (Bracteolen); sie schützen Knospe und junge Kapsel

[1]) Tyler, F. J.: Varieties of American Upland Cotton in U.S. Department of Agri-culture, Bureau of Plant Industry, Bulletin Nr. 163. Washington 1910. 127 S., 8 Tafeln, 67 Karten, die den Anbau der einzelnen Sorten zeigen.

[2]) Cook, O. F.: Weevil resisting adaption of the Cotton Plant. U.S. Departm. of Agric., Bureau of Plant Industry. Bulletin Nr. 88, S. 16, 1906. — Cook, O. F. and Meade, Rowland, Ms. Arrangement of parts in the Cotton plant U.S. Dep. Agr. Bureau of Plant Industry, Bulletin Nr. 222. Washington 1911. — Mac Lachlan, M. Argyle, The branching habits of Egyptian Cotton. Ebenda, Bull. Nr. 249. Washington 1912.

[3]) Bennet, R. L.: Farmers Bulletin 314, 1908.

und bilden, wenn groß, den sturmbewährten Charakter der Texas-Baumwolle. Der Außenkelch vertrocknet und wird brüchig, bald nachdem die
Kapsel sich öffnet; er wird oft von sorglosen Pflückern abgebrochen und
bildet einen großen Teil des Abfalls, der den „Grad“ der Faser (lint) er-
niedrigt.

Kapsel, Fächer und Locken. Die Kapsel spaltet sich in drei, vier oder
fünf Fächer und zeigt dann die Samenwolle, welche mehr oder weniger in so
viele „Locken“ geteilt ist, als Fächer vorhanden sind. Die Form der Kapsel
variiert von fast kugelig bis lang und zugespitzt. Die Größe variiert ebenfalls bei den verschiedenen Sorten und wird am besten gemessen durch
Wägen der trockenen Samen-Baumwolle, d. h. der unentkörnten Baumwolle.

Die Länge wird am besten nach der Methode des Dep. of Agriculture
gemessen. 10—20 Locken werden genommen, ein einziges Korn nahe dem
Zentrum jeder Locke herausgezupft, seine Wolle nach der Gestalt eines
Schmetterlings gekämmt und ein Büschel nahe der Mitte einer Seite heraus-
gepflückt. Dieses wird auf ein Kissen von schwarzem Felbel (velveteen)
gelegt, s. Abb. 21. Die wollige Oberfläche dieses Tuches hält die Fasern
gerade. Die Basis des Büschels wird mit dem Daumen fest gegen das Felbel
gedrückt, während die Fasern sanft mit einem Taschenkamme gekämmt
werden. Mit dem Rücken einer gebogenen Pinzette wird dann eine Linie
gezogen an jedem Ende des Büschels, ausgenommen die gefransten Enden,
und die Entfernung wird mit einer Millimeter-Skala[1]) gemessen. Dies gibt
die durchschnittliche Länge.

Kearney[2]) empfiehlt für wissenschaftliche Versuche, auf einem Stück
Pappe eine senkrechte Linie zu ziehen und parallel zu dieser auf ihren
beiden Seiten eine Anzahl Linien in der Entfernung von 3 mm ($^1/_8$ engl. Zoll),
die erste Linie $^3/_4$ Zoll von der Mittellinie. Diese Linien werden jederseits
von 1—9 bezeichnet (s. Abb. 22). Die Samen mit anhaftenden Haaren werden
$^1/_2$ Stunde in eine feuchte Atmosphäre gebracht und die Fasern sorgfältig
nach beiden Seiten des Samens verteilt und durch Kämmen gerade gestreckt.
— Der Samen wird mit seiner Längsachse auf die Mittellinie gelegt und die
Nummer der Linie notiert, bis wohin die meisten Fasern reichen. Wenn die
Fasern der rechten Seite die Nummer 7 erreichen ($^7/_8$ Zoll), die der linken
die Nummer 6, so nimmt man als Mittel der Faserlänge 6,5 Achtel. Man
wiederholt das mit 5 Samen von jeder Pflanze, jeder Samen aus einer
anderen Kapsel. Genauer wird natürlich die Messung, wenn man die Linien
nur 1 mm voneinander entfernt zieht.

Die Stärke der Faser hängt teilweise vom Wetter und von der Behandlung der Samen beim Pflücken ab, teilweise von der Sorte; langfaserige sind
gewöhnlich schwächer. Die Stärke wird mit einem bei Tyler abgebildeten
Apparat geprüft. Es wird eine Faser nahe der Mitte des Samens herausgenommen und an beiden Enden in Klammern getan. Dann wird ein nach
und nach zunehmender Zug angewendet, bis die Faser bricht; das Gewicht,
das die Zerreißung bewirkt, wird in Gramm angegeben (20 Versuche von
jeder Probe).

Die Farbe der Faser bietet wenig Variationen. Die Handelsware ist
rahmweiß, wird aber totweiß, wenn die Baumwolle zu lange der Sonne und

---

[1]) 1 mm = 0,039 37 oder nahezu $^1/_{25}$ Zoll, 25,4 mm = 1 Zoll englisch.
[2]) Kearney, Th. H.: Segregation and correlation of characters in an Upland Epyp-
tian Cotton Hybrid, U.S. Department, Agr. Department-Bulletin Nr. 1164, S. 10, Fig. 2, 1923.

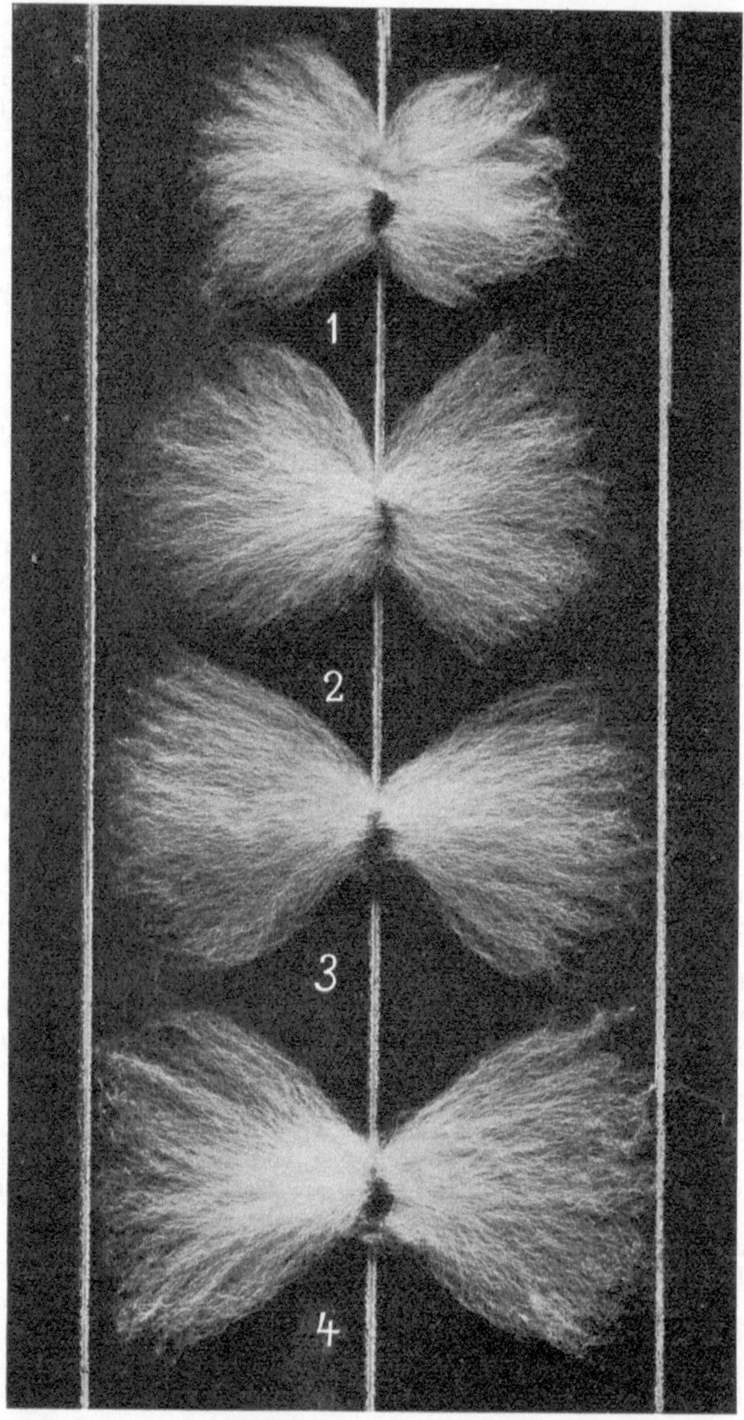

Abb. 21. Auf dem Samen ausgekämmte ägyptisch-amerikanische Baumwolle.
1 Mitafifi bei der ersten Einführung in Arizona.   *2* Dieselbe nach dreijähriger Auslese. *3* Yuma, eine aus Mitafifi gezüchtete Sorte.   *4* Pima, eine aus Yuma gezüchtete Sorte. — Yuma und Pima bilden die „American-Egyptian" Cotton. Benannt nach den Yuma- und Pima-Indianern.   (Natürliche Größe.) Nach Kearney.

dem Regen auf dem Felde ausgesetzt ist. Die gelblich-braune Nankingbaumwolle ist jetzt in den Vereinigten Staaten mit der Handspinnerei verschwunden. Eine Varietät „Texas Wool" hat hellgrüne Wolle, diese wird aber bald schmutzigbraun, und die Sorte ist nur eine Kuriosität.

Nach dem Bulletin of the North Carolina Dep. of Agriculture, Sept. 1906, besteht ein bestimmtes Verhältnis zwischen dem Ölgehalt des Samens und der Stärke der Faser. — Das Bruchgewicht ist an demselben Samen lokal verschieden, bei einer Probe, z. B. von der Seite des Samens 6,34 g, von dem spitzen Ende 5,52 g, vom runden Ende 4,62 g[1]).

Prozentanteil der Faser (Lint) gegenüber dem Samen. Dies Verhältnis ist nächst dem Ertrage am wichtigsten und läßt sich durch sorgfältige Selektion leicht beeinflussen.

Neuere Untersuchungen zeigen aber, daß die hohe Prozentzahl an Lint überschätzt werden kann[2]).

Der Maximalunterschied des Lintgehaltes verschiedener Sorten ist nahezu $20\,^0/_0$.

Same. Wenn die Baumwolle vom Samen entfernt ist, bleibt am Samen eine kurze samtartige Hülle (der Filz oder die Grundwolle), „fuzz" genannt. Sie variiert von dunkel-olivgrün und braun bis aschgrau und weiß, auch in Länge von $^1/_{32}$—$^1/_4$ Zoll (0,8—6 mm) und von sehr dicht bis ziemlich dünn; oft fehlt sie ganz, ausgenommen an einem oder beiden Enden des Samens. Einige wenige ganz nackte Variationen findet man bei den meisten Sorten, und dieser Charakter läßt sich durch Auslese fixieren; aber das ist nicht wünschenswert, denn ein gutes Verhältnis von Faser ist augenscheinlich mit der Gegenwart der Grundwolle verbunden[3]). „Gold Standard" mit Grundwolle gab $39{,}6\,^0/_0$ Lint (Faser), dieselbe Sorte ohne Grundwolle nur $28{,}3\,^0/_0$. Die Grundwolle wird in den Ölmühlen entfernt und bildet einen Teil der „Linters".

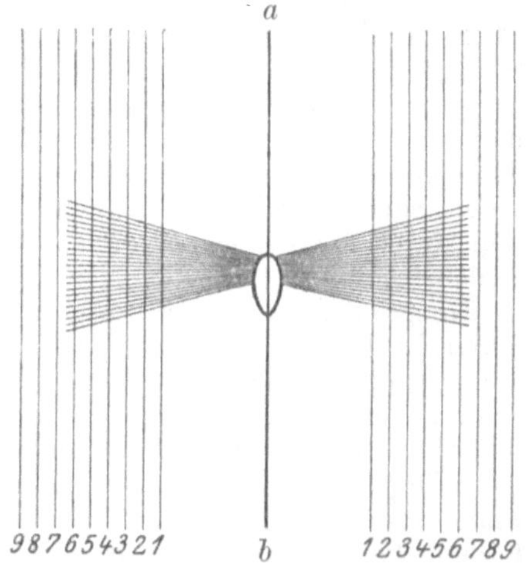

Abb. 22. Diagramm, zeigend Kearneys Meßmethode der Baumwollhaare.
a b Die Mittellinie auf einem Stück Pappe. Darauf der Same mit den ausgekämmten Haaren. — Die Linien 1—9 sind im Original $^1/_8$ Zoll (3,02 mm) auseinander, hier nur 2 mm. Die Haare dieser Probe sind $6^1/_2$ Achtel Zoll $= ^{13}/_{16}$ Zoll $= 33$ mm lang.

Die Größe des Samens ist sehr verschieden. Der kleinste Same, „Bates little brown seed", wiegt nur 0,07 g; es gehen 6480 Stück auf 1 Pfund englisch (zu 450 g); der größte, „Best Crop", wiegt 0,178 g, und es gehen nur 2550 Stück auf 1 Pfund. Die großsamigen haben gewöhnlich weniger Wolle. Die kleinsamigen Sorten sind empfindlicher, verlangen besseren Boden und günstigeres Wetter zur Pflanzzeit. — Der Ölgehalt der Samen schwankt von 16—$23\,^0/_0$ oder von $37{,}26$—$42{,}02\,^0/_0$ des geschälten Samens. Er ist bis jetzt kein Sortencharakter, kann aber durch Auslese beeinflußt werden.

---

[1]) Siehe auch Agricultural News, Barbados, Vol. 5, Nr. 101, p. 71.
[2]) Siehe Danger in „Judging Cotton Varieties by Lint Percentages", Circular 11 Bureau of Plant Industry U.S. Dep. of Agriculture 1908.
[3]) Siehe Farmers Bull. 302 U.S. Dep. of Agr., p. 36; auch obige Agricultural, News Barbados, Vol. 5, Nr. 101, p. 71.

Die Reifezeit ist eine wichtige Sorteneigenschaft, besonders für das nördliche Drittel des Baumwollgürtels und für Gegenden, die vom Kapselkäfer (boll weevil) infiziert sind, überall; frühe Sorten geben eine gute Ernte, ehe die Weevil so zahlreich werden, daß sie sehr schaden können. Die frühesten Sorten reifen in 90 Tagen. Durch Auslese ist eine Sorte gewonnen, die gleich nach der Reife abstirbt, während die meisten anderen lebend bleiben, bis der Frost sie tötet. Aber dieses frühe Absterben hat keinen großen Wert.

Die Erträge der einzelnen Sorten sind von Tyler nicht angegeben, da sie zu verschieden sind. Der Farmer muß durch vergleichende Anbauversuche selbst erproben, welche Sorte für ihn die einträglichste ist.

A. Züchtung der Upland-Sorten.

Neue Sorten werden gewöhnlich durch „Massenauslese" gewonnen. Der Züchter geht vor der Pflückezeit seine Felder durch und bezeichnet die Pflanzen, die seinem Ideal entsprechen. Die Samen von diesen werden für sich gepflückt und entkörnt, um im nächsten Jahr zur Saat zu dienen. Gewöhnlich werden nur 1—2 besondere Charaktere gewünscht, z. B. große Kapseln, verbunden mit großem Ertrage, und wenn die ausgelesenen Pflanzen diese gewünschten Eigenschaften bieten, können sie in anderen Eigenschaften untereinander variieren. Abgesehen von ihren besonderen Eigenschaften lassen sich durch Massenauslese erhaltene Sorten schwer beschreiben, nur im allgemeinen und nach den Durchschnittsergebnissen.

Einige Standardsorten, wie z. B. Russell und Rowden, sind umgekehrt durch Isolation (Individual-Auslese) entstanden. Hierbei wird die Nachkommenschaft einer einzelnen Pflanze, die den Züchter fesselte, zur Basis einer neuen Sorte, oft ohne weitere Auslese. Die Samen dieser Pflanze werden für sich aufbewahrt und auf einem isolierten Saatbeet gesät, bis genügend Saat für größere Flächen vorhanden ist. Wenn die Originalpflanze reinblütig war, werden auch deren Nachkommen reinblütig sein. Aber es sind auch Fälle bekannt, wie z. B. Cooks Improved, wo die Originalauslese ein Bastard zwischen unähnlichen Eltern war und die Nachkommen nach einem dieser Eltern zurückschlugen, so daß die neue Varietät verschiedener wurde als eine durch Massenauslese gewonnene. Unfraglich gibt die Isolation schnellere und einheitlichere Resultate, wenn sie sorgfältig und mit Verständnis ausgeführt wird.

Stabilität der Sorten. Da die Samen beim Entkörnen in öffentlichen Anstalten leicht mit anderen gemischt werden, da ferner vielfach spontane Kreuzungen durch Insekten entstehen, muß ein verständiger Farmer die Saat von einem Züchter beziehen, der eine eigene Entkörnungsmaschine hat.

Einfluß von Boden und Klima. Es ist längst beobachtet, daß eine Sorte, die nach einem neuen Ort und Boden kommt, zuerst enttäuscht[1]), bis sie sich nach 2—3 Jahren akklimatisiert hat; doch hat z. B. „Kings Improved" oder Sugar Loaf in den letzten 10 Jahren überall sofort gute Erträge gegeben, wenn sie auch selten die der Lokalsorten erreichten.

Umgekehrt hat „Beat All", die auf armem Boden in Georgia beliebt ist, groß wächst, aber langsam reift, auf reichem, gut kultiviertem Boden der Versuchsstation in Georgia aber unter fast gleichen klimatischen Bedingungen sehr versagt.

---

[1]) Philipps, M. W., in Edwards County, Miss.; in Report U. S. Patent Office for 1850, S. 263.

An 3 Stellen in Nord-Carolina wurde gleiche Saat ausgesät; das Gewicht der Kapseln war aber sehr verschieden. Es gingen von „Russell" auf 1 Pfund englisch von der 1. Stelle 54 Kapseln, auf der 2. Stelle 64, anf der 3. Stelle 72. — Von „Culpepper" bzw. 61, 71, 74; von „Edgewood" 72, 77, 79. — 5 Sorten wurden 1907 an 4 Versuchsstationen verteilt und ergaben folgendes:

Sorte	Kapseln auf 1 Pfund				Samen auf 1 Pfund				Lintprozent			
	La	Ala	Ga	Tex	La	Ala	Ga	Tex	La	Ala	Ga	Tex
Cooks Improved .	58	61	64	90	3650	4025	3860	4160	38,3	36,7	39,3	30,9
Earley Wonderful .	48	54	58	70	2670	2835	3260	3780	31,9	29,8	35,8	31,3
Gold Standard . .	74	82	92	105	4050	5050	5380	5060	33,5	35,8	39,6	31,7
Price of Georgia .	53	61	68	71	3540	3630	3700	3660	30,0	32,4	33,2	31,2
Sunflower	78	90	98	119	4160	4970	2560	4620	29,0	30,6	31,5	25,4

Sorte	Länge des Lint (der Haare) in mm				Stärke des Lint (der Haare) in g			
Cooks Improved .	21,8	22,8	21,6	23,6	6,2	6,5	7,8	5,9
Earley Wonderful .	23,2	23,1	23,8	23,6	6,8	7,0	6,7	7,3
Gold Standard . .	22,9	22,0	22,3	23,0	6,1	. . .	5,8	6,4
Price of Georgia .	23,3	23,0	24,2	22,4	6,5	6,3	6,1	5,8
Sunflower	32,8	27,7	33,0	30,7	4,8	4,4	4,0	4,6

Die Gramm geben das Gewicht an, bei welchem das Haar zerriß.

Aus den Tabellen ergibt sich, daß durchgängig die Kapseln am kleinsten waren in College Station, Texas, mittelgroß in Exp. Station Ga, etwas größer in Auburn, Ala und sehr groß in Baton Rouge, La.

Die Größe der Samen folgt eng der Größe der Kapseln. Länge und Stärke der Faser variierten in den einzelnen Sorten, aber im ganzen auf den verschiedenen Stationen wenig. Die Stärke wurde in Baton Rouge durch ungünstiges Wetter herabgedrückt. Das Faserprozent variierte sehr, es war am höchsten ohne jede Ausnahme in der Georgiastation und gewöhnlich am niedrigsten in der Texasstation.

B. Klassifikation der Upland-Baumwollsorten.

Prof. J. F. Duggar, Direktor der Alabama Agricultural Experiment Station in Auburn, Alabama, stellte 7 Gruppen auf:

Cluster- oder Dickson-Typ:	Klumpenbaumwolle.
Semicluster- oder Peerless-Typ:	Halbklumpen.
Rio Grande- oder Peterkin-Typ:	Peterkin.
Short Limb- oder King-Typ:	Kurzzweigig.
Big Boll- oder Duncan-Typ:	Großkapselig.
Long Limb Upland oder Petit Golf:	Langzweigig.
Long Staple Upland oder Allen:	Langstapelige Upland.

Tyler gibt die Klassifikation von Duggar wieder, aber etwas abgeändert:

1. Big Boll: Großkapselige Baumwolle.
2. Long Staple: Langstapelige Baumwolle.
3. Cluster: Klumpen- oder Büschelbaumwolle.
4. Semicluster: Halbklumpenbaumwolle.
5. Early oder Short Limb: Frühe oder kurzzweigige Baumwolle.
6. Long Limb: Langzweigige Baumwolle.
7. Peterkin oder Rio Grande.
8. Intermediäre Gruppen.

C. Charaktere der einzelnen Gruppen.

1. **Big Boll-Gruppe**[1]). **Großkapselige**. Wesentlich ist die Größe der
Kapseln oder, genauer gesagt, das **Gewicht der Samen**. Maximum des Samen-
gewichts 11,5 g, oder 38—40 Kapseln gehen auf 1 engl. Pfund à 450 g;
Minimum 6,5 g oder 68 auf 1 Pfund. Die Pflanzen sind kräftig (spät reif),
die unteren vegetativen Seitenzweige, die **Limbs**, gewöhnlich zu zweit,
stark und schwer. Fruchtzweige sehr stark; entweder kurz und unregel-

Abb. 23. Uplandsorte Wyche. Big Boll-Gruppe. Nach Tyler.

mäßig gegliedert oder halbbüschelig oder sehr langgliederig. Blätter groß,
fast kahl werdend. Lappen breit und kurz. Kapseln groß, 4—5fächerig,
Samen groß, filzig, Filz dunkelgrün, grünlich oder bräunlichgrau oder weiß.
Faser kurz bis mittellang, 20—30 mm lang, weich, von guter Stärke, Lint-
Prozent (Faser-Prozent) gewöhnlich $33^1/_3\,^0/_0$ oder mehr (siehe Abb. 23).

1a. **Stormproof. Sturmfeste Gruppe**. Dies ist eine Unterabteilung
der Big Boll-Gruppe, die in den Ebenen westlich des Mississippi gezüchtet
worden ist, wo heftige Winde und Regenstürme während der Pflückzeit häufig
sind. Sie ist bekannt als „Big boll stormproof-Gruppe" und enthält einige

[1]) Die Photographien zu unsern Abbildungen sind uns von dem Department of Agriculture, Bureau of Plant Industry gütigst zur Verfügung gestellt, wofür wir auch hier
unsern verbindlichsten Dank aussprechen.

der besten jetzt gebauten Sorten. Die Pflanze ist kräftig, die Zweige während der ersten Zeit aufrecht, aber später hängend unter dem Gewicht der Kapseln. Die Kapseln werden nicht aufrecht auf dem Zweige getragen, sondern liegen ihm dicht an, so daß der Kapselstiel mit den Zweigen einen spitzen Winkel bildet. Wenn der Stamm und die Fruchtzweige niedergebogen werden, werden die Kapseln geneigt oder umgedreht, so daß zur Reifezeit die breiten dicken Klappen und die ungewöhnlich großen Hüllkelchblätter ein $\pm$ vollkommenes Dach über den Locken bilden. Letztere hängen nach unten und bilden eine einzige zusammenhängende Masse. Die Locken lassen sich in der Regel leicht pflücken (Abb. 24).

Abb. 24. Uplandsorte Rowden. Big Boll Stormproof-Gruppe. Nach Tyler.

2. Long Staple-Gruppe. Langstapelige. Dies ist eine ziemlich willkürlich begrenzte Gruppe, basiert auf der Länge und Feinheit der Faser, die von 30—45 mm ($1^3/_{16}$—$1^3/_4$ Zoll) in der Länge variiert. Einige wenige Sorten, so Flemming, Moon, Griffin, Columbia sind durch Auslese oder Kreuzung der „Big Boll"-Gruppe entstanden und gleichen dieser im Wuchs und in der Größe der Kapseln. Die meisten aber bilden eine einheitliche Abteilung. Die Pflanzen sind eher schlank als stämmig, die vegetativen unteren Äste zuweilen fehlend, gewöhnlich aber zu 2 oder 3, schlank und aufrecht. Fruchtzweige schlank mit kurzen und unregelmäßigen oder mit langen Gliedern. Laub weniger dicht als bei der großkapseligen Gruppe, Blätter klein bis mittelgroß, mit schmäleren und tieferen Lappen, weich behaart, später fast kahl. Blütenstiele oft sehr lang und schlank, Kapseln klein bis mittelgroß, 3—5 fächerig, jede Locke Baumwolle bildet eine kompakte

Masse. Faser schwach bis mittelstark, sehr weich, fein und anhaftend. Die besten Grade ähnlich Sea Island. Samen mittelgroß, mitunter zum Teil nackt, aber gewöhnlich mit braungrauer oder grauer Grundwolle. — Einige Varietäten dieser Gruppe sollen durch Kreuzung von Sea Island und Upland entstanden sein. Wenn dem so ist, so wäre die einzig sichere Spur ihres hybriden Ursprungs die Länge und Feinheit des Stapels und möglicherweise der gelbe Pollen, der vielen Varietäten eigen (Abb. 25).

Abb. 25. Eine Pflanze der „Allen"-Sorte. Upland-Langstapelige Gruppe.
Upland Long-Staple-Group. Nach Tyler.

3. Cluster-Gruppe. Klumpen- oder Büschelgruppe. Sie ist wahrscheinlich eine natürliche Abteilung, die Nachkommenschaft der alten „Sugar Loaf" (Zuckerhut), einer Sorte, die vor vielen Jahren am Mississippi gebaut wurde und aus Mexiko eingeführt sein soll. Wuchs abnorm, mit 1 oder mehr langen schweren unteren Seitenzweigen (limbs) und mit so kurzgliederigen Fruchtzweigen, daß diese zu Spornen von nicht mehr als 2 oder 3 Zoll Länge geworden sind. Blätter und Kapseln dicht zusammen in einem Klumpen. Die meisten Blätter der Fruchtzweige sind klein, aber die Stengelblätter sind sehr groß, mit breiten kurzen Lappen, dick, fast kahl. Kapseln mittelgroß, gewöhnlich an der Spitze abgerundet, mit 4—5 Fächern. Faser gewöhnlich ziemlich kurz, weich und von guter Stärke. Samen klein bis mittel, filzig, grau bis bräunlich oder grünlichgrau (Abb. 26).

Der Büschelcharakter dieser Gruppe wird modifiziert, aber nicht beseitigt durch Kreuzungen mit normalen Baumwollen, und viele Sorten von anderen Gruppen enthalten Cluster-Blut.

4. Semicluster-Gruppe. Halbbüschelige Gruppe. Wenn die Beimischung von Clusterblut sehr erkennbar ist und die Sorte keiner anderen Gruppe angehört, wird sie als „semicluster" angesehen; es ist im besten Falle eine hybride Gruppe (Abb. 27).

5. Early Group. Frühe Gruppe. Die „Short Limb"-Abteilung, ein Name, den Duggar für die kurzgliedrigen vorschlug, enthält die frühen Sorten und sollte besser „Eearly Group" genannt werden, da der Ausdruck

Abb. 26. Eine Pflanze der Jackson-Limbless-Sorte. Klumpen-Gruppe (Cluster Group).
Nach Tyler.

„Short Limb" oft für die Fruchtzweige der Cluster- und Semicluster-Baumwolle angewendet wird. Korrelativ mit der Frühreife haben die Fruchtzweige mittellange bis kurze Glieder, aber nicht in abnormer Weise. Die Pflanzen sind eher schlank als stämmig, ziemlich niedrig. Vegetative Zweige (limbs) 1—3. Blätter klein bis mittel, weich behaart, im Alter fast kahl, Lappen schmäler und tiefer geteilt als bei Big Boll. Kapseln klein bis mittel, 3—5fächerig. Faser sehr kurz bis mittellang, von guter Stärke. Samen klein bis mittelgroß, filzig, grünlich oder bräunlichgrau. Diese Gruppe setzt sich zusammen aus der Sorte „King" mit ihren Abkömmlingen und einigen anderen Sorten, die in Nord-Carolina und Tennessee gezüchtet sind (Abb. 28).

6. Long Limb Group. Langgliedrige Gruppe. Sie wurde begründet auf die einst populäre Sorte „Petit Gulf" und verwandte Sorten, aber diese sind durch frühreifere und ergiebigere ersetzt worden. Obwohl die sogenannte „Petit Gulf" noch zerstreut im ganzen Süden gebaut wird, ist sie vollständig

durch Mischung mit anderen Sorten modifiziert, so daß sie nicht mehr die
Long Limb-Gruppe darstellt.

7. **Rio Grande- oder Peterkin-Gruppe.** Dies ist eine natürliche Abteilung; Pflanze schlank, mit 1 oder mehreren etwas dünnen vegetativen
unteren Zweigen. Fruchtzweige schlank, meist langgliederig. Blätter klein
bis mittel, behaart, zuletzt ziemlich kahl, Lappen schmäler und Blatt tiefer
geteilt als in der Big-Boll-Gruppe. Kapseln mittel bis sehr klein, 3—5fächerig,

Abb. 27. Uplandsorte Hawkins. Semicluster-Gruppe. Nach Tyler.

die Locken noch einige Zeit nach der Kapselöffnung ziemlich zusammenhängend. Faser mittellang, Stärke gut, drahtig und elastisch. Prozentanteil
gewöhnlich sehr hoch; Samen klein bis sehr klein, einige fast kahl und bräun-
lichschwarz, aber die meisten mit kurzem zerstreutem Filz (Abb. 29).

8. **Intermediate Group. Zwischengruppe.** Die meisten mit Namen
versehenen Sorten der Upland-Baumwolle können leicht in eine bestimmte
Gruppe eingereiht werden, aber einige sind so gemischt, daß sie eine Zusammensetzung aus 2 oder mehr Gruppen bilden; sie kommen hierher.

Besprechung der Gruppen. Gegenwärtig ist die Big Boll-Gruppe die
verbreitetste und wird es wohl bleiben, wenn nicht eine gute Pflückmaschine

erfunden wird. In Texas muß beim Pflücken kleiner Kapseln 25 Cents pro 100 Pfund mehr bezahlt werden als bei großen Kapseln. Man sucht die Sorten mit nur 4 fächerigen Kapseln auszumerzen, weil die 5 fächerigen Kapseln $1^1/_4$ mal größer sind und die 5. Klappe der Kapsel das Wegfliegen der Wolle verhindert.

Die Sorten der Long Staple-Gruppe verlangen guten Boden und gute Kultur, große Sorgfalt beim Entkörnen (ginning) und entsprechenden Preis. Sie geben oft weniger Ertrag als die kurzstapeligen, aber die Faser ist wertvoller.

Die Klumpen- und Halbklumpensorten sind sehr gut für Uferländereien (bottom lands), wo gewöhnliche Sorten zu geil wachsen und zum Teil steril

Abb. 28. Eine Pflanze der „Sunne“-Sorte. Frühe Gruppe (Early Group). Nach Tyler.

werden. Die Wolle ist aber schwerer von Abfällen rein zu erhalten und die „Dickson“ und deren Abkömmlinge werden als anfälliger für Anthracnose, Kapselmotte und Kapselwurm (boll worm) angesehen.

Die frühen Sorten sind wesentlich in Nord-Carolina, Tennessee und den oberen Teilen von Georgia und Alabama in Kultur. Sie sind auch mit Erfolg in den vom Kapselkäfer infizierten Teilen von Texas und Louisiana gebaut, aber wegen der kleinen Kapseln und des Mangels an Sturmfestigkeit werden sie abgeschafft zugunsten der früheren Varietäten der sturmfesten Sorten, die neuerdings in Texas gezüchtet sind.

Baumwollen der Peterkin-Gruppe geben mit die höchsten Fasermassen und sind für armen Boden und „harte Behandlung“ geeignet. Kapseln klein und langwierig zu pflücken.

7*

Abb. 29. Uplandsorte Berryhill. Peterkin-Gruppe. Nach **Tyler**.

D. Alphabetisches Verzeichnis und Beschreibung
der Upland-Sorten.

Tyler gibt in alphabetischer Folge sämtliche ihm bekanntgewordenen Sorten an (ca. 600—700) unter Beifügung kleiner Karten von den Gegenden, in denen sie am meisten gebaut werden. Die Beschreibungen sind zum Teil nach den Untersuchungen der Versuchsstationen in Terrell, Waco und Denison, Texas und in Timmonsville, Süd-Carolina, gemacht. Das Verhalten hängt oft mehr davon ab, ob die Sorte für die besonderen Verhältnisse geeignet ist, als von den ihr innewohnenden Eigenschaften.

Eine Anzahl Sorten, von denen **Tyler** angibt, daß sie nicht mehr gebaut werden, haben wir meist weggelassen, ebenso einige, die nicht geprüft worden sind. Dagegen haben wir einige seit 1910 aufgetretene neue Sorten, bei denen uns freilich meistens die Beschreibung fehlt, hinzugefügt.

Erklärung der Abkürzungen im folgenden alphabetischen
Verzeichnis.

B. Baumwolle.
Bl. Blatt.
Blm. Blume.
Blb. Blumenblatt.
F. Faser, Lint, gleichbedeutend mit H.
H. oder L. Haare, Faser, Lint, die Zahl dahinter gibt ihre Länge in mm an.
H.-$^0/_0$ Haarprozent, Lintprozent.
K. Kapsel.
S. Samen. Die Zahl hinter S. sagt, wieviel Samen auf 1 engl. Pfund gehen.
St. Stärke, Zerreißgewicht in Gramm.

In zweifelhaften Fällen ist von Tyler bzw. von uns keine Gruppe angegeben.

Acala, eine Upland-Sorte aus Mexiko, eingeführt von G. N. Collins und
E. B. Doyle. Durch Auslese für die Ver. Staaten passend gemacht durch
O. F. Cook und seine Kollegen. Faser $1^1/_{16}$—$1^3/_{16}$ Zoll (27—30 mm) lang,
neuerdings bis $1^3/_8$ Zoll (34,9 mm). Hat in den letzten Jahren die bewährte Pima in Arizona und Kalifornien fast ganz verdrängt und ist
auch in Texas eingedrungen. Nähere Beschreibung siehe bei Verteilung von
Saat (S. 144 ff.).   **Gruppe Big Boll.**
Aclins Easy. Von E. A. Aclin, Reebe, White County, Ark. Kapsel mittelgroß, leicht zu pflücken. Samen weiß.   **Early** (frühe).
Adams. Von E. A. Adams, Bowling Green, R. F. D. N. 1. S. C. Auslese aus
King um 1902. Reife später als King, Kapseln größer, Haare länger,
Samen ziemlich groß, filzig, bräunlichgrün. K., pro Pfund 60, S. pro
Pfund 3460, H. 24,6 (23—27) mm. Stärke, Zerreißgewicht der einzelnen
Faser 6 g. Prozentverhältnis von Haargewicht zum Gesamtgewicht der
entkörnten Samen 35.   **Early.**
Adams Long Staple. Züchter C. A. Adams, Arnott, Miss. Früh. K. mittel
bis klein. Haare fein und seidig, in der Länge sehr gut, aber nicht im
Prozentgehalt. S. filzig, grau; K. pro Pfund 82; S. pro Pfund 3650;
H. 34,8 (33—37 mm); St. 5,2; H.-% 26,3.   **Upland Long Staple.**
Adcock siehe Barnes.   **Peterkin.**
Adkin siehe Keno.   **Long Staple.**
African oder **African Long Limb** (auch African Towhead). Soll in Ouachita Parish La. von Carter Johnson gezüchtet sein und 31 mm lange
Haare haben. Blattwerk groß und schwer. K. groß, sturmfest; S. groß;
H.-% 30. Nicht geprüft.   **Big Boll.**
African Limbless siehe Jackson Limbless.   **Cluster.**
African Queen siehe Rowden.   **Big Boll Stormproof.**
Alex Wilt Resistant. Gehört zu den führenden Sorten in Louisiana. Ertrag in Baton Rouge aber nur 1020 Pfund pro acre.
Allen Big Boll oder Alex. Allen, auch Alex. Allen Big Boll Prolific und
Alex, Allen Improved. Um 1897 von Alex. W. Allen in Temple, Caroll
County, Ga. gezüchtet. Nicht gleichmäßig, viele im Wuchs vom Semicluster-Typ, mit kurzen und unregelmäßig geliederten Fruchtzweigen,
andere von mehr offenem Wuchs mit längeren Gliedern, mittelfrüh.
K. von klein bis sehr groß; H. mittellang; S. ziemlich groß, filzig, bräunlich oder grünlichgrau. In Texas sehr wenig sturmfest. Ausgelesene K.
51,5 pro Pfund; S. 3120; H. 23,5 (22—25) mm; St. 7 7 g; H.-% 34,1.
                                                        Big Boll.

Allen Improved, Synonym für King oder Sugar Loaf.   **Frühe Gruppe.**
Allen Long Staple (auch Allen Improved). Eine Standardsorte, um
1898 von I. B. Allen, Port Gibson, Miss., aus früheren, jetzt ausgeschie-
denen Sorten gezogen, heißt auch Allen Silk, Allen Hybrid, Talbot.
Groß und pyramidal, Wuchs der halbknäuligen, in den letzten Jahren
noch mehr ausgeprägt, mit 1—3 langen Seitenzweigen nahe an der Basis
des Stengels und kurzen unregelmäßig gegliederten Fruchtzweigen. K. mittel
bis klein. H. sehr lang und seidig. S. mittel bis klein, filzig, weiß. K. 78;
S. 3800 pro Pfund; F. 37 (35—39) mm; Stärke der einzelnen Faser 4,39
g; Lint-% 23,3. Eine Probe aus Clarkeville, Texas: K. 98; S. 4840;
F. 32,3 (30—35); St. 4,3; H.-% 29.   **Upland Long Staple.**
Allens Red Rustproof siehe Willet Red Leaf.
Allens Yellow Bloom. Nicht mehr gebaut, soll eine der Eltern von Allen
   Improved sein.   **Long Staple.**
Allred's Pet oder Alrid. Eine alte Sorte, jetzt noch lokal in Mississipi.
   Angeblich von Allred in Martin, Claiborne County, Miss., gezüchtet.
                                                      Peterkin.
Alvarado. Alte Sorte in Georgia um 1848 eingeführt, jetzt sehr mit anderen
   gemischt.   **Peterkin.**
Amerson. Züchter unbekannt. Lokalsorte in Georgia, frühreif, K. ziemlich
   groß.   **Big Boll.**
Anderson. Gezüchtet von J. W. Anderson, Williamson, Pike County, Ga.
   Halbklumpig, großkapselig. Kurz und stark im Wuchs. Fruchtzweige
   kurz und unregelmäßig gegliedert. K. sehr groß. H. mittellang, im
   Prozentgehalt niedrig. S. sehr groß, filzig, grau und grünlichgrau. K. 46;
   S. 2820; H. 24,4 (22—26) mm; St. 5,7 g; H.-% 29,1.   **Big Boll.**
Angora. Lokalsorte in Dallas County, Ala.
Anson Cream, früher in Anson County, N. C.   **Peterkin.**
Apple Boll siehe Jackson Round Boll.   **Big Boll Stormproof.**
Arkansas Wonder. Kompakt, Seitenzweige 1—3, Fruchtzweige ziemlich
   lang, aber kurzgliederig, einige stark zum Halbklumpen-Charakter neigend.
   Kapseln klein bis mittelgroß, stumpf, rundlich. H. mittellang. S. mittel-
   groß, filzig, grau und grünlichgrau. K. 79$^1/_2$; S. 3940; H. 24 (22—26) mm;
   H.-% 32,3.   **Frühe.**
Andrey Peterkin, Abkömmling von Peterkin; jetzt nicht gebaut.
                                                      Peterkin.
Aurton oder Auraton. Lokalsorte, viel gebaut bei Chotard, Issaquena County,
   Miss., Züchter unbekannt. - Nicht geprüft.   **Upland Long Staple.**
Bachelor, Synonym für Drake Defiance.
Baggetts Improved. Von J. A. T. Baggett, Castleberry, Ala., aus Texas
   Stormproof ausgelesen. K. mittel bis groß, S. groß, filzig, bräunlich
   grau. K. 64, S. 3450, H. 22,7 (21—25) mm, St. 5,6 g. H.-% 34,3.
                                                      Big Boll.
Bagleys Big Boll. In den Oststaaten eine Korruption von „Beggarlys
   Big Boll", ist auch mit einer Sorte verwechselt, die Ed. Bagley.
   Ashdown, Little River County, Ark., gezüchtet haben soll. — Nicht
   geprüft.   **Big Boll.**
Bailey. Eingeführt von T. J. King, Louisburg, N. C., und der Bailey Cotton
   Company. Jetzt nicht gebaut, die Haare sollen 28—30 mm lang und
   der Prozentgehalt 25—30 gewesen sein. In der Alabama Exp. Stat. als
   Stormproof doch noch gebaut. Neuerdings Bailey Improved.
                                                      Upland Long-Staple.

Baldwins All-Around. Lokalsorte, gezogen von C. S. Baldwin, Madison, Morgan County, Ga., aus Nancy Hanks. K. $54^1/_2$, S. 3315, H. 22,6 (21—24) mm, St. 5,6, H.-% 34. Samen filzig, grau. **Big Boll.**

Bancrofts Herlong. Großkapselig, grünsamig, von Edward Bancroft in Athens, Ga. — Bancroft berichtet: Im Jahre 1868 sandte ein Mann namens Herlong in Alabama Samen von etwa einem Dutzend Sorten an Dr. W. L. Jones, damals Herausgeber des „Southern Cultivator", der sie Herrn Bancroft zum Versuch gab. Zuerst war die Sorte zu spät reif; sie wurde dann mit einer frühreiferen, vermutlich Dickson, gemischt, der sie jetzt die Beimischung von weißem Samen und die Halbknäueligkeit verdankt. — Kapseln früher kleiner, auf 1 Pfund gingen 1888 100 Kapseln, 1891: 93, 1902 nur 75.

Nicht einheitlich im Wuchs, die Mehrzahl halbklumpig, andere offen und langzweigig, Blätter groß, Kapseln groß, ca. 50% 5 fächerig. S. groß. filzig, grün und braun. Nach J. F. Duggar soll sie praktisch genommen mit „Russell" identisch sein. Die langzweigigen sind zwar ganz ähnlich Russell, aber die Sorte als Ganzes steht doch zu nahe dem Semicluster-Typ. — K. pro Pfund 61, S. 3310, H. 23,7 (22—25) mm, St. 6,9 g, H.-% 34. **Big Boll.**

Bank Account ist eine der Hauptsorten in Florida und Louisiana.

Bankers Account und **China** sind zwei der vier besten Sorten. (Tropenpflanzer 1920 Nr. 6.)

Banks Big Boll Abkömmling von Wyche. W. H. Banks, Newnan, Coweta County, Ga., erhielt die Saat vor vielen Jahren von Warren Beggarly in Senoia, dem Einführer der Wyche-Sorte. — Pflanze der Wyche sehr ähnlich, groß und ästig. Blätter groß, Fruchtzweige gewöhnlich langgliedrig, aber einige Pflanzen zeigen eine Spur von Semicluster-Typ und haben kurze und unregelmäßig gegliederte Fruchtzweige. Kapseln sehr groß, H. von guter Länge. S. sehr groß, filzig grau. — Kapseln pro Pfund: 44. S. 2590, H. 25,5 (23—29) mm, St. 6,2 g, H.-% 34,2. **Big Boll.**

Banny Brown, Lokalsorte, um 1897 durch Auslese von Banny Brown in Lacey, Ark., erzogen. **Big Boll Stormproof.**

Barfield. Lokalsorte, nur berichtet aus Kemper County, Miss., und Anson County, N. C. Eingeführt vor vielen Jahren von Thomas Barfield in Sucarnoochee, Miss. Er soll die Saat in Westindien erhalten haben. Sie kam dann nach Cedarhill, N. C., durch Dr. S. B. Carpenter, der die Saat rein hielt. Es ist eine populäre Sorte in Anson County, da sie vorzüglich für den lehmigen Kleiboden der Piedmont Sektion geeignet ist.

Die Pflanze ist eine echte Klumpen-Baumwolle mit 1—2 vegetativen Seitenzweigen und mit Fruchtzweigen, die zu bloßen Spornen reduziert sind. K. mittelgroß, dicht geknäuelt. S. klein, filzig, weiß. H.-% 35. In Mississippi ist die Barfield eine „bender"cotton (Sieger-Baumwolle, siehe auch Benders) geworden, d. h. die Faser ist $1^1/_4$ Zoll (31 mm) lang. aber in N.-Carolina ist die Faser nur von mittlerer Länge. **Cluster.**

Barnes (auch als Adcock bekannt) in Leake County, Miss. K. von guter Größe, Haare leicht zu pflücken, aber leicht durch Sturm verloren gehend. H. ca. $^3/_4$ Zoll = 19 mm — 38,4%. Samen klein, filzig grau. Nicht untersucht. **Peterkin.**

Barnett oder Barnett Short Staple. Alte Sorte, fast nicht mehr gebaut. Züchter unbekannt. In der Alabama Exp. Stat. zu Auburn doch noch gebaut. **Semicluster.**

Barrett. Aus einer Mississippisorte von W. G. Barrett in Royal, Ga. gezogen, nicht untersucht.   **Upland Long Staple.**

Basefield. Züchter soll Basefield in Minden, Texas, sein. Nicht untersucht.   **Cluster.**

Bass. Angeblich von J. Bass in Columbia, Marion County, Miss. Nicht
einheitlich, einige halbknäulig und offen im Wuchs, die meisten halbknäulig. K. mittel bis groß. H. gut lang, S. klein, filzig, grünlich und
bräunlich grau. K. 88, S. 5050, H. 25,5 mm. St. 6 g. H.-% 30.
                                                        Semicluster.

Bates Improved Prolific, nicht mehr gebaut.   **Peterkin.**

Bates Little Brown Seed. Von demselben Züchter R. Bates in Jackson,
S. C. Entstand aus der alten Rio Grande, gemischt mit Australian
Brown Seed. Sehr ähnlich Bates Victor. K. 119, S. 6480. H. 21,6
(20—23) mm, St. 5,5 g, H.-% 41,9.   **Peterkin.**

Bates Poor Land, ähnlich Victor. Entstand aus B. Little Brown Seed.
                                                          Peterkin.

Bates Victor von R. Bates aus B. Poor Land. Einheitlich; sehr ähnlich
Peterkin, mit 1—3 ziemlich schlanken aufrechten Seitenzweigen und zahlreichen schlanken Fruchtzweigen. K. klein, H. kurz, ziemlich hart,
drahtig und elastisch. Prozentsatz sehr hoch. S. sehr klein, mit kurzem
bräunlich grauem Filz. Keine nackten Körner. K. 113, S. 6235, H. 23,4
(22—26) mm, St. 5,9 g, H.-% 40,3.   **Peterkin.**

Beard. Lokalsorte in Texas. Soll aus Louisiana stammen. Nicht untersucht.   **Big Boll.**

Beat-All oder Harts Improved. Vor etwa 50 Jahren von Calvin Carter
und Isaac Hart in Ellaville, Schley County, Ga., gezogen und auf
derselben Farm bis heute rein erhalten durch Emmet Hart, einem
Sohn des einen Züchters. Sehr einheitlich, viele Jahre in Süd-Georgia
populär, wurde 1906 und 1907 von der Georgia Exp. Station unter dem
Namen „Harts Improved" geprüft. Eignet sich danach nicht für den
dortigen reichen Boden, besser für armes ausgesogenes Land. Wuchs
groß und stark, spätreif, vegetative untere Seitenzweige 2—3, schwer;
Fruchtzweige lang und ziemlich lang gegliedert. Kapseln groß, Haare
mittellang, Prozentverhältnis von Haar und Samen gut; Samen groß.
filzig, bräunlich grau. Kapseln pro Pfund 51,5, Samen pro Pfund 3430,
Haar 25.4 (24—28) mm, St. 6,9 g, H.-% 35,7.   **Big Boll.**

Beatty. 1907 in Baton Rouge, La., geprüft. Kapseln pro Pfund 60, Samen
3630, H. 24,5 mm (23—27), H.-% 31,9.   **Big Boll.**

Beggarly Big Boll siehe Wyche.

Belle Creole. Vorfahr von Jethro, Jones Long Staple, Six Oaks und
anderen. Alte Sorte, schon vor 75 Jahren gebaut. **Upland Long Staple.**

Benders. Kein Sortenname. Wird auf dem Markt in New Orleans gebraucht
für eine mittellange Long Staple, die von den Bends (den Krümmungen
oder Buchten) des Mississippi-Flusses in Louisiana, Mississippi und Arkansas kommt. Stapel ungefähr $1^1/_4$ Zoll (31,7 mm) lang. Wird wegen
des $^1/_4$ über einen Zoll langen Stapels auch „Quarter Cotton" genannt.

Berry (auch Berrys Early Big Boll) von J. L. Berry in Griffin, Ga., 1895
aus einer einzelnen Pflanze gezüchtet. Unterscheidet sich von den nahe
verwandten Big Bolls durch halbbüscheligen Wuchs und Frühreife.
Pflanzen mit 1—3 langen Seitenzweigen und zahlreichen kurzen und
unregelmäßig gegliederten Fruchtzweigen. Einige wenige Pflanzen offener
im Wuchs, mit längeren Fruchtzweigen. K. groß, H. von guter Länge,

aber ziemlich niedrig im Prozentsatz, S. groß, filzig, grau oder grünlich grau. Original aus Griffin. K. 50, S. 2840, H. 25,6 (23—28) mm, St. 6 g, H.-% 30. Leider anderswo nicht so gut. In den Alabama, Louisiana und Texas Versuchsstationen K. durchschnittlich 60, H. 22,5 mm, H.-$^0/_0$ 29,2. **Big Boll.**

Berryhill. Von F. M. Berryhill in Aline, Miss., durch Auslese aus Brannon gezüchtet. Nicht einheitlich, z. T. halbknäulig, z. T. langzweigig, K. mittelgroß, H.-$^0/_0$ gut, S. klein, filzig, grünlich und bräunlich grau. — K. 76, S. 5380, H. 23 (21—24) mm, St. 6,2 g, H.-% 36,8. **Peterkin.**

Bertrand Improved. Synonym für Hawkins. **Semicluster.**

Best Crop. Züchter: T. Y. Crowder in Kennesaw, Ga., Pflanze von Tyler nicht gesehen. K. sehr groß, Faserprozent $^1/_3$, S. sehr groß, filzig, weiß. K. 38,5, S. 2550, H. 26 mm (24—27), St. 6,8 g, H.-% 33,3. **Big Boll.**

Biard Green Seed. Aus der alten „Green Seed" von J. R. Biard in Hugo, Oklahoma, gezogen, Lokalsorte. Nicht untersucht. **Big Boll.**

Bidel Hoover. Lokalsorte in Alabama.

Bienvenu Bender. Lokalsorte in Louisiana, Züchter unbekannt, nicht geprüft.

Big Boll Green Seed. Siehe Russell.

Big Brannon. Eine Auslese großer Kapseln aus Brannon. K. 66, S. 4000, H. 24,6 (23—26) mm, H.-% 31,9, S. filzig. grünlich und bräunlich grau oder fast nackt und schwarz. **Peterkin.**

Big Buck. Lokalsorte in Texas. Soll vor mehreren Jahren aus Liberty County nach Collin County gebracht sein, wo sie viel gebaut wird. **Big Boll Stormproof.**

Bigham. Nicht einheitlich, viele mit längeren Fruchtzweigen und größeren Kapseln. Faser von guter Länge, aber der Prozentsatz, der angeblich sehr hoch sein sollte, erwies sich bei Tyler nur als mittel. S. klein, filzig, bräunlich grün. Kapseln 79,5, S. 4160. H. 28 mm (25—30), St. 5,8 g, H.-% 32,4. Züchter L. H. Bigham in Forrestville, Florence County, S. C. 1896. **Semicluster.**

Biglow. Lokalsorte in Johnson und Howard Counties, Ark., dort seit etwa 1882 eingeführt und sehr populär. Züchter unbekannt. · Nicht geprüft. **Big Boll.**

Bigner. Lokalsorte in Lawrence County, Miss. Soll von L. A. Bigner daselbst gezüchtet sein. Nicht geprüft. **Peterkin.**

Bishop. Nur aus Choctaw County, Ala., berichtet. Soll etwas klumpig im Wuchs und früh sein. Kapsel klein, H. mittel bis lang, H.-$^0/_0$ ziemlich niedrig. Züchter unbekannt, nicht geprüft. **Upland Long Staple.**

Blackburn. Lokalsorte in Fayette County, Ala., von John Blackburn daselbst gezüchtet. K. 52, S. 3690, H. 24,2 (23—28) mm, St. 6,7 g, H.-$^0/_0$ 36. **Big Boll.**

Black Peterkin, berichtet aus Jackson County, Florida. Auslese aus Peterkin. S. nackt, schwarz, K. mittel, H. mittel, H.-% 39. Nicht geprüft. **Peterkin.**

Black Prolific. Züchter J. P. Black, Adelle, Madison County, Miss. K. ziemlich klein, S. filzig, bräunlich grün. H. mittellang, H.-% etwas über mittel, K. 79,5, S. 5050, H. 23,7 mm (22—28), St. 5,9, H.-% 34,5. **Peterkin.**

Black Rattler. Eine „Quarter"-Baumwolle (d. h. die Haarlänge beträgt ca. $1^1/_4$ Zoll, siehe Benders). Außerordentlich viel nahe dem Mississippifluß gebaut. Soll in Bolivar County, Miss., gezogen sein. Züchter unbekannt. Pflanze ziemlich groß, mit 1—3 unteren vegetativen Seitenzweigen und schlanken, mittellang gegliederten Fruchtzweigen. Blatt

mittelgroß bis klein, Kapsel klein, spitz. Die Klappen (bur) scharf, die Hände der Pflücker zerreißend. Haare für Long Staple ziemlich kurz, nicht so seidig wie Allen, Stärke gut, Prozentsatz mittel. Samen fast nackt, schwarz. K. 94, S. 5670, H. 31 mm, St. 4,8 g, H.-% 32,6.
Upland Long Staple.

Black Ribbon. Gezüchtet von der South Carolina Experiment Station, Clemson College S. C. Eine schwarzsamige Auslese aus Blue Ribbon, sonst wie diese. **Upland Long Staple.**

Black Seed. Ein Name, der meist für Sea-Island-Baumwolle angewendet wird. In einigen Gegenden auch für eine nacktsamige Form von Peterkin.

Blanchard Improved. Lokalsorte, früher in Georgia, jetzt wahrscheinlich nicht mehr gebaut.

Blue Bender. Hauptsächlich für Garne, die dunkel gefärbt werden sollen. Journ. Text. Inst. 1924, XV, A. 314.

Blue Ribbon. In der Süd-Carolina landw. Versuchsstation im Clemson College S. C. gezogen. Kreuzung zwischen Dickson und Allen Long Staple, Habitus Semicluster. H. ziemlich kurz für eine Long-Staple-Sorte, Prozent mittel. **Upland Long Staple.**

Bohemian (auch Supak, Shupark, Shoepock oder Shuparch usw.). — Vor fast 50 Jahren von einem böhmischen Ansiedler **Supak** in Travis, Austin County, Texas, gezüchtet. War eine der populärsten Sorten in Texas und wird auch jetzt noch viel gebaut, obwohl sie jetzt mit anderen Sorten beträchtlich gemischt ist. Ist die Stammutter von Rowden und einigen anderen Sorten. Pflanze ziemlich groß, untere vegetative Seitenzweige 2—3, verzweigt, oft fast niederliegend, Fruchtzweige zahlreich, lang, etwas hängend. Ihre Glieder kurz und regelmäßig, so daß die Pflanze sehr ertragreich, Blattwerk groß und schwer. Kapseln groß, die Mehrzahl fünffächerig, gewöhnlich wegen ihres Gewichts und der hängenden Zweige nach unten gerichtet, so daß, wenn die Kapsel sich öffnet, sie durch ein Dach geschützt ist, das aus den Klappen der Kapsel und dem großen Außenkelch gebildet wird. Die Locken der Haare halten zusammen und sind leicht zu pflücken. H. mittellang, Same groß, filzig, grau oder bräunlich grau. K. 55, S. 3240, H. 23,7 (21 bis 25 mm), St. 5,3 g, H.-% 33—34. **Big Boll Stormproof.**

Bollworm Immune. Eine Zucht aus Russell von C. A. Towles in Cork, Butts County, Ga. K. 58, S. 3045, H. 24 mm (23—25 mm), St. 6,8 g, H.-% 33.

Boozer. Von W. R. Boozer in Red River County, Texas, gezogen, besonders geeignet für sandigen Höhenboden (Upland soil), wo andere langstapelige Sorten nicht gedeihen. Pflanze groß, pyramidal, mit 1—3 unteren vegetativen Seitenzweigen und zahlreichen schlanken Fruchtzweigen, letztere mit regelmäßig angeordneter Gliederung von mittlerer Länge. Blätter hellgrün, ziemlich klein, Kapseln klein, spitz, Haare sehr weich und seidig. Prozentverhältnis niedrig. Samen ziemlich klein, filzig, mit zerstreutem, grauem Filz. K. 87, S. 4100, H. 32 (25—36) mm, St. 5,3 g, H.-% 27,6. **Upland Long Staple.**

Boyd Prolific. Alte Sorte. In Mississippi vor 60 Jahren gebaut. Vorfahr mehrerer heutiger verbesserter Sorten. Soll von einem Herrn **Boyd** in Mississippi stammen. Sehr verbreitet im Baumwollgürtel, aber sehr gemischt, so daß sie die Identität verloren hat. Die Proben, die Tyler prüfte, gehörten zu Long Staple Upland. Die echte Boyd Prolific soll aber eine Semicluster sein, mit 1—3 unteren vegetativen Zweigen, zahlreichen Fruchtzweigen, mit kurzen, unregelmäßigen Gliedern. Kapsel mittel bis klein, rundlich. Haare ziemlich kurz. H.-% 30—32, Samen klein, filzig, bräunlich grau. **Semicluster.**

Boykin Stormproof. Züchter W. L. Boykin in Kaufman, Kaufman County, Texas. Pflanze groß und verzweigt, Fruchtzweige lang und langgegliedert; ziemlich spät reif, Kapseln groß bis sehr groß. Die Mehrzahl 5 fächerig, die Baumwolle bei Stürmen gut festhaltend, aber doch leicht zu pflücken, da die Kapseln nach unten hängen und die Locken zusammenhaften zu einer einzigen Masse. Haarlänge gut, Prozentsatz gut, Samen groß, filzig, bräunlich grau. K. 50, S. 3280, H. 26,2 (23 bis 29) mm, St. 5,2 g, H.-% 34. **Big Boll Stormproof.**

Braddy. Auslese aus Simpson, 1890 gemacht von L. C. Braddy in Dillon, S. C., sehr ähnlich Peterkin, aber höheren Prozentsatz an Baumwolle gebend. **Peterkin.**

Brandon, Synonym für Brannon.

Brannon. Erzogen vor fast 40 Jahren durch Auslese von G. W. Brannon, früher in East Feliciana Parish, La. Die Verbesserung dieser populären Sorte wurde fortgesetzt von N. B. Riddle in Riddle, West Feliciana Parish, einem Schwiegersohn des Züchters, und von G. Brannon in Lindsey, East Feliciana Parish. Wird gewöhnlich als ein Mittelding zwischen Upland Long Staple und Peterkin angesehen. Pflanze groß und ziemlich schlank. Untere vegetative Seitenzweige 1—3 oder mehr, Fruchtzweige lang und ziemlich lang gegliedert. Kapseln mittel bis groß, Samen mittelgroß, mit kurzem, zerstreutem, bräunlich grauem Filz oder fast nackt. K. 66, S. 4000, H. 1 Zoll (25,4 mm), H.-% 32—37.

Braswell Cluster oder **Braswell Short Limb.** Gezüchtet von David Braswell in Edgecombe County, North Carolina, um 1883. Wahrscheinlich eine Auslese aus Boyd Prolific, frühreif. Kapseln mittelgroß, Haare kurz, ihr H.-%-Satz aber über Durchschnitt. **Semicluster.**

Breadfield. Züchter nicht bekannt. Die Sorte wurde ausgelesen und rein gehalten von M. F. Berry in Pachuta, Miss. Nach ihm ist der Ertrag über mittel der „Staple Cotton", die Haare sehr fein und seidig. **Upland Long Staple.**

Broadwell Double Jointed. Abkömmling von King, gezogen von John B. Broadwell, R. F. D. N. 4, Alpharetta, Ga. Ertragreicher als King, sonst sehr ähnlich. Kapseln klein. Die Fasern fallen bei Stürmen zu leicht heraus. Die Fruchtzweige neigen zu unregelmäßiger Gliederung auf reichem Boden, und oft finden sich 2 Kapseln dicht zusammen, aber nicht an demselben Gliede. Blb. oft mit Flecken (spots), H. mittel, Prozentsatz mittel, S. klein, filzig, grün oder bräunlich grau. K. 105, S. 4700 (College Station Texas) (4500 in Waco), H. 21 (18—23 mm), H.-% 32,3, in College Station, (33,6 in Waco). **Early Group.**

Brown N. 1. Abkömmling von Cooks Improved. Züchter W. L. Brown in Decatur, Ga. Prozentsatz zwar hoch, doch etwas niedriger als Cook, aber die Kapseln größer. Einheitlicher als die Stammsorte. Ähnelt der Beatall-Tendenz, die in Cooks Improved zu sehen ist. Pflanze groß und sperrig im Wuchs. Fruchtzweige mit Gliedern von mittlerer Länge, nur wenig Neigung zu Semicluster, Blätter groß, Kapseln ovaler und spitzer als Cooks Improved, Haare ziemlich kurz. S. mittelgroß, filzig, bräunlich oder grünlich grau. Originalware: K. 48, S. 3600, H. 22,1

(19—24), St. 6,3 g, H.-% 38. Die betreffende Probe war wegen der Größe
der Kapseln ausgewählt, durchschnittlich gehen 60 Kapseln auf 1 Pfund.
Big Boll.

Brown Peterkin. Abkömmling von Peterkin, mit filzigen braunen Samen
in Lincoln County, Ga. **Peterkin.**

Bryant. Soll in Red River County, Texas, entstanden und früher bei Clarksville gebaut sein. — Nicht geprüft. **Upland Long Staple.**

Burke. Gezogen von Rev. J. T. Burke in Benton, Yazoo County, Miss.
K. 71, S. 4000, H. 33,7 (31—35) mm, St. 3,5 g, H.-% 27,6.
Upland Long Staple.

Burvine. In Hall County, Ga. Nicht geprüft.

Butler oder Butler Early. Züchter unbekannt, stark gemischt, zu keiner
besonderen Gruppe gehörig.

Buxkemper. Von W. Buxkemper in Oenaville, Texas; früh. K. 51,
S. 3300, H. 22 (20—24) mm, St. 9 g, H.-% 35,7. **Big Boll Stormproof.**

Cameron oder Cameron Early. Von R. R. Cameron, West Green, Ala.
Durch Kreuzung der Peterkin mit Drake Cluster. Ähnlich Peterkin, aber
% niedrig. Qualität etwas besser als Peterkin. S. filzig, bräunlich grau.
K. 67,5, S. 4250, H. 23 (22—25) mm, St. 6,4 g, H.-% 30,4. **Early.**

Carlisle. Lokalsorte. Gezogen von John L. Carlisle in Goss, Miss. K. 69,
S. 3850, H. 24,4 (21—27) mm, St. 5,9 g, H.-% 33,7. **Big Boll.**

Carolina Pride oder South Carolina Pride. Siehe Early Carolina.

Carr. Von Thomas J. Carr in Rose Hill, N. C., angeblich Kreuzung von
Johnson und Russell. S. groß, filzig, grün und grau. Originalware:
K. 59,5, S. 3180, H. 25,4 (24—27) mm, St. 6,3 g, H.-% 32,5. **Big Boll.**

Chaco Cluster. Aus Argentinien. **Cluster.**

Champion. Siehe Claytons Champion.

Cherry (Cherry Cluster, Cherry Long Staple Prolific). Alabama Bull. 5. 135.
Semicluster.

Chester Improved. Lokalsorte in Lee County, S. C. Nicht geprüft.

Christopher oder Christopher Improved. Eine der besten Sorten in
China (Tropenpflanzer 1920, Nr. 6). Abkömmling von Wyche oder
einem von dessen Sprößlingen. Gezüchtet von R. H. Christopher
in Asbury, Ga. Pflanze pyramidal, etwas Semicluster-Habitus. Vegetative Seitenzweige 1—2, Fruchtzweige an der Basis des Stengels 18 Zoll
lang, oben kürzer. Glieder kurz und unregelmäßig, Blätter groß. Kapseln von guter Größe, gerundet, mit stumpfer Spitze. K, 60, S. 3425,
H. 23,2 (22—25) mm, St. 6,2 g, H.-% 33,9. Eine der Hauptsorten in
Alabama. **Big Boll.**

Claiborne. Lokalsorte in Baxter County, Ark. Nicht geprüft.

Clardy. Lokalsorte in Arkansas, Texas. Kreuzung zwischen Stormproof und
King, vor 8 Jahren ausgeführt von James W. Clardy in Center Point, Ark.,
und J. W. Willis in Greenville, Miss. Soll früh, großkapselig, sturm-
und wurmfest sein. Nicht geprüft. **Big Boll Stormproof.**

Clark. Kapsel groß, spät, in Parker County, Texas. Nicht geprüft.
Big Boll Stormproof.

Clarks Improved. Mittelgroße Kapseln. Von T. V. Clark in Cuthbert, Ga.
Lokal gebaut in Randolph County. K. 75, S. 3980, H. 25,4 (22—28) mm,
St. 6,2 H.-% 33,4.

Claytons Champion. Von G. Clayton in Abilene, Texas. S. filzig, grau
und grünlich grau. K. 77, S. 3950, H. 24,5 (23—35) mm, St. 5,9 g,
H.-% 30,8. **Big Boll Stormproof.**

Cleveland (auch Cl. Big Boll und Cl. Reimproved). Von J. R. Cleveland in Decatur, Miss., durch 25 jährige Auslese (aus welcher Sorte?) erhalten. Pflanzen nicht einheitlich, teilweise Semicluster, teilweise offen im Wuchs. Glieder der Fruchtzweige mittellang bis kurz, was die Pflanze sehr früh reif macht. Kapseln groß, 50% sind 5 fächerig. Nicht sturmfest. Haare mittellang, Samen groß, filzig, hell bräunlich grau. K. 60 (ausgelesene von Cleveland 48), S. 3100, H. 23,5 (22—25) mm, St. 5,5 g, H.-% 35—37. Siehe auch Wannamaker Cleveland. In Süd-Carolina ist nach C. F. Blackwell und T. S. Blue, S. Car. Sta. Bull. 1924, S. 219. (Ref. J. Text. Inst. 1925 N. l. A. 4.) Cleveland die beste, spät blühend, gibt aber mehr Lint als die andern. Sugar Loaf und Cleveland hatten die kürzeste Kapselperiode, und Kapseln von früh-blühenden entwickelten sich rascher als die von spätblühenden. Von Cleveland gibt es viele Züchter.   **Big Boll.**

Cliatt oder Cliatts Improved. Von R. A. Cliatt in Grovetown, Ga. K. 56, S. 3420, H. 22,6 (20—26) mm, St. 7,1 g, H.-% 34,3.   **Big Boll.**

Cobweb, auch Collins Cobweb und Spiderweb, um 1878 von W. E. Collins in Mayersville, Miss., durch Kreuzung von Peeler und Sea Island erhalten. Früher ein sehr feiner und seidiger Stapel, jetzt sehr vermischt mit kürzer stapeligen. Original: K. 104, S. 4700, H. 29,5 (26—33) mm. St. 5,3 g, H.-% 29,9.   **Upland Long Staple.**

Cocker Pedigree Cleveland Nr. 3, Ertrag 1290 Pfund pro acre, in Baton Rouge. Von der Pedigree Seed. Co. Hartville, S. C.

Coleman. Von J. T. Coleman in Graymount, Ga. Nicht geprüft.
                                                          Semicluster.

Coley. Von W. P. Coley, Buck Range, Ark. Pflanze nicht gesehen. H. lang, fein, seidig, Prozentsatz ziemlich niedrig. Samen mittelgroß, filzig, grau, K. 73, S. 3650, H. 33 (31—34) mm, St. 5,1 g, H.-% 28,6.
                                                   Upland Long Staple.

College Nr. 1. Vom State College of Agriculture Athens, Ga. Ertrag nur 1145 Pfund je acre in Baton Rouge, La.

Colthorp Eureka. Alabama Bull. 153.

Colthorp Pride, Alabama Bull. 153.

Colthorp siehe auch Keno.   **Upland Long Staple.**

Columbia. Auslese aus Russell. Ausgeführt von H. J. Webber, s. Z. am Pflanzenzüchtungsinstitut des Dep. of Agric., dann an der Cornell Universität in Ithaca, N. Y. Laut Veröffentlichung des Kol.-Amt. Nr. 6, S. 131, aus Columbo, Süd-Carolina, in Kamerun gebaut, Stapel mittel-lang. Bemerkenswert, da sie aus einer kurzstapeligen Baumwolle auf Uplandboden (Höhenboden) in Süd-Carolina gezogen ist. — Pflanze ähn-lich Russell, Kapseln groß, lang, oval, $59\,^0/_0$ 5 fächerig. Haare für eine Long-Staple-Baumwolle ziemlich kurz. Bedarf noch weiterer Auslese, da noch nicht einheitlich, nicht so seidig wie Sunflower, aber stärker. Samen groß, filzig, ein kleiner Prozentsatz grün. In Georgia 1907: K. 66,5, S. 3400, H. 31,7 (27—33) mm, St. 5,6 g, H.-% 31,7, In Baton Rouge, La.: H. 26,8 (22—30) mm, in College Station, Texas: H. 28,6 (27—30) mm.   **Upland Long Staple.**

Commander. Von R. C. Commander in Florence, Florence County, S. C. K. klein, H. von guter Länge, weich, seidig, S. klein, filzig grau, K. 104, S. 4860, H. 29,8 (25—33) mm, St. 4,1 g, H.-% 30,1.
                                                   Upland Long Staple.

Common. Alabama Bull. 153.

Compton Prolific. Von H. B. Compton in R. F. D. N. 5, Greenwood,
S. C. — S. mittel, filzig, grünlich oder bräunlich grau, K. 64, S. 4300,
H. 24,3 (22—26), St. 6,5 g, H.-% 33. **Big Boll.**

Cook oder J. C. Cook. Siehe Willet Red Leaf.

Cook Long Staple. Von W. A. Cook in Newman, Miss. Samen kann
jetzt bezogen werden von W. A. Cook in Utica, Miss. Cook ist viele
Jahre eine der führenden Sorten der „Staple"-Baumwolle gewesen, nahe
verwandt mit Allen. Pflanze groß, pyramidal, mit 1—3 unteren vegetativen Seitenzweigen oder oft keinen. Fruchtzweige neigend zu Semicluster, sind aber nicht so kurz und unregelmäßig gegliedert, wie bei
Allen. K. mittelgroß, spitz, H. von guter Länge, weich und seidig,
S. mittelgroß, filzig, grau, Maße in Louisiana Exp. Station: K. 60, S. 3650,
H. 31,7 (28—36) mm, St. 4,7 g, H. 28,3. Diese Kapseln waren größer und
die Haare kürzer als gewöhnlich.

(Cooks Big Boll in China versucht; Tropenpflanzer 1920, S. 66.)

Upland Long Staple.

Cooks Improved. Eine mittel- bis großkapselige Sorte mit hohem Prozentsatz an Haaren. Von I. R. Cook in Ellaville, Ga. — Cook erhielt 1893
vom U. S. Dep. of Agric. einen Sack Samen, deren Namen jetzt nicht
mehr zu ermitteln sind. Er säte sie neben Beat All. Es war eine kleinkapselige Klumpenwolle, ähnlich Dickson, wurde aber aufgegeben. Zufällig wurde sie mit Beat All gekreuzt, und im folgenden Jahre fand
Cook eine Pflanze, die im Typus intermediär war, sehr hoch im Prozentsatz von Lint und sehr früh reif. Aus dieser Pflanze ist Cooks Improved entstanden, ist aber nicht streng nach dem Typus ausgelesen;
daher teils langzweigige, großkapselige, teils kurzzweigige oder semicluster mit kleinen Kapseln und vielen Zwischenstufen. — Kapseln
mittel bis groß, ganz rund, 54% sind 5fächerig. Haare kurz, aber
Prozentsatz hoch. S. mittelgroß, grünlich oder bräunlich grau. Leidet
an Kapselfäule und ist nicht sturmfest. K. 60—65, auserlesene von
Cook 53,5, S. 4000, H. 22 (20— 24) mm, St. 6,8 g, Prozentsatz an Lint 38,5.

Big Boll.

Corley Wonderful von W. A. Corley in Kellyton, Ala. Ausgelesen aus
Russell, soll 38—40% Lint geben, Russell nur 30 %. Die Proben von
ihm und von der Georgia-Versuchsstation ergaben auch einen guten
Prozentsatz, aber anderswo nicht. Pflanze ähnlich Russell. Kapsel groß,
von 48 auf 1 Pfund in Baton Rouge bis 70 in College Station, Texas.
H. mittellang, S. groß, filzig, grau oder grünlich grau, K. pro Pfund 48,
S. 2950, H. 25,2 (22—28) mm, St. 6 g, H.-% 36,2. **Big Boll.**

Corput Find (auch Hardwick genannt). Von Felix Corput in Cave Spring,
Ga. Aus einer einzigen 1899 gefundenen Pflanze gezogen, nicht sehr
ertragreich, jetzt stark vermischt. K. oft zu klein, S. groß, filzig, grünlich oder bräunlich grau. K. 72, S. 3240, H. 25 mm, St. 5,4 g H.-% 32.

Big Boll.

Covington-Toole. W. R. von F. W. Covington, Headland, Ala. Nur
1015 Pfund pro acre in Baton Rouge, La.

Cowpen. Texas. Züchter unbekannt. Nicht geprüft. **Big Boll.**

Cox. Angeblich von einem Herrn Cox in China Springs, Texas. Nicht
geprüft. **Big Boll.**

Coxe Yellow Bloom. Bemerkenswerte Sorte. Gezogen von E. A. Coxe,
R. F. D. N. 2, Blenheim, S. C. Natürliche Kreuzung von Sea Island
und Texas Wood um 1895. In Wuchs ähnlich Texas Oak oder Peterkin,

meist sehr einheitlich, nur einige Pflanzen höher und spreizender, dann
der 1. Generation der Hybriden der Sea Island und Upland ähnlich.
Blumen ohne Fleck, hell zitronengelb. K. mittelgroß, 50% sind 5 fächerig.
Lint gut lang. In Qualität Peterkin ähnlich. Prozentsatz hoch. S. klein.
filzig, grünlich oder bräunlich grau, oder einige wenige fast nackt. K. 75,
S. 4950, H. 22,7 (20—25) mm, St. 6 g, H.-% 39,5.   **Peterkin.**

Crawford Double-Boll. Lokalsorte in Pierce County, Ga. Nicht geprüft.

Crosby. Lokalsorte in Greenville County, S. C. Nicht geprüft.

Cross. In Choctaw County, Oklahoma. Nicht geprüft.

Crossland in Alabama usw. Züchter unbekannt. Als sie 1892 von der
Alabama-Versuchsstation geprüft wurde, war es eine Peterkin-Sorte mit
gutem Prozentsatz an Lint. Ein geringwertiger Abkömmling von Long
Staple Upland wird auch unter diesem Namen verkauft.

Cuban Silk in Hall County, Texas. Nicht geprüft.

Culpepper. Durch Mischen von Wyche und Dickson von J. E. Culpepper
in Luthersville, Ga., um 1890 erhalten. Gutes Mittel zwischen beiden
so unähnlichen Sorten, nur einige im Wuchs den Eltern ähnlich. Pflanze
im Wuchs semicluster, mit 1—3 langen unteren Seitenzweigen und kurz
und unregelmäßig gegliederten Fruchtzweigen. K. groß, rundlich.
H. mittellang. Prozensatz gut. S. groß, filzig, grünlich oder bräunlich
grau, wie Cooks Improved, mit der sie durch Dickson verwandt ist.
Empfindlich gegen Anthraknose oder Kapselfäule. K. 50, S. 3380,
H. 22,5 (21—24) mm, St. 6,7 g, H.-% 35,1.   **Big Boll.**

Cummings. Von Bartow Cummings in Strand, Ala. Pflanzen nicht einheitlich, offen und langzweigig oder einige semicluster. K. mittel bis
groß, Haare mittellang, S. groß, filzig, grau oder grünlich grau. K. 68,
S. 3000, H. 1 Zoll (25,4 mm), St. 6,1 g, H.-% 31,6.   **Big Boll.**

Dalkeith oder **Dalkeith Eureka,** Arkansas, s. Keno. **Upland Long Staple.**

Daniel Big Boll. Lokalsorte in Earl Bounty, Ga. Nicht geprüft.

Davis. Von M. A. Davis in Bells, Texas. Großkapselige Sorte, sturmfest,
sehr ähnlich Texas Stormproof. Pflanze groß und kräftig. Blätter
groß, Fruchtzweige ziemlich kurz gegliedert, hängend. Kapseln gewöhnlich niederhängend. Haare von guter Länge. Samen groß, filzig, grünlich weiß. K. 54, S. 3200, H. 25 mm, St. 6,3 g, H.-% 33.   **Big Boll.**

Davis Long Staple von Gebr. Davis in Bailey, Shelby County, Tenn.
Geprüft 1901 in der Mississippi Agric. Experiment Station. 28,6% Haare,
die 31 mm lang waren.   **Upland Long Staple.**

Dearing. Alte Sorte in Alabama, Georgia usw. Um 1870 von J. J. Dearing
in Covington, Ga. Wenn rein, Peterkin ähnlich, jetzt sehr gemischt,
von unbestimmtem Charakter.   **Peterkin.**

Defiance (Drakes). Alabama Exp. Stat. Bull. 153.

Delfos 6102 gibt nebst Express die höchsten Erträge unter den langstapeligen. Agric. Exp. Station Louisiana Baton Rouge 1924.
        Upland Long Staple.

Dickson Improved (auch genannt Dickson Cluster und Dickson). Um
1858 von David Dickson in Oxford, Ga., geprüft. Früher sehr populär,
auch jetzt noch in fast allen Teilen des Baumwollgürtels, obwohl jährlich
weniger, wohl wegen der Empfindlichkeit für Kapselfäule und wegen
des wachsenden Widerwillens gegen Cluster Cottons. — Frühreif, von
echtem Cluster-Typus, mit 1—3 langen Seitenzweigen. Fruchtzweige auf
Sporne reduziert durch Verkürzung des Internodiums, so daß die
Knoten sehr dicht aneinander kommen. Sporne 2—6 Zoll lang, gewöhn-

lich in der Mitte des Stengels länger als an der Basis und an der
Spitze. Blätter sehr groß, Kapseln knäulig, klein, rundlich. Haare
mittellang. S. klein, filzig, bräunlich grau. K. 105, S. 5670, H. 22 mm,
St. 5,1 g, H.-% 29—32. **Cluster.**

Dillard. Lokalsorte, früher viel gebaut in Laurens County, Ga. Nicht
geprüft.

Dillon. Eine gegen die Welkekrankheit widerstandsfähige Sorte, unter der
Leitung von W. A. Orton, vom Departement of Agriculture, durch sorgfältige Auslese aus Jackson Limbless 1900 in Dillon, S. C., erzogen.

Wie alle Cluster-Sorten schwer ohne Abfall (free from trash) zu
pflücken, aber wegen ihrer Widerstandskraft gegen Welkekrankheit und
gegen Stürme, sowie wegen ihres Ertrages populär werdend auf den von
Welke infizierten Böden der Küstenebenen von Nord-Carolina bis Alabama. In Kamerun versucht. Veröffentl. Reichs-Kol.-Amt Nr. 6, S. 131.

Pflanze groß, aufrecht, oft mit 1—2 großen, von der Basis aufsteigenden Zweigen, Fruchtzweige zu kurzen Spornen reduziert, so daß
die kurzstieligen Kapseln zu Knäueln gehäuft werden. Samen klein,
mit dichtem, bräunlich grünem Filz. K. 94, S. 5320, H. 22 mm, H.-% 37.
Cluster.

Dixie. Ebenfalls, wie vorige, von W. A. Orton gezüchtet, in Troy, Ala., 1902,
nach der „progeny-row method" (Nachkommenschafts-Reihen-Methode).
Gegen Welke widerstandsfähig, jetzt einheitlich und ertragreich. Pflanzen
fast vom Peterkintyp, pyramidal, mit großen basalen Seitenzweigen und
langen, schlanken Fruchtzweigen. Blätter mittelgroß, Kapseln desgleichen.
Samen klein, in der Farbe verschieden, aber typisch mit grünlich
braunem Filz bedeckt. — K. 73, S. 4100, H. 25 mm (1 Zoll) (20—27 mm),
H.-% 36. **Peterkin.**

Dixie Triumph gehört zu den führenden Sorten in Louisiana.

Dixie Wilt Resistant in Alabama Exp. Stat. Bull. 153.

Dixie Long Staple. Eingeführt von Humphreys, Godwin & Co. in
Memphis, Tenn., 1907. — Nicht geprüft. **Upland Long Staple.**

Dixon, siehe Dickson Improved. **Cluster.**

Dodds. Eine der Hauptsorten in Mississippi. Nicht in Tylers Verzeichnis.

Dongola oder Gondola. Angeblich von einem Herrn Dongola in Texas
gezogen; aber ausgelesen und gezüchtet von B. F. Malabar in Waynes-
boro, Ga. Eine in Zentral-Georgia populäre Sorte, aber außerhalb
Georgia kaum bekannt. Verzweigt und kräftig, mit Tendenz zum Semicluster-Typ. Kapsel rund, mit scharfer Spitze. Faserlänge gut. Samen
groß, filzig, hell bräunlich grau. K. 57, S. 3025, H. 25,3 (23—29) mm,
St. 6 g, H.-% 30,2, oft 32. **Big Boll.**

Dooleys Improved. Texas Bulletin 34. Jetzt nicht gebaut.

Double-Header. Von R. H. Smith, R. F. D. N. 2, Monticello, Ga., nach
siebenjähriger Auslese aus grün- und weißsamiger Baumwolle gezogen.
Wahrscheinlich ein Abkömmling von Russell, aber auch etwas Masks
Green-Leaf ähnlich. — Pflanze ziemlich hoch, mit Neigung zum Semicluster-Typ; Seitenzweige 1—2, schwer; Fruchtzweige etwas semiclustered.
Blätter groß, lange grün bleibend. Kapseln groß, mit dicker Schale,
so den Russell-Charakter und teilweise Immunität gegen Insektenver-
wüstungen zeigend. Prozentsatz an Haaren mittel bis niedrig. Samen
groß, filzig, grün oder grau. — K. 54, S. 3310, H. 23,7 (21—27) mm,
St. 6,2, H.-% 33,3. — Double Heeder siehe Alabama Exp. Stat. 153.
Big Boll.

Doughty. Züchter unbekannt, Alabama Bulletin 107, früher viel gebaut, jetzt stark mit kurzstapeligen gemischt, so daß sie kaum als „quarter" klassifiziert werden kann. — Pflanze mittelhoch, ziemlich schlank, etwas semicluster im Wuchs. Blätter mittelgroß, Kapseln ziemlich klein, zugespitzt. Haare weich und seidig, ihr Prozentsatz niedrig. Samen filzig, grau oder grünlich grau. — K. 79, S. 4100, H. 30,9 (27—35) mm, St. 5 g, H.-% 28,9.   **Upland Long Staple.**

Dozier Improved. Von M. D. Dozier, in Camden, N. C. Nach ihm früh und kurz gegliedert. Pflanze ähnlich King oder Sugar Loaf. — K. 73, S. 4175, H. 23,2 (21—25) mm, St. 5,7 g, H.-% 33,1.   **Early.**

Drake (oder Drake Cluster). Von R. W. Drake, Laneville, Ala. Früh, wie viele dieser Gruppen gegen Anthraknose empfindlich. Pflanze pyramidal, mit 1 oder mehr Seitenzweigen, Fruchtzweige ziemlich kurz, mit kurzen unregelmäßigen Gliedern. Blätter mittelgroß, Kapseln mittel bis groß. Samen ziemlich klein, filzig. K. 81, S. 4490, H. 22,9 (22—25) mm, St. 6 g, H.-% 30,9.   **Semicluster.**

Drakes Defiance (auch genannt Worlds Wonder). Eine sehr viel angezeigte Sorte, neuerdings eingeführt von Drake Brothers in Philomath, Ga. und von Humphreys, Godwin & Co. in Memphis, Tenn. Letztere Firma verkauft den Samen unter dem Handelsnamen Weltwunder und behauptet, es sei eine neue Art usw. — Ähnelt anderen mittelgroßkapseligen Semicluster-Sorten und ist wie diese auf reichem, gut kultiviertem Boden ertragreich, ohne viel ins Kraut zu wachsen. — K. 63, S. 4100, H. 23,6 (22—27) mm, St. 6,6 g, H.-% 34,7.   **Semicluster.**

Duncan. Alabama Bulletin 76. Züchter? Vor 15 Jahren sehr populär, aber jetzt sehr unrein und die Kapseln zu klein. K. 68, S. 3050, H. 26 mm, St. 5 g. — H.-% 30.   **Big Boll.**

Dunlaps Stormproof. Von B. Z. Dunlap in Wilmar, Ark., aus Banny Brown ausgelesen. Pflanze groß und kräftig, Seitenzweige 1—3, schwer; Fruchtzweige lang gegliedert, Blätter groß und dunkelgrün, Kapseln groß, 65% sind 5fächerig. Samen groß, filzig, grau oder grünlich grau. — K. 66, S. 3950, H. 24 (21—27) mm, St. 6,2 g, H.-% 35,5.   **Big Boll Stormproof.**

Dunns Pet (Dunns Liebling) Lokalsorte aus Dallas County, Ark. Nicht geprüft.

Durango (Columbia Durango) aus Mexiko, aus einer einzigen Kapsel von der Weltausstellung, St. Louis 1904. Beschreibung von Durango siehe am Schluß der Systematik.   **Long Staple.**

Durham (R. L.). Aus Truitt nach größeren Kapseln und Sturmsicherheit ausgelesen von R. L. Durham in Farmington, Ga. Pflanze offen oder etwas semiclustered, mit 1—3 schweren, starken unteren Seitenzweigen und gut kurzgegliederten Fruchtzweigen. — Kapseln groß bis sehr groß. Samen groß, filzig, grau. — K. 48, S. 3125, H. 23,7 (21—25) mm, St. 6 g, H.-% 33,3.   **Big Boll.**

Durham (S. L.). Ausgelesen um 1902 von S. L. Durham in Chipley, Ga, aus einer Mischung von Russell und Christopher. — Groß, kräftig. Neigung zu Semicluster. Untere Seitenzweige stark, Fruchtzweige ziemlich kurz, unregelmäßig gegliedert, Blätter groß und dunkelgrün. Kapsel groß; 30% sind 5 fächerig. Samen groß, filzig, graubraun. — K. 62, S. 3360, H. 22,9 (21—25) mm, St. 5,8 g, H.-% 33,7.   **Big Boll.**

Early Gayosa. Synonym für Gayosa Prolific.   **Frühe Gruppe.**

Early Green. Lokalsorte aus Tyrrell County, N. C. Nicht geprüft.

Early Mammoth, aus Dekalb County, Ala. Nicht geprüft.

Early May aus Cleveland County, Ark. Nicht geprüft.

Early Sugar Loaf siehe Sugar Loaf. **Frühe Gruppe.**

Eason Beauty. Soll in Cobb County, Ga., entstanden sein. Groß und schlank. Untere Seitenzweige 1—3, Fruchtzweige schlank, mittellang, ohne oder mit wenig Neigung zum Semicluster-Habitus. Blätter mittelgroß, Kapseln klein. Haare fein und seidig, von guter Länge. — Samen filzig, bräunlich grau. K. 85, S. 4075, H. 35, St. 3,7 g, H.-% 29.

Upland Long Staple.

Easterling. Lokalsorte, früher in Nevada County, Ark. Nicht geprüft.

Eclipse. Auf der Alabama-Station hatte sie 1902 alle Charaktereigenschaften einer langstapeligen Baumwolle, ausgenommen die Länge der Haare. — Auf der Louisiana Station (Baton Rouge) war sie 1907 sehr einheitlich, früh, ertragreich, aber kurzhaarig. — K. 90, S. 4530, H. 22,6 (20—25) mm, H.-% 33,5.

Edgeworth. Von J. C. Little in Louisville, Ga., gezogen. Verwandt mit Peterkin, doch nicht einheitlich, teils offen, teils semiclustered. Samen filzig, grau oder bräunlich grau. — K. 71, S· 3660, H. 23,2 (22—25), St. 5,2, H.-% 36,3.

Edson. Aus Eudaly wegen Frühreife von A. W. Edson, vom Dep. of Agr., ausgelesen, aber bei seinem Tode noch nicht vollendet. Neuerdings in die Weevil-Gegenden von Texas eingeführt; früh, wenige Tage später als King, nicht so sturmfest wie Rowden. — Groß und kräftig. Fruchtzweige kurzgliederig. Blätter mittel bis groß. Kapseln mittel bis groß. Haare von guter Länge. Samen groß, filzig, grau. — K. 65, S. 3540, H. 22,9 (22—25) mm, H.-% 33,3. **Big Boll.**

Edwards. Züchter unbekannt. Kam von Nordcarolina nach Texas. Soll 10 Tage später als Rowden sein und $33^1/_3$% Haare von etwa 1 Zoll Länge geben. **Big Boll.**

Ellis. Früher in Georgia gebaut. Züchter J. B. Ellis in Palalto, Ga. Soll identisch mit Culpepper sein. **Big Boll.**

Ellisons Select. South Carolina Bull. 120 (1905). Kein Bericht in 1907.

Eudaly. Abkömmling von Myers, Züchter G. W. Eudaly in Olin, Texas. — Nicht geprüft. **Big Boll Stormproof.**

Eureka siehe Keno. **Upland Long Staple.**

Excelsior. Abkömmling von Peterkin, verkauft von C. F. Moore, Excelsior Seed Farm in Bennetsville, S. C. Scheint von Peterkin nur durch geringeren Haargehalt (31,8—33%) verschieden. **Peterkin.**

Express gibt mit Delfos 6102 die höchsten Erträge unter den langstapeligen. Agr. Exp. Station Louisiana, Baton Rouge 1924.

Upland Long Staple.

Ezelles Surprise von C. R. Ezelle in Willard, Ga. K. 50,5, S. 3175, H. 23,6 (21—25) mm, St. 5,4 g, H.-% 34,3. **Big Boll.**

Farm View Green-Seed. Abkömmling von Russell, gezogen von W. D. Osborn, Goldville, Ala. Haarprozent etwas höher als Russell, Samen groß, filzig, grau. K. 52, S. 3450, H. 23,4 (20—25), St. 6,9 g, H.-% 35,4.

Big Boll.

Farmers Relief. Lokalsorte in Greene County, Ark. Nicht geprüft.

Farrar Forked Leaf siehe Okra.

Felder Little Seed. Nur aus Lee County, Ga., berichtet. **Peterkin.**

Ferguson oder **Furguson.** Von James Ferguson, früher in Warren County, Miss. Nicht geprüft.

Fields. Nur aus J. Cooke County, Texas, berichtet. Nicht geprüft.

Finchs Improved. Lokalsorte in Nash County, N. C. Nicht geprüft.

Five-in-Hand. Gornzales County, Texas. Nicht geprüft.

Flemming. Von Mordecai Flemming in Clarkville. Red River County, Texas. Ähnlich Boozer, aber mit größeren Kapseln. K. 66, S. 3200, H. 28 (22—32) mm, St. 6 g, H.-% 29.   **Upland Long Staple.**

Floradora. Stammt wahrscheinlich von Allen Long Staple. Wurde von einem Baumwollkäufer Coffin aus dem Mississippi-Delta nach Barnwell, S. C., gebracht. Dort bauten Mrs. W. Gilmore Simms sie an, und mehrere Jahre wurde sie als Simms Long Staple verkauft. — L. A. Stoney in Allendale, Barnwell County, erkannte den Wert dieser Sorte, gab ihr einen neuen Namen, Floradora und führte sie im ganzen Baumwollgürtel ein. Um die Größe der Kapseln und die Stapellänge zu vermehren, mischte er sie mit Big-Boll- und Allen-Long-Staple-Samen, und so hat die Sorte z. T. ihre Identität verloren. In Bato Rouge 1907: Kapseln groß, 60 auf 1 Pfund, aber Haare (Lint) wenigen als 1 Zoll lang, in der Georgia Station dagegen Kapseln klein, 91 pror Pfund, Haare etwa $1^{11}/_{32}$ Zoll (ca. 33,5 mm), fein und seidig. Eine Probe von der Alabama Station hielt die Mitte und ergab: K. 80, S. 3900, H. 27,7 (25—30) mm, St. 4,5 g, H.-% 30,5.   **Upland Long Staple.**

Forty Ball. Lokalsorte in Catawba County, N. C.

Fullers Improved. Lokalsorte. Züchter G. W. Fuller in Winder, Ga. Nicht geprüft.

Gardner. Berichtet nur aus Saint Clair County, Ala. Nicht geprüft.   **Big Boll.**

Garrard. Aus Dickson und New Era. Gezüchtet von P. R. und W. T. Garrard in Nona, Ga. Mittelhoch. Untere Seitenzweige gewöhnlich 2, leicht. Fruchtzweige schlank, kurzgliedrig, mit keiner oder wenig Neigung zum Semicluster. Blätter mittelgroß bis klein. Kapseln klein. Haare ziemlich kurz. Samen klein, mit kurzem, bräunlich grauem Filz. — K. 89, S. 4300, H. 22 mm, St. 7,1 g, H.-% Probe aus Texas 37, aus S.-Carolina 34.   **Frühe Gruppe.**

Gatlin. Lokalsorte in Jasper und Wayne Counties, Miss. Nicht geprüft.

Gayoso Prolific. Lokalsorte gezogen von James P. und R. A. Green in Gayoso Plantation, Church Hill, Miss. K. 82,5, S. 4750, H. 24,4 (21—28), St. 5,2 g, H.-% 33,9.   **Frühe Gruppe.**

Glohagan. Soll durch einen Herrn Glohagan von Mississippi nach Catahoula Parish, La., gebracht sein.   **Upland Long Staple.**

Georgia Best. Alabama Exp. Station Bull. 153. Nahe Cooks Improved. Habitus Semicluster, Kapsel mittel bis groß; 57% sind 5fächerig. Haare kurz, aber Prozentsatz hoch. Samen mittelgroß, filzig, bräunlich grau. K. 67,5, S. 4280, H. 20,7 (17—23) mm, St. 6,6 g, H.-% 39,7.   **Big Boll.**

Georgia Big Boll. In Comal, Texas. Nicht geprüft.

Georgia Break down. Züchter unbekannt. Soll vor etwa 18 Jahren aus Dekalb County, Ga., nach Louisiana gebracht sein. Damals vom Peterkin-Typ, jetzt gemischt, zu keiner Gruppe gehörend. Pflanze schlank, mit 1—3 unteren Seitenzweigen und langen, schlanken Fruchtzweigen. Letztere gabeln sich oft in der halben Länge, eine Gabel wird ein steriler Seitenzweig, die andere bleibt Fruchtzweig (also sympodial). Blätter ziemlich klein, Kapseln klein, zahlreich, meist 4fächerig, Haare mittellang. Samen mit zerstreutem, kurzem Filz, grau-braun. — K. 87, S. 5040, H. 28 mm, St. 7,2 g, H.-% 32.

Georgia King. Nicht geprüft.

Georgia Long-Lint. Nicht geprüft.

Georgia Prolific. Nicht geprüft.

Gholson. Siehe Golson.

Gibson. Ähnlich Rowden, von B. F. Gibson in Stone Point, Texas, jetzt in Duncan, Okla., gezogen. **Big Boll Stormproof.**

Gilbert Lambs Wool. Von I. M. Gilbert, Washington, Ga. Jetzt nicht gebaut.

Gilcrease. Mississippi. Nicht geprüft. **Big Boll.**

Gold Band. Lokalsorte in Edgefield County, Süd-Carolina. Nicht geprüft.

Gold Coin, Alabama Exp. Stat. Bull 153. **Early Group.**

Gold-Dust. Siehe Tennessee Green Seed.

Gold Leaf. Lokalsorte in Georgia, vor mehr als 20 Jahren eingeführt. jetzt sehr gemischt. Die Blätter werden zuletzt goldig grün. Pflanze groß, Fruchtzweige mittel bis lang gegliedert. Kapseln groß, etwa 40 auf 1 Pfund. H.-% etwa 33. **Big Boll.**

Gold Standard. Abkömmling von Texas Wood oder Peterkin. Züchter C. F. Moore, Excelsior Seed Farm in Bennettsville, S. C. Ähnlich Peterkin, nur daß ein kleiner Teil vom Semicluster-Typ. Kapsel klein, 48% sind 5fächerig. Haare mittellang. Samen klein, meist filzig, braun oder gelblich braun, einige ganz nackt und schwarz. — K. 92. S. 5380, H. 22,3 (20—24) mm, St. 5,8 g, H.-% 39,6. **Peterkin.**

Golden Prolific. In Arkansas. Lint-% soll 36 sein, Kapseln klein, Baumwolle schwer zu pflücken, widerstandsfähig gegen Dürre. Nicht geprüft. **Peterkin.**

Golson. Aus Allen Long Staple erzogen. Von L. K. Golson, Fort Deposit. Ala. Pflanze groß und schlank, weniger Semicluster-Habitus als Allen. sonst dieser ähnlich. Kapseln klein, Faser sehr fein und seidig, für eine Long-Staple-Sorte stark. — Prozentsatz ziemlich niedrig. Samen mittelgroß, filzig, grau. — K. 99, S. 3980, H. 34 (32—36) mm, St. 5 g, H.-% 27,1. **Upland Long Staple.**

Gondola siehe Dongola.

Goose-Egg. Alabama. Nicht geprüft. **Big Boll.**

Graves. Nicht geprüft.

Green Seed. Siehe Tennessee Green Seed.

Greers Early (auch Griers King). Als frühreif aus King ausgelesen, von L. F. Greer in Choccolocco, Ala. Ähnlich King, Kapseln klein bis mittel, 3—5fächrig, Samen klein, mit kurzem Filz, bräunlich grau. K. 73,5, S. 4160, H, 24,2 (21—26) mm, St. 6,5 g, H.-% 35,3. **Early.**

Greggs Improved. Aus Gold Standard ausgelesen von S. A. Gregg in Florence, S. C. Kapsel groß. Lintprozentsatz gewöhnlich gut. K. 72, S. 3400, H. 24,2 (22—25) mm, St. 5,3 g, H.-% 33—38. **Peterkin.**

Griffin. Großkapselig. Züchter John Griffin in Refuge Plantation, bei Greenville, Miss., 1867; sein Sohn M. L. Griffon, ebenda, setzte die Verbesserung fort. — Pflanze groß, kräftig, mit 1—3 Seitenzweigen und mittellanggliederigen Fruchtzweigen. Faser lang und seidig, aber oft schwach. Samen mittelgroß, filzig, grau. K. 62, S. 4000, H. 35,6 (33—38) mm, St. 5 g, H.-% 29,7. **Upland Long Staple.**

Griffins drought proof. Alabama Exp. Stat. Bull. 153.

Grubbs Cluster. Texas. Züchter unbekannt. Kapseln mittelgroß, rundlich. Lint-% ca. 36. **Semicluster.**

Gypsy. Lokalsorte von Peterkin, soll fast 40% Lint geben. Züchter unbekannt.   **Peterkin.**

Hackberry. Texas. Lokalsorte, vielleicht von Sugar Loaf oder King abstammend. Nicht geprüft.   **Early.**

Hagaman. Gezüchtet von Major F. V. D. Hagaman in Jackson, West Feliciana Parish, La., um 1877. — Gehört zu keiner besonderen Gruppe, die Faser ist für langstapelige zu kurz. — Pflanze groß, pyramidal, mit 1—3 unteren Seitenzweigen und ganz langen Fruchtzweigen. Glieder der letzteren mittellang. Viele Pflanzen bilden längs der Fruchtzweige kleine sterile Zweige (limbs), was die Pflanze sehr blattreich macht. Blätter mittelgroß, Kapseln klein, Faser von guter Qualität und Länge. Samen klein, fast nackt oder zerstreut filzig, mit einem Büschel bräunlich grauen Filzes an einem Ende. — K. 97, S. 5650, H. 27 mm, St. 5,4 g, H.-% 33,3.

Hale. Lokalsorte in Lee County, Arkansas. Nicht geprüft.

Half and Half. Eine der Hauptsorten in Georgia. (Nicht in Tylers Liste.) Nach brieflicher Mitteilung des Bureau of Plant Industry gezüchtet von H. H. Summerour in Norcross, Georgia. Der Sohn des Züchters, Inhaber der B. F. Summerour Seed Co. daselbst, schreibt mir unter dem 3. Sept. 1926, daß sein Vater den Namen „Half and Half" gegeben habe, weil diese Sorte sehr oft so viel Lint gibt, daß die Hälfte der Rohbaumwolle aus Lint, die andere Hälfte aus Samen besteht, während die meisten andern Sorten $^1/_3$ Lint und $^2/_3$ Samen ergeben, höchstens einige verbesserte 40% Lint. Herr Summerour bemerkt, daß man in Amerika drei Haupttypen von Baumwolle unterscheide: 1. Long staple, 2. staple, 3. short staple cotton. Fast alle Uplands gehören zur kurzstapeligen Klasse, d. h. ihr Stapel ist nur $^3/_4$—1 Zoll lang.

Der Vater begann mit der Auslese 1904, indem er die Kapseln von 550 Pflanzen in Papierbeutel tat und auf Grund der Wägungen dann 41 Stöcke auswählte. Jeder erhielt eine Nummer; die Nr. 10 und 12 waren die besten, und von jeder der beiden gewann er etwa 200 Stöcke. Im nächsten Jahr erwies sich Nr. 10 73, d. h. Stock Nr. 73 vom Elter Nr. 10, als bester. Hiervon wurde weitergezüchtet. Die Entkörnung erfolgte mit einem einfachen, selbstkonstruierten kleinen Hand-Gin (Walzen-Gin). — In den Handel gegeben 1912. Kapseln sehr groß, 50 auf 1 Pfd., ohne Spitze, 5 fächerig. Samen klein.

Hall, auch Peek genannt. Lokalsorte, viel gebaut in Teilen von Macon und Schley Counties, Ga. Aus Peterkin erhalten von J. E. Hall in Macon County, von der Atlanta-Ausstellung 1881, eingeführt von ihm und seinem Nachbar John L. Peek, ebendaselbst.   **Peterkin.**

Hall. In Texas, in Fannin und Hunt Counties. Aus Texas-Baumwolle bei Honey Grove, Texas, von D. T. Hall, jetzt in Gadsonia, Texas, erzogen.

Haralson. Züchter H. C. Haralson in Social Circle, Ga. Ähnelt sehr der Dongola, vielleicht davon stammend. Etwa 75% sind semicluster, die anderen lang verzweigt. Erstere sind ziemlich niedrig und buschig, mit 1—3 starken Seitenzweigen oder oft kleineren, indem an ihrer Stelle Fruchtzweige stehen. Glieder der Fruchtzweige mittellang, Blätter groß, Lint-% gut. Samen groß, filzig, hell bräunlich grau. K. 51,5, S. 3100, H. 23 (22—25) mm, St. 5,6 g, H.-% 35.   **Big Boll.**

Hard Shell. Früher in Alabama gebaut, kam aus einem der östl. Staaten durch einen Baptisten-Geistlichen vor dem Kriege (1861) dahin. Soll widerstandsfähig gegen Meltau (blight) und Dürre gewesen sein. Ist die Elternpflanze von Woods Improved. **Peterkin.**

Hardin. Züchter B. B. Hardin in Washington, Wilkes County, Ga. Wurde sehr angepriesen wegen reichen Ertrages, das ist aber nur auf gutem Boden der Fall. Pflanze mittelgroß, untere Seitenzweige 1—4, Fruchtzweige kurz und unregelmäßig. Kapseln oft geknäuelt, mittel bis klein, 33% 5fächerig. Faser mittel bis kurz, % gut, Samen klein, filzig, bräunlich grau. K. 85,5, S. 4720, H. 22,2 (19—25) mm, St. 5 g, H.-% 35,1. **Semicluster.**

Hardwick. Siehe Corputs Find. **Big Boll.**

Harper Improved. N.-Carolina. — Nicht geprüft.

Harris. Langstapelige Sorte aus Lousiana, gezüchtet von John und Lee Harris in Beulah, Miss. Nicht geprüft. **Upland Long Staple.**

Harris White Seed. Dunklin County, Mo. Nicht geprüft.

Harts Improved. Siehe Beat All. **Big Boll.**

Harville, auch Tabor Big Boll genannt. Gezüchtet von H. T. Harville in Brownwood, Texas, aus einer einzelnen Pflanze vor einigen Jahren. Eine sehr charakteristische Sorte. Soll 14—16 Tage später als Rowden reifen. Pflanze groß und kräftig mit 1—5 unteren Seitenzweigen und gut langen Fruchtzweigen unten, die oben kürzer werden, sodaß die Pflanze kegelförmig wird. Stengel und Zweige glänzend rot. Blätter sehr groß, mit seichten Lappen, hellgrün, fast gelblichgrün. Kapseln groß, die meisten 5fächerig. Faser mittellang, % gut, Samen groß, filzig, hellbräunlich grau. K. 52, S. 3370, H. 21,8 (20—23) mm, St. 7,8 g, H.-% 35. Zusatz: Hartsville aus Hartsville (Süd-Carolina) Stapel mittelang. Berichte d. Kol.-Amt Nr. 6, S. 131. Nicht bei Tyler. **Big Boll Stormproof.**

Hasteys Improved. Von R. L. Hastey in Chipley, Ga. Ziemlich groß. Zweige 1—3, Fruchtzweige lang, Glieder ziemlich lang, Blätter groß, Kapseln groß, % gut. Samen mittel bis groß, filzig, hell bräunlich grau. K. 52, S. 3370, H. 23,2 (21—25) mm, St. 7,3, H.-% 35,1. **Big Boll.**

Hastings Mortgage Lifter. — Siehe Mortgage Lifter.

Hastings-Sure-Crop. Siehe Sure Crop.

Hawasaki. Von Freemann in Fruwirth, Handbuch d. landw. Pflanzenzüchtung, Bd. 5, S. 213 aufgeführt. Japanische Sorte.

Hawkins Improved. Wohlbekannte Standard-Sorte, erzogen von W. B. Hawkins in Nona, Ga., aus einer Mischung von New Era, Peerless, Dickson, Herlong und einigen anderen. — Ziemlich frühreif, groß, pyramidal, mit 1—3 unteren Seitenzweigen, Fruchtzweige zahlreich, kurz, unregelmäßig gegliedert. Kapseln bis zu einem gewissen Grade büschelig. Blätter mittelgroß, Kapseln ziemlich klein bis mittel, Faser ziemlich kurz, Prozentsatz gut, Samen klein, filzig, hellbräunlich grau. — K. 70, S. 4600, H. 22,6 (20—26) mm, St. 5,3, H.-% 36,4. **Semicluster.**

Hawkins Jumbo. Aus Hawkins Improved von Hawkins gezogen. Wahrscheinlich nicht mehr gebaut.

Hayden. Von Geo. T. Hayden in Bastrop, La. Lint mittellang, Samen filzig, grünlich oder bräunlich grau. K. 58, S. 3660, H. 23,7 (21—27) mm, St. 7,3 g, H.-% 32,5.

Haymore. Von W. W. Haymore in Crawfordsville, Ga. Kapseln mittel bis groß, Lint von guter Länge, Samen mittelgroß, filzig, dunkelgrün oder grau. K. 67, S. 3800, H. 26 (21—29) mm, St. 6,7 g, H.-% 33,5. **Big Boll.**

Haywood. Von B. F. Haywood in Richmond, Ark. Sehr ähnlich Allen
Long Staple. Pflanze groß, doch mehr oder weniger Semicluster-Habitus.
Kapseln klein, Faser fein und seidig. Samen mittelgroß, filzig, bräunlich
grau. K. 116, S. 4190, H. 33,9 (29—37) mm, H.-% 25,7.
Upland Long Staple.

Heinze Improved in Bartow County, Georgia. Züchter unbekannt.

Henderson Big Boll. Angeblich von C. Henderson in Pilot Point, Texas.
Big Boll.

Herlong. Siehe Bancrofts Herlong.

Herndon oder Herndon Select. Angeblich von J. A. Herndon in Elberton,
Ga. Kleine Kapseln und Samen, geringes Lintprozent. **Semicluster.**

Hiffley oder Hefley. Von J. D. Hiffley in Cameron, Texas. Nicht geprüft.
Big Boll.

Hillis oder Hillis Green Seed. Soll in Collin County, Texas, durch Auslese aus Rowden entstanden sein. Früh, H.-% gut.   **Big Boll.**

Hipp Improved (auch Hepp Improved). Von T. A. Hipp in Forest, Ga.
Nicht einheitlich, Kapseln klein, meist 4fächerig. K. 89, S. 5000,
H.-% 32,9.

Hodges, jetzt nicht mehr gebaut. Kapseln ziemlich klein, Faser weich und
fein, aber sehr schwach. Samen filzig, grau. K. 84, S. 3475, H. 34
(Stärke nur 2,8 g), H.-% 25.   **Upland Long Staple.**

Hoelscher Big Boll. Von B. P. Hoelscher in Lott, Texas. Faser mittellang, Samen groß, filzig, hellbräunlich grau. K. 50,5, S. 3400, H. 24,5
(22—27) mm, St. 8,2 g, H.-% 34,2.   **Big Boll.**

Holmes. Angeblich von einem Neger John Holmes in Winn Parish, La.
Nicht geprüft.   **Big Boll.**

Holmes. Früher gebaut in De Soto Parish, La. Faser weich und seidig,
33 mm lang, Samen klein, filzig, grau.   **Upland Long Staple.**

Hopi siehe Moki und Moqui.

Howell. Lokalsorte in Winn Parish, La. Soll von Henry Howell in
Winkfield, La., eingeführt sein. Nicht geprüft.   **Peterkin.**

Hudson. Berichtet aus Rusk County, Texas. Nicht geprüft.

Huebner. Züchter unbekannt, alte, um 1892 eingeführte Sorte, sehr ähnlich Myers. Nicht geprüft.   **Big Boll Stormproof.**

Hueys Big Boll. Alabama Exp. Station Bull. 153.

Humphreys Dalkeith. Siehe Keno.   **Upland Long Staple.**

Hunnicutt. Von J. A. Hunnicutt in Athens, Ga. Jetzt nicht mehr gebaut.
(Soll aus einem Gemisch von Bates, Boyd Prolific, Herlong, Truitt usw.
entstanden sein, Watt S. 193).   **Big Boll.**

Hunnicutt Big Boll. Lokalsorte von J. A. Hunnicutt in Livingston, Ala.
Big Boll.

Hutchinson. Von J. N. Hutchinson in Salem, Ala. Früher mehr gebaut
als jetzt. K. 55—60, S. 3100—3500, H.-% 31—32.   **Big Boll.**

Immanuel. Sunter County, S. C. Kleinkapselig, kurzstapelig, H.-% 34. Nicht
geprüft.   **Early.**

Imperial Big Boll. Klassifikation unsicher, Kapseln für Big Boll zu klein.
K. 81, S. 3870, H. 22,3 (20—27) mm, H.-% 31,8.

Irene. La., siehe Peebles Choice, die früher Peebles Irene hieß.

Jackson oder African Limbless. Von T. W. Jackson in Atlanta, Ga., 1894
eingeführt. Dickknäuelig, die Saat mit viel Reklame zu hohen Preisen
verkauft. Ähnlich Dickson und Welborn Pet, aber höher, Blätter etwas
größer. Jetzt seltener und viel weniger gebaut. Wie andere Cluster-

Sorten sehr ertragreich auf reichem gutem Boden, wo Long-limb- (mit langen vegetativen Zweigen versehene) Sorten zu sehr ins Kraut schießen.

Pflanze hoch und schlank, Seitenzweige (limbs) 1—3, Fruchtzweige zu Spornen von 1—6 Zoll Länge reduziert. Blätter sehr groß, Kapseln zusammengehäuft an den verkürzten Zweigen, 4—5fächerig, rundlich, Haare mittellang. Samen mittelgroß, filzig, bräunlich grau. Die Baumwolle sehr schwer frei von Abfall zu pflücken. K. 98, S. 4530, H. 22 mm, St. 5,2 g, H.-% 34,5.

Nach brieflicher Mitteilung des Herrn Devey in Washington vom 10. Sept. 1923 ist eine neuere Sorte Jacksons African Limbless von Herrn W. A. Orton gezüchtet worden, weil er sie für widerstandsfähig gegen Wurzelfäule fand, aber sie ist anderen Sorten untergeordnet und wieder aufgegeben.   **Cluster.**

Jackson Round Boll, auch bekannt als Apple-Boll. Von James Jackson in Preston, Texas, aus einer Einzelpflanze 1897 gezogen. Kapseln rund, Schale ohne scharfe Spitzen, leicht zu pflücken, aber sturmfest. Pfanze groß und kräftig, mit 1—3 Seitenzweigen. Fruchtzweige gut kurzgliederig. Blätter groß, Kapseln groß, die Mehrzahl 5fächerig. Fasern mittellang, ihr Prozentanteil gut. Samen groß, filzig, grau. K. 53,5, S. 3380, H. 23 (21—24) mm, St. 7,6 g, H.-% 35,8.
                                    Big Boll Stormproof.

Japan. Alabama Bull. 107. Alte Sorte, jetzt nicht in Kultur. **Big Boll.**

Java. Früher in White County, Ark., gebaut, von Dr. J. J. Goodloe und E. H. Blankenship in Rose Bud, Ark., 1870 eingeführt.

Jersey. Abkömmling von Peterkin, in Jefferson, Davis County, Miss. Soll 38—40% Faser geben. Züchter unbekannt. Nicht geprüft. **Peterkin.**

Jinks, auch in China gebaut.

John Bull. Früher in Pike County, Miss., gebaut. Faser 29,3%, Länge 38 mm.   **Upland Long Staple.**

Johnsons Big Boll. Wahrscheinlich dieselbe wie Harville. Nicht geprüft. Johnson Excelsior Alabama Exp. Stat. Bull. 153.   **Big Boll.**

Johnsons Improved. Eingeführt von der Mark W. Johnson Seed Company in Atlanta, Ga. Nicht einheitlich, viele langzweigig. Kapseln klein bis mittel, Samen filzig, bräunlich grau.   **Semicluster.**

Jones Early. Vor vielen Jahren von Dr. Jones in Bryan, Texas, aus einem Gemisch von Herlong und Bohemian wegen Frühreife und Faserprozent gezogen, von seinem früheren Nachbarn J. H. White weiter verbessert. Mittelhoch, Seitenzweige 1—3, Fruchtzweige schlank, kurz, aber regelmäßig gegliedert. Blätter mittelgroß. Kapseln ziemlich klein bis mittel. Faserprozent gut. Samen filzig, grünlich oder bräunlich grau. K. 79,5, S. 4430, H. 25,1 (23—29) mm, St. 6,9, H.-% 36.
                                          Early.

Jones Improved. J. F. Jones in Hogansville, Ga., erhielt die Saat vom Felde des Herrn J. S. Wyche in Oakland, Ga., vor vielen Jahren. Jetzt etwas verschieden von Wyche. Kapseln klein, frühreif, jetzt etwas gemischt. Mittelhoch, verzweigt mit 1—3, meist 2 starken Seitenzweigen. Fruchtzweige an der Basis des Stengels 2 Fuß oder mehr lang, an der Spitze desselben 4—8 Zoll. Glieder ziemlich lang, besonders die ersten. Blätter groß, Kapseln groß, die Mehrzahl 5fächerig. Faser mittellang. Samen groß, filzig, grau. K. 60, S. 3050, H. 24 mm, St. 5,2 g, H.-% 30.
                                         Big Boll.

Jones N. 1. und Jones 2 Long Staple. Alabama Exp. Stat. Bull. 153.

Joslin Improved, Texas. Nicht geprüft.

Jowers oder **Jowers Improved**. Von W. P. Jowers in Preston, Ga. K. 85, S. 4300, H.-% 34,4.

Jumbo. In Montgomery County, Kansas. Soll aus Texas stammen. Alabama Exp. Stat. Bull. 153.   **Big Boll.**

Kasch, eine neuere, ziemlich ertragreiche Sorte in Texas.

Keith. Lokalsorte. Soll früh und mit kurzgliedrigen Fruchtzweigen gewesen sein. H.-% 30—36. Länge 25 mm.   **Semicluster.**

Keenan, in Fruwirth V, S. 213. Alabama Exp. Stat. Bull. 153.

Kelly. Sehr ähnlich Dickson. Von S. E. Kelly in Appling, Ga., aus Herlong ausgelesen. Pflanze kegelförmig, hoch, mit 1—3 Seitenzweigen und sehr kurzen Fruchtzweigen, die unteren 4—8 Zoll, die oberen 1—2 Zoll lang. Blätter mittel bis groß. Kapseln mittelgroß, rundlich. Samen ziemlich klein, filzig, grünlich oder bräunlich grau. K. 87, S. 5050. H. 20 mm, Lint-% 31.   **Cluster.**

Kemp. Louisiana. Züchter unbekannt. Pflanze kurzzweigig, mittelfrüh, Kapseln mittelgroß, sich weit öffnend und bei Stürmen die Baumwolle stark herausfallend. Samen klein, filzig, grau. Lint-% 33—35. Nicht geprüft.   **Semicluster.**

Kemper County. Lokalsorte aus Moscow, Miss. Faser 25 mm lang. H.-% 33,3.

Kenneth. Lokalsorte aus Monroe, La. Faser 29,4%.   **Upland Long Staple.**

Keno. Hat viele andere Namen: Keyno, Atkins, Mand Adkin, Eureka, Colthorp, Colthorp Eureka, Dalkeith, Dalkeith Eureka und Humphrey Eureka. Eine „Quarter“-Baumwolle, vor vielen Jahren von einem Neger Mand Adkin, damals in Omega, La., gezogen, von ihm an A. S. Colthorp in Talla Bena, Madison Parish, La., verkauft. Keno wurde durch 3 jährige Auslese der besten Pflanzen gewöhnlicher Baumwolle auf einem 50 acre großen Feld erhalten. Nichts ist inzwischen zur Verbesserung geschehen, aber Colthorp und andere Pflanzer des Madison-Kirchspiels halten die Samen rein. Pflanze hoch und schlank, pyramidal, Wuchs offen oder auf einigen Böden semiclustered, Seitenzweige 0—3, entspringend 6—8 Zoll vom Boden. Fruchtzweige lang, schlank, gut kurzgliederig. Kapseln ziemlich klein, zugespitzt. Faser weich, fein und seidig. Samen ziemlich klein, filzig, grau, ein kleiner Prozentsatz nackt und schwarz. K. 92, S. 4220, H. 29,5 (27—32) mm, St. 5,5 g, H.-% 28,3.   **Upland Long Staple.**

Kikoka oder **Kioka**. Von W. B. Sparks in Macon, Ga. Ziemlich hoch und schlank, Seitenzweige 1—3, Fruchtzweige lang und schlank, Glieder mittellang, Kapseln klein bis mittelgroß. H.-% 38—39.   **Peterkin.**

Kimble. Lokalsorte. Früher in Webster Parish, La.   **Peterkin.**

King Big Boll. Alabama Exp. Stat. Bull. 153.

King oder **Kings Improved**. Frühreif, guter Ertrag, aber kleine Kapseln und ziemlich kurzer Stapel (Bericht über Kamerun, Kol.-Wirtsch. Komitee, Veröff. Nr. 6). — T. J. King, früher in Louisburg, N. C., jetzt in Richmond, Va., fand um 1890 in seiner „Sugar-Loaf“-Sorte eine sehr ertragreiche Pflanze. Der Samen wurde für sich gesät und als King Improved Nr. 1 und Nr. 2 an Versuchsstationen gegeben. Nach deren Berichten hat er sich überzeugt, daß sie identisch mit Sugar Loaf ist. Siehe Sugar Loaf. Nach Watt, S. 233, nahe G. jamaicum.   **Early.**

Kings Green Seed. Arkansas. Nicht geprüft.

Kirk. Züchter J. M. **Kirk**, Gunnison, Miss., durch mehrere Jahre aus einer von **Craig** in Vicksburg gekauften langstapeligen ausgelesen. Samen klein, Lint weich und fein, 38 mm lang. **Upland Long Staple.**

Kirkwood. In Süd-Carolina. Ähnlich Truitt. Züchter unbekannt. Nicht geprüft. **Big Boll.**

Knight. Züchter W. G. **Knight** in Sandersville, Ga. Jetzt nicht mehr gebaut. K. 78—98, S. 4116—5263, H.-% 33—34. **Semicluster.**

Knox. Lokalsorte in Montgomery County, Ark. Soll von einem Herrn **Knox** in Crystal Springs, Ark., gezüchtet sein. **Semicluster.**

Laas. Von H. **Laas**, R. F. D. N. 1, Brookshire, Texas. Er kreuzte Bohemian mit Russell. Lint von guter Länge. Samen groß, filzig, grau und grün. K. 44, S. 3260, H. 25,8 (24—28) mm, St. 6,6 g, H.-% 35,2. **Big Boll Stormproof.**

Laird. In Falls County, Texas. Züchter unbekannt. Nicht geprüft.

Laney Improved. Von R. B. **Laney** in Cheraw, S. C. Nicht geprüft. **Early.**

Langford oder **Langford Big Boll.** Von **Sidney J. Langford** in Hix, Ga. Groß und kräftig im Wuchs, ganz streng semicluster, Seitenzweige gewöhnlich 2, Fruchtzweige kurz und unregelmäßig gegliedert. Kapseln groß, Lintprozent gut. Samen ziemlich groß, filzig, grau oder grünlich grau. K. 56, S. 3260, H. 25,5 (23—27) mm, St. 6,5, H.-% 34—38,6. **Big Boll.**

Layton Improved. Von R. D. **Layton** in St. Matthews, S. C., aus Peterkin gezogen. Kapseln klein bis mittel, $54\,^0/_0$ sind 5fächerig. Lint ziemlich kurz, aber Prozentsatz sehr hoch. Samen klein, mit kurzem bräunlich grauem Filz. K. 82, S. 5170, H. 23,1 (21—26) mm, St. 6,1 g, H.-% 39,9. **Peterkin.**

Leafless siehe Rublees Leafless.

Lealand. Lokalsorte. Züchter **Henry P. Jones** in Herndon, Ga. K. 80—84, H.-% 28—32. **Semicluster.**

Lee. Von E. E. **Lee** in Corinth, Ala. Angeblich Auslese aus der besten der alten Cummings-Sorte. Nicht geprüft. **Big Boll.**

Lewis Prize. Züchter W. B. F. **Lewis** in Lewiston, La. Blätter nach **Watt** sehr breit, kompakt, 5—7lappig, Lappen kurz, und oft wieder unregelmäßig gezähnt. Drüsen nicht sehr deutlich. Samen ziemlich groß, Filz grauweiß, Vlies wollig, reichlich. Ist nach **Watt** ein Bastard, sehr nahe G. mexicanum Tod. Nicht einheitlich, einige semiclustered, andere offener und langzweigiger. Kapseln mittelgroß, rund. Samen filzig, braun. Lint mittellang. Prozentsatz hoch. K. 81, S. 4880, H. 24,1 (21—26) mm, St. 6,7 g, Lint-% 38,3. **Semicluster.**

Lightning Express. Früh, neuere Sorte, nicht in Tyler. In Australien Stapel $^7/_8$—1 Zoll.

Lightning Express von der Pedigreed Seed Co., Hartsville, S. C., drittbester Ertrag in Baton Rouge, 1350 Pfund pro acre.

Limbaugh Improved. Gezüchtet von W. J. **Limbaugh** in Sylacauga, Talladega County, Alabama, durch Mischung von Russell, King und Cooks Improved. K. 54, S. 3600, H. 21 (19—23) mm, St. 6,7 g, H.-% 33,8. **Big Boll.**

Little Brannon. Eine kleinkapselige Auslese aus Brannon. Lint von guter Länge. Samen mittelgroß, filzig. K. 72—94, S. 3980, H. 27,3 (25—29) mm, St. 5 g, Lint-% 27—36. **Peterkin.**

Little Maxie. Von John H. Maxie in Timbo, Stone County, Ark. Nicht geprüft. **Early.**

Littles Improved. Von J. C. Little in Louisville, Ga., ausgelesen aus Edgewood, ähnlich Dickson. **Cluster.**

Lone Star. Jetzt eine der Hauptsorten. Hat sich auch in China als eine der besten erwiesen. Siehe die Beschreibung dieser und anderer neuartiger Sorten am Schluß der Systematik S. 144 (Tropenpflanzer 1920, S. 66).

Long Shank oder Shankhigh. Züchter R. E. und M. L. Branch in Bishop, Oconee County, Ga. Eine durch die geringe Entfernung der ersten Zweige vom Boden und die rundlichen Kapseln charakterisierte Sorte. Wuchs stark semicluster oder fast cluster. Seitenzweige 1—3, 6—8 Zoll über der Basis entspringend. Fruchtzweige kurz, mit kurzen unregelmäßigen Gliedern. Kapseln mittel bis groß, S. groß, filzig, grau. K. 59,5, S. 3450, H. 23,6 (22—25) mm, St. 5,7 g, Lint-% 34,4. **Big Boll.**

Louisiana Hybrid. Nr. 143, von der State Exp. Stat. Baton Rouge, La. Ertrag nur 1055 Pfund pro acre in Baton Rouge.

Lowe. Aus Texas eingeführt in Mississippi vor etwa 16 Jahren und verbessert durch S. A. Lowe in Meridian, Miss. Faser gut, lang und stark. S. groß, filzig. K. 46, S. 3360, Lint 24,6 (23—26) mm, St. 7,6 g, Lint-% 36. **Big Boll.**

Lowell. In Texas. Züchter unbekannt. Soll früher als Rowden sein. Nicht geprüft. **Big Boll.**

Lowry. Von J. G. Lowry in Cartersville, Ga., früh, kleinkapselig. Alabama Exp. Stat. Bull. 153.

McCall. Cluster-Sorte, ähnlich Dickson, von einer Frau McCall in Bennettsville, S. C. Man hat auch für diese Sorte den Namen „Triple Jointed" vorgeschlagen, weil die Kapseln oft zu dreien in Büscheln stehen. **Cluster.**

McCauley. Texas. Züchter unbekannt. Nicht geprüft.

McClendon. In Georgia. Züchter unbekannt. Soll 34—36% Lint geben. Nicht geprüft. **Big Boll.**

McClures Prolific. Texas. Züchter unbekannt. Nicht geprüft.

McCrary Prolific. Von Samuel McCrary in Autun, S. C. Nicht geprüft.

McLain Prolific. Züchter unbekannt. Lokalsorte in Louisiana. Kapsel klein bis mittel. Soll 37,5% Fasern geben. Nicht geprüft. **Early.**

Mameluke. Louisiana. Angeblich neuerdings von David Todd in Natchez eingeführt. Nicht geprüft.

Marshall. Lokalsorte in Rankin County, Miss. Nicht geprüft.

Martin Five Lock. Sehr viel gebaut in Newport, Lone Grove, und Keller, Okla., soll vor 6 Jahren von Peter Martin in Healdton, Okla., gezüchtet sein. Nicht geprüft. **Big Boll.**

Maryland Green Seed. Eine nicht veredelte Sorte in einigen Teilen von Maryland, wo noch Handspinnerei vorkommt. Sehr charakteristisch, verwandt mit Tennessee Green Seed, aber niedriger; etwas früher als King. Niedrig, spreizend, 2—3 Fuß hoch, Seitenzweige kurz, Fruchtzweige kurzgegliedert, Blätter klein bis mittel, weich behaart, Blumen rahmweiß, ohne Fleck. Kapseln 3—5fächerig. Bei Stürmen die Baumwolle leicht herausfallend. Lint kurz, % niedrig. S. ziemlich groß, filzig, grün. K. 105, S. 3750, H. 20, St. 6,9 g, H.-% 25. **Early.**

Mascot. Von J. G. Ruan in Macon, Ga., aus King gezüchtet, Kapseln etwas größer. **Early.**

Masks Green Leaf. Von T. H. Mask in Inman, Ga. gezüchtet, halbbüschelig, ziemlich einheitlich, Seitenzweige 1—3, Fruchtzweige kurz und unregelmäßig gegliedert. Blätter groß, glatt flach, im Herbst länger bleibend als bei anderen Sorten. Kapseln groß, 67% 5fächerig. Lint mittellang, Prozentsatz gut, Samen mittelgroß, filzig, bräunlich grün. K. 66,5, S. 4060, Lint 24,2 (22—26) mm, St. 5,3 g, H.-% 37. **Big Boll.**

Mastodon. Reports of Patent Office 1847 und 1849, alte Sorte, jetzt nicht mehr gebaut.

Matagorda, Silk. Früher in Shelby County, Texas, gebaut. Züchter unbekannt.

Matthews. Von J. A. Matthews in Holly Springs, Miss. Vor etwa 15 Jahren geprüft. Spätreif, Lint etwa 35 mm, Kapseln 68 auf 1 Pfund. **Upland Long Staple.**

Meade. Neuerdings als Ersatz für Sea Island. Entdeckt zufällig in der Versuchsstation Clarksville, New Texas. Ertrag in der Versuchsstation Baton Rouge, La. 1055 Pfund pro acre. Nähere Beschreibung am Schluß der Systematik: Samenverteilung. **Upland Long Staple.**

Mebane. Siehe Triumph.

Meredith. Züchter J. C. Meredith in Jenkinsburg, Ga. Lokalsorte in Henry County, Ga. Gemisch von halbbüscheligen und langen Fruchtzweigen. K. 54, S. 3200, H. 24,4 (22—27) mm, St. 6,2 g, H.-% 31,5. **Big Boll.**

Metcalf, eine der Hauptsorten in Mississippi. Nicht im Tyler-Verzeichnis.

Mexican. Alte Sorte, nicht mehr gebaut. Report of Patent Office 1849. Mexican Big Boll gehört zu den führenden Sorten in Louisiana.

Mial. In Nord-Carolina. Züchter unbekannt. Nicht geprüft.

Miccasooky. Ursprung unbekannt. Soll eine der Eltern von Shine gewesen sein und wahrscheinlich ähnlich Sugar Loaf oder King. **Early.**

Mikado. Züchter unbekannt. Alte Sorte in Georgia. Gab 1891 90 Kapseln je Pfund und 31,4% Lint.

Millers. Eine der Hauptsorten in Mississippi.

Missionary. Soll von einem Missionsprediger eingeführt sein. Ursprung unbekannt. Kapseln sollen größer als Peterkin gewesen sein und der Lintgehalt etwa 40%. Nicht geprüft. **Peterkin.**

Mitchell oder Mitchell Twin Boll (Zwillingskapsel). Von Henry B. Mitchell in Athens, Ga., mit 1—3 Seitenzweigen, kurz und unregelmäßig gegliederten Fruchtzweigen. Kapseln mittelgroß, Lint-% gut, Samen ziemlich groß, filzig bräunlich grau. K. 62, S. 3450, H. 25,5 (23—29) mm, St. 7,1, H.-% 34,7. **Semicluster.**

Mitchells Long-Lint. Angeblich von J. C. Mitchell, früher in Rock Island, Tenn. Nicht geprüft. **Upland Long Staple.**

Mitchems Snowball. Züchter unbekannt. Soll von Süd-Carolina nach Nord-Carolina gebracht sein und frühreife und kleine Kapseln haben. **Early.**

Moki. Von Freemann in Fruwirth[1]) S. 213 aufgeführt. Gleich Moqui oder Hopi (Indianerstamm in Arizona). Siehe S. 62.

Molango. Aus Esteban Cruz, Tepehuakan, Mexiko. Stark behaart, Blätter

---

[1]) Fruwirth, C.: Handbuch der landwirtschaftlichen Pflanzenzüchtung. Bd. 5, 2. Aufl., Berlin 1923.

breit, Blattlappen kurz, die Buchten in Falten aufgeworfen, Nebenblätter
sehr groß, breit, oval, plötzlich pfriemenförmig, zuweilen innerhalb des
Außenkelches noch kleine Blättchen (bractlets). Beschreibung nach Watt
S. 231, der alle ihm aus Washington geschickten mexikanischen Sorten
für Bastarde von *Gossypium hirsutum* mit *mexicanum* oder mit *punctatum*
erklärt. Dem kann man nicht beistimmen. G. mexicanum ist nach
unserer Meinung die Stammart von *G. hirsutum.*

Money-Maker. Abkömmling von Peterkin. Eingeführt von der Alexander
Seed Company in Augusta, Ga. Mittelhoch, Seitenzweige 1—3, gewöhn-
lich 2, Fruchtzweige schlank, Glieder mittellang, Blätter mittelgroß,
Kapseln ziemlich klein, Lint kurz. K. 81, S. 5050, Lint-% 36,3.
Peterkin.

Montclare. Jetzt nicht gebaut. Züchter unbekannt. Unrein, Gemisch von
halbbüschelig und langzweigig. S. groß, Filz bräunlich grau. K. 55,
S. 3780, H. 22 mm, St. 4,8 g, Lint-% 31,5.   **Big Boll.**

Montgomery Black-Seed. Mississippi. Züchter unbekannt. Soll dasselbe
sein wie Black Rattler.

Moon. Züchter angeblich Jacob Moon in Ashdown, Little River County,
Ark. Hoch und langzweigig, ziemlich spät, Kapseln mittel. Samen
filzig grau. Lint weich und festsitzend, von guter Länge. K. 68, S. 3600,
H. 31,4 (30—34) mm, St. 7,2 g, Lint-% 28,7.   **Upland Long Staple.**

Moqui siehe Moki.

Morman. Früher in Texas gebaut. Züchter unbekannt. Nicht geprüft.
Big Boll.

Morning Star. Abkömmling von Texas Stormproof. Züchter J. W. Segler
in Wolf City, Texas.   **Big Boll Stormproof.**

Mortgage Lifter, Abb. 23. Handelsname für Wyche, siehe diese.
Big Boll.

Moses Eason. Ausgedehnt gebaut in Walker County, Ala. Kapseln mittel,
Lint-% 38—40. Ertragreich, ziemlich früh, nicht geprüft. **Peterkin.**

Moss. Aus Peterkin gezüchtet von Ben D. Moss in Norway, S. C., gab 1905
auf der Georgia-Versuchsstation den sehr hohen Lint-Rekord von 44,9 %.
Ähnlich Peterkin. K. klein, Lint mittelang, % sehr hoch, S. klein,
filzig, bräunlich grau, einige wenige nackt und schwarz. K. 70, S. 4920,
H. 23,3 (20—25) mm, St. 6 g, Lint % 39,4.   **Peterkin.**

Murasaki. Von Freeman in Fruwirth S. 213 aufgeführt. Japanische Sorte.

Myers oder Meyer. Vor 40 Jahren von einem Herrn Meyer in New
Bremen nahe Millheim, Austin County, Texas, aus Bohemian erzogen.
Jetzt gemischt und nicht mehr so sturmsicher. Lang verzweigt, mit
Mischung von halbbüschelig. Untere Seitenzweige 1—2, schwer, Frucht-
zweige unter dem Gewicht der Kapseln hängend. B. groß, K. groß, die
Mehrzahl 5fächerig, reif gewöhnlich nach unten gedreht. Die mittel-
langen Haare gut in der Kapsel bleibend. Lint mittellang, S. groß,
filzig, rauh. K. 64, S. 4100, H. 24, St. 6,5 g, Lint-% 32.
Big Boll Stormproof.

Nancy Hanks. Aus Dongola in Ost-Georgia entstanden. Züchter unbekannt.
S. mittel, gewöhnlich grau. K. 72, S. 3780, H. 24, St. 5,7 g, Lint % 32.
Semicluster.

Nankeen. Alte, fast ausgestorbene Sorte, nur noch in wenigen Orten, wo
Handspinnerei noch betrieben wird, gebaut. Ursprung unbekannt. Wahrscheinlich aus gelbhaarigen Sports oder Mutationen, die zuweilen bei
gewöhnlicher Baumwolle vorkommen, entstanden. Abgesehen von der

Farbe ganz der gewöhnlichen, in derselben Gegend gebauten Baumwolle ähnlich. Wohl Nanking-Baumwolle.

Neely Early Prolific. In Mississippi. Züchter unbekannt. Nicht geprüft.

New Century. Wurde auf den sandigen Höhenböden (Uplands) bei Memphis, Tenn., aus Samen unbekannten Ursprungs gezogen. Im besten Falle kaum eine „Quarter"-Baumwolle; 1902 war die Faser nur $1^1/_8$ Zoll lang und gab 30 %. **Upland Long Staple.**

New Era. Siehe Olivers New Era.

Newkirk Improved. Texas. Züchter unbekannt. Nicht geprüft.

Nicholson. Wahrscheinlich von Bohemian stammend, eingeführt von der Texas Seed and Floral Company in Dallas, Texas. Mittelgroß, Seitenzweige 1—3, Fruchtzweige mit mittellangen Gliedern. Blätter groß. Kapseln mittel bis groß, reif hängend. Fasern mittellang. Samen groß, filzig, rauh. K. 69, S. 3475, H. 25,4 mm, St. 4,8 g, H.-% 30. **Big Boll Stormproof.**

Ninety Day. Synonym für Sugar Loaf oder King. **Early.**

Nonpareil oder Woodfins Prolific. Gezüchtet von Sam. V. Woodfin in Marion, Ala., indem er Peerless, Senegambia und Peterkin mischte und mehrere Jahre die besten Pflanzen auslas. — Ganz ähnlich Peerless. Seitenzweige 1—3, Fruchtzweige kurz, mit ziemlich kurzen unregelmäßigen Gliedern. K. klein, H. von guter Länge, S. mittelgroß, filzig, grau oder braun. K. 98, S. 4530, H. 24, St. 4,7 g, Lint-% 31. **Semicluster.**

Norris oder Norris Big Boll. K. 63, S. 3490, Lint-% 32. **Big Boll.**

Numelees Long Lint. Alabama, Züchter unbekannt. Nicht geprüft. **Upland Long Staple.**

Oats oder Texas Oats. K. ziemlich klein, H. kurz, S. klein, kahl, ausgenommen ein Büschel braunen Filzes am schmalen Ende, dunkelbraun. K. 87, S. 4670, H. 22 (21—24) mm, St. 5,6 g, H.-% 31,7. **Early.**

Ochehoma Prolific. Louisiana. Züchter unbekannt. Nicht geprüft.

Okra oder Okra Leaf oder Split Leaf. So benannt, weil die Blätter denen der schmalblätterigen Sorte der Gemüsepflanze Okra (Hibiscus esculentus) ähnlich sehen. Eine sehr charakteristische alte Sorte, schon 1837 als ganz gemein und ziemlich populär bezeichnet. Ist mehr als Kuriosität denn als Feldfrucht beibehalten und vielfach geprüft worden. Sie wurde im allgemeinen beschrieben als früh, mit kleinen Kapseln, kurzen Haaren, kleinen, filzigen Samen und Wolle, die leicht vom Sturm verweht wird. Einzelne Pflanzen von Okra werden mitunter in Feldern von King und deren Verwandten gefunden und verschieden erklärt.

Es ist möglich, daß die Okra-Pflanzen Sports oder Mutationen sind. Auf die verschiedenen Vermutungen, wie die Okra entstanden sei, namentlich Watts Ansichten darüber, können wir hier nicht eingehen und müssen auf Watt S. 233 und Tyler S. 85 verweisen. Vgl. G. janiphaetolium weiter unten.

Pflanze in allem der King oder Sugar Loaf ähnlich, nur sind die Blätter in 3—7 sehr schmale Lappen geteilt. Der Mittellappen am breitesten, mit 1 oder 2 Zähnen oder Läppchen an seiner Basis, die anderen Lappen ganzrandig. Blumen rahmweiß, der rote Fleck auf den Blumenblättern oft vorhanden. Kapsel klein, 3—5-, meist 4fächerig, weit offen, so daß die Haare bei Stürmen stark verweht werden. Haare kurz, Samen klein, filzig, bräunlich grau. K. 108, S. 5670, H. 20 mm, St. 5,2 g, H.-% 33.

Olivers New Era. Von A. A. Oliver in Calera, Ala. Für armes Land
gezüchtet. K. mittelgroß, Samen groß, filzig, gräulich oder bräunlich
grau. K. 60, S. 3200, H. 25,6 (22—28) mm, St. 6,7 g, H.-% 35,3.
Big Boll.

Ott Improved. Von W. F. Ott in Columbia, S. C., aus Hawkins gezüchtet.
K. mittel, H. ziemlich kurz, Prozentsatz gut, S. klein, filzig, bräunlich
grau. K. 78, S. 5560, H. 21,6 (20—23) mm, St. 6,2 g, H.% 37,7.
Semicluster.

Ounce Boll. Alte Sorte, wahrscheinlich in Texas oder Süd-Arkansas gezüchtet. Jetzt stark vermischt mit Long Staple und „Quarter"-Baum-
wolle. Wenn rein, soll sie Texas Stormproof ähnlich sein, da sie große
Kapseln, mittellange Haare und große weiße Samen hat. K. 84, S. 3475,
H. 30 mm, St. 4,5 g, H.-% 31. **Big Boll.**

Owen. Züchter unbekannt, soll bei Clarksville, Texas, gezogen sein. Nicht
geprüft. **Upland Long Staple.**

Ozier Big Boll (auch Ozier Green Seed). Siehe Russell. **Big Boll.**

Ozier Long Staple oder Ozier Silk. Siehe Stearns.
Upland Long Staple.

Parker. Eine Mississippi-Baumwolle, zu keiner besonderen Gruppe gehörend.
Von John M. Parker in Maxime, Miss., gezogen, aber neuerdings stark
mit Black Rattler gemischt, und reiner Samen ist nicht zu erhalten.
In Maxime war die Stapellänge gut, als „Benders" klassifiziert, aber in
einem trockenen Klima, entfernt vom Mississippifluß, war der Stapel
selten über 1 Zoll (25 mm) lang. Pflanze ziemlich hoch und schlank,
mit 1—3 langen Seitenzweigen und schlanken, ziemlich kurzgliederigen
Fruchtzweigen. Blätter mittelgroß, K. klein, 3—5 fächerig, H. mittellang,
S. mittelgroß, filzig, grau oder grünlich grau. K. 96, S. 3800, H. 25,5 mm,
St. 5,2 g, H.-% 30. Nach Watt S. 233, besser zu Rio Grande (Peterkin).

Parker Long Staple. Aus einer unbekannten Long-Staple-Sorte von Lott
Parker in Increase, Miss., gezüchtet. Kapselgröße gut. Haar genügend
fein, seidig. S. mittel, filzig, grau und bräunlich grau. K. 65, S. 3750,
H. 34 (30—36) mm, St. 4,8, H.-% 28,3. **Upland Long Staple.**

Parks Own. Mischung von King und Russell. Gezogen von George W. Park
in Alexander City, Ala. Kapselgröße gut. Haare mittellang, S. mittel
bis klein, filzig, bräunlich und grünlich grau, K. 65,5, S. 4860, H. 25
(22—28) mm, St. 6,8 g, H.-% 35.

   Parks Own zeigt statt der für G. hirsutum typischen $^3/_8$-Blattstellung,
wie Cook und Meade, Bur. of Plant Industry Bull. 222 (1911), S. 10
angeben, $^2/_5$-Stellung. **Early.**

Pattons Round Boll. Vor etwa 8 Jahren von Patton in Montague County,
Texas, ausgelesen und von Frank Mauldin in Sunset, Texas, verbessert.
Kapseln groß, rund, leicht zu pflücken, und doch sturmsicher. Haar
mittellang, Prozentsatz gut. **Big Boll Stormproof.**

Peabody Prolific. Südcarolina. Ursprung unbekannt. Wird beschrieben
als groß und kräftig. Kapseln von guter Größe, H.-% 32. Nicht geprüft. **Big Boll.**

Peach-Bloom. Mississippi. Züchter unbekannt. Nicht geprüft.

Peake siehe Hall. **Peterkin.**

Peebles Choice (Peebles Irene). Von einer einzelnen Peterkin-Pflanze von
L. W. Peebles in Laurel Hill, La., vor etwa 15 Jahren gezogen, seitdem nach Frühreife, Ertrag und Stapellänge verbessert. Groß, mit
starker Neigung zum Semicluster-Typ. Seitenzweige oft fehlend. Frucht-

zweige unten von mittlerer Länge, oben kurz, und unregelmäßig gegliedert. Blätter mittelgroß. K. klein, S. klein, fast nackt oder mit zerstreutem, kurzem Filz und einem längeren Büschel am schmalen Ende. K. 105, S. 6480, H. 23 mm, St. 6 g, H.-% 33. **Peterkin.**

Peeler. Alte Sorte. Soll 1864 in Warren County, Miss., entstanden sein. Nicht mehr so viel gebaut als früher, aber in einigen Teilen Mississippis noch populär. Mittelhoch, untere Seitenzweige 2—3, mitunter klein, 5—6 Zoll über dem Boden entspringend, die Pflanze etwas langstielig machend. Fruchtzweige schlank. Glieder mittellang. K. 3—5fächerig, Haare lang, fein, seidig, im Fach zusammengepreßt. Prozentsatz niedrig. S. mittelgroß, mit zerstreutem Filz oder teilweise nackt. K. 121, S. 3950, H. 35, St. 4,1 g, H.-% 26,5. **Upland Long Staple.**

Peelers. Ein Handelsname, der einer Klasse Long Staple nahe dem Mississippi-Fluß in Louisiana, Arkansas und Mississippi gegeben wird. Die Sorte Peeler bildete früher einen beträchtlichen Teil dieser Klasse.

Peerless. Ursprung unbekannt. Früher eine populäre und Standard-Sorte, aber jetzt fast ausgerottet, reine Saat schwer zu haben. 3—4 Fuß hoch, pyramidal, untere Seitenzweige 1—3, Fruchtzweige kurz und unregelmäßig gegliedert, unten 18 Zoll lang, bis auf 2 oder 3 Zoll an der Spitze abnehmend. K. klein bis mittel, H. kurz, Prozentsatz ziemlich niedrig, S. ziemlich klein, filzig, grünlich oder bräunlich grau. K. 69, S. 4550, H. 22 mm, St. 5 g, H.-% 31. **Semicluster.**

Pelican. Nach der Beschreibung Kapseln klein bis mittel, ziemlich früh. Nicht geprüft. Name vielleicht aus Peterkin korrumpiert.

Percy. In Mississippi. Züchter unbekannt. Nicht geprüft. **Upland Long Staple.**

Perkins. Aus Brannon von R. R. Perkins in Baywood, La., erzogen. K. mittel, H. von guter Länge, S. ziemlich klein, filzig, hell grünlich grau. K. 67,5, S. 4360, H. 26,2 (24—28) mm, St. 5,9 g, H.-% 33,7.

Perry. Von einem Herrn Perry in Gore, Ga. Soll früh sein. K. 59, S. 3740, H. 24,3 (22—26) mm, St. 5,8 g, H.-% 35,6. **Big Boll.**

Peterkin. Eine Standardsorte, von J. A. Peterkin in Fort Motte, Orangeburg County, S. C., besonders für arme, dürre Böden und harte Kulturbedingungen gezüchtet, wie viele ihrer Abkömmlinge. Peterkin erhielt den Samen von einem gewissen Jackson, der kurz nach dem Sezessionskriege nach Süd-Carolina kam. Dieser Mann behauptete, den Samen aus dem hinteren Teile (Back Part) von Texas erhalten zu haben, und nach der Ähnlichkeit mit der alten Rio-Grande-Sorte wird vermutet, daß sie denselben Ursprung hat. Peterkin hat die Sorte ungefähr 40 Jahre lang gebaut und sie allmählich von einer nackten, schwarzsamigen, zu einer filzsamigen umgewandelt (?).

Pflanze schlank, untere Seitenzweige 1—3, Fruchtzweige lang, schlank, etwas hängend, mit fast keiner Neigung zum Semicluster-Habitus, Glieder ziemlich lang. Später reif als viele kleinkapselige Sorten. — Kapseln mittel bis klein, 70% 5fächerig, weit geöffnet, aber die Haare bei Stürmen ziemlich gut festhaltend. H. mittellang, drahtig und stark. S. klein, mit kurzem, bräunlich grauem Filz, ein kleiner Prozentsatz nackt und schwarz. K. 82,5, S. 5300, H. 21,8 (20—23) mm, St. 5,8 g, H.-% 39,6.

Peterkin.

Peters Prolific. Zucht aus King oder Sugar Loaf, von E. S. Peters in Calvert, Texas, gegen den Boll Weevil gezüchtet. Ähnlich Sugar Loaf. K. klein, H. kurz, S. ziemlich klein, filzig, bräunlich grau. K. 108, S. 4440, H. 22,3 (19—27) mm, H.-% 32. **Early.**

Petit Gulf. Früher viel gebaut, jetzt, praktisch genommen, verschwunden. Was jetzt unter diesem Namen geht, ist ein Gemisch. — Gezüchtet um 1840 von Oberst H. W. Vick in Mississippi, 1846 schon sehr populär. Große Mengen Saat wurden von Petit Gulf, einem kleinen Hafenplatz unterhalb der jetzigen Stadt Vicksburg, verschickt. Beschrieben als groß und weitschweifig (straggling). Spät, mit 3 oder mehr unteren Seitenzweigen und langen, schlanken Fruchtzweigen mit langen Gliedern. Blätter mittelgroß, Kapseln ziemlich klein, H. von guter Länge, S. mittelgroß, meist filzig, bräunlich grau. K. 70—80, S. 4200, H. $^7/_8$—$1^1/_8$ Zoll, (22—28) mm, H.-% 30—32.

Phillips aus Peterkin gezogen von J. L. Phillips in Orangeburg, S. C. Wahrscheinlich von Peterkin nicht verschieden, H.-% 38—40. ♀ Nicht geprüft.   **Peterkin.**

Piesters Stormproof. Von J. G. Piester in Weatherford, Tex. Angeblich Kreuzung von Texas Stormproof mit Poor Man's Relief. K. 53, S. 3420, H. 24 (22—28) mm, St. 6,3. H.-% 35,3.   **Big Boll Stormproof.**

Pineapple. Jetzt nicht mehr gebaut. Laut Georgia Bull. 39 gab sie 1897 auf der Georgia-Versuchsstation folgende Resultate: K. 72, S. 4762, H.-% 35,3. Die Saat war von J. M. Farney in Monterey, Ala.

Pink bloom. Züchter unbekannt. Nicht geprüft.

Pinkerton. Aus Peterkin von H. R. Pinkerton in Eatonton, Ga., gezogen. K. mitttel. S. ziemlich klein, filzig, bräunlich grau. K. 87, S. 4530, H. 25 mm, St. 5,5 g, H.-% 37.   **Peterkin.**

Pittmans Extra Prolific. Jetzt nicht mehr gebaut. Von der Georgia, Exp. St. 1892 geprüft und beschrieben als hoch, mit kurzen seitlichen, klumpigen, mittelgroßen Kapseln. Züchter unbekannt.   **Semicluster.**

Plains Improved. Von J. R. Bolinger in Cone, Tex. Kreuzung zwischen King und Ounce Boll. Soll besonders geeignet sein für die Ebenen-Region (plains region) von Westtexas. K. 78, S. 4000, H. 22,7 (17—26) mm, St. 6,7 g, H.-% 32,1.   **Early.**

Podgetts Improved. Von J. C. Podgett in Williams, S. C. Nicht geprüft.

Pool. Georgia. Züchter unbekannt. Nicht geprüft.

Poor Man's Friend. Wahrscheinlich eine Peterkinsorte, 1893 auf der Mississippi Station geprüft, wo sie den höchsten Ertrag an Samenbaumwolle gab. — In einigen Teilen von Louisiana und Mississippi ist die Brannon-Sorte als Poor Man's Friend bekannt.

Poor Man's Pride. In Arkansas. Züchter unbekannt.

Poor Man's Relief. Züchter unbekannt. Wird beschrieben als früh, klein-kapselig, H.-% 33—35, leicht zu pflücken, aber bei Sturm viel verlierend. Wahrscheinlich ein Abkömmling von King.   **Early.**

Popcorn. Eine „Bender"-Sorte. Bei Crude, Miss., gebaut. Züchter unbekannt. Nicht geprüft.   **Upland Long Staple.**

Pores Big Boll. In Arkansas. Züchter unbekannt. Nicht geprüft.

Poulnot. Alabama Exp. St. Bull. 153.

Pride of Georgia. Von J. F. Jones in Hogansville, Ga., aus Jones Improved gezüchtet, daher ein Abkömmling von Wyche; etwas früher, die Glieder der Fruchtzweige kürzer und leicht zu etwas semicluster neigend. Kapseln etwas klein. K. 68,5, S. 3700, H. 24,2 (22—27) mm, St. 6,1 g, H.-% 33,1.
                                                                    Big Boll.

Pride of Louisiana. Von D. F. Barr in Vivian, La., aus Allen gezogen. Nicht geprüft.   **Upland Long Staple.**

Pride of the Valley. Von Henry Morrison in Savoy, Tex., aus Woodall
   ausgelesen.   **Big Boll Stormproof.**
Prize siehe Lewis Prize.
Ptomey Champion. Von J. W. Ptomey in Forest Home, Ala. K. klein,
   S. filzig, grau und bräunlich grau. K. 91, S. 4550, H. 24 mm, St. 4,5 g.
   H.-% 32.   **Semicluster.**
Pulnott oder Pullnott. Von William Pulnott, früher in High Shoals,
   Oconee County, Ga. War viele Jahre eine populäre Sorte in Nordost-
   Georgia, ist aber jetzt überholt durch Cooks Improved und besonders
   durch Long-Shank. Sehr geeignet für arme, ausgesogene Ländereien,
   wird aber auch auf besserem Boden nicht krautwüchsig. Fast eine
   Sorte für alle Zwecke, wie Peterkin. Kompakt, mit 1—3 Seitenzweigen.
   Fruchtzweige ziemlich unregelmäßig gegliedert. Die unteren 18 Zoll
   lang, die oberen 2—3. Buschig. Blätter mittel. K. groß, 66% sind
   5fächerig. H. mittel, filzig, bräunlich oder grünlich grau. K. 58, S. 3810,
   H. 22,7 (21—25) mm, St. 5,9, H.-% 35,1.   **Big Boll.**
Purple-Bloom. In Arkansas. Soll früh und kleinkapselig sein und gutes
   Haarprozent ergeben. Vielleicht ein Lokalname für King. Nicht geprüft.
                                                  Early.
Queen of Africa. Siehe Rowden.   **Big Boll Stormproof.**
Rameses oder Bakers Rameses. Jetzt nicht gebaut. Züchter unbekannt.
   Vor 20 Jahren von verschiedenen Stationen geprüft und beschrieben als
   ertragreich, mit langen Fruchtzweigen. K. rund, 83 auf 1 Pfund, H.-%
   27—29, H. kurz, 13—22 mm lang.   **Early.**
Ramsey. Von W. T. Ramsey in Canton, Tex. Durch Kreuzung von King
   und Texas Stormproof erhalten. K. von guter Größe, H. ziemlich kurz,
   S. filzig, hell bräunlich oder grünlich grau. K. 62, S. 3600, H. 22,4
   (20—24) mm, St. 7,2 g, H.-% 33,9.   **Early.**
Ransoms Early. Von E. M. Ransom in Grenada, Miss., auf Frühreife ausgelesen. K. ziemlich klein. S. klein, filzig, grünlich oder bräunlich
   grau. K. 82,5, S. 4700, H. 24,5 (22—27) mm, St. 5,8 g, H.-% 32,8.
                                                  Early.
Ratterees Favorite. Eine sehr charakteristische Sorte, von W. J. Ratterree
   1892 in Garnett, Ark., gefunden. Ähnlich den Bastarden zwischen Okra
   und gewöhnlichen Uplandsorten. — Ratterree vermutet, daß es eine
   Form von Texas Oak oder Peterkin sei, die er damals baute, aber Okra-
   Formen sind bisher in Peterkin nicht gefunden. Mittelhoch, mit 1—3
   unteren Seiten- und ziemlich kurzgliederigen Fruchtzweigen. Blätter
   bis $\frac{1}{2}$ Zoll von der Basis in 3—5 sehr glatte lanzettliche Lappen ge-
   spalten. Blattstiele und Zweige fast glatt. Junge Schosse behaart.
   Blumen rahmweiß, ohne Flecke. Kapseln mittelgroß, Samen klein, fast
   glatt und schwarz, mit einem Büschel bräunlich grauen Filzes an einem
   Ende. K. 68, S. 4940, H. 23,8 (22—25) mm, St. 6,2 g, H.-% 32,5.
Reaves Select. Aus King oder Sugar Loaf von C. M. Reaves in Mullins,
   S. C., gezogen. Soll fast 40% Haare geben. Nicht geprüft. **Early.**
Red African, Texas. Züchter unbekannt, nicht geprüft.
Red Leaf. Alabama. Exp. St. Bull. 153.
Red Rustproof. S. C. Züchter unbekannt. Nicht geprüft. Eine rote Rust-
   proof-Sorte wurde auch aus Texas gemeldet.
Red Shank. Früher in Kaufman County, Texas, gebaut. Zweige, Blatt-
   stiele und Blütenstiele waren dunkelrot, Blätter grün. Außenkelch rötlich
   grün. Unreife Kapsel rot, ausgenommen, wo von den Blumen beschattet.

Blumen rahmweiß. Red Shank unterschied sich von Willet Red Leaf dadurch, daß sie zur Big-Boll-Gruppe gehörte, grüne Blätter und hell rahmweiße Blumen hatte. K. 62, S. 2835, H. 25,5 St. 6,4 g, H.-% 31.
Big Boll.

Reed Prolific. Von E. T. und S. J. Reed gezüchtet. Von letzterem in Comal, Ark., weiter ausgelesen. Soll großkapselig sein (60 Kapseln pro Pfund) und über 1 Zoll lange Haare haben. Nicht geprüft.
Big Boll.

Reeve. Von George P. Reeve in Vicksburg, Miss. Nach der Beschreibung Kapseln mittel bis groß, 5 fächerig, Haare fein, seidig, $1\,^7/_{16}$—$1\,^5/_8$ Zoll (36—41 cm) lang. Nicht geprüft. **Upland Long Staple.**

Reliable. Früher, 1903/04, von der Georgia Station untersucht. K. 57,5, S. 3125, H.-% 34. Die Saat war von E. S. Rakestraw in La Grange, Ga. **Big Boll.**

Rich Man's Pride. Mit Bates Little Brown-Seed verwandt. Von E. W. Bond, früher in Winterville, Ga., gezüchtet. Ein niedriger, früher, kompakter Busch, Seitenzweige 1—3, Fruchtzweige kurz gegliedert, aber nicht halbklumpig. Blätter klein, dick, dunkelgrün, etwas glänzend. Kapseln sehr klein, 3—5 fächerig, H. mittellang, ihr Prozentsatz sehr hoch. Same klein, mit kurzem, hellbraunem Filz. Haare stark, leicht bei Sturm verweht. Soll schwer zu entkörnen sein, weil die Samen sehr klein sind und die Haare an ihnen sehr fest sitzen. K. 120, S. 6000, H. 22 mm, St. 5 g, H.-% 36—42. **Peterkin.**

Richardson oder Richardsons Improved. Alte Sorte, nur aus Hyde County, N. C. gemeldet, Züchter unbekannt. Nicht geprüft.

Rio Grande. Wahrscheinlich jetzt nicht mehr gebaut, war kleinkapselig mit hohem Haarprozent und nahe verwandt mit den heutigen Peterkin Baumwollen.

Rivers. Alte Sorte (Todd. S. 225) fehlt bei Tyler. **Upland Longstaple.**

Roach Big Boll. Lokalsorte in Collin County, Tex. Nicht geprüft.

Roberts oder Strahan (wohl Strayhan). Von Roberts und Strayhan in Rosenthal, Mc Lennan County, Tex., aus Myers und Bohemian ausgelesen. Ähnlich Rowden, aber später. Groß, kräftig. Fruchtzweige ziemlich lang gegliedert, Blätter groß. K. groß, die Mehrzahl 5 fächerig. H. mittellang, stark. S. groß, filzig, hell bräunlich grau oder fast weiß. K. 52, S. 3000, H. 25 mm, St. 6,9, H.-% 33. **Big Boll Stormproof.**

Robinson. Von T. P. Robinson in Bartlett, Tex., aus sturmsicheren Sorten ausgelesen. K. groß, ca. 50, S. sehr groß, H.-% etwa 33,3. Nicht geprüft. **Big Boll Stormproof.**

Rockett Favorite. Jetzt nicht gebaut. Vor etwa 15 Jahren fand die Louisiana-Versuchsstation 32,6 und 34,3 Haarprozent.

Roe Early. 1907 kein Bericht. Die Louisiana-Versuchsstation fand 1893 29% Haare.

Rogers oder Rogers Big Boll. Von R. H. Rogers in Darlington, S. C., aus einer Mischung von Jones, Jowers und Herlong gezüchtet. — Stark und buschig, mittel- bis spätreif. Seitenzweige 1—3, schwer, Fruchtzweige ziemlich gut kurz gegliedert, mit leichter Neigung zur Halbklumpigkeit. Kapseln rund oder mit stumpfer Spitze, die Mehrzahl 5 fächerig, mittel bis groß, ziemlich sturmsicher. H. mittellang und mittelprozentig. Samen groß, filzig und grau. K. 52, S. 3150, H. 23,6 (22—25) mm, St. 5,5, H.-% 32. **Big Boll.**

Rosser N. 1. Früher war diese Handelssorte ein fast „rohes“ Gemisch von
    King und einigen Big-Boll-Sorten, aber die beiden Typen haben sich
    jetzt ziemlich assimiliert, so daß es jetzt eine Sorte mit klein- bis mittel-
    großen Kapseln ist, intermediär zwischen der frühen und der groß-
    kapseligen Gruppe. — K. 87, S. 4100, H. 22,4—26 mm, St. 5,5, H.-% 31.
Round Boll, auch Wilkinson oder Walston Round Boll. Nord-Carolina.
    Züchter unbekannt. Beschrieben als Kapseln mittelgroß, rund, H.-%
    35—40.
Rowden (auch bekannt als African Queen). Standardsorte, vielleicht die
    populärste in Texas. Gezüchtet aus Bohemian von Gebrüder Rowden
    in Wills Point, Van Zandt County, Texas. Die Saat wurde zuerst
    erhalten durch H. H. Carmack in Wills Point, im Herbst 1897, als er
    durch die Uferländereien (bottoms) der Sulphur Fork (Schwefelgabel) etwa
    50 Meilen nördlich von Van Zandt County reiste.

    Er fand eine vortreffliche Sorte kultiviert auf dem Bottom-Land
    und erhielt ein paar Kapseln von dem Anbauer, der ihm sagte, daß es
    Bohemian sei. Diese Kapseln wurden an Rowden gegeben, der damals
    Pächter auf der Carmack-Farm war. Aus dieser wurde die Rowden-
    Sorte gezüchtet. Irrtümlicherweise vermutete Rowden, daß die Saat
    in Florida ihren Ursprung habe.

    Mittelfrüh, sehr geeignet für die Weevil-Bedingungen in Texas.
    Kräftig, verzweigt. Seitenzweige 1—3, stark. Fruchtzweige an der
    Basis 2 Fuß, an der Spitze bis 6 Zoll lang. Glieder regelmäßig und
    mittellang. Fruchtzweige und gewöhnlich die ganze Pflanze unter der
    Last der reifenden Kapseln hängend. Die Kapseln hängen reif abwärts.
    Die Locken der Baumwolle haften zusammen zu einer einzigen Masse,
    welche unter der offenen Kapsel herunterhängt, aber geschützt wird
    durch die breiten Klappen der Kapsel und den großen Außenkelch.
    Die Locken haften mehr an der Schale der Kapsel als bei nicht sturm-
    festen Sorten. Die Baumwolle ist leicht zu pflücken. Kapseln groß,
    Mehrzahl 5 fächerig. H. mittellang, S. groß, filzig, gräulich weiß. —
    K. 49,5, S. 3360, H. 24 (23—25) mm, St. 6,3 g, H.-% 35,4.
                                                  Big Boll Stormproof.
Rublee. Von C. A. Rublee in Seago, Texas. Soll früh reif und früh
    blattlos sein und gegen Weevil unempfindlich. Wuchs wie Hardin, un-
    vollständig die Blätter abwerfend, viele Pflanzen behalten ihre Blätter
    und setzen neue Knospen spät im Herbst an. K. mittel bis klein,
    H. kurz, S. mittel, filzig, grünlich oder bräunlich grau. K. 96,5 (viel-
    leicht wegen der Dürre 1907 so klein), S. 3600, H. 22,3 (18—25) mm,
    St., 6,3 g, H.-% 33.   **Semicluster.**
Ruralist. Eingeführt von J. F. Merriam, Herausgeber des „Southern
    Ruralist“. Ist die alte „Texas Bur“, neu benannt und angeblich von
    ihren Unreinheiten befreit. Siehe „Texas Bur“.   **Big Boll.**
Russell. (Auch bekannt als Big Boll Green Seed, Ozier Big Boll und Green and
    Gray.) Eine Standardsorte, entstanden 1895 aus einem einzigen Stock,
    den J. T. Russell in Alexander City, Ala., fand. Er baute zu der
    Zeit eine unreine Rasse von Truitt und vermutete, daß dieser Stock
    eine Kreuzung zwischen Truitt und Allen Long Staple sei. Sie hat aber
    keine Ähnlichkeit mit letzterer und war wahrscheinlich ein Sport oder
    Mutation von Truitt. J. F. Duggar (in Bulletin 140 Alabama Experi-
    ment Station p. 64) vermutet, daß Russell identisch sein möchte mit
    Bancrofts Herlong, aber wenn auch die Samenfarbe der der letzteren

gleicht, so ist die Pflanze doch weniger halbklumpig und ähnelt der Truitt mehr. Die Kapseln sind von denen der Truitt und der Herlong verschieden. Seit Russells Tode sind die Samen unter der Zucht von S. J. Thornton in Alexander City.

Groß, kräftig, mit 1—3 starken Seitenzweigen. Fruchtzweige unten 2 Fuß, an der Spitze der Pflanze 6—8 Zoll lang. Glieder mittellang, Blätter groß, Kapseln groß, 4—5 fächerig, genügend sturmfest, ihre Schale sehr dick, dadurch gegen Insekten widerstandsfähiger. Haare von guter Länge, Prozentsatz (aber) ziemlich niedrig. Samen groß, mit dunkelgrünem Filz. Diese Farbe ist verwerflich, da sie einen niedrigen Grad der „Linters" (des Filzes) veranlaßt und zuweilen, wenn der Samen zu scharf entkörnt wird, die Baumwolle mißfarbig macht.

K. 56,5 S. 3100, H. 24,9 (23—27) mm, St. 5,5 g, H.-% 30,9.

Big Boll.

Salsburg, zweitbester Ertrag in Baton Rouge. 1380 Pfund je acre, von der Delta & Tine Land Co. in Scott, Miss.

Sandy Land Staple. In Texas, soll speziell für arme, sonnige Höhenböden geeignet sein. Ist wahrscheinlich dasselbe wie Boozer. Stapel lang. **Upland Long Staple.**

Schley. Ausgelesen von der Georgia Experiment Station aus Jones Improved und zu Ehren des Admirals Schley benannt. Die Jones Improved zeigte dort Zeichen der Verschlechterung. Pflanze ähnlich Jones Improved. K. mittel bis groß, H. kurz, Prozentsatz gut. S. groß, filzig, grau. K. 63, S. 3640, H. 23 (21—26) mm, St. 5,9 g, H.-% 36,4.

Big Boll.

Schooley. Früher viel in Lancaster County, S. C., gebaut. 1907 kein Bericht. Züchter unbekannt.

Scogin Prolific. Wahrscheinlich nicht mehr in Kultur. K. 68, S. 3500, H.-% 33. Gezüchtet von J. T. Scogin in Grantville, Coweta County, Ga., aus einer Mischung von Wyche und Culpepper. **Big Boll.**

Sego. Lokalsorte von Eureka (Keno), ausgelesen von einem Herrn Sego in Duckport, La. Ähnlich Keno, aber früher reif. K. mittelgroß, H. fein und seidig, 33 mm lang, H.-% 27,7. **Upland Long Staple.**

Senegambia. Spät. H. mittellang, Prozentsatz 33. Soll eine der Eltern von Woodfins Nonpareil sein. Züchter unbekannt. **Big Boll.**

Sentells Cluster. In Georgia. Züchter unbekannt. Nicht geprüft.

Shanghai. Verderbt aus Shank-High. Siehe Long Shank. **Semicluster.**

Shank High. Georgia. Siehe Long Shank. **Semiclnster.**

Shaw. Züchter unbekannt. Mittellangstapelig. Aus Red River County, Texas, nach Fannin County, Texas, gebracht. Nicht geprüft.

Upland Long Staple.

Sheepnose. In Arkansas und Oklahoma. Züchter unbekannt. An den Anbauorten eine populäre Sorte. Nach der Beschreibung: früh, K. groß, meist 5 fächerig. Kapseln sehr rund, ohne scharfe Spitzen. Wahrscheinlich dasselbe wie Jackson Round Boll. Nicht geprüft. **Big Boll.**

Shields Early. Von David Shields in Albertville, Ala. Nach der Beschreibung früh, Kapseln groß, 5 fächerig, sich gut öffnend, Haare leicht zu pflücken. Samen groß, filzig, hellbräunlich oder grünlich grau. K. 59, S. 3660, H. 24,4 (22—27) mm, St. 5,4 g, H.-% 35,3. **Big Boll.**

Shine. Von J. A. Shine in Faison, N. C., aus einer Mischung von Miccasooky und Sea Island. — Von letzterer ist jetzt keine Spur zu entdecken, wahrscheinlich der ersteren sehr ähnlich. Ähnelt sehr King,

hat aber keine Flecken auf den Blumenblättern. — Schlank im Wuchs.
ganz weichhaarig, Seitenzweige 1—3, Fruchtzweige dicht bei einander
und kurzgliederig, aber nicht halbklumpig. Kapseln klein, bei Stürmen
viel Verlust an Wolle. H. kurz, Samen klein, filzig, bräunlich grau.
Wurde sehr für Boll-weevil-Gegenden empfohlen, die Kapseln sind aber
zu klein und nicht sturmfest. K. 82,5, S. 4940, H. 22,2 (18—25) mm,
St. 6 g, H.-% 36,4.   **Early.**

Shoe-Heel. Früher eine Lokalsorte in Süd-Carolina. Wahrscheinlich dasselbe wie Texas Shoe-Heel.   **Early.**

Sigler oder Segler. Siehe Morning Star.   **Big Boll.**

Silas. In Georgia. Züchter unbekannt. Wird beschrieben als früh, kurzstapelig, mit ca. 33,3% Haaren.   **Big Boll.**

Simms. Eine Mississippi-„Staple"-Baumwolle, die durch einen Baumwollkäufer nach Süd-Carolina kam. Ein Teil der Saat wurde von Frau
W. G. Simms in Barnwell, S. C., gekauft und die Saat eine Zeitlang als
Simms Long Staple verkauft. L. A. Stoney in Allendale, Barnwell
County, nannte sie Floradora und bot sie unter diesem Namen im
ganzen Süden an. — Pflanze ganz ähnlich Allen, ziemlich schlank und
pyramidal, hoch, Seitenzweige 1—3, aufrecht, Fruchtzweige leicht aufsteigend, unten 2 Fuß lang, etwas halbklumpig. K. klein, sehr zugespitzt. H. von guter Länge, fein und seidig, S. filzig, hell bräunlich
grau. K. 73, S. 3900, H. 31,7 (25—36) mm, H.-% 28,9.
                                            Upland Long Staple.

Simpkins Prolific. Von W. Simpkins in Raleigh, N. C. 1890 aus King
ausgelesen. Früh. Tyler fand die Kapseln etwas größer, den Prozentsatz
an Haaren, der angeblich viel höher sein sollte, ungefähr ebenso wie
bei King. — Simkins Improved, in N. C., gehört wohl auch hierher.
                                                                 Early.

Simpson. Angeblich von James Simpson in Stonewall, Ga. Nicht geprüft.

Sinclair. Von Noah Sinclair, früher in Mackey, Cherokee County, Ala.
Früh, K. mittel, H.-% 35. Der Samen ist unrein geworden.   **Early.**

Sistrunk. Alabama Exp. Stat. Bull. 153.

Smith (Robert). Soll von Robert Smith früher in Jones County, Ga.,
gezogen sein. K. mittelgroß, Samen sehr klein, H.-% 37. Nicht geprüft.
                                                              Peterkin.

Smith Improved Unknown oder Smith Improved. Von F. J. Smith in
Vinson, Ga. K. 67, S. 3775, H.-% 34,7.   **Big Boll.**

Smiths Poor Land. Siehe Bates Poor Land.   **Peterkin.**

Southern Hope. Alte Sorte von Oberst F. Robiew in Louisiana. Hoch,
schlank. Seitenzweige 1—3, Fruchtzweige ganz lang und schlank.
Blätter mittel bis klein. Kapseln mittel, sich gut öffnend, Baumwolle
leicht zu pflücken. Samen filzig, hell grünlich grau. K. 73, S. 4160,
H. 31,2 (27—34) mm, H.-% 31,2.   **Upland Long Staple.**

Southern Wonder. Züchter L. F. Greer in Oxford, Ala. Alabama Exp.
Stat. Bull. 153.   **Big Boll.**

Spearmans Choice. Aus Dongola gezüchtet von W. B. Spearman in
Social Circle, Ga. Ähnlich Dongola. K. groß, H. kurz, Prozentsatz
sehr gut. K. 53, S. 3840, H. 21,8 (19—24) mm, St. 6,2 g, H.-% 40,4(!).
                                                                Big Boll.

Speight oder Speights Prolific. Von J. B. Speight in Winterville, N. C.
Pyramidal. Seitenzweige 1—3, Fruchtzweige unten $2^1/_2$ Fuß lang, oben

6 Zoll, Glieder mittellang. K. groß, H. kurz, S. filzig, hell grünlich grau.
K. 58, S. 3780, H. 22,8 (21—24) mm, St. 6,4 g, H.-% 34,2.   **Big Boll.**

Spencer. Von W. M. Spencer in Gallion, Ala. H. mittellang, Prozentsatz
gut, S. groß, filzig, hell bräunlich grau. K. 47, S. 3065, H. 25,3 (22—29) mm,
St. 5,9 g, H.-% 35,4.   **Big Boll.**

Spotted Bloom. Unter diesem Namen wird in Pope County, Ark., King
oder Sugar Loaf gebaut.

Spruiells Green Seed. Von A. M. Spruiell in Brompton, Ala. Nicht
einheitlich, einige so früh wie King, andere später. K. mittel, S. klein,
K. 72, S. 4220, H. 23,5 (22—27) mm, H.-% 32,8.   **Early.**

Stearns (auch Ozier Stearns, Ozier Long Staple, Ozier Silk). Im Mississippi-
Delta entstanden. Ziemlich hoch, schlank, pyramidal, oft ohne Seiten-
zweige, Fruchtzweige mittellang. Blätter klein bis mittel, K. klein.
Haare fein, weich, von guter Länge, aber sehr niedrig im Prozent-
verhältnis. Samen filzig, grau. K. 95, S. 3600, H. 35 mm, St. 3,6 g,
H.-% nur 24,3.   **Upland Long Staple.**

Stedevan. In Texas. Züchter unbekannt. Nicht geprüft.

Steegall. In Miss. Züchter unbekannt. Nicht geprüft.

Sterling. Von Lee W. Dance in Eatonton, Ga. Nicht einheitlich, etwa
80% ganz dichtklumpig, die anderen halbklumpig bis locker. K. klein,
H. mittellang, S. filzig, hell bräunlich grau.   **Semicluster.**

Stevens. In Georgia. Züchter unbekannt. K. groß, S. mittelgroß, H. kurz,
Prozentsatz sehr gut.   **Big Boll.**

Stevens oder Stephens Five-Lock. Von E. M. Stevens in Morse, Oklahoma. Wahrscheinlich sturmfest. H. von guter Länge, Prozentsatz
etwa 34.   **Big Boll.**

Stocks. In Alabama. Züchter unbekannt.   **Early.**

Stolen. Aus Peterkin, angeblich von Joseph Jackson in Corinth, Ga.,
gezogen. K. ziemlich klein. Haare schwer zu pflücken. Prozentsatz
fast 40.   **Peterkin.**

Stormproof. Alabama Exp. Stat. Bull. 153.

Strickland. Von J. R. Strickland, früher in Tuscaloosa, Ala. Ist nach
Tylers Untersuchung ein Abkömmling von Wyche. Niedrig, buschig,
Seitenzweige 1—3, schwer, Fruchtzweige mit mittel- bis langen Gliedern.
K. sehr groß, H. mittellang, S. filzig, grau. K. 45—50, S. 3000, H. 22 mm
St. 4,6 g, H.-% 32.   **Big Boll.**

Stubbs Double Jointed. Aus Texas Wood ausgelesen von P. S. Stubbs
in Clio, C. C. Ähnlich Texas Wood. Kapseln mittel bis klein. H. kurz.
Prozent sehr gut. S. klein, meist filzig, grünlich oder bräunlich grau.
K. 82, S. 6060, H. 19,7 (17—22) mm, St. 5,9 g, H.-% 41,2.   **Peterkin.**

Sugar Loaf. Auch bekannt unter dem Namen King, Kings Early, Kings
Improved, T. J. King, Kings Nr. 1, Kings Nr. 2, Mascot, Greer, Spotted
Bloom, Ninety Day, Little Texas und Little Sugar Loaf.
Eine alte, in Nord-Carolina seit langen Jahren gebaute Sorte (Re-
ports of the Patent Office for 1848 und 1850). Züchter unbekannt,
ebenso das Jahr der Einführung. Unter dem Namen Sugar Loaf ist sie
außerhalb Nord-Carolinas erst neuerdings bekannt; aber als Kings Im-
proved ist sie wahrscheinlich im ganzen Baumwollgürtel verbreitet.
Sugar Loaf ist eine der frühesten Sorten, ihr Ertrag ist auf reichem
Boden gut, aber für armen, dürren Boden ist sie nicht so geeignet wie
die Peterkin-Sorten. Die Baumwolle muß bald nach dem Öffnen der
Kapseln gepflückt werden, sonst entstehen große Verluste. Dieser Um-

stand, wie die Kleinheit der Kapseln neigen dazu, sie in Texas un-
populär zu machen. — Sie und ihre Abkömmlinge sind die einzigen
Upland-Sorten mit roten oder purpurnen Flecken an der Basis
der Blumenblätter.

Pflanze schlank, Seitenzweige 1—3, Fruchtzweige schlank und kurzgliederig, aber ohne oder nur geringe Neigung zur Halbklumpigkeit.
Blätter mittel bis klein, ganz tief gelappt. Blumen rahmweiß, mit oder
ohne rote Flecke. Kapseln klein, 3—5, die Mehrzahl 4fächerig. Haare
kurz, Samen klein, mit kurzem, bräunlich grauem Filz.

Um die Identität von Sugar Loaf und King zu beweisen, wurden
von Tyler beide untersucht. Sugar Loaf aus Baton Rouge, La., und
King aus Auburn. (Die King aus Baton Rouge konnte nicht zum Vergleich genommen werden, weil sie nicht rein war.)

	Sugar Loaf	King	
Kapseln auf 1 Pfund	93	94,5	
Samen auf 1 Pfund	5600	5000	
Haarlänge in mm	23,3 (22—25)	22 (20—23)	
Haarprozent	35	35,7.	Early.

Summerhour. Eine der Hauptsorten in Georgia. (Nicht in Tylers Liste.)

Sunflower. Eine Standardsorte, eingeführt von Marx Schaefer in
Yazoo City, Miss., der sie aus Samen unbekannter Herkunft erzog, die
er von einem Ölmüller vor einigen Jahren erhalten hatte. Ist nicht
ganz verschieden von anderen langstapeligen, wie behauptet wird, sondern gehört zu dem Southern Hope Typ und ist kaum zu unterscheiden
von reiner Floradora und einigen der Allen-Formen. Nach Watt S. 194
haben sich die G.-hirsutum-Formen so verändert (sind u. a. tiefer gelappt worden), daß sich z. B. Allen Sunflower von Sea Islands nur
durch einen wenige Millimeter kürzeren Stapel unterscheidet. Die
langstapeligen Uplands hält Watt für Kreuzungen von G. hirsutum und
barbadense.

Hoch und pyramidal, mit leichter Tendenz zum Semicluster-Habitus,
Seitenzweige 1—3 oder fehlend, aufrecht. Fruchtzweige schlank, nach
auswärts wachsend, etwas aufsteigend; an der Basis etwa 2 Fuß lang
und etwas unregelmäßig gegliedert. Blätter mittelgroß, Kapseln klein,
39% sind 5fächerig, gut geöffnet, Haar sehr fein, lang, seidig; Prozentverhältnis niedrig. Samen mittelgroß, filzig, grau oder hell grünlich grau.
K. 90, S. 4320, H. 35,3 (33—38) mm, St. 4,9 g, H.-% 25.

Upland Long Staple.

Supak. Siehe Bohemian.   Big Boll Stormproof.

Sunbeam gab in Australien 340 lbs. pro acre.

Sure Crop (auch genannt Hastings Sure Crop und Olivers Sure Crop).
Angeblich von T. W. Oliver in Georgetown, Ga., gezüchtet. Mittelgroß,
etwas halbklumpig, da die Glieder der Fruchtzweige besonders kurz und
unregelmäßig gegen die Enden hin sind. K. mittel bis groß. S. grau
oder grünlich grau, filzig. K. 76, S. 3780, H. 22, St. 5 g, H.-% 29,5.

Big Boll.

Sure Crop (Gilberts). Von D. H. Gilbert in Monticello, Ga. Im Jahre 1902:
K. 82, S. 5000, H.-% 31,6.   Early.

Sure Crop (Simpsons). Lokalsorte von H. L. Simpson in Tallapoosa County,
Ala. Ihre Verbreitung wird verwechselt mit der von Hastings Sure

Crop; wahrscheinlich·wird sie nicht außerhalb des Tallapoosa County gebaut. (Die Hastings Seed Company ist in Atlanta, Ga.)

Tarver, früher viel gebaut in Dallas County.

Tatum. Von R. D. Tatum in Palmetto, Ga. Tendenz zu Semicluster. Verzweigt, Seitenzweige 1—3, Fruchtzweige kurz und unregelmäßig gegliedert. K. groß, 4—5fächerig, Prozentsatz gut, Samen groß. K. 50,5, S. 3065, H. 23 (22—25) mm, St. 5,4, H.-% 34,2.   **Big Boll.**

Tennessee Green Seed. (Auch genannt Tennessee Gold Dust.) Züchter unbekannt. Früh, ähnlich King, aber nicht identisch. Eine der ältesten Kultursorten. Schlank, mit 1—3 Seitenzweigen und schlanken Fruchtzweigen, Glieder mittellang, mit wenig oder gar keiner Neigung zu Semicluster. Blätter mittelgroß, weich behaart, Lappen sehr ausgesprochen. Blumen rahmweiß, ohne Flecke, Kapseln klein, 3—5fächerig, sich weit öffnend und bei Sturm viele Haare entlassend. H. kurz, S. klein, filzig, grün oder bräunlich grau. K. 85, S. 4530, H. 22 mm, St. 6,2 g, H.-% 30,5.
                                                                    Early.

Tennessee Silk. Jetzt nicht mehr gebaut. Vor einigen Jahren: K. 86, S. 3975, H.-% 28,4.

Texas Bur. C. C. Smith in Locust Grove, Ga., ist der Einführer dieser Sorte, welche wahrscheinlich ein Abkömmling der alten Texas Stormproof ist. Gewöhnlich beträchtlich mit einigen der östlichen Big Bolls vermischt, was ihre Sturmfestigkeit mindert. — Buschig, Seitenzweige gewöhnlich 2, ziemlich schwer. Glieder der Fruchtzweige mittellang. Blätter groß, Kapseln groß, 4—5fächerig, H. mittellang. Prozentsatz gut, Samen ziemlich groß, filzig, grau oder bräunlich grau. K. 67,5, S. 3680, H. 23,3 (22—26) mm, St. 7 g, H.-% 37,1.
                                                    Big Boll Stormproof.

Texas Oak. Ein Synonym für Peterkin.   **Peterkin.**

Texas Shoe-Heel. Züchter unbekannt. Lokalsorte in Anson County, N. C., soll 35% Haare geben. Der Samen kam ursprünglich aus Texas, und der Name ist vielleicht verdreht aus Shoepock, einem der Namen, unter denen Bohemian in Texas bekannt ist.   **Big Boll.**

Texas Stormproof (auch Texas Storm and Drought Proof genannt). Eine alte, einst von W. J. Smilie in Baileyville, Texas, eingeführte Sorte, verwandt mit Bohemian und Myers, aber jetzt weniger wertvoll, weil sie stark vermischt mit anderen Sorten und die Sturmfestigkeit dadurch vermindert ist. — Groß, Seitenzweige 1—3, schwer, Fruchtzweige mittellang, die Glieder ziemlich lang, Blätter groß, Kapseln groß, Blätter des Außenkelchs sehr groß. Haare gut festgehalten in der Kapsel, die bei der Reife sich abwärts dreht. H. mittellang, Samen groß, filzig, grau. K. 55, S. 3475, H. 24,5, St. 6,6 g, H.-% 31,7.   **Big Boll Stormproof.**

Texas White Wonder. Abkömmling von Bohemian, gezüchtet von D. Y. McKinney, Grande Prairie, Texas. Ähnlich Bohemian, Kapseln groß, die Mehrzahl 5fächerig. Haare von guter Länge. Samen mittelgroß, filzig, grau oder bräunlich grau.   **Big Boll Stormproof.**

Texas Wood. Ein Synonym für Peterkin.   **Peterkin.**

Texas Wool. Peterkin wird unter diesem Namen in Barnwell County, S. C., gebaut, wahrscheinlich eine Korruption von Texas Wood.   **Peterkin.**

Texas Wool. Eine bemerkenswerte Sorte mit grünen Haaren, wurde aus einem der Oststaaten unter diesem Namen vor einigen Jahren dem Department of Agriculture ohne Ursprungsangabe gesandt. Sie hat keinen Handelswert und ist aufgegeben.

Spreizend, Seitenzweige 1—3, Fruchtzweige lang, nicht Semicluster, Glieder mittellang, Blätter mittel, Blumen rahmweiß, ohne Flecke. Kapseln klein, H. ziemlich kurz, aber weich und seidig, schwach, grün, dem Licht ausgesetzt, in ein trübes grünlich Braun verschießend. Haar-Prozentsatz niedrig, Samen mittelgroß, filzig, tief grün, K. 103, S. 4530, H. 21 mm, St. 3,5 g, H.-% 22,5. (Wegen der grünen Farbe der Baumwolle merkwürdig. L. W.)

Thomas. Von R. M. Thomas in Alexander City, Ala. Abkömmling von Peterkin, möglicherweise mit leichter Beimischung von Russell. — Pflanze ähnlich Peterkin, K. mittel, H. mittellang, Prozentsatz gut, Samen dunkelbraun mit einem Büschel bräunlichen oder grünlichen Filzes am schmalen Ende und gewöhnlich sehr zerstreutem Filz über die ganze Oberfläche. K. 63, S. 4020, H. 22,6 (21—24) mm, St. 7,3, H.-% 36,7.

Peterkin.

Toale gehört nach Watt zur VI. Gruppe Prolific Medium Boll Series. Von P. P. Toale, Aiken & Co., S. C. Sehr G. mexicanum ähnlich, hat sehr breite, ziemlich tief 3—5 lappige, ebene, glatt werdende Blätter, kleine, blasse Blumen, nur leicht mit Purpur getönt. Wird von Watt S. 234 für einen Bastard von G. mexicanum gehalten.

Todd Improved. Ausgelesen von P. W. Todd in Grantville, Ga. Mittelhoch, buschig, Seitenzweige schwer, gewöhnlich 2. Fruchtzweige mit mittellangen Gliedern, groß, Kapseln sehr groß, 4—5 fächerig. H. mittellang, Samen sehr groß, filzig, grau oder gelblich grau. K. 47, S. 2800, H. 25,5 (24—28) mm, St. 5,9 g, H.-% 34. **Big Boll.**

Toole oder Toole Early. Eine Standardrasse von Peterkin, gezüchtet von W. W. Toole in Augusta, Ga., auf sandigem Lehm nahe dem Savannahfluß. Besonders geeignet für reichen, gut kultivierten Boden, da sie nicht ins Kraut wächst. Ähnlich Peterkin, aber mit leichter Neigung zur Halbklumpigkeit. Kapseln größer als Peterkin, 50% sind 5 fächerig. H. mittellang, stark, Prozentsatz hoch. Samen klein, filzig, hell bräunlich grau. K. 73, S. 5110, H. 23,5 (21—26) mm, St. 6,7 g, H.-% 37,5.

Toole hat wie King kleine Kapseln, gute Erträge, reift etwas später, Stapel etwas länger (Ber. über Kamerun, Veröff. Kolonialamt Nr. 6, S. 231).

Peterkin.

Trice. Alabama Exp. Stat. Bull. 153. In China die beste. (Tropenpflanzer 1920, S. 66.) Gehört zu den führenden Sorten in der Station 2 in Baton Rouge, La. Ist auch eine der Hauptsorten in Mississippi. Fehlt bei Tyler. Siehe Beschreibung am Schluß der Systematik S. 144 ff.

Triumph. Eine Standardsorte, gezüchtet von A. D. Mebane in Lockart, Texas, 1897 aus Boykin Stormproof auf hohen Prozentsatz an Haaren. Nach einigen Jahren war dieser Charakter fixiert. Ganz ähnlich Boykin, aber früher und mehr geneigt zu Semicluster. Kapseln und Samen etwas kleiner, Prozentsatz an Haaren hoch für eine Baumwolle dieser Gruppe. K. 56,5, S. 3600, H. 24 (22—27) mm, St. 6,7, H.-% 38,1.

Big Boll Stormproof.

Truitt. Eine Standardsorte, von George W. Truitt in Lagrange, Troup County, Ga., aus der großkapseligen, weißsamigen, damals gewöhnlich gebauten Baumwolle ausgelesen. Höchstwahrscheinlich war dies Wyche oder einer ihrer Abkömmlinge, da diese fast ausschließlich in Troup County viele Jahre, bevor Truitt seine Auslese begann, gebaut wurde. Pflanzen nicht einheitlich, 20% halbklumpig im Wuchs, Seitenzweige 1—3, schwer, Fruchtzweige mittellang gegliedert. Blätter groß, Kapseln groß. H. mittellang, Samen groß, filzig, grau. K. 56, S. 3660, H. 22,9 (21—24) mm, St. 6,6 g, H.-% 34.

Nach Balls, Studies S. 20, Samengewicht 0,140 g, Lint 31—33%, Länge $^3/_4$—1 Zoll (19—25,4 mm).   **Big Boll.**

Tuckers Long Staple. Lokalsorte in Red River County, Texas. Angeblich von George Tucker, daselbst.   **Upland Long Staple.**

Turners Improved. Jetzt nicht gebaut. Die Georgia Station fand 1896: K. 55, S. 2948, H.-% 31,7.   **Big Boll.**

Turpin. Siehe Willis.   **Upland Long Staple.**

Tyler oder Tylers Limb Cluster. Von K. J. Tyler in Aiken, S. C. Vor etwa 10 Jahren mehrfach geprüft. K. 84, S. 4750, H. 25,4 mm, H.-% 31,2. Alabama Exp. Stat. Bull. 153.

Veale. Aus Keno gezogen von C. H. Veale in Brandon, La. Soll mittelgroße Kapseln, $1^3/_8$ Zoll (35 mm) lange Haare und etwa 28% Haare haben. Nicht geprüft.   **Upland Long Staple.**

Waldrop. Robert Waldrop in Arkadelphia, Ark., erhielt Samen aus Südwest-Texas vor etwa 10 Jahren. Wahrscheinlich ein Abkömmling von Bohemian oder Myers.   **Big Boll Stormproof.**

Walker. Züchter unbekannt. Soll früh sein, mittelgroße Kapseln und guten Prozentsatz an Haaren haben.   **Early.**

Wallace. Synonym für Cummings.   **Big Boll.**

Walters. Züchter Dr. Walters in Montezuma, Ga., weiter ausgelesen von R. W. Gilbert, in R. F. D. N. 3, Montezuma, Ga. — Ganz ähnlich Cooks Improved. Kapseln rund, mittelgroß, Prozentsatz an Haaren hoch. Samen filzig, hell bräunlich grau. K. $77^1/_2$, S. 4050, H. 23 (22—25) mm, St. 6,2 g, H.-% 38,1.

Wannamaker-Cleveland gehört zu den führenden Sorten in Louisiana (fehlt bei Tyler).

Warren. Von J. B. Warren in Ennis, Kemper County, Miss. Steht in der Mitte zwischen den Peterkin- und den Big-Boll-Gruppen.   **Big Boll.**

Watts long staple in Südafrika bewährt. Journ. Text. Inst. 1924, Nr. 12, 313.
                                                            Upland Long Staple.

Webber. Long-staple-Baumwolle von $1^1/_4$ Zoll wird nach A. S. Pearse, Int. Cotton Bull. 1924, 3, 17 im Mississippi-Delta nicht mehr gebaut, in den anderen Teilen des Baumwollgürtels von langstapeliger nur Webber, und auch die hat sehr abgenommen, selbst in Süd-Carolina, wo Coker sie erzog. Die niedrigen Mehrpreise für langstapelige B. 1923 entschädigten nicht für den geringeren Ertrag und die Extrasorgfalt. Ref. Journ. Text. Inst. Manchester 1925, Nr. 1, A. 8.

Webbs Cluster. Soll von Garret Webb, früher in Edgecombe County, N. C., gezüchtet und Klumpen- oder Halbklumpensorte sein; früh und hoch im Prozentsatz an Haaren.   **Peterkin.**

Webbs Stormproof. Alte Sorte, jetzt nicht mehr gebaut. Von W. T. Webb in Alpine, Talladega County, Ala. Vor etwa 25 Jahren in Auburn geprüft, gab schwere Kapseln, 40 auf 1 Pfund. H.-% 36,93.
                                                            Big Boll.

Welborns Pet. Streng klumpig, ganz ähnlich Dickson, Züchter †. Jeff. Welborn in New Boston, Texas. Entstanden in den Red-River-(bottoms) Tälern in Texas. 1881 durch Kreuzen oder Vermischen (blending) von Barnes, einer dichtwüchsigen, breitblätterigen, grünsamigen Sorte und Jones Improved (nach Watt Jones Big Boll) mit Zellner, einer sehr kleinklumpigen Sorte mit nur 2 Blättern am Kapselklumpen. Wurde 1891 mit Zellner verglichen und als augenscheinlich identisch befunden.

Hoch, Seitenzweige 1—3, Fruchtzweige auf kurze Sporne reduziert, an der Basis des Stengels 2—3 Zoll lang, in der Mitte oft etwas länger, am oberen Ende sehr kurz. Blätter groß, Kapseln rundlich, 4—5fächerig, Haare kurz, Samen mittelgroß, filzig, bräunlich grau, einige wenige nackt, dunkelbraun. K. 68, S. 3860, H. 22 mm (20—24) mm, H.-% 33,4.

Cluster.

Werner. Lokalsorte in Blanco County, Tex. Von Joseph Werner in Blanco aus Myers ausgelesen. Ähnlich Myers, Kapseln groß, durchaus sturmfest und doch die Baumwolle leicht zu pflücken. H.-% 34,5, Samen groß, filzig, grau. **Big Boll Stormproof.**

West. Lokalsorte in Carroll County, Miss. Aus Brandon, gezüchtet von N. C. West in Mc Carley, Miss. — Ähnlich Brandon, Kapseln mittelgroß, Prozent an Haaren gut, Samen mittelgroß, filzig, gelblich braun oder fast nackt und dunkelgrau. K. 78, S. 4490, H. 24,7 (23—28 mm), St. 7,4 g, H.-% 35,5. **Peterkin.**

Whatley oder Whatley Improved. Jetzt nicht gebaut. Von T. A. Whatley in Opelika, Alabama Exp. Station Bull. 153. **Big Boll.**

White. Unter diesem Namen wird Triumph lokal in Waller County, Texas, gebaut. R. G. White in Hempstead erhielt den Samen von Herrn Mebane vor etwa 4 Jahren und fand, daß er allmählich an Haarprozent auf seinem Boden zunahm. **Big Boll Stormproof.**

White Wonder und White Lock Wonder. Siehe Texas White Wonder. **Big Boll Stormproof.**

Wiggs. Abkömmling von Sugar Loaf, angeblich von George W. Wiggs in Princeton, N. C. Soll früh sein, mittelgroße Kapseln und etwa 37% Haare haben. **Early.**

Wild. Eine Form von Peterkin in Jackson County, Ga. Haarprozent fast 40. **Peterkin.**

Wilkinson oder Walston Round Boll. Siehe Round Boll.

Willet Red-Leaf (auch bekannt als Allens Red Rustproof). Eine charakteristische Sorte unbekannten Ursprungs, eingeführt von der N. L. Willet Seed Company in Augusta, Ga. Willet erhielt den Samen aus einem Garten in Illinois, wo sie als Zierpflanze gebaut wurde. Es scheint nach dem Bulletin 33, Office of Experiment Stations, Dep. of Agr. S. 199, 204 und Bull. 140 Alabama Exp. Stat. wahrscheinlich, daß diese Sorte durch „J. C. Cook" und eine frühere rotblätterige, als „Ben Smith" bekannte Sorte von der alten Purple Stalk oder Red Leaf, die vor etwa 60 Jahren viel in Alabama und Georgia gebaut wurde, abstammt.

Hoch und pyramidal, ziemlich langstielig, die ersten Seitenzweige 6 Zoll oder mehr von der Basis des Stengels entfernt. Seitenzweige 1—3, scharf aufrecht, Fruchtzweige aufsteigend, Glieder etwas in der Länge unregelmäßig, mit Neigung zur Halbklumpigkeit. Blätter mittelgroß. Stamm, Zweige und Blätter dunkelrot. Kapseln mittelgroß, dunkelrot, ausgenommen, wo sie durch den roten Außenkelch beschattet werden. Drüsen dunkler rot, fast schwarz. Blumen rahmweiß, schön fleischfarben (pink) getönt. Haare mittellang, Samen filzig, grünlich oder bräunlich grau. K. 68, S. 4230, H. 25 (23—27) mm, H.-% 35,7.

Willey. Von J. C. Willey in Cummins, Ark. Nicht geprüft.

Upland Long Staple.

Williams. Lokalsorte in Warren County, N. C. Soll von A. D. Williams in Centerville, N. C., gezüchtet sein. Nicht geprüft.

Williams Select. Von J. H Williams in Luthersville, Ga. — Ganz ähnlich Russell, Seitenzweige 1—3, schwer, Fruchtzweige genügend kurzgliedrig, mit Neigung zur Halbklumpigkeit, an der Basis der Pflanze 2 Fuß, an der Spitze 3—4 Zoll lang. Kapseln groß, 48% sind 5 fächerig. Haare mittellang. Samen groß, filzig, dunkelgrün und braun. K. 64, S. 3360, H. 25,4 (24—27) mm, St. 6,5 g, H.-% 33,2.	**Big Boll.**

Williamson. Von E. M. Williamson in Montclare, S. C. Kapseln groß, Haare mittellang, Samen groß, filzig, grau oder hell grünlich grau. K. 54,5, S. 3400, H. 24,1 (23—25 mm), St. 5,3 g, H.-% 32,6.	**Big Boll.**

Willis. Eine „Stapel“-Baumwolle von John B. Willis in Issaquena County, Miss. Vor 16—18 Jahren geprüft. Wird noch gebaut von J. Archer Turpin in L’Argent, La., und ist verbreitet in einiger Ausdehnung in Tensas Parish unter dem Namen „Turpin“.	**Upland Long Staple.**

Willow Bunch. Lokalsorte, früher, weniger heute noch in White County, Ark., gebaut. Wird beschrieben als früh mit kleinen langen, scharf zugespitzten Kapseln, kleinen Samen und Haaren von guter Länge.

illow Switch. Lokalsorte in Jefferson County, Ark. Soll eine sehr ertragreiche „Stapel“-Baumwolle sein, die Haare von guter Qualität und 3—4 Cents pro Pfund höher im Preise. Nicht geprüft.
	Upland Long Staple.

Wilson Matchless. Lokalsorte von F. D. Wilson in Chase City, Va., früher in Littleton, N. C. Kapseln mittel bis groß. Prozent an Haaren gut Samen groß, filzig, hell bräunlich grau. — K. 60,5, S. 3540, H. 22,6 (21—23) mm lang, St. 6,5 g, H.-% 34,4.	**Big Boll.**

Wilson Stormprooof. Lokalsorte, angeblich von D. D. Wilson in Santa Anna, Tex. Soll ganz sturmfest sein, etwas ähnlich Myers. Nicht geprüft.	**Big Boll Stormproof.**

Wilt Resistant (fehlt bei Tyler).

Wise. Alte Sorte, gewöhnlich als Synonym für Peterkin angesehen. Züchter unbekannt. K. 77, S. 5200, H.-% 37.

In dieser Sorte ist ein höherer Prozentsatz an nackten, schwarzen Samen als in Peterkin.	**Peterkin.**

Wise County Round-Boll. Lokalsorte in Wichita County, Tex. Nicht geprüft.

Wood. Lokalsorte in Chester County, S. C. Soll von J. C. Wood in R. F. D. N. 1, Calvin, S. C., gezüchtet sein. Nicht geprüft.

Woods Improved. Von Samuel Wood in Abbeville, Ala., aus „Hard Shell“ ausgelesen; nach ihm ganz widerstandsfähig gegen Welkekrankheit (wilt). Kapseln mittelgroß, Haarprozent gut. Samen klein, filzig, bräunlich grau. K. 78, S. 4920, H. 22,8 (22—24), St. 5,8 g, H.-% 35. **Peterkin.**

Woodall. Von Jot Woodall in R. F. D. N. 2, Farmersville, Tex. Er erhielt die Samen von einem Pächter, der aus dem Brazostal nach Collin County zog. Nach mehrjähriger Auslese erhielt er eine sturmsichere Sorte, die in einigen Teilen von Texas sehr populär geworden ist. Soll 8—10 Tage früher als Rowden sein, aber ebenso große Kapseln haben. Leider jetzt etwas mit anderen Sorten gemischt.

Pflanze sehr ähnlich Rowden, buschig, Seitenzweige 1—3, gewöhnlich 2, Fruchtzweige mittel, kurzgliederig, hängend. Blätter mittel bis groß. Kapseln groß, die Mehrzahl 5 fächerig, reif sich nach unten

neigend. Haare mittellang. Samen filzig, grau. K. 60, S. 3220, H. 24,8
(23—27) mm, St. 7,3 g, H.-% 34,9. **Big Boll Stormproof.**
Woodfin Prolific. Siehe Nonpareil.
Woods. Alabama Agr. Exp. Stat. Bull. 153.
Worlds Wonder. Handelsname für Drake Defiance. Siehe diese.
Semicluster.
Wyche. Eine alte Sorte, die Stammutter vieler der verbreitetsten groß-
kapseligen Sorten der östlichen Staaten, mehr oder weniger im ganzen
Baumwollgürtel unter dem Namen „Mortgage Lifter" gebaut. Der Züchter
J. S. Wyche in Oakland, Ga., fand vor mehr als 30 Jahren in seinem
Felde kleinkapseliger Baumwolle eine einzige Pflanze mit sehr großen
5 fächerigen Kapseln und vermehrte sie. Sie wurde schnell verbreitet
durch ihn und andere, besonders durch Warren Beggerly in Coweta
County und J. H. Jones in Troup County.

Pflanze stark und kräftig. Seitenzweige groß, gewöhnlich 2, Fruchtzweige mit mittel- bis ziemlich langen Gliedern. Blätter groß, Kapseln
groß, die Mehrzahl 5 fächerig, nicht so immun gegen Insektenbeschädigungen
als Russell. Haare mittellang, Prozentanteil mittel. Samen groß, filzig,
grau oder hell bräunlich grau. K. 45,5, S. 2840, H. 23 (22—25) mm,
St. 6,4 g, H.-% 32. **Big Boll.**
Yellow. Siehe Nanking.
Zaney Improved. Lokalsorte in Abbeville County, S. C. Nicht geprüft.
Zellner. Alabama Agr. Exp. Station Bull. 153, 1911. Das Agricultural
und Mechanical College in Auburn, Ala., Report 1881—82, S. 53 (Bulletin 33
Office of Experiment Station U. S. Dep. of Agriculture S. 210) berichtet
darüber, daß Dr. Zellner in Ashville, St. Clair County, Ala. mehrere Jahre
Auslese bei seiner Baumwolle betrieben habe und diese Auslese den
Namen Zellner - Baumwolle verdiene. Mehrere hundert Bushel seiner
Samen seien vom Ackerbau-Departement angekauft und an die Pflanzer
im Süden verteilt worden. Jetzt nicht mehr gebaut.

Die Sorte Zellner war eine, und sicherlich die wichtigste Stamm-
pflanze von Welborns Pet. Sie wurde beschrieben als sehr ähnlich Dickson.
Cluster.
Zephyr. Lokalsorte, früher gebaut in Anson County und Lincola County, N. C.

E. Kultur der Uplandsorten.

Herr Regierungsrat Dr. Kränzlin in Sorau, Niederlausitz, hat im „Tropenpflanzer", 26. Jahrg., 1923, Nr. 1 eingehend die Fortschritte der Baumwollkultur
in den Ver. Staaten von Nordamerika besprochen und dabei u. a. auf die
wichtige Arbeit von H. R. Cates: Farm practice in the cultivation of Cotton[1]
aufmerksam gemacht.

Cates sagt: Dieser Bericht ist der erste Schritt, die Methoden der Baumwollkultur in den Ver. Staaten übersichtlich darzustellen. Der Baumwollgürtel kann in 4 Teile geteilt werden: 1. Die Deltaflächen (am Mississippi),
2. die südatlantische Abteilung, 3. die mittlere Abteilung, 4. die südwestliche
Abteilung. In jeder dieser Abteilungen sind die allgemeinen Gewohnheiten,
die praktischen Ausführungen und die Bedingungen ziemlich einheitlich.

---

[1] U. S. Dep. of Agriculture Bull. N. 511 Professional Paper March 31. 1917. Dieses
Bulletin, das jetzt vergriffen ist, habe ich zur Durchsicht vom Kolonialwirtschaftlichen
Komitee erhalten, wofür ich auch hier meinen verbindlichsten Dank abstatte.

Es wurden im ganzen 19 Flächen (areas) in den vier Abteilungen untersucht und in jeder dieser Flächen von meistens 25 Farmern statistische Angaben erbeten. Eine kleine Karte dient zur Orientierung, und viele Tabellen stellen die Ergebnisse dar (merkwürdigerweise fehlt Arizona).

Wir haben aus den auf den 19 Flächen als Hauptsorten angegebenen Varietäten folgende Übersicht zusammengestellt.

Jetzige Hauptsorten im Baumwollgürtel der Ver. Staaten:

1. **Penniscot County, Mi.:**
   Georg'a Big Boll
   Kings Improved
   Rowden
   Mebane

2. **Im Mississippi-Delta:**
   Trice
   Simpkins Prolific
   Dodds
   Metcalf
   Express

3. **Robeson County, N. C.:**
   Bates
   Cooks Improved
   Simpkins Improved

4. **Mecklenburg County, N. C.:**
   Cooks Improved
   Simpkins Prolific
   Kings Improved

5. **Barnwell County, S. C.:**
   Toole
   Kings Improved
   Cooks Improved

6. **Pike County, Ga.:**
   Cleveland Big Boll
   Russells Big Boll

7. **Tift County, Ga.:**
   Summerhour
   Half and Half
   Cooks Improved
   Toole

8. **Giles County, Tenn.:**
   Kings Improved
   Cooks Improved

9. **Bulloch County, Ga.:**
   Toole
   Sea Island
   Mortgage Lifter

10. **St. Francis County, Ark.:**
    Kings Improved

    Russells Big Boll
    Simpkins Prolific

11. **Ellis County, Tex.:**
    Mebane
    Rowden

12. **Chambers County, Ala.:**
    Christopher
    Russells Big Boll
    Kings Improved
    Cooks Improved

13. **Johnston County, Okla.**
    Mebane
    Rowden

14. **Jefferson County, Fla.:**
    Toole
    Bank Acount
    Kings Improved

15. **Lincoln Parish, La.:**
    Triumph
    Simpkins Prolific
    Bank Acount
    Kings Improved

16. **Lavaca County, Tex.:**
    Mebane
    Rowden

17. **Houston County, Tex.:**
    Mebane
    Rowden

18. **Monroe County, Miss.:**
    Russells Big Boll
    Millers
    Kings Improved
    Cooks Improved
    Triumph

19. **Bexar County, Tex.:**
    Mebane
    Triumph
    Kings Improved.

Wir geben nachstehend auch ein Verzeichnis einiger Baumwollsaatzüchter in den Ver. Staaten:

L. O. Watson, Florence, S. C.
Delta & Pine Land Co. Scott, Miss.
Pedigree Seed Co., Hartsville, S. C.
Mississippi Delta Station, Weilman, Miss.
Dr. L. C. Allen, Hoschton, Ga.
C. A. Mc Lendon, Atlanta, Ga.
R. E. Hudson, Auburn, Ala.
Alabama Experiment Station Auburn, Ala.
Pedigreed Seed Farm, St. Matthews, S. C.
Model Seed Farm St. Matthews, S. C.

State College of Agriculture, Athens, Ga.
H. G. Hastings, Atlanta, Ga.
State Experiment Station, Baton Rouge, La.
W. F. Covington, Headland, Ala.
Hollman-White Co., Memphis, Tenn.
North Carolina Experiment Station, Raleigh, N. C.
Artesia Farms, Albany, Ga.
B. F. Summerour Seed Co., Norcross, Ga.

F. Verteilung von Saat 1921.

Im Department Circular 151 Sept. 24, 1920[1]) des U. S. Departments of Agriculture, Bureau of Plant Industry, new and rare Seed Distribution, wird von R. A. Oakley, Agronomist in Charge, über die Verteilung von Baumwollsamen im Jahre 1921 berichtet.

Es war die 19. Verteilung; sie wurde geleitet von dem Office of Seed Distribution unter Mitwirkung der Baumwollzüchter des Bureaus of Plant Industry. Während der vergangenen 17 Jahre, heißt es da, wurden gegen 50 Sorten verteilt, die z. T. von den Sachverständigen des Bureau of Plant Industry gezüchtet oder von ihnen wegen besonderen lokalen Wertes ausgelesen waren.

Die Verteilung erfolgt in der Weise, daß eine kleine Menge Saat (1 Quart = 0,946 l, also rund 1 Liter) an den Farmer gegeben wird, damit er das Charakteristische der betreffenden Saat erkenne. Reicht er günstige Berichte und Proben von Kapseln ein, so erhält er im nächsten Jahr so viel Saat, daß er wenigstens einen Ballen Baumwolle ernten und Saat für das nächste Jahr gewinnen kann.

Beigegeben ist O. F. Cooks Schrift: Improvement of the Cotton Crop by Selection.

Beschreibung der wichtigsten verteilten Sorten.

1. Lone Star (einsamer Stern). Lone Star gehört zum Texas-Big-Boll-Typus und wurde gezüchtet von Dr. D. A. Saunders vom Bureau of Plant Industry aus einer einzigen hervorragenden Pflanze in einem Felde der Sorte Jackson im flachen Uferlande des Colorado-Flusses bei Smithville, Texas, im August 1905.

Im Jahre 1908 wurden größere Flächen damit in Waco, Denison und Cuero, Tex., bebaut, und die Sorte zeigte sich allen anderen damit verglichenen überlegen, so auch in den folgenden Jahren.

Beschreibung: Pflanze von mittlerer Höhe mit 1 bis 4 vegetativen Zweigen (limbs) und vielen langen Fruchtzweigen. Hauptstengel sehr kurzgliederig, weniger behaart als die meisten großstapeligen Sorten. Die vegetativen Zweige aufsteigend, gewöhnlich an ihrer Basis Fruchtzweige erzeugend. — Fruchtzweige zahlreich, horizontal oder aufsteigend, lang, die Internodien mittel bis kurz. — Blätter mittelgroß bis groß, sehr dunkelgrün, Blattstiel sehr lang, etwas hängend oder zurückgebogen. — Kapseln sehr groß, rund oder breit oval, $1^1/_2$ bis $1^3/_4$ Zoll im Durchmesser, $1^3/_4$ bis 2 Zoll lang, mit sehr kurzen, stumpfen Spitzen, 35 bis 45 auf 1 Pfund. — Außenkelchblätter (involucral bracts) sehr groß, dicht angedrückt, grob geadert, tief in lange Zähne eingeschnitten, die längsten Zähne oft sich über dem Ende voll entwickelter grüner Kapseln kreuzend. Blütenstiele mittellang, untere $1^1/_2$ Zoll, an der Spitze des Hauptstengels und an den Enden der primären und Fruchtzweige $3/_4$ Zoll lang. Kapseln dick und schwer mit sehr stumpfen Spitzen. Vlies 1 bis $1^1/_8$ Zoll (25,4 bis 28,6 mm) lang, sehr stark und von einheitlicher Länge, 38 bis 40%.

Bei dieser Sorte beginnen die vegetativen Zweige schon 4 bis 7 Zoll von ihrer Basis an Fruchtzweige zu entwickeln statt nahe ihrer Spitze. Dies scheint vorteilhaft gegenüber dem Kapselkäfer, da in Jahren heftigen Auftretens

---

[1]) Man verwechsle nicht die Department Circulare, die vom Ackerbauministerium (Department of Agriculture) herausgegeben werden, mit denen des Bureau of Plant Industry oder anderen.

desselben die Ernte von dem unteren Drittel der Pflanze genommen werden
muß. Bei der Auslese ist besonders auf kurze Internodien des Hauptstengels
geachtet, da dies einen frühen Fruchtansatz anzeigt. Der Wuchs ist ähnlich
der bekannten Triumph, und unter Umständen sind die beiden kaum zu
unterscheiden; aber an anderen Stellen erscheinen deutliche Unterschiede, und
diese sprechen zugunsten von Lone Star. Die Pflanzen sind weniger geneigt,
niederliegend zu werden, die Kapseln sind größer, das Vlies länger und
reichlicher. Gemeldet werden sehr hohe Erträge, mehr als 2 Ballen pro acre
auf abgemessenen Flächen. Unter günstigen Umständen wird die Faser
$1^1/_8$ Zoll (28,6 mm) lang. Viele Ballen sind mit einer Prämie (d. h. höher
als andere Baumwollen) verkauft. Lone Star ist zweifellos die beste jetzt
vorhandene Sorte für allgemeine Anpflanzung in dem Schwarzerdegürtel von
Texas (Texas black-land belt) und den angrenzenden Gegenden. Sie wird
in ausgedehntem Maße in Texas, Oklahoma und Arkansas gebaut.

Die zu verteilende Saat wurde für das Department of Agriculture erbaut
von R. W. Christian, Manchester, N. C., und Dr. D. A. Saunders, Greenville, Texas.

2. **Trice.** Trice ist eine frühreife, kurzstapelige Sorte, die von dem Prof.
S. M. Bain an der Tennessee Agricultural Experiment Station, einem Mitarbeiter des Bureau of Plant Industry, gezüchtet wurde. Sie ist das Resultat
vierjähriger Auslese einer frühen Sorte, die auf der Farm von Herrn Luke
Trice, bei Henderson, Chester County, Tenn., gefunden wurde. Die ursprüng-
liche Sorte soll von Südmissouri gekommen sein und ist lokal in Chester
County als „Big Boll Cluster" bekannt. Bei der Auslese wurde besonders
gesehen auf Frühreife, Ertrag, Form des Stengels und große Kapseln. —
Die Saat wurde gewonnen auf der Farm von W. N. Mc Fadden in Fayette
County, Tenn. Ein Vergleich 1908 mit der Originalsorte zeigte in allen
Stücken die erzielte Verbesserung sowie größere Einheitlichkeit.

Obwohl besonders gezüchtet für die leichten, sandigen Böden des westlichen Tennessee, hat sie auch in anderen Distrikten ausgezeichnete Erträge
gegeben. Die meiste Nachfrage nach Saat kam aus dem nördlichen Mississippi, wo der Einfall des Kapselkäfers zum Pflanzen frühreifer Sorten geführt
hat; aber die Sorte hat sich auch anderswo, wo noch kein Kapselkäfer haust,
bewährt; denn sie ist entschieden der King und anderen frühreifen Sorten
überlegen.

Beschreibung: Pflanze ziemlich klein, 2—5 Fuß hoch, vom Peterkin-
Typus, selten mit deutlichen basalen Zweigen, sehr ertragreich (very prolific).
Fruchtzweige zahlreich, kurzgegliedert. — Blätter hellgrün, mittelgroß,
rauhhaarig. Kapseln mittel bis groß, eiförmig, oft eckig, 4—5 fächerig.
Samen groß, mit dichtem, weißlichem oder bräunlichem Filz. Faser fein,
$^7/_8$—1 Zoll (22—25,4 mm) lang, Lint 28—33 %, früh.

Da diese Sorte aus einem Cluster-typ (Klumpenbaumwolle) hervorgegangen
ist, ist es möglich, daß dieser Charakter wiedererscheint, besonders unter
ungünstigen Bodenverhältnissen. Solche Pflanzen müssen so früh als möglich
entfernt werden.

Die verteilte Saat wurde von A. R. Bridges in Bells, Tenn., gebaut.

3. **Columbia.** Dies ist eine frühe, langstapelige Sorte, sehr passend für
Süd-Carolina und die angrenzenden Staaten. Sie entstand aus einer kurzstapeligen Sorte, der Russell Big Boll. Die erste Auslese wurde 1902 in
Columbia, S. C., von Dr. H. J. Webber, früher beim Baumwollzüchtungswerk
des Bureau of Plant Industry, gemacht. Er fand eine einzige Pflanze mit

langem Vlies, und diese gab 1903 eine gute Nachkommenschaft. Das Ziel war immer, die Verzweigung und die Kapseln des Russell-Typs beizubehalten, und die Pflanze ist nur durch den langen Stapel und die Farbe des Filzes zu unterscheiden.

Russell hat große Samen, die mit dunkelgrünem Filz bekleidet sind. Diese Farbe ist unangenehm, da die Fasern (lint) leicht, wenn die Saatbaumwolle etwas feucht entkörnt wird, etwas mit dem grünen Filz vermengt werden; auch sind die grünen Linters (der abgetrennte Filz) nicht erwünscht. Bei der Auslese wird deshalb auf weißen Filz gesehen. Die meisten Pflanzen der Columbia haben jetzt weißen Filz; aber einzelne haben doch noch grünen. Einzelne haben gelegentlich auch grünes Vlies (lint). Diese müssen entfernt werden. Das Verhältnis der grünen Samen ist in einigen Jahren größer als in anderen, die Ursache ist noch nicht bekannt.

Beschreibung der Columbia. Pflanze niedrig, kompakt, vom Russell Typ, mit mehreren langen, verzweigten, basalen vegetativen Ästen; kräftig, ertragreich. Kapseln groß bis sehr groß, eiförmig, kurz gespitzt, sich gut öffnend, im wesentlichen 5 fächerig. Samen groß, filzig, weiß oder grünlich, 8—10 in jedem Fach. Vlies sehr stark, $1^3/_4$—$1^7/_{16}$ Zoll (34—36,5 mm) lang, fein, seidig, sehr gleichmäßig in der Länge. Lint 29—33 %. Im Vergleich mit den älteren langstapeligen Sorten früh.

Infolge andauernd hoher Preise für langstapelige Upland-Baumwolle wird Columbia sehr ausgedehnt in Süd-Carolina und den angrenzenden Staaten gebaut.

Die Columbia-Baumwolle ist in einigen Gegenden schnell die herrschende Sorte geworden. Farmer, die einen Markt langstapeliger Baumwolle besuchen können, erhalten oft 5 Cents und mehr pro Pfund über kurzstapelige. Die Ansicht, daß langstapelige Sorten unproduktiv seien, ist unbegründet, Columbia gab oft mehr Ertrag als kurzstapelige. Fortgesetzte Verteilung ausgelesener Saat ist aber notwendig, und die Gemeinden sollten auf Einheitlichkeit halten.

Um eine Prämie zu erhalten, besonders für langen Stapel, muß die Baumwolle sorgfältig gepflückt werden, nicht bloß Blätter usw. auslassen, sondern auch unreife und von Welke schmutzig gewordene Kapseln. Auch muß die Baumwolle vor dem Entkörnen trocken sein. Für Texas eignet sich die Columbia nicht, überhaupt nicht für die trockenen Gegenden des Südwestens.

Die Columbia-Saat war von C. H. Carpenter in Ensley, S. C.

4. Durango. Ist ein neuer Upland-long-staple-Typ, vom U. S. Department of Agriculture eingeführt und akklimatisiert. Ist entstanden aus einem mexikanischen Stock, der vermutlich aus dem Staate Durango kam. Die Samen für die erste Pflanzung wurden aus einigen wenigen Kapseln gewonnen, die F. L. Lewton in der Ausstellung der mexikanischen Regierung auf der Weltausstellung 1904 in St. Louis, Mo., erhielt. Nach mehrjähriger Akklimatisation und Auslese im südlichen Texas wurde ein hervorragender Stamm (strain) abgetrennt und aus diesem die jetzige Durango-Sorte erzogen.

Sie ist eine frühe, ertragreiche Sorte, die sich für weite Distrikte eignet, und hat sowohl in den bewässerten Gegenden der Südweststaaten wie in den Upland-Distrikten der Südoststaaten bessere Resultate ergeben als andere langstapelige. Sogar so weit nördlich wie in Norfolk, Virginia, sind die Erträge im Vergleich mit King und anderen frühen, kurzstapeligen günstig gewesen. Im Imperial Valley in Kalifornien hat die Durango die kurzstapeligen im Ertrage und in der wertvolleren längeren Faser übertroffen. Sie wird in verschiedenen bewässerten Tälern des Südwestens gebaut.

In bezug auf Frühreife ist Durango der Columbia entschieden überlegen, das ist ein Vorteil für vom Bollweevil infizierte Gegenden und für solche, wo die Jahreszeit kurz ist.

Die Faser ist von vortrefflicher Qualität und erreicht unter günstigen Bedingungen eine Länge von $1^1/_4$ Zoll (31,7 mm). Die Ballen, soweit solche bis jetzt erzeugt sind, brachten 2—10 Cents mehr als kurzstapelige Baumwolle, meist 5—6 Cents pro Pfund.

Beschreibung der Durango. Pflanze von aufrechtem Wuchs mit starkem Hauptstengel und ziemlich steifen, aufsteigenden vegetativen Zweigen. Fruchtzweige mittellang oder ziemlich kurz, unter gewissen Umständen halbknäulig. Laub ziemlich tief grün, ziemlich früh rot werdend. Blätter mittelgroß, gewöhnlich mit 5 oder 7 ziemlich schmalen, allmählich sich zuspitzenden Lappen, Blätter mit nur 3 Lappen sind seltener als bei den meisten anderen Uplandsorten. Außenkelchblätter ziemlich klein, 3eckig, herzförmig, mit ziemlich kurzen Zähnen. Kelchzipfel ziemlich unregelmäßig in der Länge, zuweilen sehr lang und schlank. Kapsel mittelgroß oder fast groß, unter günstigen Umständen etwa 60 auf 1 Pfund, kegelig-oval, mit ziemlich glatter Oberfläche, da die Öldrüsen tief liegen. Prozentsatz der 5fächerigen Kapseln 40—50. Samen mittelgroß, mit weißem Filz und reichlicher bis $1^1/_4$ Zoll langer Wolle. Lint 32—34%. Näheres in Bur. of Plant Ind. Bull. 220 und Farmers Bull. 501.

Die verteilte Saat war von W. E. Hotchkiss in Courtland, Ala.

5. **Meade.** Meade ist eine langstapelige Uplandsorte und ist gezüchtet aus einigen wenigen sich auszeichnenden Pflanzen 1912 von Rowland M. Meade, vom Bureau of Plant Industry, in einem Felde bei Clarksville, Texas. Der Ursprung der Elternsorte ist nicht bekannt, sie soll vor mehreren Jahren aus Arkansas gekommen sein. Irrtümlich nennt man sie „Black Rattler" oder „Blackseed", aber das stimmt nicht mit den in anderen Gegenden so genannten Sorten.

Meade starb im Juni 1912, und die Sorte wurde ihm zu Ehren benannt.

Die jetzt in den Südoststaaten gebaute Meade hat durchschnittlich $1^5/_8$ Zoll (41,3 mm) lange Fasern, die außergewöhnlich einheitlich sind und wenig oder keine Neigung zeigen, an der Basis des Samens kürzer zu werden. Samen groß, bräunlich schwarz, nur leicht mit weißem Filz an beiden Enden bedeckt. Unter Bollweevil-Verhältnissen in Georgia hat Meade 3—4mal so hohen Ertrag gegeben als die daneben stehende Sea Island. Mehrere Ballen wurden in Savannah 1917 mit $^1/_2$ Cent pro Pfund höher bezahlt als Sea Island.

Meade unterscheidet sich von anderen langstapeligen Uplands durch ihre große Ähnlichkeit mit der Sea Island, die in Georgia und Florida gebaut wird, und dadurch, daß ihre nackten glatten Samen sich auch zum Entkörnen auf den Walzen- oder Longstaple-Gins eignen, so daß keine radikalen Veränderungen daran nötig sind, wenn Meade an die Stelle von Sea Island tritt.

Beschreibung der Meade. Pflanze aufrecht, mittelhoch, mit regelmäßigen, mittellangen Internodien am Hauptstengel und den vegetativen Zweigen. Internodien der Fruchtzweige ziemlich lang, mit wenig Neigung zur „Cluster"-Form. Blätter mittelgroß, ziemlich dünn, nicht tief ein-

10*

geschnitten, Blätter mit nur 3 Lappen häufiger als bei den meisten anderen Uplands. — Außenkelchblätter mittelgroß, die Kapseln nicht überragend, mit 10 schlanken Zähnen. Kapseln mittelgroß, mit dünner Wand, sich gut öffnend, selbst bei feuchtem Wetter. Samen groß, etwa 3000 auf 1 Pfund, fast nackt, wenn die Baumwolle entfernt ist, bräunlich schwarz, an beiden Enden mit einem kleinen Büschel Filz (slightly tufted). Faser $1^1/_2$ bis $1^{11}/_{16}$ Zoll (38,1—42,9 mm) lang, einheitlich, mit gutem Glanz, etwas kräftiger im Körper als Sea Island. Wenn gut entkörnt, kaum von Sea Island zu unterscheiden. Lint-% 26; Lint Index 5,5.

In Valdosta, Ga., wurde 1917 die Meade 2 Wochen früher als Sea Island reif und gab 2mal soviel Ertrag (230 gegen 117 Pfund). Das Pflücken ist auch leichter, da die Meade-Kapseln doppelt so groß als die der Sea Island sind. Zehn 4fächerige Meade-Kapseln gaben 65,7 g, aber Sea Island nur 35,7 g. Letztere hatte

75% dreifächeriger Kapseln,

Meade 75% vier   „   „

und 25% fünf   „   „   .

Wegen der Größe der Samen ist das Lintprozent kleiner, in Valdosta 26,8 gegen 30,7 für Sea Island. Das ergibt für einen 500-Pfund-Ballen bei Meade 1365 Pfund Samen, bei Sea Island 1111 Pfund. Beide Sorten geben Faser von derselben Länge, $1^5/_8$ Zoll (41,3 mm).

Der Ölgehalt der Meade ist ungewöhnlich hoch, etwa 24 %.

Um auf den Sea-Island-Märkten zu konkurrieren, muß die Meade sorgfältig geerntet und entkörnt werden.

6. Acala. Acala ist wie Durango aus importierter mexikanischer Saat erzogen und stellt eine neue Form der Upland-Baumwolle dar. Der Originalstock wurde gesammelt von den Herren G. N. Collins und C. B. Doyle, vom Department of Agriculture, in Acala, im Staate Chiapas, im südlichen Mexiko im Dezember 1906. Schon auf einer früheren Expedition, die von O. F. Cook geleitet wurde, hatte man im südlichen Mexiko einen einheimischen Big-boll-Typus entdeckt.

Die Akklimatisation und Auslese von Acala wurde hauptsächlich im südlichen Texas in den Jahren 1907—1911 ausgeführt. 1911 wurde sie zum ersten Male feldmäßig bei Waco, Tex., angebaut, und in den letzten 6 Jahren hat sie in Texas, Oklahoma und dem westlichen Tennessee sehr zufriedenstellende Resultate ergeben, in Oklahoma wegen der großen Kapseln, die früher reifen als Lone Star oder Triumph, und wegen der ähnlichen Menge Faser mit einem etwas längeren Stapel.

Die gegenwärtige, für nördliche Verhältnisse angepaßte Zucht stammt von 20 Pflanzen, die Dr. D. A. Saunders vom Originalfelde in Waco 1911 auslas.

Beschreibung der Acala. Pflanze mittelhoch, Hauptstengel stark, aufrecht. Holztriebe oder primäre Zweige wenige, aufrecht oder aufsteigend. Fruchtzweige kurzgliederig, zickzackförmig, die unteren Zweige lang, oberwärts sehr kurz, so daß die Pflanze ein halbknäuliges Aussehen erhält. Blätter mittelgroß, dunkelgrün, die des Hauptstengels gewöhnlich 5lappig, die der Fruchtzweige 3lappig. Die Lappen lang und sehr scharf zugespitzt, ähnlich denen der Durango. Kapseln mittelgroß, $1^1/_2$ Zoll (38 mm) lang oder länger, eiförmig oder eilänglich, mit einer ziemlich kurzen, stumpfen Spitze, 50—60 auf 1 Pfund. — Außenkelchblätter für eine amerikanische Sorte ziemlich klein, selten mehr als die halbe Länge der reifen Kapseln erreichend, Zähne lang und schmal, zuweilen sichelförmig, oft oberhalb der Knospen sich verflechtend. Blütenstiele mittellang, $1^1/_2$ Zoll. Kapseln oft hängend, ihre Wand mitteldick, sturmsicher, sich weit öffnend. Faser $1^1/_{16}$—$1^3/_{16}$ Zoll (27,0 bis 30,2 mm), gewöhnlich $1^1/_8$ Zoll, voll, mit gutem Zug (drag) und extra stark, rein weiß, ohne rahmfarbige Tönung. Lint-% 32—35.

Acala ist in der Form der Pflanze, dem Typus der Kapsel und besonders in der Qualität der Faser von allen anderen Sorten verschieden und eine der auffallendsten der bis jetzt eingeführten Sorten.

Sie kommt einem wirklichen landwirtschaftlichen Bedürfnis entgegen, indem sie etwas früher reift als Lone Star oder andere großkapselige Sorten, und wird deswegen im nördlichen Texas und Oklahoma sich schnell verbreiten. Sie ist schon in einigen Gemeinden gut bekannt, die Saat ist leicht verkäuflich, wird zuweilen „Kelly“ genannt. Ihre Frühreife macht sie in diesen Distrikten besonders für die Flußniederungen (bottom lands) geeignet, wo die Baumwolle die Neigung hat, geil zu. wachsen und spät zu reifen. Ebenso paßt sie für die nördlicher gelegenen Hochlande, wo der Frost oft die Vegetationszeit abkürzt. Besonders bekannt ist sie wegen ihrer Festigkeit und der außergewöhnlichen Stärke der Faser. Auf den Märkten für langstapelige Baumwolle erhält Acala eine Prämie von $ 7,50 bis $ 12 per Ballen.

Die verteilte Saat war von Ferris D. Watson in Waxahachie, Tex.

In Neumexiko wird Acala besonders im Mesilla-Tal gebaut, Durango im Pecos-Tal. Außer diesen bewährte sich Triumph auf der New Mex. Station (Bull. 1924) am besten[1]).

Zu erstattender Bericht über die Resultate.

Jeder Farmer, der ein Quart Samen erhält, findet in dem Paket eine gelbe Antwortkarte mit dem Namen der Baumwollsorte.

Will der Farmer sich an den vergleichenden Versuchen mit dieser Saat beteiligen, so muß er die Karte an das Department of Agriculture zurücksenden. Diejenigen, die das tun, erhalten ein Blankoformular, auf dem sie nach der Ernte auszufüllen haben:

1. Charakter des Bodens. 2. Charakter der Jahreszeit. 3. Wurde die Saat der neuen Sorte für sich allein gebaut oder mit einer anderen Sorte zum Vergleich? 4. Name dieser zum Vergleich benutzten Lokalsorte. 5. Größe und Ertrag der Reihe oder der Parzelle der neuen Sorte. 6. Ertrag der gleichen Reihe oder Parzelle der Lokalsorte. 7. Beurteilung der neuen Sorte für die Gegend des betr. Farmers. Ob vorzüglich, gut, mäßig (fair) oder arm. 8. Eine Probe Saatbaumwolle, entsprechend dem Ertrag aus zehn 5fächerigen Kapseln ist einzusenden, aber die Wolle aus jeder einzelnen Kapsel ist für sich einzupacken in ein kleines Stück Papier.

Wenn es sich zeigt, daß die Sorte für den betreffenden Farmer geeignet ist, so erhält er einen halben Bushel Saat für das nächste Jahr.

---

[1]) Ref. im Journ. Text. Inst. Manchester 1925, Nr. 1, A.

L. Weitere Arten der Neuen Welt.

1. Gossypium religiosum Linné.

(Nach Watt G. hirsutum L. var. religiosum Watt.)

Mit dem Namen Gossypium religiosum werden von den verschiedenen Autoren verschiedene Dinge bezeichnet.

Todaro, Relazione sulla Cultura dei Cotoni, S. 190 sagt, die Pflanze, die gewöhnlich für G. religiosum gehalten wird, sei G. hirsutum var. rufum, auch alle Pflanzen mit gelber (camoscio) Wolle würden für G. religiosum erklärt.

Linné beschreibt sie in seinem Systema naturae II, S. 462 und in Mantissa bei der Bemerkung zu G. arboreum. Todaro gibt das, etwas geändert, folgendermaßen wieder: Halbstrauchig, Zweige behaart, überall mit schwarzen Drüsen. Blätter herzförmig, tief 3 lappig, selten 5 lappig, Lappen zugespitzt, unterseits mit einer Drüse. Blumenkrone intensiv gelb, ziemlich groß, den Hüllkelch überragend, Kapseln klein, Vaterland Indien (Linné) Tranquebar (Rohr).

Watt gibt auf Taf. 32 eine photographische Abbildung von Linnés Originalexemplar im Linnean Herbarium, London und eine farbige Kopie eines Exemplars aus dem botanischen Garten in Calcutta, das Roxburgh G. fuscum nannte. Watt findet am meisten Ähnlichkeit mit G. hirsutum; das ist aber ja eine amerikanische Art und keine indische. Die hat schwach eingeschnittene 3 lappige Blätter, solche hat G. religiosum nach den Abbildungen auch, während nach Todaro G. religiosum tief 3 lappige Blätter hat. Linné sagt nur: „Blätter 3 lappig, spitz."

Am besten ist es, man benutzt den Namen religiosum gar nicht, um die Verwirrung nicht noch größer zu machen. Über die verschiedenen Ansichten siehe besonders Parlatore, Todaro und Watt.

Was Parlatore als *G. religiosum L.* beschreibt und Taf. IV so schön farbig abbildet, hat 9 bis 10 nierenförmig zusammenhängende Samen, große. tief eingeschnittene Blätter und ist entschieden *G. brasiliense* Macfadyen.

2. Gossypium oligospermum Macfadyen.

Wenigsamige Baumwolle.

Blätter 5 lappig, (Lappen) zugespitzt, wellig, oberseits weichhaarig, unterseits sternhaarig-weich, 1- (selten 2-)drüsig, Außenkelch 3 spaltig, seine Blätter an der Spitze eingeschnitten gezähnt. Kapseln 3—4 fächerig, Fächer nur 4 samig. Jamaika. So die Beschreibung von Macfadyen, über die Blüte gibt er nichts an. Parlatore (S. 61) hält es, wie B. jamaicense Macf., wahrscheinlich für eine Varietät von G. hirsutum.

3. Gossypium lanceolatum Todaro.

Lanzettblättrige Baumwolle.

Krautartig, behaart, mit dünnen, weitschweifigen Zweigen. Blätter mit langen zweigähnlichen Stielen, die oft länger als die Spreite. Spreite einfach (ungeteilt), lanzettlich, zugespitzt, eindrüsig, feinnervig. Nebenblätter pfeilförmig. Hüllkelchblätter groß, breit, eiförmig-rund, behaart, tief herzförmig. unten schwach verwachsen, oben tief gezähnt, die Zähne spreizend, geschwänzt, länger als die Blumenkrone. Kapsel und Samen nicht gesehen.

Mexiko, an Wegen. Wohl nicht kultiviert.

4. Gossypium microcarpum Todaro.

Kleinkapselige Baumwolle.

Von einigen rote peruanische Baumwolle genannt.

Zweige sehr zahlreich, abstehend. Blätter ziemlich glatt, bewimpert, fast handförmig geteilt, Lappen 3 bis 5, schmal, länglich lanzettlich, an der Basis kaum verschmälert. Blumen klein, außen filzig, oft kaum den Hüllkelch überragend. Kelch sehr groß, weit, deutlich 5 zähnig, glatt. Kapsel klein, rund bis oval, zugespitzt. Samen eiförmig, halb zusammenhaftend, stellenweise mit grünlichem oder rotbraunem Filz und schmutzig weißer oder rötlicher grober, harter Wolle. — Die var. *rufum* Todaro hat rote Wolle.

Verwandt mit *G. brasiliense* und *G. peruvianum*. Stengel rundlich kantig, purpurn, durch Drüsen warzig, Blätter dick, lederartig, oberseits fast glatt, unterseits filzig behaart, das untere Lappenpaar horizontal abstehend, die anderen aufsteigend (wie bei dem verwandten G. vitifolium), unterseits auf 1 bis 3 der stark vortretenden Hauptnerven je 1 Drüse. — Nebenblätter groß, bleibend, linear-lanzettlich. Blütenstand starke, steife, 1—2 blütige seitliche Schosse, Blütenstiel abgeflacht und kantig, mit 1 bis 2 dreilappigen Blättern. Hüllkelchblätter glatt, sehr groß, breit oval, stumpf, tief herzförmig, die Öhrchen leicht verwachsen, Rand tief zerschlitzt, die Zähne geschwänzt, warzig und bewimpert. Blütenstiel mit undeutlichen Drüsen am oberen Ende, Kelch ohne Drüsen. Blumen groß, massig, blaßgelb, ohne purpurne Flecke, voll entfaltet glockenförmig. Kelchzähne breit oval, dreieckig. Kapsel 3 fächerig, zur Reifezeit die Spitzen der Klappen zurückgebogen, in dem auswachsenden Hüllkelch eingeschlossen.

Vorkommen: Mexiko, Peru, Brasilien, Afrika. Wahrscheinlich heimisch in Mexiko. — Ist die Porto-Rico-Baumwolle Rohrs.

Ostafrika Busse n. 184. Samen fast ganz nackt und frei.

Unterscheidet sich von G. peruvianum durch tiefer handförmig eingeschnittene Blätter und Samen, die mehr oder weniger in Nierenform zusammenhängen.

Nach Spruce, der unzweifelhaft diese Art (nach Watts Ansicht) in Peru fand, wog der Inhalt einer 3 fächerigen Kapsel 125 Grains, davon die 31 Samen 65 Grains, die Wolle 60 Grains oder 48 $^0/_0$ des Gesamtgewichts. Er sagt: Diese Pflanze erzeugt die größten Kapseln mit den zahlreichsten Samen und daher der größten Menge Wolle von allen in Peru gebauten Baumwollen.

Nach den oben gegebenen Zahlen würden nicht ganz 120 Kapseln 1 Pfund reine Baumwolle geben.

5. Gossypium peruvianum Cavanilles.

(Nicht anderer Autoren) (Abb. 30).

Südamerikanische, peruanische, Imbabura- oder Andenbaumwolle; wahrscheinlich gehört auch die Pernambucobaumwolle hierher und nicht zu G. brasiliense. — Viele ägyptische Sorten sind nach Watts Ansicht Rassen oder Hybriden von G. peruvianum, so Ashmouni, Mit-Afifi, Zafiri und Abassi. — Die Ashmouni mancher Schriftsteller scheint aber G. microcarpum zu sein. — Vulgärnamen in Afrika u. a.: Owu in Abbeokuta; Ukoko am Kongo, Bazazulu in Zambesi.

Eine buschige Perenne, Zweige sehr lang und gebogen, stark kantig gestreift, im Alter aschgrau; Stengel durch reichliche Drüsenpunkte bunt, 1 m hoch, Blätter unterseits oft filzig, bis zur Hälfte oder dreiviertel in längliche

Abb. 30. Gossypium peruvianum Cavanilles.

1 Blütenzweig, eine der drei Brakten entfernt, um den nur undeutlich gezähnten Kelch zu zeigen.
2 Blatt, fast nat. Größe,   *3* Kapsel.   *4* filziger Same, etwas vergrößert.   *5* Same mit Filz und
Vlies. ³/₁ nat. Größe.   *6* Same der ägyptischen Sorte Abassi und *7* Same der ägyptischen Sorte
Afifi, beide ³/₄ nat. Größe.   Nach Watt.

stachelspitzige Lappen geteilt, Blumen oft groß, Kelch lose, undeutlich gezähnt, Samen groß, frei, mit deutlichem (zuweilen unvollkommenem) grünem, grauem oder rostfarbigem Filz und reichlicher harter, oft seidiger Wolle.

Genauere Beschreibung nach Watt: Blätter groß, dick, grob, ei-herzförmig, an den unteren Teilen der Pflanze ungeteilt, in der Mitte der Pflanze 5lappig, an der Spitze der Zweige 3lappig. Lappen breit länglich zugespitzt, die 3 Hauptnerven (oder nur der Mittelnerv) unterseits mit 1 Drüse. Nebenblätter sehr groß, breit länglich. Blattstiel ca. 5 cm lang, mit Büscheln von Haaren auf den vorspringenden, körnigen Drüsenpunkten. Blütenstand: lange Laubsprosse mit gewöhnlich einzelnen, extraaxillären Blumen. Hüllkelchblätter mit drei deutlichen Drüsen, breit herzförmig geöhrt, dem Kelch, der ebenfalls 3 Drüsen an der Basis zeigt, anliegend, mit zahlreichen erhabenen, parallelen Nerven, eingeschnitten gezähnt, der Mittelzahn sehr hervortretend und größer als die anderen (nach der Abbildung nicht), Blumenkrone oft fast filzig, oft $1^1/_2$ mal so lang als der Hüllkelch, schwefelgelb mit purpurnen Nägeln, im Herbar zitronengelb, Kapsel eilänglich, plötzlich zugespitzt, 3klappig, kaum über den auswachsenden Hüllkelch vorragend. Samen groß, frei voneinander, mit deutlichem (zuweilen nur unvollständigem) grauem, rotbraunem oder grünem Filz unter der reichlichen, starren Wolle. (Cavanilles beschreibt die Samen als verkehrt eiförmig, schwarz und erwähnt nichts von einem Filz. Nach seiner Zeichnung scheinen sie nackt.)

Vorkommen: Zentral- und Südamerika (möglicherweise in den äquatorialen Anden einheimisch), jetzt fast in allen Baumwolle bauenden Ländern, besonders reichlich in Afrika und ist nach Watt augenscheinlich die Stammpflanze von Ashmouni, Abassi und Afifi, erstere die älteste.

Miers sagt in einer Manuskriptnote im British Museum zu London, daß er die Pflanze bei Lima gesammelt habe, und Spruce[1]) gab einen sehr instruktiven Bericht über ihre Kultur in Nord-Peru. Irrtümlicherweise vermutete Spruce, daß der Name G. peruvianum von Linné der Nierenbaumwolle von Brasilien gegeben sei. Linné hat aber gar kein G. peruvianum aufgestellt. Spruce sagt weiter, daß er vielleicht nirgends eine Baumwollpflanze wirklich wild gesehen habe. In Schluchten, die in die See bei Chanduy und St. Elena hinablaufen, sind einige wenige, im Wuchs gehinderte Baumwollstauden, die einen großen Teil des Jahres oder zuweilen mehrere Jahre blattlos dastehen, aber sie können von Samen der Pflanzen stammen, welche die Indianer nahe ihren Häusern in den benachbarten Dörfern bauen und durch beständige Bewässerung ertragreich machen. Die Baumwollen dagegen, welche die Indianer des Amazonentales bauen, sind Varietäten von G. barbadense, und so sind es auch die der Andinentäler, wo keine Tradition sagt, daß sie eingeführt sind; doch eine wahrhaft wilde Pflanze ist nicht gefunden.

Glücklicherweise hat Spruce Exemplare der Chanduy-Pflanze unter Nr. 654 eingelegt, und das ist G. peruvianum Cav. im Wattschen Sinne.

Leider ist die irrtümliche Annahme von Spruce, daß Linné unter G. peruvianum die Nierenbaumwolle von Brasilien verstanden habe, in fast alle Schriften übergegangen, während tatsächlich die Nierenbaumwolle von G. brasiliense[2]) stammt.

Tanguis-Baumwolle. Wahrscheinlich gehört diese gegen Welkekrankheit so widerstandsfähige, von Tanguis erzogene Sorte zu G. peruvianum. Man kann sie 5 Jahre bauen. Von der peruanischen Baumwolle sind $60^0/_0$ Tanguis

---

[1]) Culture of Cotton in North Peru 1864, S. 67—68.
[2]) Macfadyen: Fl. Jamaica, 1837, I, S. 72.

(1922: 14000 metrische Tonnen). Die Wolle ist $1^3/_4$ Zoll (44,4 mm) lang, sehr stark und wird als „half rough" (halb rauh) klassiert[1]).

Eine beliebte Handelssorte ist „Full rough" „Peruvian Cotton"[2]).

Diese Sorte verdankt ihre besonderen Eigenschaften dem trefflichen Klima der gut bewässerten Küstentäler, wo die Unterschiede zwischen Tag- und Nachttemperaturen die besten Bedingungen für das Wachstum der Baumwolle abgeben. Dazu kommt die Ablagerung von Chlornatrium auf die Pflanzen durch die salzhaltigen Spritzer des Stillen Ozeans.

Die Pflanzen werden in kleinen Löchern 5—7 Yards voneinander in ungepflügtem Lande gezogen und mit Wasser aus dem Flusse La Chira bewässert, Melonen, Kürbis und Bohnen werden in den Zwischenräumen gebaut. Die erste Ernte nach etwa 8 Monaten ist klein, von da ab nimmt der Ertrag bis zum 6. Jahre zu, dann versagt die Pflanze. Je näher der See, desto rauher die Faser. — „Moderate rough" wird weiter entfernt von der See gebaut, z. B. im Department Jca.

Watt macht auch bei G. peruvianum darauf aufmerksam, daß alle amerikanischen und afrikanischen kultivierten Baumwollarten, die mehr oder weniger filzige Samen haben, z. B. G. hirsutum, mexicanum, peruvianum, auch behaarte Blätter besitzen. Er kann keine Nachrichten darüber finden, wie G. peruvianum nach Ägypten gekommen ist.

Mehrere ägyptische Baumwollen sind wieder nach Amerika, besonders nach Arizona und Texas und Kalifornien zurückgebracht und dort verbessert worden; sie werden als Yuma- und besonders als Pima-Baumwolle hoch geschätzt. (Siehe Ägyptische Baumwolle S. 71.)

In Arizona sind schon vor etwa 20 Jahren im Tale des Gila-Flusses und seiner Nebenflüsse die ersten Anlagen von ägyptischer Baumwolle gemacht, 1918 wurden schon 21140 Ballen im Wert von 6,3 Millionen $ geerntet. Die Anbaufläche betrug 1920 92000 acres, eine Erhöhung um $100^0/_0$ gegen das Vorjahr. — Mit Hilfe guter Bewässerungsanlagen hofft man bis 60000 Ballen ernten zu können. — Auch in Kalifornien wird seit einigen Jahren im Imperial Valley Pima-Baumwolle gebaut. Die Weinbauer Mittel- und Süd-Kaliforniens haben wegen des Alkoholverbotes diese Kultur als Ersatz für Wein aufgenommen. Außer einem Zuwachs von 1000 acres im oberen Sacramento-Tal, wurden 1919 etwa 20000 acres im San-Joaquin-Tal für Baumwolle erschlossen, auch die erste Entkörnungsmaschine in Mittelkalifornien in Betrieb gesetzt.

6. Gossypium purpurascens Poiret.

Bourbon- und Portoriko-Baumwolle, zuweilen auch Siam-B. genannt.

(Abb. 31.)

Perennierend, Zweige kantig, etwas purpurn, fast glatt und graugrün. Blätter klein, meist 3lappig, die seitlichen Lappen auswärts und aufwärts gerichtet. Drüsen auf dem Mittelnerv nahe der Basis. Außenkelchblätter rundlich, tief zerschlitzt. Blütenstiel an der Spitze mit 3 Drüsen innerhalb der Öhrchen des Außenkelchs. Kelch groß, lose, abgestutzt und kurz gezähnt. Samen groß und fast nackt, die echte Wolle aber reichlich und seidig.

Genauere Beschreibung nach Watt: Kletternder Strauch oder klimmender kleiner Baum (15—20 Fuß). Lange Zweige, schwarzwarzig, fast glatt,

---

[1]) Ref. im Journ. Text. Inst. 1924. Nr. 12, A. 313.
[2]) Text. Rec. 1924, 42, Nr. 499, S. 94. Ref. J. Text. Inst. 1925. Nr. 1, A. 8.

Abb. 31. Gossypium purpurascens Poiret.

1 Blütenzweig mit Drüsenpunkten auf den Stengeln.   *2* Knospe mit tief zerschlitzten, unten nur wenig verwachsenen Brakteolen (Außenkelchblättern), der eigentliche Kelch nur schwach gezähnt.   *3* Kapsel.
4 Same mit abgerundetem Schnabel, der mit einem Büschel fuchsroten Filzes umgeben ist.
Nach Watt.

blasig. Blätter oft unten sternhaarig, breit-oval zugespitzt, tief herzförmig. Buchten nicht gefaltet, $1^1/_2$—4 Zoll breit, $1^3/_4$—4 Zoll lang. Blattstiel meist länger als das Blatt. Nebenblätter eiförmig, schief linear, an den Jahrestrieben bleibend.

Blütenstand: belaubte seitliche steife Schosse mit 1—2 Blumen und 1 oder mehreren kleinen Blättern. Außenkelchblätter glatt, eiförmig, fast rund, spitz, tief geöhrt, mit 7—9 langen linear-lanzettlichen Zähnen. Blumen klein, gelblich mit purpurner Tönung, oft mit dunklen Flecken auf den Nägeln. Blumenblätter am Außenrand fein wellig. Kelch weit glockenförmig aus röhriger Basis, gekerbt oder gezähnt. Zähne nicht geschwänzt wie bei G. taitense, glatt, vielnervig. Drüsen abwechselnd mit den Außenkelchblättern, undeutlich. Kapsel oval, zugespitzt, 3—4fächerig, im Querschnitt kreisrund. Samen eiförmig, spitz oder geschnäbelt, nicht kantig, mit rostfarbigem Filz um den Schnabel, sonst nackt, schwarz. Wolle rein weiß, weich, seidig, leicht abzulösen.

Vorkommen: Eine wesentlich insulare Kulturpflanze zwischen 20° n. Br. und 20° sdl. Br. Heimat in China bis Neukaledonien, und westlich bis zu den Andaman-Inseln, Südindien, Madagaskar, Westasien, Oberägypten und Westindien, Afrika.

Gossypium taitense Parlatore (S. 35) sieht Watt als mögliche Urform von G. purpurascens an. Unterscheidet sich u. a. durch lange Kelchzähne und rostfarbige, kurze, unbrauchbare Baumwolle. Wild in Polynesien.

7. Gossypium mexicanum Todaro.

Mexikanische Baumwolle und nach Watt die Hauptmasse der Upland-Baumwollen.

Schwer von G. purpurascens im Blattwerk zu unterscheiden, aber von den Gliedern dieser Gruppe (III) sofort unterscheidbar durch breite, ebene, fast glatte Blätter. Letztere ungeteilt oder 5—7lappig, die Adern strahlend, unterseits mit 1—3 Drüsen. Blütenzweige (oder nackter Schoß) sehr verlängert, die Blütenstielchen aber kurz, mit verhältnismäßig sehr kleinen, blassen Blumen, die fast völlig von den außergewöhnlich breiten, tief geöhrten, fast zweijochigen, häutigen Hüllkelchblättern verdeckt sind. Kelch 5zähnig. Samen groß, mit dichtem wolligem Filz oder zuweilen nur mit dünnerem oder selbst nur unvollständig ausgebildetem Filz (der die Form einer rotbraunen Krone des Samens annimmt) und einem reichlichen, wolligen, weißen oder grauen Vlies.

Genauere Beschreibung nach Watt: Strauchartig, gewöhnlich mit·einigen langen zottigen Haaren auf Blattstielen, Blütenstielen und Nerven, aber glatt werdend durch die oft beobachtete Eigentümlichkeit, die Cuticula (Oberhäutchen) abzuwerfen (ob natürlich oder infolge von Insekten, scheint ungewiß). Zweige rund und glatt, blaß, gewöhnlich sehr undeutlich kleindrüsig punktiert. Blätter, ausgenommen die Nerven, fast ganz glatt mit 2 Arten Drüsenpunkten, die einen groß, die anderen sehr klein oder fehlend, eben, dünn, häutig, breit oval, rundlich, plötzlich zugespitzt, herzförmig, deutlich geöhrt, ungeteilt oder 3—5lappig. Lappen breit eiförmig, dreieckig, die Buchten oft in Falten aufgeworfen. Blätter breiter als lang, 3-6 Zoll breit, 2—4 Zoll lang. Blattstiel sehr lang, 3—6 Zoll, dick, rund, oft fleischfarben, mit einem Büschel Haare am oberen Ende (nach Gammie hat G. hirsutum auch solches Büschel). Mittelnerv und das erste Paar der Seitennerven unterseits mit vorspringenden, kraterförmigen Drüsen.

Nebenblätter eilänglich bis lanzettlich, sehr groß, $\pm$ bleibend. — Hüllkelchblätter breit oval, rund, tief geöhrt, in 7—9 dreieckige, zugespitzte oft ge-
furchte Zähne zerschlitzt, 2 Hüllkelchblätter gewöhnlich nach einer Seite
der Blume geworfen, das dritte gegenüber, so eine zweijochige Gestalt vor-
täuschend. — Blütenstielchen verhältnismäßig sehr kurz, $^1/_2$—1 Zoll lang,
scharf nach einer Seite geworfen kantig, fast etwas geflügelt durch Falten,
die von der Basis der Hüllkelchblätter ausgehen, oberwärts kaum verdickt.
— Blumen klein, blaßgelb oder weiß, mit fleischfarbigem Anflug und zuweilen
unregelmäßigen dunklen kleinen Flecken auf den Nägeln. Krone klein, Blumenblätter schief gestutzt, kaum die Hüllkelchzähne überragend, sehr klein drüsig
punktiert, am Außenrande sehr kurz filzig. — Kelch groß, glatt, vielwarzig,
5 zähnig, Zähne dreieckig oder abgerundet. — Kapseln länglich, spitz, 4- bis
5 klappig, nur teilweise sich öffnend, Samen ziemlich groß, eiförmig-spitz, fein
geschnäbelt, Filz aschgrau, Vlies trüb weiß bis rötlich. — Bei einigen Sorten
sind die Samen fast nackt, so sich G. purpurascens nähernd, aber bei hoch-
kultivierten häufig vollständig mit Filz bekleidet, so sich G. hirsutum nähernd.

Nur in Kultur bekannt, augenscheinlich aus Mexiko gebracht, aber jetzt
in Indien, Afrika, Westindien, Ver. Staaten usw. Watt hält die besten Sorten
der Uplandbaumwolle eher für G. mexicanum als für G. hirsutum, sagt aber,
der botanische Name sei unwesentlich, solange man nicht mit Bestimmtheit
sagen kann, es sei entweder G. hirsutum oder mexicanum (Tyler: Varieties
of American Upland Cottons, erklärt sie für G. hirsutum).

Die nächsten Verwandten sind zweifellos G. hirsutum und G. purpurascens. Die Upland-Baumwollen sind nach Watts wohl irrtümlicher
Meinung Hybriden, eine Reihe von Formen mag von G. punctatum oder
hirsutum als deren eine Eltern abstammen, eine andere Reihe von G. vitifolium oder G. barbadense. — Die Upland kann man nach Watt in 2 Gruppen teilen: behaarte, in denen G. hirsutum vorwaltet, und glatte, wo
purpurascens (Bourbon-Baumwolle) das Übergewicht hat; letztere Gruppe
von Hybriden (?) hat den Namen G. mexicanum Tod. zu führen. — Andererseits kann man sie einteilen in solche mit breiten, wenig tief eingeschnittenen und tief gelappten Blättern, das letztere wohl wegen eines starken
Einflusses von G. barbadense.

8. Gossypium vitifolium Lamarck.

Weinblätterige Baumwolle, Piura- oder Amazonas-Baumwolle in Nord-Peru.
Quebradinho-Baumwolle in Brasilien.

Ist vielleicht, wie Watt meint, die Urform von G. barbadense. Unterschiede siehe im Schlüssel S. 35, neigt bei Kreuzungen auch zu G. peruvianum.

Perennierend. Blätter oberseits glatt, unterseits weichhaarig, handförmig
3—5 lappig, Lappen bis ein Drittel oder fast bis zur Hälfte der Spreite
gehend, aufsteigend, eilanzettlich, zugespitzt, der Mittelnerv unterseits mit
1 Drüse. Außenkelchblätter unten leicht verwachsen, groß, zerschlitzt, die
Zähne pfriemenförmig. Die Drüsen bei einigen Formen durch kleine Blättchen, Bracteeechen, geschützt. Blumen sehr groß, gelb, mit purpurnen Nägeln
und etwas purpurner Tönung. Kapseln eirund, kurz geschnäbelt, 3—5-, gewöhnlich 4 fächerig. Samen 5—10 in jedem Fach, schwarz, nackt, ganz frei,
mit langem, seidigem, leicht abnehmbarem Vlies.

Vaterland: Vielleicht Mittel- und Südamerika bis zum Amazonental, wohl
auch auf den kleinen Antillen. — Die Einführung von G. barbadense in die

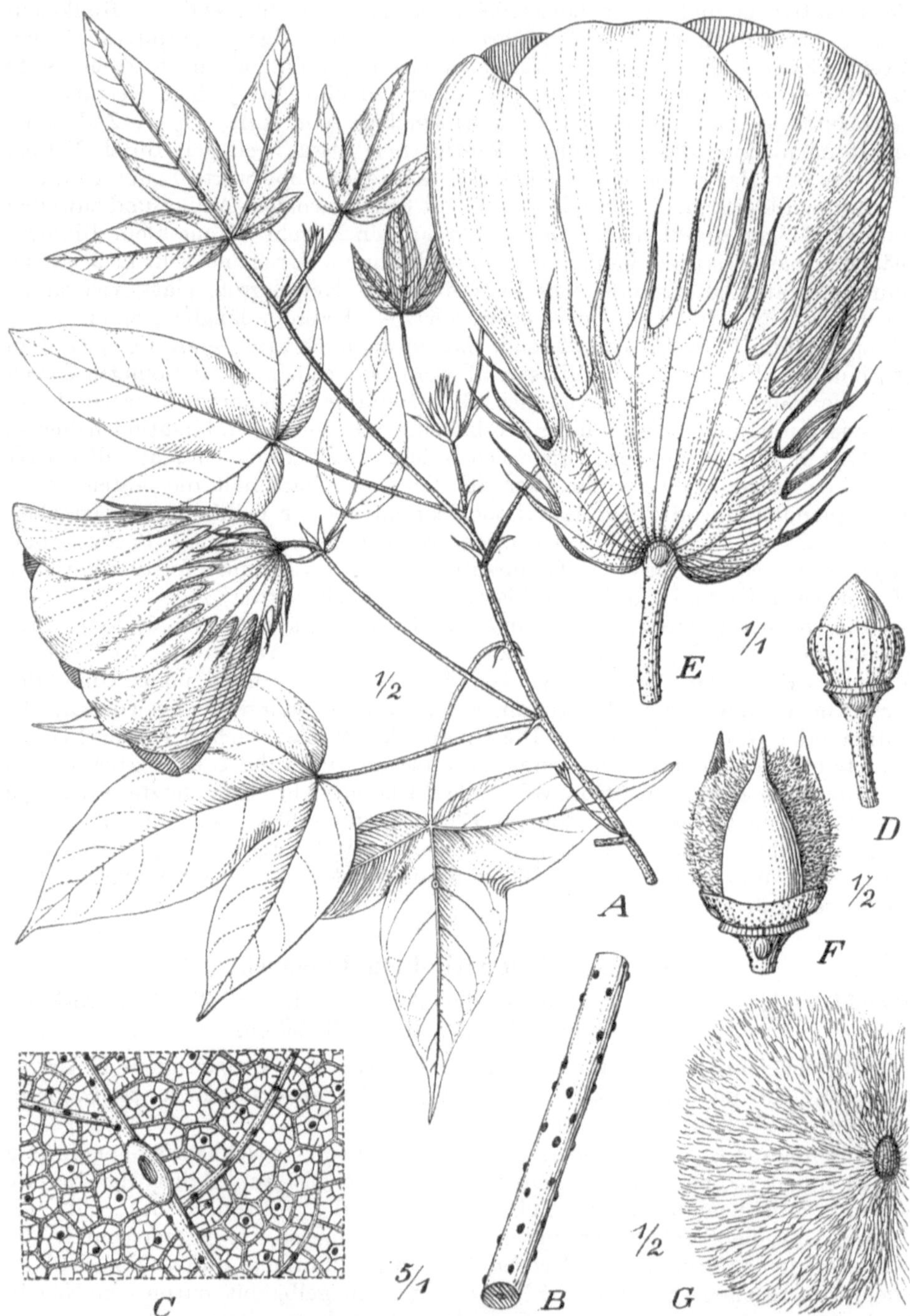

Abb. 32. Gossypium barbadense L. Sea-Island-Baumwolle.

A Blütenzweig. *B* Stengel mit den schwarzen Drüsenpunkten. *C* Blattunterseite mit dem Nektarium auf dem Mittelnerven. *D* Kelch und junge Kapsel; am Blütenstiel oben ein Nektarium. *E* Blüte. *F* Aufspringende Kapsel. *G* Same mit den langen Haaren.
Original.

Ver. Staaten geschah vielleicht schon 1714, da in Charleston westindische Saat ankam, vielleicht erst 1785, wo in Georgia Baumwolle aus Bahama-Saat gebaut wurde.

9. Gossypium barbadense L.

Barbados-Baumwolle, Sea-Island-Baumwolle. Küsten-Baumwolle.
(Abb. 32.)

Ausdauernd, aber in der Kultur meist einjährig, in Paraguay 6 jährig, vom 2. Jahre an geerntet[1]); wild nicht bekannt, Heimat Westindien, Bahama-Inseln, Küstenstaaten des Südens von Nordamerika. 1—2,5 m hoch; kahl oder fast kahl, ausgenommen die Blattstiele, Blattnerven und die jungen Blätter unterseits. Blätter groß, meist tief, mindestens bis zur Mitte, selten weniger, oft bis zu drei Viertel in 3—5 spreizende, längliche, zugespitzte Lappen geteilt, weiter als lang, z. B. 18 : 13 cm, selbst 22 : 13 cm, die Buchten oft in Falten aufgeworfen, Basis etwas herzförmig, Mittelnerv und zuweilen auch 2 Seitennerven mit einer großen ovalen Drüse unterseits, nahe der Basis. Blütenstiele gewöhnlich kürzer als die Blattstiele, straff und stark knotig. Außenkelchblätter frei, eirundlich, 4 bis 6 cm lang, 2—4 cm breit, mit 9—11 langen pfriemlichen Zähnen, ohne Drüsen (Nektarien); aber mit zahlreichen feinen schwarzen Punktdrüsen. Kelch am Rande schwach 5 wellig. Blumen fast doppelt so lang als der Außenkelch, gelb mit purpurnem Fleck am Nagel. Staubfadenröhre halb so lang als die Blütenblätter. Staubbeutel gelb, Griffel die Staubfadensäule überragend. Narben meist 3, verklebt.

Abb. 33. Baumwoll-Kapseln.
Oben von Mitafifi, Mitte Yuma, unten Pima, jetzt die beste und in Texas verbreitetste Sorte. Nach Kearney. ²⁄₃ nat. Größe.

Kapsel eiförmig, ziemlich lang gespitzt, 4—5 cm hoch, 3-, selten 4 fächerig, sich gut öffnend, aber die Klappen nicht zurückgebogen. Samen 6—9 in jedem Fach, frei, eiförmig, schwarz, die Spitze an der Basis vortretend (geschnäbelt), fast ganz kahl, nur am Schnabel etwas brauner Filz. Wolle sehr lang, seidig, sehr fein, leicht vom Samen trennbar.

[1]) Nach Fiebrig-Gertz, Tropenpflanzer 1925, S. 76.

Die berühmteste Baumwolle wegen ihrer Feinheit und ihrer Länge, aber nicht die ertragreichste. Die allerbeste, die Fancy Sea Island, wächst auf den kleinen Inseln James Island, Edisto Island, die den Küsten von Süd-Carolina vorgelagert sind, und auf dem Festlande daselbst, in Nord-Carolina nach Lyster H. Dewey bis Elizabeth City. Sie hat Fasern bis zu 2 Zoll

Abb. 34. Sehr hohe ägyptische Baumwolle bald nach der Einführung in Arizona 1903.
Zeigt geilen Wuchs und verhältnismäßige Unfruchtbarkeit. Der Erdbohrer ist 87 cm hoch.
Nach Kearney.

(50,8 mm) Länge, zuweilen selbst mehr. Offenbar trägt die feuchte Seeluft zu dieser Länge bei, zugleich ist diese Faser die feinste und stärkste. Das meiste, was von Sea Island in den Handel kommt, wird aber weiter land-einwärts in Georgia und in Florida gebaut und heißt „Floridas" und „Geor-gias". Der Stapel dieser ist $1^1/_2$—$1^3/_4$ Zoll (37—44 mm) lang.

Vor dem Auftreten des Kapselkäfers war die Produktion etwa 90 000 „running bales", von welchen die Fancy-Grade $^1/_{10}$ ausmachten. Seit den

Verheerungen des Käfers hat der Anbau schnell abgenommen, auch waren in den letzten Jahren Fehlernten, und 1920 hörte die Erzeugung praktisch genommen ganz auf, es wurden nur 2000 Ballen geerntet gegen 116000 im Jahre 1916.

Das, was außerhalb der Ver. Staaten an Sea Island gewonnen wird, dürfte vielleicht 10000 Ballen betragen. Hauptsächlich in Westindien, besonders auf St. Vincent, Barbados nnd St. Kitts, ferner in Peru[1]).

Abb. 35. Eine typische Mitafifi-Pflanze in Yuma 1907.
Amerikanisch-ägyptische Baumwolle, kürzer geworden. Nach Kearney und Petermann.

Im Tropenpflanzer 1920, S. 31 sind noch folgende Zahlen über die schnelle Abnahme gegeben:

1907—1916 durchschnittlich 90000 Ballen,
1917   79000   „
1918   40000   „
1919   20000   „

Statt der Sea Island baut man jetzt stellenweise Meade-Baumwolle, eine aus Upland Long Staple gezogene Sorte (siehe diese S. 147).

Die Sea-Island-Baumwolle ist fast in allen anderen Ländern versucht worden, besonders in Küstengegenden oder da, wo Bewässerung möglich, wie in Ägypten, Arizona, im tropischen West- und Ostafrika, sowie in Ostindien.

---

[1]) Angaben nach dem U. S. Department of Agriculture, Yearbook 1921, S. 327. Washington 1922.

In Ägypten ist aus ihr, wohl durch Kreuzung, eine besondere Rasse entstanden, die wieder nach den trockenen Gegenden der Ver. Staaten, Texas,
Arizona, Kalifornien gebracht ist und dort meist mit Bewässerung gezogen
wird. Sie geht in den Ver. Staaten als „ägyptische" Baumwolle, ist aber
durch Auslese sehr verbessert worden und bildet verschiedene Rassen. Ausführlich berichten darüber Kearney und Petersen[1]). Siehe auch im Abschnitt VII, Züchtung.

Herrn Kearney verdanken wir eine Anzahl Photographien, nach denen
unsere Abbildungen gemacht sind. Siehe auch S. 30, Abb. 21 u. S. 159 Abb. 33 ff.

Die Yuma- und Pimasorten bilden die „American Egyptian" Cottons.

Abb. 33. Obere Reihe Kapseln von Mitafifi, mittlere Reihe Yuma, untere
Reihe Pima. Letztere jetzt die beste und in Texas verbreitetste Sorte. Nach
Kearney.

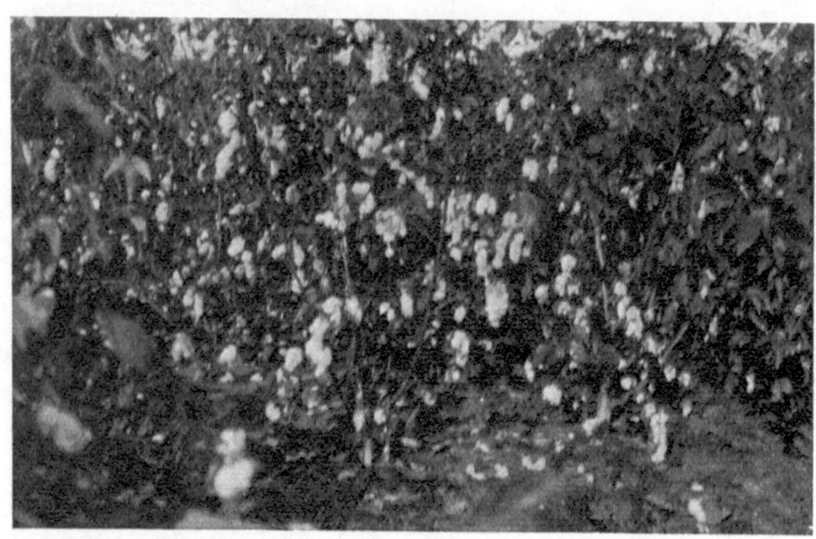

Abb. 36. Ägyptische Baumwolle in Yuma 1907.
Zeigt reichen Ertrag und genügendes Öffnen der Kapseln. Nach Kearney.

Abb. 34. Die Mitafifi zeigte bei der Einführung einen geilen (rank) Wuchs
und verhältnismäßige Unfruchtbarkeit. (Der Schaft des eingesteckten Erd-
bohrers ist $3\frac{1}{2}$ Fuß hoch, 1,06 m.) S. 160.

Abb. 35. Durch Auslese niedrig gewordene Mitafifi in Yuma.

Abb. 36. Ägyptische Baumwolle in Yuma 1907. Zeigt reichen Ertrag und
genügendes Öffnen der Kapseln.

Abb. 37. Geöffnete Kapseln von Mitafifi in Arizona.

Abb. 38. Ein Feld mit amerikanisch-ägyptischer Baumwolle auf der genossenschaftlichen Prüfungsstation zu Sacaton in Arizona.

a) G. barbadense var. rufum Wittmack.

Blätter 3—5 lappig, Lappen länglich lanzettlich, spitz. Außenkelch 4 cm
hoch, seine Blätter 3 cm breit. Zähne nur im oberen Drittel. Aufgesprungene
Kapsel 5×5 cm. Wolle fuchsrot (braunrot). Samen kahl, schwarz. Nach

[1]) Egyptian Cotton in the South West. U. S. Dep. of Agr. Bureau of Plant Industry
Bull, Nr. 128.

P. Sintenis, Plantae Portoricenses Nr. 6854 „Algodon chocolate" genannt.
Strauch, nach Sintenis 4 m hoch. San German, Hacienda Maria Luisa,
n (nahe?) Lajas 29./5. 1887.

Abb. 37. Mitafifi-Baumwolle in Yuma 1907.

Oben links: Eins der drei Außenkelchblätter oder Brakteen. Rechts: Aufgesprungene
Kapsel von oben. — Mitte: Reife Kapsel. — Unten links: Kapsel ohne Außenkelch.
Rechts: Aufgesprungene Kapsel von der Seite.

Nach Kearney.

Ich verdanke Herrn Geh. Regierungsrat Prof. Dr. Urban, dem Verfasser
der Symbolae Antillanae, die Einsicht in das Herbar von Portorico und Jamaica, wo ich diese Varietät fand, die durch ihre prächtig rote Wolle sehr
auffällt.

11*

Abb. 38. Ein Feld mit amerikanisch-ägyptischer Baumwolle auf der genossenschaftlichen Prüfungsstation zu Sacaton in Arizona. Nach Kearney.

b) Gossypium barbadense var. maritimum.
(Gossypium maritimum Todaro.)

Dies ist nach Watt die Sea Island im engeren Sinne, die in Ägypten als Gallini gebaut wurde.

Einjährig, Zweige aufsteigend, Blätter sehr groß, breit, tief 3—5lappig, deutlich herzförmig, Lappen spreizend, eilänglich, zugespitzt. Kapsel länglich, spitz, sich gut öffnend; Samen frei, nackt. Wolle sehr lang, $1^1/_2$—$2^1/_2$ Zoll (38—62 mm); etwas rahmweiß, aber sehr fein, stark und seidig, mit verhältnismäßigen Drehungen des Haares.

Vorkommen: (wie Sea Island) in warmen insularen Gegenden, nur in der Nähe der See, hauptsächlich an der Küste von Georgia und Carolina, wo Charleston der Hauptstapelplatz ist.

F. A. Michaux[1]), ein angesehener Botaniker, sagt 1805, daß in Charleston die Schiffe, die im Winter lebende Seefische aus den nördl. Ver. Staaten gebracht haben, als Rückfracht Reis und Baumwolle nehmen. Die Reiskultur habe abgenommen, weil eine gute Banmwollernte doppelt soviel einbringe als eine Reisernte.

Von Sea Island sind nur wenige Sorten mit Namen im Handel, im Gegensatz zu G. hirsutum (Upland). — Die Sorten Rivers und Centaville werden als widerstandsfähig gegen die Welkekrankheit empfohlen[2]).

Long staple von $1^1/_4$ Zoll wird nach A. S. Pearse[3]) im Mississippi-Delta nicht mehr gebaut, in den anderen Teilen des Baumwollgürtels von langstapeliger nur Webber, und auch die hat sehr abgenommen, selbst in Süd-Carolina, wo Coker sie erzog.

Die niedrigen Mehrpreise für langstapelige Baumwolle 1923 entschädigten nicht für den geringen Ertrag und die Extrasorgfalt[4]).

10. Gossypium brasiliense Macfadyen[5]).
(Abb. 39.)

Syn. G. religiosum Parlatore (non Linné), G. acuminatum Roxb. Brasilianische Baumwolle, Nierenbaumwolle, Caravonica Baumwolle, Brasil-B. Chain Cotton (Kettenbaumwolle), Kidney cotton (Nierenbaumwolle), Pernambuco Cotton, Guiana, Essequibo, Berbiche, Bahiabaumwolle, Cottonpierre (Steinbaumwolle). — Auch von einzelnen Costa Rica, Ava und Siambaumwolle genannt, öfter auch G. *peruvianum*.

Nach Supf hat auch die Kpandubaumwolle in Togo zusammengeballte Samen und würde dann hierher gehören. Siehe S. 17.

Ein $1^1/_2$—3 m hoher Strauch, zuweilen ein kleiner Baum. Blattstiel sehr lang, bis 15 cm. Blätter kahl, sehr groß, bis $^2/_3$ eingeschnitten, handförmig, 5- (3—4-)lappig, die äußersten beiden Lappen rückwärts gerichtet, Mittellappen 17—21 cm lang, Weite des Blattes von Spitze zu Spitze 18—25 cm, Buchten schmal, in Falten geworfen. Lappen eilänglich, zugespitzt. Mittelnerv in

---

[1]) Michaux, F. A.: Travels through the Alleghany Mountains, through Ohio, Kentucky and Tennessee, back to Charleston 1802. Erschienen 1805.

[2]) Die Sorte Carriacou von der Insel Marie Galante ist nach Sprague vielleicht G. peruvianum oder ein Bastard. Dagegen sind „Ordinary Marie Galante" und „Silk" Formen von G. *barbadense* (Sprague in Kew Bull. 1913, S. 198).

[3]) Int. Cotton, Bull. 1924, **3**, 17.

[4]) Ref. in J. Text. Inst. Manchester 1925, Nr. 1, A. 8.

[5]) Der Schotte Dr. James Macfadyen war über 12 Jahre als praktischer Arzt auf Jamaica tätig und verfaßte eine Flora dieser Insel. The Flora of Jamaica, Bd. 1. London 1837. Uns interessiert besonders S. 72 ff., wo er G. brasiliense genau beschreibt.

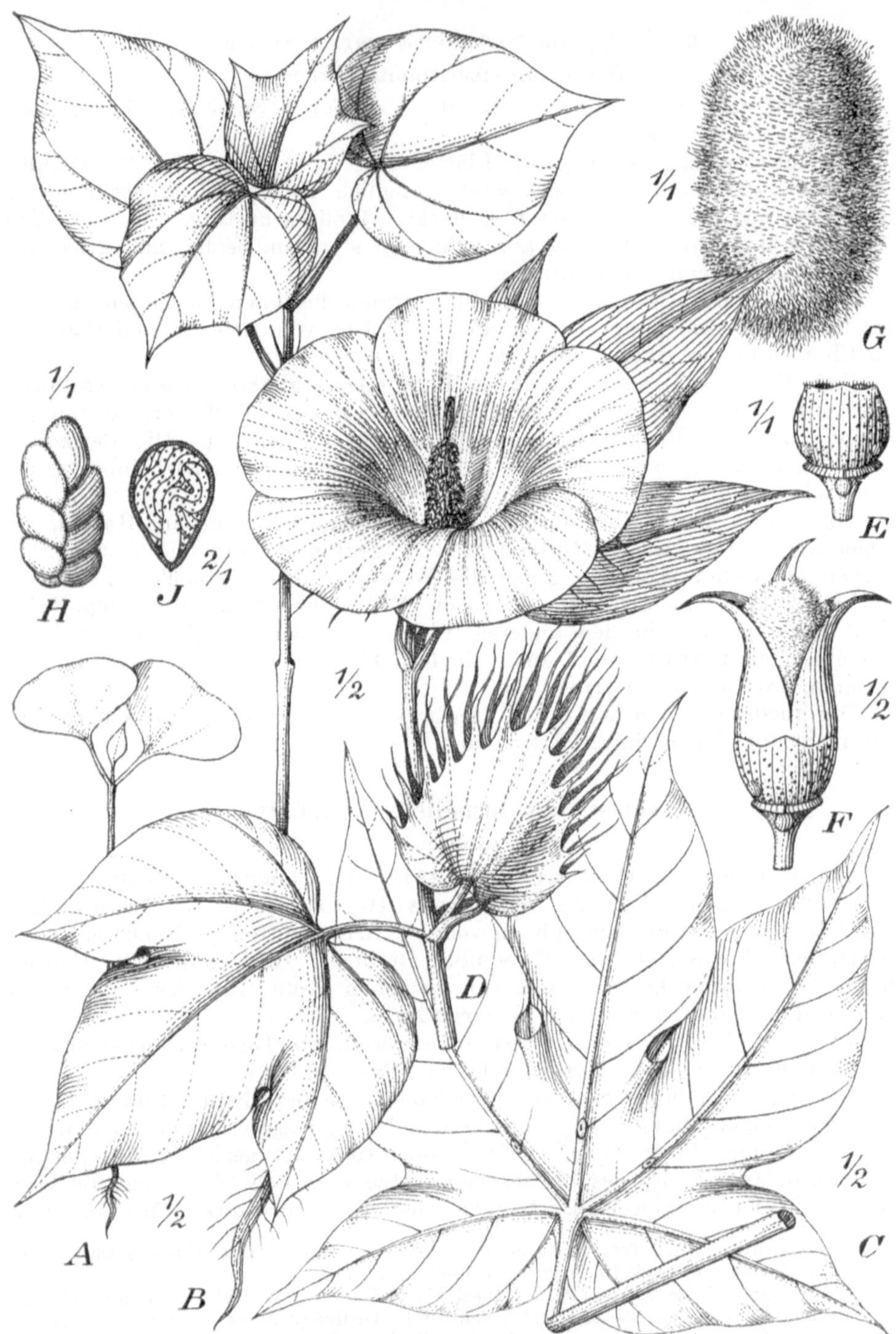

Abb. 39. Gossypium brasiliense Macfadyen. Nierenbaumwolle.

A Keimpflanze. *B* Dieselbe etwas älter. *C* Blatt. *D* Außenkelch. *E* Kelch, am Blütenstiel eins der drei Nektarien. *F* Aufspringende Kapsel. *G* Samenballen, von der Baumwolle umhüllt. *H* Nierenförmig zusammenhängende kahle Samen, nach Entfernung der Baumwolle. *J* Ein Same im Längsschnitt. *A* und *B* von G. brasiliense var. apospermium Sprague. Original.

$^1/_8$—$^1/_4$ der Länge von der Basis aus unterseits mit einem großen kreisrunden oder länglichen, zuletzt schwarzen Nektarium. — Unterseits auf der Blattspreite nur sehr kleine schwarze Drüsenpunkte. Nebenblätter lineal-lanzettlich, 8 mm lang, die der Blütenzweige oft breiter. Außenkelchblätter sehr groß, 6 cm lang, 4 cm breit, tief zerschlitzt, bis 4 cm breit, Zähne 3 cm lang. Blumen groß, dem stark angeschwollenen Blattstiel gegenüber, 6—7 cm hoch, gelb, mit purpurnem Fleck am Nagel (nach Watt blaßgelb mit orange oder scharlach, selten purpurnen Flecken).

Kelch groß, becherförmig, gestutzt oder schwach 5 zähnig. Kapsel länglich, zugespitzt, geschnäbelt, 3 fächerig, bis über die Hälfte der Länge aufspringend, Samen schwarz, in jedem Fache etwa 9, meist zu zweien nebeneinander in 4 Etagen, oben meist einer, nierenförmig oder stumpf pyramidenförmig zusammengeballt. Ganze Länge der Niere ca. 22 mm, Breite unten 13 mm, oben 9 mm. Der einzelne Same ca. 7 mm lang, 5 mm breit, nackt, mit wenig blaß rostfarbigem oder weißlichem Filz und mäßig langer, weißer, feiner, seidiger Wolle, die um das Ganze einen Bausch von etwa 48 mm Höhe und 20 mm Dicke bildet. Ertrag nicht groß. Die einzelnen Haare sind nach Watt weniger schraubig gedreht als bei anderen Sorten, sehen aus wie chemisch behandelt, z. B. wie merzerisiert, quellen auch leichter in Kupferoxyd-Ammoniak.

Heimat: Südamerika, besonders Brasilien und Guayana, in feuchten, warmen Gegenden, jetzt in fast allen Baumwolländern wenigstens versuchsweise gebaut, besonders die Sorte Caravonica. Nach gef. Mitteilung des Herrn Oberregierungs-rat Busse wird die Caravonica-Baumwolle als ein Bastard von G. brasiliense und barbadense angesehen. Direktor Freeman in Port au Prince schreibt mir: „Kidney Cotton und Caravonica ist nicht dasselbe, und das bestätigt Prof. Aug. Chevalier, da Caravonica keine zusammenhängenden Samen habe. Er schreibt mir unter dem 31. März 1926, daß die Caravonica sehr kräftig sei und lange Fasern habe; im Versuchsgarten von Algier sei ein 12—15 Jahre altes Exemplar von 5—6 m Höhe. Er glaubt, daß sie aus Südamerika stamme, aber in Australien gefunden (akklimatisiert?) sei; sie scheine sich dem *Gossypium purpurascens* oder dem G. *vitifolium* zu nähern, die beide nach seiner Meinung schlecht beschrieben sind.“

Die Caravonica-Baumwolle ist gezüchtet von Dr. David Thomatis in Cairns, Queensland, und hat ihren Namen nach dem Caravonica-Park bei Cairns, wo die erste Plantage des Züchters war, erhalten. Nach Zimmermann a. a. O. S. 24 werden vom Züchter Dr. Thomatis drei verschiedene baumartig wachsende Baumwoll-Varietäten als Caravonica bezeichnet:

1. Die ursprüngliche Caravonica Caravonica I oder „*Wool Cotton*". Soll durch Kreuzung von zwei Sea-Island-Sorten, einer mexikanischen und einer vom oberen Amazonenstrom stammenden entstanden sein.

2. Caravonica II oder „*Silk Cotton*". Soll ein Kreuzungsprodukt zwischen „Wool Cotton" und rauher peruanischer Nierenbaumwolle sein.

3. „*Alpaca Cotton*" oder „*Kidney Cotton*". Diese Varietät scheint nach Zimmermann im wesentlichen peruanische Nierenbaumwolle zu sein. Jedenfalls sind die Samen miteinander verwachsen.

Man sieht aus allem, daß unter Caravonica verschiedene Dinge verstanden werden. Sie wurde seinerzeit mit viel Beifall aufgenommen. Die Bremer Baumwollbörse beurteilte sie am 18. März 1908[1]) folgendermaßen:

---

[1]) Supf: Deutsche Kolonialbaumwolle 1900—1908, Bericht X, 1908. S. 52.

Sehr rein, gelblich, rauh. Wert von „fully good middling", 30—32 mm lang, sehr viel 32 mm vorhanden; aber Stapel in der Länge sehr verschieden und gemischt. Charakteristisch ist an dem Haar eine auffallende, ungewöhnliche Stärke.

Die Chemnitzer Aktien-Spinnerei sagte am 16. März 1908: Sehr gute Qualität, sehr rein und von ganz außergewöhnlich kräftigem, dabei langem Stapel. Qualität der harten Peru ähnlich, ganz wollartig. Sie hält die Caravonica für geeignet zum Verspinnen mit Schafwolle. — Allein verwendet würde der Preis auf 70—80 Pfennig das $^1/_2$ kg zu schätzen sein.

Gar bald unterschied man bei der Caravonica die erwähnten 3 Sorten: Wool, Silk und Alpaca. Diese wurden in Togo gebaut, und die Bremer Baumwollbörse urteilte am 29. April 1908[1]) über zwei Proben: Beides sehr schöne, besonders starke, etwa 30 mm Stapelbaumwolle, „Wool" etwas rauher als „Silk". Wert für beide Produkte annähernd gleich, heute etwa 56 Pfennig. Klasse ein schönes „goodmiddling".

Die Chemnitzer Aktien-Spinnerei urteilte über die Qualität „Wool" ungünstiger: „Gute Baumwolle, jedoch gegen die früher vorgelegten Muster von Caravonica[2]) wesentlich zurückstehend, insbesondere ist der Stapel recht ungleich, zwar kräftig, jedoch zerschnitten, so daß die Baumwolle voll Grieß ist und teilweise einen abfall- oder watteartigen Charakter hat. Das Ginnen scheint noch nicht mit genügender Sorgfalt vorgenommen zu sein, oder es sind nicht passende Gins verwendet usw. Nähert sich der eingeborenen Togo. Wert vielleicht 55 Pfennig pro $^1/_2$ kg. Die Qualität „Silk" ist noch mehr zerschnitten. Wert etwa 45—47 Pf. pro $^1/_2$ kg.

Nach Robinson ähnelt die Caravonica der Sea Island. Sie wird aber höher, bis 5 m, hat nach Ulbrich meist größere, 3 lappige, selten 5 lappige Blätter, größere gelbe Blumen mit purpurnen Flecken am Grund. — Dauert viele Jahre aus. Die Pflanze verlangt feuchtwarmes Tropenklima, ist empfindlich und hat etwas kurze Faser, die schwer zu gewinnen ist, so daß sie in Westafrika weniger geschätzt wird als die Küstenbaumwolle, G. barbadense (oder G. punctatum?). — Die Hauptmasse kommt aus Brasilien, Pernambuko, Maranhao und Ceara, dort Stapellänge 29—34 mm. Auch Haiti liefert lange, schöne Fasern. Auch einige weiße ägyptische sollen von G. brasiliense stammen, ebenso weiße Togosorten.

Die Caravonica ist vielfach wieder aufgegeben, zumal man jetzt überhaupt keine ausdauernden Baumwollstauden will, da die schädlichen Insekten so sehr in den Stengeln überwintern.

Der Züchter soll 17 Jahre auf die Zucht verwendet haben. Caravonica ist nach anderen ein 3 m hoher Baum, der bereits im ersten Jahre eine nicht unbeträchtliche Ernte geben soll. Der Stapel ist lang und zart, glänzend weiß und wieder etwas gelblich. Man berechnete, daß 800 Bäume je Hektar im ersten Jahre 1000—1200 Pfund entkörnter Baumwolle geben würden, vom 2. Jahre 4000—4800 Pfund.

Laut Australian Cotton Grower 1924, 2, Nr. 6, S. 29—31[3]) wurden 1923 2000 Ballen Nierenbaumwolle von Neukaledonien exportiert und auf dem französischen Markt verkauft, das meiste an die Michelin Tyre Co. Es ist

---

[1]) Ebenda S. 12.
[2]) Diese Muster stammten aus Queensland.
[3]) Ref. in J. Text. Inst. Manchester XVI, 1925, Nr. 1, A. 3.

die peruanische Nierenbaumwolle, G. arboreum (irrtümlich; es ist G. brasiliense. L. W.) sehr ertragreich, sie gab im Boulapari-Tal im Durchschnitt der letzten 4 Jahre 1792 lbs. Saatbaumwolle per acre. Der Stapel ist 1,75 bis 2,00 Zoll (44—50,3 mm) lang. Sie gibt 3 Jahre lang Ernten, ist widerstandsfähig gegen Insektenangriffe, da die Kapseln sich nicht voll öffnen, und da die Wolle gegen Winde und Regen geschützt ist, braucht man sich mit dem Pflücken nicht zu beeilen.

O. Warburg, Pflanzenwelt, Bd. VI, S. 402, 1916 spricht der Caravonica größeren Wert ab, ebenso der Sorte Marmara von den Salomoninseln.

Die so eng zusammenhaftenden Samen der Nierenbaumwolle erinnern an die „Raupenerbsen“, „pois chénille“, wie Philippe de Vilmorin, Paris, eine Erbsensorte nannte, bei der auch alle Samen einer Hülse eine zusammenhängende Reihe bilden (bei Nierenbaumwolle eine Doppelreihe). Er hatte sie 1906 ohne Namen von einem Herrn Frommel in Avenches, Schweiz, erhalten [1].

Baumwolle in Brasilien.

P. de Moraes Barros gibt im Int. Cotton Bull. 1924, 3, 20—43, eine geographische, historische, kommerzielle und landwirtschaftliche Übersicht. Die Sorten werden beschrieben [2]. Der Anbau nimmt sehr zu, besonders in Sao Paulo.

11. Gossypium brasiliense var. apospermum Sprague,

vorläufiger Name in Kew Bulletin of Miscellaneous Information 1914, S. 198 bis 199 und 304. Cauto Cotton.

Nachricht über diese Varietät erhielten die Royal Botanic Gardens in Kew bei London von B. Harris in Hope auf Jamaica. Dieser schrieb, die Pflanze wächst halb wild in Cauto, einem Distrikt im südöstlichen Kuba (auch ein Fluß daselbst heißt so). Es ist eine perennierende Art und erreicht eine beträchtliche Höhe. Harris' Exemplare waren erst 6 Monate alt und schon 10 Fuß hoch. Blumenblätter gedreht, die Ränder wellig, blaß zitronengelb, an der Basis etwas dunkler, zuletzt purpurn werdend. Nach Sprague hat die Pflanze die meiste Ähnlichkeit mit G. brasiliense, die Samen hängen aber nicht zusammen, und darum nannte er sie vorläufig G. brasiliense var. apospermum (d. h. mit losen Samen). Vielleicht sei es ein Bastard.

An dem im botanischen Museum zu Berlin-Dahlem befindlichen Herbarexemplar, das von Kew geschenkt wurde, sind die Blätter sehr groß, kahl, 5lappig, bis 19 cm breit, der Mittellappen länglich eiförmig, 16,5 cm lang, 7,5—8 cm breit, Entfernung der Bucht von dem Blattgrunde 7 cm, das sagt also, daß die Blätter bis über die Mitte eingeschnitten sind. Die gelbe Blume ist riesig groß, ausgebreitet 8 cm hoch, 11 cm Durchmesser. — Auch Keimpflanzen sind beigegeben, von denen wir zwei abbilden (Abb. 39 A, B.)

Die Blattnerven der alten Blätter sind drüsig punktiert, und fast jeder trägt ein Nektarium. Der Griffel überragt mit den Narben die $3\frac{1}{2}$ cm lange Staubfadenröhre noch um 1 cm.

---

[1] Ph. de Vilmorin in IV. Conférence Internationale de Génétique, mit 2 Abbildungen. Paris: Masson & Co. 1911.
[2] Ref. J. Text. Inst. Manchester 1925, Nr. 1, A. 8.

M. Kreuzungen[1].

Die Kreuzungen sind nach Ulbrich[2] z. T. wichtiger als die Stammarten; allerdings nicht immer, denn die Kreuzungen der amerikanischen Upland (G. hirsutum) mit der in Ägypten bereits vorhandenen Sea Island haben eine erhebliche Verschlechterung der Erträge und des Wertes der Baumwolle mit sich gebracht.

Ulbrich führt folgende Kreuzungen als die wichtigsten auf, wobei zu bemerken ist, daß er die Nierenbaumwolle immer Gossypium peruvianum nennt, während sie jetzt der Priorität nach *G. brasiliense* Macfadyen heißen muß. Wir setzen daher für peruvianum *G. brasiliense* ein.

1. Gossypium barbadense×brasiliense.

Blätter groß, kahl, meist 5 lappig, mit großen Drüsenpunkten, Blumen groß, gelblich weiß, Außenkelch groß, stark geschlitzt. Samen jedes Kapselfaches leicht verklebt. Wolle sehr lang und fein, Ertrag jedoch nicht sehr reich. Anspruchsvoll in bezug auf Klima und Boden. Anbauversuche sind im tropischen Amerika und im tropischen Westafrika, besonders in Togo und Kamerun gemacht, in Togo wird sie als Kpandu-Baumwolle bezeichnet (Busse). Ergebnisse nur zum Teil befriedigend.

2. Gossypium barbadense × hirsutum.

Blätter ziemlich groß, 3—5 lappig, in der Jugend behart, später verkahlend, mit mehr oder weniger zugespitzten Lappen. Zweige, wenigstens in der Jugend, behaart, Blüten mittelgroß, gelblich, Samen teilweise mit graugrünlicher Grundwolle. Stapel 28—50 (?) mm, weich, meist schneeweiß, aber dem von Gossypium barbadense nachstehend. Gebaut wird diese Kreuzung viel in Amerika, Afrika, besonders in Ägypten (hier als Assil-Baumwolle, in Togo als Sokodé-Baumwolle), ferner im tropischen Asien und Polynesien. Erträge gut; sehr geschätzt, aber empfindlich in bezug auf Klima. Am wertvollsten ist die ägyptische Assil.

3. Gossypium barbadense × herbaceum[3].

Wird seltener kultiviert. Blätter klein, häufig etwas filzig, ziemlich derb, Blüten klein, Samen teilweise mit graugrünlicher Grundwolle. Härter als Gossypium barbadense, betreffs des Bodens weniger anspruchsvoll. Sehr veränderlich, Stapel ungleichmäßig. Faser schwieriger zu gewinnen. Kultiviert in Togo und Nordkamerun unter dem Namen Adamaua-Sea Island.

4. Gossypium brasiliense × hirsutum.

Blätter groß, meist 3 lappig, bis undeutlich 5 lappig, in der Jugend behaart, Lappen scharf zugespitzt. Blüten groß, meist gelb, mit kleinem, tief dunkelrotem Schlundfleck. Samen leicht verklebt und mit dichter, weißlicher

---

[1] Siehe auch S. 72.

[2] Ulbrich in Gartenflora, S. 142 und 173. Berlin 1917.

[3] Da Baumwollen der Alten Welt sich nicht mit denen der Neuen Welt kreuzen ließen, so scheint die Bastardnatur zweifelhaft. Es ist vielleicht eher eine Mutation von G. barbadense.

Grundwolle. Vlies zart, Fasern lang. Im tropischen Westafrika als Tende- oder Banda-Baumwolle, besonders in Kamerun gebaut. Verlangt feucht-warmes Tropenklima. Nicht sehr ertragreich.

5. Gossypium herbaceum × arboreum.

Wuchs hoch, etwas sperrig, Blätter ziemlich klein, derb, oft feinfilzig, 3—7lappig, tief eingeschnitten. Blüten meist blutrot. Hin und wieder in Kultur in Ägypten, Togo, Hinterindien. Blüht und trägt sehr reichlich, Wolle aber kurz und schwierig zu ernten.

Wir lassen hier Busses Bericht folgen:

Sea Island B. in Togo[1]).

Die in Togo angebauten Arten und Formen der Baumwolle:

a) Sea-Island-Baumwolle, Gossypium barbadense. Sie ist in Togo so all-gemein verbreitet, daß die Eingeborenen sie als „einheimisch" bezeichnen. Jedenfalls ist sie einst mit Sklavenschiffen nach der Westküste Afrikas gelangt und hat sich von dort bis nach Ostafrika verbreitet. Am Ikimba-See fand Stuhlmann sie bereits verwildert. Das Klima äquatorial afrikanischer Steppenländer sagt ihr sehr zu, nur gegen anhalten-den Nebel ist sie empfindlich. In Togo gedeiht sie am besten auf dem laterisierten Gneisboden („Rotlehm"); sandiger Boden, auch bei erheblichem Humusgehalt, sagt ihr nicht zu. Deshalb erkrankt sie in Nuatschä, während Upland-Baumwolle dort gut gedeiht. Nach dem Bezirksgeologen, Dr. Koert, haben sich diese stark humosen Sandböden einst unter einer Wasserbedeckung gebildet; ihrer Entstehung nach erinnern sie an die Regurböden Südindiens, die man dort als „Cotton Soils" bezeichnet.

Die in Togo akklimatisierten Formen von G. barbadense, z. B. der „Ho"-Typen, sind widerstandsfähiger als frisch eingeführte Saat. Blätter der typischen Sea Island fast immer 5lappig, mittlerer Lappen 9—22 cm, Blattstiel 5—18 cm lang. An perennie-renden Exemplaren sind die Blätter kleiner. Unterseits bisweilen spärlich behaart, zumal längs der Blattrippen.

Blüte leuchtend zitronengelb, beim Welken rotgelb oder rötlich braungelb. Nagel mit tief rotbraunem Fleck. Gestalt und Ausfransung des Hüllkelchs wechselt. Samen schwarzbraun, bis auf einen schmalen Kranz filziger Haare an der Spitze vollkommen kahl. Wolle weiß, seidig, in Togo nach Robinson 18—28 mm lang. Der Ho-Typus wächst zu hoch, er wurde mit frisch aus Amerika eingeführter Sea Island gekreuzt, aber ohne Erfolg; dagegen haben Kreuzungen mit Upland, besonders der Sorte Sokodé, den Ho-Typus wesentlich verbessert.

b) Upland-B. in Togo[2]).

Gossypium hirsutum ist ebenfalls aus Amerika eingeführt. War vom Senegal bis An-gola in Kultur, Ehrenberg und namentlich Schweinfurth fanden sie im ägyptischen Sudan, auch in Südwestabessinien und im Küstenlande des ehemaligen Deutsch-Ostafrikas wurde sie gebaut. In Togo unvermischt, vorwiegend in der Küstenzone. Auf den Laterit-Böden gedeiht sie im Gegensatz zur Sea Island nicht gut; in Nuatschä dagegen auf dem humosen Sandboden ist sie kräftig entwickelt, soll höher als in den Ver. Staaten werden.

Blätter matter als bei Sea Island, fast grasgrün, bei Sea Island lebhaft saftgrün. Ein-schnitte weniger tief, oftmals zwischen den beiden untersten Lappenpaaren gar keine, so daß die Blätter 3lappig werden. Lappen breiter und gedrungener als bei Sea Island, breiter als lang, 10—20 cm breit, 9—14 cm lang. Blattstiel 6—12 cm lang. Die Be-haarung der Blätter und Stengel wechselt ungemein. Verhältnismäßig stark behaart ist „Russell Big Boll". Blüte kleiner als bei Sea Island, zart hellgelb oder gelblich weiß, beim Welken rosenrot bis hellkarmin.

Größe der Kapseln nach den einzelnen Zuchtformen sehr wechselnd. Ein aus Ecuador eingeführter perennierender Stamm hatte besonders große; unerreicht ist Russell Big Boll aus Nordamerika. Grundwolle grünlich oder schmutzig weiß, wie bei G. herbaceum.

c) Bastarde von Sea Island und Upland-Baumwolle.

Die Baumwollpflanze ist der Bastardierung in hohem Maße ausgesetzt. Ein Käfer be-stäubt sie; in Togo ist es nach Kolbe *Coryna hermanniae*, in Ostafrika scheint *C. dor-*

---

[1]) Busse, Walter: Bericht über die Pflanzenpathologische Expedition nach Kamerun und Togo 1904/5 im Beiheft 4/5 zum Tropenpflanzer VII, Jahrg. 1906, S. 188—214.
[2]) Nach Busse: Tropenpfl. VII, 1906, Beiheft 3—4, S. 190.

salis dieselbe Stelle zu vertreten. Ein künstlicher Bastard zwischen „Ho" und „Russell Big Boll" ist sehr kräftig, überhaupt sind die Bastarde kräftiger; ein anderer Bastard ist „Sokode", nur in den Bezirken Sokode, Mangu und Kratschi; aber Wolle gelblich, wie bei einigen Formen von G. hirsutum.

d) **Kpandu-Baumwolle.** Die peruanische Baumwolle, G. peruvianum Cav. (gemeint ist die Nierenbaumwolle, G. brasiliense) hat **Busse** rein in Togo nicht angetroffen. Da sich die peruanische Art in Ostafrika anscheinend recht gut bewährt, sollte man von dort Saat beschaffen und an verschiedenen Plätzen Versuche anstellen. Im Innern Ostafrikas ist sie sehr verbreitet, wahrscheinlich vor längerer Zeit, nach **Busse** durch die Araber, eingeführt. S. auch S. 165.

In Togo findet sich der Bastard der Nieren-B. mit Sea Island, die **Kpandu-Baumwolle**; wahrscheinlich ist er schon eingeführt und nicht in Togo entstanden. Kpandu gleicht äußerlich reinem Gossypium barbadense. Auf geeigneten Böden bis 3 m hoch und äußerst kräftig. Blüte wie Sea Island, zitronengelb, der rote Fleck am Grund der Blumenblätter manchmal nur blaß. Staubbeutel chromgelb, Narben weiß, mit roten Punkten. Kapseln verhältnismäßig klein, Wolle besonders fein, rein weiß, lang, 25—31 mm. Die Samen haften oft zu nierenförmigen Ballen zusammen, wie bei G. brasiliense (peruvianum); abe res kommen auch frei liegende, glatte vor, wie bei Sea Island. An demselben Zweige kann man zusammenhaftende und freie Samen sehen. Die nierenförmigen sind dicht befilzt, was doch bei Gossypium brasiliense (peruvianum) nicht der Fall ist.

e) **Die sogenannte Küstenbaumwolle.**

Busse hält sie vorläufig für einen Bastard von G. hirsutum und herbaceum. In Nuatschä 3—4 m hoch, mit starkem Stamm, und der stark ausladenden Äste wegen von mächtigem Umfang. Jüngere Blätter mehr wie G. herbaceum, größer wie G. hirsutum. Jüngere Blätter, Blattstiele und Stengel stark behaart; spät, soll erst 5—6 Monate nach der Aussaat blühen, dann aber reich fruchten; widerstandsfähig. Blumenblätter ohne roten Fleck am Grunde, zitronengelb, welk rosenrot. Kapseln klein, meist 5 fächerig, Wolle weiß, 22—28 mm lang. Ertrag schwach, dagegen ihre Kreuzung mit „Russell Big Boll" sehr aussichtsreich. Kapseln bisweilen scharfkantig, selten vom Bohrer befallen, während Russell Big Boll schwer davon heimgesucht wird. — In Nigeria werden jetzt versuchsweise folgende Upland-Sorten gebaut: Mexican, Big Boll, Lightning Express, Cokens, Cleveland, Webber, 49 —4 und 49 —6, Hartville, Delta Type Webber, Allen, Native. Varietäten von Maigana Allen und Zaidabi[1]).

N. Neuere Arten der Neuen Welt.

1. Gossypium irenaeum Lewton[2]).

Rubelzul Cotton.

Ein großer spreizender Busch, 6—10 Fuß hoch, im Umriß breit pyramidal. Hauptstengel aufrecht, aber schwach, holzig werdend. Vegetative Zweige sehr lang, dicht am Boden beginnend, horizontal, die Enden sich aufwärts biegend. Axilläre Glieder (limbs) weniger und klein. Fruchtzweige unterhalb der Mitte der Pflanze beginnend, allmählich kürzer werdend, nicht geknäuelt. Enden der Zweige sehr behaart, die Haare auf der Unterseite alter Zweige bleibend. **Blätter** 3—5 lappig, wie Upland (G. hirsutum), Lappen eiförmig, spitz, oberseits auf den Hauptnerven behaart. — Blattnektarium variabel, rhomboidal oder keilförmig. Nebenblätter nicht hervortretend, breit, bleibend. — **Außenkelch** wie der der Gattung groß, im Umriß beinahe kreisrund, Zipfel 12—17, die längsten 20—25 mm lang, an den Rändern sehr behaart. **Nektarien** an dem Ende des Blütenstiels 3, groß, tief, keilförmig, zur Blütezeit sehr reichlich sezernierend. Nebenbrakteen (bractlets) nicht vorhanden. **Kelch** an die Krone angedrückt, tief fünf-

---

[1]) Siehe Journ. Text. Inst. Manchester 1925, Nr. 2, A. 43.

[2]) **Lewton, Frederick L.**: Rubelzul Cotton. A new species of Gossypium from **Guatemala**. Smithsonian Miscellaneous Collections vol. 60, Nr. 4, Okt. 1912, mit 2 Taf. Washington 1913.

lappig [1]), die Lappen (Zähne nach der Abbildung) oft dreispaltig, die Teile pfriemenförmig, der mittlere fast zweimal so lang als die Kelchröhre. Äußere Nektarien gewöhnlich 3, breit dreieckig, eben. Blütennektarium schmal, das haarige Band (oberhalb desselben) nicht deutlich. Blumenblätter mittelgroß, wie die der Upland-Baumwolle, sehr blaß gelblich weiß, keine roten Flecken an der Basis. Kapsel 5 cm lang, kegelförmig, lang und scharf gespitzt, gewöhnlich 3 fächerig, sich nicht gut öffnend. Klappen dünn, aber zäh und holzig, im Alter mit starken hakenförmigen Spitzen zurückgebogen. Die schwarzen Drüsen auf der Kapsel zahlreich, aber tief unter der Oberfläche und (deshalb) undeutlich. Samen 7—9 in jedem Fach, frei, schwarz, ohne Filz, ausgenommen ein Büschel weißer Haare am spitzen Ende, Wolle reichlich, weiß, stark, fein, weich, 3 cm lang.

Ausdauernd, Wuchs- und Fruchtbildung fortwährend, ausgenommen in nassem, kaltem Wetter und spätem, kaltem Frühling. — Die Kapseln meist an den extraaxillären Fruchtzweigen. — Typen in U. S. National Herbarium Nr. 691080. —

Name von εἰρηναῖος (friedlich), weil die Art auf die Provinz Alta Verapaz (hoher, wahrer Frieden) beschränkt zu sein scheint.

Von den Kekchi-Indianern in Rubelzul, Guatemala, wohl schon seit Jahrhunderten in ihren Hausgärten gebaut. — Hauptcharakter sind die riesigen, oft 3 spaltigen Kelchzähne.

2. Gossypium Hopi Lewton [2]).

Pflanze klein, weit spreizend, dicht. Verzweigung niedrig beginnend. Stengel aufsteigend, fast niederliegend, gekrümmt oder zickzackförmig mit angeschwollenen Knoten, grobhaarig, gelblich graue Zweige, meist paarig an jedem Knoten. Blätter ziemlich dick, gelbgrün, 3 lappig, oft herzförmig und ungeteilt, oder mit 1—2 stumpfen Lappen, breit und stumpf. Basalbucht sehr flach, offen, weich behaart mit grauen Haaren. Das Blattkissen (an der Ansatzstelle des Stieles) sehr klein, grün oder orange, nie rot. Blattstiel kurz, sehr behaart, Blattnektarien 5—7 mm von der Blattbasis entfernt, klein, rund oder oval, die Ränder nur wenig erhaben. Außenkelchblätter (bracteen) klein, 3 eckig-herzförmig oder lang oval, behaart, dick, steif lederartig und sehr netzig. Zipfel (Zähne) 5—9, grob, kurz behaart. Nektarien 3, sehr groß, rund, eben. Nebenbrakteen (bractlets) zuweilen vorhanden. Kelch der Krone dicht angedrückt, seicht gelappt oder wellig, glatt, die schwarzen Punkte regelmäßig verteilt, äußere Nektarien 3. klein, dreieckig, eben, inneres Nektarium oberhalb mit einem schmalen Bande von Haaren.

Blumen klein, $^1/_3$ länger als der Hüllkelch, zitronengelb, selten fast weiß, deutlich schwarz punktiert. Staubgefäße viele, lang, die Röhre an der Spitze gezähnt, oft blumenblattartig, die Fäden zitronengelb. der Pollen rahmfarbig oder weiß, reichlich vorhanden. — Griffel sehr kurz, die Staubgefäße nicht überragend. — Kapsel klein, rund oder zuweilen oval, stumpf gespitzt, 3—5 fächerig, glatt, als wie mit Wachs überzogen, die schwarzen Öldrüsen (tief) unter der Oberfläche.

Samen dunkelbraun, ohne Filz, ausgenommen eine Krone von braunen oder olivenfarbigen Haaren am spitzen Ende, ziemlich zerstreut (sparsely)

---

[1]) Gemeint ist 5 zähnig.
[2]) Lewton, F. L.: The cotton of the Hopi Indians: A new species of Gossypium. Smithsonian Miscellaneous Collections, vol. 60, Nr. 6, 2 Taf. Washington 1912.

mit Wolle (lint) bedeckt.   Lint weiß, stark, fein und seidig, 13—25 mm lang.
Lint-% 20—30. — Typus im National-Herbarium in Washington Nr. 691075
(Lewton Nr. 1009, in Victoria, Texas, Aug. 1909 gesammelt.)   Die Pflanzen
waren erzogen aus Samen von den Hopi-Indianern in Tuba, Arizona.

Hopi-Indianer und Moqui-Indianer ist dasselbe, aber letzterer Name
ist nicht beliebt, bedeutet toter Mann, Hopi dagegen Gottes Volk.

Sehr frühreif, z. T. schon in 84 Tagen.

Die Hopi-Indianer in Arizona wickeln ihre Gebetstöcke mit Baumwolle zusammen. — Der Anbau ist uralt, wie bei den cliff dwellers (Klippenbewohnern).

Mit Gossypium punctatum nahe verwandt ist

3. Gossypium Ekmanianum Wittmack, spec. nov.

Herr Geh. Regierungsrat Prof. Dr. Urban, der die zahlreichen vom schwe-
dischen Forscher E. L. Ekman auf Haiti gesammelten Pflanzen bearbeitet,
machte mich auf eine von Ekman am 1. April 1926 eingelegte wilde Baumwollpflanze aufmerksam, die Generaldirektor Freeman in Port au Prince als
G. punctatum bestimmt hatte, die ich aber als neue Art hier beschreiben möchte:

Strauch 2—3 Fuß hoch, fast kahl, Zweige rund, braun. Blattstiele
schwarz punktiert, Blätter nur bis $^1/_3$ eingeschnitten, dreilappig, unterseits
fein punktiert, an der Einfügung des Blattstiels oberseits mit einem dunkel-
purpurnen Polster, das durch zahlreiche schwarze Drüsenpunkte gebildet
wird und mit weißlichen Härchen bedeckt ist. — Blattlappen halb eiförmig,
zugespitzt, an der Basis nicht zusammengezogen, Mittellappen größerer Blätter
7 cm lang, 3,5 cm breit, Buchtentfernung 3,5—4 cm, Blattspreizung 7,5 cm.
Nektarium auf der Unterseite des Mittelnervs klein, oft fehlend.   Blättchen
(Brakteolen) des Außenkelchs frei, breit eiförmig, 2,5 cm lang, 1,25 cm breit,
etwa 10zähnig, Zähne lang, pfriemenförmig. — Kelch kurz, mitunter fast
schalenförmig, fast ganzrandig, dicht schwarz punktiert.   Blumenkrone
groß, glockenförmig, 5 cm lang, 5—6 cm Durchmesser, außen schwarz punktiert, Farbe gelb, an der Basis blaß purpurn-braun gefleckt, beim Welken
purpurn. — Staubbeutel goldgelb.   Griffel außerordentlich lang und
dünn, $1^1/_2$ cm die Staubfadenröhre überragend, also fast doppelt so lang als
letztere, die $1^3/_4$ cm lang ist, dicht schwarz punktiert. Kapsel klein, 4fächerig,
die Klappen sehr lang gespitzt, $2^1/_2$ cm lang, tief grubig.

Same 5—7 mm lang, 5 mm dick, nur mit einer Art Wolle bekleidet;
diese festsitzend, blond, kurz, 5—7 mm lang bis etwa 12 μ breit.   Lumen
$^1/_3$—$^1/_2$ der Breite.

Haiti, Provinz Barakona, nahe dem Rio Yaque (Yaqui) del Sur in
Cordillera de Neyba (Neiba) an den dürrsten Orten gemein.   Ekman H
5792. 25—50 m ü. M.   1. April 1926.   „Wächst wild, behält seine Charaktere,
selbst wenn es gelegentlich auf Kulturboden wächst.“

G. Ekmanianum unterscheidet sich von *G. punctatum* außer durch die
Kahlheit namentlich dadurch, daß die Samenhaare nicht in rostfarbigen
kurzen Filz und weißes langes Vlies geteilt sind.   Bei ihrer Kürze eignen
sie sich auch nicht zum Verspinnen. — Möglicherweise ist G. Ekmanianum
die Urform von G. punctatum.   Das rote Blattpolster erinnert sehr an die
Hindi-Baumwolle, die vielleicht auch von G. Ekmanianum abstammt. — Den
langen Griffel haben G. punctatum und Ekmanium gemeinsam; er kommt
nach Kottur[1] auch bei einigen ostindischen baumartigen Gossypien vor.

---

[1] Kottur in Mem. Dep. Agric. India, Bot. Series, vol 10, Nr. 6, S. 221—273. 1920.
Ich fand auch bei Abassi (G. barbadense), im Gewächshause kultiviert, einen langen
Griffel.

O. Zweifelhafte Arten.

Zweifelhaft ist die Stellung von

1. Gossypium janiphaefolium Bello[1])

vulg. „algodon yuca", d. h. maniokblätterige Baumwolle.

Die Blüten ähneln nach Bello denen von G. purpurascens, sind aber blaßgelb. Die Blätter sind höchst eigentümlich, 3 teilig, der mittlere Abschnitt wieder in 3 oder 5 länglich lanzettliche Läppchen geteilt und die seitlichen Abschnitte in 2 oder 3. Zuweilen ist die Zahl der Läppchen kleiner, mitunter größer, bis 11; aber das merkwürdigste ist, daß diese Abschnitte nicht in einer Ebene liegen, sondern so, daß die Blätter, in gewisser Entfernung gesehen, wie Bündel von Blättern erscheinen. — Samen grünlich, die Baumwolle sehr weiß und kompakt — Portorico, Llanos de Cabo Rojo[2]).

Portorico: Ple Nr. 748 bei Toa-altra, blüht III, XI; fruchtet III. Stahl Nr. 775, 775 b bei Cabo Rojo nach Bello.

Diese Pflanze verdient noch näher untersucht zu werden. Ich sah sie im Herbar von Portorico, das mir Herr Geh. Reg.-Rat Prof. Dr. Urban, der beste Kenner der Flora der Antillen, zur Ansicht überließ.

Ebenso zweifelhaft ist die Stellung der beiden folgenden neuen Arten, die Goyena in seiner Flora nicaraguensis I, 195, 1911 aufstellt: Gossypium nicaraguense und G. volubile.

2. Gossypium nicaraguense Goyena.

Sehr kahler Strauch, untere Blätter ungeteilt, die übrigen 3 lappig, mit 1 Drüse unterseits. Außenkelch mit 3 Zipfeln, Kapsel 3—4 klappig, Blumen gelb, mit purpurnen Punkten auf den Nägeln. Stengel verzweigt, Blattstiel punktiert, kahl.

Blüten und Kelchzipfel des Außenkelchs bewimpert. Narben spiralig gedreht. — Nahe *G. latifolium* Murray, *G. racemosum* Poir. — Algodon ceniciente-claro", d. h. hell aschgraue Baumwolle.

G. latifolium Murray ist Synonym für G. hirsutum L.

3. Gossypium volubile Goyena.

Schlingend, weichhaarig, untere Blätter ungeteilt, herzförmig, 5 nervig, die oberen 3 lappig, mit 1 Drüse unterseits. Kapsel 3—4 klappig, Blumen gelb, mit roten Punkten, Blätter, Kelchzipfel und Hüllkelch (Außenkelch) bewimpert. Narben 3, zusammengedreht. Nahe G. latifolium Murray, G. racemosum Poir. — „Algodon silvestre".

G. racemosum Poiret ist Synonym für G. purpurascens, Poiret nach Watt.

4. Gossypium paniculatum Blanco[3]),

rispige Baumwolle, Merrill Species Blancoanae N. 980. Blätter 3—5 lappig nur bis $^1/_3$ geteilt, unterseits stark gelblich grau behaart, Nerven auf dem Mittellappen wechselständig, auf den Seitenlappen gegenständig. Lappen der jüngeren Blätter länglich, lang zugespitzt; Mittellappen mit einer kleinen

---

[1]) Don Domingo Bello y Espinosa.
[2]) Siehe Urban: Symbolae antillanae, vol. IV, S. 402, Nr. 50. Lipsiae 1903—1911. G. janiphaefolium Bello, Apuntas para la Flora de Puerto Rico in Anales Soc. Esp. de Hist. Nat. X, S. 242, Nr. 70. 1881. — Stahl, Est. II, S. 96.
[3]) Flora de Filipinos, Bd. II. Gr. fol., S. 331. Manila 1878.

Drüse, 10 cm lang, 5 cm breit, Buchtentfernung vom Blattgrunde 5 cm. Kleinere Blätter erinnern an G. hirsutum. Außenkelch 4 cm hoch, lang zerschlitzt. Blume groß, 5 cm hoch, 4 cm Durchmesser, nach Blanco purpurn oder weiß, im Welken rot. Blanco sagt: „Blumen etwas seitlich, einseitswendig, einfach rispig, Rispe wenigblütig." Von Rispe kann meiner Meinung nach keine Rede sein, doch muß man mehr Material haben, um das zu entscheiden. Kapsel eiförmig, zugespitzt, 4fächerig. Samen in Wolle eingewickelt, diese fest angewachsen, vulgo Capas. Pflanze 3 Fuß hoch, Wolle sehr schön, von den Iloncas allgemein gebaut. Die Frauen machen daraus Gewebe von ausgezeichneter Form und Geschmack. — Unterscheidet sich nach Blanco von Pernambuco-Baumwolle durch den Blütenstand „und andere Dinge".

Nach Merrill[1]) ziemlich viel in den Ilocano-Provinzen (Luzon) gebaut und anscheinend eine gute Art.

P. Mit Gossypium verwandte Gattungen.

Siehe die Übersicht S. 24.

Cienfuegosia. Benannt von Cavanilles, Direktor des botanischen Gartens, Madrid, zu Ehren des spanischen Botanikers Bernardo Cienfuegos, der um 1600 lebte. Durch sehr schmale Außenkelchblätter von Gossypium verschieden.

Cienfuegosia pentaphylla Schumann im Herbarium. Bekannter unter dem Namen *Gossypium anomalum Wawra et Peyritsch* in Sertum Benguel, S. 11.

Originalbeschreibung von Wawra und Peyritsch: Strauchartig, Zweige etwas rauh. Blätter überall durch sternförmigen Flaum weichfilzig, herzförmig, unterseits eindrüsig, untere handförmig 5teilig, obere 3teilig, die Buchten meist stumpf oder selbst abgerundet; die Lappen abgerundet oder spitz, selten stachelspitz. Mittellappen eilänglich, die seitlichen schief oval. Blätter des Hüllkelchs lanzettlich-linear (Hauptunterschied von Gossypium), ganzrandig oder wenig gezähnt. Kapselklappen zugespitzt, warzig. Samen in jedem Fach 3—4, mit bräunlichem Filz. In Wäldern bei Benguela, Wawra Bull. 262 u. 285.

Genauere Beschreibung. Strauch 5—10 Fuß hoch, Äste und Zweige stielrund etwas rauh, dicht mit Sternhaaren besetzt. Blätter wechselständig, 2—1 Zoll voneinander, gestielt, die Stiele $1^1/_2$—$^1/_2$ Zoll lang, wie die Spreite durch braungelbe Sternhaare weich behaart, tief herzförmig, Ränder der Buchten zusammenstoßend, bald geschlossen, bald $\pm$ voneinander entfernt und offen. Untere Blätter 5lappig, obere 3lappig, Buchten meist stumpf oder abgerundet. Mittellappen unterseits auf dem Mittelnerven oberhalb der Basis 1drüsig, eilänglich, stumpf oder abgerundet, $1^1/_2$—1" lang, an der Basis 2—5", oberhalb der Mitte 7—9". — Seitenlappen schief eiförmig, 9—7" lang, an der Basis des Blattstiels 2—3''', gegen die Mitte 5—4''' breit.

Blüten längs der ganzen Länge der Zweige traubig angeordnet, den Blättern gegenüber (von mir gesperrt; L. W.), Blütenstiele 3—6''' lang, zur Fruchtzeit kaum verdickt, 6kantig, an der Spitze 3drüsig, filzig.

Hüllkelch 3blättrig, Blättchen lanzettlich-lineal, ganzrandig oder wenig gezähnt (von mir gesperrt), stumpf, spitz oder zugespitzt, 4''' lang und $1^1/_2$—1''' breit.

Kelch becherförmig, 15streifig, durch sternhaarigen Flaum etwas filzig. Röhre kaum 2''' breit. Zipfel eiförmig, kurz zugespitzt, aufrecht, 1''' lang, an der Basis 2''' breit.

Blumenblätter verkehrt eiförmig, ungleichseitig, fast etwas dreieckig, schwarz punktiert, an der Basis deckend, außen der freie Teil weichhaarig, blaß-rötlich, an der Basis schwärzlich. — Staubfadensäule 6—7''' lang, die Fäden etwa 1''', die Staubbeutel $^1/_3$—$^1/_4$''' lang. Griffel mit den keulenförmigen Narben 10''' lang.

---

[1]) Enumeration of Philippine Plants, III, S. 43, 1923.

Kapsel (klein) eiförmig, 8—9''' lang, an der Spitze unterhalb der Mitte unvollkommen 6fächerig, die Scheidewände oberwärts verschwindend (Klappen hornartig). Samen in jedem Fach 3—4, eiförmig, eckig, 3''' lang, mit sehr reichlicher, wergartiger, blaß-rötlicher Wolle, die ausgebreitet 2—3''' lang ist (also sehr kurz, nur 6 mm lang).

Im tropischen Afrika. Nach Vasse an Waldrändern; die Eingeborenen sammeln die Wolle, die aber sehr kurz ist und wenig Handelswert hat[1]).

Die Angabe von Muschler in seiner Flora of Egypt, S. 637, daß G. anomalum in Ägypten reichlich kultiviert werde, muß auf einem Irrtum beruhen. *Gossypium triphyllum* Hochr. ist *Fugosia triphylla* Harr.

Selera. Ulbrich in Verhandlg. Bot. Ver. der Prov. Brandenburg, Jg. 55, S. 50, Abb. S. 169, 1913. — Die Gattungsdiagnose auch in Engler: Bot. Jahrbücher, Bd. 50, Supplementband, Festband für A. Engler, S. 362. Leipzig 1914. Wir geben diese hier wieder:

Aufrechtes, spärlich verzweigtes Kraut oder Halbstrauch, vom Habitus eines Gossypiums, mit vielgestaltigen, meist 3lappigen, oberwärts auch ungelappten eiförmigen, an der Basis tief herzförmigen Blättern und großen, glockigen, rötlichen Blüten mit großem, festem Außenkelch aus 3 an der Basis verwachsenen, ungeteilten (nicht zerschlitzten), eiförmigen Blättern, welche den gestutzten, becherförmigen Kelch ganz verdecken. Alle Blütenteile dicht von schwarzen Drüsen punktiert. Fruchtknoten kugelförmig, dreifächerig mit gekammerten Fächern, in jeder Kammer 3—4 aufsteigende, umgewendete Samenanlagen. Griffel tief dreiteilig mit herablaufender Narbe. Frucht eine dreiklappige, holzige Kapsel mit 1—2 Samen in jeder Abteilung; Klappen kahl und oben lang zugespitzt; Samen kantig, umgekehrteiförmig, ziemlich sparsam mit angedrückter langer, grauer Wolle bekleidet; Embryo zusammengefaltet, mit schwarz punktierten Kotyledonen. — 1 Art in Mexiko, *S. gossypioides Ulbrich,* im Staate Oaxaca auf trockenen Hügeln. Gesammelt von den beiden Mexikoforschern Ed. Seler und seiner Gattin Cäcilie Seler und ihnen zu Ehren benannt.

Selera unterscheidet sich nach Ulbrich durch einen 3fächerigen Fruchtknoten von Gossypium, das (wenigstens der Anlage nach) einen 5fächerigen besitzt; außerdem durch die holzige Kapsel, den Mangel an Wolle usw. Die Blumen sind sehr groß, ± 5 cm lang. Die ganzrandigen Außenkelchblätter sind ebenfalls sehr charakteristisch.

V. Lebensgeschichte, Biologie der Baumwolle.

1. Die Keimung der Baumwollsamen.

Die Samen der Baumwollenarten bleiben bis 9 Jahre keimfähig (so bei der Pimasorte in Arizona). Sie sind groß, 7—10 mm lang, 4—6 mm breit, 4—5 mm dick, umgekehrt eiförmig, oft etwas 4kantig, an der Basis in eine kurze Spitze auslaufend, die fast stets von einem Kranz kurzer brauner Haare umgeben ist, auch dann, wenn die Samen im übrigen keine Grundwolle haben. Die Schale ist meist schwarzbraun und sehr dick. (Näheres darüber beim Abschnitt Baumwollsamen.) Im Innern liegt der große Keim, der fast den ganzen Raum ausfüllt und nur von wenig Nährgewebe umgeben

---

[1]) Vasse, M. B.: Rec. Develop. in Portuguese East Africa. Bull. Imp. Inst. London 1907, V, S. 60. (K. Braun brieflich.)

ist. Die beiden Keimblätter sind mehrfach gefaltet, und um das Blattfederchen, die plumula, d. h. den künftigen oberirdischen Teil, sowie um das
dicke Würzelchen, die radicula, gewickelt. Wie man auf dem Längs- oder
Querschnitt durch den Samen sieht, sind alle Teile des Keimes mit zahlreichen schwarzen Punkten, das sind Harz- oder Öldrüsen, durchsetzt (siehe
G. brasiliense, Abb. 39, Fig. *J*, und Abb. 62). Eine Ausnahme macht seltsamerweise das Würzelchen, bei dem sie fast fehlen, während später die entwickelte
Wurzel auch Öldrüsen hat. (Abb. 62.) Der Faktor, der die Erzeugung der
Drüsen im Embryo veranlaßte, wirkt auch bei der wachsenden Pflanze fort,
und so kommt es, daß alle grünen Teile: Stengel, Blätter, Kelche, Kapseln
mit schwarzen Drüsenpunkten besetzt sind, oft auch Blumenblätter, Griffel
und Staubgefäße. Ob diese Drüsen mit ihrem Ölinhalt ein Schutzmittel sein
sollen, ist noch zweifelhaft; eher glaubt man in Amerika sie als ein Anlockungsmittel für den gefürchteten Kapselkäfer (bollweevil) ansehen zu müssen!
(Näheres im Abschnitt Anatomie der Baumwolle.)

Es wird meist angenommen, daß die dem Samen anhaftende Baumwolle
zur Verbreitung der Samen durch den Wind beitrage, Balls[1]) meint aber,
daß zwar der ganze Kapselinhalt durch den Wind etwas fortgetragen werden
könne, aber nicht die einzelnen Samen; dazu seien sie viel zu schwer. Die
Haare blieben auch leicht an andern Pflanzen haften und hinderten geradezu
die weite Verbreitung. (Er scheint nicht an die Verbreitung durch Tiere zu
denken.) Balls nimmt dagegen an, daß die Haare die Feuchtigkeit aufsaugen sollen und so den wildwachsenden Pflanzen die Keimung erleichtern.

Die Kulturarten werden ja ohne Wolle ausgesäet, und daher kann das
Wasser leichter eindringen; möglicherweise erhält die Samenschale auch beim
Entkörnen (ginning) kleine Risse, die den Eintritt des Wassers noch mehr
erleichtern.

N. W. Barritt[2]) kritisiert Balls und Denhams Meinung. Die Haare
sollen nach Barritt gegen temporäre Veränderungen der Feuchtigkeit
schützen, die bei heftigem Tau oder sporadischem Regenfall eintreten, ohne
daß dem Samen Gelegenheit für nachfolgendes Wachstum gegeben ist. Die
Haare werden vom Winde gerollt und sammeln Abfälle. — Die Bildung
von Haaren ist eine klimatische Anpassung. Sea Island und ägyptische,
also langhaarige Baumwollen, finden sich nur in Gegenden mit deutlich geschiedenen Jahreszeiten, während die filzigen Typen charakteristisch sind für
erratische (regellose) Klimate.

Bei genügender Feuchtigkeit des Bodens und Wärme (in Ägypten bis
35^0 C) treten schon nach wenigen Tagen die großen, rundlichen, quer breiteren
Keimblätter über die Erde (s. Abb. 39, G. brasiliense, Fig. *A* u. *B*), während das
Würzelchen in den Boden dringt und sich zur Pfahlwurzel entwickelt. Diese
kann bis 2 m tief gehen, wie Balls in Ägypten feststellte[3]). Von ihr gehen
4 Reihen Seitenwurzeln ab, die sich fast horizontal weithin (bis 2 m) im
Boden erstrecken.

---

[1]) Balls, W. Lawrence: The development and properties of raw cotton. Verlag von
A. u. C. Black Ltd., S. 7, London 1915.

[2]) Barritt, N. W.; Ann. Appl. Biology. H. 11, S. 310—311. 1924. Ref. daraus in
Journ. Text. Inst. Manchester 1925, Febr. A 38.

[3]) Zimmermann: Anleitung für die Baumwollkultur in den deutschen Kolonien.
2. Aufl., Berlin 1910, S. 2, fand bei der als Unkraut nicht bloß in Ägypten, sondern
auch in Ostafrika vorkommenden Hindi-Baumwolle 115 cm, den oberirdischen Teil nur
105 cm. — Kearney und Petersen: Bur. of Plant Industry, Washington, Bull. 128
fanden für ägyptische Baumwolle in Kalifornien 1, 8—2, 4 m Tiefe.

Lange Keimfähigkeit des Baumwollsamen und Erhöhung derselben durch Uspulun-Beize.

(Uspulun ist ein Quecksilberpräparat.)

Dr. E. Bischkopff[1]) machte außer Versuchen mit achtjährigen Rübenknäueln, die eine $2\,^1/_2$ fache Steigerung der Keimfähigkeit gegen ungebeizte ergaben, auch Versuche mit zehnjährigem Baumwollsamen.

Die Stärke der Uspulun - Beize betrug $^1/_4\%$ bei einstündiger Beizzeit. Keimdauer insgesamt 21 Tage.

A. Umgebeizt.	B. Gebeizt.
Beginn der Keimung am 4. Tage mit 37%,	am 5. Tage mit 25%,
Schlußstand am 5. Tage mit 55%,	am 9. Tage mit 60%,
	am 21. Tage mit 73%.

Also B 18 Keime mehr als A, in Prozenten 33.

2. Das Blatt und die Blattstellung.

Die ersten Laubblätter sind ungeteilt, die folgenden 3- bis 5-, selten 7 lappig, und die allerobersten mitunter wieder ungeteilt. Näheres siehe S. 26.

Blattstellung[2]). Die Blätter stehen wechselständig oder, wie man auch sagt, spiralig, nicht einander gegenüber, also nicht gegenständig. Merkwürdigerweise ist die Blattstellung bei den Baumwollen der Alten Welt und denen der Neuen Welt verschieden, bei denen der Alten Welt $^1/_3$, bei denen der Neuen Welt und den ägyptisch-amerikanischen $^3/_8$; d. h. bei den altweltlichen sind am Hauptstengel 3 Längsreihen von Blättern, und wenn man ein beliebiges Blatt Null nennt, braucht man bei $^1/_3$-Stellung von diesem nur in einer Spirale wieder um den Stengel aufwärts herumzugehen, um schon auf ein Blatt zu stoßen, das genau über dem mit Null bezeichneten steht, das ist das dritte Blatt. Die sonst häufige $^2/_5$-Stellung kommt bei Baumwolle weniger vor, nur bei Bastarden. Bei $^2/_5$-Stellung sind 5 Längsreihen von Blättern, aber man muß zweimal um den Stengel aufwärts herumgehen und wird finden, daß erst das 5. Blatt über dem mit Null bezeichneten steht. — Die einfachste Blattstellung ist $^1/_2$, so bei den Gräsern, wo die Blätter in 2 Zeilen am Stengel stehen, besonders deutlich beim Knaulgras und beim Mais.

Durch Addition der Zähler und der Nenner von $^1/_3$ und $^2/_5$ erhält man den Bruch $^3/_8$, und zählt man $^2/_5$ und $^3/_8$ zusammen, so erhält man $^5/_{13}, ^8/_{21}$-, $^{13}/_{34}$-Stellung usf.

Bei der für amerikanische Arten typischen $^3/_8$-Blattstellung sind acht Längsreihen Blätter, und man muß drei Umgänge um den Stengel machen, um wieder auf ein Blatt zu stoßen, das genau über dem Ausgangsblatt 0 steht. Die verschiedene Blattstellung hängt wohl mit der Chromosomenzahl in den Zellkernen zusammen, diese ist bei altweltlichen 13, bei neuweltlichen 26 nach Denham (siehe Züchtung).

---

[1]) Dr. Bischkopff, E.: Die Verbesserung der Keimfähigkeit alter Samen durch eine Uspulun-Beizung. Nachrichten der Landw. Abteilung der Farbenfabriken vormals Friedrich Bayer & Co. in Leverkusen bei Köln a. Rh., 4. Jahrg., Nr. 1, Febr. 1925, S. 25—26.

[2]) Cook, O. F., and Rowland M. Meade: Arrangement of parts in the Cotton plant. U. S. Dept. of Agr. Bur. of Plant Industry, Bull. 222. Washington 1911. — Mc Lachlan, Argyle, The branching habits of Egyptian Cotton, U. S. Dept. Agr. Bur. of Plant Industry, Bull. 249. Washington 1912. — Freemann, G.; Baumwolle, übersetzt von Fruwirth, in dessen Handbuch der landwirtschaftlichen Pflanzenzüchtung. 5 Bd., S. 206.

3. Die Verzweigung.

In dem Winkel, welchen der Blattstiel mit dem Stengel bildet, in der sog. Achsel des Blattes, finden sich bei der Baumwolle 2 Knospen, die eine, die axilläre, steht genau in der Mitte der Achsel, die andere, die seitliche oder extraaxilläre, steht etwas seitlich davon[1]). Die axilläre Knospe entwickelt nur Laubtriebe, vegetative Zweige (in den Ver. Staaten limbs genannt), die extraaxilläre aber Fruchttriebe. Nahe der Basis der Pflanze können seitliche Knospen statt der Fruchttriebe Laubtriebe erzeugen, was natürlich den Ertrag sehr verringert. Die Blätter und Laubzweige am Hauptstengel sind alle Geschwister unter sich, alle Kinder einer Mutter, des Stengels. Der Stengel ist ein einheitliches Ganzes, ein „Monopodium", und solche Verzweigung nennt man eine unbegrenzte, traubige oder racemöse. Die fruchttragenden Zweige aber haben eine begrenzte oder cymöse, trugdoldige Verzweigung und stellen ein Sympodium dar. Bei einem solchen besteht der scheinbar einfache Stengel aus so viel einzelnen Teilstücken, als Blumen vorhanden sind.

Jedes Glied, das an der Spitze eine Blume trägt, tritt mit dieser nach außen (z. B. nach rechts, Abb. 40 II). Eine im Winkel des dort stehenden Blattes sitzende Knospe entwickelt sich und setzt den Längstrieb fort; dieser wendet sich aber mit der an der Spitze sitzenden Blüte wieder nach außen (z. B. nach links, Abb. 40 III), und dieses wiederholt sich mehrfach, so daß die Blüten und deren Stiele im Zickzack rechts, links; rechts, links usf. stehen. Eine solche zickzackartige Verzweigung nennt man „Wickel" (Abb. 40).

Man erkennt die wickelartige Verzweigung leicht daran, daß die Blüten den Blättern gegenüberstehen, nicht in der Blattachsel wie bei der racemösen Verzweigung.

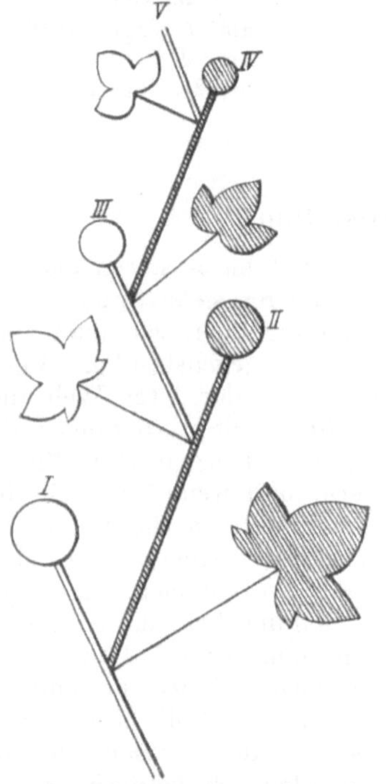

Abb. 40. Schema einer wickelartigen Verzweigung (Sympodium).

Die Kreise bedeuten Blüten. Sie sind abwechselnd schraffiert und entspringen je aus der Achsel eines gleich schraffierten Blattes. Strecken sich die einzelnen auseinander hervorgesproßten Glieder des Zickzacks gerade, so stehen die Blüten einem Blatt gegenüber und nicht in dessen Achsel.
Original.

Die vegetativen Zweige stehen mehr aufrecht, die fruchttragenden mehr horizontal, hängen zuletzt sogar über; doch hängt das auch von den Arten, bzw. den Sorten ab. Auch die Zahl der vegetativen Zweige ist verschieden, nach Leake z. B. bei Gossypium obtusifolium größer als bei Gossypium herbaceum.

Ebenso ist selbstverständlich die Höhe der Stengel nach den Arten verschieden; noch mehr aber hängt sie von den Boden- und Wasserverhältnissen ab. Auf trockenem, ärmerem Boden kann eine Pflanze von Gossypium herbaceum schon mit 30 cm Höhe Blüten tragen und ihren Längenwuchs einstellen, während sie auf feuchtem, gutem Boden 1—1$^{1}/_{2}$ m erreicht. Ägyptische

---

[1]) Cook, O. F., and Rowland M. Meade: a. a. O.

Baumwolle in Arizona oder Kalifornien wird 3 m hoch; perennierende Arten, die jetzt zwar wenig gebaut werden, erreichen noch größere Höhen, bis 6 m. Mit Recht macht aber Zimmermann[1]) darauf aufmerksam, daß größere Höhe nicht immer hohe Erträge bringt, und Freemann[2]) betont, daß mit kurzen Gliedern und somit niedrigem Wuchs meist Frühreife verbunden ist.

4. Entwicklungsstufen der Blätter.

Die Blätter sind stets lang gestielt. Der Stiel ist oft länger, mitunter fast doppelt so lang als die Blattspreite (z. B. bei Gossypium brasiliense bis 30 cm, das Blatt nur 23 cm lang und 26 cm weit); an der Basis des Stieles sitzen 2 schmale, meist lanzettliche oder sichelförmige, bald abfallende Nebenblätter, mitunter ist das eine breiter. Die Form der Blattspreite ist verschieden. Balls nimmt in seinem trefflichen Werke über die Entwicklung und die Eigenschaften der Rohbaumwolle[3]) drei Entwicklungsstufen an, wobei er von einer nicht mehr existierenden hypothetischen Urform ausgeht.

1. Die niedrigste Stufe sind die ziemlich kleinen, in rundliche Lappen geteilten Blätter der Arten, die man als „asiatische Baumwollen“ bezeichnen kann: dazu gehören Gossypium herbaceum (Abb. 12), Gossypium obtusifolium und andere, die man auch „indische“ und „Levante-Baumwolle“ nennt. Auch die nach Balls ausgestorbene Art des nördlichen Ägyptens im Mittelalter und einige afrikanische baumartige rechnet er hierzu. Ebenso gehört das wilde G. Stocksii hierher (Abb. 11).

2. Vielleicht erst viel später brachte die primitive Urart andere, größere Blätter hervor, die mehr oder weniger in zugespitzte Lappen geteilt waren; der karminrote Fleck im Grunde der Blumenblätter, der bei der ersteren Gruppe vorhanden, wurde kleiner, die ganze Pflanze weniger drahtig. Dann trat eine Scheidung dieser Gruppe ein. Die einen (Gruppe 2) bekamen noch tiefer eingeschnittene Blätter und behielten die gelbe Blütenfarbe, z. B. G. brasiliense (Abb. 39); die andere Gruppe

3. behielten die weniger eingeschnittenen Blätter, verloren aber die gelbe Blütenfarbe (oder diese wurde wenigstens blasser), z. B. Gossypium hirsutum. Zur Gruppe 2 gehören die Sea Islands, die sog. peruanische Nierenbaumwolle und die ägyptischen, zur Gruppe 3 die Uplands, Kambodscha (Cambodia) und die Hindi-Weed, die Unkrautbaumwolle Ägyptens.

Balls geht, nebenbei bemerkt, von der wohl irrtümlichen Voraussetzung aus, daß die Uplands, Gossypium hirsutum, aus Asien nach Amerika gekommen seien.

5. Die Nektarien.

Auf der Unterseite der Blätter findet sich auf dem Hauptnerven, mitunter auch auf den beiden benachbarten Seitennerven, etwa 1—2 cm von der Blattbasis entfernt, eine ovale Drüse, ein extraflorales Nektarium, das anfangs grünlich ist, später durch den eingetrockneten zuckerhaltigen Saft und durch Pilze schwarzbraun wird. (Abb. 39, S. 166, G.-brasil.-Blatt unten rechts *C* und Kelch *E*.) — Ähnliche Nektarien finden sich öfter oben am Blütenstiel und an den 3 Außenkelchblättern, ferner oft an der äußeren Basis des

---

[1]) Zimmermann, A.: Anleitung für die Baumwollkultur in den deutschen Kolonien. 2. Aufl., S. 1. Berlin 1910.
[2]) Freemann, F.: Upland kann auf unfruchtbarem, trockenen Boden schon bei 15—20 cm Höhe reif sein.
[3]) Balls, W. Lawrence: The development and properties of raw cotton. London 1915.

eigentlichen Kelches und endlich an der Innenseite des letzteren. (G. hirsutum, G. barbadense.) Außerdem ist die Baumwollpflanze, wie schon oben gesagt, von unten bis oben mit schwarzen Drüsenpunkten mehr oder weniger besetzt (Näheres im anatomischen Teil).

6. Entwicklung der Fruchtzweige.

R. D. Martin, W. W. Ballard und D. M. Simpson[1]) fassen ihre Ergebnisse in folgender Weise zusammen.

Zwischen dem Erscheinen eines Fruchtzweiges und dem nächsten vergehen annähernd 3 Tage.

Zwischen dem Erscheinen eines „square", d. h. der ersten Anlage eines neuen Fruchtzweiges in Gestalt einer winzigen dreieckigen Knospe, die tief eingesenkt ist zwischen den Nebenblättern des Tragblattes, und dem des nächsten, vergehen etwa 6 Tage.

Die Pima-Sorte in Arizona zeigt Neigung, das Intervall der „squares" mit dem Fortschreiten der Jahreszeit zu verlängern.

Das Intervall nimmt überhaupt zu, das mag daher kommen, daß das Wachstum dann langsamer ist.

Die Zwischenzeit zwischen dem Erscheinen einer Blütenanlage (square) und ihrem Aufblühen, die „square period" genannt wird, zeigt Verschiedenheiten je nach der Art und Sorte. Bei Sea Island sind es annähernd 33 Tage, Pima 30, Meade 22, Lone Star, Acala und Durango 23 Tage.

Bei der Pima in Sacaton, Texas, verlängerte sich die Square-Periode mit der fortschreitenden Jahreszeit. Bei den andern Sorten wurde das nicht bestimmt.

Eine leichte Zunahme der Square Periode für jeden folgenden Knoten des Fruchtzweiges wurde auch bei der Pima in Sacaton beobachtet; aber das war Folge davon, daß die squares später in der Jahreszeit angelegt wurden, und hatte nichts zu tun mit der Stellung am Zweige.

Bei der Sorte Lone Star wuchsen in Greenville, Texas, die Blütenknospen fast täglich gleich viel, aber 3 Tage vor dem Aufblühen nahm das Wachstum schnell zu.

Die Größe der Blütenknospen in verschiedenem Alter zeigt, daß sie so lange nicht groß genug waren, um die Larven des Kapselkäfers (weevil) gut zur Entwicklung kommen zu lassen, bis etwa 15 Tage vor dem Aufblühen oder 10 Tage nach Erscheinen der ersten Blütenanlage.

Der Wuchs der Lone-Star-Kapsel in Texas war sehr schnell; die mittlere Maximallänge von 41 mm wurde schon 20 Tage nach der Blüte erreicht. Die früheren Kapseln waren größer, die späteren infolge Dürre kleiner; trotzdem reiften letztere später, erst in 44—55 Tagen, während die großen früher, durchschnittlich in 42,57 Tagen, reiften, also 2 Tage weniger.

Bei der Pima in Arizona wurde das mittlere Maximum der Kapselgröße, 14 Kubikzentimeter, in 25 Tagen nach der Blüte erreicht, das mittlere Maximalgewicht der grünen Kapseln, 13,4 g, in etwa 40 Tagen, das Trockengewicht 3,8 g in etwa 50 Tagen.

Die Reifezeit bei normaler Pima in Arizona 1921 war sehr weit ausgedehnt, von 45 bis 80 Tagen; sie verlängerte sich bei späterem Aufblühen.

Drei Faktoren schienen die Länge der Reifezeit bei Pima 1921 zu beeinflussen: 1. Die frühen Kapseln waren kleiner; sie erreichten ihre Entwicklung in weniger Tagen und reduzierten die Kapselfeuchtigkeit schneller, so daß die Kapsel sich eher öffnete.

Die Sea-Island-Kapseln in Süd-Carolina 1922 erreichten ihr mittleres Maximal volumen von etwa 19 ccm und ihr mittleres Maximal-Grüngewicht, etwa 16 g, in 21 Tagen nach der Blüte.

Die Meade-Kapseln erreichten ihr mittleres Maximalvolumen von etwa 29 ccm in 21 Tagen und ihr mittleres Maximum an Grüngewicht von etwa 27 g in 28 Tagen nach der Blüte.

Eine mittlere Reifeperiode von 57,6 Tagen wurde erhalten für Sea-Island-Kapseln, im Vergleich mit 56,14 Tagen für die Meade-Kapseln, und die Reifeperiode nahm zu mit der fortschreitenden Jahreszeit.

---

[1]) Growth of fruiting parts in Cotton plants (Wuchs der Fruchttriebe). Journ. Agr. Research, vol. XXV, Nr. 14, S. 195—208, 2 Tafeln. Washington 1923.

7. Entwicklungsgeschichte der Baumwollblüte.

Die Entwicklung der Blüte, der Kapsel und des Samens ist von Lawrence Balls in Ägypten genau untersucht. Am Ende eines Blütenzweiges entsteht innerhalb der drei Außenkelchblätter ein Höcker, der Vegetationskegel. An dem Kegel bildet sich unten ein Ringwall, der zum becherförmigen Kelch wird. Innerhalb dieses Ringwalles entstehen zwei andere Ringwälle, der äußere davon hat einen gewellten Rand, und seine fünf Wellen wachsen zu den fünf Blumenblättern aus. Der innere Ring wird zu einem hohlen Zylinder, der Staubfadenröhre, die außen zahlreiche Vorsprünge trägt, die zu den Staubfäden mit ihrem Staubbeutel werden. Innerhalb des Staubfadenzylinders bildet sich der Fruchtknoten mit den Samenanlagen aus. Die Samenanlagen sind etwa $1\,^1/_2$ mm lang und haben einen ebenso langen Stiel (Samenstrang, Nabel). Sie haben eine doppelte Hülle (ein äußeres und ein inneres Integument); sie sind gegenläufig (anatrop) d. h. hakenförmig umgebogen, so daß die Spitze wieder in die Nähe der Anheftungsstelle kommt, ja neben ihr liegt. An dieser Stelle ist in den beiden Hüllen eine Öffnung, der Keimmund oder die Mikropyle (Abb. 6 u. 41). Durch sie tritt der aus einem Pollenkorn herauswachsende Pollenschlauch ins Innere der Samenanlage, um seinen Hauptkern mit der Eizelle zu verschmelzen. Dadurch wird die Befruchtung vollzogen; und erst, wenn das geschehen, können sich die Samenanlagen und die Kapseln weiter entwickeln. Viele der Oberhautzellen der Samen wachsen zu Haaren aus, zur Baumwolle.

Von der Anlage der Blüte bis zum Öffnen der Blumenkrone vergehen 3—4 Wochen, bei der ägyptischen Sorte Nr. 77, die ähnlich Nubari ist, und die Balls genauer untersuchte, 23 Tage (vgl. die Zahlen von Martin und Ballard, S. 182). Die Blumenkrone öffnet sich morgens gegen 9 Uhr und hat die Form einer Glocke; auch die Staubbeutel öffnen sich, und die Narben können befruchtet werden, entweder durch zufällig hinzugekommenen Pollen oder durch Bienen, welche den Honig aus den zwischen den Basen der Blumenblätter befindlichen Nektarien sammeln. Meist tritt Selbstbefruchtung oder Nachbarbefruchtung (von Pflanzen derselben Sorte) ein, und in Ägypten nur zu 5—10% Kreuzung mit Pollen anderer Sorten. Da Handelssorten oft nicht rein sind, tritt bei diesen Bastardierung leichter ein. Zum Abhalten von Pollen anderer Arten umgibt man bei der Züchtung reiner Rassen, wenn man die Blüte nicht einzeln in Säckchen aus Musselin oder dgl. einhüllen will, die ganzen Pflanzen mit großen Kästen, die mit feinem Messinggewebe bespannt sind.

Die Blumen blühen nur einen Tag. Am Abend schließen sie sich, verändern ihre gelbe Farbe in ein schmutziges Fleischrot oder Purpurrot und fallen am nächsten Tage mit der Staubfadenröhre ab. Wenn das Welken in feuchter Luft erfolgt oder umgekehrt, wenn die Luft sehr trocken ist, unterbleibt die Rotfärbung. — Der Tag des Aufblühens und die ersten Tage nach dem Aufblühen sind sehr kritische Tage. Aus noch nicht aufgeklärten Ursachen fällt die ganze Blüte dann leicht ab, bei ägyptischen Baumwollen konstant etwa 40%. Hauptursache wird Wassermangel sein, da die offene Blume mehr Wasser verdunstet. Jedenfalls ruft auch die Bestäubung chemische Prozesse hervor. Ältere Kapseln fallen seltener ab.

Nach meinen Beobachtungen im Kolonialhause des Botanischen Gartens Berlin-Dahlem dürfte auch zu feuchte Luft das Abfallen bewirken.

Nach T. G. Mason[1]) treten die Maxima des Blüten- und Früchtabfalles

---

[1]) Mason, T. G.: Growth and abscission in Sea Island cotton. Ann. of Botany, Bd. 36, S. 457—484. 1922.

4—6 Tage nach den Maxima des Regenfalles und den Maxima der Beleuchtung und der Luftfeuchtigkeit ein. Die geringen Schwankungen der Bodenfeuchtigkeit scheinen keine große Rolle zu spielen, wohl aber ungenügende Versorgung mit Assimilaten. Entfernen der Blätter veranlaßt das Abfallen benachbarter unentwickelter Blätter und Früchte[1]).

Die Bestäubung findet bald nach dem Aufblühen statt; am Nachmittage des folgenden Tages ist die Eizelle schon befruchtet. Am 3. Tage beginnt sie sich in 2 Zellen zu teilen; diese teilen sich wieder weiter, so daß nach 8 Tagen der Embryo unter dem Mikroskop als ein herzförmiger Körper von etwa 0,01 mm Länge erscheint. Dann nimmt er schnell immer mehr an Größe zu und erfüllt am Ende der 4. Woche den ganzen Samen, nur wenig Raum, hauptsächlich unter der Schale, für das Nährgewebe lassend.

Der Samen hat inzwischen seine volle Größe erreicht und ebenso die Wolle — die am Tage, als sich die Blume öffnete, sich zu entwickeln begann — ihre volle Länge. Auch die Kapsel ist zur vollen Größe gelangt.

Vom Öffnen der Blüte bis zum Öffnen der Kapsel vergehen bei Nr. 77 in Giza 48 Tage. Die Kapsel ist aber nach 24 Tagen schon völlig ausgewachsen.

In den folgenden 24 Tagen gehen im Innern Veränderungen vor. Die Samenschale erhärtet, der Embryo bildet seine einzelnen Teile weiter aus, die Wand der Baumwollfasern verdickt sich.

Die junge Kapsel, d. h. der Fruchtknoten zur Blütezeit, hat nur etwa 4—5 mm Durchmesser, nimmt aber bei Nr. 77 täglich um etwa 1 mm zu, hat am 6. Tage schon 12 mm Durchmesser, am 12. Tage 18, am 18. Tage 24 mm. Dann nimmt die Schnelligkeit des Wachstums sehr ab, und erst am 24.—28. Tage ist der volle Durchmesser von 26 mm (24—28 mm) bei einer Länge der Kapsel von 40 mm erreicht. Die Kapsel ist eiförmig-kegelig, ihr größter Durchmesser liegt in $^2/_3$ Entfernung von der Spitze.

Nun tritt die eben erwähnte Ruhepause von etwa 24 Tagen ein. Äußerlich sieht man keine Veränderungen, bis am 45. Tage sich 3 Längsrisse zeigen, wenn die Kapsel, wie bei Nr. 77 gewöhnlich, dreifächerig ist. Am 48. Tage öffnet sie sich und erhärtet, und am 50. Tage ist sie reif zum Pflücken.

Wachstum des Samens. Zur Blütezeit ist die Samenanlage etwa 1 mm lang; nach der Befruchtung fand Balls bei Nr. 77 folgende Zunahme:

	Länge in mm	Durchmesser in mm
3. Tag	$1^1/_2$	1
6. Tag	3	$1^1/_2$
9. Tag	$4^1/_2$	2
12. Tag	$6^1/_2$	$3^1/_2$
15. Tag	8	5
18. Tag	$9^1/_2$	$5^1/_2$

Dann hört das Wachstum plötzlich auf, und 10 mm Länge bei 6 mm Durchmesser ist die durchschnittliche Größe des reifen Samens.

Das Nährgewebe oder Endosperm. Im Pollenkorn sind 2 Zellkerne, wir wollen sie a und b nennen. Der eine, der sog. vegetative, a, dient zur Entwicklung und Ernährung des Pollenschlauches, der in den Keimmund der Samenanlage eindringt. Der andere, der sog. generative, b, teilt sich in zwei $b1$ und $b2$. Beide dringen in dem Pollenschlauch weiter vor, gelangen im Innern der Samenanlage an deren innersten Teil, an den Embryosack, in welchem sich die Eizelle, ein nackter Zellkern, befindet. Der eine der beiden

---

[1]) Ref. in Bot. Zentralbl. 144. 1923.

generativen Pollenkerne $b\,1$ verbindet sich mit dem Kern der Eizelle, und damit ist die eigentliche Befruchtung vollzogen. Die Eizelle entwickelt sich zum Keimling, zum Embryo. — Der andere generative Pollenkern, $b\,2$, verbindet sich mit einem zweiten Kern, den wir n nennen wollen, des Embryosackes, und daher spricht man von einer doppelten Befruchtung. Die Folge der Vereinigung von Kern $b\,2$ mit n ist, daß letzterer sich schnell in viele Kerne teilt. Schon am Abend desselben Tages, an welchem die Befruchtung stattfand, ist er in 2 Kerne geteilt, und am dritten Tage sind schon mehrere Hunderte von Zellkernen in einer Schicht von Protoplasma, welche die Wand des Embryosackes bekleidet, vorhanden. Dann bilden sich Wände zwischen den vielen Zellkernen, und so entstehen die Zellen des Nährgewebes, in dessen Mitte der Embryo liegt. Am 18. Tage ist der Embryosack zu etwa $^1/_4$ mit Nährgewebe erfüllt und zu $^3/_4$ mit Zellsaft; 3 oder 4 Tage später hat das Nährgewebe den ganzen Embryosack erfüllt, wird aber nach einer Woche fast ganz durch den sich vergrößernden Keimling verdrängt, so daß es nur als dünne Schicht unter der Schale am reifen Samen erscheint.

Am besten läßt sich der Vorgang der Befruchtung an einem Fruchtknoten zeigen, der nur eine einzige, aufrechte Samenanlage (Ovulum) enthält. Das ist u. a. der Fall bei der Familie der Knöterichgewächse. Siehe Abb. 41.

Der Embryo. Der Embryo oder Keimling läßt sich mit bloßem Auge erst am 18. Tage als kleines Körperchen erkennen, 3 Tage später ist er $2^1/_2$ mm lang, und eine Woche später füllt er schon den ganzen Samen aus. Die innere weitere Differenzierung erfolgt in der zweiten Hälfte der Kapselreifung, also vom 24. bis 48. Tage.

Selbstverständlich sind die angegebenen Zeiten nur für die eine von Balls genauer beobachtete ägyptische Baumwollsorte Nr. 77

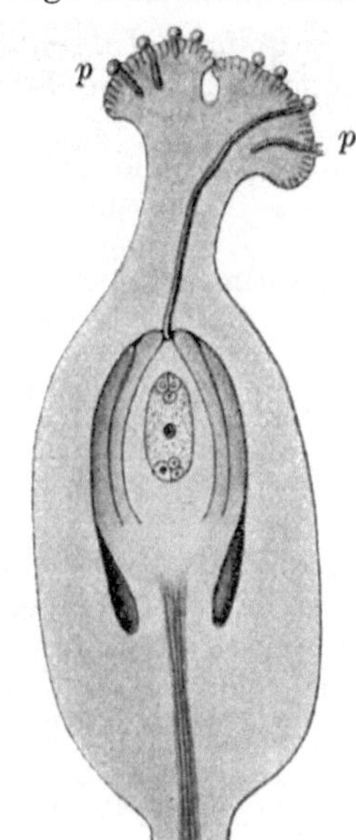

Abb. 41. Fruchtknoten des windenden Knöterichs, Polygonum Convolvulus, eines Verwandten des Buchweizens. (Schematisiert.) Im Innern die Samenanlage mit zwei Hüllen (Integumenten). Das Oval in ihrem Innern ist der Embryosack. In diesem oben die Eizelle mit den beiden Gehilfinnen (Synergiden), unten die drei Gegenfüßler (Antipoden), in der Mitte der Embryosackkern (n). p Pollenkörner, Schläuche treibend, von denen einer in den Keimmund, die Mikropyle der Samenanlage, eindringt. Nach Schenck.

gültig. Freemann gibt in Fruwirth: Handbuch der landwirtschaftlichen Pflanzenzüchtung, Bd. V, S. 213, an, daß vom Blühen bis zum Öffnen der Kapseln durchschnittlich 50 Tage, also ähnlich wie Balls, verstreichen (s. auch Martin und Ballard oben S. 182). Ballard fand bei Upland-Sorten Unterschiede je nach der Aufblühzeit:

Blütezeit	Tage bis zur Reife
Anfang Juli	53
Mitte „	54
Ende „	62
Anfang August	66

Die letzten Zahlen sind sehr hoch.

Den Einfluß der Sorte beim Aufblühen am selben Tage ergaben folgende Zahlen:

Tage von der Blüte bis zur Reife

1. Murasaki	44,9
2. Hawasaki	47,3
3. Moki	48,1
4. Willets Red	54,9

Nr. 1 und 2 sind japanische Sorten, die Watt zu Gossypium Nanking stellt. Nr. 3 Moki oder Moqui ist eine Sorte der Indianer in Arizona. S. 124. Nr. 4 ist eine Uplandsorte: Gossypium hirsutum.

Eving fand folgenden Unterschied nach Kapselgröße und Formenzugehörigkeit für Blüten desselben Tages:

	Tage von der Blüte bis zur Reife
kleine Kapseln, frühe, kurzstapelige Formen	48,54
„ „ langstapelige Formen	51,52
„ „ Klumpenbaumwolle, kurzstapelige Formen	52,42
große Kapseln, mittelfrühe, kurzstapelige Formen	52,87
„ „ langstapelige Formen	53,70

Extreme sind nach Freemann:

kleinkapselige, frühe Simpkins   46,4 Tage,
großkapselige, langstapelige Upland   55,16 Tage.

Blüten, die im Juli bei einer Mitteltemperatur von 26,6° C blühten, reiften in 49 Tagen. Im Spätsommer und Herbst wird der Zeitraum länger, so daß Blüten, die im späten August bei einer Mitteltemperatur von 22° C aufblühten, mehr als 65 Tage brauchten. Wie oben (S. 182) gesagt, fanden Martin und Ballard, daß mit der späteren Jahreszeit eine spätere Reife eintritt. Bei der Pimasorte schwankt die Reifezeit zwischen 45 und 80 Tagen.

Nach Zaitzev[1]), der in Turkestan eingehende biologische Beobachtungen machte und dabei den sympodialen Aufbau der Zweige (siehe S. 180, Abb. 40) besonders berücksichtigte, beginnt das Aufblühen mit der ersten Blüte des ersten (untersten) Sympodiums. Nach 2—3 Tagen blüht die erste Blüte des zweiten Sympodiums auf, nach ebensoviel Tagen die erste Blüte des dritten Sympodiums usw. So entsteht eine Folge vom Boden nach der Spitze mit Intervallen von 2—3 Tagen. Dies nennt Zaitzev die kurze Folge. -- In dem Augenblick, wo sich die erste Blüte des vierten Sympodiums öffnet (zuweilen etwas verschieden), öffnet sich die zweite Blüte des ersten Sympodiums, und so beginnt eine neue Serie von kurzen Folgen für die zweite Blüte der sympodialen Zweige. — Die zweite Blüte des ersten Sympodiums öffnet sich 5—7 Tage nach der ersten, die dritte nach ebensoviel Tagen usw. Das nennt Z. die lange Folge (längs der Zweige). — Wir empfehlen, seine weiteren Untersuchungen im Original nachzulesen, und wollen nur hervorheben, daß die Zahl der Tage vom Blühen bis zur Reife bei den verschiedenen Arten und Sorten von 45,7 bis 75,7 stieg. In Turkestan müssen wegen der kurzen Vegetationszeit frühe Sorten gewählt werden.

8. Die Entwicklung der Samenschale.

Die Samenschale geht aus den beiden Hüllen, dem äußeren und dem inneren Integument der Samenanlage hervor. Der Nabelstrang, mit dem

---

[1]) Zaitzev, G. S.: Flowering, fruit-formation and dehiscence of the bolls of the Cotton-plants. Bulletin of applied botany, Bd. 13, Nr. 2, S. 391—460. Leningrad 1922 bis 1923. Russisch. Englischer Auszug S. 455—460.

die Samenanlage am Zentralwinkel der Kapsel festsitzt, setzt sich an einer Seite der Samenanlage als sog. Naht oder Raphe fort. Durch sie geht ein Gefäßbündelstrang, der sich am oberen breiteren Ende des Samens an der sog. Chalaza oder dem inneren Nabel in mehrere Äste gabelt. Auf Zusatz von Chloralhydrat färben sich die Gefäßbündel blutrot. Die Gefäßbündel führen dem jugendlichen Samen Wasser und darin gelöste Nährstoffe zu. (Abb. 6.)

Die beiden Integumente liegen so dicht aneinander, daß sie, praktisch genommen, als eine einzige Schicht angesehen werden können. Auf der Oberhaut des äußeren Integuments erheben sich Wärzchen, die zu den kurzen Haaren des Filzes oder zu den langen Haaren der eigentlichen Baumwolle, des Vlieses, auswachsen. (Abb. 6, 44.) Über sie wird im folgenden Kapitel ausführlich gesprochen werden.

Am 12. Tage nach der Blüte vergrößern sich die Zellen der Oberhaut des inneren Integuments, am 15. Tage haben sie sich radial gestreckt und bilden die Palisadenschicht (Abb. 62). Am 18. Tage ist der Zellkern der Palisadenzellen an ihr äußerstes Ende gerückt. Am 21. Tage hat das innere Ende der Palisadenzellen begonnen, seine Wände zu verdicken, so daß die Palisadenschicht auf dem Querschnitt des Samens gesehen in der inneren Hälfte aus dickwandigem, hellem, durchscheinendem, steinigem Gewebe besteht, das durch die ursprünglichen Zellwände gestreift erscheint, während die äußere Hälfte dünnwandig geblieben ist und den Zellkern sowie körniges Protoplasma enthält.

In der folgenden Woche verlängern sich die Zellen der Epidermis immer mehr, und die Palisadenschicht verdickt ihre Zellen am inneren Ende weiter, so daß die Zellkerne immer weiter vom Zentrum des Samens abrücken und dreiviertel der Palisadenschicht aus durchscheinenden steinigen Zellwänden besteht.

Um den 27. Tag, wenn die Samenschale obigen Zustand erreicht hat, beginnt eine bemerkenswerte chemische Veränderung in den Farbstoffschichten. Sie zeigt den Beginn des zweiten Stadiums der Kapselreifung an. Balls beobachtete das an Kapseln, die in einem Gemisch von Essigsäure und Alkohol aufbewahrt waren. Alle Kapseln des ersten Stadiums werden grün, beim Lichtzutritt geht aber das Grün in Braun über. Dagegen werden die Kapseln, die am 27.—45. Tage gepflückt und ebenso aufbewahrt sind, erst fleischfarbig und dann leuchtend rot. Die Farbe ist wahrscheinlich mit der Entwicklung von Pigment in der Samenschale verbunden[1]). Wenn die Kapsel anfängt aufzuspringen und dann so konserviert wird, färbt sie sich bzw. die Lösung braun.

Am 33. Tage scheint die Palisadenschicht ihre höchste Ausdehnung erreicht zu haben; sie bildet aber noch dicke Zellwände äußerlich um die Zellkerne, so daß im reifen Samen die Palisadenschicht, die die halbe Dicke der Samenschale einnimmt, in $^1/_3$ ihrer Höhe, von außen gerechnet, eine mit Körnchen erfüllte Zone zeigt, die quer verläuft. Diese Zone besteht aus den Überbleibseln der Zellkerne und des Protoplasmas, die sich selbst ihr Grab gegraben haben.

Zur selben Zeit hat auch die Oberhaut ihre Vergrößerung beendet und angefangen, ihre Wände zu verdicken. Die innere Oberhaut des äußeren Integuments verdickt die Wände ihrer Zellen, und die Zellen, welche sie von

---

[1]) So schreibt Balls. Ich meine, daß die Drüsen in der Kapselwand die Rotfärbung veranlassen.

der äußeren Oberhaut trennen, werden desorganisiert, um die äußere Pigment- oder Farbstoffschicht des reifen Samens zu bilden.

Alle Zellen innerhalb der Palisadenschicht werden ähnlich desorganisiert und bilden die 2. Pigmentschicht. Die innere Oberhaut des inneren Integuments verschwindet mit ihnen, in starkem Gegensatz zu der dicken Palisadenschicht, die aus der äußeren Oberhaut hervorgegangen ist.

Nach der Ausbildungsstufe der Samenschale läßt sich das Alter der Kapsel bestimmen. Ein Entomologe konnte z. B. dadurch die Zeit des Angriffs eines Kapselwurmes berechnen. Man wird aber für solche Zwecke gut tun, Kontrollserien zu machen, da die Zeiten von Land zu Land wechseln können, und sogar bei derselben Sorte wechseln. In Giza z. B. hatte Linie Nr. 77 eine Reifezeit, von der Blüte an gerechnet, von 48 Tagen, „Domains Afifi" von 51 Tagen.

9. Entwicklung der Baumwollfaser (des Vlieses, Lint).
(Siehe Abb. 42 u. 43.)

Die Entstehung der Fasern, d. h. der Haare ist ganz unabhängig von der Befruchtung oder der Bestäubung. Blumen, die am Aufblühtage mittags gepflückt werden, zeigen schon warzenförmige Ausstülpungen vieler Oberhautzellen der Samenschale, d. h. kurze Haare, die so lang wie breit sind. Der volle Durchmesser des Haares wird fast sofort erreicht, wenn es erst $^1/_{10}$ mm lang ist, während die Länge bis zum 25. Tage zunimmt. Dann beginnt die Verdickung der Wand. Die Verdickung erfolgt nach Balls nicht allenthalben, sondern es bleiben schiefgestellte, spaltenförmige Grübchen frei, die sog. Tüpfel. Wenn die

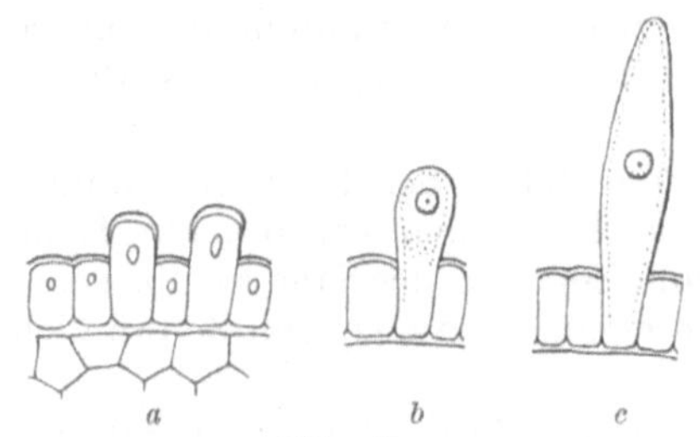

Abb. 42.
Zu Haaren anwachsende Oberhautzellen.
a b c Entwicklung der Haare. $^{200}/_1$.
Nach W. Lawrence Balls.

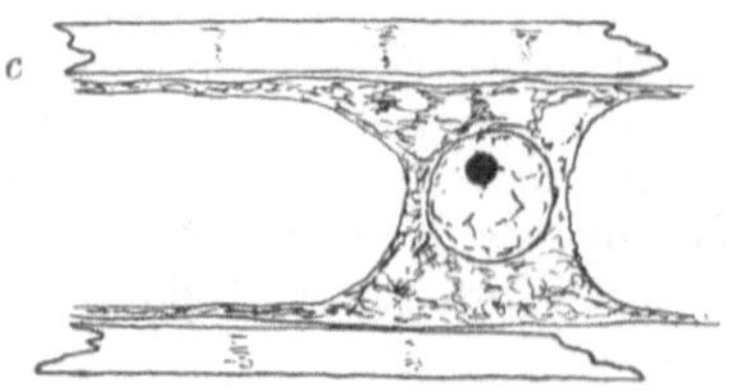

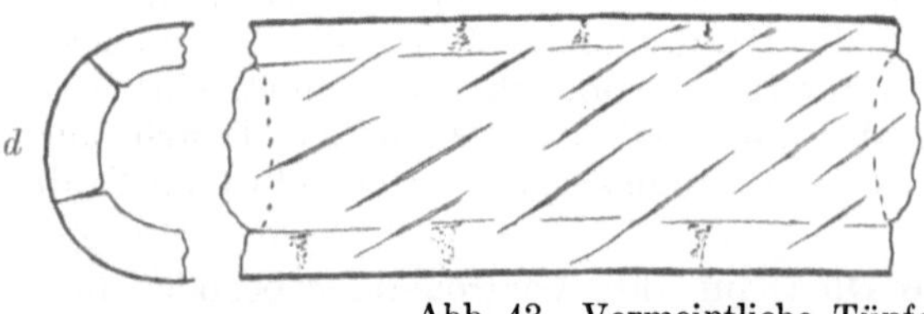

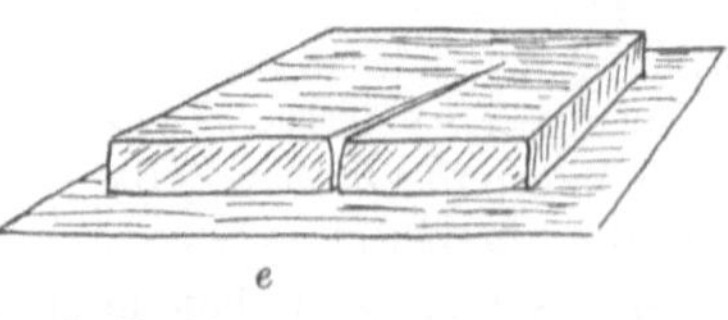

Abb. 43. Vermeintliche Tüpfel nach Balls.

a Schlecht behandeltes Haar am 18. Tage, zeigt Zusammenfallen der primären, unverdickten Wand. *b* Ebenso behandelt, am 24. Tage, zeigt vergrößerte Stärke, wenn auch nur leicht verdickt. *c* Längsschnitt durch ein Haar am 36. Tage, zeigt den Zellkern (einer für jedes Haar), das Protoplasma, die verdickte Wand und die Vakuole (mit Zellsaft erfüllte Räume links und rechts vom Zellkern). *d* Zellwand, obere Hälfte (und diagrammatisches Ende), zeigt die schrägen Streifen, die Balls für Tüpfel häit. Auch in der Wand sind sie als undeutliche Querstriche zu sehen. *e* Schematische Darstellung eines halben Tüpfels. Die sekundäre Verdickung ruht auf einem Stück der primären Membran, welche die vermeintlichen Tüpfel nicht durchbohren.

Kapsel sich öffnet und die Wand der Haare eintrocknet, schließen sich nach Balls Ansicht diese Tüpfel, und das bewirkt, daß die Haare sich schraubenförmig drehen[1]). Der Zellinhalt des Haares mit dem Zellkern bleibt lebend, bis die Kapsel anfängt sich zu öffnen, dann vertrocknet er.

Die gewöhnlichen Oberhautzellen der Samenschale, d. h. diejenigen, die nicht zu Haaren auswachsen, haben eine verdickte Basalwand und dünne Seitenwände; die Außenwand ist von einer dünnen Kutikula überzogen, die noch etwas zwischen die Seitenwände eindringt. Der Inhalt besteht aus einem Zellkern, dessen Durchmesser etwa $^1/_5$ der Zelllänge beträgt, und einem Protoplasma (stickstoffhaltiger Substanz) mit kleinen Vakuolen, d. h. mit Zellsaft erfüllten Räumen.

Diejenigen Oberhautzellen, die sich zu Haaren ausstülpen, zeigen in den Ausstülpungen ein sehr dichtkörniges Protoplasma, und der Zellkern bewegt sich nach aufwärts bis dicht hinter die Körnchen. Die Ausstülpung wird etwa doppelt so breit als der Durchmesser der Zelle (Abb. 42 b), und der Zellkern zeigt im Zentrum ein sich mit Färbemitteln stark färbendes zentrales Kernkörperchen (nucleolus), das die färbbare Substanz, die Chromatinsubstanz, die Chromosomen (kleine Fadenstückchen), enthält. Der Zellkern bleibt bei der Verlängerung des Haares, die täglich etwa 1 mm beträgt, immer nahe der Spitze. Die stündliche Zunahme beträgt etwa doppelt so viel als der Durchmesser des Haares. Es ist nach Balls fast sicher, wenigstens bei ägyptischer Baumwolle, daß dieses Wachstum nicht kontinuierlich ist, sondern bei Sonnenschein unterbrochen wird, wie das auch beim Wachstum der Zweige und des Stengels der Fall ist. Später scheint der Zellkern nahe dem Zentrum der Faser, etwa in $^1/_3$ der Länge von der Spitze abwärts zu liegen.

Die Wand des Haares bleibt während der ersten drei Wochen sehr dünn und die Kutikula ist kaum zu erkennen, wenn man nicht Quellungsmittel anwendet (Kupferoxyd-Ammoniak[2])). Durch Kupferoxyd-Ammoniak quillt die Zellulosewand stark auf, die Kutikula wird nicht angegriffen, aber an verschiedenen Stellen durch die quellende Zellulosewand gesprengt. Die letztere tritt dann dort perlenförmig heraus, und die einzelnen Perlen werden durch einen Ring, den die Kutikula bildet, voneinander getrennt. (Abb. 44.)

Die Länge, die das Haar erreicht, hängt in erster Linie von der ererbten Sorteneigenschaft ab, in zweiter Linie von den umgebenden Umständen; das aber nur während etwa 10 Tagen (vom 15. Tage an). Was der Pflanze vor oder nach diesen 10 Tagen zugestoßen sein mag, kann nicht die Länge be-

---

[1]) Kein anderer Autor außer Balls spricht von Tüpfeln. Ich habe auch keine ge· sehen. Balls nennt sie jetzt auch nur Spalten. Siehe weiter unten in Anatomie.

[2]) Kupferoxyd-Ammoniak muß möglichst frisch verbraucht werden und ganz konzentriert sein. Man bereitet es sich am besten selbst, indem man Kupferdrehspäne in Ammoniak legt, oder nach v. Höhnel: Die Mikroskopie der technisch verwendeten Faserstoffe, 2. Aufl., S. 35. Man versetzt eine Lösung von Kupfervitriol mit Ammoniak. Der entstehende bläuliche Niederschlag wird auf einem Filter gesammelt, ausgewaschen und dann durch Pressen zwischen Fließpapier von der überschüssigen Flüssigkeit möglichst befreit. Hierauf wird derselbe noch feucht in möglichst wenig konzentriertem Ammoniak aufgelöst. Die entstehende dunkelblaue Flüssigkeit wird in einem gut schließenden Fläschchen im Dunkeln aufbewahrt. Wenn es richtig dargestellt ist, so löst es trockene Baumwolle sofort auf. Nach Pichler, Leipziger Monatsschrift f. Textilindustrie 1926, S. 21, soll man zum Kupfersulfat nur so viel Ammoniak zusetzen, daß der entstehende Niederschlag sich nicht sofort wieder löst. Auch soll man diesen nach dem Auswaschen trocknen lassen.

einflussen, ausgenommen, wenn eine Selbstvergiftung durch Altern eintritt. Leider ist kein Mittel bekannt, um das Wachstum der Haare zu verstärken.

Die Verlängerung während des Reifens betrug bei Nr. 77 an im Juli 1913 markierten Blüten und in regelmäßigen Zwischenräumen bis zur Reifezeit gepflückten Kapseln schließlich 30 mm (bestimmt durch Kämmen der Samen) und zwar:

Tag:	3.	6.	9.	12.	15.	18.	21.	24.	reif
Länge in mm:	$^3/_4$	2	6	11	16	23	20	30	30.

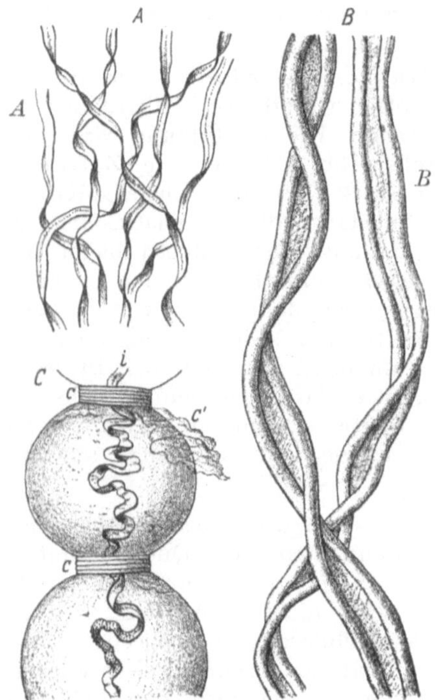

Abb. 44. Baumwolle. $A\ ^{50}/_1$, B, $C\ ^{400}/_1$.
C nach Behandlung mit Kupferoxydammoniak (schematisch), c faltig zusammengeschobene, c' fetzenartig abgelöste Kutikula, i Innenschlauch.
Nach Wiesner.

Einige Kapseln und Samen hörten auf zu wachsen, ehe 30 mm erreicht waren, andere wuchsen stärker als bis 30 mm.

Extreme waren bei 60 reifen Samen 24 und 35 mm. 20 Samen hatten Haare von 29—30 mm.

Die Hauptverlängerung findet um den 15. Tag statt. Zu Anfang des Wachstums ist sie nur schwach; irgendeine Ursache, welche die Länge der Haare beeinträchtigt, wirkt also am meisten, wenn eine Kapsel 15 Tage alt ist.

Bis zum 12. Tage sitzt das zarte Haar sehr fest am Samen, um den 15. Tag aber tritt eine Veränderung ein; das Haar läßt sich während der nächsten 14 Tage sehr leicht abstreifen und hinterläßt bei der ägyptischen Baumwolle eine glatte, glänzende Samenschale. Später haftet das Haar wieder fester infolge der Verdickung der Wände der Oberhautzelle, aber nie so fest als während der ersten zwei Wochen.

Die Verdickung des Haares ist erkennbar am 21. Tage, aber nicht direkt. Wenn man indes in Alkohol aufbewahrtes Material untersucht und einzelne Haare an der Luft trocknen läßt, so zeigen Haare von Kapseln, die vor dem 21. Tage gepflückt sind, eine Drehung nach allen Richtungen während des Trocknens; aber Haare von Kapseln, die am 24. Tage gepflückt sind, drehen sich wie beim Zwirnen.

Um den 27. Tag ist die Wand sichtbar durch sekundäre Ablagerungen von Zellulose an der Innenseite verdickt. Dieses Ablagern dauert fort, bis die Kapsel aufspringt. Die größte Zunahme an Dicke findet zwischen dem 36. bis 39. Tage statt.

Um den 33. Tag kann man auch nach Balls bei sehr starker Vergrößerung und passender Beleuchtung[1]) die erwähnten Tüpfel in der Wand erkennen; sie sind spaltenförmig und haben etwa dieselbe Länge wie der

---

[1]) Balls empfiehlt C. Zeiß' Kompensationsokular 6 und das 3 mm apochromatische Objektiv.

Durchmesser der Haare, stehen aber schräg, im Winkel von ungefähr 30⁰
zur Längsachse des Haares. In reifen Haaren sieht man sie nicht, da sie
wegen der Drehung des Haares verwischt sind; man sieht sie auch nicht an
altem, in Essigsäure und Alkohol konserviertem Material, wohl aber an un-
reifen, nicht gedrehten, nicht konservierten Haaren.

Diese Tüpfel sind erst von Balls gefunden; sie erklären nach ihm die
Drehung, denn, wenn sie vorhanden sind, muß sich das Haar beim Trocknen
drehen, falls nicht die Wandverdickung so stark wird, daß der ganze Hohlraum des Haares verschwindet, was bei Baumwolle nie der Fall. Ob die
Drehung nach rechts oder links erfolgt, hängt von der Richtung der Tüpfel
ab, und diese scheint vom Zufall abzuhängen[1]. Es wäre wünschenswert bei
wilden Baumwollen, welche nur schwache Drehung oder gar keine zeigen,
zu untersuchen, ob die Tüpfel zu schief oder zu quer stehen, und dadurch
eine gute Drehung des Haares verhindert wird. — Weiteres über diese vermeintlichen Tüpfel siehe bei Anatomie. Siehe auch Abb. 43.

Die Drehung des Haares kann vollständig erfolgt sein, ehe das Zusammenfallen beginnt. Unreife Haare, die in Konservierungsflüssigkeit aufbewahrt
sind, verhalten sich so. Das nachträgliche Zusammenfallen, welches die Drehungen deutlich macht, wenn die Kapsel sich öffnet, kann daher stattfinden
ohne weitere Drehung.

Die Art der Verdickungsweise bleibt noch weiter zu untersuchen. Eine
gut verdickte Haarwand ist etwa 0,004 mm oder 4 μ dick[2].

Wahrscheinlich besteht nach Balls die Wand aus konzentrischen Schichten,
die während jeder Nacht angelegt werden.

Es werden etwa 25 Schichten sein, davon etwa 12 von merklicher Dicke.
Die täglichen oder nächtlichen Schichten würden dann höchstens etwa
0,0004 mm (0,4 μ) dick sein, so daß sie unter dem Mikroskop wahrscheinlich
nicht aufgelöst werden können ohne vorherige Behandlung.

Die Ausdehnung der Samenbaumwolle, wenn die Kapsel sich öffnet, beruht auf der Drehung der einzelnen Fasern; wenn irgendeine Faser in
ihrer Freiheit sich zu drehen behindert ist, stößt sie notwendigerweise ihren
äußersten Nachbarn, der auf der Linie des geringsten Widerstandes liegt,
fort. Die Summierung all dieser kleinen Bestrebungen dehnt die Samenbaumwolle zu Locken aus.

Sehr dünnwandige Baumwolle, die keine starke Drehung beim Trocknen
hervorrufen kann, bildet seidige Locken, bei denen die Fasern mehr parallel
laufen. Eine Faser, die aus einer Kapsel aus der letzten Hälfte der Reife
entnommen wird, dreht sich, wenn sie getrocknet wird. Das spricht gegen
Scott Taggarts Ansicht, daß eine Faser zusammenfallen kann ohne Drehung.

Die Dichtigkeit der Haare auf dem Samen wird schon bei der Entstehung
der Haare zur Zeit der Bestäubung bestimmt, weitere Epidermiszellen stülpen
sich nach dem ersten Tage nicht aus. Die Zahl der Haare an einem Samen
schwankt nach Leake zwischen 1200—7600, je nach den Sorten.

---

[1] Die Tüpfel der meisten Bast- und Holzfasern bilden eine linksläufige, von links
unten nach rechts oben aufsteigende Spirale.

[2] 1 μ ist $^{1}/_{1000}$ mm.

10. Filz oder Grundwolle.

Die Haare des Filzes sind selbst in den ersten Stadien zweimal so dick als die Baumwollhaare, oder mehr. Sie entstehen auf dieselbe Weise und zur selben Zeit und aus derselben Zellschicht. Meistens sind sie anders gefärbt (dunkler) als die Baumwolle.

Der Filz der asiatischen Baumwollen scheint nach Balls, wenn man die Mendelschen Gesetze anwendet[1]), von einem einzigen Faktor bedingt zu sein. Geht er verloren, so erscheinen nacktsamige Sports oder Sorten. Bei den peruanischen Nieren- und Uplandgruppen sind sicherlich mindestens 2 Faktoren; geht einer von ihnen verloren, so entsteht ein Same, der nur an beiden Enden Filz hat; geht der andere verloren oder beide, so entsteht ein ganz nackter Same. Das Erscheinen nacktsamiger Formen, wie Hindi-Weed in der Uplandgruppe, und möglicherweise von nackten Samen in den Uplandsorten selbst scheint hervorgerufen durch den neuerlichen (modern) Verlust eines Faktors, während die typisch nackten oder halbnackten der peruanischen Gruppe, die älter ist als die Geschichte, auf dem Verlust des andern Faktors zu beruhen scheinen, der weit zurückliegt in der Entwicklungsgeschichte. Die erste Kreuzung der nacktsamigen Hindi-Weed mit halbnackter ägyptischer ergibt vollständig filzige Samen wie Uplands und zeigt in späteren Generationen deutlich, daß zwei Faktoren im Spiele sind.

Die Entwicklungsgeschichte des Filzes gleicht einer Analyse. Der den ganzen Samen umgebende Filz der primitiven Baumwolle spaltet allmählich auf in einfachere Formen durch den Verlust von Faktoren. — Umgekehrt bei der langen Baumwolle, dem Vlies oder Lint, da erscheinen neue Formen durch synthetische Entwicklung. Erst tritt Vlies auf an Stelle von Kein-Vlies und dann langes Vlies an Stelle von kurzem.

Äußere Einflüsse. Die schnellste Längenzunahme des Baumwollhaares erfolgt um den 15. Tag nach der Blüte, die schnellste Dickenzunahme der Haarwand vom 36. bis 39. Tage.

Die Länge sowohl wie die Dicke hängt sehr von der Wasserzufuhr ab, was sich besonders bei Berieselung in Ägypten zeigt und was Balls durch Kurven erläutert. Die Gipfel der Kurven für Länge und Dicke stimmen nicht überein, weil die schnellste Längenzunahme schon am 15., die schnellste Dickenzunahme erst um den 38. Tag (Mittel von 36—39) erfolgt. Wenn man aber die ganze Kurve der Haarlänge um etwa 23 Tage (38—15) zurückschiebt, so werden die beiden Kurven ähnlich.

11. Der Same und seine Haare.

Das Gewicht des Samens wird zum großen Teil von seiner Größe bedingt, und letztere erreicht ihr Maximum zugleich mit dem Maximum der Haarlänge; aber auch die dann folgenden Veränderungen des Embryos und der Samenschale wirken auf das Gewicht ein. Letzteres nimmt ständig gegen den Herbst hin ab.

Ertrag an Vlies und Qualität sind nicht notwendig miteinander verbunden, und wenn das Gegenteil behauptet wird, so mag das mehr auf Zufall beruhen.

Die Variationen im Faserertrag hängen, wie Balls will, von dem Wetter zur Blütezeit ab; wenn bei günstigem Wetter sich viele Blüten öffnen und

---

[1]) Siehe auch Vererbung.

genügend Wasser vorhanden ist, werden mehr Kapseln erzeugt und mehr Vlies. Hohe Ausbeute ist meist mit guter Länge, weniger mit guter Stärke verbunden.

Die Bruchfestigkeit wird besonders bedingt durch die Dicke der Zellwand, oder mit andern Worten durch das Gewicht des Haares, wie folgende Zahlen Balls, S. 106, beweisen.

Sorte	Zahl der gewogenen Fasern	Gewicht von 10-mm-Faser Milligramm	Bruch-festigkeit Gramm	Durchmesser Millimeter
* 77 G.	85	**0,00176**	**5,74**	0,0187
310 G.	77	0,00108	2,81	0,0174
* 310 N.	85	0,00122	3,61	0,0176
77 D.F.	696	**0,00157**	**4,50**	—
Assili G.	362	0,00142	4,40	—

Das Verhältnis $\dfrac{\text{Fasergewicht}}{\text{Bruchgewicht}}$ ist fast in allen Fällen dasselbe, nämlich:

$$77 \text{ G.} \ldots 3,26 \qquad 77 \text{ D. F.} \ldots 2,87$$
$$310 \text{ G.} \ldots 2,10 \qquad 310 \text{ N.} \ldots 2,95$$
$$\text{Assili} \ldots 3,10$$

310 N. wurde gebaut in Neguileh, im nördlichen Delta, über hundert englische Meilen von Giza, wo die anderen gezogen wurden. Die mit * (Stern) versehenen waren: * 77 G. vom Nubari Typus, * 310 N. vom Sea-Island-Typus.

Beide waren vom Klassierer als außerordentlich stark bezeichnet, aber * 310 N. war viel feiner als * 77 G.

Die mittlere Haarlänge von 310 N. betrug 41 mm, das Gewicht des Vlieses eines einzelnen Samens etwa 0,033 g. Da 10 mm Haar in seinem dicksten Teile 0,00122 mg wiegen, wird 1 Haar ungefähr 0,00400 mg wiegen, und es müssen deshalb etwa 8000 Haare an einem Samen sitzen. Hat 1 Haar 41 mm Länge, so haben, wenn man die Haare in einer Linie aneinanderlegen würde, die 8000 Haare eine Länge von 328 m oder $^1/_5$ englische Meile. N. 77 G. ergab auch 8000 Haare. (Leake fand nach genaueren Methoden sehr wechselnde Zahlen der Haare an einem Samen, nämlich 1200 bis 7600. Siehe oben S. 191.)

Es zeigte sich, daß die Beurteilung der „Stärke" durch den sachverständigen „Klassierer" von der experimentell ermittelten „Bruchfestigkeit" sehr abweicht. Die Versuchsanstalt prüft die Haare einzeln, der Klassierer dagegen nimmt ein ganzes Büschel Haare von einheitlicher Größe und zerreißt es. Sind die Haare dünnwandig, so nimmt er unwillkürlich mehr Haare, um dieselbe Größe des Büschels zu erzielen.

Das Ergebnis der Prüfung eines zusammengepackten Büschels Haare ist proportional der Zahl der Fasern, die geprüft werden, der „Klassierer" prüft gewissermaßen immer einen Packen von gleichem Gewicht. Er würde immer dieselbe Qualität erzielen, wenn nicht die einzelnen Haare unter sich ungleich wären. Er prüft also mehr die Gleichmäßigkeit der Stärke.

Eine gute Anleitung zum Klassieren gibt Arthur W. Palmer[1]).

[1]) Palmer, Arthur W.: The commercial classification of American cotton. Mit Abb. U. S. Dep. of Agr. Department-Circular 278. Januar 1924.

Balls vorstehende Ergebnisse wurden an Kapseln gewonnen, die von numerierten, nacheinander aufgeblühten Blumen stammten.

Bei einem zweiten Versuch wurden die nacheinander reifenden Kapseln numeriert, es ergab sich auch wieder, daß Stärke und Länge nicht parallel gehen, daß aber, wenn man die Kurve für die Länge um 23 Tage rückwärts schiebt, sie mit der für die Stärke korrespondiert.

Wassermangel befördert zwar die Reife, schwächt und verkürzt aber die Faser und damit den Ertrag. Die Wirkung der Bewässerung zeigt sich bei den beiden in Übereinstimmung gebrachten Kurven am dritten und vierten Tage bis zum zehnten Tage.

Die ersten Zeichen der Wirkung der Bewässerung auf die Länge der Faser machen sich an solchen Kapseln bemerkbar, die sich 27 oder 28 Tage später öffnen, die Maximalwirkung aber an solchen, die 32 Tage nach der Berieselung sich öffnen.

Mithin erfolgt die Hauptwirkung der Berieselung, wenn die Kapseln zur Zeit der Berieselung 15 oder 16 Tage alt sind. (Als Reifezeit hatte sich ergeben 48 Tage von der Blüte an. $48 - 32 = 16$.) Sind die Kapseln mehr als 21 Tage alt, so hat das Rieseln auf die Länge der Haare keinen Einfluß. Die Bewässerung hatte auf das Dickenwachstum der Wand, also auf die Stärke der Faser, einen größeren Einfluß als auf die Länge. Bis zur folgenden Bewässerung war das Verhältnis bei der Länge wie $95 : 100$, bei der Stärke aber rund $60 : 100$ in einer Woche.

Balls regt deshalb an, ob man nicht, um feineres Garn zu erhalten, öfter als dreimal pflücken sollte. Erfahrungsgemäß gibt die erste Pflücke die beste Baumwolle, die dritte Pflücke die schlechteste. Letzteres kommt einmal daher, daß dann Insektenschäden häufiger sind, zweitens, daß, wenn man die dritte Pflücke zu lange hinausschiebt, überalte Haare erhalten werden, besonders wenn die Reife durch Wasserentzug oder durch Steigen des Grundwassers beschleunigt wurde.

Wenn der Nil steigt und das Grundwasser die Hälfte des Wurzelsystems umgibt, so zeigt sich folgendes: Kapseln, die sich 10 Tage später öffnen, werden schwache, aber lange Haare haben, Kapseln, die sich 5 Wochen später öffnen, werden schwache und kurze Haare haben mit hohem Entkörnungsprozent, und die Kapseln, die sich 7 Wochen später öffnen, werden in jeder Hinsicht wertlos sein.

Die Regelmäßigkeit in der Baumwolle kann gestört werden durch Fluktuationen von Pflanze zu Pflanze, von Kapsel zu Kapsel und von Haar zu Haar am Samen. Bei schlechter Ernährung werden die Haare, die an der Spitze, d. h. dem unteren Ende sitzen, weniger gut ausgebildet werden als die am stumpfen Ende, wo die Chalaza ist und die ernährenden Gefäßbündel sich verzweigen. (Vgl. Abb. 6a von S. 23.)

12. Handelsbaumwolle.

Balls Development S. 126, 133.

Der Begriff Stärke wird vom Forscher, vom Klassierer und vom Spinner verschieden aufgefaßt.

Die für Handelszwecke gebauten Baumwollen sind keine reinen Sorten, man kann daraus verschiedene Linien isolieren und diese rein weiter züchten oder es können auch aus Bastardpflanzen reine Formen „abgespalten“ werden.

Ashmouni wird hauptsächlich in Oberägypten, verhältnismäßig isoliert gebaut und wird daher nicht so vermischt wie die Delta-Sorten, ist aber durchaus nicht rein, besonders nicht in der Farbe.

Von den Delta-Sorten ist Yannovitsch (Jannowitsch) am wenigsten verschlechtert, Afifi sehr.

Assili, die erst 1910 eingeführt wurde, verhält sich wie wild, zeigend, daß sie nicht so rein ist, wie anfangs behauptet wurde.

Sakellaridis ist eine weitere neue Sorte, auch nicht so rein, wie sie sein sollte.

Wenn die Länge der Fasern zwischen Pflanzen derselben Sorte auf dem Felde um 12 mm verschieden ist, lohnt sich kein häufiges Pflücken.

Unreinheit in der Farbe. Ashmouni hat ihre volle, reich goldbraune Farbe verloren und ist blasser geworden. Zieht man etwa 30 bis 40 Pflanzen davon, so wird man nach Mendels Regel einige wenige fast weiße, viele rahmfarbige und hellbraune und etwa $^1/_4$ schön braune erhalten.

Die Handelsware ist ein Gemisch, das noch durch den täglichen Wechsel der Umgebung verändert wird.

Elastizität ist wahrscheinlich mit Gleichförmigkeit verbunden. Alle Baumwollfasern sind bis zu einem gewissen Grade elastisch, und das „Gefühl" beim Prüfen einer Baumwolle ist wahrscheinlich durch Gleichmäßigkeit, Feinheit und Drehung der Faser bedingt. Ferner spielen Durchsichtigkeit sowie Oberfläche der Faser eine Rolle.

Die Farbe wird vererbt. Sie verschießt, wenn die Baumwolle zu lange auf der Pflanze bleibt oder dem Tau oder starker Sonne ausgesetzt ist.

Einige Sorten bleichen schneller als andere aus.

Glanz hängt von der Gleichmäßigkeit der Drehung ab. Jede Krümmung bildet eine konvexe Fläche, die das Licht zurückwirft, außerdem findet eine Brechung des Lichtes statt, wie man sehen kann, wenn man eine gut gedrehte Faser gegen einen dunklen Hintergrund mit gutem Nordlicht von oben hält. Die Faser zeigt dann leichte Brechungsfarben.

Balls kann sich nicht erklären, weshalb man in den Vereinigten Staaten die Samenbaumwolle erst möglichst einen Monat liegen läßt, ehe man sie entkörnt (in Texas nicht), während man in Ägypten sobald als möglich nach dem Pflücken entkörnt. Man hat gesagt, das Protoplasma im Haar verdicke die Wand noch während des Lagerns; aber bei Upland-Sorten, die in Ägypten gebaut wurden, war das Protoplasma tot, sobald die Kapsel sich öffnete. Balls vermutet, daß es mehr ein „Konditionierungs"prozeß sei und die Feuchtigkeit beim Lagern sich gleichmäßiger verteile. (Das Haar soll Öl aus dem Samen aufnehmen.)

Länge. Wenn die Länge ungleich, wird beim Zerreißen keine scharfe Kante entstehen, und die beste Maschine kann das nicht ausgleichen, das Garn wird schwächer.

Stärke. Sie hängt von der Dicke der Wand ab und ist unabhängig vom Durchmesser. Wenn die Wand in 2 Proben gleich dick ist, ist die Stärke proportional dem Durchmesser des Haares und umgekehrt. Die Stärke wird vererbt, fluktuiert aber mehr als die Länge. Die Dehnbarkeit der Faser ist doppelt so groß als die von Schmiedeeisen.

Der Durchmesser des sich entwickelnden Haares wird, wie schon oben gesagt, fast gleich bei seiner Entstehung bestimmt; der Ort, wo das Maximum des Durchmessers im ausgewachsenen Haar zu liegen kommt, kann bei verschiedenen Sorten Baumwolle variieren. Das reife Haar fällt zusammen. Der mittlere Durchmesser für Sea Island ist 0,016 mm, der für einige indische Sorten 0,025 mm. Die Quadrate dieser Zahlen verhalten sich ungefähr wie 2:5. Feinheit beruht teilweise auf Zelldurchmesser, mehr aber auf Wanddicke. Feinheit ist praktisch genommen gleich Haarstärke.

Was der Klassierer aber Stärke nennt, beruht auf der Gleichförmigkeit der Stärke von Faser zu Faser. Die Schlüpfrigkeit ist auch zu berücksichtigen. Es ist fast unmöglich, Büschel von sehr „starken" feinen Baumwollen zu zerreißen, weil die Hände sie nicht fest genug halten können; aber wenn man die Enden des Büschels mit Siegellack fesfklebt, kann man sie ohne Schwierigkeit zerreißen. Die Schlüpfrigkeit beruht zum Teil auf der Feinheit der einzelnen Faser, aber mehr noch auf der Gleichmäßigkeit und Häufigkeit der Drehung.

Der Klassierer faßt notwendigerweise eine ganze Anzahl getrennter Dinge unter dem Namen „Stärke" zusammen, und daher wird nicht immer sein Urteil in der Spinnerei bestätigt.

Garnstärke. Sie hängt weniger von der Bruchstärke des einzelnen Haares ab; denn von der vorhandenen Dehnbarkeit wird beim Spinnen nur etwa $^1/_4$ gebraucht. Die Stärke beruht fast ganz auf dem Halt, den die einzelnen Fasern aneinander haben. Das Garn zerreißt anfangs nicht durch Bruch von Haaren, sondern durch Auseinanderweichen derselben. Die Garnstärke richtet sich bis zu gewissen Grenzen nach der Menge der Drehungen beim Spinnen, selbst bei merzerisierter Wolle. Wenn Garn von bestimmtem count[1]) und Zahl der Drehungen auf 1 Zoll verlangt wird, so wird die Stärke desselben fast ganz von dem Griff abhängen, mit dem ein Haar ein Nachbarhaar umfaßt. Einheitlichkeit in der Länge ist von einiger Bedeutung, Einheitlichkeit im Durchmesser und in der Feinheit noch mehr, und wahrscheinlich Beschaffenheit der Oberfläche das Wichtigste.

Wichtig ist auch die Höhe der Krümmung bei den Drehungen des Haares; ist sie zu flach, so können die Fasern sich nicht gut ineinander haken; ist sie zu hoch, so werden sie sich bei den Vorbereitungen zum Spinnen verwickeln. Die Höhe hängt augenscheinlich von dem Winkel ab, den die Richtung der Tüpfel mit der Achse des Haares macht, aber auch von der Wandverdickung; ist letztere sehr groß, so kann das Haar beim Trocknen nicht schrumpfen und daher keine sichtbaren Drehungen machen.

Das Ideal ist einheitliche Baumwolle durch Verbesserungen in der Samenversorgung und Kultur.

VI. Anatomie der Baumwollpflanze.

1. Wurzel. (Abb. 45.)

Auf dem Querschnitt einer Nebenwurzel von etwa 1 mm Durchmesser sieht man, daß die Gefäßbündel nicht wie in dem eben gebildeten Wurzelstrang (der Hauptwurzel) radial gebaut sind, d. h. daß nicht Radien aus Gefäßen mit Radien aus Bast miteinander abwechseln, sondern es findet sich ein zentraler Strang aus weiten Gefäßen (Röhren), die das Aufsteigen des Wassers erleichtern und die zugleich mit den sie umgehenden Holzfasern der Wurzel eine große Zugfestigkeit verleihen; denn die Mechanik lehrt, daß ein Zylinder um so zugfester ist, je mehr seine festen Teile in der Achse liegen. Diese Gefäße — es sind etwa 20 — nehmen mit den zwischen ihnen liegenden Holzfasern und den Holzparenchymzellen etwa die Hälfte des Querschnittes ein; ihre Längswände sind porös verdickt. Außerhalb des Gefäßbündelkreises (des Achsenzylinders) folgt der Kambium- oder Verdikkungsring, der wie andere, hier zu übergehende Teile, sich kaum abhebt, und darauf folgt die mächtige innere Rinde, deren äußere Zellen z. T. mit kleinen kugeligen

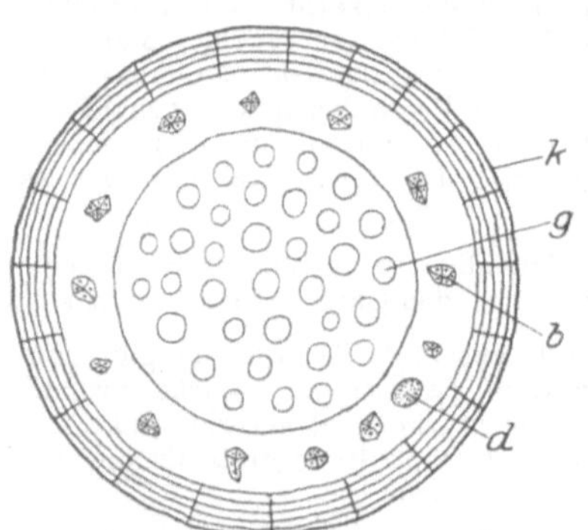

Abb. 45. Querschnitt einer Nebenwurzel der Baumwolle. Schematisch.

b Bastbündel.   *d* Innere Drüse (Öldrüse).
g Gefäßbündelstrang.   *k* Korkrinde.
Original.

Stärkekörnchen erfüllt sind. Da die Nebenwurzeln der Baumwolle meist ziemlich horizontal verlaufen, müssen sie auch gegen den Druck der über ihnen liegenden Erde geschützt, sie müssen nicht nur zugfest, sondern

---

[1]) Count ist die Zahl der hanks, die auf 1 engl. Pfund gehen; 1 hank ist 340 yards à 0,91 m.

auch druckfest sein. Zu dem Zweck liegt in der inneren Rinde ein Kreis von Bastbündeln mit stark verdickten Bastfasern (Abb. 45 b). Eine mächtige braune Korkschicht, aus 3—4 Lagen tangential gestreckter Zellen schließt das Ganze nach außen ab. In der inneren Rinde liegen vereinzelt gelbe Öldrüsen (d), welche das „Gossypol", einen Giftstoff, enthalten. Auf Zusatz von verdünnter Schwefelsäure wird der Inhalt der Drüsen schön purpurrot, und diese Farbe teilt sich, da der Farbstoff dann in Wasser löslich ist, bald dem ganzen Präparat mit. — Auf dem Längsschnitt sieht man, daß die Holzparenchymzellen sehr schmal und rechteckig sind, und daß die Korkzellen ziemlich hoch sind.

2. Stengel. (Abb. 46 und 47.)

Untersucht wurde ein Blütenzweig von etwa 3 mm Durchmesser. Auf dem Querschnitt sieht man, daß die Oberhaut- oder Epidermiszellen sehr klein und oval, etwas tangential gestreckt und nur von einer ganz dünnen Kutikula (Oberhäutchen) überdeckt sind. Vielfach finden sich auf ihr Sternhaare. Das unter der Oberhaut liegende Gewebe, die sogenannte sekundäre Rinde, innere Rinde oder Hypoderma, ist in ihren äußersten Lagen ebenso kleinzellig und kaum von den Epidermiszellen verschieden; nach innen werden ihre Zellen allmählich größer. Wenig unterhalb der Oberhaut liegen in der inneren Rinde die Öldrüsen, die sich auf dem Stengel so massenhaft als schwarze Punkte bemerkbar machen; auch Kristalldrusen von Kalziumoxalat finden sich Abb. 46 in m'. Alle Zellen sind dünnwandig.

Die Bastbündel sind sehr zahlreich und ihre im Querschnitt etwas tangential gestreckten Fasern stark verdickt, so daß der Bast auch technisch verwertet werden

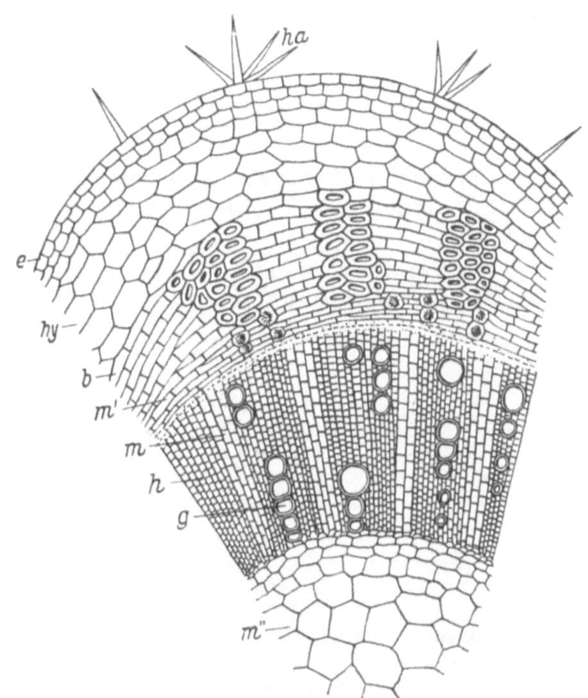

Abb. 46. Querschnitt durch einen Blütenzweig der Baumwolle.

e Epidermis (Oberhaut). *hy* Hypoderma. *b* Bast. *m* Schmale Markstrahlen im Holzteil. *m'* Verbreiterte Markstrahlen im Bastteil. *m"* Mark. *b* Gruppen von Bastfasern. *g* Gefäße. *h* Holzfasern. *ha* Sternhaare. (Original.)

könnte. Ihr Lumen ist trotz der starken Wandverdickung ziemlich weit. — Die Kambiumschicht (das Bildungsgewebe) erscheint auf dem Querschnitt als ein sehr schmales Band aus tangential gestreckten Zellen.

Der Holzteil enthält große, meist zu 2 oder gar 4—6 radial hintereinander stehende, selten einzelne Gefäße. Die Holzfasern sind eng. Höchst charakteristisch sind die Markstrahlen. Schon im Holzteil sind sie breiter als die Holzfasern, dabei 1—3 reihig. Im Bastteil aber verbreitern sie sich sehr in Form eines $\bigvee$ und trennen so die Bastbündel voneinander. Ihre Zellen werden dabei tangential gestreckt. Diese Verbreiterung der Markstrahlen erinnert an die der Linde, und tatsächlich ist ja auch die Familie der Lindengewächse, der Tiliaceen, mit den Malvaceen nahe verwandt.

Das Mark besteht in seinen äußeren, an den Holzkörper angrenzenden Teilen aus kleineren, nach dem Zentrum hin aber aus sehr großen, dünnwandigen Parenchymzellen.

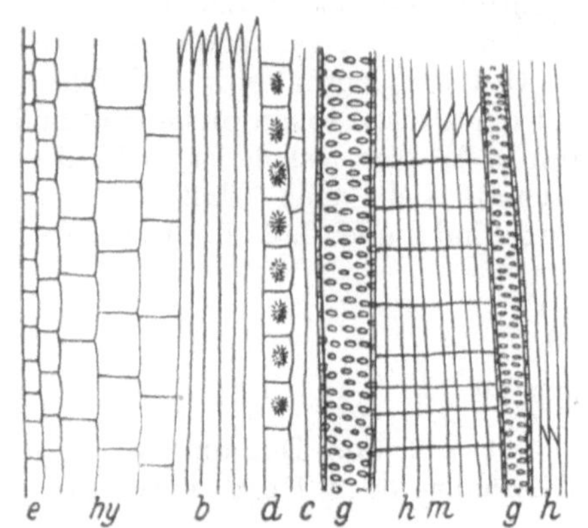

Abb. 47. Längsschnitt durch einen Blütenzweig der Baumwolle.

e Epidermis (Oberhaut). *hy* Hypoderma. *b* Bast. *d* Schläuche mit Drusen von Kalziumoxalat. *c* Kambium. *g* Gefäßbündel. *h* Holzfasern, durchsetzt von horizontalen Markstrahlen *m*. Original.

3. Blatt. (Abb. 48.)

Das Blatt der Baumwolle ist sehr dünn und daher der Querschnitt niedrig. Die Kutikula (Oberhäutchen) ist nur schwach ausgebildet, die Epidermiszellen sind oval, die blattgrünführenden Palisadenzellen meist kurz, ihre Längswände auf Zusatz von Chloralhydrat stark quellend und dann oft knorrig aussehend.

W. Alexandrov in Tiflis[1]) fand bei der von ihm untersuchten Baumwolle, Gossypium hirsutum L., einzelne Palisadenzellen größer, und arm an Blattgrünkörnern, die auch kleiner. Er nennt sie „Wasserzellen". Sie sind denen der Sonnenblume, die er ausführlicher bespricht und abbildet, sehr ähnlich, enthalten aber je eine Kristalldruse und sind gering an Zahl. — Ich fand im ganzen Blattgewebe vereinzelt Drusen von Kalziumoxalat. — Alexandrov rechnet die Baumwolle wie die Sonnenblume mit Recht zu den Mesophyten (mittlere Feuchtigkeit liebende Pflanzen).

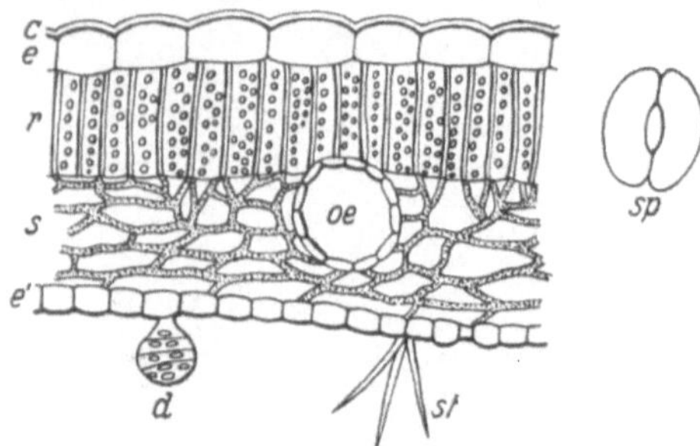

Abb. 48. Querschnitt durch ein Baumwollblatt.

c Kutikula (Oberhäutchen). *e* Epidermis (Oberhaut). *p* Palisadenzellen mit Blattgrünkörnern (Chlorophyllkörnern). *s* Schwammparenchym mit Blattgrünkörnchen, in ihm eine große Öldrüse *oe*. *e'* Epidermis der Unterseite, mit Drüsenhaar *d* und Sternhaar *st*. — Rechts eine Spaltöffnung *sp*, mit ihren beiden Schließzellen, von oben gesehen. Original.

Das nur schwach ausgebildete, in Chloralhydrat gleichfalls quellende Schwammparenchym enthält öfter Drüsen; außerdem finden sich kleinere Drüsen auch auf der Unterseite

des Blattes, weniger auf der Oberseite. Das sind die schwarzen Punkte, die auf der Blattunterseite in jeder Masche des feinen Netzwerks, das die Nerven bilden, zu sehen sind. Ihr dunkelpurpurner Inhalt löst sich in verdünnter Schwefelsäure, nicht in Chloralhydrat, wird da nur etwas heller. Die Epidermis-

---

[1]) Alexandrov, W.: Ein neues Beispiel einer besonderen Art des Wassergewebes in den Blättern. Berichte der Deutschen botanischen Gesellschaft, Bd. 43, S. 418—426. 1925.

zellen, die den Blattrand bilden, sind am freien Ende etwas gezähnt. — Das ganze Blatt, namentlich die Unterseite, ist (Abb. 48) wie der Blattstiel und der Stengel oft mit Sternhaaren oder einfachen Haaren und außerdem öfter mit kurzen, kopfförmig angeschwollenen Drüsenhaaren besetzt; doch gibt es auch Arten, wie z. B. die Sea-Island-Baumwolle, Gossypium barbadense, die ganz glatt sind.

Die Spaltöffnungen sind wie gewöhnlich bei Dikotylen von zwei halbmondförmigen Zellen eingeschlossen und bieten nichts Besonderes. — P. S. Jiovanna Rao[1]) fand auch Spaltöffnungen auf Außenkelch, Kelch, Staubbeuteln, Fruchtknoten, Griffel, dem nichtbehaarten Teil der Narben und den Ovula (letzteres ist doch wohl fraglich). Bei allen enthielten die Schließzellen Stärke.

Von der Fläche gesehen sind die Schließzellen der Spaltöffnungen der Blätter nach meinen Messungen etwa 34 μ lang und 24 μ breit.

4. Innere Drüsen.

Die schwarzen Punkte, die man auf oder in fast allen Teilen der Baumwollenpflanze findet, werden als innere Drüsen bezeichnet. Über sie haben besonders Stanford und Viehoever gearbeitet[2]).

Nach ihnen bestehen die inneren Drüsen aus einem oblaten, d. h. flachgedrückten oder kugeligen Zentralbehälter von 100—300 μ Durchmesser, gefüllt mit einem mehr oder weniger homogenen gelben oder bräunlichen Sekret, umgeben von einer Hülle aus einer oder mehreren Lagen abgeflachter Zellen, die in den dem Licht ausgesetzten Drüsen einen roten Farbstoff enthalten.

a) Verteilung der inneren Drüsen. Wegen ihrer dunklen Farbe sind sie deutlich zu sehen unter der Oberhaut des grünen Stengels oder unter dem Palisadengewebe der Blätter; sie werden als schwarze Drüsen, Drüsenpunkte, Harzdrüsen, Öldrüsen, Gossypol-Drüsen usw. bezeichnet. Sie sind stets vorhanden, variieren aber bei den verschiedenen Arten von Gossypium in Größe, Nähe zur Oberfläche, Tiefe des Pigments und Gegenwart oder Abwesenheit von sie verdeckenden Haaren oder Filz.

Im Samen liegen die Drüsen direkt unter der Palisadenschicht der Schale und sind abgeplattet-kugelig. Ihre Längsachsen stehen senkrecht zur Oberfläche der Keimblätter und sind ziemlich häufig halb so dick wie ein Keimblatt, 100—200 μ. Kleine Drüsen sind auch im Würzelchen.

Wenn der Keimling sich entwickelt, treten zahlreiche Drüsen in der primären Rinde des Hypokotyls[3]) auf, sparsamer im Würzelchen. Im ersteren sind sie fast kugelig, im letzteren sehr verlängert. Im Hypokotyl und im jungen Stengel liegen sie dicht unter der Oberhaut und bilden oft kleine dunkle Warzen. In den entfalteten Keimblättern und den eigentlichen Blättern liegen sie unter der Palisadenschicht im Zentrum der kleinen Maschen, die

---

[1]) Rao, P. S. Jiovanna: Journ. Madras Agric. Students Union Bd. 11, S. 40—42. 1923; daraus in Bot. Abstracts. Bd. 13, S. 886. 1924 und daraus in Journ. Textile Institute Manchester, Nr. 1, A. 4. 1925.

[2]) Stanford, Ernest E. und Viehoever: Chemistry and Histology of the Glands of the Cotton Plant etc. Journ. of Agric. Research, Bd. 13, S. 419—436, Tafel 42—50. Washington 1918.

[3]) Hypokotyl ist das kurze Stück des Stengels von unterhalb der Keimblätter bis zum Beginn des Würzelchens.

durch die anastomosierenden Adern gebildet werden. Nebenblätter, Brakteolen und Kelch und Krone sind ebenfalls voll Drüsen, aber nicht alle Maschen enthalten solche Drüsen; auch in der Staubfadensäule und in den Staubbeuteln sind Drüsen. — Die Hauptadern der Brakteolen scheinen häufig keine Drüsen zu haben, im starken Gegensatz zu den Flächen zwischen ihnen; aber unter der Lupe sieht man gewöhnlich doch kleine Drüsen. Die Adern des Kelches sind fast frei von Drüsen, diese Adern stehen dicht beisammen, und die Drüsen zwischen ihnen erscheinen daher in parallelen Reihen. Drüsen sind auch zahlreich auf dem Griffel, in Reihen zwischen und unterhalb der Narben.

Die Kapsel von Gossypium hirsutum besitzt verhältnismäßig sehr große Drüsen. Sie liegen hier unter mehreren Zellschichten und sind daher weniger deutlich sichtbar als bei Gossypium barbadense, wo sie dicht unter der Oberfläche liegen, die durch sie grubig wird. Die Drüsen aller grünen Teile sind meist kugelig.

Die sekundäre Rinde kann Drüsen von etwas anderem Typus enthalten. Sie kommen immer in den verbreiterten Enden der Markstrahlen vor, und ihre Bildung scheint hier durch das Licht beeinflußt zu sein. Sie sind selten in der sekundären Rinde des Stammes, und zwar anscheinend nur da, wo die äußeren Gewebe beträchtlich verkorkt und undurchsichtig sind. Sie kommen dagegen sehr reichlich in der Wurzel vor; mehrere werden gewöhnlich auch in jedem Bast-(Mark-)Strahl gefunden.

Keine Drüsen finden sich im eigentlichen Holz oder Bast und in der Samenschale.

b) Entwicklung dieser inneren Drüsen. Im Grundgewebe bildet sich ein Kreis von Zellen, der die Grenze der Drüsen darstellt. Das Protoplasma der Zentralzelle wird in eine gelblich-ölige Masse verwandelt. In den Drüsen des Samens bleiben Reste der Zellwände erhalten. Stanford und Viehoever halten die Drüsen für lysigen[1] entstanden, nicht für schizogen. Die umgebenden Zellen (im Samen) können Sekret absondern wie bei einer schizogenen Drüse. Das hat wohl Dumont[2]) veranlaßt, die Drüsen als schizogene anzusehen.

Ich halte sie auch entschieden für lysigen. Tschirch in Bern gibt in seinem „Handbuch der Pharmakognosie", Bd. 2, Abs. 1, S. 733 an, daß Hanausek und ebenso v. Hoehnel die Sekretbehälter als lysigen entstanden ansehen, Perrot dagegen als schizogen.

c) Sekretionen der inneren Drüsen. Je nachdem die Drüsen dem Licht ausgesetzt sind oder nicht, ist der Inhalt verschieden. Am meisten tritt ein tiefrotes Pigment auf und eine gelbe oder bräunliche, ölähnliche Substanz. Das rote oder zuweilen purpurne Pigment ist Anthozyan, es findet sich in halbfester oder flüssiger Form in den abgeflachten Schichten bei belichteten Teilen. Kein roter Farbstoff ist in dem Samen und in der sekundären Rinde. Der Farbstoff ist löslich in Wasser und Alkohol, fast unlöslich in Äther, unlöslich in Petroleumäther. Säuren lösen ihn mit brillanter roter Farbe, Alkalien färben ihn grün oder blau. Basisches Bleiazetat bildet einen dunkelgrünen Niederschlag, Eisensalze färben ihn blau oder purpurn. Das rote

---

[1]) Lysigen durch Auflösung der Zellenwände entstanden, schizogen durch Auseinanderweichen der Zellen.

[2]) Dumont: Recherches sur l'anatomie comparée des Malvacées etc. Ann. Sc. Nat. Bot., Ser. 7, Bd. 6, S. 129—246, pl. 4—7. — Dumont spricht den meisten Malvazeen lysigene Sekretbehälter zu, nur bei Gossypium und Thespesia nennt er sie schizogen.

Pigment ist bei G. barbadense stärker entwickelt als bei G. hirsutum. — Wenn man ein junges Blatt der ersteren Art leicht quetscht, wird die ganze Fläche prächtig rot. — Die gelben Blumen haben auch schwarze, punktförmige Drüsen, die rotes Anthozyan enthalten. Beim Welken der Blumen tritt dieser rote Farbstoff offenbar aus, und darauf beruht das Rotwerden der Baumwollblüten beim Abblühen.

Der Inhalt der Zentralkammer der Drüse variiert von einer gelben, öligen Flüssigkeit in jungen Blättern bis zu einer harzartigen, roten, festen Substanz in der reifen Drüse des Samens. Das gelbe Sekret in belichteten Teilen ist verschieden von dem in unbelichteten.

d) Sekrete der belichteten Drüsen. In den großen Drüsen der Kapsel kommt eine leuchtend gelbe, ölige Substanz vor, in welcher körnige Fragmente von dunkelgelber bis orangegelber Farbe liegen können; in den kleineren Drüsen belichteter Pflanzenteile kommt die gelbe Substanz in geringerer Menge vor. Sie löst sich nicht in Wasser, emulgiert auch nicht recht mit ihm, ist unlöslich in Petroleumäther und Xylol, sehr löslich in Äthyl- und Methyl-Alkohol, Azeton, Chloroform und Äther, unlöslich in den meisten Säuren. In Alkalien schwellen die Kügelchen an und lösen sich mit leuchtend orange Farbe. Alkoholisches Ferri-Chlorip gibt einen dunkelgrünen Niederschlag, Bleiazetat einen orange oder gelben. Dies sind charakteristische Eigenschaften für Flavone. Quercetin und mehrere seiner Glukoside sind von Perkin in der Baumwollpflanze nachgewiesen[1]), und eine frühere Arbeit des Bureaus of Plant Industry[2]) behandelt das Isolieren von Quercetin und zwei der Glukoside: Quercimeritrin und Isoquercetin aus Blumen und Blättern von Gossypium hirsutum. Letzteres Glukosid ist nur in sehr geringer Menge vorhanden. Die Reaktionen dieser Substanzen korrespondieren gut mit denen der gelben Kügelchen der Drüsen; in keinen anderen Teilen der grünen Pflanze treten Reaktionen von Flavonen auf.

e) Sekrete der nicht belichteten Teile. Das Sekret junger Drüsen, die nicht dem Licht ausgesetzt sind, besteht auch aus einer gelben Flüssigkeit, mit einem leicht grünlichen Ton. In einer reifen oder getrockneten Drüse erhärtet es zu einer rötlichen, harzigen Masse. Es unterscheidet sich von dem der belichteten dadurch, daß es mit Wasser und wässerigen Reagentien eine grünliche Emulsion bildet. Es ist löslich in Alkohol, Äther, Azeton und Chloroform, unlöslich in Petroleumäther und Xylol. Hauptreaktion in der Drüse: Intensive Rotfärbung durch konzentrierte Schwefelsäure, die Quercetin und seine Glukoside ± leicht löst und eine gelbe Lösung bildet. Diese rote Reaktion, die zuerst von Hanausek[3]) gefunden ist, wurde von Marchlewsky als eine Eigentümlichkeit des Gossypol befunden, das Withers und Carruth[4]) als das giftige Agens im Baumwollsamen ansehen. Diese rote Reaktion ist charakteristisch für alle Stadien der Drüsen

---

[1]) Perkin, A. G.: The coloring matter of Cotton flowers, Gossypium herbaceum. Note on Rottlerin, Journ. Chem. Soc. London, Bd. 75, pt. 2, S. 825—829. 1899. — Derselbe: l. c., Bd. 95, pt. 2, S. 2181—2193. 1900 (II). — Derselbe: l. c., Bd. 109, pt. 1, S. 145—154. 1916 (III).

[2]) Viehoever, Arno, L. H. Chernoff und C. O. Jones: Chemistry of the cotton plant, with special reference to Upland Cotton I. Journ. Agr. Research., Bd. 13, Nr. 7, S. 345—352. 1918.

[3]) Hanausek, T. F.: Baumwollsamen; in Wiesner: Die Rohstoffe des Pflanzenreiches, Bd. 2, (2. Aufl.), S. 754—757, 59 Fig., S. 237—238. Leipzig 1903.

[4]) Withers, W. A. und F. E. Carruth: Gossypol the toxic substance in cottonseed meal. Journ. Agr. Research., Bd. 5, Nr. 7, S. 261—288, t. 15—16. 1915. Zitierte Literatur 287—288.

des Samens und der sekundären Rinde, fehlt aber bei denen der primären Rinde und der Blätter. Drüsen der sich entwickelnden Blumenblätter geben zuerst die gossypolrote Reaktion, nachher nicht mehr, sie reagieren dann wie belichtete. Gleichzeitig mit dieser Veränderung entwickelt sich Anthozyan in den umschließenden Zellschichten.

In 800 g gemahlener getrockneter Blumen wurde nach der Methode von Withers und Carruth[1]) kein Gossypol gefunden. (Es wird nach W. und C. das Gossypol aus Samenkernen der Baumwolle gewonnen durch Niederschlagen des Gossypols aus dem Ätherextrakt mittels Petroleumäther).

f) Flavone außerhalb der Drüsen. In den grünen Teilen finden sich Flavone nur in dem Drüsensekret, in den Wurzeln aber in den äußeren Rindenschichten. Pollenkörner der Baumwolle werden durch Schwefelsäure schön rot, denen der von Malva silvestris ähnlich, also enthalten sie auch wohl Flavone. Flavone sind auch in dem Samen und stark in den Palisadenschichten der Keimblätter, sie geben da mit Schwefelsäure eine gelbe Lösung, wie in den grünen Teilen.

g) Biologische Bedeutung der inneren Drüsen. Haberlandt[2]) hält den Inhalt der Drüsen z. T. für nutzlose Sekrete, da sie sich nicht verändern; aber die Veränderung des Gossypols beim Entfalten der Keimblätter kann doch nützlich sein. Außerdem ist seine Giftigkeit ein Schutzmittel. — Cook[3]) glaubt, das Sekret vertreibe den Bollwurm. Er fand, daß die verhältnismäßig immune Kekchi-Baumwolle gewöhnlich vom Bollwurm nur durchbohrt wird an den Stellen, die frei von Drüsen sind; aber andererseits, daß Mitafifi und andere ägyptische Sorten besonders stark vom Weevil befallen werden. Die Bollwürmer, die beobachtet wurden, wie sie junge Pflanzen durchlöchern, scheinen die Drüsen zu vermeiden.

Die Glukoside Quercimeritrin, Isoquerceretrin und besonders das Dampfdestillat und ein flüchtiges Öl, das daraus extrahiert wurde, schienen den Boll weevil anzuziehen. Die Flavonsubstanzen haben keinen Geruch, aber das flüchtige Öl hat einen ausgesprochenen und charakteristischen Geruch.

Daß das Drüsensekret nicht alle Insekten abhält, beweist die Baumwoll-Blattlaus, Aphis gossypii Glov., die häufig die Drüsen der reifen Blätter punktiert. Die Substanz, die sie entnimmt, ist wahrscheinlich hauptsächlich Dextrose. Spuren davon ließen sich mikrochemisch nachweisen. Dieser Zucker kann durch Hydrolyse von Glukosiden entstanden sein. Die Gleichgültigkeit (indifference) des Boll weevil gegen süße Substanzen ist von Hunter und Hinds[4]) gezeigt.

h) Allgemeines Vorkommen innerer Drüsen bei der Gattung Gossypium. Anwesenheit und Verteilung schwarzer Drüsen variieren bei verschiedenen Arten wenig, wohl aber ihre Größe und ihr Hervortreten. — Perkin fand deutliche Unterschiede im Flavongehalt der Blumen von G. neglectum, arboreum und sanguineum.

---

[1]) Siehe Anm. [4]) S. 201.

[2]) Haberlandt: Physiol. Pflanzenanatomie, 4. Aufl., S. 526. Siehe 5. Aufl., S. 478 u. 483, 1918.

[3]) Cook, O. E.: Weevil-resisting adaptions of the Cotton Plant. U. S. Dep. Agr. Bur. Plant-Industry Bull. 86, 87 S., 10 Tafeln. 1914. — Everest, A. E.: The production of Anthocyanins and Anthocyanidins II. Proc. Roy. Soc. (London), s. B., Bd. 88, Nr. 603, S. 326—332. 1914.

[4]) Hunter, W. D. und W. E. Hinds: The Mexican boll-weevil. U. S. Dept. Agr. Bur. Ent. Bull. 51, 181 Seiten, 8 Fig., 23 Tafeln. 1905.

i) Innere Drüsen bei verwandten Gattungen. Nur bei der Unterfamilie der Hibisceae in den Gattungen Thespesia, Cienfuegosia (Fugosia), Erioxylon und Ingenhouzia (Thurberia) finden sich innere Drüsen.

Die Anordnung der Drüsen bei der wilden Arizona-Baumwolle (Ingenhouzia triloba Moc. und Sesse, syn. Thurberia thespesioides A. Gray.) ist identisch mit der bei Gossypium spp., und die Drüsen des Samens reagieren wie bei Gossypium. — Erioxylon aridum Rose und Standley hat dieselbe Anordnung der Drüsen wie Gossypium spp.

Vier Arten von Thespesia (T. Lampas D. u. E.; T. populnea Soland.; T. macrophylla Blume und T. grandiflora D. u. E.) zeigten ähnliche Drüsen: aber ihre Anordnung war weniger bestimmt und ihr Vorhandensein konnte (bei Herbarexemplaren) zuweilen nur durch Reagentien festgestellt werden.

Im Gegensatz zu Schumanns[1] (13) Angabe bei Thespesia: „1. Kelch nicht punktiert", hat der Kelch der beiden ersten Arten gut definierte, obwohl undeutlich sichtbare Drüsen. Die Samen beider waren dicht drüsig, und die Drüsen gaben die Gossypolrot-Reaktion.

Cienfuegosia wird von Schumann definiert: „Kelch schwarz punktiert, Kotyledonen nicht punktiert." Sieben Arten wurden untersucht von Stanford und Viehoever. Nur zwei, Cienfuegosia (Fugosia) drummondii Lewton und C. phlomidifolia Gürke, hatten Samen, und die der letzteren hatten keine Drüsen. Bei C. drummondii waren sehr unbemerkbare Drüsen, verteilt wie bei Gossypium. Bei C. phlomidifolia wurden sie auf den Blättern nicht gefunden, aber nur diese Art hatte Drüsen auf den Blumenblättern. — Bei C. hakeaefolia Hochr. wurden keine Drüsen gefunden, sonst bei allen untersuchten: C. australis Schum.; C. argentina Gürke; C. hildebrandtii Gürke und C. heterophylla Gürke, aber nicht in den Blumenblättern, am deutlichsten auf dem Involukrum.

Dumont a. a. O. gibt „poches schizogènes" bei Arten von Fugosia und Thespesia wie bei Gossypium an.

Innere Drüsen werden häufig in Parenchymgewebe, dicht bei den Nektarien gefunden, besonders bei denen der Blätter; aber sie haben keinen organischen Zusammenhang mit ihnen (siehe Abb. 49f).

Septierte Papillen, ähnlich denen der Nektarien, kommen häufig auf den jungen grünen Teilen der Pflanze vor.

Zusammenfassung.

1. Innere Drüsen, lysigenen Ursprungs, finden sich in der primären Rinde, den Blättern, Blüten und Samen von Upland-Baumwolle (Gossypium hirsutum). 2. Die sekundäre Rinde enthält Drüsen von ähnlichem Typus. Einige von diesen scheinen durch Vergrößerung einer einzigen Zelle zu entstehen. 3. Die Drüsen in den dem Licht ausgesetzten Teilen der Pflanze werden von einer Hülle aus abgeflachten, anthozyan-haltigen Zellen umringt und enthalten Quercetin, wahrscheinlich teilweise oder ganz in der Form seiner Glukoside, Quercimeritrin oder Isoquercitrin, ätherisches Öl, Harze und vielleicht Gerbstoffe. 4. Die Drüsen, die nicht normal dem Licht ausgesetzt sind, werden umgeben von einer Schicht von abgeflachten Zellen, die kein Anthozyan enthalten; sie enthalten Gossypol. 5. Gossypol wird gebildet in den Drüsen der sich entwickelnden Blumenkrone; bei ihrer Entfaltung, sobald sie dem Licht ausgesetzt sind, wird es ersetzt durch Quercimeritrin. 6. Gossypol in den unentfalteten Keimblättern wird verändert, wahrscheinlich durch Oxydation, ohne Bildung von Quercimeritrin. 7. Innere Drüsen vom beschriebenen Typus sind allgemein bei den Gossypium-Arten verbreitet. 8. Innere Drüsen kommen in gewisser Ausdehnung auch bei den verwandten Gattungen Thespesia, Cienfuegosia, Erioxylon und Ingenhouzia vor. 9. Vier Typen von Drüsen, die als Nektarien fungieren, kommen bei G. hirsutum vor. Diese sind von den inneren Drüsen morphologisch verschieden und haben auch keine Beziehung zu ihnen.

---

[1] Schumann, K.: Malvaceae. In Engler u. Prantl, Die natürlichen Pflanzenfamilien, T. 3, Abt. 6, S. 30—53, Fig. 14—25. Leipzig 1895.

5. Die Nektarien.

Schon Delpino hat die Nektarien genauer untersucht[1]). Er unterscheidet Nektarien außerhalb der Blüten (extranuptiale, die man auch extraflorale nennt) und innerhalb der Blüten (intranuptiale, intraflorale). Die ersteren teilt er ein in 1. solche auf den Blattnerven der Unterseite, 2. die auf den Außenkelchblättern und 3. solche auf dem Kelche. Spezielleres wurde von ihm von 1885 an im Botanischen Garten zu Bologna an Gossypium barbadense beobachtet. Dieses hat entweder auf 3 Nerven oder nur auf dem Mittelnerven des Blattes unterseits ein Nektarium, eine Drüse, wie er es hier nennt; das Nektarium besitzt 200—300 Drüsenhaare, es ist erst grün, dann rot, und fängt an zu sezernieren einige Tage nachdem das Blatt ausgebildet ist. (Vgl. unsere Abb. 49.)

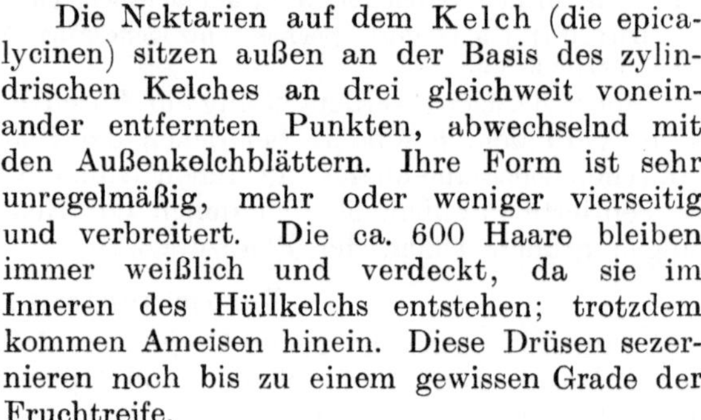

Abb. 49. Querschnitt durch ein Blattnektarium von Gossypium brasiliense.

d Die Honig absondernden Drüsenhaare. *f* Innere Drüse mit Farbstoffinhalt. *g* Gefäße im Holzteil. *k* Kristalldrusen von Kalziumoxalat. *h* Sternhaare. *m* Markartiges Parenchym. Original.

Die Nektarien auf dem Außenkelch (die epibractealen) variieren in der Form von kreisrund bis nierenförmig, werden ziegelrot und bestehen aus 200—600 (Drüsen-)Haaren. Die Absonderung hört bald nach der Blüte auf.

Die Nektarien auf dem Kelch (die epicalycinen) sitzen außen an der Basis des zylindrischen Kelches an drei gleichweit voneinander entfernten Punkten, abwechselnd mit den Außenkelchblättern. Ihre Form ist sehr unregelmäßig, mehr oder weniger vierseitig und verbreitert. Die ca. 600 Haare bleiben immer weißlich und verdeckt, da sie im Inneren des Hüllkelchs entstehen; trotzdem kommen Ameisen hinein. Diese Drüsen sezernieren noch bis zu einem gewissen Grade der Fruchtreife.

Am stärksten ist die Ausscheidung bei den Drüsen des Außenkelches und des Kelches nur während der Blütezeit, und obwohl diese nicht über 24 Stunden dauert, wird doch viel Honig ausgeschieden.

Intranuptiale (intraflorale) Nektarien. Im Innern des Kelchgrundes ist ein vollständiger Nektarring, gebildet aus einem weißlichen Gewebe von erheblicher Dicke. Die ganze Oberfläche ist mit unzähligen langen Papillen (Haaren), die Honig absondern, besetzt, ganz verschieden von den extranuptialen. Dieser Ring ist an seinem oberen Ende gekrönt von einem kontinuierlichen Saum von Haaren (Tyler nennt diese „spanische Reiter".). Sie bilden vereinigt die entwickelten Wimpern auf den Nägeln der Blumenblätter und sind ziemlich unpassierbar für Ameisen, die sich dagegen auf allen Laub- und Außenkelchblättern finden. Das hat schon lange Trelease[2]) bemerkt. Nach Trelease füllt sich das Nektarium des Nachts, und während der Nacht kommen Tausende von Schmetterlingen, Aletia argyracea und Heliothis armigera, deren Raupen von den Ameisen getötet werden.

---

[1]) Delpino: Piante formicarie, in Boll. del Orto bot. della Univer. di Napoli, tomo 1, fasc. 2, p. 76. 1900.

[2]) Trelease: Nectar, its nature, occurrence and uses 1879. In Comstock: Report on cotton insects, part. 2, 313—343.

Daß Ameisen und Wespen zusammen vorkommen, glaubt Delpino nicht. Bienen und Wespen fliehen, wenn sie eine Ameise sehen.

Merkwürdigerweise sagt Delpino kein Wort von den zahlreichen schwarzen Drüsenpunkten an Wurzeln, Blättern und Blütenteilen. Das sind freilich keine Nektarien, sondern Drüsen (siehe diese).

Auch Stanford und Viehoever besprechen die Nektarien. Nach ihnen ist das Blattnektarium des Mittelnervs gewöhnlich pfeilförmig, die Spitze des Pfeiles nach der Spitze des Blattes gerichtet. Die an der äußeren Basis der drei Hüllkelchblätter sitzenden Nektarien sehen sie an als eingesenkt in die verbreiterte Spitze des Blütenstiels, gegenüber den Mittelpunkten der drei Außenkelchblätter. Sie wechseln demnach mit den epicalycinen ab.

Sehr gute Abbildungen der Nektarien bringt Tyler, die wir anbei wiedergeben[1]). Die Abb. 50, 1a und b S. 206 stellen das florale Nektarium von Gossypium hirsutum, der Upland-Baumwolle dar, das an der Basis der Innenseite des Kelches liegt. Der gekörnte Streifen ist der Ring der absondernden Papillen; darüber liegt der Kranz von Haaren, *a* von innen, *b* von der Seite. Abb. 3 ist das innere Hüllkelch-Nektarium von G. mexicanum,, Abb. 4 von G. arboreum.

Es sind flache Gruben. Bei asiatischen Arten werden diese geschützt durch eine sammetartige Bedeckung aus Sternhaaren (Abb. 4b). Bei allen amerikanischen Arten sind diese Nektarien nackt, ausgenommen bei einer Art aus Guatemala. Abb. 5 stellt eins der 3 äußeren Hüllkelch-Nektarien von G. hirsutum dar. Sie erscheinen wie eine Schüssel, die mit Schrotkörnern bedeckt ist. Diese Nektarien fehlen nach Tyler allen kultivierten asiatischen Arten, sind aber bei allen amerikanischen vorhanden, wenn auch nicht in jeder Blume. Bei Gossypium barbadense fehlen sie. Im übrigen fallen sie bei ihrer Größe am meisten in die Augen.

Tyler gibt eine genaue Beschreibung der Nektarien der einzelnen Arten und dazu folgenden Schlüssel.

Gruppen von Arten, die ähnliche Nektarien haben.

A. Hüllkelch-Nektarien, beide, d. h. äußere und innere, vorhanden. Amerikanische Arten, aber auch Bourbon- und Scinde-Baumwollen.

   a) Florales (Blüten-) Nektarium oberhalb mit einem Bande von Haaren (Abb. 50, 1a und b).

Gossypium hirsutum L.	Gossypium purpurascens Poiret
G. mexicanum Todaro	G. Darwinii Watt
G. microcarpum Tod.	G. Stocksii Masters.
G. Palmerii Watt	

   b) Florales Nektarium nackt.

Gossypium barbadense L.	Gossypium peruvianum Cavanilles
G. brasiliense Macfadyen	G. vitifolium Lamarck.

B. Äußeres Hüllkelch-Nektarium fehlend, inneres vorhanden, mit einer Bedeckung von Sternhaaren. Asiatische Gruppe.

Gossypium arboreum L.	Gossypium obtusifolium Roxburgh
G. Nanking Meyen	G. herbaceum L.

[1]) Tyler, Fred. J.: The nectaries of cotton. U. S. Dept. Agric., Bureau of Plant Industry. Bulletin 131, Part V. 1908.

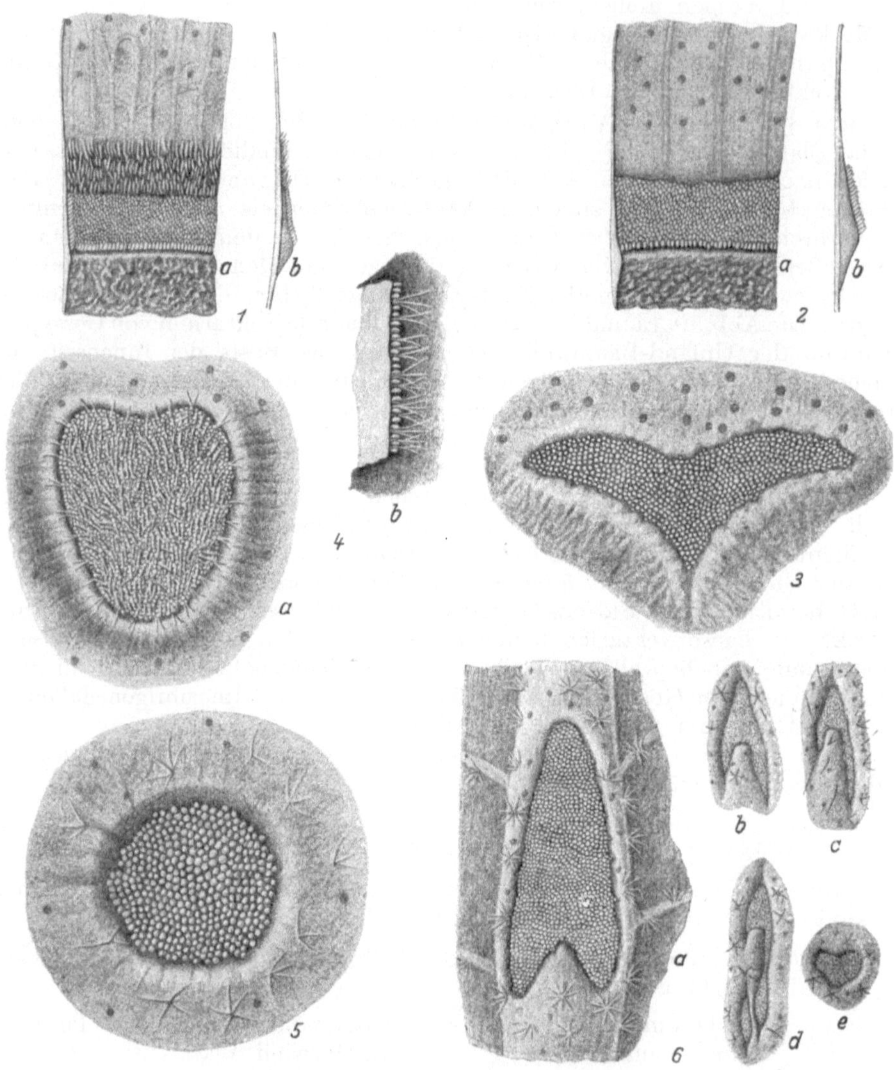

Abb. 50. Blütennektarien nach Tyler.

1 Ein Stück des ringförmigen Blütennektariums an der Basis der Innenseite des Kelches von Gossypium
hirsutum: *a* von innen, mit den aufwärts gerichteten Haaren (spanischen Reitern), darunter (punktiert)
das eigentliche Nektarium.   *b* von der Seite.
2 Gossypium *barbadense.* Das Blütennektarium hat keine Haare;   *a* von innen,   *b* von der Seite.
3 G. *mexicanum* Tod. Eins der 3 Nektarien an der Innenseite des Außenkelches, sehr breit ∨ förmig und nackt.
4 G. *arboreum* L. Eins der 3 Nektarien an der Innenseite des Außenkelches, rundlich-dreieckig oder schild-
förmig, dicht bedeckt mit einer sammetartigen Masse aus sternförmigen Haaren; *a* von innen, *b* von
der Seite.
5 G. *hirsutum.* Eins der (meist) 3 äußeren Nektarien des Außenkelches, rund, nackt oder mit wenigen
eindringenden Sternhaaren. Einer flachen Schüssel mit Schrotkörnern ähnlich.
6 a und *d* G. *hirsutum* Eins der 1—3 Blattnektarien, gewöhnlich oval, aber oft unregelmäßig oder selbst
pfeilförmig, nackt oder mit wenigen eindringenden Sternhaaren; *b* und *c* G. *brasiliense* Macf. Eins der
1—3 großen, gewöhnlich pfeilförmigen Blattnektarien, nackt oder mit vom Rande eindringenden Sternhaaren;
c G. *Nanking* Meyen. Kleines ovales oder unregelmäßiges nacktes Blattnektarium.

C. Äußeres Hüllkelch-Nektarium vorhanden, inneres fehlend. Ingenhousia-
Gruppe. (Ist keine Baumwolle.)

    Gossypium Davidsonii Kellogg.
    Ingenhousia Harkenessii (Brandegee) Rose
    Ingenhousia triloba Moc. et Sesse.

D. Alle extrafloralen Nektarien fehlen. Gossypium tomentosum Nuttall, Ha-
waï-Baumwolle. (Maco- oder Huluhulu-Cotton.) Hat nur eine Art filziger,
rostfarbiger, kurzer, nicht brauchbarer Wolle, die sich nicht in zwei
Schichten trennen läßt. Vielleicht eine Urform, aus der sich Filz und
lange Wolle entwickelt haben.)

E. L. Reed[1]) beschreibt die Entwicklung der Nektardrüsenhaare von
Gossypium hirsutum aus einer einzigen Zelle. Das Blatt-Nektarium bildet
ovale Vertiefungen, erfüllt mit dicht gehäuften vielzelligen Papillen und umgeben von einem dicken Wall Epidermiszellen. Die Drüsen werden auf den
Keimblättern zu der Zeit sichtbar, wo das erste Paar echter Blätter erscheint; etwas später beginnen sie zu sezernieren.

6. Staubgefäße. (Siehe Abb. 5.)

Die Staubgefäße sind ungefähr in der Zahl von 50 vorhanden. In jedem
halben Staubbeutel sind etwa 25 Pollenkörner; im ganzen hat eine Blume
also ca. 1250 Pollenkörner. Die Pollenkörner sind sehr groß und sehr stachelig,
von Farbe meist goldgelb. Ihr Durchmesser beträgt 60—75 μ, bei Sea Island
(blühend im Gewächshaus am 30. Juli 1925) 100—112 μ! Sie haben Löcher,
durch die der Pollenschlauch austreten kann. Schon Schacht hat sie genau
beschrieben[2]). Sir George Watt[3]) gibt zwei photographische Tafeln, auf
denen aber die einzelnen Arten nicht alle in derselben Vergrößerung dargestellt sind. Nach H. Marsland[4]) haben Upland und ostindische Varietäten
die kleinsten Pollenkörner, bis 108 μ, ägyptische (Pima) und Marie Galante
die größten, bis 135 μ.

7. Kapsel.

Die Kapsel enthält unter der Rinde viele Harzdrüsen, die als schwarze
Punkte auf der Schale sichtbar sind. Die Scheidewände unreifer Kapseln
sind sehr dick und enthalten ein lockeres Wassergewebe aus parenchymatischen
Zellen. Wahrscheinlich spielt dies bei der Ernährung der Samen und beim
Aufspringen der Kapsel eine Rolle. (Abb. 7, Seite 25.)

8. Baumwollfasern.

In Ergänzung zu dem im Abschnitt „Biologie" über die Baumwollfasern oder
-Haare von Balls Gesagten, lassen wir nachstehend die Schilderung der ausgewachsenen Haare, wie sie im Handel vorkommen, nach v. Wiesner[5]) folgen:

---

[1]) Reed, E. L.: Leaf nectaries of Gossypium. Bot. Gazette v. 63. 1917, S. 229
bis 231, eine Abb. im Text u. Taf. XII u. XIII.
[2]) Schacht, Pringsheims Jahrb. f. wissensch. Botanik, II. Bd., (1860), S. 109—163
Taf. XIV—XVIII.
[3]) Watt, George: Wild and cultivated cotton plants, S. 343.
[4]) Marsland, H.: Empire Cotton Growing Review, Bd. 2, S. 348—352. 1925. (Ref.
Journ. Text. Inst., Bd. 17, S. 121. 1926.)
[5]) Wiesner, Julius von: Die Rohstoffe des Pflanzenreichs, 3. Aufl. Nach dem
Tode von v. Wiesner und Hanausek fortgesetzt von J. Moeller, 3. Bd. mit 332 Textfiguren, Leipzig 1921, S. 100—139.

Es ist nicht richtig, daß das eine einzige Zelle bildende, von der Oberhaut des Baumwollsamens ausgehende Haar spitz endet und sein größter Durchmesser an der Basis ist. Wiesners Messungen ergaben z. B.:

Länge der gemessenen Haare 2,5 cm,

		1. G. herbaceum	2. G. arboreum	3. G. acuminatum
		Länge 2,5 cm	Länge 2,5 cm	Länge 2,8 cm
Querschnitt	N 1	Spitze 0	Spitze 0	Spitze 0
„	N 1	1,2 μ[1])	8,4 μ	4,2 μ
„	2	5,8	21,0	12,6
„	3	10,0	29,4	16,8
„	4	16,8		
„	5	**21,0**		
„	6	16,9		
„	7	21,0		
	Basis	16,8		

Gossypium flavidum[2]).

Länge des ganzen Haares:

	a) 1,8 cm	b) 2,0 cm	c) 3,5 cm
Spitze	0	0	0
	8,4 μ	12,6 μ	4,2 μ
	21,0	16,8	8,4
	25,2	**29,8**	21,3
	37,8	29,0	**25,2**
	37,8	25,2	25,9
	33,2	29,8	
	29,4		
Basis	29,4	21	21

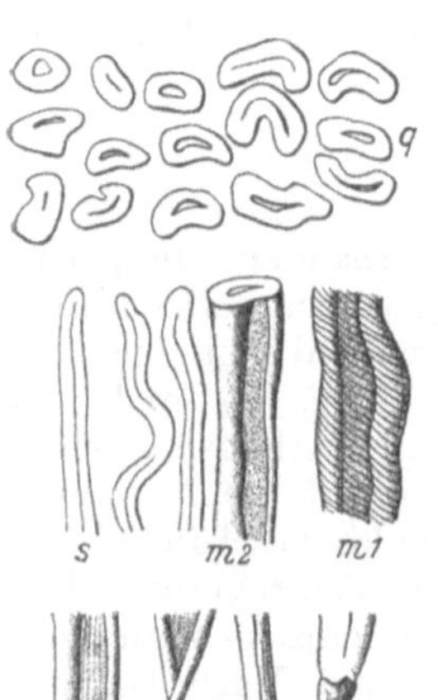

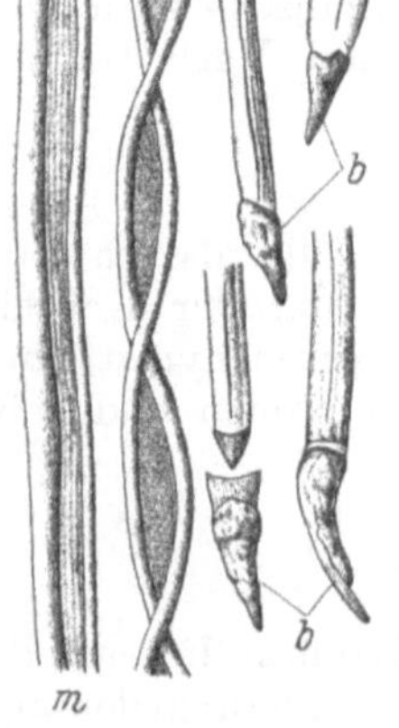

s   m2   m1

b

b

m

Abb. 51.
Caravonica-Baumwolle.
s Spitzen der Haare.
m, *m 1*, *m 2* Mittelstücke. *b* Kegelförmiger Fuß der Haare. *q* Querschnitte der Haare.
Nach Hanausek. ³⁰⁰⁄₁.

Die größte Breite liegt, von der Spitze aus gerechnet, bei der Baumwolle meist hinter der Mitte. Das Haar bildet also nicht einen langgezogenen Kegel; allerdings ist die Spitze nicht selten kegelig, auch mitunter oben abgerundet oder spatelförmig, oder kolbenförmig verdickt. Zumeist ist gerade die Spitze besonders stark verdickt. Also sind die oberen Enden selbst bei einer und derselben Sorte sehr verschieden (Abb. 51).

Die Basis bietet meist keine Besonderheiten, doch fand T. F. Hanausek[3]) an der Caravonica-Baumwolle, Abb. 51, daß die Faser beim Entkörnen nicht abbricht, sondern mit ihrem natürlichen unteren kegelförmigen Ende (Fuß, siehe Fig. 51b), welches zwischen den Epidermiszellen der Samenschale liegt, häufig ganz unverletzt herausgezogen werden kann. Das scheint Wiesner für eine große Zugfestigkeit dieser Baumwolle zu sprechen. Dieser Fuß färbt sich mit Phloroglucin und Salzsäure rot, ist also verholzt, während sonst die Baumwolle bekanntlich unverholzt ist. Nach der Abbildung sieht der Fuß etwa aus wie die Basis des Federgrases (Stipa pennata).

---

[1]) Die Querschnitte wurden in gleichen Entfernungen voneinander gemessen.
[2]) Ein Gossypium flavidum gibt es nicht. Gemeint ist Nankingbaumwolle.
[3]) Hanausek: Über die Caravonicawolle. Mitt. d. Technolog. Gewerbemuseums Wien 1910.

Breite des Baumwollhaares. Schacht[1]) gibt als Grenzmaß 12,5—22,5 μ an, Bolley[2]) 17—50 μ, Wiesner[3]) fand früher 11,9—27,6 μ, neuerdings bei folgenden Arten als Maximum

		häufigste maximale Breite	
Gossypium herbaceum	11,9—22,0 μ	18,9 μ	
„ barbadense	19,2—27,9 μ	25,2 μ	
„ conglomeratum	17,0—27,1 μ	25,5 μ	
„ acuminatum	20,1—29,9 μ	29,4 μ	ist n. Watt brasiliense
„ arboreum	20,0—37,8 μ	29,9 μ	
„ religiosum	25,5—40,0 μ	33,3 μ	
„ flavidum	29,0—42,0 μ	37,8 μ	
also	11,9—42,0 μ.		

Handelsbaumwollen lagen auch zwischen diesen Grenzwerten. — Ich fand meistens 25 μ Breite bei Handelsbaumwolle, doch wechselt das bei einer und derselben Probe sehr.

Die Länge der Baumwollhaare ist nicht nur nach den Arten verschieden, sondern auch an jedem Samen. Die längsten Haare sitzen am stumpfen Ende, die kürzesten am spitzen. Alle Haare zusammen bilden eine Eiform.

Die Samen sind entweder kahl oder mit Grundwolle (fuz, Filz) versehen. Im ersteren Falle sind sie glatt und schwarz (Gossypium barbadense), im letzteren meist filzig, ins gelbliche neigend (indische Baumwolle von G. herbaceum und G. arboreum) oder grau bis grünfilzig (G. hirsutum).

. Die Haare der Grundwolle sind 1 bis wenige Millimeter lang (aber ebenso schraubig gedreht) und ebenso breit, meist breiter als die langen Baumwollhaare.

Die Grundwolle überzieht entweder die ganze Oberfläche des Samens als gleichmäßiger Haarfilz (G. flavidum, arboreum und hirsutum), oder sie findet sich nur an den beiden Enden, wie bei G. conglomeratum[4]) und religiosum. Bei G. herbaceum bedeckt die Grundwolle zwar den ganzen Samen, aber bildet nur an beiden Enden einen dichten Filz. Bei der Grundwolle am spitzen Ende kommen längere Härchen vor, als am stumpfen, also umgekehrt, wie bei den eigentlichen Baumwollhaaren, sie bilden häufig dann einen dichten Bart. Alois Herzog unterscheidet deshalb

> 1. Langfaser,
> 2. Grundwolle,
> 3. Barthaare.

Die kahlen Samen haben stets doch Barthaare, d. h. ein Büschel von Haaren an dem spitzen Ende, so z. B. G. barbadense und die Hindibaumwolle.

Samen, die gelbe Langfasern haben, besitzen auch gelbe Grundwolle, und selbst weißwollige haben oft einen gelblichen Ton in der Grundwolle. Je weißer die Langfasern, desto weniger gelb ist die Grundwolle.

Nach A. Herzog stimmt die Grundwolle im Bau mit dem der Langfasern überein, die Barthaare sind häufig braun oder grün gefärbt, sie haben eine nur wenig entwickelte Kutikula, enthalten aber reichlich abgestorbene Protoplasmareste, besonders in der Basis, sind auch widerstandsfähiger gegen Kupferoxyd-Ammoniak. Die unmittelbar unter der Kutikula liegenden Membranteilchen werden noch am stärksten angegriffen, aber es dauert doch viel längere Zeit, bis sie gequollen sind. Auch sind die Barthaare reicher an Fett (Rohfett) als die Langhaare[5]).

---

[1]) Schacht: Lehrbuch der Anatomie und Physiologie der Gewächse I, S. 252 und: Die Prüfung d. i. Handel vork. Gewebe S. 24.
[2]) Bolley: Chemische Technologie der Spinnfasern, Braunschweig 1867, S. 3.
[3]) Wiesner: Technische Mikroskopie (1867) S. 99.
[4]) G. conglomeratum Wiesner ist die Nierenbaumwolle, G. brasiliense Macfadyen.
[5]) A. Herzog: Chem.-Ztg. 1914, Nr. 111—116.

Für den Handel haben nur die Langfasern Interesse, er verlangt einen möglichst langen Stapel. Unter Stapel versteht man ein Faserbüschel, das aus der Baumwolle herausgenommen und möglichst gerade gestreckt wird. Nach Bolley[1]) schwankt die Stapellänge zwischen 2,5 und 6 cm (letzteres ist unwahrscheinlich), nach Benno Niess[2]) zwischen 0,9 und 4 cm (Sea Island).

Wiesner fand folgende häufigsten Werte für den Stapel:

Gossypium	barbadense	Sea Island	4,05 cm[3])	Gossypium	acuminatum Indien	2,84 cm
„	„	Brasilien	4,00 „	„	arboreum „	2,50 „
„	„	Ägypten	3,89 „	„	herbaceum Mazedonien	1,82 „
„	vitifolium	Pernambuko	3,59 „	„	„ Bengal	1,03 „
„	conglomerat.	Martinique	3,51 „			

Ausführliche Zahlen gibt neuerdings Guaitani[4]):

Länge, Durchmesser und Bruchfestigkeit (resistenza) der Baumwollsorten nach Guaitani.

Sorte	Länge der Faser in mm	Durchmesser in μ	Zerreißgewicht in g
Sea Island	41,15—45,70	6,3—13,2	6,40
Edisto	34,30—57,90	—	5,44
Wodamalan	36,57—41,40	—	—
Johns Island	38,10—40,64	—	—
Florida	41,90—49,50	16,2	—
Fiji	47,50—51,05	16,2	—
Tahiti	38,10—47,80	16,3	—
Peruviana	38,10—39,03	11,1—19,8	—
Ägyptische			
Egiziano	25,70—38,34	19,3	8,24
Gallini	36,32—38,10	17,1	8,10
Braune	33,27—35,51	18,7	9,72
Weiße	31,75	19,5	9,46
Smyrna	25,40—31,50	19,3	—
Brasilianische			
Maranham	26,92—30,50	16,5—20,1	6,95
Pernambuco	30,00—34,30	20,0—20,8	9,08
Surinam	26,82—30,00	—	—
Paraiba	28,20—30,50	—	—
Ceara	26,16—29,20	20,0	—
Maceo	28,20—30,50	—	—
Peruanische	21,85—33,00	—	—
Liscio	21,85—33,00	—	—
Algerische	35,80—39,85	—	—
West-Indische	31,00—33,00	19,5	—

(Fortsetzung der Tabelle siehe nächste Seite.)

[1]) Bolley: a. a. O. S. 3.

[2]) Niess, B.: Die Baumwollspinnerei in allen Teilen, Weimar 1868.

[3]) Erste Auflage. Später fand Wiesner bis 5,1 cm. Mit obigen Werten stimmen Semlers Angaben (a. a. O. S. 508 ff.), nämlich Gallini (Ägypten) 3,8 cm, Florida (Festland) 4,0, Florida (Küste) 4,3; Fidschi, Tahiti, Laguayra, Sea Island 4,3. Nach Sadebeck (a. a. O. S. 308) G. barb. (Sea Island) 4,10—5,20 von den dem Festlande vorgelagerten Inseln, Festland von Florida 3,9—4,6, Ägypten 3,80—3,95. — G. peruvianum 3,40 bis 3,60, G. herb. 2,00—2,80 cm.

[4]) Guaitani, Pietro: La filatura del cotone. Bergamo 1924, S. 585.

(Fortsetzung der Tabelle von S. 210.)

Sorte	Länge der Faser in mm	Durchmesser in μ	Zerreißgewicht in g
Amerikanische			
Orleans	26,16—27,95	18,2—22,2	9,57
Uplands	23,62—25,40	19,2	6,77
Texas	23,37—25,40	13,9—19,4	9,40
Amerikanische Mobile . . .	22,10—26,67	19,4	7,13
Georgia	23,35—26,67	6,3—13,2	—
Mississippi	17,80—27,95	13,9	—
Louisiana	20,80—27,95	—	—
Tennessee	24,90—25,40	15	—
Afrikanische	23,10—29,20	20,8	—
Ostindische			
Hingunhat	26,16—30,50	18,5—21,2	9,72
Dollerah	22,85—27,95	21,5	9,78
Dharwar	20,57—25,40	21,5	—
Broach	10,80—22,75	21,2—22,5	—
Tinnivelly	22,10—24,10	21,1	....
Omrawuttee	22,86—25,40	21,5	—
Comptath (Kumpta) . .	22,10—26,70	21,5	10,60
Madras West.	18,00—25,40	21,2—22,5	—
Scinde.	16,50—25,40	21,2	—
Bengals	22,10—29,20	21,1—25,3	....
Chinese	21,10—21,85	24,0	—

Die Bodenernte („bottom crop"), d. h. die Ernte von den unteren Zweigen, hat kürzeren Stapel als die von höher sitzenden; die Aufblühfolge ist weniger von Einfluß.

Lister, H. Dewey und Marie Goodloe haben 1913 in den Miscellanevus Papers des Bureau of Plant Industry, Zirkular Nr. 128 Zahlen über die Bruchstärke (Zerreißgewicht in Gramm) verschiedener Gruppen von Baumwollen usw. veröffentlicht (The Strength of Textile Plant Fibers).

Wir entnehmen daraus folgende Zahlen:

Amerikanisch Upland, Gossypium hirsutum.	Bruchgewicht (Zerreißgewicht) in Gramm, Durchschnitt	Amerikanisch Upland. Gossypium hirsutum.	Bruchgewicht (Zerreißgewicht) in Gramm, Durchschnitt
Big-Boll Stormproof-Gruppe	6,67	Early-Gruppe	5,63
Big-Boll-Gruppe	6,60	Long-staple-Gruppe	4,72
Cluster- „	6,00	Sea Island (Gossypium barbadense) .	6,14
Semicluster-Gruppe	5,86	Egyptian (Gossypium barbadense),	
Peterkin- „	5,70	aus Arizona und Kalifornien . .	6,65

Kearney und Harrison[1]) haben nachgewiesen, daß die allgemeine Meinung richtig ist, daß bei langstapeligen Baumwollen die Fasern der ersten Pflücke kürzer sind als die der folgenden Pflücken. Bei 33 Pflanzen der Yundz-Sorte von ägyptischer Baumwolle fanden sie die Fasern der 2. Pflücke $^1/_{16}$ Zoll (1,6 mm) länger als die der ersten[2]).

Dies erklärt sich daraus, daß die Hauptmasse der Fasern erster Pflücke von den unteren Fruchtzweigen entnommen wird, dagegen die der späteren Pflücke von höher sitzenden. Die unteren Kapseln haben eben kürzere Fasern, wie Tabelle 1 bei Pima-Baumwolle zeigt.

---

[1]) Kearney, Thomas H., und George J. Harrison: Length of cotton fibre from bolls at different heights on the plant. Journ. Agric. Research, vol. XXVIII, Nr. 6, 10. Mai 1924.

[2]) Kearney, Th. H.: Fibre from different pickings of Egyptian cotton. U. S. Dep. Agr. Bur. Plant Indust., Circ. 110, 37—39. 1913.

Mittlere Faserlänge von 10 Pima-Pflanzen, in Arizona bei
Bewässerung in der U.-S.-Feld-Station in Sacaton erzogen.

Pflanze Nr.	Zahl der Bestimmungen	Mittl. Länge der Faser mm	Pflanze Nr.	Zahl der Bestimmungen	Mittl. Länge der Faser mm
1	12	**40,7** ± 0,57	6	12	41,0 ± 0,31
2	13	41,9 ± 0,66	7	12	**43,1** ± 0,94
3	13	41,0 ± 0,31	8	11	41,9 ± 0,40
4	13	42,5 ± 0,75	9	12	40,7 ± 0,67
5	11		10	11	41,9 ± 0,30

Der Unterschied zwischen der kürzesten Faser (Nr. 1) und der längsten (Nr. 7)
ist 2,4 mm, das ist nur 2 mal so viel als der wahrscheinliche Fehler.

Anders stellt sich die Sache, wenn man die Fasern aus verschiedener
Höhe der Fruchtzweige mißt. Die Höhe ist durch die Nummern der aufein-
ander folgenden Knoten, von denen Fruchtzweige entspringen, angegeben. Bei
Pima kommen Fruchtzweige selten unterhalb des 9. Knotens vor, und die
oberhalb des 32. Knotens sitzenden Kapseln sind zu klein, um verläßliche
Daten zu geben. Beide sind daher nicht berücksichtigt.

Mittlere Länge der Fasern von Pima-Baumwolle von Kapseln
in verschiedener Höhe.

Knotennummer der Fruchtzweige	Zahl der Bestimmungen Kapseln	Mittlere Faserlänge mm	Knotennummer der Fruchtzweige	Zahl der Bestimmungen Kapseln	Mittlere Faserlänge mm
9—11	10	38,75 ± 0,85	21—23	10	42,20 ± 0,45
12—14	19	40,46 ± 0,36	24—26	19	42,41 ± 0,25
15—17	11	41,27 ± 0,31	27—29	12	42,89 ± 0,40
18—20	20	41,75 ± 0,40	30—32	17	42,05 ± 0,40

Mit Ausnahme der obersten Knoten 30—32 ist eine stetige Zunahme
der Faserlänge von unten nach oben. Teilt man die Fruchtzweige in zwei
Gruppen, untere Hälfte Knoten 9—20, obere Hälfte Knoten 21—32, so ist
das Mittel für die untere Hälfte 40,75 ± 0,28, für die obere Hälfte aber
42,37 ± 0,10. Unterschied: 1,62 ± 0,34, das ist bedeutend, fast 5 mal so viel
als der wahrscheinliche Fehler.

Die sog. „bottom crop", d. h. die Ernte der unteren Fruchtzweige, gibt
also kürzere Fasern.

Ähnliche Verhältnisse zeigen sich, wenn man Fasern von Kapseln aus
zuerst und später sich öffnenden Blumen ohne Rücksicht auf ihren Sitz
entnimmt; doch ist hier nur der Unterschied zwischen erster und zweiter
Pflücke erkennbar, die folgenden sind sich ziemlich gleich.

Mittlere Länge der Faser von Pima-Baumwolle in Kapseln von Blumen,
die sich 1921 nach und nach öffneten.

Datum des Aufblühens	Mittlere Länge der Faser mm	Datum des Aufblühens	Mittlere Länge der Faser mm
23.—24. Juli	39,59 ± 0,33	14. u. 15. Aug.	41,09 ± 0,32
27.—30. „	41,90 ± 0,20	23. u. 26. „	41,72 ± 0,29
8.—10. Aug.	41,36 ± 0,33		

Es ist wahrscheinlich, daß die Blumen, die sich vom 23.—24. Juli öffneten, zum größten Teil an unteren Fruchtzweigen saßen[1]). Im allgemeinen kann man daher sagen, daß die Länge der Faser weniger von der Blütezeit als von der Höhe, in welcher die Fruchtzweige an der Pflanze sitzen, abhängt.

Dr. Theodor Bühler gibt Stapel-Diagramme für den Rohbaumwollhandel in Melliand, Textilberichte 1926, Heft 8. Nachstehende Tabelle ist als Beispiel aus Melliand, S. 737 entnommen.

Stapellängen in Prozenten der Gesamtfasermenge.

Länge mm	%		Länge mm	%	
31—32	1	} 3	19—20	3	
30—31	2		18—19	2	
			17—18	3	} 12
29—30	5		16—18	2	
28—29	6		15—15	2	
27—28	25	} 55			
26—27	8		14—15	1	
25—26	11		13—14	1,5	
			12—13	1	} 6
24—25	5		11—12	1,5	
23—24	3,5		10—11	1	
22—23	3	} 18			
21—22	3,5		unter 10	6	6
20—21	3				
über 20 mm	76 %		unter 20 mm	24 %	

Tabelle[2]).

Stapel	Länge des Haares		Sorten
Lang . . .	$1^{1}/_{2}$—$1^{1}/_{4}$ Zoll	38,1—31,7 mm	Sea Island, ägyptische, verbess. Upland
Mittellang .	1 — $^{3}/_{4}$ „	25 —19 „	Gewöhnliche amerik. Upland
Kurz . . .	$^{5}/_{8}$— $^{3}/_{8}$ „	16 — 9,5 „	Die meisten ostindischen

Länge und Dicke der wichtigsten Baumwollfasern des Handels.

Herkunft	Sorte	Durchschnittliche Länge in		Durchschnittlicher Durchmesser in		Bemerkungen
		engl. Zoll	Millimeter	Zehntausendstel Zoll	Tausendstel Millimeter (μ)	
Amerika	1. Sea Island .	1,8	45,7	5	12,5	fein seidig
	2. Florida Sea Island . . .	1,6	40,6	6	15	fein seidig
	3. Orleans . .	1,05	26,7	7,5	18,8	die beste u. regelmäßigste amerik. B.
	4. Upland . .	1,0	25,4	8	20	weich, rein
	5. Mobile . .	1,05	26,7	8	20	weich, rein
	6. Texas . . .	1,0	25,4	8	20	fester im Stapel als vorige

(Fortsetzung der Tabelle siehe nächste Seite.)

[1]) Balls, Lawrence W.: Development etc., S. 198—203, Tab. I—II, S. 90, Fig. 4. London 1915. Kapseln aus Blumen, die sich vom 27.—31. Juli in Ägypten öffneten, hatten die kürzesten Fasern, die vom 9.—13. August die längsten, Unterschied 2,9 mm.

[2]) Aus A. J. Hall, Cotton-Cellulose, its chemistry and technology. London 1924.

(Fortsetzung der Tabelle von S. 213.)

| Herkunft | Sorte | Durchschnittliche Länge in | | Durchschnittlicher Durchmesser in | | Bemerkungen |
		engl. Zoll	Millimeter	Zehntausendstel Zoll	Tausendstel Millimeter (μ)	
Ägypten	7. Sakellaridis	1,6	40,6	---	—	feiner, langer Stapel, rahmweiß
	8. Mitafifi . .	1,4	35,6	6,5	16,3	stark, braun, lang und fein
	9. Joanovich .	1,5	38,1	6	15	fein, weiß, seidig
	10. Abassi . .	1,4	35,6	6	15	fein, weiß
	11. Brown . .	1,25	31,8	6,5	16,3	
	12. White . . .	1,2	30,5	7	17,5	härter (harsher) als vorige fünf
	13. Uppers .	1,37	34,8	—	—	hellbraun, Stap. stark
Brasilien	14. Pernams (Pernambuco)	1,25	31,8	7,5	18,8	
	15. Maranhams	1,05	26,7	7	17,5	
	16. Paraiba . .	1,15	29,2	7	17,5	
	17. Ceara . . .	1,1	27,9	7	17,5	
	18. Maceo . .	1,15	29,2	7	17,5	
Ostindien	19. Hinghanghat	1,05	26,7	8	20	
	20. Dollerah . .	0,9	22,9	8	20	
	21. Tinnevelly .	0,9	22,9	8	20	Viele der geringeren
	22. Broach . .	0,9	22,9	8	20	Qualitäten enthalten
	23. Comptah .	0,9	22,9	8	20	viel Schmutz und
	24. Bengal . .	0,8	20	8	20	ungeeignete Fasern
	25. Scinde . .	0,7	17,8	8,5	21	
	26. Surat . . .	0,8	20	8,5	21	
	27. Madras . .	0,75	19	8,5	21	
Peru	28. Sea Island .	1,5	38,1	6	15	weich, seidig
	29. Smooth (glatt) . . .	1,15	29,2	7	17,5	ähnl. Orleans
	30. Rough (rauh)	1,05	26,7	8	20	ähnl. brasilianischen
Westindien	31. Westindien	1,2	30,5	7,5	18,8	Stapellänge wechselnd
Kleinasien	32. Smyrna . .	1,1	27,9	7	17,5	hart (harsh) i Stapel, unregelmäß. gedreht
Afrika	33. Lagos . . .	1,0	25,4	8	20	

9. Wand, Lumen und Kutikula.

An jedem Baumwollhaar unterscheidet man Wand und Lumen, d. h. den lufterfüllten Hohlraum der Zelle. Die Wand ist von einem zarten Häutchen, der Kutikula, bedeckt, welche streng genommen nur die äußerste Schicht der Zellwand ist. An die Zellwand schließt sich nach innen der Innenschlauch an, das ist der Rest des Protoplasmas in Form eines häutigen Gebildes, oft etwas körnig.

Die Wand ist für ein Pflanzenhaar sehr mächtig, sie kann sich zwar nicht mit der Flachsfaser, aber mit sehr vielen anderen Bastfasern messen, und ist im Vergleich zu anderen technisch verwandten Pflanzenhaaren beispiellos dick und die Baumwolle deswegen sehr fest.

Die Dicke der Zellwand beträgt im Mittel $^1/_3$ bis $^2/_3$ des Durchmessers der Zelle, ja das Lumen kann bei noch stärkerer Verdickung der Wand auf der Längsansicht nur als dunkle Linie erscheinen. Es können sich aber die gegenüberliegenden Teile der Wand auch berühren, dann erscheint das Lumen im Querschnitt linienförmig. (Abb. 51q und 52.)

Die Zellwand wird durch Säuren und Alkalien zum Quellen gebracht, oft unter Annahme einer schraubig verlaufenden Streifung. Porenkanäle fehlen[1]). Alle Quellungsmittel strecken diejenigen Partien, die korkzieherartig gedreht sind, gerade. Die Angabe, daß man Flachs von Baumwolle dadurch unterscheiden könne, daß ersterer nie gedreht sei, letztere aber stets, trifft für Baumwolle nicht zu, manche Strecken sind gerade, bei G. conglomeratum oft ihrer halben Länge nach, bei G. arboreum und barbadense sind die oberen und unteren Enden gerade, die sich anschließenden Teile schwach und nur die mittleren stark gedreht. G. herbaceum ist der ganzen Länge nach gedreht. Gesponnene Baumwolle ist oft gerade, und umgekehrt, möchte ich hinzufügen, gesponnener und gewebter Flachs mitunter gedreht.

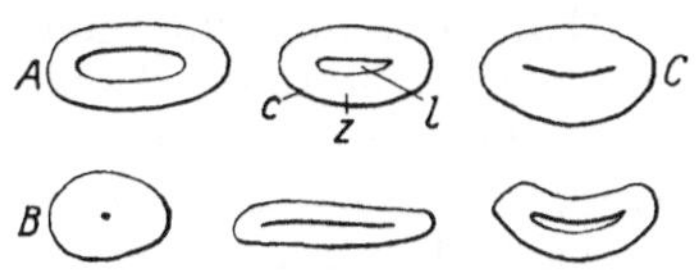

Abb. 52. Querschnitte durch Baumwollhaare.

A Mit gewöhnlichem Lumen, *B* mit linienförmigem, *C* mit flächenförmigem Innenschlauch. *c* Kutikula. *z* Zellhaar. *l* Lumen, nach außen vom Innenschlauch begrenzt. Nach Wiesner. $^{500}/_1$.

Die Kutikula ist am deutlichsten zu erkennen, wenn man das Haar trocken (nicht im Wasser) mit dem Mikroskop untersucht[2]). Bei feinen, seidigen Wollen ist die Kutikula weniger deutlich als bei gröberen. Bei Untersuchung der trockenen Haare erscheint die Kutikula als zartes, körniges oder streifiges Häutchen, bei etwa 200facher Vergrößerung sieht man in der Richtung der Streifen der Kutikula zarte Interferenzlinien liegen. Bei gröberen Wollen ist die Kutikula auch in Wasser liegend sichtbar.

Am deutlichsten ist die Kutikula bei G. flavidum, religiosum, arboreum und herbaceum, bei beiden ersteren ästig gezeichnet, bei arb. und herb. teils körnig, teils zart spiralig gestreift. Bei G. conglomeratum größtenteils zart spiralig, stellenweise auch körnig oder, und zwar am oberen Ende, völlig strukturlos. Bei G. barbadense ist das obere Ende, etwa auf 0,5 bis 5 mm Länge, völlig glatt, ebenso das unterste Ende; die mittleren Partien sind teils zart streifig, teils zart ästig gezeichnet[3]).

Die Kutikula ist infolge ihres Gehalts an Wachs und an Kutin, das mit dem Suberin des Korkes verwandt ist, für Wasser und Gase schwer durchdringlich. Suberin und Kutin färben sich mit Chlorzinkjodlösung gelbbraun, mit Kalilauge ähnlich; beide färben sich nach Fitting[4]) mit Sudanglyzerin rot, und beide werden durch konzentrierte Schwefelsäure oder Kupferoxydammoniak nicht gelöst; doch widersteht das Kutin besser der Kalilauge. Kutin und Suberin verhalten sich übrigens je nach ihrer Abstammung gegen Reagenzien etwas verschieden. Nach van Wisselingh[5]) soll das Suberin ein fettartiger

---

[1]) Balls behauptete zwar anfänglich das Gegenteil. Siehe Biologie S. 188. Neuerdings erklären aber Balls und Hancock: Proc. R. Soc. (1922), Serie B, 93, S. 426, die vermeintlichen Tüpfel seien einfach abnorm weite Zwischenräume zwischen sonst aneinander liegenden Spiralen. — Auch de Mosenthal spricht von Löchern. Siehe Alois Herzog, weiter unten.

[2]) Wiesner: Techn. Mikroskopie, S. 99.

[3]) Siehe a. Dischendorfer, weiter unten.

[4]) Strasburger: Lehrbuch der Botanik für Hochschulen.

[5]) v. Wisselingh: Archives Néerland. Bd. 26, S. 305, 1892, u. Bd. 28, S. 373, 1898.

Körper sein, bestehend aus Glyzerinestern und anderen zusammengesetzten Estern der Phellonsäure, Suberinsäure und anderer höherer Fettsäuren; den Kutinen soll dagegen die Phellonsäure, die im Suberin stets vorhanden ist, immer fehlen.

Neuerdings faßt man alle in die Epidermis abgelagerten fettartigen Substanzen, außer dem Wachs als Kutin zusammen.

Bei der Baumwolle wird man die Kutikula vielleicht als einen Wachsabklatsch der feinen Fibrillen, aus denen die Wand des Haares besteht, ansehen dürfen.

Durch den Bleichprozeß und mechanische oder chemische Einwirkungen kann die Kutikula $\pm$ zerstört werden. Die Ansicht von T. F. Hanausek[1]) und Haller[2]), daß die merzerisierte Baumwolle der Kutikula entbehrt, ist nicht ganz richtig, da Alois Herzog[3]) nachgewiesen hat, daß beim Merzerisieren roher, ungebleichter Baumwolle die Kutikula keine nennenswerten Veränderungen erleidet, während durch den Bleichprozeß, gleichgültig ob vor oder nach der Merzerisation durchgeführt, die Kutikula fast vollständig zerstört wird.

Bezüglich der Mikroskopie der merzerisierten oder „Seidenbaumwolle“ sei auf die oben genannten Arbeiten und v. Höhnel[4]) verwiesen.

Am besten läßt sich die Kutikula durch Kupferoxydammoniak nachweisen. Dies löst, wie zuerst Cramer[5]) zeigte, die fast gänzlich aus Zellulose bestehende Zellwand auf, aber nicht die Kutikula. Cramer und später Wiesner[6]) haben gefunden, daß durch Kupferoxydammoniak die Zellwand stellenweise blasig aufgetrieben wird, indem sich die Kutikula an diesen Stellen loslöst und entweder fetzenweise abgeworfen wird, oder an jenen Stellen, die bei der blasenförmigen Auftreibung des Baumwollhaares eingeschnürt erscheinen, ringförmig zusammengeschoben wird (siehe Abb. 44 auf S. 190).

Die blasenförmige Auftreibung kommt aber auch bei anderen Fasern (Bastfasern) vor, kann auch bei Baumwollen fehlen.

Charakteristisch ist aber für rohe Baumwolle, daß nach längerer Einwirkung von frischem Kupferoxydammoniak die Kutikula zurückbleibt, bei Bastfasern nicht. Gut gebleichte Baumwolle zeigt das aber nicht[7]).

Auch rohe Bastfasern, z. B. roher Hanf, bei welchem die Bastfasern noch von den Mittellamellen rund umgeben sind, zeigen faltige Gürtel in blasenförmigen Auftreibungen[8]).

Bei Anwendung von Kupferoxydammoniak tritt nach starker Quellung der schon oben genannte Innenschlauch scharf hervor und bleibt noch erhalten, wenn die Zellulosehaut schon gelöst ist. Ist der Innenschlauch fadenfömig, so erscheint er wellen- oder schraubenförmig gewunden, ist er bandförmig, so ist er zart und stets der Quere nach gefältelt[9]), ist er endlich hohlzylindrisch, so erscheint er hin- und hergebogen[10]) und an den verengten Stellen auch quer gestreift (Abb. 53).

<hr>

[1]) Hanausek, T. F.: Lehrbuch der Techn. Mikroskopie, S. 62. 1901.

[2]) Haller: Z. Farbenind., 1907. Nr. 6.

[3]) Herzog, Alois: Über das mikroskopische Verhalten der Baumwolle in Kupferoxydammoniak in „Kunststoffe“ 1911.

[4]) v. Höhnel: Mikroskopie der Faserstoffe, S. 35. 1905.

[5]) Cramer: Vierteljahrsschr. d. naturforsch. Ges. in Zürich 1858, S. 1 ff. Auch im Journ. f. prakt. Chemie 1857.

[6]) Wiesner: Techn. Mikroskopie, S. 100.

[7]) v. Höhnel: l. c. S. 35. 1905.

[8]) Wiesner: Hanf, S. 57, Abb. 14.

[9]) Zuerst beobachtet von F. v. Höhnel, l. c. S. 34. 1905.

[10]) Zuerst beobachtet und abgebildet von Wiesner: Techn. Mikroskopie, S. 100. 1887.

Die Form der nach Einwirkung von Kupferoxydammoniak zurückbleibenden Kutikula kann sehr verschieden sein. Bei Gossypium arboreum, herbaceum und barbadense ist sie so, wie oben gesagt (S. 215), bei G. conglomeratum bildet sie fast immer einen kollabierten Schlauch. Nur hier und dort, namentlich an der Basis der Haare, wird die Faser blasenförmig aufgetrieben und dann erscheint die Kutikula ähnlich wie bei den früher genannten. G. flavidum und religiosum scheinen in Kupferoxydammoniak nicht blasenförmig aufzuquellen, nach völliger Lösung der Zellulose der Zellwand bleibt die Kutikula als zusammengefallener Sack zurück, ohne Ring- oder Spiralstreifung.

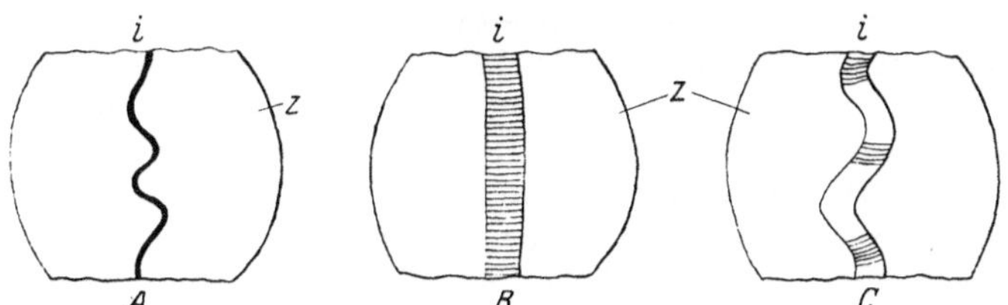

Abb. 53. Stücke von mit Kupferoxydammoniak behandelten Baumwollfasern.
z Gequollene Zellhaut.   *i* Innenschlauch.
A Innenschlauch fadenförmig,   *B* bandförmig,   *C* hohlzylindrisch.
Nach Wiesner. $^{400}/_1$.

H. de Mosenthal[1]) wollte im Gegensatz zu Walter Crum[2]) gefunden haben, daß die Kutikula Poren hat und außerdem Spaltöffnungen (in addition to what appears to be small stomata). Letztere werden nach ihm oft in schiefen Reihen gesehen, als wenn sie in schiefe seitliche Kanäle führten. — Viele Korrugationen, Streifungen und Einzahnungen können nach geeigneter Präparation bei starker Vergrößerung als Poren und schiefe Reihen von Poren erkannt werden[3]). — Die Poren werden deutlicher gesehen, wenn die Faser auf dem Objektträger gestreckt wird. Silbernitrat macht sie noch deutlicher.

Eine wichtige Arbeit ist die von Alois Herzog: Über das mikroskopische Verhalten der Baumwolle in Kupferoxydammoniak[4]). Zunächst spricht er über die Bereitung dieses Reagens; er verwendet die alte einfache Methode: Übergießen von Kupferdrehspänen mit etwas konzentriertem Ammoniak. Er macht freilich auch auf deren Mängel aufmerksam: 1. Leichte Abscheidung basischer Kupfersalze, 2. glasige Beschaffenheit der Präparate, 3. mangelnde Differenzierung in der Färbung. Um Nr. 1 zu vermeiden, ist stets frisch bereitete Lösung zu verwenden. Nr. 2 (und 3) lassen sich durch schiefe Beleuchtung verbessern. — Als Färbemittel empfiehlt er Rutheniumrot 100/1, d. i. ammoniakalisches Sesquichlorid des Rutheniums.

---

[1]) Mosenthal, H. de: Observations on cotton and nitrated cotton. The Journ. of the Society of Chemical Industry Vol. XXIII, S. 292—298. London 1904. 31. März. 5 Mikrophotographien.

[2]) Crum, Walter: Journ. Chem. Soc., Vol. I, S. 409.

[3]) Siehe auch Dischendorfer, unsere Abb. 59.

[4]) Herzog, A.: „Kunststoffe" 1911, Nr. 21 und 22. — Siehe auch A. Herzogs großen Mikrophotographischen Atlas der technisch wichtigen Faserstoffe, München 1908. Herzog verweist noch auf die Abbildungen in Hanausek, T. F.: Lehrbuch der technischen Mikroskopie; 1903, O. Johannsen in Festschrift des Technikums für Textilindustrie in Reutlingen, 1905; Fr. Höhnel: Die Baumwolle, 1913; Hanausek in Leipziger Monatsschr. für Textilindustrie 1910, Nr. 7, und Mitt. des technischen Gewerbemuseums, Wien 1910.

Die Richtung der Drehungen erfolgt nach ihm von rechts unten nach links oben. Die dem Innenhäutchen zunächstliegenden Wandteile zeigen eine zur äußeren Begrenzung des Haares gehende sehr deutliche Längsstreifung. Die spiralige Streifung der äußeren Zellwandpartien hängt augenscheinlich mit der bei roher Baumwolle häufig zu beobachtenden spiraligen Ablösung der Kutikula (Bandform) zusammen[1]).

Die Kutikula wird durch Rutheniumrot prachtvoll karmoisinrot. Sie kann durch Kupferoxydammoniak 5 Formen annehmen: 1. faltig zusammengeschobene Ringe, 2. glatte oder gefältelte Streifen von unregelmäßiger länglicher Gestalt, 3. schraubenförmig gedrehte, gleichmäßig breite Bänder, 4. schraubenfömig gedrehte, in der Breite stark gefältelte Bänder oder Teilstücke von solchen, 5. zylindrische Schläuche von verschiedener, z. T. sehr ansehnlicher Länge, mit kreisrunden, ovalen oder rissigen Öffnungen in der Wandung, die längeren Stücke in der Regel mannigfach verbogen.

Die Kutikula hat keinen Einfluß auf den Färbeprozeß[2]).

Auffallend viele Kutikulateile fand Herzog bei indischen und chinesischen Baumwollen, dagegen Kutikulasäcke bei Upland, Togo und Caravonica. Nach Shunk[3]) sind in der Kutikula zwei Fettkörper.

Entschieden wendet sich A. Herzog, wie auch später Balls und Denham gegen A. de Mosenthal. Er schreibt 1911 in „Kunststoffe“ a. a. O. folgendes:

„Nach H. de Mosenthal ist die Kutikula von kleinen Öffnungen durchbrochen, die durch die Zellwandung hindurch in das Innere der Faser führen. Der genannte Autor glaubt darin eine Erklärung für das Eindringen von Lösungen in das Innere der Faser zu finden. Demgegenüber möchte ich bemerken, daß es mir, in völliger Übereinstimmung mit den Angaben J. v. Wiesners, niemals gelungen ist, Poren, d. h. Öffnungen im anatomischen Sinn, in der Baumwollwandung aufzufinden. Offenbar handelt es sich in den von Mosenthal beobachteten Fällen lediglich um mechanisch deformierte, d. h. etwas zerklüftete Stellen, ähnlich den Verschiebungen der Bastfasern, die hie und da, wenn auch bei weitem nicht so deutlich wie bei den letzteren, zu beobachten sind. Derartige feine Querrisse werden am besten nach Einlegen der trockenen Fasern in Kanadabalsam oder in Öl leicht sichtbar, da sie wegen ihres Luftgehaltes als schwarze Striche auffallen. Ein in Nelkenöl eingebettetes Baumwollhaar mit auffallend viel Querrissen habe ich auf Tafel 1, Nr. 4 meines mikrophotographischen Faserstoffatlasses abgebildet. Auch der Polarisationsapparat ist zu ihrer Sichtbarmachung sehr gut geeignet. Ich bemerke an dieser Stelle, daß besonders dickwandige Haare zur Bildung solcher Risse neigen; auch bei der merzerisierten Faser habe ich sie verhältnismäßig häufig gefunden. Daß es sich bei den erwähnten feinen Spalten zweifellos um äußere mechanische Verletzungen handelt, geht u. a. schon daraus hervor, daß es mir nicht gelungen ist, sie an mechanisch noch nicht beeinflußten Haaren nachzuweisen. Ich habe zu diesem Zweck ägyptische Baumwolle im Glashause der Preuß. Höheren Fachschule für Textilindustrie zu Sorau gezogen und die geernteten Kapseln bzw. Haare eingehend, und zwar mit negativem Erfolg geprüft. Für den Färbeprozeß sind die Spalten sicherlich ohne praktische Bedeutung, wie schon daraus hervorgeht, daß sie nach

---

[1]) Siehe auch Herzog, A.: Kolloidzeitschr. 5, Heft 5.

[2]) Minajeff, Zeitschr. f. Farbenindustrie 1908, Nr. 7 und 1909, Nr. 6. Reinitzer, F.: Arch. f. Chemie u. Mikroskopie, 1911, Nr. 1.

[3]) Shunk, C.: Memoirs Manchester Literary and Philosophical Society, Heft II, 1908, S. 851 zitiert Edw. Shunk: Chem. News 1868, S. 118; Dinglers polytechn. Journ. Bd. 88, S. 496, 1868.

Einlegen des Haares in Wasser oder Farbstofflösungen infolge der stattfindenden Quellung der Zellwand vollkommen unsichtbar werden."

W. L. Balls hat nach seiner Rückkehr aus Ägypten seine früheren Untersuchungen über die Zellwand und die Wachstumsringe (siehe S. 191) fortgesetzt und in drei neueren Artikeln bekanntgegeben. Der erste ist von 1919: „The existence of daily growth-rings in the cellwall of cotton hairs[1]". Jeder Ring entspricht dem Wuchs eines Tages, oder eigentlich einer Nacht, da nach Balls in Ägypten bei Sonnenschein das Baumwollhaar nicht wächst. Die Grundwolle, der Filz, zeigt schärfer markierte, gröbere Ringe. Im ganzen zählte Balls bis 25 Wachstumsringe. Die Kutikula enthält Wachs und ist chemisch wie der Struktur nach identisch mit der Kutikula der Samenschale und verschieden von Zellulose. Die primäre Membran enthält sehr wenig Zellulose. Die sekundäre Wand, aber nicht die primäre, ist schief zur Haarachse durchquert von einfachen Tüpfeln, die selten zu sehen sind, außer am lebenden Haar[2].

Die konzentrischen Ringe werden am besten sichtbar, wenn man die Wand des Haares auf das 5—10fache ihrer Dicke durch Behandeln mit CS_2 (Schwefelkohlenstoff) und NaOH (Natronlauge) anschwellen läßt.

(Zu den Tafeln 14—16, welche die photographischen Aufnahmen zeigen, ist zu bemerken, daß diese an 5 Jahr alten, in 30%iger alkoholischerEisessiglösung aufbewahrten Haaren gemacht sind, die also vielleicht Veränderungen erfahren haben.)

Der zweite Artikel ist von W. L. Balls und H. A. Hancock: „Further observations on cell-wall structure as seen in cotton hairs".[3]

Sie verweisen wegen der geschichtlichen Entwicklung auf Denhams Arbeit[4] und nennen als Reagens, um ein Schwellen des Baumwollhaares zu erzielen, Kalziumthiozyanat[5] und zum Färben Naphthaminblau; zum Schwellen eignet sich auch Kupferoxydammoniak und Ätznatron, ferner Schwefelsäure. Oft wandten sie starken Druck auf das Deckglas an. Sie haben sich jetzt überzeugt, daß die Striche oder Spalten darstellenden Tüpfel (siehe unsere Abb. 43, S. 188) einfach abnorm weite Zwischenräume zwischen den sonst dicht aneinanderliegenden Spiralen sind.

Sie fassen ihre interessanten Ausführungen folgendermaßen zusammen:

1. Eine spiralfibrilläre radiale Struktur existiert in jedem Wachstumsring der Zellwand des Baumwollhaares.

2. Die einfachen (strichförmigen) Tüpfel sind ein spezieller Fall dieser allgemeinen Struktur.

3. Das Modell (pattern) der Spiralen scheint während des Längenwachstums vorher bestimmt zu werden.

---

[1]) Proceedings of the Royal Society of London. B, Vol. 90, S. 542—554. 1919, mit Textfiguren 8—11 und Tafel 14—16. (Tafel 15, Figur 5 zeigt besonders schön die Wachstumsringe.)

[2]) Daß das keine Tüpfel sind, erklären Balls und Hancock im 2. Artikel selbst. (Siehe nächste Seite.)

[3]) Mit Textfiguren 10—14 und Tafel 10. Proceedings Royal Society London B, Vol. 93, S. 426—440. 1922.

[4]) Denham, H. J.: The structure of the cotton hair and its botanical aspects: Memoir of the British Cotton Industry Research Association in Journal of the Textile Institute Manchester, vol. 13, p. 99. 1922. Chem. Zentralbl. 1922, IV, S. 331.

[5]) Williams, H. E.: The action of Thiocyanates on cellulose. Journ. Soc. Chemical Industry, vol. 40, p. 221. T. 1921.

4. Dieses Modell wird bei allen Wachstumsringen der sekundären Wandverdickung beibehalten.

5. Die Zahl der Fibrillen (der Fäserchen) auf dem Querschnitt eines Haares beläuft sich auf über 1000.

6. Das Modell (Richtung, Umkehrung und Höhe, Gewindeneigung, pitch) dieser Spiralen scheint die größere Determinante der äußerlich sichtbaren Drehungen des Haares zu sein[1]).

7. Es sind Andeutungen vorhanden, daß die unbekannten Zellulose-Aggregate, die eine einzelne Fibrille zusammensetzen, einen geometrischen Bau haben, der auf Stereo-Isomerie schließen läßt.

8. Versuche, die Zellulosestruktur weiter zu klären, wie z. B. durch X-Strahlen, werden wahrscheinlich auf diese spiral-fibrilläre Anordnung Rücksicht nehmen müssen.

Die dritte Arbeit von Balls ist 1924 erschienen: „The determiners of cellulose structure as seen in the cellwall of cotton hairs[2])".

Die Spiralfasern in der Zellwand hatte er mit Hancock in seinem zweiten Artikel in 2 Arten unterschieden: schnelle oder pit (Tüpfel-) Spiralen und langsame Spiralen, die den Spaltöffnungen (stomata) von de Mosenthal[3]) entsprechen.

Balls vergleicht die Zellwand mit einem Schwamm, der im trockenen Zustande von Lufträumen durchgezogen ist. Das spez. Gewicht der Zellwand ist nur 0,90—1,10, statt daß gewöhnlich 1,55 angenommen wird.

Die primäre Zellwand ist nicht gewöhnliche Zellulose, sondern Präzellulose[4]). An jungen Haaren ist die Präzellulose strukturlos; aber wenn man sie $^1/_2$ Minute in 10% KOH kocht und dann mit Kongorot oder Naphthylaminblau färbt und im polarisierten Licht betrachtet, kann man sehen, daß sie eine bestimmte Struktur hat.

Balls faßt S. 86 zusammen:

Die Richtung der Drehungen in isolierten Haaren wird bestimmt durch die Umkehr der Spiralen in der Wandkonstruktion.

Gewisse chemische Beziehungen werden angedeutet durch folgende Tatsachen:

a) Die Wand verfällt nicht in Drehungen, wenn Plasmolyse angewendet wird, tut es aber beim Trockenen.

b) Dieser Verlust an Konstruktionswasser läßt sich nicht wieder ausgleichen.

c) Die Strukturverwandtschaften im polarisierten Licht werden nur wenig durch starke Alkalien beeinflußt, aber durch Säuren fast ausgelöscht.

Es scheinen zwei Fälle von Spiegelbilder-Struktur in der Haarwand zu existieren. In beiden Fällen ist die Oberfläche der Umkehrung senkrecht zu der laufenden Wachstumsrichtung.

---

[1]) Die Autoren halten den Druck der wachsenden Kapsel und den, den die gekräuselten Haare gegeneinander ausüben, für nicht so ausschlaggebend.

[2]) Proceedings Royal Soc., Series B, Bd. 95, S. 72, Tafel 5 und 6. London 1923/24.

[3]) Mosenthal, H. de: Observations on cotton and nitrated cotton. The Journ. Society of Chemical Industry, Bd. 13, S. 292—298. 5 Mikrophotographien. London 1904.

[4]) Priestley, J. H.: Physiological studies in plant anatomy. IV. The water relation of the plant growing point in The new Phytologist, Bd. 21, Nr. 7. 1922.

a) Die sichtbare Struktur der sekundären Wand zeigt Spiegelbilder an jeder Seite eines Umdrehungspunktes.

b) Die primäre Wand scheint aus zwei konzentrischen zylindrischen Schichten (wahrscheinlich molekularen) zu bestehen, deren Strukturen Spiegelbilder sind. An Umkehrungspunkten scheinen diese Schichten ihre Plätze zu wechseln.

Was Balls und Hancock früher langsame Spiralen (slow spirals) nannten, wollen sie jetzt Gleitspiralen (slip spirals) nennen.

a) Die Gleitspiralen sind entgegengesetzt den Pit-Spiralen (Tüpfel- oder Grübchen-Spiralen), sie ähneln somit den Klüftungs- oder Spaltungsebenen.

b) Die einfache Gleitspirale ist äquivalent den Zwillingsspiralen der Holzfasern, und sie existiert als Zwilling in der primären Wand.

Die Zahl der Struktur-Umkehrungen fluktuiert um einen Gipfel (mode) in der Nähe von 30. Das bedeutet, daß die Annahme einer Tendenz zur Bildung einer vollständigen (doppelten) Umkehrung während des Längenwachstums noch eine mögliche Ansicht ist.

a) Dieselbe Zahl der Umkehrungen ist da, wenn die Verdickung beginnt.

b) Es ist bis jetzt nicht möglich, die vermutete Umkehrung in der primären Membran zu beweisen.

Zwei schneckenförmige (helical) Spiralen sind gefunden:

a) Eine ist zu sehen in beiden, der primären und der sekundären Wand (slip spiral) bei 70°. Sie ist nur in der ersteren zwillingsartig rechts- und linkswendig gedreht.

b) Die andere, in der sekundären Wand, genannt die Pit-Spirale (Tüpfel- oder Grübchen-Spirale), scheint den Konstruktionswinkel von 29° zu haben, der allmählich durch Torsion während des Wachstums in die Dicke abnimmt.

Die Tangenten dieser Winkel stehen meist im Verhältnis 4:1.

Es werden schließlich einige Spekulationen über die Auffassung der eigentlichen (ultimate) Struktur als Raumgitter gemacht.

Balls verteidigt endlich seine und Hancocks Ansicht gegen H. J. Denham[1]). Balls hatte früher die Appositionstheorie angenommen, jetzt die Mizellartheorie.

Denhams mehr fundamentale Kritiken wurden widerlegt durch die Tatsache, daß Balls Strukturbeobachtungen jetzt ebenso leicht an unberührten lebenden Haaren gemacht werden können, durch das Verhalten im polarisierten Licht, Reaktionen, die schwerlich erzeugt werden könnten, wenn die Fibrillstruktur in einigen 30 Schichten nicht verschieden wäre.

Ganz neuerdings haben Balls und Hancock eine Fortsetzung und Zusammenfassung ihrer früheren Arbeiten gegeben[2]). Die spiralige Streifung der Wand der Baumwollfaser verläuft nicht gleichmäßig, sondern zeigt mehr oder weniger Umkehrungen der Windungsrichtung. (Das hat auch Dischendorfer gefunden; siehe unsere Abb. 58.) Auf Grund von Tausenden von Messungen in den letzten drei Jahren geben B. und H. in Kurven typische Beispiele. Fast alle jungen Haare haben zunächst links gewundene Streifung

---

[1]) Denham in Journ. Textil Inst. 14, Nr. 4, April 1923.

[2]) Balls und Hancock: Measurements of the Reversing Spiral in Cotton Hairs. Proc. R. Soc. London B., Bd. 99, S. 130—147, 11 Textfiguren (Kurven), Januar 1926. — Siehe auch das Ref. von P. Metzner: Bot. Zentralbl. Bd. 150, S. 293. 1926.

(entgegengesetzt einem Schraubengewinde), dann folgt Streuung und dann Rechtswindung usf. Die Entfernung l von einem Umkehrpunkte zum nächsten kann sehr verschieden sein, 0,01 bis 12,7 mm. Die Umkehrungen sind augenscheinlich vorher, während des Längenwachstums, bestimmt. Die endgültige Länge des ausgewachsenen Haares und die Zeit, in der diese erreicht wird, beeinflussen die Umkehrung, nicht genetische oder Außenbedingungen; doch mögen vielleicht mechanische Hemmungen beim Wachstum der eng gedrängten Haare Richtungswechsel veranlassen. Eine mittelgroße Kapsel ägyptischer Baumwolle enthält über 100000 Haare, jedes 3 cm lang, bei einem Volumen von etwa 5 ccm. — Der Winkel der Streifung variiert nach beiden Richtungen hin zwischen 0 und 270 gegen die Längsachse. — Sicher sind die Ursachen der Umkehrungen noch nicht erkannt.

Mehrere höchst wichtige Arbeiten verdanken wir Humphry John Denham.

Zunächst ein kleinerer Artikel über die beste Methode, Querschnitte zu machen[1]). Denham hat die von Dr. A. Breckner[2]) bekannt gemachte Methode „Zur doppelten Einbettung in Zelloidin und Paraffin" etwas verändert.

Die Baumwolle wird in einem kleinen Drahtrahmen befestigt, der in absolutem Alkohol ausgewässert wird. Dann stellt man ihn in eine verdünnte sirupartige Lösung von Zelloidin in Alkoholäther und läßt diese auf $^1/_2$ oder $^1/_3$ ihres Volumens verdunsten. Man nimmt dann das Material heraus, quetscht es zwischen den Fingern, um die Flüssigkeit zu entfernen, und stellt es in eine Lösung von Paraffinwachs in Chloroform zwei Stunden lang. — Dann wird die Baumwolle von dem Rahmen abgeschnitten, in Paraffin getan und schnell eingebettet und geschnitten. Man muß ohne Aufschub schneiden, da das Material in 24 Stunden zähe wird; aber in Wasser, dem etwas Antiseptikum zugesetzt ist, kann man die Blöcke unbegrenzt lange aufbewahren.

Viel ausführlicher sind zwei Artikel über die Struktur der Baumwollfaser und ihre botanischen Beziehungen[3]), von denen der erste im Journal of the Textile Institute Manchester Vol. XIII, Nr. 4, 1922, S. 99—112 der Transaction Section, der zweite über die Morphologie der Zellwand ebenda Vol. XIV, Nr. 4, 1923, S. 86—113 erschienen ist.

I. Teil: Allgemeiner Bau. In Band XIII, 1922 behandelt Denham nach einer geschichtlicher Einleitung über die erschienenen Werke betr. die Anatomie der Baumwolle den allgemeinen Bau, besonders die Länge des Haares. Wenn nicht eine große Zahl von Haaren gemessen und statistisch verarbeitet wird, haben die Tabellen für die Praxis nur einen zweifelhaften Wert. Von Balls ist eine Maschine angegeben, welche automatisch aus den Strähnen (slivers) Haare von gleicher Länge aussondert[4]); zum Messen des Durchmessers gibt es keine Maschine.

Das Messen der Länge wird kompliziert durch die Drehungen, und gewöhnlich ist die gemessene Länge kürzer als das gestreckte Haar. Das Messen des Durchmessers ist noch schwieriger und im besten Falle eine langwierige, unsichere Operation. Die Haare sind mehr oder weniger abgeflachte Bänder, dicker an der Kante als im Zentrum, zuweilen im Querschnitt halbmondförmig, oder noch unregelmäßiger. Die Methoden, Querschnitte zu machen, können mehr oder weniger die Wand verändern.

---

[1]) Denham, H. J.: Method of cutting sections of cotton hairs, Nature Bd. 107, S. 299. 1921.

[2]) Breckner, Dr. A.: Zeitschr. f. wissenschaftl. Miskroskopie, Bd. 25, S. 29. 1913.

[3]) Denham, H. J.: The structure of the cotton hair and its botanical aspects.

[4]) Balls: A method for measuring the length of cotton hairs. London 1921.

Man sollte das Wort „Durchmesser" beschränken auf den Querschnitt des nicht zusammengefallenen Haares und bei eingetrockneten Haaren sagen „Bandweite" (ribbon width) und „Wanddicke".

Viele Sorten Baumwolle zeigen gegen die Spitze hin einen deutlichen Schwanz, besonders die feineren und längeren Stapel. Diese Schwänze zeigen keine Drehungen und kein Lumen. Die Spitze selbst kann verschiedene Formen haben, kegelförmig, stumpf, spatelförmig oder keulenförmig. Einige Fabrikanten sagen, daß die Schwänze beim Vorbereiten zum Spinnen leicht abbrechen. Wenn sich das bestätigen sollte, könnte man vielleicht durch genetische Auslese diesem Übel abhelfen.

II. Die Kutikula ist löslich in Alkalien, und darauf soll nach Haller[1] das Verschwinden der Kutikula beim Merzerisieren beruhen.

Die Kutikula zeigt in Garnen oft Abschürfungen und Risse, die schon 1881 von Butterworth beobachtet, aber seitdem anscheinend übersehen sind. Man kann die Abschürfungen bei trockener Baumwolle schon bei schwacher Vergrößerung im reflektierten Licht als helle Flecke mit fast körnigem Ansehen beobachten; die Risse aber, die durch Pressen entstehen, sieht man besser bei starker Vergrößerung, wenn das Haar in einem passenden Medium liegt. Vgl. S. 218.

Die jungen Haare enthalten möglicherweise Gerbstoff, da sie sich mit Eisensalzen schwarz färben, was die reifen Haare nicht tun. Nach Bowman verursacht das in schlechten Jahren viel Verdruß, wenn die Färber mit Eisensalzen färben.

III. Sekundäre Verdickung, Wachstumsringe. Um die Wachstumsringe nachzuweisen, benutzt Balls $9\,^0/_0$ Natriumhydroxyd und darauf Schwefelkohlenstoff, wie es Cross und Bevan[2] benutzten, um Zellulose-Xanthate zu gewinnen; aber die Ringe zeigen sich auch bei andern Lösungen, so Kuproammonium und Kalzium-Thiozyanat. Denham nahm $60\,^0/_0$ige Schwefelsäure.

Merkwürdig ist, daß beim Quellen einige Haare Ringe zeigen, andere nicht. Zu untersuchen wäre, ob Baumwolle, die auf Boden mit natürlichem Regen gewachsen, sich anders verhält als die mit künstlicher Bewässerung erzogene.

Nach Färbungserscheinungen kann man Mizellarstruktur der Wand annehmen[3]. Dagegen scheinen nach Denham die spiralig angeordneten Fibrillen Kuhns[4] und Matthews[5] auf unvollständiger Kenntnis der Schichtenstruktur zu beruhen, während die kugeligen, $1\ \mu$ messenden „Granula" Mosenthals[6] Niederschläge aus Lösungen sind.

IV. Der Zentralkanal enthält die Reste des Protoplasmas und des Zellkernes, oft auch Farbstoffe (Endochrome), z. B. die Sorten Khaki, Blue Bender, Texas Wool; letztere ist glänzend grün. Viele Sorten haben gefärbten Filz. Ob Zirkulation des Protoplasmas im lebenden Haar stattfindet, wie Ewart für die meisten Zellen nachgewiesen[7], ist nicht bekannt.

Über die Bedeutung der Drüsen ist auch nichts bekannt. Nach Balls stirbt das Haar schnell durch Trocknung ab, wenn die Kapsel sich öffnet[8].

---

[1] Haller: Textil- u. Färbereizeitung, Bd. 14, S. 221. 1907.
[2] Cross und Bevan: British Patent 8700/92 usw.
[3] Haller: Zeitschr. f. Farbenindustrie, Bd. 6. S. 232, 252, 309. 1907.
[4] Kuhn: Die Baumwolle, S. 122. Wien 1892.
[5] Matthews: Textile Fibres, S. 244.
[6] Mosenthal: Journ. Soc. Chem. Ind., Bd. 23, S. 292. 1904.
[7] Streaming movements of protoplasm etc. Oxford 1903.
[8] Balls: Development, S. 140.

Wachs und Öl finden sich wohl schon in der lebenden Zelle. Der Inhalt des Kanals ist Stickstoffsubstanz, auf der Bakterien wachsen können[1]).

V. Die Poren (pits) von de Mosenthal. (Siehe S. 217.) Denham findet, daß auf Mosenthals Photographien diese Poren ziemlich (fairly) klar zu sehen sind, während die auf der Kutikula ihm ziemlich zweifelhaft erscheinen und mehr wie Risse als wie Poren aussehen. Ich finde auch die auf den Photographien sehr undeutlich.

VI. Spiralzeichnungen und -streifungen (der Wand). Spiralen und Streifungen sind von vielen beobachtet. Spiralen kommen aber bekanntlich bei vielen Zellwänden vor, so bei den Holztracheiden und den Bastfasern usw.[2]), bei Ornithogalum und Hyacinthus[3]).

Spiralen entstehen bekanntlich auch nach Behandlung mit Kuprammonium; die sekundären Verdickungsschichten schwellen dabei an und werden amyloidartig[4]).

VII. Drehungen. Ihre Ursachen sind noch unbekannt. Bowman gibt die Zahl der Drehungen pro Zoll zwischen 150 bei indischer Baumwolle und bis 300 bei Sea Island an. Nach Hanausek ist der Handelswert proportional der Zahl der Drehungen und ihrer Regelmäßigkeit. Der Mangel an Gleichmäßigkeit ist gut dargestellt von Scott Taggart nach Gribble[5]).

Scott Taggarts Meinung, daß die Drehungen auf einer spiraligen Ungleichheit der Zellwand beruhen, scheint jetzt die verläßlichste Theorie zu sein und vereinbar mit Balls mehr spezifischem Versuch einer Erklärung; aber es bleibt noch zu beweisen, bis zu welcher Ausdehnung solche Ungleichheit vorhanden ist und wie die Drehung vorherbestimmt oder beeinflußt ist durch Faktoren der Umgebung.

VIII. Abnormitäten. Verzweigte und gegliederte Haare sind selten[6]).

Denham meint, daß vielleicht die spiralige Wanderung des Zellkerns und des Zytoplasmas mit ihren häufigen Umkehrungen die Spiralstruktur des Haares veranlaßt.

Denham[7]) bespricht zunächst die Untersuchungsmethoden und die Reagentien; von letzteren hat er besonders Lithium-Jodid benutzt[8]); dann werden behandelt: 1. Streifungen und Spiralstruktur der Zellwand, 2. Drehungen, 3. „Slip planes" (Gleitflächen, Verschiebungen), Mosenthalsche Pits (Tüpfel) und „Bucking" lines (Krümmungslinien), 4. Abnormitäten.

Weitere Punkte sind: Beziehungen des Haarwuchses (Hairgrowth relationships), Haarbau, Oberfläche des Haares, Zentralkanal und Querschnitt, Porosität der Wand, Mechanismus der Ablagerungen in der Wand und Bildung der Streifen.

1. Streifungen und Spiralstruktur. Nach geeigneten Quellungsmitteln kann man an allen Teilen des Haares Streifungen sehen, bei groben Baumwollen,

---

[1]) Fleming u. Thaysen: Biochem. Journ., Bd. 14, S. 25. 1920; Bd. 15, S. 406. 1921.
[2]) v. Höhnel: l. c. S. 46.
[3]) Correns: Flora, Bd. 72, S. 298.
[4]) Siehe Minajef in Textil- u. Färbereizeitung, Bd. 14, S. 221. 1907, und den vortrefflichen „Mikrophotographischen Atlas der Faserstoffe" von Alois Herzog, München 1908.
[5]) Gribble: Cotton spinning, Vol. 1, S. 24. London.
[6]) Abb. bei Morris und Wilkinson: Chem.-Zg. Bd. 38, S. 1089, 1097. 1914.
[7]) Denham: Journ. Textile Institute. Manchester, Bd. 14, Nr. 4, T. 86—113, 8 Tafeln, 86 Textabbildungen. 1923,
[8]) Denham: Nature, Bd. 107, S. 299. 1921.

z. B. indischen und peruanischen, schon ohne Behandlung. Man sieht sie am besten, wenn die Haare trocken oder in Wasser untersucht werden.

Die Richtung der einfachen Drehung stimmt meistens mit der Richtung der Streifungsspiralen auf der primären Wand überein.

Bei den Staubfadenhaaren von Tradescantia virginica ist die Bildung von Streifen verbunden mit der Zytoplasmaströmung, welche ihren Linien folgt (wohl eher umgekehrt), und man kann mit Denham annehmen, daß es beim Baumwollhaar auch so ist.

Nach Correns[1]) können Streifungen chemische oder kolloidale Verschiedenheiten ausdrücken.

2. Drehungen. Denham unterscheidet 4 Gruppen: a) normale, b) lose oder bewegliche, c) vorgebildete, einschließlich Perlen (beads), und „Kinks" (Schleifen), d) unterdrückte.

a) und b): Normale und bewegliche. Sie entstehen ohne Zweifel durch die oben beschriebene spiralige Ungleichheit und hängen ab a) von dem Verhältnis der Bandweite zur Wanddicke (RW und WT, wir würden im Deutschen schreiben BW : WD) und b) von der Summe der Spiralen in den Wandschichten. Balls[2]) hat gezeigt, daß die Drehungen teilweise abhängen von der Wanddicke, und Frl. G. C. Clegg in Denhams Laboratorium hat statistisch nachgewiesen, daß das Verhältnis der Bandweite zur Wanddicke direkt in Korrelation steht mit der Zahl der Drehungen, auf eine einheitliche Länge berechnet.

Bei einer gegebenen Bandweite wird eine sehr dicke Wand ein fast zylindrisches Haar erzeugen ohne Drehungen, eine etwas dünnere wird normale Drehungen, eine noch dünnere bewegliche erzeugen.

Vorgebildete Drehungen. Der Raum in der Kapsel ist beschränkt, das Haar muß bei seiner Länge mehrmals auf sich selbst zurückkommen mit mehr oder weniger scharfen Biegungen, und diese werden dann durch die beginnende sekundäre Verdickung der Wandung fixiert.

Man kann sie in 3 Typen teilen, die helikale (schneckenförmige), die winkelige oder cynopode, und die U-förmig gebogene. Alle drei gehen ineinander über. Der erste Typus hat wahrscheinlich keinen oder wenig Einfluß auf die Stärke des Haares, obwohl solche schneckenförmige Biegungen stärker sind als die benachbarten Teile des Haares. Beim Spinnen sind sie wahrscheinlich, was das „Locken" betrifft, den echten Drehungen überlegen. — Der zweite und der dritte Typus sind ohne Zweifel Punkte von Schwäche im Haar, und Bruch oder eher Reißen wird stattfinden, wenn starke Dehnung angewandt wird.

In feineren Baumwollen ist die Neigung, Bögen zu bilden, viel geringer. Ein Typus der Drehungen, der häufig gesehen wird, und der aus dem Vorhandensein einer solchen Biegung entsteht, ist der Korkzieher, die archimedische Schraube, die in ihrer einfachsten Form nur eine einzige Falte sein kann. In diesem Fall bleibt eine Kante des geradegerichteten Haares gerade, während die andere um sie spiralig herumläuft.

Die Baumwollhaare wachsen nicht als einzelne Individuen, sondern in parallelen Gruppen, die eine Locke (curl) oder Büschel (cirrus) bilden. In diesem wird die Lage eines Haares zu seinen Nachbarn zuerst ziemlich gut

---

[1]) Correns: **Pringsheims Jahrbücher für wissenschaftl. Botanik** 1892, S. 254; 1894, S. 587.

[2]) Balls: Development, S. 143.

bewahrt; aber da der Cirrus sich biegt und dreht, um den Raum in der Kapsel auszufüllen, können Haare von der Innenseite rundum nach der Außenseite kommen, und der Cirrus kann in zwei oder mehrere zerfallen.

Wo solch ein Cirrus durch einen Wechsel von Winkeln geht, werden die Haare an der konkaven Seite der Kurve in plötzliche Winkel und U-Bögen gezwängt, während Haare an der Peripherie verdreht werden können, indem sie die Unregelmäßigkeiten der inneren Oberfläche der Kapsel ausfüllen. Auf Querschnitten durch eine reifende Kapsel sieht man, daß jede Gruppe oder Cirrus von Haaren eine große Zahl von Biegungen macht, wozu weitere Verzerrungen durch den Druck der Nachbargruppen kommen. Stabilität tritt erst ein, wenn die Kapsel aufhört sich auszudehnen [in Ägypten nach Balls[1]) nach 24 Tagen] und die sekundäre Verdickung (des Haares) begonnen hat.

Unterdrückte Windungen kommen meist bei Haaren mit niedrigem RW : WT-Verhältnis vor (deutsch BW : WD). Sie haben keinen oder wenig Einfluß auf das Aneinanderhaften der Haare. Der Umfang der letzteren ist meist rund, und die Windungen geben dem Haar das Ansehen einer geriffelten Rute.

3. Mosenthals Pits, Grübchen und verwandte Strukturen. Siehe S. 218. Sie entsprechen Dischendorfers Abb. 6, unserer Abb. 57. Um Verwechselungen mit Spaltöffnungen zu vermeiden, schlägt Denham vor, sie *„beaded pits“*, Perlengrübchen zu nennen. Auch fand Denham viele schiefe Runzeln und Furchen, die nicht als Reihen von Grübchen angesehen werden können und die nie vorher beschrieben sind. Er findet beide Strukturen ebenso entstanden wie die sog. „Verschiebungen“ bei Flachs und Hanf, nämlich von der Natur der slip planes, Gleitflächen, so wie sie Robinson[2]) im Holz für Flugzeuge beschreibt.

Beides, Perlengrübchen (peaded pits) und slip planes kommen in allen Teilen des Haares, bei allen Arten Baumwolle und in allen Graden der Wandverdickung vor. Sie sind besonders deutlich an Punkten präformierter Windungen.

Runzeln und Biegungslinien (buckling lines). Gekrümmte Teile von Haaren zeigen Spuren von „buckling“ auf der konkaven Seite, mit Faltung und Runzelung der Oberfläche. Ähnliche Strukturen kann man in großem Maßstabe erhalten bei vegetabilischen Stämmen, die stark gebogen werden, z. B. junge Zweige von Eschen oder Holunder, auch bei Kautschuk und Metallen. Man kann diese Struktur auch künstlich erzeugen.

4. Slip planes. Gleitflächen, Verschiebungen[3]). Viele der schiefen Oberflächenzeichnungen können nicht durch buckling erklärt werden; sie werden erzeugt durch Längskräfte (Quetschung) und seitliche Kräfte (Scherung).

Diese Strukturen entstehen durch Kräfte, die auf das wachsende Haar ein-

---

[1]) Balls: Development, S. 65.

[2]) Robinson, W.: Phil. Trans. Bd. 210, S. 49. 1920.

[3]) Nach Ambronn lassen die Baumwollfasern zwar mancherlei Risse und Spalten erkennen; aber regelmäßige Verschiebungen sind bei ihnen (ebenso wie bei den Haaren von Erodium gruinum) kaum mit Sicherheit festzustellen. Allerdings erschwert hier die stark schraubenförmige Drehung der Mizellarreihen die Beobachtung. Sie löschen infolge dieser Struktur zwischen gekreuzten Nikols in keiner Lage aus, und gerade diese Methode der Untersuchung läßt in den anderen Fällen die regelmäßigen Verschiebungslinien am besten erkennen. — Ambronn, H.: Über Gleitflächen in Zellulosefasern. Kolloidzeitschrift, Ergänzungsband zu Bd. 36 (Zsigmondy-Festschrift, 119—131, S. 128. Dresden 1925).

wirken und die man in 2 Hauptgruppen teilen kann: 1. Widerstand gegen die Ausdehnung des wachsenden Haares; 2. Kräfte, die in einem „Cirrus" durch die erzwungene Krümmung einwirken.

Außerdem sind Anzeichen vorhanden, daß eine Art starker Verzerrung nach dem Öffnen der Kapsel stattfindet.

Es kommen 2 verschiedene Typen des Gleitens vor. a) Das Haar verhält sich wie ein solider Zylinder, und das Gleiten erfolgt in einer elliptischen Ebene. Der Winkel dieser Ebene mit der Längsachse des Haares ist nicht konstant 45°, wie es sein müßte, wenn die Wandsubstanz isotrop wäre; die Anisotropie ist eng verbunden mit der schiefen Richtung der Streifungen der Wandschichten. Diesen folgt die Linie des Gleitens in vielen Fällen. b) Das Gleiten erfolgt in einer deutlichen Spiralebene und ist erkennbar als eine deutliche Spirale in der Wand. Die Höhe (pitch) dieser Spirale ist variabel, und ihr Winkel zur Längsachse verrät die obige Anisotropie. — Ein Gleiten in der umgekehrten Richtung kann sekundär vorkommen und kann so stark sein, daß es die Spiralnatur der Erscheinung markiert. Ist nur eine Spiralgleitung vorhanden, so scheint sie der Linie der Schwäche zu folgen; zwei oder mehr Spiralen laufen aber parallel und dicht aneinander; da muß man annehmen, daß sie den Linien angrenzender Wandstreifungen folgen.

5. **Beaded Pits (Perlengrübchen).** Diese wurden von Balls und Hancock[1] als „slow spirals", langsame Spiralen bezeichnet und kommen immer in Gesellschaft mit wohl ausgesprochenen Streifungen der Wand vor. Es ist somit wahrscheinlich, daß sie in gewisser Hinsicht strukturell mit diesen verbunden sind. Ihre Mikroskopie ist sehr verwirrend, und die Erscheinung von Tüpfeln (pits) ist in vielen Fällen eine Illusion, hervorgerufen durch Objektive von niedriger numerischer Apertur. Viele beaded pits, welche deutlich bootförmige oder rechteckige Öffnungen mit einem 4-mm-Objektiv von niedriger NA. aufweisen, zeigen mit einem Objektiv von 0,95 NA. bei voller Öffnung nur eine enge, schiefe, lineare Öffnung in der Wand.

Polarisiertes Licht erhöht die Erscheinung von Streifungen, wenn sie in der Polarisationsebene liegen, und man sieht, daß die Erscheinung von Grübchen (pits), der seitlichen Verzerrung von Streifungen, durch eine Verschiebung (slip plane) in der Haarwand entstand, begleitet in der Mehrzahl der Fälle von einer flachen Spaltung der Oberfläche der Kutikula auf den Linien dieser verzerrten Streifungen und zwischen ihnen.

In einigen wenigen Fällen tritt ein stärkeres Brechen der Wand ein, mit deutlichen Öffnungen von mehreren μ im Durchmesser und von unregelmäßiger Form. Nie aber drangen solche Öffnungen auf irgend eine Entfernung in die Wand ein.

Haare aus frisch geöffneten Kapseln zeigen die beaded pits nicht, wohl aber Runzeln und slip planes (Gleitflächen); aber schon bloßes Geraderichten unter dem Mikroskop kann sie hervorrufen. Es ist möglich, daß diese Strukturen als Index der mechanischen Behandlung, welche eine Baumwolle erlitten hat, dienen können. Eine Kombination von Verschiebungen (slip planes) und Grübchen (pits) in einem längsgestreiften Haar zeigt Denham in einer Abbildung, die scheinbar einer Bastfaser von Flachs gleicht. Deschamps[2] bildet auch eine solche „fibre à aspect ligneux" ab.

---

[1] Balls und Hancock: Proc. of the Roy. Soc. Bd. 93, S. 420. 1922.
[2] Deschamps: Etudes élementaires sur le coton. Rouen 1885.

Abnormitäten.

Verzweigungen finden sich meist an der Spitze des Haares.

Bulges (Ausbauchungen) bilden eine ernste Schwäche und sind für den Fabrikanten wichtig.

Eine Serie solcher Abbildungen gibt J. Beauverie[1]) nach Yves Henry[2]), der sie „accolement du paroi" nennt.

Haarwuchs-Beziehungen. Außer äußeren Einflüssen[3]) wirkt der enge Raum der Kapsel ein. Nur in den ersten Tagen kann das Haar ungehindert wachsen; sobald das Haar die Innenfläche der Kapsel erreicht hat, muß es beim weiteren Wachsen sich seitwärts oder rückwärts wenden. Zu diesem Zeitpunkt tritt ein neuer Faktor ein: das Zusammendrücken. Dieses kann in 2 Kräfte zerlegt werden: diejenige, die längs auf das Haar einwirkt infolge des Widerstandes der Kapselwand, und diejenige, die seitlich wirkt infolge der umgebenden Haare. Die Beziehungen von drei sich bewegenden Oberflächen zueinander sind damit gegeben; alle bewegen sich gleichzeitig hinweg von der Achse der Kaspel in verschiedenem Maße, und der erreichbare Raum für Haarbildung hängt ab a) von deren differentialem Wuchs, b) von der Zahl der Epidermiszellen des Ovulums, die zu Filz und Fasern werden, und dem Durchmesser dieser Haare.

Haarbau. Es ist schon gesagt, daß eine Anzahl Faktoren den Bau bestimmen: Raum in der Kapsel, Zahl der befruchteten Ovula, Zahl der Oberhautzellen der Samenschale, die sich zu Filz oder langen Haaren (Stapel) ausbilden. Letztere sind bei Sea Island bis zu 10000 an der Zahl. Unbefruchtete Ovula können doch bis 10 mm lange Haare ausbilden. — Die Verdickung hängt, wie es scheint, ab 1. von der Ernährung, 2. von der Zeit, die bis zum Öffnen der Kapsel verstreicht, auch wohl von der inneren Differenzierung der Samenschale. Denham fand bei reiner Sea Island leichte, aber konstante Unterschiede in der Wanddicke. Demnach ist die mittlere Wanddicke durch genetische und durch Umgebungsfaktoren bedingt. Diejenigen Epidermiszellen, die zu Filz oder Haaren auswachsen, sind von den anderen in vielen Fällen eine Woche vor dem Öffnen der Blume differenziert. — Viele Haare haben, wie schon oben S. 223 gesagt, an der Spitze einen Schwanz, der bis $^1/_4$ der Haarlänge ausmachen kann. Er ist viel geringer im Durchmesser als der Zellkern, dieser letztere kann daher nicht nahe der Wachstumsspitze liegen, wie sonst der Fall, aber Denham hat Andeutungen eines zytoplasmatischen Körpers gesehen, von der Natur eines Plastiden, welcher der wachsenden Spitze folgt und möglicherweise mit ihrem Wachstum in Verbindung steht.

Das Zeichnen (mapping) des Haarbaues an totem Material ist viel komplexer, als es scheint, und die einzig befriedigende Methode scheint die zu sein, aus Serienschnitten ihn zu rekonstruieren. Es ist fast unmöglich, Bandweite und Wanddicke direkt mikroskopisch zu bestimmen, wegen des verschiedenen Grades des Zusammenfallens an aneinander liegenden Punkten.

Jeder schiefe Querschnitt führt zu einer Vergrößerung des erscheinenden Maximaldurchmessers und der Wandfläche. Die wahre Fläche ist danach cos Θ, wo y die anscheinende Fläche und Θ der Winkel der Schiefheit ist.

---

[1]) Beauverie, J.: Les textiles végétaux, S. 267. Paris 1913.

[2]) Henry, Yves: Détermination de la valeur commerciale des fibres de coton, S. 30. Paris 1902.

[3]) Balls: Cotton plants in Egypt, S. 81. London 1912.

Die Oberfläche des Baumwollhaares. Methode. Das Haar wird
auf einen ziemlich dicken Objektträger mit polierten flachen Kanten gelegt,
auf welchen ein leicht divergenter Lichtstrahl geworfen wird. Zerstreutes
Licht wird abgehalten durch einen schmalen Streifen schwarzen Papiers, das
an der oberen Oberfläche befestigt und aufgebogen wird in der Form eines $\bigvee$.
Man legt das Haar ziemlich diagonal auf den Objektträger und variiert den
Winkel der Belichtung, bis man einen Punkt findet, bei dem die Oberseite
des Haares von oben seitlich belichtet ist. Das ist besser als senkrechtes
Licht. Man sieht, daß die Oberfläche ziemlich körnig ist, wegen der Streifungen darunter, wie als wenn man mit Bleistift über sehr rauhes, gleichmäßig körniges Papier fährt. Abgeschabte Stellen und von Mikroorganismen
befallene reflektieren mehr und zeigen stärkere Reflexionskraft, mit mehr
sichtbarer Streifung. Abgeschabte Stellen kann man auch bei gewöhnlicher
Untersuchung erkennen, wenn man sorgfältig mit ammoniakalischem Kongorot färbt und die Haare unbedeckt bei ganz schwacher Vergrößerung bei
gewöhnlichem Licht untersucht.

Der Zentralkanal und der Querschnitt. Denham[1]) hat gezeigt, daß der Zentralkanal leicht von Mikroorganismen, Bakterien und
Schimmelpilzen befallen wird, wohl weil der Inhalt stickstoffreich ist. Der
Zentralkanal ist in trockenen Haaren viel unregelmäßiger als in lebenden.
Das kommt großenteils her von radialen Rissen in den Wandschichten,
deren Substanz beim Trocknen zusammenschrumpft. Konzentrische Risse
in der Wand beruhen auf derselben Ursache und sind häufiger.

Die beiden Seiten des Haares sind auf Querschnitten oft ungleich dick.

Wachstumsringe wurden schwach gesehen bei zwei Gelegenheiten in unbehandelten Querschnitten mit Objektiven von hoher numerischer Apertur
(N. A. 0,95 und 1,40) bei kritischer Beleuchtung. Etwa 20 Ringe konnten
jedesmal gesehen werden (also wie auch Balls gefunden).

Die Porosität der Zellwand. Poren und wirkliche Tüpfel, die
vom Lumen bis zur Kutikula in der lebenden Zelle gehen, fehlen, und vom
botanischen Standpunkt ist es schwer, sie zu erwarten. Balls[2]) pits sind entweder Intervalle zwischen nebeneinander liegenden Spirillen oder Streifungen,
oder nur wiederkehrende (recurrent) dünne Stellen in der Wand in einem Muster
(pattern), das durch übereinander liegende Spiralen erzeugt wird. Sie sind
auch nicht überall in allen Teilen des Haares und sind keine Tüpfel in
streng botanischem Sinne. Die beaded pits von Mosenthal scheinen nicht
das Lumen zu erreichen. Siehe auch oben S. 188.

Wenn ein Haar einige Stunden in einer verdünnten wässerigen Farblösung
gelegen hat und dann in Paraffin unter das Mikroskop gebracht wird, so
genügt ein leiser Druck auf das Deckglas, um kleine Wasserbläschen auf
der Kutikula in regelmäßigen, meist gleich weit voneinander entfernten Abständen hervortreten zu lassen, dadurch werden die Spirallinien der Schwäche
angedeutet. Ähnlich ist es mit Gasbläschen bei Behandlung mit Normal-
Schwefelsäure.

Der Mechanismus der Zellwand-Ablagerung. Denham schildert
hier die Verschiedenheiten der Plasmaströmung, die zur Wandverdickung
führen.

---

[1]) Denham: Schirley Inst. Memoirs Bd. 1, S. 143—150. 1922. Journ. Text. Inst.
Bd. 13, T. 240—248. 1922.
[2]) Balls: Development, p. 74.

Das einzige Neue ist der Faktor Zeit, den Balls eingeführt hat[1]). A. Herzog[2]) hat schon 1904 mit Kuprammonium bis 28 Wachstumsringe gezählt und gesagt, daß sie im Material präxistierten und nicht eine Folge der Behandlung seien.

Nach Balls, Development, scheint die Verdickung der primären Wand erst 3 Wochen nach Öffnen der Blume zu erfolgen. Denham fand aber an Gewächshaus-Material, daß im basalen Ende des Haares das viel früher erfolgt, wie sich durch Färbung und Quellung zeigt.

Frl. G. G. Clegg fand, daß bei Epilobium-angustifolium-Haaren eine deutliche Ablagerung sekundärer Verdickung vom basalen Ende aufwärts stattfindet, ehe das Längenwachstum aufhört.

Daß zwei Spirallinien der Schwäche existieren, läßt sich vielleicht dadurch beweisen, daß das Haar, wenn es trocknet, in ein flaches, zweiseitiges Band zusammenfällt. Eine Zelle mit einheitlichen Wänden müßte entweder gar nicht oder unregelmäßig zusammenfallen.

Bildung der Wandschichten. An den Grenzen der mikroskopischen Vergrößerung und Auflösung, bei schiefer ringförmiger Beleuchtung, ist es möglich zu beobachten, daß fast ultramikroskopische Teile in schneller Brownscher (Molekular-) Bewegung auf der inneren Oberfläche der Wand (und speziell an den Streifungen)' abgelagert werden. Die sichtbaren Partikel, welche sehr in Größe wechseln, stellen nur einen Bruchteil des abgelagerten Materials dar, und Dunkelfeld-Beleuchtung zeigt die Gegenwart von noch kleineren Teilchen, deren Verhalten man nicht beobachten kann. Es ist anzunehmen, daß diese Partikelchen Teile der Wandsubstanz sind, die im Zytoplasma enthalten sind und auf der Wand als solche abgelagert werden.

Neuere Untersuchungen führten zu der Theorie der Infiltration der Zellwand durch das Zytoplasma[3]), und nach dem Verhalten der Baumwolle zu Farbstoffen und anderen chemisch-physikalischen Eigenschaften ist bekannt, daß die Wand eine mikro-poröse oder mikro-netzige Struktur haben muß. Die Ablagerung der Wandschichten in bestimmten Partikeln aus der mehr flüssigen Zytoplasmaphase würde damit zusammenhängen. Diese Partikelchen dürfen nicht verwechselt werden mit den hypothetischen Mizellen von Nägeli.

Es würde mehr in Übereinstimmung mit der modernen Kolloidtheorie stehen, wenn man die Bildung der Wand aus dem Protoplasma als die Umwandlung von einem Sol zu einem Gel ansieht. Das Gibbssche Gesetz paßt besser für die Zwischenphase zwischen Vakuole und dem „Tonoplast" (d. i. die innere Oberfläche des Endoplasmas). Die Theorie von der Adsorption durch die Wandschichten gilt noch; aber die Ablagerung ihrer Substanz wird mehr von der Natur des Phänomens abhängen, das W. Ramsden[4]) beschrieb, d. h. von der Bildung solider oder hoch visköser Überzüge (coatings) auf der Oberfläche von Lösungen und Absetzungen von Proteinen.

Die Natur der Streifungen. Es ist schon die Rede gewesen von Correns' Theorie über die Streifungen von Parenchym- und Epidermiszellen[5]) und der gedrängten Übersicht über frühere Theorien von L. Gaucher[6]).

<hr>

[1]) Balls: Proc. R. Soc. Bd. 90, S. 542. 1919.
[2]) Herzog, A.: Chem.-Zg. Bd. 38, S. 1089—1091, 1097—1100. 1904.
[3]) Czapek: Biochemie der Pflanzen, Bd. 1, S. 107, 3. Aufl. Jena 1922.
[4]) Ramsden, W.: Proc. Roy. Soc. Bd. 72, S. 156—164. 1903. Zeitschr. f. physikal. Chem. Bd. 47, S. 336. 1904.
[5]) Correns: Jahrb. f. wiss. Bot. 1892, S. 254; 1894 S. 537.
[6]) Gaucher, L.: Étude générale de la membrane cellulaire chez les végétaux. Paris 1904.

Bei Wiederprüfung des von Correns benutzten Materials (Vinca major, Clematis vitalba, Vitis usw.) findet Denham, daß seine Zeichnungen mehr die Natur von Diagrammen haben und daß die Streifungen nahe übereinstimmen mit denen von Baumwoll- und Tradescantia-Haaren. Nach den Beobachtungen bei starker Vergrößerung sind diese Streifen Linien ungleicher Dicke in den Wandbelegen und nicht bloß das Resultat von Differenzen im Wassergehalt oder im Brechungsindex.

Wenn die Theorie der Verbindung zwischen Streifung und Zytoplasma-Strömung zugegeben wird, wird es möglich, die Streifungen als „Strommarken" zu erklären. In den jüngsten Zellen von Tradescantia entstehen Streifungen als unregelmäßig zerstreute, körnige Auswüchse auf der inneren Wandoberfläsche; diese entsprechen schwach den gebräuchlichen Prüfungen auf Zellulose. Fortgesetzte Ablagerung aus dem sich bewegenden Zytoplasma vereinigt diese zu welligen Linien, welche allmählich zu wirklichen Streifen werden. Die Streifungen und deren Komponenten sind aber bei Tradescantia viel größer als bei Baumwolle. — Nodder[1]) zeigt, daß die Bastspiralen von Flachs und Hanf rechts- und resp. linksläufig sind.

Denhams Zusammenfassung: Streifungen kommen in allen Teilen des Haares und in allen Schichten der Wand vor; die Richtung ist in übereinander liegenden Schichten nicht immer dieselbe.

Die Drehungen folgen der Richtung der primären Wandstreifungen.

Die Ursache der Drehungen ist eine doppelte Spirallinie der Schwachheit.

Die Drehungen können in 4 Klassen geteilt werden: Normale, bewegliche, vorgebildete und unterdrückte. Diese können einen großen Einfluß auf die Spinnbarkeit des Haares haben.

„Slip planes, Gleitflächen, Verschiebungen". wie sie Robinson in Zellwänden von straff gespanntem (strained, heißt auch gequetscht) Bauholz gesehen hat und die auch in Bastfasern vorkommen, sind weit verbreitet in Baumwolle, ebenso Hohllinien, die durch buckling (Biegen) entstehen.

Slip planes (Gleitflächen, Verschiebungen) entstehen anfangs durch inneren Druck in der Kapsel, können aber unter gewissen Bedingungen auch in trockenem Material entstehen.

Mosenthalsche oder „beaded pits" (perlenartige Grübchen) sind eine spezielle Form von slips planes (Gleitflächen, Verschiebungen), die Verzerrung von Längsstreifungen in sich schließen, mit oder ohne Spaltung der Oberfläche zwischen solchen Streifungen.

Slip planes (Gleitflächen, Verschiebungen) können in einer Spiralebene auftreten.

Einige Abnormitäten entstehen durch die Tendenz des Haares, allen zur Verfügung stehenden Raum in der Kapsel auszufüllen.

Innerer Kapselraum und Kapseldruck üben einen großen Einfluß auf die Gestalt des Haares aus.

Wahre Tüpfel existieren in der Wand nicht; aber Flächen von deutlicher Durchlässigkeit kommen in einer doppelten Spiralform vor.

Aus analogem Material (Tradescantia) und lebenden Baumwollhaaren ist erschlossen, daß das Zellzytoplasma in einem doppelten Spiralbande rotiert. Aneinander liegende Bänder bewegen sich in entgegengesetzten Richtungen. Streifungen treten längs dieser Linien auf und die Doppellinie der Schwäche an der Vereinigung der Bänder.

---

[1]) Nodder, R. C.: Journ. Text. Inst. Bd. 13, T. 101. 1922.

Eine der neuesten Arbeiten über die Anatomie der Baumwollfaser ist von
Dr. Otto Dischendorfer. Er unterscheidet[1]) bei Beurteilung des Faserquerschnittes zwischen Breite und Tiefe. Zur Tiefen- oder Kantenmessung (also
senkrecht zur Breite) eignen sich nur flachliegende Fasern. Die durchschnittliche Breite schwankt bei gedrehten oder runden Fasern zwischen
16,2 μ und 23,8 μ, für flache zwischen 21,4 μ und 33,3 μ, die durchschnittliche
Fasertiefe zwischen 3,2 μ und 8,0 μ.

Den Techniker interessiert aber nicht so sehr die Breite und Tiefe, sondern
vor allem die durchschnittliche Querschnittsgröße. Dischendorfer
beschreibt hierzu A. Herzogs Methode[2]). Herzog schneidet in Glyzeringummi eingebettete Faserbündel und nimmt die Schnitte mittels eines
Abbéschen Zeichenapparates in 1000facher Linearvergrößerung auf. Diese
Aufnahmen werden dann mittels eines Pantographen in 3facher Vergrößerung
auf mittelstarkes Zeichenpapier von bekanntem Flächengewicht übertragen,
ausgeschnitten und ausgewogen. Er ermittelte so durchschnittliche Werte
für den Gesamtfaserquerschnitt, wie auch für die Zellwand und das Lumen.

Dischendorfer (S. 59) kam auf einen ganz anderen, originellen Gedanken. Er sagte sich: Gelingt es, eine genau gewogene Fasermenge (G)
ihrer Länge (L) nach auszumessen, so muß der Querschnitt (Q) der Zellwand,
unter Berücksichtigung des spezifischen Gewichts der Zellulose (1,49), berechenbar sein:

$$G = Q \cdot L \cdot 1{,}49, \text{ d. h. } Q = \frac{G}{L \cdot 1{,}49}.$$

Die genaue Wägung erfolgt mit einer mikrochemischen Wage, wie
z. B. der von Kuhlmann in Hamburg. Bei einer Einwage von 0,2—0,3 mg
erhält man 30—100 Fasern, die sich bei einiger Übung in 10—30 Minuten
ausmessen lassen. Die abzuwiegende Baumwolle wird eine Stunde vor der
Bestimmung offen in den Wagekasten gestellt. Dann wird in einem offenen
tarierten, kleinen Glasröhrchen die vorsichtig mit einer Pinzette entnommene
Fasermenge abgewogen. Man arbeitet am besten auf schwarzem Untergrunde
und bei Tageslicht. — Zur Ausmessung der Länge bringt man mittels eines
Glasstäbchens das kaum sichtbare Faserflöckchen auf ein mit Wasser beschicktes Uhrschälchen. Man legt einen Objektträger der Länge nach auf
einen schwarzen Papiermaßstab mit Millimeterteilung, versieht ihn mit
2—3 Tropfen Wasser und bringt nun mittels zweier Glasstäbchen eine oder
höchstens einige Fasern in die Tropfen. Gute Beleuchtug vorausgesetzt, gelingt es dann leicht, eine Faser hervorzuziehen und durch leichtes Ausstreifen,
am besten mit den Zeigefingern, zu strecken. Durch Verschieben des Objektträgers bis zum Zusammentreffen eines Haarendes mit einem Teilstrich des
Maßstabes gelingt es leicht, die Faser auf einen halben Millimeter genau zu
messen.

Dischendorfer[3]) berechnete an absolut trockenen Fasern danach die
metrischen Nummern, d. h. die Anzahl Kilometer Garn auf ein Kilogramm
Faser. Sie schwankten zwischen rund 2100—6100[4]), die Querschnitte zwischen

---

[1]) Dischendorfer: Zur Kenntnis der Baumwollfaser. „Angewandte Botanik“
Bd. 7, Heft 2, S. 57—73, Taf. I und II. Berlin 1925.

[2]) Herzog, Alois: Mikrophotographischer Atlas der technisch wichtigsten Faserstoffe
Textbd., S. 29. 1908. — Siehe auch Herzog: Über eine mikroskopisch-graphische Methode
der Bestimmung des Fasergehalts von Gespinnstpflanzen. „Angewandte Botanik“ Bd. 1,
S. 65—73, Taf. I. 1919.

[3]) Seine Tabelle II, S. 62.

[4]) Tote Baumwolle hat die metrische Nummer oft von mehr als 11 000. Man muß
sich hüten, sie in die Probe zu bekommen.

rund 111 μ^2 (Mako, Dharwar, Sea Island) und 320 μ^2 (chinesische). Letztere Zahlen liegen im allgemeinen niedriger als die bisher von anderen Autoren veröffentlichten[1]). Dies kann, wie Dischendorfer in einer Note sagt, nur zum geringsten Teile darauf zurückgeführt werden, daß seine Methode nur die Größe des Zellwandquerschnittes, nicht die Querschnittsgröße der Gesamtfaser ermittelt.

Zu bemerken ist noch, daß Dischendorfer nur von Dharwar- und Texas-Baumwolle die heute gangbare Handelsware erhalten konnte, die vielen übrigen Proben waren älteren Sammlungspräparaten der Grazer Institute entnommen.

Das Gewicht der Einzelfaser variiert von 0,0028 mg (Bhaunagar) bis 0,0075 mg (persische). Auf 1 kg gehen rund 130—360 Millionen Fasern. Der Faserquerschnitt, bezogen auf den Sea-Island-Querschnitt = 1, bewegt sich zwischen 0,99 und 2,86 (chinesische).

Drehung und Rollung. (Vgl. S. 225.) Die Drehung ist bedingt durch die Bandform des Faserquerschnittes und durch die weiter unten zu besprechende spiralige Innenstruktur der Zellwand. Die Faser ist nicht korkzieherartig immer in einer und derselben Richtung gedreht, sondern es folgen auf ein, zwei bis fünf, höchstens zehn halbe Windungen oder Drehungen in einer Richtung[2]) annähernd ebenso viele in entgegengesetzter Richtung. Es kommen auch ganz ungedrehte Stellen vor. Im übrigen sind nach meiner Meinung die Umsetzungen ähnlich zu erklären wie die der Ranke beim Weinstock, den Kürbisgewächsen usw. Man kann annehmen, daß die Faser gegen die Kapselwand oder gegen andere Fasern stößt und sie so gewissermaßen zwischen zwei festen Punkten liegt. Ihr Krümmungsbestreben führt dadurch zu einer schraubenförmigen Aufrollung.

Mit dieser ist aber stets eine Torsion (Drehung) verbunden, und da diese zwischen festen Endpunkten nicht in einer Richtung möglich ist, so erfolgt aus rein mechanischen Gründen die Aufrollung teils links, teils rechts herum. Dazwischen treten Wendepunkte auf (Abb. 54 bei x) derart, daß gleichviel Windungen nach rechts und links sich in der Torsion ausgleichen[3]).

Man kann sich vorstellen, daß beim Weiterwachsen der Baumwollfaser sich die Stöße des Faserendes gegen die ebenfalls weiter wachsende Kapsel fortwährend wiederholen und so die vielen Wende- oder Umkehrungspunkte entstehen.

Dischendorfer gibt eine schematische Darstellung der halben Drehungen einer 15 mm langen, trocken beobachteten Faser von Bengalbaumwolle vom Grunde

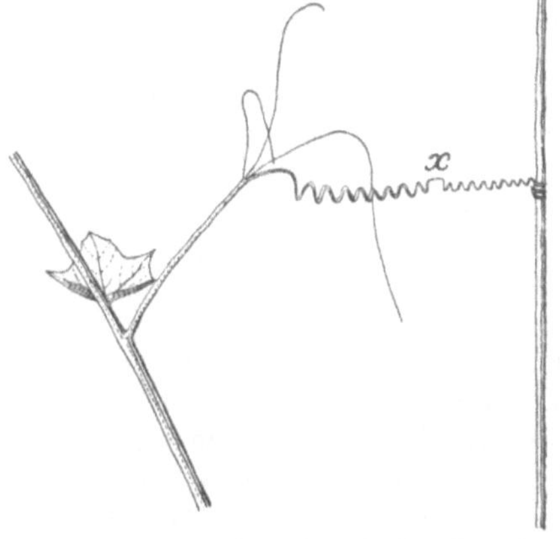

Abb. 54. Stengelstück mit Ranke von Sicyos angulatus, einer Cucurbitacee.
Ein Rankenast hat mit seiner Spitze die aufrechte Stütze rechts erfaßt und seine freie Strecke bereits spiralig aufgerollt. Bei x Wendepunkt der Aufrollung. Nach Noll.

bis zur Spitze. Hierbei sind die im Sinne des Uhrzeigers gerichteten Halbdrehungen mit ´, die mit entgegengesetzten Sinne gerichteten mit \ bezeichnet.

---

[1]) Siehe z. B. Guaitanis' Tabelle auf unserer Seite 210.

[2]) Dischendorfer bezeichnet das im mikroskopischen Bilde sichtbare Umschlagen des Faserbandes als halbe Drehung.

[3]) Noll in Strasburger: Lehrbuch der Botanik, 13. Aufl., S. 293, Fig. 277. 1917.

Also 41 ＼ und 40 ／ (Abb. 55).

Die einzelne Faser zeigt 60 (chinesische Baumwolle) bis 300 halbe Windungen. Die Basis der Faser ist im allgemeinen schwach gedreht, der Mittelteil stark, mit ganzen Serien gleichgerichteter Windungen, die Spitze zeigt

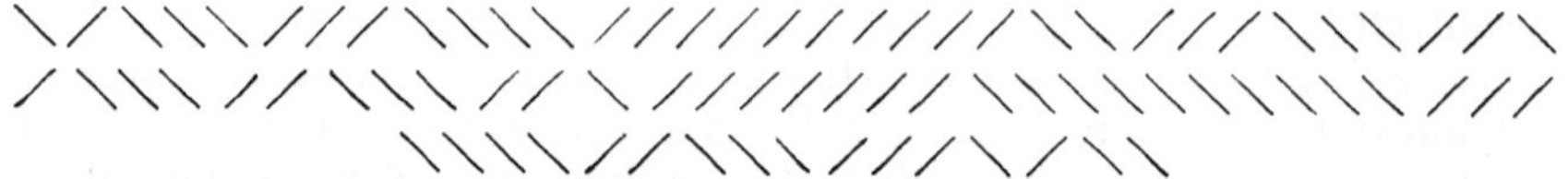

Abb. 55. Umkehr der Drehungen, schematisch, nach Dischendorfer.

nur wenige Windungen. Eine Texasfaser von 20,1 mm Länge zeigte im ersten Drittel 12, im Mitteldrittel 46, an der Spitze 3 Windungen. Manche Fasern weichen von dieser Regel sehr ab. Wie mir Dr. Dischendorfer schreibt, hängen die von ihm a. a. O. S. 64 publizierten „Drehzahlen" (die ich nicht wiedergegeben habe) nicht bloß von der Sorte, sondern, wie spätere Untersuchungen ergeben haben, auch vom Reifegrade ab.

Unter Rollung versteht Dischendorfer die eigentümliche Einwärtsdrehung und Rinnenbildung der Kanten einer Faser, die man am besten auf Querschnitten bandförmiger Fasern sieht.

Kutikula. Von der Beschaffenheit der Kutikula, dem Oberhäutchen, hängt besonders der Glanz, die Seidigkeit usw. der Baumwolle ab. Am leichtesten isoliert man sie durch Behandlung der Faser mit Kupferoxydammoniak, dem etwas Methylenblau zugesetzt ist. Nach kurzem Auswaschen mit Wasser bleibt sie dann als dünnes blau gefärbtes Häutchen zurück, das in der Längsrichtung der Faser sehr zart feinkörnig gestreift und durch quere Dehnung an vielen Stellen in der Richtung der Streifung zerschlissen ist. Sie ist höchstens 0,1 μ dick, wahrscheinlich viel dünner. Dischendorfer gibt auf seiner Tafel I, Fig. 1 ein photographisches Bild der Kutikula, welches besonders ihre zarte Längsstreifung zeigt. An den Faserenden ist die Kutikula meist strukturlos. Mit der Spiralstruktur der Zellwand hat die feine Kutikularstreifung nichts zu tun; sie ist viel feiner als diese[1]). Aber eine andere quer zur Faser gerichtete sehr zarte Streifung, die an der unbehandelten Faser allerdings nicht zu finden ist, ist zweifellos eine, wenn auch künstliche Kutikularerscheinung. Wenn man Baumwolle mit organischen Lösungsmitteln behandelt, z. B. mit Benzol, Xylol, Chloroform, Äther, oder sie längere Zeit in konzentriertes Ammoniak einlegt, so treten diese fast genau senkrecht zur Faserachse gerichteten Streifen oft in großer Zahl auf. Auch bei entfetteter Medizinalwatte sind sie häufig zu finden, ebenso bei kurzer Behandlung mit konzentrierter Salzsäure. Es sind nach Dischendorfer verschieden weit, meist 2—3 μ, voneinander entfernte (Quer-)Linien, die, am Faserende zart beginnend, sich manchmal in der Mitte der Faser etwas verstärken (D.s Fig. 3). Ob es sich bei dieser außerordentlich zarten Erscheinung um eine Querfaltung der Kutikula handelt (etwa durch Herauslösen von Wachs und Fett herbeigeführt), oder ob man sie nicht vielmehr als eine optische Erscheinung zu betrachten hat, muß Dischendorfer dahingestellt sein lassen. Eigentümlich ist, daß das zickzackförmige Aufreißen der Fasern bei der Behandlung mit konzentrierter Salzsäure zum Teil diesen Querstreifen folgt (siehe unsere Abb. 60). An der isolierten Kutikula konnte D. die letztere Struktur nie beobachten. Die Dicke der Kutikula schätzte D. in der Weise, daß er die Oberflächengröße eines kg

---

[1]) Balls u. Hancock, Proc. R. Soc., Bd. 93, S. 427, sagen: „Die Kutikula hat Spiralstruktur"; wahrscheinlich sind es die Abdrücke der pit-Spiralen (Tüpfelspiralen).

Baumwolle auf mindestens 250 m² annahm und die in Kupferoxydammoniak zurückbleibenden Kutikularreste darauf bezog.

Zell-Lumen. Das Zell-Lumen macht 3—6% des Querschnittes aus, es ist fadenförmig (an der Faserspitze), zylindrisch oder bandförmig, oft auch gebuchtet oder verzweigt.

Abb. 56. Makofaser, „Kerbstellen" in Wasser. $(^{580}/_1)$

Abb. 57.
Eigentümliche „Tüpfel" (?)
in Reihen, Medizinalwatte.
$(^{800}/_1)$

Abb. 58. Verpilzte Baumwolle; die Kutikula ist vollends abgefallen, die Zwischensubstanz aufgezehrt, nur die Spiralfäserchen sind übriggeblieben. $(^{580}/_1)$

Abb. 60. Texasfaser, fünf Minuten in konzentrierter Salzsäure erwärmt, in Teile zerfallen, Querstreifung und Spiralstreifung gut sichtbar. $(^{680}/_1)$

Abb. 59. Sea-Island-Faser, Umkehrstelle sowohl der Spiralstreifung als auch der Drehrichtung der Faser. $(^{580}/_1)$

Zellwand. Die Zellwand zeigt vor allem eine schräge Spiralstruktur [Abb. 6, 8, 13 bei Dischendorfer (unsere Abb. 57, 59, 60], hervorgerufen durch den Bau der Zellwand aus Fibrillen. Die Richtung der Fibrillen kann sich umkehren, und die Umkehrstellen entsprechen meist den Umkehrstellen der Drehung der ganzen Faser (Abb. 59). Man versehe, um sich das klarer zu machen, wie Dischendorfer empfiehlt, einen langen Papierstreifen mit entsprechenden Marken, halte ihn an einem Ende fest und drehe ihn am andern Ende um seine Längsachse im Sinne der Spiralen.) — Die Spiralstruktur ist das Primäre, sie zeigt sich auch in ungedrehten Fasern.

Gut sieht man die Spiralstruktur an lange gelagerter Baumwolle, am besten aber an stark verpilzter (Abb. 58). Da erscheint es, als wenn eine Zwischensubstanz aufgelöst ist.

Die Spiralfäserchen treten auch beim Zerreißen von Baumwollfasern an den Enden zutage. Daß die Spiralstruktur für die Elastizität der Faser von Bedeutung ist, ist klar.

Dischendorfer bespricht dann noch einige nicht immer vorkommende Eigentümlichkeiten, so das Vorhandensein von Kerben auf der Konvexseite (Abb. 56), die er als Faltungen deutet, die beim Anstoßen des wachsenden Haares auf ein Hindernis (benachbarte Fasern, die Kapselwand usw.) entstanden sind.

In den Einkerbungen ist oft eine Reihe von dunkleren Punkten zu sehen, die Dischendorfer aber mit Recht nicht als Tüpfel ansehen möchte. Viel verdächtiger sind ihm in dieser Hinsicht sehr selten auftretende Reihen von scharf begrenzten runden Gebilden (Abb. 59), die auf der flachen Faser liegen. An Querschnitten sieht man schwache Einbuchtungen der Zellwand. Durch Erwärmen in konzentrierter Salzsäure 5 Minuten lang zerfällt die Faser in Stücke, besonders an den Kerben, Querstreifung und Spiralstreifung werden deutlicher (Abb. 60). Ähnlich nach Kochen in Glyzerin bei 210—230°.

Die Ballsschen Tüpfel hält Dischendorfer, wie er mir brieflich mitteilte, für Klüftungen in der dicken Zellwand. Solche Klüftungen sind auf Querschnitten nach Dischendorfer oft zu sehen, verlaufen aber nicht radial, sondern in der Richtung einer Sekante. Balls deutet sie jetzt auch nicht mehr als Tüpfel.

Bei Verpilzung der Baumwolle wird schließlich die Zwischensubstanz, gewissermaßen der Kitt, verzehrt, die äußersten Teile der Zellmembran samt Kutikula werden abgehoben und die Spiralfasern dadurch isoliert. (Ähnlich wie bei Koniferenholz, das vom Hausschwamm befallen ist.)

Ob man die abgebildeten Gebilde als „Tüpfel“ bezeichnen will, hängt davon ab, was man unter einem solchen verstehen will. Dischendorfer lehnt für die vorliegenden Gebilde die Bezeichnung „Tüpfel“ ab. Mit einem Herantreten des Protoplasmas an diese Stellen ist jedenfalls nicht zu rechnen, vielmehr liegt eine Luftspalte in der Zellmembran vor.

Balls[1]) untersuchte das Wachstum der Haare und meint, die Schichtung entstehe durch den Stillstand des Wachstums am Tage, da das Haar nur in der Nacht wächst. Um die Schichtung deutlicher zu machen, wurden 0,2 g Lint oder Filz mit 1% Ätznatron (kaustischer Soda) gekocht, dann mit verdünnter Essigsäure angesäuert, gut ausgewaschen und getrocknet. Die Baumwolle kam dann in einen Vakuumapparat, wurde mit 3 ccm neunprozentigen Ätznatrons imprägniert und darauf mit 3 ccm Schwefelkohlenstoff. Nach einigen Stunden oder einem Tage kann man das Anschwellen der Faser oder des Filzes und die Schichtung der Membran bei 250 facher Vergrößerung sehen.

Balls fand, daß die Zahl der Schichtungsringe oder des Wachstums bei den Haaren des Vlieses nie unter 20 und nie über 25 betrug, bei dem Filz (der Grundwolle) gewöhnlich mehr als 16. Die Dicke jedes Ringes war etwa 0,4 μ. Das Baumwollhaar besteht demnach aus einer Anzahl konzentrischer Schichten aus Zellulose, die von der Kutikula begrenzt sind.

---

[1]) Balls: Philos. Trans. 1915.

Die Drehung ist neuerdings von Clegg und Harland[1]) untersucht. In jedem Haar sind häufig Umkehrungen (reversals) in der Drehung. Die Drehungen auf 1 mm Länge schwankten zwischen 3,9—6,5, die Zahl der Umsetzungen der Spirale zwischen 1,0—1,7, das Verhältnis der Drehungen zu den Umsetzungen betrug 2,8—5,2.

Zahl der Umdrehungen per mm nach Clegg und Harland.

Sorte	0	1	2	3	4	5	6	7	8	9	10	11	12	Mittel
Trinidad	—	1	3	6	12	14	6	2	3	—	—	1	—	4,8
Indien	—	—	—	7	11	17	10	3	—	—	—	—	—	4,8
Indien	—	—	—	3	10	13	8	8	3	2	1	—	—	5,6
Sea Island	—	1	4	13	15	12	2	1	—	—	—	—	—	3,9
Upland-Sea-Island	—	—	—	—	2	7	18	10	8	1	2	—	—	6,5
Ägyptische	—	—	—	4	4	16	13	10	1	—	—	—	—	5,5
Upland	—	—	1	9	14	11	12	1	—	—	—	—	—	5,5

Tabelle.

Sorte	Umsetzungen der Drehungen pro mm (Durchschnitt)	Verhältnis der Umdrehungen zu den Umsetzungen (Durchschnitt)
Trinidad	1,4	4,8
Indien	1,0	5,2
Indien	1,7	3,8
Sea Island	1,5	2,8
Upland-Sea-Island	1,7	3,9
Ägyptische	1,6	3,5
Upland	1,5	3,8

Gewöhnlich ist die Zahl der links gewundenen Drehungen (von Ball in seiner Abb. 2 mit \ bezeichnet) größer als die der rechts gewundenen (/). Das ist auch bei der spiraligen Stellung der Tüpfel bei Holzfasern so[2]).

Beim Anfeuchten nimmt die Zahl der Drehungen und Umsetzungen ab, kehrt aber beim Trocknen wieder, praktisch genommen, auf die Urform zurück.

Nach halbstündigem Kochen unter 20 Pfund Druck waren die Haare sehr geschwollen und durchscheinend, hatten ihr Lumen verloren und fast alle ihre Windungen; nach dem Trocknen erhielten sie aber wieder ihre ursprüngliche Form.

Bei Dehnung (Tension) verhält sich das Baumwollhaar sehr wie eine Spiralfeder, die in ihre natürliche Form zurückkehrt, wenn die Dehnung aufhört.

Ganz genaue Ermittlung der Größe der Querschnittsfläche ist nicht möglich. Clegg und Harland[3]) und Clegg[4]) haben aber annähernde Zahlen erhalten.

Clegg folgerte, daß der Durchmesser kein Maß für die Stärke ist, daß aber die Stärke in Korrelation mit der Wanddicke steht. Der Prozentsatz an Haaren, die bei einer Belastung von 1,5 g schon brechen, ist ein Index für die Menge dünnwandiger, sog. toter Baumwolle.

Nach Alois Herzog[5]) ist die Richtung der Drehung immer dieselbe wie

[1]) Clegg und Harland: Journ. Text. Inst. Manchester, Bd. 15, T. 14. 1924.
[2]) Braun, Alex: Über den schiefen Verlauf der Holzfaser. — Nach Dischendorfer sind / und \ an Zahl ziemlich gleich.
[3]) Clegg und Harland: Journ. Text. Inst. 1923, XIV, T. 489.
[4]) Clegg: Journ. Text. Inst. 1924, XV, N. 1, T. 14—26.
[5]) Herzog, Alois: Leipziger Monatsschr. f. Text.-Ind. Bd. 39, S. 284—286, 1924.

die der Streifung in der Außenschicht. Hall stimmt mit Bowmans Theorie über die Abwechslung in der Drehungsrichtung überein. Er bespricht Ursachen und Faktoren der Drehung und gibt Tabellen über die Rechts- und Linkswindungen und unentwickelten Windungen für 58 Abschnitte à 0,63 mm Länge, von der Spitze bis zur Basis eines einzelnen Sakelaridis-Haares.

Tabelle nach Hall und Clegg.

Baumwolle	Bruchgewicht des einzelnen Haares in g	Größe der Querschnittfläche Einheit $= \mu^2$	Anscheinende Dichte (berechnet)	Drehungsstärke Dynes pro cm²
1 Sea Island . . .	5,79	122,5	0,84	$4{,}5 \times 10^9$
2	5,8	130,0	0,89	4,3
3	5,9	143,5	0,84	4,0
4	5,3	130	0,79	4,0
5	5,8	146,5	0,77	3,8
6	5,3	134,5	0,81	3,8
Ägyptische	5,9	173	0,92	3,3
Sea Island . . .	5,6	145	1,05	3,8
Peruanische . .	6,4	271	0,83	2,3
Texas	5,6	245	0,93	2,3

In der obigen Tabelle ist die anscheinende Dichtigkeit aus Messungen des Querschnitts und dem Haargewicht pro Zentimeter berechnet. Bei gewöhnlichen Methoden wird die Dichtigkeit, das spezifische Gewicht, auf 1,50—1,53 angenommen. Der Unterschied wird der verschiedenen Weite des Lumens (Hall schreibt der Porosität) der Baumwolle zugeschrieben. Nach einer einfachen Rechnung scheint das Lumen im Verhältnis zum Gesamtvolumen bei den beobachteten Baumwollen von 32—41% zu variieren.

Pierce[1]) fand, daß Baumwollfasern aller Arten ein annähernd konstantes Volumen an Zellulose haben, unabhängig von der Stapellänge. Er gibt folgende Tabelle, nach der man genügend genaue Berechnungen machen kann:

Stapellänge	1 cm
Haarmasse	$5{,}8 \times 10{,}6$ g
Masse pro cm	$(5{,}8/L) \times 10{,}6$ g
Wand-Querschnitt	$(3{,}9/L) \times 10{,}6$ cm² [2])
Bruchgewicht	$20/L$ g

Struktur und physikalische Eigenschaften der Baumwollhaare sollten mehr untersucht werden, besonders vom Standpunkt des Spinners und Webers.

10. Unreife und tote Baumwolle.

Zwischen völlig ausgereiften Haaren kommen mehr oder weniger reichlich unreife Haare vor, die schwach kutikulasiert und sehr dünnwandig sind (Abb. 61e) und sich weniger färben. Die Praxis nennt sie tote Baumwolle[3]). Selten kommt sie in Geweben so viel vor, daß man sie schon mit bloßem Auge erkennen kann. Aber das Material-Prüfungsamt in Berlin-Dahlem berichtet im Jahresbericht für 1911, S. 29, über einen solchen Fall. In einem blau gefärbten Stoff waren weiße Pünktchen, sogenannte Neppen; diese erwiesen sich mikroskopisch als unreife tote Baumwollenhaare.

---

[1]) Pierce: Journ. Text. Inst. 1923, XV.

[2]) Die Dichte der Baumwolle zu 1,51 angenommen.

[3]) Nach Hanausek, T. F.: Techn. Mikroskopie, S. 58. 1909 kommt tote Baumwolle am meisten in gröberen (levantinischen, indischen) Baumwollen vor, am seltensten in SeaIsland-Wollen. — Nach ihm ist tote Baumwolle nie gedreht, aber stets schraubig gestreift, oft doppelschraubig gestreift.

Nach Alois Herzog kommen zwei verschiedene Kategorien von „toter“ Baumwolle in der Praxis vor, die er tote Baumwolle im engeren Sinne und unreife Baumwolle nennt.

Die tote Baumwolle im engeren Sinne besteht aus so stark zusammengedrückten Haaren, daß sich die gegenüberliegenden Zellwände berühren und das Lumen der Zelle im Querschnitt nur als dunkle Linie erscheint. Die Zellhaut ist außerordentlich dünn, 0,5—0,6 μ, hingegen ist die Faser auffallend breit, sie enthält sehr wenig protoplasmatische Substanzen. Sie ist ebenso färbbar, wie normale; daß sie heller erscheint, liegt nur an der dünnen Wand. Ebenso ist letztere nach Herzog die Ursache, daß die Doppelbrechung nicht so hervortritt. Haller[1]) glaubt, tote Baumwolle sei überhaupt nicht doppeltbrechend.

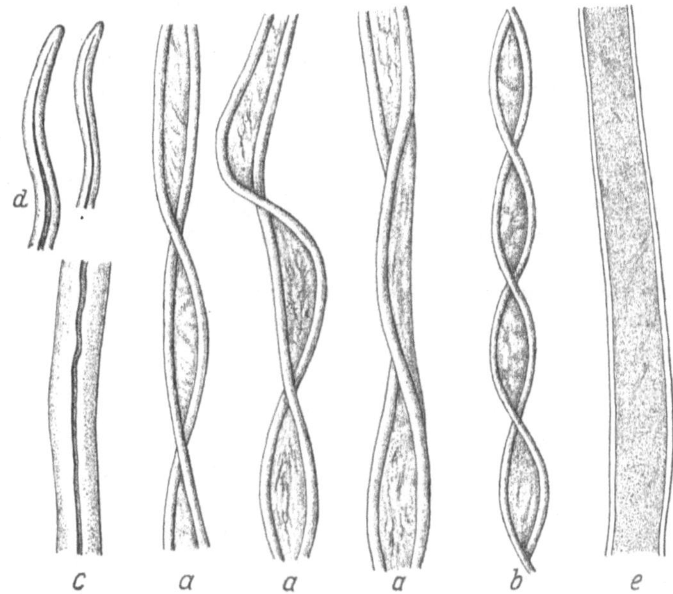

Abb. 61.

a Mittelstück von reifen Haaren.　*b* Schwächeres Haar mit sehr regelmäßiger Drehung.
c Sehr stark verdickter Teil eines Haares.　*d* Endstück.　*e* totes Haar.
Nach T. F. Hanausek.

Unreife Baumwolle besteht nach A. Herzog aus Fasern, deren Wand im Vergleich zur toten etwa doppelt so dick ist (Dicke 1 μ und darüber; die Wand normaler Baumwolle ist meist 2—3 μ dick) und welche reichliche Protoplasmareste, namentlich an der Basis der Haare, führen. Infolge dieser Protoplasmamassen färbt sich die Faser ziemlich stark, wodurch der Unterschied zwischen „toter“ und „unreifer“ Baumwolle sehr auffällig wird. In der Breite unterscheidet sich die unreife Faser nicht wesentlich von der vollreifen[2]).

Unreife Baumwolle ist ein normales, tote ein pathologisches Produkt. Das Haar ist früh unentwickelungsfähig geworden.

---

[1]) Haller: Beiträge zur Kenntnis der toten Baumwolle. Chem.-Zg. 1908.
[2]) Nach Herzog in Chem.-Zg. 1914, S. 111—116.

11. Optisches Verhalten der Baumwolle.

Über das optische Verhalten der Baumwolle gibt A. Herzog[1]) eine wichtige Übersicht und viel Literatur über Refraktion und Pleochroismus, sowie zahlreiche Mikrophotogramme. Eins zeigt, daß die Wand des Haares aus konzentrischen Ringen besteht, die verschiedene optische Dichte haben. Ein anderes zeigt ein Haar unter dem Ultramikroskop an dem Punkte, wo die Streifungen ihre Richtung ändern.

1. Lichtbrechung. Nach A. Herzog[2]) ist für die mikroskopische Prüfung im durchfallenden Licht Luft als Medium wenig geeignet, weil die breiten schwarzen Säume der nur 0,02—0,03 mm messenden Faser, die durch die totale Reflexion des vom Spiegel des Mikroskops kommenden Lichts entstehen, genauere Untersuchungen unmöglich machen. In dem Maße, wie sich die Lichtbrechung des Einbettungsmediums jener der Faser nähert, wird diese immer klarer, bis sie bei annähernd gleicher Lichtbrechung glasig durchsichtig wird. Der mittlere Hauptlichtbrechungsexponent ist 1,557 (Flachs 1,562), Faserlänge ∥ zur Polarisationsebene 1,533 (Flachs 1,528), Faserlänge ⊥ zur Polarisationsebene 1,580 (Flachs 1,595), immer auf die Natriumlinie bezogen.

2. Die Doppelbrechung (Anisotropie) der vegetabilischen Zellhaut wurde, wie Wiesner mitteilt, zuerst von Kindt, und zwar an der Baumwolle nachgewiesen[3]). Schon vor Behrens[4]) hat W. Lenz[5]) gezeigt, daß man Jute von Hanf oder Flachs im polarisierten Licht unterscheiden kann.

Auf die Unterscheidung von Baumwolle und Leinenfasern im Polarisationsmikroskop hat zuerst Valentin[6]) hingewiesen.

Polarisationsfarben nach Behrens[7]).

Baumwolle, Faserzellen von Holz und Stroh Bastfaser von Phormium tenax	dunkelgrau, grau, hellgrau; auch schon weißlich bis gelb.
Bastzellen von Esparto und Jute	dunkelgrau, grau, hellgrau, weiß-gelb; doch auch schon bis rot.
Bastzellen von Flachs und Hanf	Weiß, gelb I, orange, rot, violett, blaugrün, gelb II; wechselt zumeist von gelblich-weiß und gelb II, am häufigsten violett.

12. Unterscheidung der Baumwolle von der Leinenfaser durch die Form der Zellen. (Nach Wiesner.)

Baumwolle: Zellwand mit dicker Kutikula; Mangel der Kutikula bei Lein. Form[8]): Die Baumwollzelle, wie oben gesagt, ein schmaler, gegen die Mitte

---

[1]) Herzog, A.: Leipziger Monatsschr. f. Text.-Ind., Bd. 39, S. 409—412, 1924. 1 Tafel.

[2]) Herzog, A.: a. a. O. S. 409.

[3]) Poggendorffs Annalen LXX, S. 167, 1847.

[4]) Behrens, H.: Anleitung zur mikroskopischen Analyse, 2. Heft, S. 23ff., Hamburg u. Leipzig 1896.

[5]) Lenz, W.: Z. analyt. Chemie 1890, S. 133.

[6]) Valentin: Untersuchung der Gewebe im polarisierten Licht. 1861.

[7]) Behrens: a. a. O. S. 30—37.

[8]) Unterschiede in der spezifischen Doppelbrechung siehe oben. — Eine Reihe besonderer Eigentümlichkeiten der Doppelbrechung der Baumwolle beschreibt Herzog, A.: Zur Kenntnis der Doppelbrechung der Baumwollfaser. Z. f. Chem. und Industrie der Kolloide 5, Heft 5.

etwas erweiterter Kegel, die Flachsbastzelle, wie jede Bastzelle, ein an beiden Enden konisch zugespitzter Zylinder. Es ist selten nötig, eine Faser ihrer ganzen Länge nach zu untersuchen, es genügen meist Bruchstücke von nur einigen Millimetern. Die Baumwollhaare zeigen im Längsverlauf viele Unregelmäßigkeiten, während die Flachsbastzellen sehr regelmäßig von dem Ende nach der Spitze an Breite zunehmen, wie folgende Zahlenreihen lehren:

a) Baumwollenhaare, durch verdünnte Salpetersäure gerade gestreckt, um an jeder beliebigen Stelle die Breite messen zu können. Breite in Mikromillimetern. In gleichen Abständen gemessen.

Spitze: 8,4 μ, 15,0; 16,8; 20,0; 21,0; 21,8; 29,4; 29,4; 32,4; 37,8; 25,2; 29,4; 31,0; 30,0; 31,1; 29,9; 29,4; 29,4; 28,0; 25.2: Basis.

b) Flachsbastzelle, 4 cm lang.

Spitze: 0; 6,3; 8,4; 9,5; 10,5; 11,7; 12,0; 12,5; 12,9; 13,5; 15,8; 15,9; 16,6; 15,9; 16,9; 16,8; 15,5; 14,8; 15,5; 14,8; 15,5; 16,9; 15,8; 14,3; 12,9; 13,0; 12,5; 12,3; 12,0; 11,7; 10,9; 10,0; 9,0; 8,4; 6,5; 0 Basis.

Chemische Zusammensetzung nach Wiesners Übersicht.

Fasergattung	Asche %	Wasser %	Wasserextrakt %	Zellulose %	Inkrustierende Substanz einschl. Pektine aus dem Verluste %	Fett und Wachs %	Stickstoffsubstanz %	Methylzahl	Pentosan %
Rohbaumw. Surat[1) . .	0,22	7,50		91,35	0,53	0,40		.	—·
Rohbaumw. Amerika[1])	0,12	8,00	—	91,00	0,53	0,35			—
Rohbaumw. Ägypten[1])	0,25	7,85		90,80	0,68	0,42	—	—	
Flachs Lin bleu de Lokeren, fein gehechelt[2]) .	0,70	8,65	3,65	82,57	2,39	2,39		—	
Flachs, Wallonischer .	1,32	10,70	6,02	71,50	9,41	2,37	—	—	—
Roh. Flachs[3])	1,00	—	—	65—70	20—25	—		—	—
Hanf . .	0,82	8,88	3,48	77,70	9,31	0,56	—	—	—
Jute, fast farblos[4]) . . .	0,68	9,93	1,03	64,24	24,41	0,39	—		
Jute, rehfarben[4]) .	—	9,64	1,63	63,05	25,36	0,32	—	—	—
Jute, cuttings, braun . .	—	12,58	3,94	61,74	21,29	0,45	—	—	—
Kapok roh .	3,58	8,6—9,3	—	64,3—71,1		5,77	—	8,18	23—25

[1]) Bowman: The structure of cotton fibre, S. 147. London 1908.

[2]) und [3]) Tassel: Revue générale des matières colorantes Bd. 4, S. 127, 1900, zitiert in Schwalbe, C. G.: a. a. O. S. 477.

[4]) Müller, H.: Ber. über die Weltausstellung Wien 1873, Abt. Pflanzenfaser, S. 59. Schwalbe, C. G.: Die Chemie d. Zellulose, S. 392. Berlin 1911.

Flachszellulose ist nach der Vollbleiche ebenso zusammengesetzt wie die Baumwollzellulose, aber leichter angreifbar durch Salzsäure, indes weniger empfindlich gegen konzentrierte Schwefelsäure[1]). Sie wird von alkalischen Agentien (Soda) und von Chlorkalk leichter angegriffen, und adsorbiert aus einer Kupfersulfatlösung etwa doppelt soviel Kupfer als Baumwollzellulose. Die Angaben über Verhalten gegen Farbstoffe sind nicht übereinstimmend, so die mit Methylenblau[2]). Kochenilletinktur färbt Baumwolle heller, Leinen violett; Krapptinktur Baumwolle hellgelb, Leinen orange. Mit Fuchsin gefärbte Baumwolle wird durch Ammoniak rascher entfärbt.

13. Unterscheidung von Baumwolle und Kapok.

Kapok sind die Haare von Wollbäumen, Bombaceen, hauptsächlich von *Ceiba pentandra*. Die Haare sitzen **nicht** an den Samen, sondern an der Wand der gurkenförmigen Kapsel, lösen sich zur Reifezeit ab und hüllen die erbsengroßen schwarzgrünen Samen ein. Sie eignen sich wegen ihrer Kürze und Dünnwandigkeit nicht zum Verspinnen. Die Haare sind sehr dünn, höchstens 25 μ dick, auch die Wand ist bedeutend dünner als bei Baumwolle, kaum 2 μ dick.

An der Basis ist die Wand mehr oder weniger deutlich netzaderig verdickt (Abb. 62 nach Hanausek).

Wegen ihres Luftgehalts und großen Fett- und Wachsgehalts sind sie schwer benetzbar und dienen zu Rettungsgürteln usw. Hauptsächlich werden sie aber zum Polstern von Kissen usw. gebraucht. Die Haare haben Seidenglanz und sind von Farbe weißlich gelb, so der von mir untersuchte Togo-Kapok, bis bräunlich. Sie sollen wegen eines Bitterstoffs Wanzen usw. abhalten.

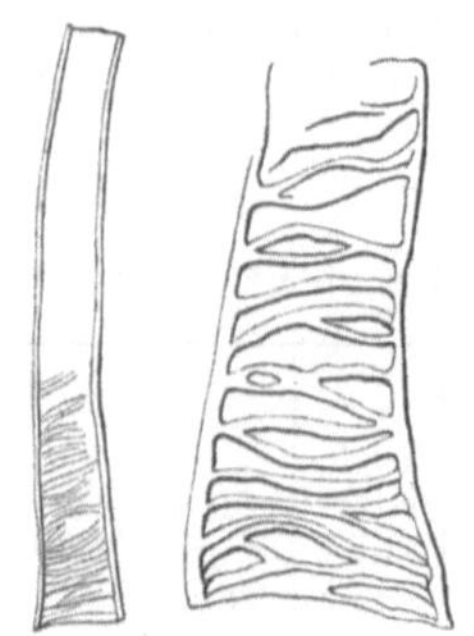

Abb. 62. Unteres Ende eines Kapokhaares. Nach Wiesner. *A* 250/1.   *B* 600/1.

14. Faktoren, die den Ertrag an reiner Baumwolle bedingen.

H. N. Leake untersuchte die Faktoren, welche den Ertrag an reiner Baumwolle, das Ginning Percent, bedingen[3]).

Unter Ginning Percent versteht er die Zahl der Pfunde Lint (d. h. reine Baumwolle), die von 100 Pfund Samenbaumwolle beim Entkörnen (ginning) erhalten werden. Dies Verhältnis, das bekanntlich im Durchschnitt auf 33% angenommen wird, ist sehr wichtig; denn der Preis der Samenbaumwolle ist proportional dem Lintertrag. - In den „Vereinigten Provinzen" Ostindiens, in denen Leake Economic Botanist to the Government war, besteht z. B. die Baumwolle aus einer Mischung verschiedener Typen von Gossypium neglectum Todaro (G. neglectum Tod. ist G. arboreum var. neglectum Watt), und die Ertragsgrenze ist 30—33%; aber bessere, durch Auslese daraus er-

---

[1]) Herzog, Alois, a. a. O. S. 12.

[2]) Chem. Zeitg., Bd. 33, S. 197 (1909).

[3]) Leake, H. M.: A preliminary note on the factors controlling the Ginning Percent of Indian Cottons, in Journ. of Genetics, Vol. IV, Nr. 1, S. 41—47, Cambridge. — Juni 1914. Siehe auch Leake and Parr: Agric. Journ. of India, Vol. VIII.

haltene Typen geben an 41%. — Sorten von G. cernuum Tod. (G. cernuum Tod. ist G. arboreum var. assamicum Watt) brachten sogar 44—45%, dagegen G. indicum Lam. (G. indicum Lam. ist G. Nanking Meyen) und G. arboreum L. Spec. plant. nur 25—26%. — G. indicum gibt die Bami-Baumwolle von Zentralindien, die vielleicht die beste aller ostindischen ist; G. arboreum ist die heilige ausdauernde Baumwolle, die jetzt nur noch in der Nähe von Hindutempeln gefunden wird. G. intermedium Gammie, eine Mischsorte in Allahabad und dem Westen von Bengalen, gibt sogar nur 15%. (Der Name G. intermedium ist schon vergeben durch Todaros G. intermedium, das Watt für G. arboreum var. neglectum Watt erklärt.)

Das Ertragsprozent beim Entkörnen (ginning percent) hängt direkt ab vom Gewicht der Samen und dem des Lint. Bei Kreuzungen von zwei Typen, die jede nur 25—26% gaben, fand man bei Formen, die isoliert wurden, einerseits bis 36, andererseits aber nur 18%.

Die Dichtigkeit wird bedingt durch die Zahl der Fasern (der Haare) auf einer bestimmten Fläche des Samens. — Das Volumen des Samens beeinflußt das Gewicht des Samens und das der Faser. Das Gewicht des Samens variiert mit dem Radius des Samens in der 3. Potenz, das Gewicht des Lint dagegen, wenn die Dichtigkeit konstant bleibt, aber mit der Oberfläche des Samens, der 2. Potenz des Samenradius. Folglich wird das Entkörnungsprozent zunehmen, wenn das Volumen des Samens abnimmt. Die Zahl der Fasern wird wahrscheinlich früh, schon bei der Entwicklung des Ovulums, der Samenanlage, bestimmt[1]), während das Volumen und damit die Oberfläche und die Dichtigkeit erst später sich ausbilden. Es ist deshalb ratsamer, die Zahl der Fasern, die von einem einzigen Samen ausgehen, zu benutzen als die Zahl für die Dichtigkeit der Fasern.

Das Entkörnungsprozent ist die Resultante von wenigstens 4 Charakteren: 1. Volumen des Samens, 2. spezifisches Gewicht des Samens, 3. Zahl der Fasern (Haare), die aus einem einzigen Samen entspringen. Diese drei mögen einfache Charaktere (Faktoren) sein, während 4. das Gewicht der einzelnen Fasern augenscheinlich ein komplexer Charakter ist. Da meist 8 Samen in einem Fach sind, spielt auch der gegenseitige Druck eine Rolle.

Methoden. Als „Einheit" bezeichnet Leake die Samenbaumwolle aus einer gesunden Kapsel. Von dieser Probe werden ungefähr 2000 Fasern abgezählt und gewogen. Die übrigbleibende Baumwolle wird mit einer kleinen Handentkörnungsmaschine entfernt und das Gewicht von Lint und Samen, sowie die Zahl der Samen bestimmt. Volumen und spezifisches Gewicht werden durch Verdrängung von Wasser ermittelt. Die so erhaltenen Daten geben an:

1. Gewicht einer bekannten Zahl von Fasern,
2. Gewicht der sämtlichen Fasern,
3. Gewicht des Samens,
4. Zahl der Samen,
5. Volumen des Samens.

Das spezifische Gewicht schwankt sehr, selbst bei ein und derselben Probe, es hängt von der Reife ab, Leake hat einheitlich 1,10 angenommen.

---

[1]) Schon die Samenanlage ist dicht mit Papillen, die dann zu Haaren auswachsen, besetzt. Siehe Abb. 6, S. 23.

Es bleiben demnach 3 Charaktere: 1. Volumen des Samens, 2. Zahl der Fasern von einem einzigen Samen, 3. Gewicht der einzelnen Fasern (bzw. von 1000 Fasern).

Sorte Nr.	Samenvolumen Kubikmillimeter	Zahl der Fasern an einem Samen in Tausenden	Fasergewicht von 1000 Fasern in Milligramm	Entkörnungsprozent	Nr.
1	67	1,2	3,1	11	1 ist eine Sorte aus China,
2	66	2,9	7,4	23	2 eine F^7-Pflanze
3	45	3,3	6,6	30	3 G. arboreum
4	67	3,3	10,5	31	4 eine Sorte aus China
5	36	5,2	3,7	34	5 G. neglectum, gelb blühend
6	62	7,6	5,9	40	6 do. weißblühend
7	42	6,3	5,9	44	7 do. „

In vorstehender Tabelle ist das Volumen des Samens in Kubikmillimetern, die Zahl der Fasern (der Haare) an einem einzelnen Samen in Tausenden und das Gewicht von 1000 Fasern in Milligramm angegeben.

Die Charaktere: 1. Entkörnungsprozent, 2. Zahl der Fasern pro Samen, 3. Gewicht von 1000 Fasern, 4. Volumen des Samens, bilden eine dicht verbundene Gruppe, in welcher die Variation in einem Charakter sehr stark sich ausprägt durch die Variation in einem oder anderm der übrigen 3 Charaktere. — Nur ein Faktor, nämlich die Zahl der Fasern pro Samen hat einen merklichen Einfluß auf den Wert des Entkörnungsprozent.

Eine hohe negative Korrelation zwischen Entkörnungsprozent und Volumen zeigt die Gültigkeit des Schlusses, der oben a priori gezogen wurde, daß das Entkörnungsprozent zunimmt, wenn das Volumen abnimmt.

Die hohe negative Korrelation zwischen der Zahl der Fasern pro Samen und dem Gewicht von 1000 Fasern scheint anzuzeigen, daß die Fläche, in welcher sich die Faser entwickeln kann, begrenzt ist, daß eine Zunahme in der Zahl begleitet sein muß von einer Verminderung in dem Raum, den jede einzelne Faser einnimmt.

Während Variationen in der Zahl der Fasern pro Samen einen direkten Einfluß auf den Wert des Entkörnungsprozents haben, wird Variation im Fasergewicht und Volumen des Samens nur eine kleine Wirkung in der Korrelation zwischen diesen und der Zahl der Fasern pro Samen haben.

Hauptergebnis: Das Entkörnungsprozent ist ein komplexer Charakter. Die Variation hängt fast vollständig ab von der Variation, die gefunden wird in den 3 Charakteren: 1. Zahl der Fasern pro Samen, 2. Gewicht der einzelnen Fasern, 3. Volumen des Samens.

Daraus folgt, daß die Bestimmungen der letzten Ursache der Variation im Entkörnungsprozent nicht direkt gemacht werden können. Diese müssen indirekt gesucht werden durch ihre Einwirkung auf die drei Charaktere und besonders auf die Zahl der Fasern pro Samen.   Beispiel:

	Ungefähre Zahl der Fasern pro Samen	Maximum des Fehlers
Einzelpflanzenkultur Type 91	4561	762
Feldernte von Type 9	6279	2761

Wegen der Typen siehe Leake in Journ. of Genetics, Vol. I, Nr. 3 S. 209—211. 1911.

15. Baumwollsamen.

Nach Wiesner[1]) ist der Ertrag von 1 ha bei guter Kultur 1000 kg Samen. Über den anatomischen Bau gibt es eine reiche Literatur. Die neueste Arbeit stammt von Mantaro Kondo[2]) am Ōhara Institut in Kuraschiki 1925, der außerdem noch verwandte Samen, Abelmoschus Manihot Med., A. esculentus Mey. (Bamieh), Hibiscus cannabinus, L., H. Sabdariffa L. und Abutilon avicennae Gaertn. beschreibt. Hauptsächlich hat er japanische Baumwollsorten untersucht, aber auch einige andere. Dabei dehnte er seine Untersuchungen auch auf die jungen Keimpflanzen aus. — — Er fand ferner, daß die Palisadenzellen sich gegenüber Phlorogluzin und Salzsäure verschieden verhalten, je nachdem sie mehr oder weniger verholzt sind, sie färben sich hellrot bis kirschrot, bei Upland-Sorten in der äußern Hälfte rot, in der innern gelb. Hanausek gab letzteres als für alle Sorten gültig an.

Die Form des Baumwollsamens erkennt man am besten an nackten Samen, z. B. Gossypium barbadense. Er ist umgekehrt eiförmig und endet am unteren Ende in eine mehr oder minder kurze Spitze, dem Rest des Nabelstranges[3]). In dieser Spitze liegt auch das Würzelchen des Embryos und die Mikropyle. Vgl. Abb. 63. Der Same besteht aus 1. der Samenschale, 2. dem darunterliegenden Nährgewebe, das nur zwei dünne Schichten bildet, von denen die äußere als Perisperm, die innere als Endosperm aufgefaßt wird, und 3. dem großen Embryo. Dieser nimmt fast den ganzen Raum ein und fällt durch seine gefalteten Keimblätter sowie durch die vielen schwarzen Punkte, die Harzdrüsen, sehr auf (Abb. 63—66).

Die Größe der Samen schwankt zwischen 7—9 mm in der Länge, 4,5 bis 5,6 mm in der Breite und 4,1—4,9 mm in der Dicke, das Tausendkorngewicht zwischen 60,4 und 113,8 g, die Länge der Spitze zwischen 1,3—1,9 mm (nach Kondo). Die Zahlen schwanken selbst bei derselben Art, ja an den Samen in derselben Kapsel.

Kondo gibt S. 575 folgende Tabelle:

Arten	Länge mm	Breite mm	Dicke mm	Tausend-korn-gewicht g	Spezifisches Gewicht	Länge des Nabelstrangs mm
Japanische Baumwolle (G. herbaceum)	7,0 (5,9—7,6)	4,7 (4,0—5,1)	4,3 (3,7—4,6)	69,3	1,033	1,4
Chinesische Baumwolle (G. Nanking)	6,7 (5,6—7,4)	4,5 (3,8—5,0)	4,1 (3,5—4,6)	60,4	1,070	1,3
Amerikanische Upland (G. hirsutum)	9,1 (7,8—9,9)	5,6 (4,7—6,0)	4,9 (4,1—5,1)	113,8	0,991	1,9
Ägyptische Sea Island (G. barbadense)	8,9 (7,7—9,7)	5,4 (4,7—5,6)	4,9 (4,3—5,3)	110,6	1,008	1,6

Danach hat die chinesische Baumwolle die kleinsten Samen, wie sich besonders aus dem Tausendkorngewicht ergibt. Ihr sehr nahe steht die

---

[1]) Wiesner: Rohstoffe, 3. Aufl., S. 760. Leipzig 1921.

[2]) Kondo, Mantaro: Über die in der Landwirtschaft Japans gebrauchten Samen. V. Teil. In: Berichte des Ohara Instituts für landwirtschaftliche Forschungen in Kuraschiki, Provinz Okayama, Japan. Bd. II, Heft 5, S. 559—576 m. Abb. 49—53. — Kuraschiki, Verlag der Ōhara Schōnōkwai 1925.

[3]) Kondo erklärt die Spitze für den Rest des Samenstranges, des Funiculus. Siehe darüber weiter unten S. 255.

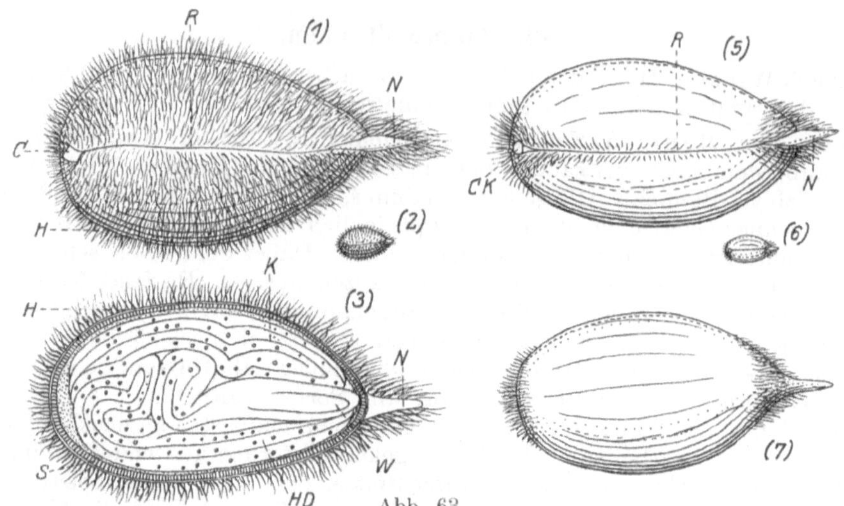

Abb. 63.

(1) bis *(3)* Japanische Baumwollsamen, Gossypium herbaceum. *(5)* bis *(7)* Chinesische, G. Nanking.
(2) u. *(6)* natürliche Größe. *(1)* u. *(5)* Rapheseite. *(3)* Längsschnitt. *(7)* Rückensei e.
C u. CK Chalaza (innerer Nabel). H Grundwolle. HD Harzdrüsen. K Kotyledonen. N Nabelstrang.
R Raphe. S Samenschale. W Würzelchen.   Nach Kondo.

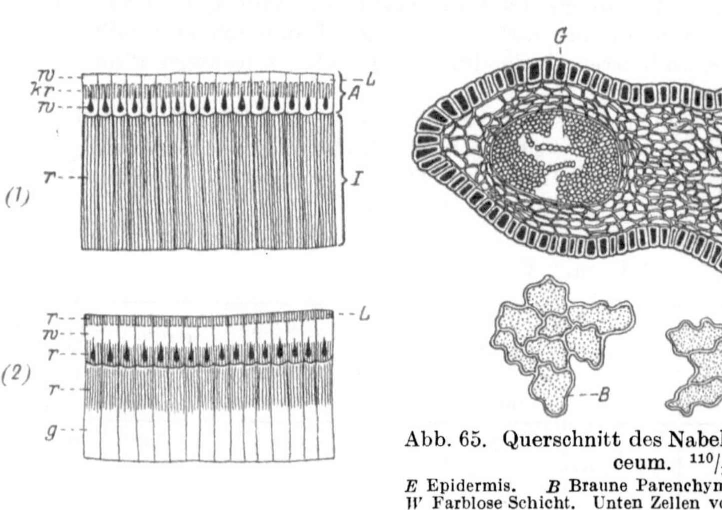

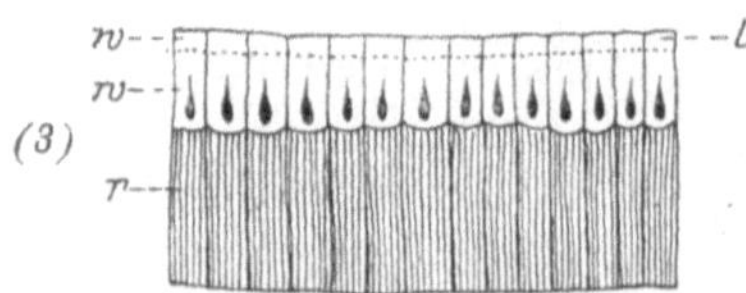

Abb. 64. Farbenreaktionen der
Palisadenzellen der Samenschale
mit Phlorogluzin-Salzsäure.

(1) Totschigi-aoki, japanische Baumwolle,
G. herbaceum.
(2) Christopher's Improved, amerikanische
Upland, G. hirsutum.
(3) Mitafifi, ägyptische B.. G. barbadense.

A Äußerer Teil der Palisadenzelle. I Innerer Teil. L Lichtlinie — w weiß. kr (soll
heißen hr) hellrot, r kirschrot, g gelblich-
braun. Nach Kondo.

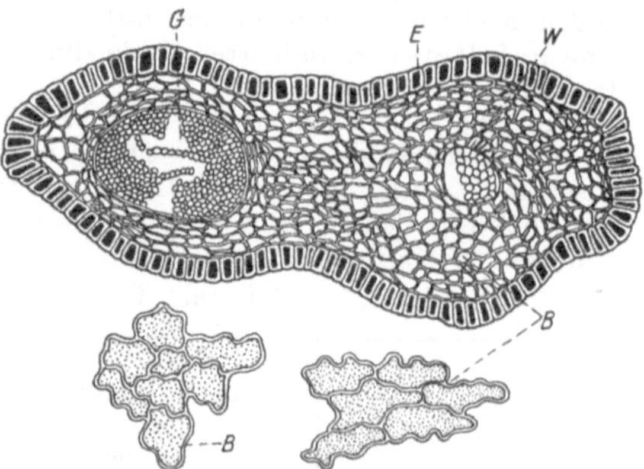

Abb. 65. Querschnitt des Nabelstranges von G. herbaceum. $^{110}/_1$.

E Epidermis.   B Braune Parenchymschicht.   G Gefäßbündel.
W Farblose Schicht. Unten Zellen von B. Flächenansicht. $^{800}/_1$.
Nach Kondo.

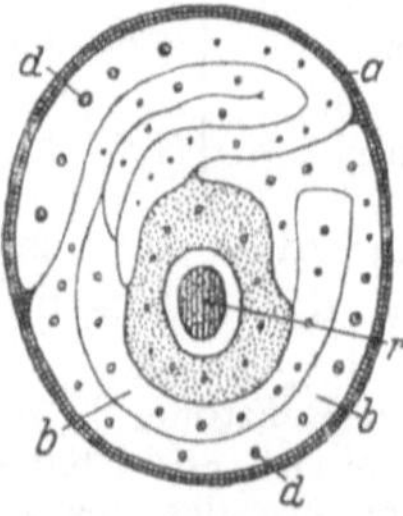

Abb. 66. Lupenbild eines querdurch-
schnittenen Baumwollsamens.

a Samenschale. b Keimblätter, d Sekretbehälter
(Harzdrüsen). r Würzelchen. Nach Hanausek.

japanische, während G. hirsutum und G. barbadense fast das Doppelte im
Gewicht erreichen. Auffallend ist mir, das G. hirsutum höher im Gewicht als
G. barbadense ist. Letztere hat nach meinen Messungen meist 9 mm Länge
bei 5 mm Durchmesser.

Anatomie des Samens.

A. Samenschale. Die Samenschale vieler Baumwollarten, so der japanischen Baumwolle, G. herbaceum, ist mit Grundwolle, dem Filz, dicht
bedeckt, ebenso bei der amerikanischen Upland, G. hirsutum, und bei
der Nanking-Baumwolle, G. Nanking. Bei
letzterer sollen nach Kondo einige Sorten
nackt sein (was auch bei Upland vorkommt).
Die Farbe des Filzes ist meistens grau, doch
kommt auch braun und hellgrün, letzteres bei
Texasbaumwolle, vor. Die Schale selbst ist
schwarzbraun, die nackten Samen von G. barbadense und brasiliense haben meistens an den
beiden Enden ein Büschel brauner Haare (siehe
auch unsere Abb. 63 (5), (7)), und von dem
spitzen Ende zieht sich auf einer Art Kante die
Samennaht, die Raphe, hinauf zum stumpfen
Ende und verbreitert sich dort zum inneren
Nabel, der Chalaza, die äußerlich kaum sichtbar ist (vgl. Abb. 6 und 63 bis 65, 67).

Die Samenschale ist 300—400 μ dick und
besteht aus 5 Schichten: 1. der Epidermis, 2. der
äußeren braunen Schicht, 3. der farblosen Schicht,
4. der Palisadenschicht, der mächtigsten von
allen, 5. der inneren braunen Schicht.

1. Die Epidermis, die Oberhaut, besteht
aus dickwandigen, im Querschnitt fast quadra-
tischen oder rechteckigen Zellen, die gelb gefärbt und mit braunem Gerbstoff erfüllt sind.
Kondo gibt ihre Höhe bei G. herbaceum zu
33 μ an. Viele derselben wachsen zum Filz
oder zu den langen hohlen Haaren aus, deren
meist weiße Farbe in auffallendem Gegensatz zu den Gerbstoff führenden Oberhautzellen
steht.

2. Die äußere braune Schicht, die erste
Pigmentschicht Hanauseks, ist 37 (28 bis
45) μ dick und besteht aus 3—6 Reihen Parenchymzellen, die mit Gerbstoff erfüllt sind. An
der Rapheseite zieht sich durch diese Schicht
das Gefäßbündel der Raphe. In der Gegend
der letzteren ist die braune Schicht zu 90 μ
verdickt.

3. Die farblose oder Kristallschicht
ist 14 μ dick und besteht aus 1—2 Reihen

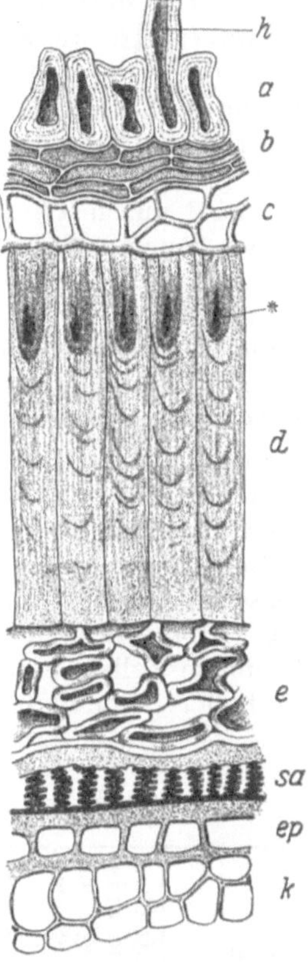

Abb. 67. Gossypium herbaceum.
Teil eines Querschnitts durch die
Samenschale und das Endosperm.
Nach Hanausek.

a Epidermis mit Haarbasis *h*, *b* erste
Pigmentschicht, *c* farblose oder Kristallschicht, *d* Palisadenschicht, bei * das
Lumen (die Bögen zeigen, daß der Schnitt
anscheinend etwas schräge geführt ist);
e zweite Pigmentschicht, die großen Inter-
cellularräume sind nur an einer bestimmten, inselartig isolierten Stelle der Samenschale (der Chalaza?) vorhanden;
sa Fransenzellen (Nucellarepithel); *ep* erste
Schicht des Endosperms, *k* dünnwandige
Endospermzellen. $^{300}/_1$.

kleiner farbloser, verholzter Zellen. Bei ägyptischer Sea Island ist diese
Schicht viel dicker. Nach Hanausek enthalten die Zellen oft Kalzium-
Oxalatkristalle in Rhomboederform oder eine körnige Masse.

4. Die **Palisadenschicht** ist die dickste und charakteristischste von allen. Sie ist sehr hart und stellt das mechanische Element des Samens dar. Nach **Kondo** sind die Zellen 243 μ (229—264 μ) lang und ca. 14 μ dick, bei chinesischer Baumwolle 13—14 μ dick, bei amerikanischer Upland 14—17, bei ägyptischer Sea Island, Gossypium barbadense, aber 15—18 μ. — Am äußersten Teil tritt eine „Lichtlinie" als weißer Streifen auf. Scheinbar besteht die Palisadenschicht aus zwei Stockwerken, einem niedrigen oberen von etwa $\frac{1}{4}$–$\frac{1}{3}$ der ganzen Palisadenlänge, und einem höheren unteren. Der obere, ca. 66 (61—73) μ hohe Teil der Zellen hat farblose Wände und ein enges Lumen, das sich nach unten erweitert; die Zellen sind hier mit gelbem Inhalt erfüllt und ihre Wände unverholzt, teilweise aber nach **Kondo** doch verholzt. Im unteren Teil sind die Palisadenzellen so stark verdickt, daß gar kein Lumen übrig bleibt. Sie sind ca. 177 (164—201) μ hoch, braungelb oder gelblich weiß und stark verholzt, nach **Hanausek** ist nur ihr oberer Teil verholzt, so daß von den ganzen Palisadenzellen nur der mittlere Teil verholzt ist. Nach **Kondo** wird durch Phloroglucin und Salzsäure bei G. hirsutum die äußere Hälfte des inneren Teils rot, die innere Hälfte gelb, bei allen anderen untersuchten Arten wurden beide Hälften rosa bis kirschrot. — In der Aufsicht erscheint die Zellwand in der Gegend des Lumens mit zahlreichen zahnartigen Vorsprüngen versehen, die demnach einer Längsleistenverdickung entsprechen (**Hanausek**) und einen festen Zusammenhang geben. Über das Verhalten dieser Zellen im polarisierten Licht und die Lichtlinie vgl. v. **Bretfeld**[1]).

5. Unter der Palisadenschicht liegt die innere braune Schicht, die **zweite Pigmentschicht**, in Wasser ca. 56 (41—60) μ dick, aus wenigen Reihen dunkelbrauner, in der Flächenansicht polygonaler Zellen zusammengesetzt. In der Chalazagegend ist die Samenschale wie mit einem Pölsterchen verdickt und daselbst nimmt die Pigmentschicht den Charakter eines **Schwamm**- oder **Sternparenchyms** mit zahlreichen Interzellularen an; die unregelmäßig-sternförmigen Zellen besitzen dicke helle Wände und tiefbraunen Inhalt. Ein dünner heller Streifen bildet den Abschluß der Samenschale.

Dicke der Samenschale.

Aus **Kondos** Tabelle 69, a. a. O. S. 567.

Sorten	Gesamtdicke der Epidermis + braune Schicht + farblose Schicht (also 1—3)	Länge der Palisadenzellen		Dicke der inneren braunen Schicht (in Wasser)	Gesamtdicke der Samenschale	Prozentsatz des Samenschalengewichts zum Samengewicht
		Äußerer Teil	Innerer Teil			
5 japanische (G. herbaceum)	83 μ	66 μ	177 μ	56 μ	**382 μ**	53,8
6 chinesische (G. Nanking)	72 μ	59 μ	162 μ	93 μ	**386 μ**	48,4
4 amerikanische (Upland, G. hirsutum)	61 μ	63 μ	122 μ	45 μ	**291 μ**	41,7
3 ägyptische (G. barbadense, von Sea Island abstammend)	89 μ	65 μ	116 μ	81 μ	**351 μ**	38,0

[1]) v. **Bretfeld**: Journ. f. Landwirtschaft, XXXV, S. 46—47. 1887.

Hieraus folgt:

1. Die Samenschale der japanischen und der chinesischen Baumwolle ist sehr dick, die der amerikanischen Upland sehr dünn, die der ägyptischen hält etwa die Mitte.

2. Infolgedessen ist der Prozentsatz des Schalengewichts zum Samengewicht bei japanischer und chinesischer Baumwolle sehr groß, bei Upland und G. barbadense (Sea Island) sehr klein.

3. Während die Länge des äußeren, unverholzten Teils der Palisadenzellen bei allen Arten ziemlich gleich ist (ca. 60 μ), ist die Länge des inneren verholzten Teils bei japanischer und chinesischer ca. dreimal länger als der äußere Teil (ca. 170 μ), bei Upland und Sea Island nur ca. zweimal länger, ca. 120 μ. — Hieraus erklärt sich, daß die Schale der japanischen und chinesischen Baumwollen beim Zerschneiden sehr hart, die der beiden anderen Arten sehr weich ist, für die Ölgewinnung ist eine harte Schale sehr unvorteilhaft.

Kondo gibt in seiner Tabelle 70 eine Übersicht über die Verholzung der Palisadenzellen nach den Farbenreaktionen, die einerseits Phlorogluzin und Salzsäure, andererseits Chlorzinkjod hervorrufen. Phlorogluzin und Salzsäure färbt die unverholzten Teile gar nicht, die verholzten rot. Chlorzinkjod färbt die unverholzten blau, die verholzten gelblich braun. Wir müssen auf diese ausführliche Tabelle verweisen, geben aber seine diesbezügliche Abbildung in Abb. 64 wieder. Es erscheint notwendig, noch mehr Arten bzw. Sorten zu prüfen.

Die auf obige Nr. 5, zweite Pigmentschicht, folgenden Schichten sind im reifen Samen mit den beschriebenen nicht verbunden. Hanausek schreibt darüber in Wiesner, Rohstoffe:

Von dem Samenkern läßt sich ein dünnes Häutchen ablösen, das aus 2 Gewebelagen gebildet wird. Die äußere besteht aus einer Reihe von Zellen, die in der Flächenansicht polygonal sind, im Querschnitt einen viereckigen Umriß besitzen und deren Wände durch höchst eigentümliche Verdickungsformen ausgezeichnet sind. Die Wände zeigen nämlich fein verästelte, fransenartige Fortsätze, die, insbesondere im Querschnitt, an die von einem Pilzlager abstehenden Hyphen erinnern.

Solche Fransen finden sich auch bei Kapoksamen (Bombax sp.) und an den Samen anderer Malvaceen und Bombaceen[1]. — Nach Lohde[2] ist diese Schicht ursprünglich die Epidermis des Nucellus und stellt demnach einen Perispermrest dar. Mit ihr verbunden ist das Endosperm; dort, wo dieses die Keimblätter einschließt, ist nur eine Reihe derbwandiger, farbloser kubischer Zellen, in der Gegend des Würzelchens aber ist die Schicht vielreihig.

In der Gegend des Würzelchens enthalten die Zellen nebst Ölplasma noch Häufchen kleiner Stärkekörner.

B. Keimblätter. Die Keimblätter haben ein bifaziales Mesophyll, das von einer kleinzelligen, mit Spaltöffnungsanlagen und Trichomen versehenen Oberhaut bedeckt ist. Die Trichome sind kurze, mehrzellige, mit einer schmalen Fußzelle beginnende Gebilde, die an die Mitscherlichschen Körperchen des Kakaosamens

---

[1] Hanausek in Moeller u. Thoms: Realenzyklopädie usw. 2. Aufl., IX, S. 467.

[2] Lohde: Über die Entwicklungsgeschichte und den Bau einiger Samenschalen. Inaug.-Diss. Leipzig 1874, S. 35.

erinnern. Am reichlichsten treten sie auf der Achse auf, an jener Stelle, wo die Keimblätter inseriert sind[1]).

Das Mesophyll hat zwei Palisaden-Zellreihen und im Parenchym rundliche, mit sehr kurzen Fortsätzen versehene Zellen, Prokambiumstränge und zahlreiche bis 100 μ im Durchmesser haltende kugelrunde lysigene Sekretbehälter (Harzdrüsen[2]). Letztere besitzen ein Epithel, das in seiner äußeren Partie aus tangential abgeplatteten, sehr dünnwandigen Zellen, in seiner inneren, das Sekret umhüllenden aus einer verschleimten Schicht besteht, in welcher noch Zellwandreste beobachtet werden können.

Nach Zusatz von Salzsäure und Kalilauge läßt sich die verschleimte Schicht als ein gelbliches, faltig geschichtetes Gewebe sichtbar machen.

Die Sekretbehälter sind gänzlich mit einem grünlich-schwarzen, opaken Inhalt erfüllt, der schon makroskopisch als schwarzes Pünktchen wahrgenommen wird. — Da die Schleimschicht in Wasser löslich ist, so fließt das Sekret in Wasser in Gestalt einer dicken Emulsion aus, die in einer farblosen Masse dunkle Körnchen in lebhafter Molekularbewegung zeigt. In Chlorzinkjod wird das Sekret rotbraun, in konzentrierter Schwefelsäure löst es sich zu einer dicken Flüssigkeit von trüb blutroter Farbe. In Ammoniak und in Kalilauge wird es grün oder gelblich.

Die Mesophyllzellen sind reich an Ölplasma und Aleuronkörnern. Zahlreiche Zellen enthalten je eine Druse von Kalziumoxalat.

Chemische Zusammensetzung des Baumwollsamens: 19—23% Stickstoffsubstanz, nach König im Mittel 20,16%; fettes Öl 23,6% nach Voelker. Asche 6,7—7,8%, nach Wagner-Clement nur 3,8%.

Nach Fingerling in Mentzel u. v. Lengerkes Landw. Kalender 1927, I.T. S. 124 ist die Zusammensetzung folgende:

Trockensubstanz 90.	Rohnährstoffe	verdauliche Nährstoffe
Rohprotein	21,2	14,5
Rohfett	25,8	22,4
Stickstofffreie Extraktstoffe	19,3	9,6
Rohfaser	19,3	14,7
Asche (in Baumwollsamenkuchen)	6,56	—

Wertigkeit 94 (Vollwertigkeit 100), verdauliches Eiweiß 13, Stärkewert 84,9 kg für 100 kg.

Kondo gibt S. 571 eine Beschreibung der am unteren Ende vortretenden Spitze, die er als Nabelstrang, Funikulusrest ansieht. Nach meiner Meinung ist das eine Tasche oder ein Trichter, in den die Spitze des Würzelchens hineinragt (Abb. 63, 65). Er sagt:

Von dem Mikropylende springt der Nabelstrang, Funikulusrest, geradlinig vor. Er ist schwarz oder braunschwarz, sehr hart und fest gebaut und 1,1—2,0 mm lang. Im Querschnitt ist er nicht rundlich, sondern unregelmäßig geformt und zusammengedrückt. Die Epidermiszellen sind genau so gebaut wie die der Samenschale. — Das innere Gewebe besteht aus zartwandigen, unregelmäßig sternförmigen Parenchymzellen, welche von braunem Inhalt erfüllt sind. Dieses Gewebe ist eine Fortsetzung der äußeren braunen

---

[1]) Abb. bei T. F. Hanausek: Technische Mikroskopie, S. 365—366, Fig. 201—203.

[2]) Den lysigenen Charakter hat auch v. Höhnel nachgewiesen; vgl. dessen Anatomische Untersuchungen über Sekretionsorgane der Pflanzen. Sitzungsber. d. Wiener Akad. d. Wiss. 1881, I, 84, S. 566—578.

Schicht der Samenschale. Durch dieses braune Gewebe läuft ein Gefäßbündel, welches eine Fortsetzung des Gefäßbündels der Raphe, richtiger wohl der Anfang des letzteren ist. Das Gefäßbündel befindet sich nicht in der Mitte des Querschnitts, sondern nahe am Rande. Ebenda befindet sich eine Gruppe von farblosen Zellen, welche eine Fortsetzung der farblosen Schicht der Samenschale ist.

Nach obiger Schilderung Kondos wird man das ganze Gebilde als ein reduziertes Stück der Samenschale, die das Würzelchen bzw. die Raphe umgibt, auffassen können.

Kondo beschreibt auch die Keimpflanzen, die im wesentlichen bei allen übereinstimmen. Die beiden Kotyledonen (Keimblätter) sind groß, nierenförmig, im Minimum (bei G. herbaceum) etwa 2 cm lang und 1 cm breit, grün, schwarz punktiert und unbehaart. Das hypokotyle Glied ist dagegen immer behaart und schwarz punktiert, seine Farbe ist bei den einzelnen Arten, ja selbst bei den verschiedenen Sorten einer Art verschieden, weiß, grün, aber auch rot. Letzteres bei einigen japanischen und chinesischen Sorten und immer bei Upland, G. hirsutum, und ägyptischer Baumwolle, G. barbadense, hier hellrot. Bei letzterer ist das erste Laubblatt kahl, wie alle übrigen, bei allen anderen behaart. Meist ist das erste Laubblatt eiförmig und nicht gelappt, doch kommen auch Andeutungen von Lappung vor.

Literatur über Baumwollsamen.

Außer Kondo und Wiesner, die im Text angeführt sind, geben wir folgendes Verzeichnis nach Kondo, a. a. O. S. 560, und Wiesner, III. Bd., 3. Aufl., S. 760. 1921.

Kobus, I. D.: Kraftfutter und seine Verfälschung. Landw. Jahrbücher XIII, S. 835. 1884.

Harz, C. O.: Landw. Samenkunde, S. 737—743. 1885.

v. Bretfeld: Anatomie des Baumwollen- und Kapoksamens, Journ. f. Landwirtschaft Jahrg. 35, S. 29—51. 1887.

Berg: Atlas zur pharmazeutischen Botanik.

Hanausek, T. F.: Zur mikroskopischen Charakteristik der Baumwollsamenprodukte. Zeitschr. d. allg. österr. Apotheker-Ver. 1888, S. 26, 569, 591.

Hanausek, T. F.: Lehrbuch der technischen Mikroskopie 1901.

Hanausek, T. F.: Samen und Früchte in Wiesner, Die Rohstoffe des Pflanzenreichs, III, S. 760—765. 1921.

Böhmer, C.: Kraftfuttermittel, S. 536—574. 1903.

Voelcker: Methods of discriminating between Egyptian and Bombay cotton seed cakes, Analyst 1903, S. 28, 261.

Winton, A. L.: The anatomy of certain oil seeds with especial reference to the microscopic examination of cattle foods. Report of Com. Agr. Exper. Stat. 1903, S. 180—187.

Winton, A. L.: The microscopic examination of American cotton seed cake. Analyst, XXIX, S. 44. 1904.

Moeller, J.: Mikroskopie der Nahrungs- und Genußmittel aus dem Pflanzenreich, 2. Aufl. 1905.

Wehmer, C.: Die Rohstoffe, S. 431—482. 1911.

Tschirch: Handbuch der Pharmakognosie, Bd. II, Abt. 1, S. 738.

Greenish: Note on the structure of cotton seed. Festschrift A. v. Vogl (Wien) 1904, S. 45.

Wagner, H. und J. Clement: Zur Kenntnis des Baumwollsamens und des daraus gewonnenen Öles. Zeitschr. f. Untersuchg. d. Nahrungs- u. Genußmittel 15, S. 826. 1908.

16. Mikroskopische Erkennung der Baumwollarten.

R. Haller gibt in seiner Schrift: Mikroskopische Diagnostik der Baumwollarten[1]) eine ausführliche Anleitung zur Erkennung der Baumwollarten in Bruchstücken der Blätter und der Samenschalen, wie sie mitunter in Rohbaumwolle, ja selbst im Rohgespinst und Rohgewebe vorkommen. Er nennt sie einen „Versuch einer Diagnostizierung", und von diesem Gesichtspunkte aus ist die Arbeit sehr zu begrüßen. Es ist aber zu bemerken, daß die Diagnosen nach Blättern aus Herbarien und nach ganzen Samen gemacht sind, nicht nach wirklich in der Baumwolle gefundenen Bruchstücken. Da das Verfahren geprüft werden muß und weiter ausgebildet werden kann, geben wir es genauer an. In der Anordnung der Spezies und Varietäten folgt Haller Watt, The wild and cultivated Cottonplants of the World.

Hallers Präparationsmethoden.

1. Blattfragmente. Die trockenen Blattfragmente werden zunächst in einem Reagenzglase mit kochendem Wasser behandelt, um sie weich zu machen. Man gießt dann das Wasser ab, wäscht mit destilliertem Wasser nach und übergießt nun mit einer Mischung von gleichen Teilen Äther — Alkohol. Man läßt so lange einwirken, bis die Stückchen Blattgewebe vollkommen chlorophyllfrei sind. Dann gießt man die grüne bis grünbraune Lösung weg, wäscht einmal mit Alkohol, dann mit destilliertem Wasser nach und gibt die Fragmente in eine Lösung von Chlorsoda. Diese wird hergestellt durch Fällen von Chlorkalklösung von ca. 3° Baumé mit Natriumkarbonatlösung und Filtrieren. Nach 2—3 tägiger Einwirkung dieses Reagens, das unter Umständen 2—3 mal gewechselt werden muß, zeigen sich die Blatteile rein weiß. Man gießt das Natriumhypochlorit ab, wäscht die Blattstückchen mehrere Male mit destilliertem Wasser aus und überträgt sie in verdünnte Essigsäure, um jede Spur von Alkali zu entfernen. Hierauf wird wieder ausgewaschen und die Stückchen in eine Färbelösung getan.

Die Färbelösung besteht aus einer mit Essigsäure schwach angesäuerten Hämalaunlösung. Die Färbedauer ist verschieden, 1—4 Tage. Man kontrolliert den Fortschritt der Färbung am besten von Zeit zu Zeit unter dem Mikroskop. Ist die Färbung vollendet, so müssen die Gefäßbündel, Oberhautzellen und Haare deutlich dunkelblau hervortreten. Man übertrage die gefärbten Blattstückchen dann in destilliertes Wasser und lasse sie einige Zeit darin liegen.

Man kann nun schon so beobachten, aber besser ist es, daß man die Stückchen in Alkohol, dann in Xylol und von da in Xylolbalsam überträgt. Vor der Übertragung des Präparats in den Balsam teile man es in zwei Teile und kehre den einen davon um, so daß man Ober- und Unterseite des Blattes beobachten kann.

Die Drüsenhaare färben sich nicht gut, sie bleiben blaß. Um sie besser untersuchen zu können, behandle man die Blattfragmente nach Schulze mit chlorsaurem Kali und Salpetersäure in der Wärme. Auf diese Weise gelingt es, die Kutikularschicht zu isolieren. Nach gründlichem Auswaschen nimmt man einige der herumschwimmenden Kutikularfetzen mit einer Pinzette heraus und überträgt sie in eine verdünnte Lösung von Methylgrün. Nach kurzer Zeit zeigen sich die Trichome (die Haare) schön grünblau gefärbt und sind solche Präparate auch sehr gut zu mikrophotographischen Zwecken. Man überträgt derartige Präparate am besten in Glyzerin, dann in Glyzeringelatine.

Die Haare sind ziemlich mannigfacher Art. Meist trifft man Sternhaare an, die Zahl und Länge der einzelnen Arme derselben ist variabel; andere Arten haben Einzelhaare, die oft bedeutend länger sind. Die Unterseite ist meist stärker behaart als die Oberseite Die Drüsenhaare sind ziemlich klein, fünfzellig und sitzen meist in einer seichten Vertiefung der Oberhaut. Sie zeigen eine für die Malvaceen typische ovale Form (Dippel, Mikroskop II, S. 332, Abb. V) und sind in größerer oder geringerer Anzahl vorhanden, ganz aber fehlen sie keiner Spezies.

Ältere Blätter verlieren oft ihre Haarbekleidung. Man kann aber an den kreisrunden Basiszellen dann doch noch feststellen, ob ein stark oder schwach behaartes Blatt vorliegt.

2. Samenschalen. Bei den Fragmenten von Samenschalen ist besonders darauf zu achten, ob Grundwolle vorhanden ist oder nicht (letzteres z. B. bei Sea Island und ägyptischer). Auch die Farbe der Grundwolle, die von Grauweiß, Rostrot nach Smaragdgrün (wie z. B. Texas-Baumwolle) wechselt, ist für gewisse Arten typisch. (Die nacktsamigen haben aber an dem spitzen Ende des Samens stets ein Büschel kurzer Haare — das darf man nicht als Grundwolle ansehen.)

---

[1]) 52 Seiten, 6 photographische Tafeln. Wittenberg (Bezirk Halle): A. Ziemsen's Verlag 1919.

Etwa noch an der Samenschale haftende Haare der eigentlichen Baumwolle sind auch zu beachten, da ihre Farbe mitunter Anhaltspunkte gibt. Dagegen sind ihre Dimensionen leider zur Diagnostik nicht brauchbar, wie schon Wiesner gezeigt hat[1]) und Haller auch fand. Die gelbbraune Farbe mancher Haare ist wohl ursprünglich im Zellinhalt gewesen, sie läßt sich mitunter als Diagnostikum verwenden, so für Gossypium hirsutum var. religiosum Watt. Diese Färbung scheint aber sehr mit dem Klima und den Witterungsverhältnissen zusammenzuhängen, so daß z. B. eine gelblichweiße Wolle unter ungünstigen Verhältnissen rostfarbig wird[2]).

Da alle wilden Arten ein rostfarbenes Vlies haben, kann man das abnormale Auftreten dieser Farbe bei Kulturformen wohl als Atavismus ansehen.

Von größerem Wert für die Diagnostik sind die Palisadenzellen der Samenschale. Das Längenverhältnis von Lumen zum verholzten Teil der Zelle ist nach Haller für jede Art ein konstantes, vorausgesetzt, daß stets vollkommen reife Samen vorliegen. Selbst kleine Schalenstückchen liefern Tausende von Palisadenzellen.

Um letztere zu isolieren, wird am besten das Schulzesche Reagens benutzt. Man legt die Schalenteile in eine geringe Menge Salpetersäure, der man einige Körnchen Kaliumchlorat zusetzt, und erhitzt zum Kochen. Man setzt vorher einige Tropfen Wasser zu, um die Reaktion beim Erwärmen nicht allzu stürmisch werden zu lassen.

Nach dem Erwärmen bis zur Gasentwicklung läßt man stehen. In einigen Minuten sind die braunschwarzen Schalenteile gelbweiß geworden. Man wäscht nun in Wasser mehrere Male bis zur neutralen Reaktion des Waschwassers aus. Man gießt dann in ein Uhrglas etwas destilliertes Wasser, tut einige Tropfen Safraninlösung hinzu und legt einige der Teilchen hinein. Nach einigen Minuten ist die Färbung vollendet; man wäscht mit Wasser, dann mit etwas Alkohol, überträgt in Glyzerin, dann in Glyzeringelatine (diese ist auf dem Objektträger zu erwärmen). In letzterer bewirkt man durch leichten Druck auf das Deckglas die Trennung der einzelnen Zellen, die man dann als Einzelindividuum untersuchen kann.

Aus den Beschreibungen der vielen besprochenen Arten stellen wir des Vergleichs wegen nur einige Zahlen zusammen.

Öldrüsen im Gesichtsfelde bei 25facher Vergrößerung			Palisadenzellen der Samenschale		
	Zahl	Durchmesser μ	Gesamtlänge μ	Lumenlänge μ	Verhältnis der Länge zum Lumen
Gossypium arboreum	17	130—133	202	55,3	3,65
G. arboreum var. roseum	3!	80—147 Mittel 130	182	40	4,5
G. Nanking	30[3])	121	156	40	3,9
G. obtusifolium var. Wightianum	spärlich	—	158	58	2,72
G. herbaceum	8	120 (125)	196	53	3,7
G. hirsutum	16—18	140	158	52	3
G. peruvianum (Afifi)	6—7	152	172	40	4,3
G. barbadense	30	26—74	176	52	3,3
G. brasiliense	34	78—149	196	48,5	4,4

Man sieht, daß die Zahl der Öldrüsen und ihr Durchmesser sehr verschieden ist. Bei G. arboreum var. roseum nur 3, bei peruvianum 6—7, bei herbaceum 8, dagegen bei Nanking und barbadense 30, bei brasiliense 34. G. barbadense hat die kleinsten, nur 26—74 μ messenden.

Was die Palisadenzellen anbetrifft, so scheinen sie einen wertvollen Anhalt zu geben. Das muß noch weiter geprüft werden; es bleibt auch noch zu untersuchen, ob sie an allen Stellen des Samens gleich lang sind und das Verhältnis der Länge zum Lumen überall dasselbe ist.

---

[1]) Wiesner: Rohstoffe, 2. Aufl., II, S. 239—244, 3. Aufl., III, S. 114.

[2]) Vgl. Haller: Über Makobaumwollen. Dt. Färber-Zg. 1914, S. 427.

[3]) Im Text sagt Haller S. 27: Öldrüsen sehr spärlich. Es soll wohl heißen „sehr reichlich".

VII. Züchtung und Vererbung.

1. Das Variieren der Pflanzen, seine Ursachen und seine Gesetze.

Man unterscheidet nach Erwin Baur[1]) dreierlei Arten des Variierens: 1. Modifikationen, 2. Kombinationen, d. h. Variationen infolge von Bastardspaltungen, 3. Mutationen. 1. Modifikationen oder Abänderungen werden verursacht durch äußere Umstände, besseren oder schlechteren Boden, Feuchtigkeitsverhältnisse, Höhenlage, Klima, Licht, kurz durch die ganze Umwelt. Alle solche Modifikationen sind aber nicht erblich und kommen für die Züchtung meist nicht in Betracht.

Wenn man viele Nachkommen einer Pflanze, möglichst einer, die zahlreiche Nachkommen hat, auf irgendeine Eigenschaft statistisch untersucht, z. B. die Stapellänge aller einzelnen Baumwollstauden eines Feldes, und die Stauden danach in Klassen einteilt, dann wird man finden, daß extreme langstapelige und extreme kurzstapelige nur wenig häufig sind, daß dagegen Pflanzen mit mittlerer Stapellänge stark überwiegen. Ebenso ist es mit dem Gewicht des Samens; es würde sich da eine ähnliche Kurve ergeben, wie sie einst Johannsen in seinem Werk: „Elemente der exakten Erblichkeitslehre" für Samen von Gartenbohnen gegeben hat. Abb. 68 (aus Baur).

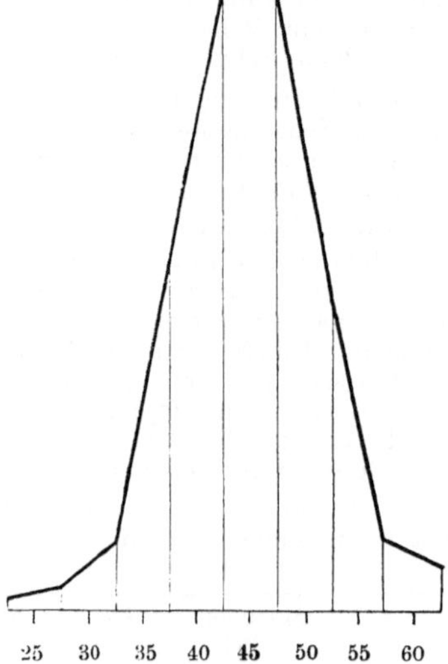

Teilt man die Bohnen in Gewichtsklassen ein, etwa in Bohnen von 21 bis 25, von 26 bis 30, 31 bis 35 cg usw. und stellt fest,

Gefundene Zahl von Bohnen mit diesen Gewichten: **1   2   6   31   55   55   28   6   4**

Abb. 68. Gewichte von 188 Bohnen (Johannsens Linie K) nach Johannsen.

wie sich die Bohnen auf diese Gewichtsklassen verteilen, so findet man Zahlenreihen wie die in Abb. 68 in Kurvenform dargestellten.

Johannsen fand bei 188 Bohnen seiner Linie K folgende Zahlen:

Gewichte in Centigramm . . .	20	25	30	35	40	45	50	55	60
Gefundene Zahl von Bohnen mit diesen Gewichten	1	2	6	31	**55**	**55**	28	6	4

Es hatte also 1 Bohne ein Gewicht von zwischen 20 und 25 cg, 2 Bohnen Gewichte zwischen 25 und 30, 6 zwischen 30 und 35, 31 zwischen 35 und 40, und 55 zwischen 40 und 45, sowie ebenfalls 55 zwischen 45 und 50. Dann nahm es schnell wieder ab.

Für Baumwolle geben wir folgende Zahlen:

G. R. Hilson[2]) fand bei ausgekämmten Fasern von 419 Samen des Gossypium hirsutum Nr. 831 folgende Längen in mm:

---

[1]) Baur, Erwin: Die wissenschaftlichen Grundlagen der Pflanzenzüchtung. — Ausführlicheres in Baurs großem Werk: „Einführung in die experimentelle Vererbungslehre". 5. Aufl. 1926.

[2]) Hilson, G. R.: Methods of examination of certain characters in cotton. Agricultural Research Institute Pusa (Ostindien) Bull. 138, S. 7 und Tab. IX. 1922. Calcutta 1923.

Länge in mm	21	22	23	24	**25**	26	27	28	29	30
Zahl der Fasern	6	25	62	100	**118**	63	31	8	5	1

Von 11 Pflanzen war das Samengewicht in mg:

110	111	112	114	115	116	118	119	120	121	122	123	124	125	126
1	1	3	1	2	2	5	6	6	5	5	4	7	3	5

127	128	129	**130**	131	132	133	134	135	136	137	138	139	140
2	4	4	**6**	5	5	0	2	1	0	2	3	1	1

Das Fasergewicht betrug in mg:

51	52	53	54	55	56	57	58	59	60	**61**	62	63	64	65	66	67	68	69
1	1	1	2	3	4	7	9	10	10	**21**	5	2	1	0	3	3	5	4

Solche „Variationskurven" haben große Ähnlichkeit mit der „Zufallskurve", weil jede Eigenschaft von sehr vielerlei sich „zufällig" kombinierenden Außenfaktoren beeinflußt wird.

Wenn man bei Pflanzen, die durch Selbstbestäubung Samen erzeugen, ausgeht von einem einzigen Individuum und dessen Nachkommenschaft gesondert anbaut, so nennt man die gesamte Nachkommenschaft eine reine Linie. Das kann bei Baumwolle eintreten, die sich zu etwa 50% oft selbst befruchtet. Die erbliche Veranlagung in einer solchen Baumwollfamilie ist einheitlich, die oft sehr auffälligen Verschiedenheiten der Einzelindividuen einer solchen Familie beruhen im wesentlichen aber nur auf nicht erblichen Modifikationen.

Deshalb führt im allgemeinen die Auslese innerhalb einer reinen Linie zu keinem ganz neuen Ergebnis; sie führt nur zur Veredlung. Auch wenn man in einer reinen Linie von Baumwolle, die entweder z. B. nach der Stapellänge oder nach dem Samengewicht ausgelesen war, immer nur die mit dem längsten Stapel oder dem größten Samengewicht zur Weiterzucht verwendet, wird dadurch diese Baumwollfamilie nicht langstapeliger oder schwerer im Samen. Jede Linie zeigt nämlich eine ganz bestimmte „Variationsbreite" jeder Eigenschaft, und diese Variationsbreite wird vererbt, aber nicht die Eigenschaftsausbildung des einzelnen Individuums. Ein kleinkörniger Samen kann auch einige große in der Nachkommenschaft erzeugen, und umgekehrt.

Unter Mutationen versteht man plötzlich auftretende Abweichungen, die sich vererben. Äußerlich sind sie oft von Variationen nicht zu unterscheiden; das ergibt sich erst bei der Nachzucht. Die Mutation, auch Heterogenesis oder Heterosis genannt, gibt viel Anlaß zur Entstehung neuer Formen, ja, man kann wohl sagen, daß die meisten neuen Sorten Mutationen sind. — Auch die Vermehrung der Zahl der Kapselfächer von 3 oder 4 auf 5, die man anstrebt, um höhere Erträge zu erzielen, beruht auf Mutation; denn nach Harland[1]) vererbt sich die Zahl der Kapselfächer. Man wird also keine Vermehrung der Fächerzahl erhalten, wenn nicht Mutation eintritt.

2. Die Variationen infolge von Bastardspaltungen, die Kombinationen.

Bei Pflanzen, die sich selbst befruchten, werden ihre Eigenschaften in der Nachkommenschaft vererbt werden, diese wird konstant bleiben. Anders aber, wenn Fremdbefruchtung eintritt und dadurch verschiedene erbliche

---

[1]) Harland, S. C.: Journ. Textile Institute Manchester 14, T. 482—488. 1923. Auszug daselbst Bd. 15, S. 75. 1924.

Veranlagungen zusammenkommen und so eine zweite Kategorie von Variationserscheinungen, die **Kombinationen**, verursacht wird. Diese sind für die Neuzüchtung von der größten Wichtigkeit.

Den Schlüssel zum Verständnis dieser Vererbungsgesetze liefern uns die **Mendelschen Gesetze**. Auf die Baumwolle hat sie u. a. besonders W. **Lawrence Balls**, seinerzeit Botanist to the Khedivial Agricultural Society in Kairo, angewendet und das in seinen „Studies of Egyptian Cotton" im Yearbook of the Khedivial Agricultural Society für 1909 niedergelegt.

3. Verhalten, wenn die zu kreuzenden Pflanzen nur in einem Merkmal verschieden sind.

Balls brachte den Blütenstaub (Pollen) von der weißwolligen Sorte **Abassi** auf die Narben des Griffels der braunwolligen **Afifi** (oder umgekehrt, das Resultat ist dasselbe). Die in jeder der Samenanlagen befindliche Eizelle wurde durch einen Pollenschlauch befruchtet, und es entstanden Samen mit je einem **hybriden** Embryo. (Vgl. S. 185.)

Sät man diese Samen im nächsten Jahre aus, so entstehen daraus Pflanzen, deren Samen sämtlich in der Wolle eine **Mittelfarbe** zeigen, nämlich **rahmfarbig**. Das ist die **erste** Generation; man bezeichnet sie mit **F 1** (Filialgeneration 1, von filia = Tochter), während man die Eltern P 1, parentes, nennt.

Nennen wir die Pollenkörner **männliche** Geschlechtszellen und die Eizellen **weibliche** Geschlechtszellen, so haben wir in dem Bastard zweierlei Geschlechtszellen, 50% Pollenkörner mit der Anlage für weiße Wolle, und 50% mit der Anlage für braune Wolle, ebenso 50% Eizellen mit der Anlage für weiß und 50% mit der Anlage für braun.

Wird der Bastard mit sich selbst befruchtet, oder werden mehrere solcher Bastarde untereinander befruchtet, so sind folgende Vereinigungen möglich:

1. Eine weiße[1]) Eizelle kann befruchtet werden durch ein weißes Pollenkorn und gibt eine weißwollige **konstante** Pflanze.

2. Eine weiße Eizelle kann befruchtet werden durch ein braunes Pollenkorn und gibt einen rahmfarbigen Bastard.

3. Eine braune Eizelle kann befruchtet werden durch ein weißes Pollenkorn und gibt einen Bastard wie 2.

4. Eine braune Eizelle kann befruchtet werden durch ein braunes Pollenkorn und gibt eine braunwollige **konstante** Pflanze.

Wenn die Blumen dieser ersten Generation mit ihrem eigenen Blütenstaub befruchtet werden oder mehrere solcher Bastarde untereinander, so ergeben sie Samen, welche die 2. Generation, F 2 liefern. Sät man diese Samen im folgenden Jahre aus, so findet man, daß die Samen der daraus erwachsenden Pflanzen teils weiße, teils braune, teils rahmfarbige Wolle haben, und zwar im Verhältnis von 1 weiß : 2 rahmfarbig : 1 braun oder in Prozenten 25 weiß, 50 rahmfarbig, 25 braun. Je größer die Zahl der Pflanzen, je mehr nähern sich die gefundenen Farbenprozente den theoretischen. **Balls** fand bei einem Versuch 32 weiß, 60 rahmfarbig, 30 braun; theoretisch hätten es 30 : 60 : 30 sein müssen.

Bestäubt man die Pflanzen der zweiten Generation wieder mit sich selbst oder untereinander, so ergibt die **dritte** Generation (F 3) folgendes:

---

[1]) Gemeint ist, daß sie die **Anlage** für weiße bzw. braune Baumwolle im Samen enthält.

Die weißwolligen geben alle wieder weißwollige Samen, die braunwolligen wieder alle braunwollige, und das setzt sich so fort in allen folgenden Generationen. Sie sind konstant. Dagegen die aus rahmfarbigen Samen erwachsenen Pflanzen spalten wieder auf in 25% weiße, 50% rahmfarbige, 25% braune.

In der 4. Generation und allen folgenden wiederholt sich das. Rahmfarbig spaltet immer auf, die Zahl seiner Individuen wird dabei aber immer kleiner, zuletzt Null.

Dies ganze Verhalten kann man mit der algebraischen Formel $(a+b)\cdot(a+b) = a^2 + 2\,ab + b^2$ vergleichen. Sei a 5% weiß, b 5% braun, so erhalten wir bei der Multiplikation 25% weiß, 50% weißbraun, d. h. rahmfarbig, 25% braun.

Nicht immer nehmen die spaltenden Bastarde eine Mittelstellung ein. Man unterscheidet nämlich nach Mendel zwischen dominanten, vorherrschenden, und rezessiven, zurücktretenden, aber oft später wieder auftretenden Eigenschaften. Bei Baumwolle ist lange Wolle dominierend über kurze, und daher zeigen nicht nur die rein langen, sondern auch die unrein langen lange Wolle, wie nachstehendes Schema zeigt.

1. Schema der Vererbung, wenn die Eltern nur in einem Merkmal verschieden sind, z. B. langstapelig und kurzstapelig. (Nach Balls.)

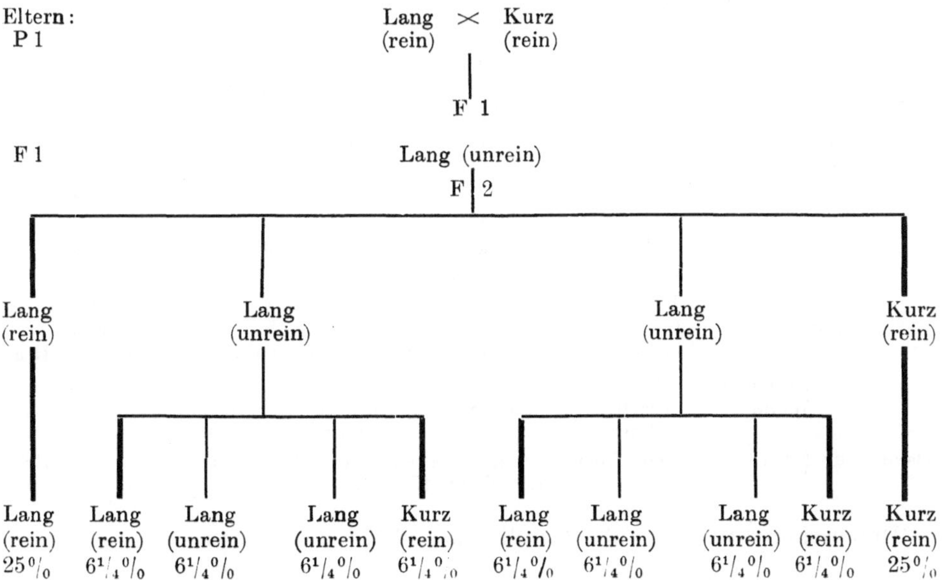

Nach Balls sind:

Dominant:	Rezessiv:
Langer Stapel	Kurzer Stapel
regelmäßige Verteilung der Haare	unregelmäßige Verteilung
farbige Haare	weiße Haare
seidige Haare	rauhe Haare
mehr Filz	weniger Filz

4. Verhalten, wenn die zu kreuzenden Pflanzen in zwei Merkmalen verschieden sind.

Unterscheiden sich die zu kreuzenden Baumwollen außer durch Farbe auch noch durch Länge der Wolle so gelten dafür die gleichen Gesetze. Kreuzt man z. B. weiße Upland, die 20 mm lange Wolle hat, mit brauner Afifi, die 30 mm lange Wolle hat, so ergibt sich in der zweiten Generation der Kreuzung das Verhältnis: 1 kurzwollig : 2 mittellang : 1 langwollig.

Balls erhielt von 144 Pflanzen 109 mit langer und mittellanger Wolle, gegen 35 mit kurzer Wolle; theoretisch hätte es sein müssen: 108 : 36.

Hat man eine weiße langwollige Sorte A B, sowie eine braune kurzwollige a b und will eine braune langwollige erzielen, so kann das durch Kreuzung erreicht werden.

Die erste Generation wird aus Pflanzen mit langer, rahmfarbiger Wolle bestehen. In F 2 werden wir alle möglichen Verbindungen erhalten: lange weiße und kurze braune werden wiederkehren, aber auch eine reine lange braune und eine reine kurze weiße, und endlich eine hybride lange mit weißer, brauner oder rahmfarbiger Wolle, wie folgendes Schema zeigt.

Schema der Vererbung der Bastarde in der zweiten Generation, wenn die Eltern in zwei Merkmalen verschieden sind.

<table>
<tr><td>A weiß</td><td>a braun</td></tr>
<tr><td>B lang</td><td>b kurz</td></tr>
</table>

A und B seien dominierend, a und b rezessiv.

weiblich:	1. A B	2. A B	3. A B	4. A B
männlich:	**A B**	**a b**	**A b**	**B a**
gibt:	reines **A B**	scheinbar A B	scheinbar A B	scheinbar A B
weiblich:	5. a b	6. a b	7. a b	8. a b
männlich:	**A B**	**a b**	**A b**	**B a**
gibt:	scheinbar A B	reines **a b**	scheinbar A b	scheinbar B a
weiblich:	9. A b	10. A b	11. A b	12. A b
männlich:	**A B**	**a b**	**A b**	**B a**
gibt:	scheinbar A B	scheinbar A b	reines **A b**	scheinbar A B
weiblich:	13. B a	14. B a	15. B a	16. B a
männlich:	**A B**	**a b**	**A b**	**B a**
gibt:	scheinbar A B	scheinbar B a	scheinbar A B	reines **B a**
Ergebnis:	9. A B :	3. A b :	3. B a :	1. a b
Wolle:	weiß	weiß	braun	braun
	lang	kurz	lang	kurz

Davon nur Nr. 16 rein. Die übrigen reinen stehen in der Tabelle in einer Diagonale (**Nr.** 1, 6, 11, 16).

Im Durchschnitt werden auf 16 Individuen der F 2 kommen:

```
1 kurz weiß . . . . . . . . . . . . . kk ww*
2  "   rahmfarbig . . . . . . . . . . kk bw
1  "   braun . . . . . . . . . . . . kk bb*
2 hybride lange, weiß . . . . . . . . lk ww
4   "      "    rahmfarbig . . . . . . lk bw
2   "      "    braun . . . . . . . . lk bb
1 lange weiße . . . . . . . . . . . . ll ww*
2   "   rahmfarbig . . . . . . . . . ll bw
1   "   braun . . . . . . . . . . . . ll bb*
```

Die mit * bezeichneten züchten weiter rein, weil sie ♂ und ♀ Geschlechtszellen derselben Art sowohl in bezug auf Länge wie auf Farbe enthalten, mit anderen Worten homozygotisch sind.

Wenn die zu kreuzenden Eltern in zwei Eigenschaften verschieden sind, haben wir, wie das Schema zeigt, 16 verschiedene Kombinationen (2^4), wenn sie in drei Merkmalen verschieden sind 64 (2^6), in vier Merkmalen 256 (2^8) usf. Man wird sich in der Züchtung möglichst mit zwei Merkmalen begnügen.

Leider kann man die reinen langwolligen weißen oder reinen braunen nicht von den gemischten, die scheinbar langwollig weiß oder braun, überhaupt die heterozygotischen, an den Pflanzen nicht unterscheiden; das muß erst durch die Aussaat geschehen, also in der F 3 - Generation.

Eine Hauptaufgabe ist für Ägypten, frühreife Sorten zu erhalten, da der (rote) Kapselwurm (die Raupe einer Mottenart, *Gelechia gossypiella Saund.*[1]) die älteren Kapseln nicht so befällt. Diese Raupe soll in Ägypten mindestens jährlich für 20 Millionen Goldmark Schaden anrichten.

Balls ist es gelungen, durch Kreuzung von frühen Uplandsorten mit der späten Afifi eine Afifisorte zu erhalten, die so früh reifte, daß die ganze Ernte Ende September eingesammelt war, während bei der gewöhnlichen Afifi in derselben Gegend erst die 1. Pflücke vorgenommen werden konnte.

Ein Punkt ist u. a. zu beachten: Reine Linien (strains) haben nicht die Elastizität, sich den verschiedenen Klima- und Bodenverhältnissen so anzupassen wie die gewöhnlichen unreinen Sorten, bei denen die natürliche Auslese mitspricht. Daher auch wahrscheinlich der Saatwechsel.

Weiter hat sich in Ägypten herausgestellt, daß 10 % der Pflanzen sich nicht selbst bestäuben, sondern von Bienen bestäubt werden, die Pollen anderer Sorten herbeitragen; dadurch entstehen viele Abweichungen.

Um das zu vermeiden, muß man 1. Moskitonetze über die Pflanzen tun, oder 2. die Saat erneuern oder 3. eine neue Sorte züchten, die nicht so leicht gekreuzt wird als die gewöhnlichen Blumen.

5. Der Zellkern und die Chromosomen.

Alle Befruchtungen, Bastardierungen beruhen darauf, daß zwei Zellkerne, ein männlicher und ein weiblicher, sich vereinen. Stammen beide von derselben Art, so ist die Vereinigung homozygotisch (wörtlich gleichjochig), stammen sie von verschiedenen Arten, so ist sie heterozygotisch. Die Zellkerne vermehren sich durch Teilung und geben so Anlaß zur Vermehrung der Zellen. Bei der Teilung läßt sich erst ihr feinerer Bau erkennen.

Wichtige Arbeiten über Zellkernteilung, besonders bei Baumwolle, veröffentlichte Humphry John Denham unter dem Gesamttitel „The Cytology of the Cotton Plant", im Journal of the Textile Institute Manchester Bd. 15, Nr. 10, T. 1464—1473, Oktober 1924.

Er gibt zunächst eine Einführung in die Cytologie (Kernteilungslehre), bespricht dann die Bildung der Mikrosporen (Pollenkörner), endlich die Chromosomenzahl bei Baumwolle der Alten und Neuen Welt.

Es werden die Methoden des Einbettens der Zellen in Paraffin usw. und des Schneidens derselben mit Hilfe eines Mikrotoms geschildert. Das Mikrotom kann so dünne Schnitte machen, daß sie nur 2,5 μ (Mikromillimeter), d. h.

---

[1] Balls nennt den Kapselwurm *Earias insulana*, das ist aber die Raupe einer Eule, die zwar auch die jungen Kapseln angreifen kann, hauptsächlich aber die Sproßspitzen befällt und Stengelspitzenbohrer genannt wird. Vgl. Zimmermann, A.: Anleitung für die Baumwollkultur, S. 108 und 112.

$2^{1}/_{2}$ Tausendstel Millimeter oder $^{1}/_{10000}$ engl. Zoll dick sind. Dabei werden durch den Zellkern 5 Schnitte gelegt. Dann werden die Schnitte gefärbt, mit Heidenhainscher Hämatoxylinlösung, und darauf bei einer äußerst starken Vergrößerung, bis zu einer 2400fachen, betrachtet. Dann kann man an verschiedenen Präparaten erkennen, daß der Zellkern, der ursprünglich ein Netzwerk von Fäden darstellt, sich bei der Teilung in kleine fadenförmige Stückchen teilt, die sich stärker färben, sie heißen deshalb Chromosomen (Abb. 69, 70). Die Chromosomen spalten sich der Länge nach, und jede Längshälfte vereinigt sich meist mit der Längshälfte eines anderen Chromosom[1]. Bei manchen Pflanzen und auch bei der Baumwolle stoßen aber die beiden Längshälften zweier Chromosomen nur an den Enden zusammen, nicht seitlich (Telosynapsis oder end to end conjugation).

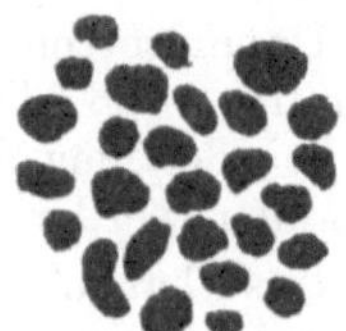

Abb. 69. Chromosomen von Acala, einer Baumwolle der Neuen Welt. Nach Denham.

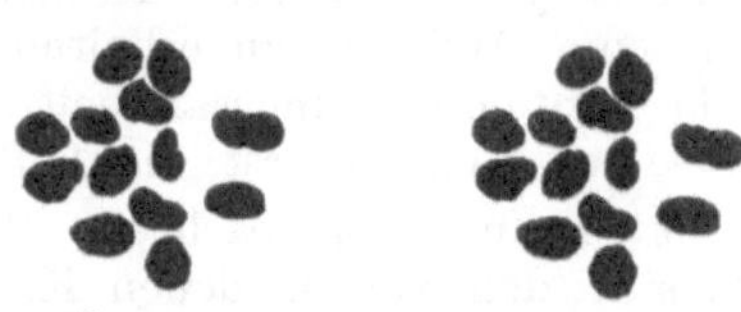

Abb. 70. Chromosomen von Gossypium cernuum indicum, einer Baumwolle der Alten Welt. Nach Denham.

Die Chromosomen sieht man als die Träger der Vererbungssubstanz an. Es ist nun interessant, daß Humphry Denham gefunden hat, daß die Baumwollen der Neuen Welt in ihren Zellkernen doppelt so viele Chromosomen haben als die der Alten Welt, nämlich 26 gegen 13 in der Alten Welt.

Denham machte meistens Schnitte durch die Blütenknospen; wo solche nicht zu erlangen waren, durch die Wurzelspitze. In dieser ist die doppelte Zahl, die diploide Zahl, vorhanden, gegenüber der einfachen haploiden Zahl in den Blüten. Die Pflanzen wurden erzogen im Gewächshause des botanischen Gartens der Universität Manchester.

Wie Denham und nach ihm Th. H. Kearney[2] mitteilt, fand Cannon[3] im haploiden Stadium des Bastardes Sea Island × Upland 28 Chromosomen, Balls gibt bei ägyptischer Mitafifi 20 im haploiden Stadium an. Denhams Zahlen dürften die sichersten sein.

Chromosomenzahl bei Arten der Neuen Welt nach Denham.

Chromosomenzahl

Gossypium barbadense var. maritima Watt . . . . 26 = 1 n
Gossypium hirsutum L × G. mexicanum Tod. als Vertreter der
    Upland-Typen, und zwar

[1] Sax, Karl: Sterility in Wheat Hybrids. II. Chromosome behaviour in partially sterile hybrids. Genetics Bd. 7, S. 513—552. 1922. — Tischler: Allgemeine Pflanzen-Karyologie. Berlin 1922. — Winge, O.: The Chromosomes etc. Travaux du Laboratoire Carlsberg (Kopenhagen) Bd. 13, Nr. 2. 1917. — Bremer: Genetics Bd. 5, S. 98—141. 1923 (Saccharum). — Ishikawa, M.: A List of the numbers of Chromosomes in Bot. Mag. Tokyo Bd. 30, S. 404—448. 1916. — Sharp, L. W.: An introduction to Cytology. New York 1921 (Denham hat dessen Abbildungen wiedergegeben). — Farr, C. H.: Cytokinese der Mutterzellen verschiedener Dikotyledonen. Mem. New York Bot. Garden Bd. 6, S. 253—316. 1916. Cell division by furrowing in Magnolia. Amer. Journ. Botany Bd. 5, S. 379—395. 1918.

[2] Segregation and correlation of characters in an Upland-Egyptian Cotton Hybrid a F. U. S. Dep. of Agric. Department Bull. Nr. 1164, S. 49. 1923.

[3] Bull. Torrey Club Bd. 30, S. 167. 1903.

Chromosomenzahl
Sorte Acala, large-bolled variety (Type G. mexicanum) . . . . . 26 = 1 n
Commercial I small boll, hirsute . . . . 26 = 1 n
Commercial II large-bolled, semi-hirsute (G. hirsutum) . . . . . 26 = 1 n
Upland aus indischer Saat (medium sized boll, hirsute) . . . . . 26 = 1 n
Upland aus indischer Saat . . . . 26 = 1 n
Ägyptische Baumwollen, also Abkömmlinge von G. barbadense ×
    peruvianum (nach Watts Ansicht) Sorte Mitafifi. Reduk-
    tionsteilungsstadien nicht erhältlich, daher Chromosomen-
    zahl aus Wurzelspitzen ermittelt ca. . . . . 52 = 2 n
Sorte Giza I . . . . 26 = 1 n
Sorte Giza II. Keine Reduktionsteilungsstadien erhältlich ca. . . . 52 = 2 n
Pima als Vertreter von amerikanischer Züchtung ägyptischer
    Baumwollen (keine vollkommenen Bilder) ca. . . . . 26 = 1 n

Chromosomenzahl bei Arten der Alten Welt. Indische und
chinesische Baumwollen nach Denham.

Chromosomenzahl
Gossypium sanguineum Tod. gleich G. arboreum L. var. sanguinea
    Watt . . . . 13 1 n
G. roseum Tod. gleich G. arboreum L. var. rosea Watt . . . . . 13 1 n
G. arboreum L. . . . . 13 1 n
G. neglectum Tod. gleich G. arboreum L. var. neglecta Watt . . 13 1 n
G. arboreum × neglectum Leake . . . . 13 1 n
G. cernuum Tod. gleich G. arboreum L. var. assamica Watt . . . 13 1 n
G. indicum . . . . 13 1 n
G. cernuum × indicum Leake . . . . 13 1 n
G. mollisoni [1]) . . . . 13 1 n
Chinesische nacktsamige, G. Nanking Meyen? . . . . 13 1 n
Einheimische kolumbische Baumwolle, vielleicht G. mustelinum
    Miers oder G. peruvianum Cav. (aus Wurzelspitze) ca. . . . 52 = 2 n

Interessant ist ferner die Feststellung, daß von den 26 Chromosomen der neuweltlichen Arten 2 deutlich größer sind als die anderen 24, während bei den 13 chromosomigen der altweltlichen Arten nur 1 deutlich größer als die anderen 12 ist.

Aus der verschiedenen Chromosomenzahl erklärt sich nach Denham die Richtigkeit der schon so oft gemachten Behauptung, daß die Baumwollen der Alten Welt sich mit denen der Neuen Welt nicht kreuzen lassen. Dagegen gelingen Kreuzungen innerhalb der Gruppen leicht. Denham weist darauf hin, daß die Neuwelttypen (mit 26 Chromosomen) vegetativ größer seien als die 13 chromosomigen der Alten Welt: Die Stengel höher, Blätter, Blüten und Kapseln größer, die Fasern länger. Er läßt es offen, ob man es bei den 26 Chromosomenformen mit Gigantismus zu tun hat, ähnlich wie es bei Oenothera und anderen Pflanzen gelegentlich beobachtet ist.

Die Möglichkeit, indische mit amerikanischer Baumwolle zu kreuzen, wird abhängig gemacht von der Auffindung diploider Mutanten in indischer Baumwolle.

Als abschließend bezeichnet Denham seine Arbeit noch nicht; es seien noch die „wilden" Baumwollpflanzen zu untersuchen, bevor die Zweiteilung als Gesetz aufgestellt werden könne.

Im Gegensatz zur allgemein üblichen Ansicht zeigt G. S. Zaitzev[2]), daß

---

[1]) Gossypium mollisoni ist G. indicum var. mollisonii. (Briefliche Mitteilung aus Kew.)
[2]) Zaitzev, G. S.: On the fructification in interspecies hybrids of Cotton. Bulletin of applied Botany (das bis zum 12. Bande unter Robert Regel, † 1814, auch in deutscher Sprache erschien) Bd. 13, S. 91—115. Leningrad 1924.
Derselbe: A Hybrid between asiatic and american Cottonplants (Gossypium herbaceum und G. hirsutum). Ebenda S. 117—134.

sich Arten der Alten Welt doch mit denen der Neuen Welt kreuzen lassen. Nach ihm wurden die ersten Versuche, indische mit amerikanischen Baumwollen zu kreuzen, von Trevor Klarke gemacht; sie mißlangen aber. Gammie erzielte aber einen Bastard zwischen Gossypium arboreum var. roseum (Sorte Varadi) und G. hirsutum (Sorte Dharwar). Nach Zaitzev hat A. G. Nikolajeva an seinem Material bei den asiatischen Arten G. herbaceum, Nanking und obtusifolium 26 Chromosomen festgestellt, dagegen bei den amerikanischen G. punctatum, hirsutum, mexicanum, barbadense 52 in den somatischen Zellen. Das deckt sich mit Denhams Befunden in somatischen Zellen. Zaitzev kreuzte in Turkestan G. herbaceum (Sorte Bucharskaja Gusa) und G. hirsutum var. laciniatum Zaitzev var. nova. Vavilof machte im Journ. of Genetics, Bd. 12, S. 47 schon auf das Erscheinen dieser Arbeit aufmerksam und sagte: Die beiden Arten variieren in derselben Richtung, lassen sich aber schwer kreuzen, und die Bastarde sind vollkommen steril.

6. Vererbungserscheinungen bei Bastardierung.

Außerordentlich eifrig ist man mit der Züchtung und namentlich mit der Bastardierung der Baumwollen in den Vereinigten Staaten beschäftigt. Es ist unmöglich, alle Arbeiten hierüber aufzuführen. Wir nennen nur die wichtigsten. So die von O. F. Cook:

1. Reappearance of a primitive character (grünen Filzes) in Cotton hybrids. U. S. Dep. of Agric., Bur. of Plant Industry Circ. Nr. 18. 1908.
2. Cotton selection on the farm by the characters of the stalks, leaves and bolls. U. S. Dep. of Agric., Bur. of Plant Industry Circ. Nr. 66. 1910.
3. Single-Stalk Cotton Culture. U. S. Dep. of Agric., Bur. of Plant Industry, Crop Acclimatization and adaption Investigations. 1914. Es ist nicht angegeben, ob Circular oder Bulletin. Die Schrift zeigt das Datum 28. Sept. 1914 und die Publikationsnummer B. P. J. 1130.
4. Improvements in Cotton Production. U. S. Dep. of Agric. Department Circ. 200. 1921.
5. One-Variety Cotton Communities. U. S. Dep. of Agric. Bull. 1111. 1922.
6. Cotton Improvement under Weevil conditions. U. S. Dep. of Agric. Farmers Bull. Nr. 501. 1922.

Zahlreich sind die Schriften von Thomas H. Kearney und seinen Mitarbeitern, der sich besonders mit den in Arizona und anderen südwestlichen Staaten angebauten ägyptischen Baumwollsorten und deren Bastarden usw. beschäftigt. So:

1. Kearney und William A. Petersen: Egyptian Cotton in the South Western United States. U. S. Dep. of Agric. Bur. of Plant Industry Bull. Nr. 122. 1908.
2. Kearney: Breeding new types of Egyptian Cotton. U. S. Dep. of Agric. Bur. of Plant Ind. Bulletin 200. 1910.
3. Mutation in Egyptian Cotton. Journ. of Agric. Research, Bd. 2, S. 287—302, Tafel 17—25. 1914.
4. Kearney und Walton G. Wells: A study of hybrids in Egyptian Cotton. American Naturalist, Bd. 3, S. 491—506. 1918.
5. Scoffield, Kearney, Brand, Cook und Swingle: Production of American Egyptian Cotton. U. S. Dep. of Agric. Bull. Nr. 742. 1919.
6. Kearney: Heritable variations in an apparently uniform variety of Cotton. Journ. of Agric. Research Bd. 21, S. 227—241, Tafel 50—54. 1921.
7. The Uniformity of Pima Cotton. U. S. Dep. of Agric. Department Circ. 247. 1922.
8. Segregation and correlation of characters in an Upland-Egyptian Cotton Hybrid. U. S. Dep. of Agric. Department Bulletin Nr. 1164. 1923.
9. Self-Fertilization and cross fertilization in Pima Cotton. U. S. Dep. Agric. Department Bulletin Nr. 1134. Professional Paper. 1923.
10. Non-Inheritance of terminal bud abortion in Pima Cotton. Journ. Agric. Research, Bd. 28, Nr. 10. Washington. 1924.
11. Inheritance of Petal Spot in Pima Cotton. Journ. of Agric. Research, B. 27, Nr. 7, S. 491—512. 1 Tafel. 1924.

Wir geben einige Auszüge aus den verschiedenen Schriften.

Bringt man zweierlei Blütenstaub auf die Narben, nämlich den eigenen, z. B. Upland, Acala oder Lone Star, und einen fremden, z. B. ägyptischen Pima, so überwiegt der eigene, und nahezu 75% der Samen geben Nachkommen der gleichen Art; nur 25% geben Bastarde. Obwohl die Baumwollblüte so sehr zur Fremdbestäubung eingerichtet ist, wird doch ein solches Übermaß an eigenen Pollen erzeugt, daß fremder nicht so zur Geltung kommt.

Upland-Pollen auf (kastrierte) Blüten von Pima (ägyptischer Abkunft) gebracht, wirkt aber mindestens ebensogut wie der eigene. Auch in Zuckerwasser treiben beide Pollen Schläuche, die keine wichtigen Unterschiede zeigen.

Wie soll die selektive Befruchtung erklärt werden? Die einzige Hypothese, die Kearney schon 1923 aufstellte, ist die, daß die Gegenwart des eigenen Pollen in irgendeiner Weise die Keimung oder weitere Entwicklung vieler der ungleichen Pollenkörner, wenn beide Arten auf den Narben sind, verhindert.

Es ist denkbar, daß der gleichartige Pollen eine physiologische Reaktion an den Narben hervorruft, die sie ungeeignet macht für die Keimung des fremden Pollens. Einige Körner des letzteren mögen kräftiger sein, oder vielleicht eine Stelle der Narben treffen, wo kein eigener Pollen hingekommen ist[1]).

Von Kearney zitierte Literatur:

1. Balls, W. Lawrence: The cotton Plant in Egypt. XV, 202 S., 17 Fig., 1 Tafel. London 1912.

2. Heribert Nilsson Nils: Zuwachsgeschwindigkeit der Pollenschläuche und gestörte Mendelzahlen bei Oenothera Lamarckiana. Hereditas, Bd. 1, S. 41—67, 1 Figur. 1920.

3. Jones, D. T.: Selective fertilization in Pollen mixtures. Proc. Nat. Acad. of Science, Bd. 6, S. 66—70. 1920.

4. Derselbe: Selective fertilization in Pollen mixtures. Biol. Bull., Bd. 38, S. 251 bis 289. 1920.

5. Derselbe: Selective Fertilization as an indicator of germinal differences. Science, n. s., Bd. 55, S. 348—349. 1922.

6. Derselbe: Selective fertilization and the rate of pollen-tuber growth. Biol. Bull., Bd. 43, S. 167—174, 2 Figuren. 1922.

7. Mc. Clelland, T. B.: Influence of foreign pollen on the development of Vanilla fruits. Journ. Agric. Research, Bd. 16, S. 245—252, Tafel 31—35. 1919.

8. Tokugawa, Y.: Zur Physiologie des Pollens. Journ. Col. Sci. Imp. Univ. Tokyo, Bd. 35, art. 8, 55 S., 2 Figuren. 1914.

Über Selbstbestäubung und Kreuzbestäubung bei Pima-Baumwolle

berichtet Thomas H. Kearney in U. S. Dep. of Agric. Department-Bulletin 1134, S. 1—68. Washington, 26. April 1923.

Er faßt sein Ergebnis folgendermaßen zusammen: Die drei Haupttypen der Baumwolle in den Vereinigten Staaten: Upland, Sea Island und ägyptische kreuzen sich sehr leicht, obwohl sie botanisch sehr verschieden sind. Sie geben Bastarde, die in der ersten Generation sehr fruchtbar sind.

Wenn beliebige zwei dieser Typen oder zwei Sorten eines und desselben Typs, von welchem der hybride Ursprung leicht erkennbar ist, nebeneinander gebaut werden in einer Gegend, wo bestäubende Insekten reichlich sind, ist

---

[1]) Aus Thomas H. Kearney und George J. Harrison: Selective Fertilization in Cotton in Journ. of Agric. Research, Bd. 27, S. 329—340. 1924. — Siehe auch die Referate in Botan. Zentralblatt 1925, S. 349; S. 288; Bd. 150, S. 106. 1926.

das Verhältnis der Vicinisten, d. h. der Nachbarbefruchter (natürliche Hybriden) in Populationen, die von dem erhaltenen Samen erzogen werden, selten mehr als 20%, oft viel weniger. Upland erzeugt mehr Vicinisten als ägyptische, wenn jeder Typus gleichmäßig der Kreuzbestäubung durch den anderen ausgesetzt ist.

Um die Reinheit einer Sorte zu erhalten, ist selbst eine sehr kleine Menge Vicinisten bedrohlich. Einige zufällige Bastarde, wenn sie nicht bald entfernt werden, können eventuell den ganzen Stamm verderben.

Der Prozentsatz erkennbarer Vicinisten zeigt nicht den ganzen Betrag der Kreuzbestäubung unter natürlichen Bedingungen, da viele Samenanlagen von Pollen anderer Individuen derselben Sorte befruchtet werden. Aber selbst wenn Einzelpflanzen der ägyptischen oder der Upland-Baumwolle in einem Felde des anderen Typus zerstreut gebaut werden, und die Bedingungen so angeordnet werden, daß es höchst wahrscheinlich ist, daß alle Samen, die nicht von selbstbefruchteten herrühren, von Kreuzbestäubung durch Pollen des anderen Typus herstammen, betrug das Maximum von Vicinisten in Populationen, die von diesen Pflanzen erzogen wurden, nicht über 35%. Der Durchschnittsprozentsatz kreuzbefruchteter Samenanlagen unter diesen Bedingungen war 12 bei Pima (ägyptischer) und 28 bei Acala (Upland).

Da die Baumwolle sehr groß und schön ist und die Befruchtungsorgane leicht den Pollen übertragenden Insekten zugänglich sind, die durch die reichliche Erzeugung von Nektar und von Pollen in großer Zahl angelockt werden, so sollte man erwarten, daß Kreuzbefruchtung über Selbstbefruchtung dominieren müßte. Die Struktur der Blüte ist aber nicht nur für Kreuzbestäubung durch Insekten, sondern auch für automatische Selbstbestäubung von den obersten Staubbeuteln her eingerichtet. Diese Staubbeutel sind bei ägyptischer Baumwolle in Berührung mit der Basis der Narben und bei vielen Uplandsorten mit der ganzen Narbenfläche.

Der rote Fleck an der Basis der Blumenblätter findet sich nach Kearney bei vielen Arten, doch fehlt er den meisten Sorten der Upland-Baumwolle, Gossypium hirsutum. Kearney fand bei Kreuzung der Pima, einer aus der Yuma in Arizona entstandenen Sorte der ägyptischen Baumwolle, die einen schönen großen roten Fleck hat, mit Holdon, einer Uplandsorte ohne Fleck, daß der Bastard F 2 annähernd 3 mal soviel Blumen mit Fleck hatte als ohne Fleck, also ein Verhältnis wie 3 : 1. Dies läßt nach den Mendelschen Gesetzen schließen, daß die beiden Eltern nur in einem Faktor (einem Gen) verschieden sind[1]).

Einen anderen Fall behandelt Kearney unter dem Titel „Inheritance of Petal Spot. in Pima Cotton[2]).

Im Jahre 1917 fanden sich in einem Felde der Pima 2 Pflanzen ohne Fleck, die weiter rein, d. h. ohne Fleck, oder doch nur mit ganz schwachem, züchteten. Diese wurden gekreuzt mit reinen Pima, die einen gut entwickelten Fleck hatten. In der ersten Generation des Bastards war der Fleck fast ganz, aber nicht voll ganz dominierend, d. h. alle Blumen hatten den Fleck. Zur Beurteilung wurden 10 Grade aufgestellt: 0 = kein Fleck, 10 starker Fleck.

Die 2. Generation zeigte sehr entschiedene Spaltung in gefleckte und un-

---

[1]) Ausführliches bei Kearney: Segregation etc. U. S. Dep. Agric. Department-Bull. 1164, S. 21—26. 1923.

[2]) Journ. of Aric. Research, Bd. 17, Nr. 7, mit 1 Tafel. Washington, 16. Febr. 1924.

gefleckte, letztere etwa dem nach Mendel erwarteten Verhältnis, 25%, entsprechend. Die Variabilität in der gefleckten Klasse war aber größer als in
den Populationen, die die gefleckten Großeltern darstellten. Bei zwei der
vier F 2-Nachkommen waren die Häufigkeitsverteilungen der gefleckten Abweichungen (segregates) bimodal. Diese Tatsachen zeigen, daß die Hetero-
zygoten teilweise von den reinen Dominanten zu unterscheiden sind.

In der 3. Generation blieben die Nachkommen der ganz gefleckten F 2-
Pflanze konstant, ebenso die 8 Nachkommen von ungefleckten. Bei den Nach-
kommen von F 2, die mittlere Fleckigkeit zeigten, war eine scharfe Trennung
(Segregation). Der Prozentsatz der fleckenlosen Individuen wich nicht sehr
von den erwarteten 25% ab. Wenn alle abweichenden Nachkommen als eine
Gruppe angenommen werden, ist der Prozentsatz von ungefleckten 26,5 ± 1,6.
Demnach ist ungefleckt einfach rezessiv.

Der rote Fleck zeigt beträchtliche Variation auf den einzelnen Pflanzen,
selbst zwischen Blumen, die sich am selben Tage öffnen. Die Größe des
Flecks steht entschieden mit der Größe der Blumenkrone in Korrelation.
Boden- und Witterungsverhältnisse beeinflussen den Fleck.

Die flecklosen Familien sind typische Pimabaumwolle, nur haben sie mehr
4 fächerige Kapseln als gefleckte, die meist drei Fächer haben.

Es besteht aber keine Beziehung zwischen flecklosem Blumenblatt und
einer hohen Fächerzahl der Kapseln.

Fleckloses Blumenblatt könnte ein Merkzeichen für eine wertvolle Pima-
baumwolle werden. Da die Flecklosigkeit rezessiv ist, wird es leicht sein,
auf einem Vermehrungsfelde solcher fleckloser die erste Generation von
Bastarden zu erkennen, die durch zufällige Kreuzung mit normaler Pima
entstanden sind, die Bastarde würden den Fleck gut entwickelt zeigen.

Die rezessive Natur der Flecklosen wird sich durch Kreuzung auf jeden
beliebigen Stamm der Pima übertragen lassen. Man braucht keine Besorgnis
vor ungünstigen Ergebnissen zu haben; denn die flecklosen sind in Fruchtbarkeit und Fasereigenschaft gegen den Durchschnitt der Pima nicht geringer.

7. Züchtung.

Die Züchtung kann durch Auslese und durch Kreuzung erfolgen. Ersteres
ist die gewöhnliche, von jedem Praktiker auszuführende Methode.

Man unterscheidet Massenauslese und Individualauslese. Erstere
ist die allgemeinste, aber nicht so zu empfehlen, da dadurch leicht Viel-
förmigkeit entsteht. Es können Bastardpflanzen darunter sein, die üppiger
sind als die reinen Linien, ein Unerfahrener wird gerade diese mitsammeln.

1. Jahr. Bei der Individualauslese empfielt R. Y. Winters[1]) in einer kurzen
Anleitung dem Farmer, im Herbst, vor dem ersten Pflücken, 50 oder mehr
der besten Pflanzen von seiner allgemeinen Ernte auszusuchen und dabei
besonders Ertrag, Frühreife und Freiheit von Krankheiten zu beachten. Jede
ausgewählte Pflanze wird mit einem Stück Zeug oder einem leicht sichtbaren
Stab versehen und die Pflücker angewiesen, daß sie diese Pflanzen stehen
lassen. Wenn die meisten Kapseln geöffnet sind, sehe man die Pflanzen nochmals durch und verwerfe alle diejenigen, welche unerwünschte Eigenschaften
zeigen. Die Saatbaumwolle jedes Individuums wird in einen besonderen Sack
getan, und jeder Sack bekommt eine Nummer.

---

[1]) Winters, R. Y.: Circular Nr. 12, 1914 der „North Carolina Experiment Station,
Division of Agronomy: Improving Cotton by seed selection on the farm".

2. Jahr. Man wähle ein Stück Land, das möglichst entfernt von dem großen Baumwollfelde ist, und säe die Samen jeder Pflanze in einer besonderen Reihe mit einer Nummer, die der Nummer der Pflanze entspricht. Die Wolle kann vom Samen abgesengt werden, kann aber auch daran bleiben. Man lege bei Hügelpflanzung 5 oder mehr Samen in einen Hügel und mache die Hügel 2 Fuß voneinander. Dünger und Kultur der Ausgelesenen erfolgt wie bei der allgemeinen Anbaufläche. — Sobald die Ausgelesenen zu blühen beginnen, wird jede Reihe geprüft und diejenigen Reihen notiert, die den besten Stand und die größte Einheitlichkeit der Pflanzen zeigen. Unerwünschte Pflanzen werden entfernt, um Kreuzungen mit ihnen zu verhüten. Zur Reifezeit werden die Reihen durchgesehen, der verhältnismäßige Ertrag, die Frühreife, die Freiheit von Krankheiten und die Einheitlichkeit jeder Reihe notiert. Wenn die meisten Kapseln geöffnet sind, wird der Samen von den besten Pflanzen der guten Reihen entnommen. Der Same von jeder ausgelesenen Pflanze kommt in einen besonderen Sack und erhält dieselbe Nummer, welche die Reihe hatte, aus der er stammt, z. B. jede der Pflanzen von Reihe 1 wird markiert 1. — Die Samen dieser ausgelesenen Pflanzen werden für fernere Reihenversuche im nächsten Jahr aufbewahrt.

Die Baumwolle von jeder Reihe muß für sich gepflückt und genau gewogen werden; auf allgemeine Beobachtungen darf man sich nicht verlassen. Nachdem der relative Ertrag der Reihen festgestellt ist, können die Samen zusammengeworfen und für den allgemeinen Anbau im nächsten Jahr benutzt werden. Die Saat dürfte besser sein als die von der allgemeinen Ernte.

3. Jahr. Das Versuchsstück muß wieder entfernt von der großen Anbaufläche liegen. Die Samen von jeder einzelnen Pflanze werden in einer besonderen Reihe gesät, wie im Vorjahr. Einige dieser Reihen werden einen beträchtlichen Vorsprung in bezug auf Einheitlichkeit zeigen gegenüber denen des Vorjahrs. — Sobald die ersten Blüten zu erscheinen beginnen, müssen alle unerwünschten Pflanzen ausgerissen werden. Zur Herbstzeit wird jede Serie von Reihen sorgfältig geprüft, wobei alle Reihen, welche dieselbe Nummer tragen, als zur selben Serie gehörig betrachtet werden.

Die beste Serie wird ausgewählt und von allen guten Pflanzen der Serie Samen entnommen. Z. B. wenn die mit Nr. 20 markierten Reihen einheitlich und ertragreich sind, so wird der Same von allen ihren guten Pflanzen genommen. Die Samenbaumwolle von diesen Pflanzen kann zusammengetan und entkörnt werden. Beim Entkörnen dieses Loses ist sorgfältig darauf zu achten, daß die Samen nicht vermischt werden. Die Entkörnungsmaschine muß deshalb vorher gut gereinigt werden.

Die Samen von diesem Lose werden genügend sein, um 1 acre (0.4 ha) oder mehr zu besäen. Dieser acre wird „Saatfeld" oder „Vermehrungsfeld" genannt und muß jedes Jahr fortgeführt werden. — Man muß genügend gute Pflanzen jedes Jahr vom Vermehrungsbeet entnehmen, um das Vermehrungsbeet des nächsten Jahres besäen zu können, und muß die Saat von diesem Vermehrungsbeet für den allgemeinen feldmäßigen Anbau des nächsten Jahres benutzen.

Zimmermann[1] empfiehlt, von vornherein einen Teil der Plantage für Saatzucht zu bestimmen. Die Größe hängt natürlich von der Fläche ab, die man im nächsten Jahr bestellen will. Er sagt:

Rechnet man z. B. mit einer Durchschnittsernte von 200 kg Reinwolle

---

[1] Zimmermann, A.: Anleitung für die Baumwollkultur in den deutschen Kolonien. 2. umgearbeitete Auflage. Kolonialwirtschaftliches Komitee. S. 32. Berlin 1910.

und 400 kg Samen pro ha und berücksichtigt, daß man von dem zur Saatzucht bestimmten Felde nur den besten Teil der Samen, etwa die Hälfte, zur Aussaat benutzen wird, so erhielte man auf 1 ha 200 kg Saatgut. Rechnet man ferner für 1 ha 30 kg Saatgut zur Aussaat, so würde die von 1 ha stammende Saat für 6,6 ha ausreichen. Ein Pflanzer, der im nächsten Jahr ungefähr die gleiche Fläche mit Baumwolle bepflanzen will wie im Vorjahr, würde also für Saatzucht etwa ein Sechstel seiner Pflanzung zu reservieren haben.

Bei Individualauslese soll, wie Freeman in Fruwirth[1]) verlangt, an jeder Pflanzstelle nur eine Pflanze stehen bleiben, auch dann, wenn dieses bei Feldkultur nicht üblich ist. Nur so lassen sich die Einzelpflanzen gut beurteilen, was durchaus notwendig ist. Es genügt nicht, die einzelnen Reihen oder Beete einer Nachkommenschaft durch die Gesamternte derselben zu beurteilen, da nur zu oft einzelne Individuen Bastardierungsfolgen zeigen und daher entfernt werden müssen. Enthält eine Nachkommenschaft eine größere Zahl solcher, so ist es besser, die Nachkommenschaft ganz auszuscheiden.

Die meisten Züchter begnügen sich leider mit einmaliger Auslese von Individuen und Nachkommenschaften, wenn sie auch bei der Vervielfältigung noch abweichende Pflanzen entfernen. Bei ausreichenden Mitteln ist es aber empfehlenswerter, von den besten Nachkommenschaften wieder beste Pflanzen auszulesen; also wiederholte Auslese vorzunehmen und dann erst das Ergebnis zusammen zur Vervielfältigung zu geben.

Für den Prozentsatz an Faser kommt nach Leake weniger die Länge als die Zahl der Haare in Betracht.

Züchtung auf hohen Ölgehalt ist nach Rast auch möglich[2]). Der niedrigste Gehalt der Samen an Öl war 18,88%, der höchste 23,30%, der mittlere 20,94%.

Züchtung auf Widerstandsfähigkeit gegen Krankheiten ist mehrfach versucht. Leake fand in Ostindien Formen von Gossypium arboreum mit rotem Zellsaft widerstandsfähiger gegen den roten Kapselwurm (Gelechia gossypiella), und Orton[3]) fand widerstandsfähige Formen gegen die Welkekrankheit [Necomospora vas infecta (Ack.) Erwin Smith], was sich voll vererbte. Auf einem verseuchten Feld wurden 95% gewöhnlicher Pflanzen befallen, während die Nachkommen der ausgewählten gesund blieben. — Auch Gilbert[4]), Barre[5]), Cauthen[6]) und Rast[7]) fanden ähnliches. Rast fand zwar keine Form vollständig widerstandsfähig gegen Glomerella gossypii (Ack.) Edg, doch große Unterschiede zwischen den Varietäten und Zuchten. Gilbert gibt eine Liste der widerstandsfähigen und der anfälligen Formen. Von Mc. Lendon[8]) wird Dominanz der Widerstandsfähigkeit angegeben.

Um künstliche Selbstbefruchtung zu erzielen, gibt Freeman[9]) verschiedene Mittel an. Als bestes, und wenn einzelne Blüten eingeschlossen werden sollen, schnellstes Mittel empfiehlt er Umhüllen der Blütenknospen mit einem Beutel aus Moskitonetz oder Einschließen der Knospen in Papier- oder in Musselinbeutel, was in den Vereinigten Staaten stark angewendet

---

[1]) Fruwirth: Handbuch der landw. Pflanzenzüchtung, Bd. 5, 2. Aufl., S. 217, 1923.
[2]) Rast: 1. Aufl. von Fruwirth, S. 126.
[3]) Orton: U.S. Dep. of Agr. Veg. phys. and path. Bull. 27, 1900.
[4]) Gilbert: U.S. Dep. of Agr. Farmers Bull. 625, 1914.
[5]) Barre: South Carolina Agr. Exp. Stat. Report 32, 1919; 33, 1920.
[6]) Cauthen: Alabama Exp. Stat. Bull. 139. 1916.
[7]) Rast: Georgia Agr. Exp. Stat. Bull. 121. 1917.
[8]) Mc. Lendon: Georgia Agr. Exp. Stat. Bull. 99.
[9]) Freeman in Fruwirth a. a. O., S. 220.

wird. Leider fallen aber dann viele Blüten ab, was übrigens auch schon so oft geschieht. Sobald die Befruchtung erfolgt ist, müssen die Beutel entfernt werden, da die Kapseln in denselben sich nicht normal entwickeln können. Auch bei uns ist bekanntlich bei anderen Pflanzen das Umhüllen mit Musselin- oder Pergaminbeuteln üblich.

Im allgemeinen wird die Auslese nicht zu neuen Sorten, sondern nur zur Veredelung vorhandener führen, zu reinen Linien, was schon ein großer Gewinn ist. Mitunter wird man aber bei der Auslese plötzlich entstandene Abweichungen finden, die sich vererben, das sind die sogenannten Mutationen (früher Sports genannt). Sie unterscheiden sich von Modifikationen [1]) dadurch, daß sie konstant bleiben.

8. Kreuzung.

Will man neue Sorten erzielen, so ist das geeignetetste Mittel die Kreuzung, die Bastardierung. Diese wird aber am besten in wissenschaftlichen Instituten vorgenommen, da sie große Sorgfalt erfordert.

Eine gute Anleitung zur Züchtung, verbunden mit einer Übersicht über die Systematik und den Aufbau der Pflanzen, gab in Fruwirths Handbuch der Pflanzenzüchtung, 5. Bd., 2. Aufl., S. 206—229, Berlin 1923, Dr. Geo F. Freeman, damals Vorstand der Abteilung für Baumwollzüchtung in der Landw. Versuchsstation von Texas, jetzt Generaldirektor des „Service technique du Department de l'Agriculture et de l'Enseignement professionel" der Republik Haiti in Port au Prince.   Herrn Dr. Freeman, der 1923 auch in Kambodja (Cambodia, Französisch-Indo-China) die Möglichkeit der Baumwollkultur untersuchte, verdanke ich auch wichtige briefliche Mitteilungen.

Es ist ihm nie gelungen, Baumwollen der Alten Welt mit denen der Neuen zu kreuzen, während die der Alten Welt unter sich leicht zu kreuzen sind, ebenso die der Neuen Welt unter sich.

Asiatische Baumwolle ist nie in handelsüblichen Mengen in die westliche Halbkugel eingeführt worden. Die erste in Süd-Carolina gebaute Baumwolle war wahrscheinlich G. herbaceum, aber sie machte bald dem Gossypium vitifolium (jetzt barbadense) und dem G. punctatum (jetzt G. hirsutum) und dem G. mexicanum aus dem tropischen Amerika Platz. Freeman hat auch nie eine asiatische Art in der westlichen Halbkugel verwildert gesehen. Dagegen sind die amerikanischen Arten in vielen Teilen der Alten Welt mehr oder weniger verwildert. So sind sie sehr weit verbreitet in Afrika, und Freeman sah das auch in Ostindien und Südostafrika. Die Hauptsorte, die in Kambodja gebaut wird, ist G. hirsutum (kultiviertes G. punctatum), die dahin von Mexiko durch portugiesische Händler vor mehreren hundert Jahren gebracht worden ist. — Im westlichen Kambodja, nahe der Grenze von Siam, sah Freeman auch G. brasiliense in beträchtlicher Menge. (Vgl. S. 59.)

Alle Arten und Sorten kehren nach Freeman in den ursprünglichen perennierenden Zustand zurück, wenn sie in den Tropen mehrere Generationen hindurch kultiviert wurden.

Freeman erachtet solche Charaktere, wie Kapselgröße, Faserlänge, Behaarung der Blätter, Zahl der Kapselfächer und viele andere kleine Charaktere ähnlicher Natur als bloße Varietätsunterschiede, die in größerem Maße erschienen sind, seitdem die wilden Eltern in Kultur genommen wurden (siehe amerikanische Weintrauben, Erdbeeren, Pekannüsse, Carya oliviformis usw.).

---

[1]) Baur, Erwin: Einführung in die exakte Vererbungslehre, 1914, S. 346, 2. Aufl.

In den amerikanischen Upland-Baumwollen steht G. hirsutum viel näher
dem wilden oder ursprünglichen (Original-) G. punctatum als das sogenannte
G. mexicanum, welches ein höher gezüchteter Typus ist und mehr oder weniger
Einfluß von Charakteren zeigt, die es durch Bastardierung mit anderen
amerikanischen Sorten, wie G. peruvianum, barbadense usw. erhalten hat.

9. Ausführung der Bastardierung.
(Nach Freeman.)

Bei jenen Pflanzen, die als männliche gewählt werden, wird eine Anzahl
Blüten einen Tag, bevor diese Blüten aufgehen würden, in Papierbeutel oder
dergleichen eingeschlossen. Am Nachmittag desselben Tages werden Blüten
von gleicher Entwicklung an jenen Pflanzen, die als weibliche verwendet
werden sollen, kastriert, d. h. der Staubbeutel beraubt. Zu diesem Zweck
wird mit einem scharfen Messer (oder Schere) die Spitze des von den Blumenblättern gebildeten Kegels geköpft und dann, ohne die Staubfädensäule oder
den Griffel zu verletzen, nahe dem oberen Rande des Kelches der Grund
des Blumenblattringes abgetrennt (die Blumenblätter sind nämlich unten zu
einem Ringe und dort mit den Staubfäden verwachsen). — Hierauf werden
durch einen vertikalen Schnitt die beiden Schnitte vereint und die Blumenblätter beseitigt. Sind die Staubbeutel dann unverletzt, so wird die Staubfädensäule vorsichtig entfernt. Dabei wird diese zuerst durch einen senk-
rechten Schnitt, ohne daß der in ihr steckende Fruchtknoten verletzt wird,
aufgeschlitzt; das Messer wird dann nach außen gedrückt und damit auch
ein Teil der Staubfadenröhre, die nun unten vorsichtig abgetrennt wird. Mittels
einer Lupe wird hierauf festgestellt, ob die Narben und der Griffel frei von
Pollen sind, und wenn dieses der Fall ist, wird die Blüte in einen Papierbeutel oder dergleichen eingeschlossen.

Die Bestäubung wird dann am besten etwas vor Mittag des nächsten Tages
vorgenommen. Bei derselben wird reichlich Blütenstaub von einer eingeschlossen gewesenen Blüte einer männlichen Pflanze auf die Narben gebracht
und die Blüte der weiblichen Pflanze wieder eingeschlossen, mit Nummer
bezeichnet und nach 3—4 Tagen der Einschluß abgenommen.

Die geernteten Samen geben im nächsten Jahre die F 1-Generation.
Alle Blüten dieser F 1-Generation oder möglichst viele müssen selbstbefruchtet
werden, und nur Samen dieser dürfen gesät werden.

Auch von den individuell beurteilten Pflanzen der folgenden Generation,
der F 2, muß je eine Anzahl Blüten selbstbefruchtet werden. Dabei muß für
die weitere Generation, F 3, nur Saatgut von eingeschlossen gewesenen Blüten
genommen werden. — Die Beurteilung der Pflanzen von F 2 auf Kapsel-
gewicht, Haarlänge und Haarprozente darf aber nicht an eingeschlossenen
Pflanzen erfolgen, sondern an solchen, die frei abgeblüht haben.

Für F 3 wird nur Samen solcher selbstbefruchteter Pflanzen verwendet,
welche eine Vereinigung der gewünschten Eigenschaften zeigen. Die Pflanzen,
die aus diesem Samen hervorgehen, werden dann, nach Mutterpflanzen getrennt,
in Reihen oder Beeten verglichen.

Weiterhin wird so vorgegangen, als ob jede gewählte Pflanze der F 3-
Ausgangspflanze einer Individualauslese wäre, und es wird ständig, bis zur
Erreichung der Konstanz, nur von Pflanzen gesät, die eingeschlossen waren.

Ob Baumwollen der Alten Welt sich wirklich nicht mit denen der Neuen Welt kreuzen lassen, erschien damals Freeman noch nicht ganz sicher. Mehrere Autoren sagen, daß es nicht ginge, daß die Bastarde unfruchtbar seien. So Cook[1]), Harland[2]), Feng[3]), Freeman. Dagegen erwähnen Kulkanni und Kottur[4]) viele Bastarde zwischen Kambodja von den Philippinen und Abassi aus Ägypten. Letzteres wäre aber kein Beweis, denn die Kambodja-Baumwolle ist amerikanischen Ursprungs, nach Watt entweder Gossypium vitifolium oder G. brasiliense, und die ägyptische Abassi ist ebenfalls amerikanischen Ursprungs, stammt von Sea Island, G. barbadense, ab.

Wie Denham nachgewiesen hat, haben die Baumwollen der Alten Welt 13, die der Neuen Welt 26 Chromosomen in ihren Zellkernen, und erklärt sich daraus die Tatsache, daß sie sich nicht kreuzen lassen.

10. Korrelationen.

Von Korrelationen dürfen wir nach Baur[5]) in züchterischem Sinne nur reden, wenn wir sehen, daß zwei oder mehrere Eigenschaften bei Rassen-kreuzungen immer zusammen vererbt werden. Es können auch zwei oder mehrere Außenmerkmale von einem Grundunterschied beeinflußt werden oder infolge von Faktorenkopplung gewisse Grundunterschiede nicht unabhängig voneinander mendeln.

Thadani und Humbert fanden Nacktsamigkeit mit niederem Prozent-gehalt an Samenhaaren bei Bastardierung gekoppelt. Eine positive Korrelation scheint auch zwischen Ölgehalt und Länge der Haare zu bestehen, kurzstapelige sind im allgemeinen ölärmer. Anordnung der Blüten in Klumpen ist mit roter Saftfarbe gekoppelt. Bei der Beurteilung von Korrelationen quantitativ schwan-kender Eigenschaften ist Vorsicht nötig. Solche Korrelationen zeigen sich oft beim Vergleich verschiedener Varietäten, fehlen aber ganz oder sind nur abge-schwächt vorhanden beim Vergleich von Pflanzen einer Individualauslese. So z. B. die negative Korrelation: Länge der Samenhaare und Prozentgehalt der Samenhaare. Andererseits gibt es auch Korrelationen, die sich zwischen Pflanzen einer Individualauslese feststellen lassen, beim Vergleich verschiedener Varie-täten aber fehlen. So z. B. Frühreife und Zahl vegetativer Achsen, wie Free-man bei reinen Formen ägyptischer Varietäten fand.

Für die nachstehende, aus Fruwirth, S. 216, entnommene Tabelle von Beispielen quantitativer Korrelation gibt Freeman mir folgende Erläute-rungen:

Der Samenhaarindex oder Lintindex der Amerikaner wird ausgedrückt durch das Gewicht der Haare von 100 Samen in Gramm. Korrelation ist die Abhängigkeit eines Charakters von einem anderen. Wenn die Korrelation voll-ständig ist (100%), so ist der eine Charakter gänzlich abhängig von dem anderen und variiert proprotional mit diesem. Korrelationen können positiv oder negativ sein. Wenn positiv (+), steigen oder fallen die beiden Charaktere in der Intensität gleichsinnig. Wenn dagegen die Korrelation negativ (—) ist, geht der eine Charakter hinauf, der andere hinunter. Wenn keine Korrelation

---

[1]) Cook: U.S. Dep. of Agric. Bureau of Plant Industr. Bull. 221, S. 30, 1911.

[2]) Harland: West Indian Bull., Bd. 18, Nr. 1 und 2.

[3]) und [4]) Zitiert nach Freeman, der den Ort nicht angibt. In Kotturs Artikel „Kumpta cotton and its improvement (Memoirs Dep. Agr. India Bat. Ser. X Nr. 6 Okt. 1920, S. 221—273) finde ich es nicht. L. W.

[5]) Baur: Einführung in die experimentelle Vererbungslehre, 2. Aufl., S. 354.

vorhanden ist, sind die Charaktere ganz unabhängig voneinander. Das ist dann eine Null (0)-Korrelation.

Wenn die Intensität eines Charakters von mehreren Faktoren abhängig ist, die selber voneinander mehr oder weniger unabhängig sind, so wird die Intensität teils von dem einen, teils von dem anderen abhängen (teilweise Korrelation). Es kann nach obigem die Abhängigkeit eines Charakters von einem andern, also die Korrelation von 0—100% variieren.

Beispiele einiger quantitativer Korrelationen.

		Korrelationen	Höchste wahrscheinliche Fehler
Samenhaarindex oder Faserindex (Gewicht der Haare von 100 Samen)	im Verhältnis zum Gesamtgewicht aller Haare einer Pflanze	+0,37 +0,62 +0,30 +0,42	+0,09 +0,06 +0,02 +0,02
Samenhaarindex	Gewicht von 100 Samen	+0,76 +0,50 +0,55 +0,64	+0,03 +0,08 +0,06 +0,05
Samenhaarindex	Haare pro Kapsel	+0,59 +0,33 +0,43	+0,06 +0,02 +0,02
Samenhaarindex	Prozent Samenhaare	+0,54 +0,67	+0,06 +0,04
Samenhaare pro Kapsel	Samenhaare pro Pflanze	+0,44 +0,43	+0,02 +0,02

Erläuterung: +0,37 bedeutet eine positive Korrelation von $^{37}/_{100}$ (siebenunddreißig Hundertstel) einer völlig positiven Korrelation. Negative Korrelationen kommen in obigen Beispielen nicht vor. Der höchste wahrscheinliche Fehler +0,09 besagt, daß zu 0,37 noch 0,09 hinzugezählt oder abgezogen werden müssen, um den allerwahrscheinlichsten wahren Wert zu erhalten. Also 0,37 + 0,09 = 0,46 oder 0,37 — 0,09 = 0,28.

Eine höchstwahrscheinliche Korrelation fand Ram Prasard[1] zwischen der Länge der Narben und der Länge der Faser. Je mehr die Narben bzw. der Griffel aus der Staubfädenröhre hinausragen, desto länger ist die Faser, was er durch Tabellen und eine Tafel erläutert. Wenn das der Fall, könnte man schon zur Blütezeit die kurznarbigen Pflanzen, die auch kurze Fasern geben, ausmerzen. Man muß aber zwei Messungen machen, einmal die des herausragenden Teils, zweitens die graduierte, mit Lupe versehene Nadel hineinführen bis an das oberste Ende der Staubfädenröhre, da oft die Staubbeutel der oberen Staubfäden den Griffel verdecken. Bei einer ägyptischen Sorte war A, d. h. die erste Messung, $^{31}/_{64}$ Zoll, die zweite, B, $^{40}/_{64}$ Zoll, die Faserlänge $^{88}/_{64}$ Zoll.

Bei CA 9, einer verbesserten Cawnpore American, A 16, B 30. Faserlänge $^{63}/_{64}$.

Bei CA 5, A 7, B 20, Faserlänge 50 mm.

Bei K 22 (Kreuzung von G. arboreum und G. neglectum var. roseum). A 13, B 27, Faserlänge $^{63}/_{64}$.

---

[1] Prasard, Ram: Note on the probability of an Inter-relation between the length of the Stigma and that of the Fibre in some forms of the genus Gossypium. Agricultural Research Institute Pusa Bull. 137, Calcutta 1922.

Bei G. arboreum A 18, B 24, Faser $^{69}/_{64}$ (spät gemessen).
Bei G. indicum A 16, B 21, Faser $^{65,5}/_{64}$ (spät gemessen).

B. C. Burt[1]) hat durch Auslese reiner Cawnpore bei Einschluß unter Netz eine Ca 9 aus den gemischten akklimatisierten Cawnpore-American erhalten, die einen Stapel von $1^1/_{16}$—$1^7/_8$ Zoll (41,2—47,6 mm) hat und geeignet ist, zum Spinnen von 25's warps (Kette) und 30's wefts (Einschlag) in Cawnpore, und bis 36's in Lancashire. Im Jahre 1920 wurden schon über 1100 acres damit bebaut, und in Cawnpore ist ein unabhängiger Markt für unentkörnte Baumwolle (kapas) errichtet worden.

VIII. Tierische Schädlinge der Baumwolle.

Literatur: Eine reichhaltige Zusammenstellung gibt A. Zimmermann in seiner „Anleitung für die Baumwollkultur in den deutschen Kolonien", 2. Aufl. Kolonialwirtschaftliches Komitee, S. 99—134, mit vielen Abbildungen. Berlin 1910, ferner H. Morstatt: Die Schädlinge der Baumwolle in Deutsch-Ostafrika, im Beiheft Nr. 1 zum „Pflanzer", mit 18 Abbildungen und einer farbigen Doppeltafel, 50 S., Daressalem 1914; F. Zacher: Die afrikanischen Baumwollschädlinge, in Arb. Biolog. Anstalt, Bd. 9, S. 121—132, mit 83 Textabbildungen, 1913. Kurze Übersicht über die wichtigsten Schädlinge und Krankheiten in Nordamerika in Yearbook Dept. Agric. 1921, S. 349 ff. Die Arbeiten von Vosseler, Kränzlin und vielen anderen sind von Zimmermann, Morstatt und Zacher in obigen Werken, denen wir im nachstehenden folgen, mit berücksichtigt. Den drei letztgenannten Herren sowie dem Kolonialwirtschaftlichen Komitee sind wir zu besonderem Dank dafür verpflichtet, daß sie uns die Wiedergabe der Abbildungen gestatteten.

Ausführliche jährliche Literaturnachweise bringt die Biologische Reichsanstalt für Land- und Forstwirtschaft in Berlin-Dahlem in der vom Regierungsrat Prof. Dr. H. Morstatt bearbeiteten Bibliographie der Pflanzenschutzliteratur. Siehe auch Koenig, P., in Tubeufs Zeitschrift für Pflanzenkrankheiten 1927, S. 215.

A. Säugetiere.

Erheblicher Schaden wird durch sie wohl nur ausnahmsweise angerichtet. Vosseler[2]) erwähnt Wildschweine, Nilpferde, Ratten, Eichhörnchen, darunter Rotschwanzeichhörnchen (Sciurus palliatus Pts.), frißt unreife Kapseln in Bagamoyo an und zerstört viele Wolle, so daß auf den Fang eine Prämie gesetzt wurde. — In Peru fressen nach Kärger[3]) in manchen Jahren unzählige Scharen von Mäusen die Kerne aus den Kapseln.

B. Weichtiere (Mollusken).

Eine zur Familie der Schnirkelschnecken (Helicidae) gehörige Art Achatina sp.[4]) hat nach Kränzlin[5]) im Süden von Deutsch-Ostafrika große Flecken ganz kahl gefressen. Bekämpfung: Um die Felder einen etwa 25 cm breiten, 40—50 cm tiefen Graben ziehen. Bei dem in der Pflanzzeit reichlich fallenden Regen ist dieser Graben fast immer mit Wasser gefüllt und

---

[1]) Agricultural Research Institute Pusa Bull. 126. 1921. Cawnpore-American Cotton, II (I. Bericht in Pusa Bull. 88).

[2]) Vosseler, J.: I. Bericht des Zoologen. Berichte über Land- und Forstwirtschaft Bd. 2, S. 413.

[3]) Kärger, K.: Landwirtschaft und Kolonisation im Spanischen Amerika Bd. 2. Leipzig 1901.

[4]) sp. bedeutet species, Art. Man setzt sp., wenn die Art nicht näher bestimmt ist, sondern nur die Gattung.

[5]) Kränzlin, G.: Schnecken als Baumwollschädlinge in „Der Pflanzer", S. 182. Daressalam 1909.

bietet so den Schnecken ein unüberwindliches Hindernis. — Sind trotzdem Schnecken auf die Felder gelangt, so müssen sie abgelesen oder vorsichtig abgeschüttelt und mit einem Stockschlage getötet werden.

C. Insekten (Insecta).

I. Geradflügler (Orthoptera).

1. Feldheuschrecken (Acridiidae).

Die afrikanische Wanderheuschrecke, *Schistocerca peregrina Oliv.*, und andere Arten können natürlich wie allen anderen Kulturen auch der Baumwolle gefährlich werden; Berichte über größere Schäden an Baumwolle sind aber aus neuerer Zeit nicht bekannt.

Die stationär lebende bunte Stinkschrecke (Zonocerus elegans Tunb.) ist im allgemeinen nicht so schädlich, da sie zu einer Zeit auftritt, wo die Vegetation der Baumwolle ruht, und ferner, weil die Eierpakete, die vom Frühjahr bis Oktober im Boden liegen, durch die dann wiederholt stattfindende Bodenbearbeitung vernichtet werden.

Im Sudan sind nach Dudgeon[1]) schädlich: Schistocerca peregrina und Acridium hieroglyphicum. — In Indien nach Maxwell Lefroy[2]) Chrotogonus trachypterus Blanch.

In Amerika nach Dudgeon a. a. O., S. 160, 1907: Brachystola magna Gir., Melanoplus differentialis Thos und Schistocerca americana Fab. Gegenmittel: Bestreuen mit Pariser Grün, jetzt mit Calciumarsenat.

Ashmead[3]) fand auf Baumwolle: Acridium obscurum Burm., Hippiscus rugosus Scudd., Melanoplus femur rubrum De G., Batrichidea cristata Scudd., Tettigidea lateralis Say, Tettix ornatus Say, Tettix femoratus Scudd., und Tettix arenosus Burm. Nach Insectlife Bd. 2, S, 27 ist Melanoplus cnereus in Louisiana, ohne großen Schaden anzurichten.

2. Laubheuschrecken (Locustidae).

Nach Ashmead a. a. O., S. 26 sind in Mississippi gefunden: Orchelimum gossypii Scudd., O. glaberrimum Burm. und O. fasciatum Scudd. Sie legen ihre Eier in die Stengel der Baumwolle, fressen die Blätter an und zerstören die Kapseln.

Conocephalus obtusus Burm. gelegentlich daselbst.

Schizodactylus mo struosus Drury nach Dudgeon a. a. O., S. 161, in Ostindien schädlich.

3. Grillen (Gryllidae).

Oecanthus niveus De G. legt nach Sanderson[4]) seine Eier in Längsreihen an die Stengel der Baumwolle. Die Larven sind aber nützlich, weil sie Blattläuse vertilgen. Die erwachsenen Tiere fressen zuweilen junge Baumwollblätter. Nach Ashmead, S. 25, kommen in Mississippi gelegentlich vor:

---

[1]) Dudgeon, G. C.: Insects which attack cotton in Egypt. Bull. of the Imperial Institute, 1906, S. 140.

[2]) Maxwell Lefroy: Memoirs of the Dep. of Agr. in India. Entomol. Ser. Bd. 1, Nr. 2. 1907.

[3]) Ashmead, W. H.: Notes on cotton insects found in Mississippi. Insect life Bd. 7, S. 25.

[4]) Sanderson, E. D.: Report on miscellaneous cotton insects in Texas. U. S. Dep. Agr. Bur. of Entom., Bull. 57, S. 37. 1907.

Oecanthus fasciatus Fitch, Nemobius fasciatus De G., Phyllopalpus pulchellus Uhler und Tridactylus minutus Scudd. — Sie fressen zuweilen junge Blätter.

II. Käfer (Coleoptera).

1. Blatthornkäfer (Lamellicornia).

Hierzu gehören u. a. die Engerlinge; aber über deren Schaden wird nur aus Java von Zehntner[1]) berichtet, auch dort nur zuweilen schädlich.

Nach Sanderson[2]) und Dudgeon[3]) sind für junge Baumwollpflanzen in Amerika oft sehr schädlich: Lachnosterna cribrosa Lec., L. farcta Lec. und L. lanceolata Say.

Die Käfer leben tagsüber bis zu 7 cm tief im Boden. Erst etwa 1 Stunde vor Sonnenuntergang kommen sie hervor und fressen. Mit einbrechender Dunkelheit gehen sie wieder in den Erdboden. Vertilgung: Durch Bestäubung mit Arsen.

Euphoria melancholica Gory und E. sepulchralis fressen nach R. J. Smith in Georgia an den Kapseln, wahrscheinlich aber erst, wenn diese von Anthraknose befallen sind. Adoretus tenuimaculatus Waerh. frißt nach Fullaway[4]) in Hawaii an den Blättern, namentlich der chinesischen Baumwolle, wenig an Caravonia-Baumwolle.

Popillia hilaris Kraatz wird von Morstatt in: Die Schädlinge der Baumwolle, S. 7, aufgeführt. Käfer 10—13 mm lang, metallisch grün glänzend; auf dem freien Hinterleibsende 2 runde weiße, aus kurzen Borsten bestehende Flecken. In Usambara häufig. Blattfresser.

Abb. 71.
Popillia hilar.
Nach
Morstatt.

Anomala aeneotincta Fairm. im Bismarckarchipel. Nach Zacher 13 mm lang. Blattfresser.

2. Prachtkäfer (Buprestidae).

Sphenoptera gossypii Kerr. Indischer Stengelbohrer. Nach Maxwell Lefroy[5]) in Ostindien sehr häufig. Die Larve höhlt den Stamm aus, die Pflanzen welken, bevor der Käfer ausschlüpft. Gegenmittel: Einsammeln und Verbrennen der befallenen Pflanzen.

Julodis Atkinsoni Kerr. nach Kerremans[6]) in Ostindien erheblich schädigend.

Sphenoptera neglecta Klug. Sudan-Stengelbohrer. Larven ähnlich wie die von S. gossypii im Baumwollstengel im Sudan und Ostafrika. Käfer 9--10 mm lang, schmal, grünmetallisch oder kupferglänzend. Larve bis 29 mm lang, dünn, fußlos. Abb. von Zacher im Tropenpflanzer Bd. 17, Jg. 1914, S. 137—139.

3. Schnellkäfer (Elateridae).

Die Larven der Schnellkäfer sind die bekannten Drahtwürmer. Sie sind in Baumwollfeldern selten. In Hawaii haben aber nach Fullaway die Larven von

Simodactylus cinnamomeus Boisd. die Baumwollpflanzen dicht unter der Erdoberfläche angefressen und stellenweise bis ein Drittel der Pflanzen vernichtet.

Monocrepidius vespertinus Fab. Nach Sanderson stellenweise in Georgia und Texas an Baumwollblüten (die Käfer), ohne merklichen Schaden.

---

[1]) Zehnter, L.: Overzicht over de vijanden der katoencultur op Java. Culturgids Bd. 7, S. 26. 1905.

[2]) Sanderson, E. D.: Report on misc. cotton insects in Texas. Bur. of Entom., Bull. 57, S. 17. 1906.

[3]) Dudgeon, G. C.: Bull. of Imperial Institute, 1907, S. 164.

[4]) Fullaway, D. T.: Insects of cotton in Hawaii. Hawaii Agr. Exp. St. Bull. Nr. 18. 1909.

[5]) Maxwell Lefroy: The Insect pests of cotton in India. Agric. Journ. of India Bd. 1, S. 58. 1906. — Derselbe: The more important insects injurious to Indian Agriculture. Memoirs of the Dep. of Agr. in India. Entom. Ser. Bd. 1, Nr. 2, S. 134. 1907.

[6]) Kerremans, C.: Julodis Atkinsoni in Indian Museum Notes Bd. 4, S. 48.

4. Schwarzkäfer (Melanosomata, Trogositidae oder Tenebrionidae).

Hierzu gehören Käfer, die nebst ihren Larven in Brot, Mehl, in Samen, in modernden Pflanzen- und Tierrester, in Naturalien usw. leben.

Tribolium ferrugineum Fabr. (red grain beetle, rust red flour beetle). Käfer lang gestreckt, gleich breit, ziemlich flach gewölbt. Anfangs gelbbraun, später kastanienbraun, 3—5 mm lang, 1—1,5 mm breit, mit kurzen keulenförmigen Fühlern. Larve dem Mehlwurm ähnlich, aber kleiner, bis 5 mm lang, weißlich mit breiten ockergelben Querstreifen auf dem Rücken. — Puppe gelblichweiß oder hellrostfarbig, 3—4 mm lang, 1 mm breit, fein behaart.

Über die ganze Erde verbreitet, lebt hauptsächlich in Reis und Mais, aber auch in Baumwollsamen.

Tribolium confusum Duv. und **Trogosita mauretanica L.** synonym **Tenebrioides mauretanicus B.**, zwei kleine Käfer, von Vosseler in Tanga und Pangani beobachtet.

Epitragus diremplus in Hawai von Fullaway beobachtet, aber unschädlich.

5. Pflasterkäfer (Vesicantia oder Cantharidae). (Spanische Fliegen.)

Epicauta cinerea Forst., E. ferruginea Say, E. lemniscata Fab. und **E. vittata Fab.** beschädigen nach Dudgeon in Amerika die Blüten, hauptsächlich aber nur die Blumenblätter.

Mylabris bizonata Gerst. Nach Morstatt ein ansehnlicher Käfer in Ostafrika, 35 mm lang, 10 mm breit, schwarz, Fühler hellbraun, Flügeldecken mit zwei breiten hellbraunen bis rotbraunen Querbinden. Blattfresser.

Arten der Gattungen **Mylabris** und **Coryna** fressen nach Zacher, Tropenpflanzer, 1923, S. 132. im West-Sudan in den Blüten.

6. Rüsselkäfer (Curculionidae).

Zu dieser großen Familie gehören mehrere der wichtigsten Baumwollschädlinge, vor allem der mexikanische Kapselkäfer (boll weevil), der weiter unten besprochen wird.

Alcides brevirostris Boh. Der Stammringler, farbige Abbildung bei Morstatt. Käfer bis zum Kopf 9 mm lang. Der nach unten gerichtete Rüssel 3 mm. Kopf und Halsschild schwarz. Flügeldecken dunkelrotbraun. Halsschild grob gekörnt, Flügeldecken mit je 9 Längsreihen tiefer, dichtstehender Punkte und, wie der übrige Körper, fein behaart.

Der Käfer ist von allen Rüsselkäfern einer der gefährlichsten für Ostafrika. Er kommt auch in der Straucherbse (mbasi, Cajanus indicus) vor. — (Abbildung auf

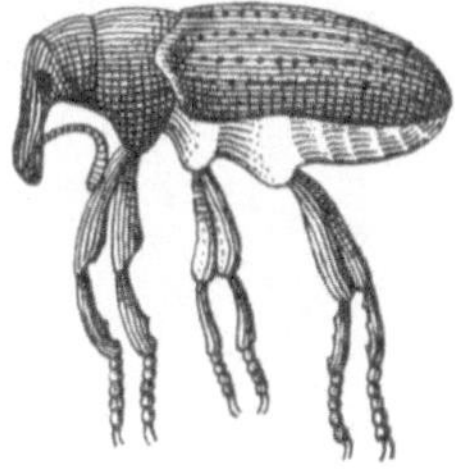

Abb. 72. Alcides brevirostris, Stammringler. Nach Morstatt.

Morstatts Farbentafel oben rechts.) Er nagt teils in der Nähe des Bodens in 10—25 cm Höhe, teils bis zu 1 m Höhe der Baumwolle Rinde und äußere Holzschichten durch, indem er einen wenige Millimeter breiten Ring zerfasert. An einer Stelle wird die Wunde noch verbreitert, und der Käfer legt dort in eine noch besonders durch Faserung verdeckte Vertiefung seine Eier. Oberhalb der geringelten Stelle bricht der Stengel häufig ab, oder er verdickt sich, wie so oft bei geringelten Gewächsen.

Gegenmittel: Die ersten Fraßspuren werden etwa 4 Monate nach der Aussaat der Baumwolle auftreten. Die angenagten Stengel müssen alsdann einige Zentimeter unterhalb der Wunde abgeschnitten und verbrannt werden. Ferner wird auch das frühzeitige Abräumen der Felder und Verbrennen aller Baumwollstauden wesentlich zur Ausrottung des Käfers beitragen. Bei regelmäßiger einjähriger Kultur spielt er keine große Rolle.

Nach Maxwell Lefroy hat der gleiche oder ein ähnlicher Käfer in Ost-indien an eingeführten Baumwollsorten großen Schaden angerichtet.

Apion xanthostylum Wagn., **der kleine schwarze Baumwollrüßler,** Morstatts farbige Tafel und Tafel I, Abb. 4—6. Zerstört nicht nur die un-reifen Kapseln, in deren Boden sich die Larven entwickeln, sondern schädigt auch das Wachstum der ganzen Pflanze, wenn die Larven sich in der Rinde und im Holz des Wurzel-halses, des Stammes und der Zweige aufhalten. Siehe auch Kränzlin[1]).

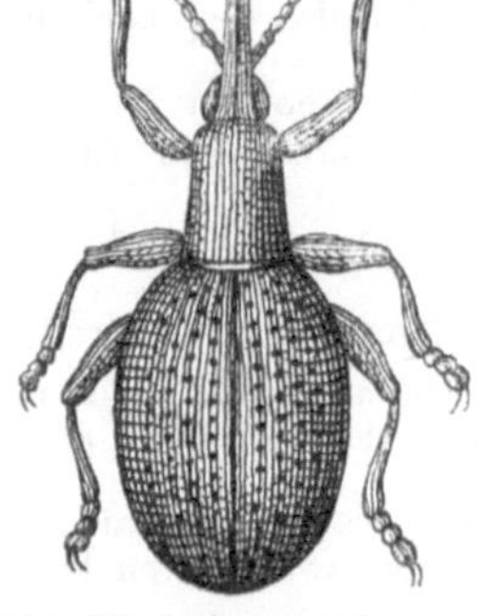

Abb. 73. Apion xanthosty-
lum Wagn.
Kleiner schwarzer Baum-
wollrüßler ca. $^{12}/_1$.
Nach Morstatt.

Mitteltarsus des Männ-
chens, stark vergrößert.
Nach Wagner.

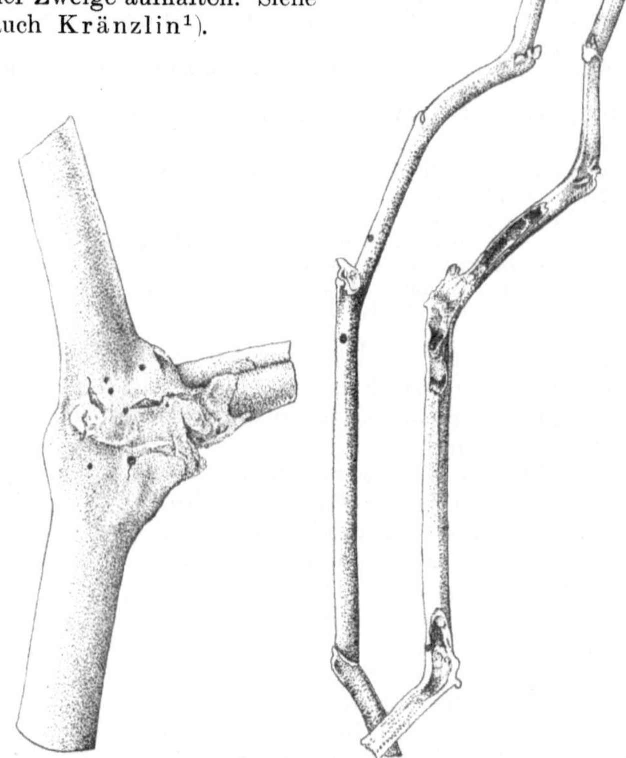

Abb. 74.   Befall an Stamm und Zweigen durch
Apion xanthostylum.

Käfer 2—3 mm lang, mattschwarz, mit anliegenden kurzen dicken weißen Haaren spärlich besetzt, daher von grauem Ansehen. Gedrungener als andere bekannte Arten, Oberschenkel keulig verdickt; Schaft der Fühler rötlichgelb (daher xanthostylum). Erstes Fußglied der Mittelbeine beim Männchen an der Basis zahnartig vorgezogen. Larve gelblichweiß, fußlos, stark gekrümmt, 2—3 mm lang, mit dickem Hinterleib und nach hinten zugespitzt.

Der Käfer wurde im Oktober 1910 von Zimmermann bei Morogoro entdeckt und tritt seitdem dort stärker auf. —

Apion armipes Wagn. in Natal und Nyassaland lebt nach Zacher[2]) ähnlich.

---

[1]) Kränzlin: „Der Pflanzer". Daressalem, Dez. 1912.
[2]) Zacher, F.: Schädlinge der Nutzpflanzen im West-Sudan. „Tropenpflanzer", 1921, S. 132 ff. Ausführlicher mit Abb. in Arbeiten aus der Biolog. Anstalt, Bd. 9. 1913.

Anthonomus grandis Boh., der mexikanische Kapselkäfer, „Boll weevil". „Picudo" in Mexiko. Dies ist der gefährlichste Feind der Baumwolle in Amerika[1]). Es ist ein mit dem bei uns so schädlichen Apfelblütenstecher, **Anthonomus pomorum**, verwandter kleiner, schokoladenbrauner Käfer, mit dem langen dünnen Rüssel 6—7 mm lang. Er durchsticht die Knospen und die jungen Kapseln und legt seine Eier in die Höhlungen, die er mit Schleim und Exkrementen verschließt. Die auskommenden Larven sind weiß mit braunem Kopf, fußlos, etwas gebogen, einem kleinen Engerling ähnlich und werden schließlich 9 mm lang. Sie fressen die Knospen und die Samenanlagen und höhlen die Kapsel ganz aus. Die angegriffenen Kapseln fallen z. T. ab, aber die meisten bleiben hängen und verkrüppeln. Die Larven verpuppen sich in der Kapsel, bzw. in der Knospe, und der Käfer gelangt durch eine von ihm selbst gefressene Öffnung ins Freie.

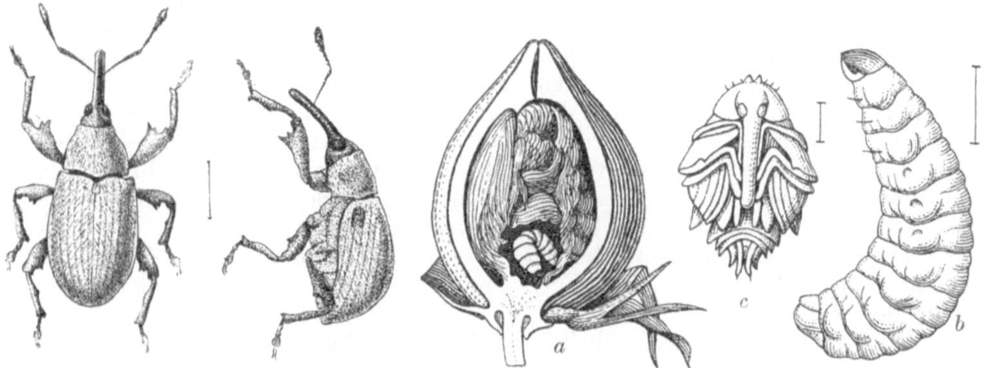

Abb. 75.
Anthonomus grandis Boh.

Abb. 76.
Mexikanischer Kapselkäfer, „Boll weevil".
Nach Hunter.

a Junge Baumwollkapsel mit der Larve des mexikanischen Kapselkäfers,   b die Larve vergr.,   c die Puppe.
Nach Warburg.

Die Überwinterung erfolgt als Käfer. Nach den Herbstfrösten sucht die letzte überlebende Generation vor Kälte Schutz unter alten Baumwollstengeln, losem Gras oder Gehölzen. In Gegenden, wo „spanish Moss" (Tillandsia usneoides) vorhanden ist, bildet dieses einen beliebten Winteraufenthalt. Etwa 6% der Käfer überleben den Winter. Ist dieser sehr kalt, so sind es weniger, ist er sehr mild, dann mehr. Im Frühjahr legt das Weibchen etwa 140 Eier, und so entsteht eine neue Generation; solcher folgen mehrere, 3 bis 5 in einem Jahr, jede zahlreicher als die vorige. Von einer Generation zur nächsten vergehen etwa 25 Tage. In einer Knospe ist meist nur eine Larve, in den Kapseln aber bis 12.

Der Käfer ist zuerst in Mexiko gefunden und wurde so schädlich, daß 1862 bei Monclova die Baumwollkultur aufgegeben werden mußte. Mitte der siebziger Jahre des vorigen Jahrhunderts zeigte er sich bei Matamoros; um 1892 überschritt er den Rio Grande del Norte bei Brownsville, Texas, 1894 fand er sich bei San Diego, Alice und Beeville, 1895 östlich in dem Tale des Guadeloupe River bei Victoria, Thomaston und Wharton, nach Norden

---

[1]) Allgemeines über diesen und die anderen wichtigsten Baumwollschädlinge in Lefroy H. Maxwell und O. B. Lean: Insect pests of cotton. Empire cotton growing review, Vol. 1, S. 196—206, 1924, und H. A. Ballou: Insect pests and cotton development. Ebenda, Vol. 2, S. 323 ff., 1925

bis Kenedy, Flonerville, Cuero und San Antonio (Oppel, S. 390). Nach dem Yearbook des Department of Agriculture für 1921, S. 349 breitete er sich jährlich um 40—160 englische Meilen weiter (meist nach Osten) aus, obwohl in mehreren Fällen der Winter eine Abnahme veranlaßte. Seit einigen Jahren ist der gesamte cotton belt von ihm verseucht. Besonders schädlich war er in den Gegenden, wo die berühmte Sea-Island-Baumwolle gezogen wird (Georgia, Süd-Carolina und die vorliegenden Inseln).

Nach einem Bericht im Tropenpflanzer 1923 war der Ertrag an Sea-Island-Baumwolle 1916: 117559 Ballen; 1917 92619; **1918**, wo der Käfer in die Sea-Island-Gegenden eindrang, 52208; 1919 6919, und 1920 gar nur 1868 Ballen!

Außerhalb der Vereinigten Saaten ist der Kapselkäfer im größeren Teil von Mexiko und südwärts bis Guatemala und Costa Rica verbreitet, auch in der östlichen Hälfte von Cuba.

Glücklicherweise ist der mexikanische Kapselkäfer bis jetzt auf Amerika beschränkt geblieben, was teils in seiner Lebensweise begründet ist, teils den Einfuhrverboten der meistgefährdeten Länder für Baumwollsaat verdankt wird. Die Kokons der Puppen sollen dem Baumwollsamen etwas ähnlich sein. —

Der Schaden wechselt von Jahr zu Jahr. Einem sehr milden Winter folgt unwiderruflich eine schwere Infektion im kommenden Sommer. Viel Regen in den Sommermonaten ist auch der Tätigkeit des Käfers förderlich. In Präriegegenden, wo das Insekt im Winter wenig Schutz findet, ist es nie so zahlreich als da, wo die Überwinterungsverhältnisse günstiger sind. — Die ungeheure Schädlichkeit des Käfers, die sich nur mit den durch die Reblaus angerichteten Verwüstungen vergleichen läßt, veranschaulichen die folgenden Zahlen.

Den durchschnittlichen jährlichen Schaden, den der Käfer in Texas 1902—1911 verursachte, schätzte man auf 27 Millionen Dollar. Das Ernte-Schätzungsbureau des Ackerbau-Departments schätzte im Herbst 1920 den jährlichen Schaden der letzten 4 Jahre auf durchschnittlich 300 Millionen Dollar.

In den zuletzt befallenen Gegenden des Baumwollgürtels beträgt der Schaden nach dem Yearbook für 1921 bis zu 50%. Die Vernichtung der Sea-Island-Baumwolle wurde schon erwähnt. Unter solchen Umständen wurde das Augenmerk auf andere Kulturen und auf Viehzucht gerichtet. — Aber mit der Zeit haben die Farmer gelernt, trotz der Kapselkäfer Baumwolle zu bauen, und der Schaden ist geringer geworden. Insbesondere ist die Einrichtung eines geregelten Fruchtwechsels eine Folge des Käferbefalls.

Der Gesamtschaden hat nach der amtlichen Statistik in den zehn Jahren von 1915 bis 1924 in Prozenten einer vollen Ernte von etwa 18 Millionen Ballen betragen:

1915	1916	1917	1918	1919	1920	1921	1922	1923	1924
9,93	13,36	9,34	5,83	13,20	19,95	30,98	24,17	19,55	8,01

Der Baumwollkapselkäfer wird in den Vereinigten Staaten auch der „Billion Dollar Bandit" genannt. Für seine Bekämpfung sind die gegenwärtigen Hauptfragen die Verbilligung der Arsenproduktion und die Verbesserung der Bestäubungsmaschinen. Seit einigen Jahren werden Flugzeuge zum Bestäuben mit Erfolg verwendet. Die Versuche wurden, wie auch die Heuschreckenvertilgung in Südafrika, vom Landw. Ministerium und vom Kriegsministerium gemeinsam ausgeführt. Auch dem chemischen Kriegsamt waren für Versuche zur Vertilgung des Kapselkäfers 25000 Dollar für 1924 bewilligt. — Neuerdings ist das Verstäuben von Kalziumarsenat durch Flugzeuge immer mehr ausgedehnt. Man kann in 1 Stunde 700 acres bestäuben[1]), aber die so nützlichen Marienkäfer werden dadurch auch getötet, und die Blattläuse, die sonst von ihnen gefressen werden, stellen sich mehr ein.

Von der North Louisiana Experiment Station, Calhoun[2]), wurden zwei Arten Bestäubungsmaschinen zum Zerstäuben von Kalziumarsenat gegen pen Kapselwurm (boll weevil) versucht.

1. Die „Warlo“-Maschine, die 1922 gekauft war, wurde auf 12 acres gebraucht; es ist eine größere Maschine.

2. Die „Root Saddle Gun“ ist kleiner, leistet nicht so viel, zerbricht das Gift nicht in so kleine Stückchen, stäubt auch nicht mit genügender Kraft, um vom Rückstoß viel Nutzen zu haben; aber auf terrassierten oder unterbrochenen Feldern ist sie leichter zu handhaben und beschädigt die Pflanzen nicht so. Eine kleine Menge Gift kann auch gleichmäßiger zerstäubt werden, als mit der großen Maschine. Der Erfolg war · gut; der größte Schaden wurde durch diejenigen Kapselwürmer verursacht, die etwas später als die ersten vollkommenen Insekten erschienen. Das Gift hatte auf sie wenig Wirkung.

Gegen boll weevil wird ferner empfohlen: „Texaco B. Q.“[3]). Dies ist ein neues Mittel, hauptsächlich Texas-Petroleum enthaltend; es widersteht dem Regen und beschädigt die Pflanze nicht, tötet aber den Käfer und die Eier. Eine besondere Spritzmaschine dafür ist von der International Harvester Co. gebaut.

Eine kombinierte Methode für besondere Verhältnisse ist die sogen. Floridamethode von Geo D. Shmith[4]): Man pflückt die erst angesetzten Blütenknospen ab, die sozusagen als Käferfallen dienen, und bestäubt dann mit Arsenmitteln. Die Knospen werden genau zu dem Zeitpunkt (in Florida 5. Juni) gepflückt, wo volle 90% der Käfer aus den Winterquartieren heraus sind und die Knospen befallen haben, wo aber andererseits erst Eier und Larven der ersten Brut, und noch keine Jungkäfer vorhanden sind. · · Der Verlust an Knospen wird durch neuen Ansatz ersetzt.

Nach Entfernung der Blütenknospen sind die wenigen übrig gebliebenen Käfer genötigt, in den zarten Blattknospen zu fressen und können dann durch sofortige einmalige Bestäubung mit geeigneten Arsenmitteln praktisch restlos vergiftet werden. Durchschnittlich blieb nur 1 Käfer pro acre (0,4 ha) am Leben. Es eignen sich nur Bleiarsenat und Kalziumarsenit, andere Arsenmittel rufen Verbrennungen hervor. Es wurden 5—7 Pfund pro acre mit einem Handapparat verstäubt. Kalziumarsenit läßt sich besser verstäuben.

Kosten 1,57 Dollar pro acre, Ertragssteigerung 22,22 Dollar. Bei einem Areal von 122000 acres Baumwolle in Florida läßt sich für das ganze Land ein jährlicher Mehrertrag von 22366 Ballen Baumwolle errechnen.

Andere Mittel sind Vernichten der Baumwollpflanzen im Herbst durch Verbrennen oder Unterpflügen. Auch frühreife Sorten sind zu empfehlen, ebenso frühe Saat, soweit keine Frostgefahr besteht, damit die Pflanzen herangewachsen sind, ehe die Käfer zahlreich werden.

---

[1]) Journ. Text. Inst. 1925, April-Heft.

[2]) 35. Annual Report of the Exp. Station of Lousiana for 1923. Baton Rouge 1924, S. 33.

[3]) Pearse, A. S.: Int. Cotton Bull., Bd. 3, S. 12. 1924 (Ref. in Journ. Text. Inst. 1925, Nr. 1, A. 9).

[4]) Smith, Geo D.: Quart. Bull. State Plant Board Florida, Okt. 1922. Der „BC Texas Spray“ ist eine Petroleummischung, die zum Bespritzen des Boll weevil angewandt wird. (Journ. Text. Inst. Manchester 1925, April-Heft.)

Die Wahl unter diesen verschiedenen Methoden ist im Einzelfalle von vielen Faktoren, z. B. Sorte, Geländebeschaffenheit, Stärke des Kapselansatzes und Preis der chemischen Mittel abhängig.

Glücklicherweise hat der boll weevil auch viele Feinde, namentlich unter den Vögeln; dagegen hat sich O. F. Cooks[1]) Hoffnung, daß eine von ihm in Guatemala als Vertilger gefundene Ameisenart auch in Texas sich bewähren würde, nicht erfüllt. Diese Ameise führt in Guatemala den Namen Kelep oder Kele. Es ist *Ectatomma tuberculatum Olivier*[2]). In Texas ist ihre Entwicklung zu langsam, und sie ist nicht widerstandsfähig genug gegen die Kälte[3]).

Auf die überreiche Literatur über den Kapselkäfer können wir hier nicht eingehen. Am besten unterrichten die entsprechenden Farmers Bulletins des U. S. Department of Agriculture über Einzelfragen.

Eine Abart ist *Anthonomus grandis thurberiae* an Thurberia thespesioides, der Arizona Wild Cotton[4]). Eine Karte von Südarizona zeigt die Verbreitung der Thurberia und des Käfers.

Anthonomus vestitus Boh., peruvian cotton-square weevil. Sehr schädlich in Peru, legt die Eier in die Knospen, welche dann abfallen[5]).

Ein anderer verwandter Rüsselkäfer wird aus Peru gemeldet. Es ist *Eulechriops gossypii*. Die Larven bohren sich an der Basis des Stempels ein, und die betr. Pflanze fällt um[6]). — Für Nigeria sind von AWJ. Pomeroy 6 Arten bollworm angegeben[7]).

Pempheres affinis Fst. Cotton stem weevil[8]). Erzeugt Gallen am jungen Stengel, besonders der Keimpflanzen, ähnlich also wie bei uns der Kohlrüßler. Die Sorte Karunganni, G. indicum (wohl G. Nanking) wird viel weniger angegriffen als Uppam, G. herbaceum (ist G. obtusifolium).

Dicasticus gerstaeckeri Fst. Nach Morstatt ein 11—15 mm langer Käfer mit kurzem, breitem Rüssel, auf der Rückenseite grob gekörnt, Körper und Flügeldecken dicht mit Schuppen bedeckt, die metallisch grün bis blau glänzen. Auf dem Rücken ein schwärzlicher Längsstreifen. Der laubfressende Käfer tritt an den meisten Kulturpflanzen in Ostafrika auf, so auch gelegentlich an Baumwollen.

Epipedosoma laticolle Kolbe. Flach, breit, schwarzbraun. Männchen 8,5 × 4,25 mm, Weibchen 12 × 6 mm. Flügeldecken an den Schultern sehr breit, nach dem Bruststück plötzlich schmäler. Oberseite des Körpers stark quer gerunzelt. — Am Kilimandjaro an Baumwolle stärker aufgetreten, auch an junger Rinde von Manihotkautschuk und im Herzen von Bananen schädlich.

Merkel[9]) beobachtete, wie Zimmermann S. 104 anführt, am Kilimandjaro einen in den Blüten der Baumwolle nistenden Rüsselkäfer, der das Absterben der Kapsel veranlassen soll. Nach erfolgter Bewässerung soll er verschwunden sein. Nähere Angaben fehlen. — **Myllocerus maculatus** Desb. de Log. und **Tanymecus indicus** Fst. wurden nach Maxwell Lefroy[10]) in Ostindien auf Baumwolle beobachtet. — **Chalcodermus aeneus** Boh., der in erster Linie cowpeas (Vigna sinensis, syn. V. catjang)

[1]) Cook, O. F.: U. S. Dep. Agric. Bur. Entom. Bull. 49. Washington 1904.

[2]) Ectatomma tuberculatum in Bur. Entom. Bull. 51. Washington 1905.

[3]) Pierce in Bur. Entom. Bull. 100, S. 69. 1912.

[4]) Siehe Hansen, H. C.: Arizona Sta. Tech. Bull. 1923, Nr. 3, S. 49—59. Daraus in Exp. Stat. Record, Bd. 49, S 558. 1923; und daraus in Journ. Text. Inst., Bd. 15, A. 75. 1924.

[5]) Journ. Econ. Entom., Vol. 4, S. 241—248. 1911.

[6]) Journ. Text. Inst. Bd. 17 A, S. 297. 1926,

[7]) Journ. Text. Inst. Bd. 17 A, S. 220. 1926,

[8]) Ballard, E.: Memoirs of Dep. Agric. in India, Entomol. Series VI u. VII, S. 243 bis 255, t. 22—24.

[9]) Merkel: Baumwollkultur am Kilimandjaro. In Verhandl. des Kol.-Kom., 1905, Nr. 2, S. 19.

[10]) Lefroy, H. Maxwell: The more important insects injurious to Indian Agric. Memoirs of the Dep. of Agr. in India, Entomol. Ser., Bd. 1, Nr. 2, S. 142—143. 1907.

heimsucht, hat nach R. J. Smith[1]) in Georgia verschiedentlich junge Baumwollpflanzungen vernichtet, aber nur, wenn das Jahr vorher cowpeas auf dem Felde gestanden hatten. — Gegenmittel: Änderung der Fruchtfolge. — Nach Sanderson ist dies Insekt auch in Texas häufig. — Balaninus victoriensis Chitt., ein Verwandter unseres Haselnuß-Rüsselkäfers, wurde nach Sanderson in Texas auf Baumwolle gefunden, ohne aber nennenswerten Schaden anzurichten. — Pissodes strobi Peck. wurde nach R. J. Smith in Georgia auf Baumwollfeldern gesammelt und fälschlich für den Kapselkäfer gehalten.

7. Borkenkäfer, Ipidae, Scolytidae.

In Bukoba wurde eine unbestimmte Xyleborusart gefunden, welche die Zweige der Baumwolle befallen hatte. Das Fraßbild ist dasselbe, wie es von dem in Amani an Bukoba-kaffee vorkommenden Xyleborus morstatti Haged. bekannt ist. Der Käfer nagt sich in die Internodien der eben verholzenden Zweige ein und frißt Gänge im Mark, die einige cm lang werden und in denen er sich mit seiner Brut entwickelt.

Er gehört zu den pilzzüchtenden, sog. Ambrosia-Käfern. An den Wandungen des Brutganges, die sich schwarz färben, entwickelt sich ein Pilz, von dem die Larven sich ernähren und dessen Wachstum das Vertrocknen und Absterben dei befallenen Zweige verursacht.

8. Bockkäfer. Cerambycidae.

Ataxia crypta Say, amerikanischer Baumwollstengelbohrer. Larve in der Markröhre der Stengel und in der Hauptwurzel. Morgan[2]) fand bis 25% befallene Pflanzen.

Oncideres cingulata Say. Nach Conradi[3]) vereinzelt in Texas. Schneidet nach Sanderson, I, S. 39, die Baumwollstengel in etwa 30 cm über dem Boden ab.

Asthenes n. spec. ein kleiner grauer Bockkäfer, von Busse in Togo gefunden. Zerstört das Holz am Wurzelhals.

Aeolesthes ampliata Gahan. Nach Baumann im Bismarckarchipel.

9. Blütenkäfer (Anthribidae).

Araeocerus fasciculatus de Geer. Der Kaffeebohnenkäfer. Klein, $3^3/_4$—4 mm lang, länglich oval, stark gewölbt, vorn und hinten breit abgerundet, graubraun oder graurötlich, mit hellgrünen Flecken. — Larven 5—6 mm lang, 2 mm dick, gelblich weiß, kurz behaart. — Weit verbreitet, ursprünglich Zerstörer von Kaffee- und Kakaobohnen, aber auch von Baumwollsamen, Arecanüssen usw. Nach Europa und Nordamerika mit Kaffee eingeschleppt, in Ostafrika 1901 in Baumwollsamen, und in Ostindien an alten trockenen Samen in Kapseln, die an der Staude hängen geblieben. — Wohl nur gelegentlicher Saatgutschädiger. Nach Fullaway auf Hawai häufig auf Baumwollkapseln, aber ohne Schaden anzurichten.

Phloeops platypennis Montr. Nach Baumann im Bismarckarchipel.

10. Blattkäfer, Chrysomelidae.

Ootheca mutabilis, Stahlb. Nach Vosseler ein gedrungener, fast schwarzer Käfer, nach Aulmann, mit hellgelbem Kopf und Halsschild in Bagamojo, 5—6 mm lang, im Juni sehr häufig, meist zwischen den Kapseln und dem Außenkelch unreifer Früchte, fraß aus den Außenkelchblättern kleine Stücke heraus; auch anscheinend an der Kapsel, ohne Schädigung der Wolle. — In Kilwa und Samanga nur spärlich.

Syagrus puncticollis Lefèvre, Abb. 77, von Kränzlin genauer beschrieben im „Pflanzer", Jg. 6, S. 241, 1910. Abb. in Morstatt, S. 7, Taf. I, Abb. 3.

Schwarzbraun bis schwarz, 6—8 mm lang, Kopf steil nach unten gebogen, tief in der Vorderbrust steckend, so daß er von oben nicht zu sehen ist. Flügeldecken je mit 12, aus kleinen Höckern bestehenden Leisten. Der Käfer frist erstens an den Stengeln ganz junger Pflanzen, die dann meist umknicken, zweitens an den Blattstielen, drittens an den Blättern, die, wie bei allen Chrysomeliden, siebartig durchlöchert werden. Typisch daran die vom Blattstiel herunterhängende durchlöcherte Spreite, die an einer Seite flach zusammengefaltet ist. In der Regel trifft man auch den Käfer zu zweien in dieser Falte an.

Abb. 77.
Syagrus
puncticollis.
Nach Morstatt.

[1]) Smith, R. J.: Some Georgia Insects during 1906. U. S. Dep. Agr. Bureau of Entomol, Bull. Nr. 87, S. 101.
[2]) Morgan: The cotton stalk-borer. U. S. Dep. Agric. Bur. of Entomol, Bull. 63, S. 7.
[3]) Conradi: Miscellaneous notes from Texas. Ebenda, Bull 52, S. 66.

Das Auftreten des Käfers setzte in Ostafrika mit Beginn der großen Regenzeit ein, am stärksten auf Feldern, auf denen vorher hohes Gras gestanden. Er wird also wohl sich im Boden entwickeln. Die Tiere fressen nur bei Nacht. Von jungen Pflanzen waren in einem Falle 7 ha vernichtet; ältere Pflanzen werden weniger geschädigt.

Bekämpfung: Absammeln und Abschütteln in ein Gefäß mit Wasser und etwas Petroleum; bei größeren Flächen wäre wohl auch Bespritzen mit arsenigsaurem Natrium (oder Bestäuben mit Calcium-Arsenat. L. W.) zu empfehlen.

Aulacophora abdominalis nach Cotes[1]) in Indien; auch in Ostafrika beobachtet.

Mysothra gemella Ericks Nodostoma bohemanni Baly und Chalcolampra sp. fressen nach Koningsberger[2]) auf Java an den Blättern.

Anomoea laticlavia Först, in Amerika auf Blättern: Ashmead I, S 247.

Colaspidia flavida Say und Nodonota tristis Ol. fressen nach Ashmead Blumenblätter und Kapseln an, die dann abfallen.

Luperus brunneus höhlt die sich öffnenden Blüten aus (nach Smith und Lewis)· Rhyparida australis wird neuerdings als schädlich beschrieben[3]). Soll aber, wie Corina hermaniana in Togo die Blüten bestäuben.

11. Marienkäfer, Coccinellidae.

Alesia striata F. nach Möbius in Ostafrika, 5 mm lang, rotbraun mit je einer schwarzen Längslinie auf den Flügeldecken, die schwarz eingefaßt sind.

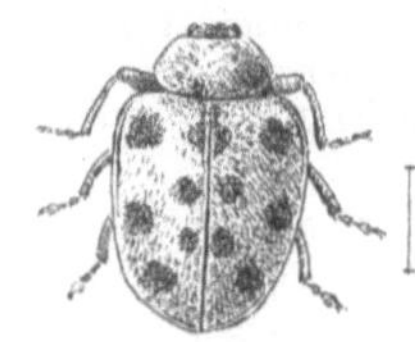

44,3
Abb. 78.
Epilachna similis.
Nach Morstatt.

Ashmead I, S. 247 führt für Mississippi folgende auf:
Chilocorus bivulnerus Muls., Coccinella 9 - punctata Hbst., C. sanguinea L., Exochomus marginipennis Lec., Hippodamia convergens Guer., Megilla maculata De G., Pentilia auralis Lec., Scymnus caudalis Lec. und S. cervicalis Muls.

Als gelegentliche Schädiger des Laubes nennt Morstatt S. 4 Epilachna similis Thunb. (Abb. 78), E. matronula Wse. und E. polymorpha Gerst. Sie kommen in Ostafrika an Mais und Kartoffeln, gelegentlich auch an Baumwolle vor. Wichtigste Art ist Epilachna similis, die regelmäßig großen Schaden an Mais anrichtet, 5—6 mm lang, die roten Flügeldecken mit je sechs schwarzen Punkten.

12. Holzbohrkäfer (Bostrichidae).

Apate monachus F. Einmal in Stengeln ägyptischer Baumwolle in Bagamoyo beobachtet. Ein walzenförmiger pechschwarzer Käfer, nach Morstatts Messungen 13—15 mm. nach anderen Angaben Männchen 20, Weibchen 31 mm lang. In anderen Teilen Afrikas bohrt er auch in einer ganzen Anzahl von Nutzpflanzen.

13. Leistenkopfplattkäfer, Cucujidae.

Laemophloeus pusillus F. (Biscuit beetle). Ganz kleiner brauner Käfer, nach Morstatt nur 1 ½ mm lang, mit langen Fühlern. Überall in Mais und Baumwollsaat usw.

Silvanus surinamensis Fabr. oder S. fromentarius Fabr., Getreide-, Schmaloder Plattkäfer (Sawtoothed grain beetle, d. h. sägezähniger Kornkäfer). Rötlich braun, 2 ½—3 mm lang, 1 mm breit. Ränder des Bruststückes mit je 6 Zähnen. Larve 3 mm lang, gelblich weiß. Jetzt überall in Getreidevorräten, auch in Baumwollsamen. Verwandt ist S. advena Waltl., auch aus Amerika überall eingeschleppt.

III. Hautflügler, Hymenoptera.

Die meisten hierher gehörenden Insekten, besonders die Schlupfwespen, die Raubwespen und die Ameisen sind nützlich, da sie schädliche Insekten vernichten. Schädlich werden nur die Blattschneiderameisen, Atta fervens Say, die nach Dudgeon (I, S.160) in Texas und benachbarten Staaten die Baumwollpflanzen befallen.

---

[1]) Cotes, E. C.: A conspectus of the insects which affect crops in India. Indian Museum Notes, Bd. 2, Nr. 6, S. 145.
[2]) Koningsberger, I. C.: Tweede overzicht der schadelijke en nuttige Insecten von Java. Mededeel. uitgaande van het Department van Landbouw 1908, Nr. 6.
[3]) Simmonds, J. H.: Queensland Agric. Journ. Bd. 21, S. 137—191, 1924.

IV. Schmetterlinge, Lepidoptera.

1. Tagschmetterlinge, Papilionidae.

Thecla poeas frißt nach Howard I, S. 346, in Amerika die Blätter, bohrt gelegentlich auch die Kapseln an.

Uranotes melinus Hübn. Die Raupen fressen die Knospen und zuweilen auch die jungen Kapseln aus. In Texas, nach Sanderson, namentlich auf Feldern, auf denen vorher [1]) Cow peas (Vigna sinensis) standen.

2. Schwärmer, Sphingidae.

Chaerocampa celerio S. Weinschwärmer in Ostafrika, im Mai, nach Vosseler.

Deilephila lineata Fabr., nach Sanderson in Texas stellenweise auch für Baumwolle schädlich, meist auf Unkräutern.

3. Bärenspinner, Arctiidae.

Aloa lactinea nach Barlow in Ostindien sehr schädlich.

Diacrissa obliqua Wlk. ebenso.

Aretia phyllira nach Weed in Mississippi, kahlfressend.

Estigmene acraea Dru. Nach Sanderson in Texas sehr schädlich.

Abb. 79. Chaerocampa celerio.
Nach Morstatt.

Nach Dudgeon I, S. 151, können nur die jungen Raupen durch Arsenverbindungen getötet werden, die älteren muß man absammeln.

Spilosoma virginica. Nach Howard in Amerika beobachtet.

4. Spinner, Bombycidae.

Automeris Jo Fabr. Nach Dudgeon gelegentlich in den Südstaaten von Nordamerika. Die Stiche der Stacheln sind giftig.

Citheronia regalis hat nach Insect Life IV, S. 160, Sea-Island-Baumwolle erheblich beschädigt.

Nach Howard I, S. 345, wurden in Amerika außerdem auf Baumwolle gefunden die Raupen von

Eacles imperialis und

Ecpantheria scribonia, sowie die zu den Sackspinnern gehörigen beiden Arten

Thyridopteryx ephemeraeformis und Oiketicus abbottii.

5. Eulen, Noctuidae.

Earias insulana Boisd. und die verwandten E. fabia Stoll und E. cupreoviridis Wlk., farbige Abb. bei Morstatt und in größerem Maßstabe bei P. B. Richards in Agricultural Journal of India Bd. 19, S. 568, Taf. XVII, 1924. Stengelspitzenbohrer, ägyptischer Kapselwurm, egyptian spiny oder spotted (stacheliger oder gefleckter) cotton boll worm (Abbild. bei Zimmermann Fig. 16) sind wichtige Schädlinge in Afrika, Indien und Australien, besonders in Ägypten. Unsere Abb. 80 ist nach der schönen farbigen Tafel von Richards gefertigt[2]).

---

[1]) Eine Boarmia-Art (Geometridae) ist in China sehr schädlich. Ref. Journ. Text-Inst. Bd. 17 A, S. 297, 1926.

[2]) Richards, P. P.: The control of cotton pests in North-India. Agricultural Journ. of India, Bd. 19, S. 568—573, Taf. XVII, 1924. Auch unsere Abbildung des Pink bollworm, roter Kapselwurm, Platyedra (Gelechia) gossypiella ist nach Richards farbiger Taf. XVIII angefertigt.

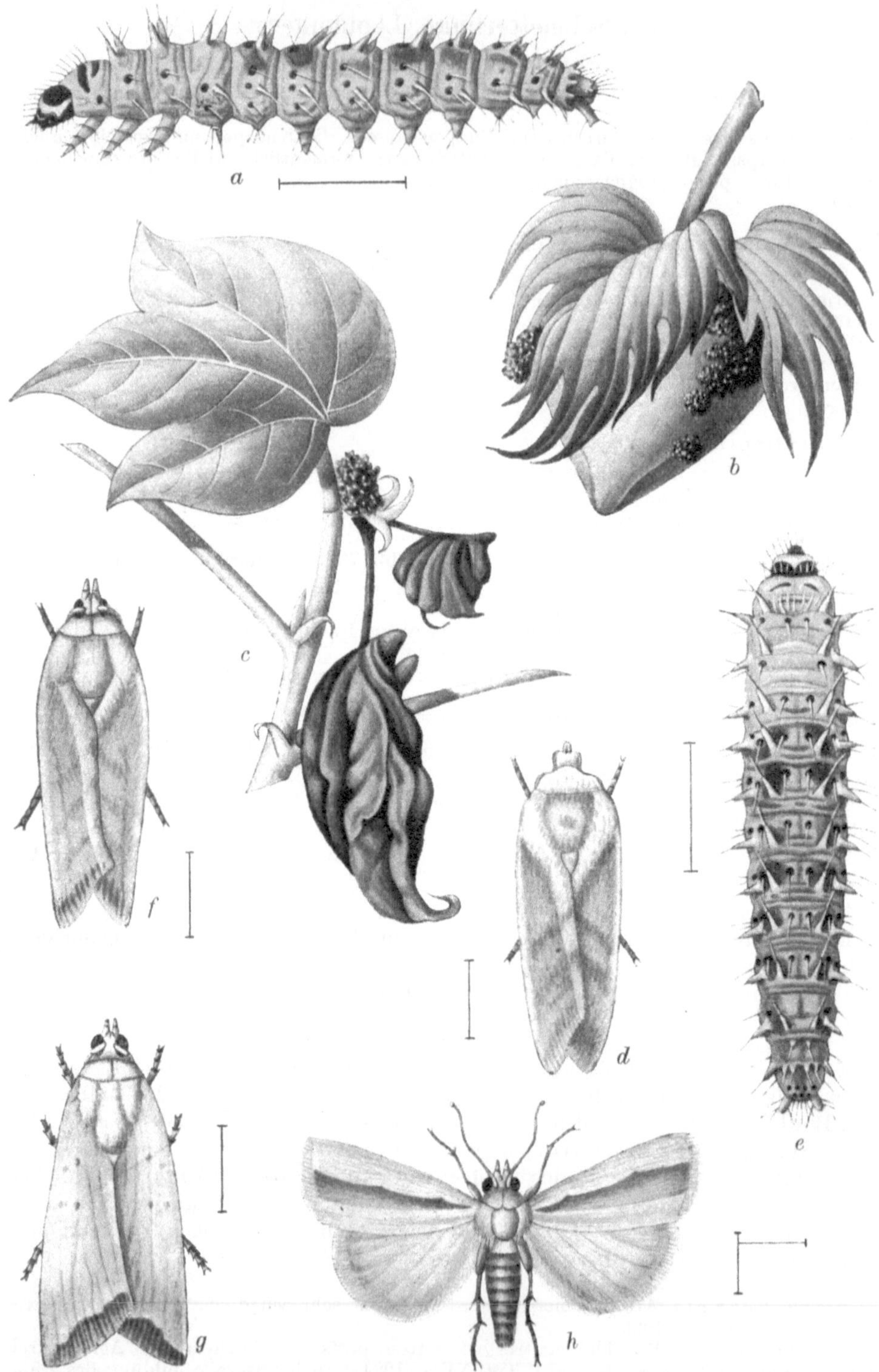

Abb. 80. Earias insulana Boisd. Stengelspitzenbohrer, spotted oder spiny bollworm.

a Seitenansicht der Raupe. *b* Angegriffene Kapsel, mit den hinausgeworfenen schwarzen Exkrementen. *c* Ein angegriffener Sproß; der Wurm sitzt im Innern. *d* Die Eule in ruhender Stellung mit geschlossenen Flügeln. *e* Die Raupe von oben gesehen. *f* Die Eule: *g* Eine verwandte Art, die aber die Baumwolle nicht angreift. *h* Die Eule mit ausgebreiteten Flügeln. Nach Richards.

Schmetterling von E. insulana 9 mm lang, Flügelspannung 20—22 mm. Kopf, Rücken und Vorderflügel grünlich gelb, letztere mit braunen Säumen am Außenrande. Hinterflügel weiß mit braunem Saum; Hinterleib silbergrau. Auf den Vorderflügeln meist einige braune Querlinien angedeutet, vielfach dort auch eine breite braune Binde. Siehe auch Lefroys Insectlife und Fletcher: South Indian Insects.

Raupe durch ihre starken dornförmigen Haare charakterisiert, 10—16 mm lang, grünlich oder rötlich braun mit einigen dunkleren Stellen und schwarzem Kopf. Auf dem 2., 3., 5. und 8. Abschnitt Warzen mit schwarzen, auf den anderen, mit Ausnahme des ersten, der keine Warzen hat, weiße Wärzchen. Das zweite und dritte Segment zuweilen auch die des 5. und 8. orangegelb.

Puppe nach 3 Wochen, gelblich braun, etwa 11 mm lang, in einem dichten, kahnförmigen, lederfarbigen Kokon. Nach 14 Tagen kommt der Schmetterling heraus.

Eier blau oder grünlich.

Der Schmetterling legt seine 60—80 Eier an jungen Pflanzen am Blattgrunde, an den Triebspitzen oder an den Knospen und jungen Kapseln ab. Nach etwa 4 Tagen schlüpfen die Räupchen aus und fressen sich an den betreffenden Stellen in die Pflanzen ein. Die ausgewachsenen Raupen kommen wieder nach außen, bohren sich in andere Knospen und verpuppen sich zwischen trockenen Blättern oder Blüten. In 4 Wochen ist eine Generation abgeschlossen.

Anfangs fand man in Ostafrika nur die Beschädigungen an der Stengelspitze, Morstatt hat aber bei Kilosso und Morogoro auch die halb ausgewachsenen Kapseln beschädigt gefunden. Diese Kapseln vertrocknen am Stiel und sind leicht kenntlich an dem mehrere Millimeter weiten, mit Raupenkot und Sekreten der Kapsel ausgefüllten Bohrloch, durch das die Raupe die Kapsel verläßt, um eine neue zu befallen oder um sich zu verpuppen.

Bekämpfung: Absammeln und Verbrennen der befallenen Triebe oder Kapseln; Schütteln der Pflanzen nach der Bewässerung oder starkem Regen, damit die ergriffenen Kapseln abfallen und die darin sitzenden Raupen ersäuft werden, sorgfältiges Entfernen des Unkrauts, Abräumen der Felder nach der Ernte und Verbrennen der oberirdischen Stengelteile. — Nach Richards findet man besonders bei feuchtem Wetter viele Raupen tot in den Kapseln, wahrscheinlich durch Pilze oder Bakterien veranlaßt.

Der Stengelspitzenbohrer kommt auch auf anderen Malvaceen vor, z. B. auf Hibiscus esculentus (bamia oder mbamia in Ägypten, bhindi in Ostindien und auf Abutilon indicum). Diese müssen auch entfernt werden. In Indien hat man Hibiscus esculentus als Fangpflanze versucht. Man pflanzt Reihen davon so zeitig in die Baumwollfelder, daß sie schon üppig entwickelt sind, ehe die Baumwolle zu grünen anfängt. Sobald die Bamia von der Earias befallen ist, wird sie ausgerissen und verbrannt. Auch Mais ist als Fangpflanze vorgeschlagen. Hier werden die Eier an den Narbenbüscheln der weiblichen Blüten abgelegt.

In Ägypten, wo so sehr viel Bamia gebaut wird, will man das Fangen auch versuchen. Übrigens sollen in Indien die Raupen durch eine Schlupfwespe, eine Ichneumonide, Rhogas Lefroyi, wesentlich eingeschränkt sein.

Die verwandte Earias fabia Stoll. wurde nach Dudgeon (I, S. 145) in Ägypten und dem westlichen Indien beobachtet, nach Koningsberger (II, S. 43) ist sie auch auf Java stellenweise sehr schädlich.

Prodenia litura Fabr. (littoralis Boisd.), großer Kapselwurm, ägyptischer Baumwollwurm, egyptian cotton worm[1]**).** Ist neben **Earias insulana** ein wichtiger Baumwollschädling in Ägypten; in Ostindien und Ostafrika aber nicht schädlich.

Schmetterling nach **Morstatt** 19 mm lang, bei 38 mm Flügelspannung. Vorderflügel ziemlich schmal, reich gezeichnet. Hauptfärbung rötlich braun mit dunkelbraunen Flecken und zahlreichen hell gelbbraunen Linien. — Hinterflügel weiß, mit rötlichem Glanz durchscheinend und mit brauner Randlinie.

Raupe 35—40 mm lang, grün bis braun, Rücken- und Seitenlinien heller. Auf den Abschnitten kleine dunkle Warzen, die je eine kurze Borste tragen.

Verpuppung im Boden in einer eiförmigen Puppenwiege. Puppe anfangs grün, später braun, 16 mm lang. Schon nach 1—2 Wochen (nach **Vosseler** nach 4 Wochen) kommt der Schmetterling aus. Er fliegt bei Nacht, verbreitet sich auf weite Strecken.

Die Raupen wurden in Ostafrika nur an grünen Kapseln gefunden, in fortlaufenden Bruten das ganze Jahr; in Ägypten aber fressen sie vorwiegend das **Laub**. Die älteren Raupen halten sich tagsüber im Boden versteckt.

Die **Eier** werden in Häufchen an der Unterseite der Blätter abgelegt und mit Wollhaaren bedeckt.

Außer an Baumwolle fressen die Raupen auch an vielen anderen Pflanzen, besonders an Mais und ägyptischem Klee (Bersim, Trifolium alexandrinum).

Verbreitung: Tropen und Subtropen der Alten Welt.

Prodenia ornithogali Guen. fraß in Nordamerika nach **Dudgeon** (I, S. 149) die Blätter und bohrte Knospen und Kapseln an.

Prodenia lineatella Harv. vernichtet nach **Ashmead** (I, S. 325) in Mississippi häufig junge Baumwollpflanzen.

Der große Kapselwurm ist besonders in Unterägypten schädlich. Tritt er im zeitigen Sommer auf, so können sich die Pflanzen erholen, schlimmer wenn er, wie 1922, später erscheint. Dann werden die Pflanzen weniger widerstandsfähig gegen Schädlinge, besonders gegen den Kapselwurm, der verhältnismäßig spät erscheint.

Der Baumwollwurm ist am meisten da, wo die größten Flächen bebaut sind, wie im Gharbieh und Behara, weniger in Menufieh und Ghalubieh.

Heliothis armigera Hübn. (synonym Chloridea obsoleta Fabr.), Cotton bollworm, common cotton bollworm, pea worm, mealy cob worm etc.

Sehr schädlich in den Südstaaten Nordamerikas, außerdem in Oberägypten, Nordnigeria, Kapland, Arabien, Neuseeland, Inseln des Stillen Ozeans, Java, dort nicht sehr häufig. In Ostindien nur selten, und zwar in Blüten. — Ausführliche Beschreibung und schöne farbige Tafel II in **Comstock,** Report on Cotton Insects I, S. 287, 1879.

Schmetterling 18 mm lang, Flügelspannung 40 mm, Vorderflügel dunkelgelbbraun, Hinterflügel etwas heller. Adern dunkler, auf beiden Flügeln verwaschene dunklere Flecken und Binden.

Raupen sehr verschieden gefärbt, grünlich, bräunlich, grau oder rötlich, immer aber an einer weißlichen Seitenlinie kenntlich. Sie fressen an der Oberhaut der Blätter, dann an jungen Trieben, endlich an jungen Kapseln,

---

[1]) **Zacher:** Tropenpflanzer, Jg. 20, S. 210—213, m. Abb. 1917.

in die sie sich einbohren und die sie aushöhlen. — Verpuppung im Boden.
— Sie befallen außer Baumwolle noch sehr viele andere Pflanzen, besonders
Mais, in dessen Kolben sie leben. Die Eier werden an den Narben des
Maises abgelegt. Mais, namentlich früher Zuckermais, ist deshalb als Fang-
pflanze empfohlen.

Nach dem Yearbook des U. S. Department of Agriculture für 1921,
S. 351, ist es etwas zweifelhaft, ob der bollworm in den Vereinigten Staaten
einheimisch oder eingeschleppt ist. Lange bevor der „bollweevil", Anthonomus grandis, auftrat, war der „bollworm" eins der ältesten, bekanntesten
und verbreitetsten schädlichen Insekten. Es ist ein Omnivor, greift außer
Baumwolle viele wilde und kultivierte Pflanzen an. Vor einer Reihe von
Jahren wurde der Schaden jährlich auf 8 500 000 Dollar geschätzt. Der
Schaden ist indes etwas sporadisch, in einigen Jahren stärker als in anderen,
auch ungleich verteilt.

Das Insekt bleibt im Winter im Erdboden, als Raupe oder Puppe, daher
ist Herbst- oder Winterpflügen ein Gegenmittel. Bekämpfung wie bei „bollweevil" durch Arsenkalkpräparate [Calcium arsenates][1]).

Heliothis peltigera Schiff., stellenweise in Java (nach Koningsberger).

Kampf gegen Baumwollschädlinge im Kongostaat[2]).

Zur Bekämpfung von *Heliothis obsoleta* (bollworm) und der *Earias*-Arten
(E. biplaga und E. insulana, spiny bollworm, dornige Baumwollraupe) wird
der gleichzeitige Anbau von Mais als Fangpflanze empfohlen, da die Schädlinge für die Eiablage die seidigen Narben der weiblichen Maisblüten vor
der Baumwollpflanze bevorzugen. Wenn die Eingeborenen den Mais an den
Rändern der Baumwollpflanzungen anbauen, ist die Zerstörung der Eier und
jungen Raupen leicht durchzuführen.

Ghesquières empfiehlt in Abständen von je 10 Tagen immer eine Reihe
Mais auszusäen, damit während der ganzen Wachstumsperiode der Baumwollkapseln stets weibliche Blüten von Mais vorhanden sind.

Ferner wird empfohlen Entgipfeln der Pflanzen bis gerade oberhalb der
letzten Kapsel, die noch vollreif zu werden verspricht. Damit würden zahlreiche Heliothis-Raupen vernichtet, die oft auf den jüngsten Gipfelblättern
sitzen. Unmittelbar nach der Ernte umgraben, damit die in der Erde liegenden Puppen zerstört werden.

Schutz der den Raupen nachstellenden Vögel[3]).

Diparopsis castanea Hampson, Sudan-Kapselwurm. Die Raupe zer-
frißt die Kapseln ähnlich wie die anderen Kapselwürmer. Im Sudan, Westafrika, Uganda und Südafrika verbreitet. Besonders in Südafrika schädlich.

Aletia argillacea Hübn. (syn. Alabama argillacea, Aletia xylina Say)
„Cotton Worm", Cotton Leafworm, Cotton Caterpillar. Schon seit 1793
bekannt, von Comstock[4]) eingehend beschrieben, früher in Nord- und
Zentralamerika erheblichen Schaden verursachend. Die Raupen fressen mit
Vorliebe an den Blättern, gelegentlich auch an Stengeln und Kapseln. Ver-
tilgung durch Kalkarsenat. Ist einheimisch in den tropischen Gegenden,

---

[1]) Man muß nicht Cotton bollworm und Cotton leafworm, oder kurz cottonworm,
verwechseln. Cotton bollworm ist Heliothis armigera; Cotton leafworm oder cottonworm
Aletia argillacea.

[2]) Tropenpflanzer, Bd. 27, S. 29. 1924.

[3]) Bull. Econ. de l'Indochine Nr. 161. 1893.

[4]) Comstock, T. H.: Report upon cotton insects. S. 11 und schöne farb. Tafel I.
Washington 1879.

südlich der Ver. Staaten; in einzelnen Jahren fliegt der Schmetterling nordwärts, erträgt aber den Winter nicht. Die Motte legt höchst eigentümlich geformte, kreisrunde, fast platte, schön strahlig gerippte, blaugrüne Eier von 6 mm Durchmesser an die Unterseite der größeren Blätter. Die Raupen werden bis $3\frac{1}{2}$—4 cm lang, sind hellgrün mit schwarzen Längs- und Querstreifen, auf dem Rücken schwarz betupft und behaart. Die Motte ist lehmgelb oder grau, hat auf den Vorderflügeln wellige oder zickzackige lila oder karmoisinfarbige Querlinien, mit je einem dunklen Punkt. Da das Weibchen vom März an 500—700 Eier legt und sich im Sommer 7 Generationen entwickeln können, so vermag theoretisch eine Motte nach Warburg 20 Billionen Nachkommen zu erzeugen. Die Raupen sind äußerst gefräßig; sechs genügen, um eine Staude zu vernichten. Die Motte saugt hauptsächlich den zuckerhaltigen Saft aus der Nektardrüse auf der Unterseite der Blattmittelrippe.

Glücklicherweise hat sie viele Feinde unter den Schlupfwespen, außerdem tötet man Eier und Raupen durch Bespritzen mit Pariser Grün, Kalk-Arsenik, Londoner Purpur und Insektenpulver.

Die Raupen von Agrotis ypsilon Rott., der auch bei uns häufigen Gamma-Eule, oder Pistolenvogel, die wohl überall verbreitet ist, vernichtet nach Dudgeon (Bd. 2, S. 51) in Ägypten häufig junge Baumwollpflanzen; nach Sanderson (Bd. 1, S. 8) auch in Texas schädlich.

Vertilgung: Wie die meisten im Boden lebenden Raupen, läßt sich auch diese durch Kohlblätter, die mit arsenhaltigen Substanzen (Pariser Grün, Kalzium-Arsenaten) bespritzt oder bestäubt sind, auch durch vergiftetes Gras töten. Dies muß ausgelegt werden, ehe die Baumwolle keimt.

Caradrina exigua Hübn. beschädigt in Texas Blätter und Knospen, schädlicher aber in Ägypten, auch in Ostindien.

In Ostindien wurden, wie Zimmermann aufführt, auf Baumwolle gefunden:

Acontia malvae Esper., Cosmophila erosa Hübn., Euxoa spinifera Hübn., Euxoa segetalis Schiff. (zerstört Wurzeln und junge Triebe), Laphygma frugiperda S et A (hauptsächlich aber auf Gräsern), Tarache Catena Sowerby.

In Amerika: Feltia annexa Treitschke, Feltia malefida Guén., Noctua c-nigrum L., Plusia rogationis Fabr., Peridroma saucia Hübn.

Der „Army worm" tut nur wenig Schaden. (Der Army worm ist die Raupe einer Eulenart, Heliophila unipunctata Haw.)

Thurberia pink Boll-Worm in Arizona[1]).

Die Noctuide *Thurberiphaga catalina*, die 1913 in Arizona die Kapseln der Thurberia (Ingenhousia) befiel und als neues Genus und Spezies beschrieben wurde, droht in Arizona eine große Gefahr zu werden in den Tälern unterhalb der Höhenzüge von Thurberia[2]).

6. Lymantriidae.

Porthesia producta. Die langhaarigen, schwarz und gelb gefärbten Raupen auf Sansibar, von Aders[3]) gefunden, an Blättern fressend, von Morstatt in der Mitte und im Süden von Deutsch-Ostafrika, ohne erheblichen Schaden zu tun.

---

[1]) Webb, J. L.: Journ. Econ. Ent. Bd. 16, S. 544—546. 1923. Daraus in Exp. Sta. Rec. Bd. 50, S. 660. 1924. Ref. in Journ. Text Inst. Bd. 15, Nr. 12, A. 315. 1924.

[2]) Siehe auch Vorhies, Ch. T.: Cotton boll weevil and Thurberia bollworm problem in Arizona. Journ. Econ. Ent. Bd. 17, S. 553, 554. 1924; Bibl. Bd. 2, 5 c., S. 160. 1924. — Siehe ferner Fletcher, F., Bainbrigge: Cotton bollworm in India. Bull. Pusa Nr. 165.

[3]) Aders, W. M.: An account of insects injurious to economic plants in Zanzibar. Leaflet. Nr. 1. 1912.

7. Lichtmotten, Zünsler. Pyralidae.

Sylepta derogata Fabr. (**Synclera multilinealis Guéné**) Baumwollblattroller.

Von **Vosseler** genau beschrieben, von **Zimmermann** schwarz, von **Morstatt** farbig abgebildet (Abb. **Zimmermann**, Fig. 17).

Schmetterling 12 mm lang, Flügelspannung 24—26 mm, gelbweiß, mit einem unregelmäßigen Netzwerk brauner Linien.

Puppe schlank, dunkelbraun, 10—12 mm lang.

Raupe über 20 mm lang, schmutzig grün, Kopf schwarz, Nackenschild auch schwarz, aber durch eine helle Längslinie geteilt. — Die erwachsene Raupe macht 2—3 cm vom Blattstiel entfernt einen Schnitt in das Blatt, rollt den oberen Teil zu einer Tüte zusammen und lebt darin. Endtriebe, Blüten, Knospen und Kaspeln werden anscheinend nie berührt.

In wärmerem Klima verbreitet, in Ostindien und Java schädlich; im ehemaligen Deutsch-Ostafrika war der Schaden zuletzt nur gering. — Vertilgung schwierig.

Phycita infusella Meyr. nach **Maxwell-Lefroy** (Bd. 5, S. 205) in Indien stellenweise schädlich.

Phacellura indica in Java häufig in großer Anzahl.

Loxostege similalis Guéné hat nach **Sanderson** in Texas verschiedentlich in jungen Baumwollpflanzungen großen Schaden angerichtet; eigentlich lebt die Raupe auf Amarantus und anderen Unkräutern. Die schwarz gefleckte gelbe Raupe in einem feinen Gespinst (Garden web worm).

Ephestia cautella Walk. (E. cahiritella Zell., Mehlmotte). Raupe nicht nur im Mehl, das sie zusammenspinnt, sondern auch in Baumwollsamen und anderen Sämereien. In Deutsch-Ostafrika nach **Morstatt** einheimisch oder eingebürgert, da sie den Mais schon auf dem Felde befällt.

8. Wickler. Tortricidae.

Cacoecia rosaceana und **Dichelia sulphureana**, zwei Blattroller in Nordamerika auch auf Baumwolle. Cacoecia bohrt selten auch die Kapseln an.

Archipes postvittanus Wkr. in Hawai auf Blättern, nur leicht schädigend.

9. Motten. Tineidae.

Platyedra oder **Gelechia** (**Pectinophora**) **gossypiella Saunders.** Roter Kaspelwurm, Pink bollworm. (Abb. nach **Richards** schöner Farbentafel XVIII. Agr. Journ. of India Bd. 19. 1924 [1]).

Über diesen schlimmsten Feind der Baumwolle in Asien und Afrika, der in Amerika nicht heimisch ist, sagt das Yearbook des U. S. Dep. of Agriculture für 1921, S. 352:

„Er ist in anderen Ländern seit 1842 bekannt, zu welcher Zeit ein englischer Entomolog (**Saunders**) auf seine Verwüstungen in Indien aufmerksam machte. Im Jahre 1911 wurde er in Ägypten bemerkt, im selben Jahr in Mexiko eingeschleppt, augenscheinlich durch zwei Einführungen von Baumwollsaat aus Ägypten. Das Auftreten wurde den Behörden der Ver. Staaten erst 1916 bekannt, und sofort wurde ein Einfuhrverbot für mexikanische Baumwollsaat erlassen; aber vorher waren schon große Mengen Saat aus Mexiko an Ölmühlen in Texas gesandt worden, und am 10. September 1917 wurde die erste Infektion auf einem Baumwollfelde in Hearne, Texas, gefunden.

---

[1]) Siehe auch **Busck, A.**: The pink bollworm, *Pectinophora gossypiella*. Journ. Agr. Research, Bd. 9, S. 343—370. 6 Taf., 7 Abb. 1919. — **Hutson, J. C.**: Schädl. Insekten auf Ceylon. Rev. Appl. Entomol., Bd. 14 Ser. A. 39. 1926, Ref. in Journ. Text. Inst. Bd. 17, A. 218. 1926. — **Skeele, C. C.**: Cotton Pests in Barbados. Ref. in Journ, Text. Inst., Bd. 17, A. 217. 1926.

In dem Hearne-Distrikt durfte dann drei Jahre keine Baumwolle gebaut werden, und dies half, er wurde seuchenfrei.

In Mexiko fand eine Kommission aus Texas, daß im Laguna-Distrikt 1920 etwa 50% Verlust war. Der (ägyptische) rote Kapselwurm ist der gefährlichste Schädling. Die Raupe dringt in die Baumwollsamen ein und

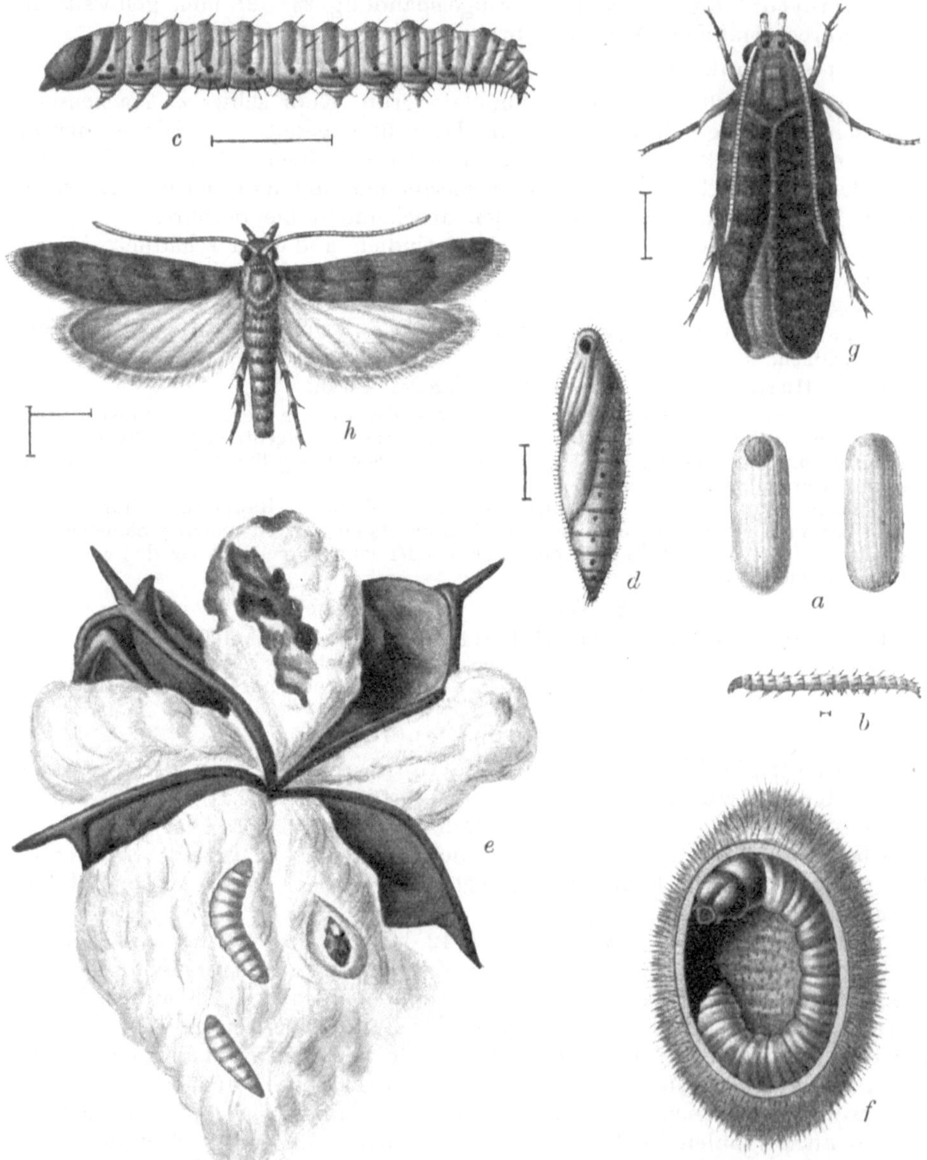

Abb. 81. Platyedra (Gelechia) gossypiella Sannd. Roter Kapselwurm, pink bollworm.
Nach Richards.

a Ei, wenn gelegt, grün, vor dem Ausschlüpfen bräunlich. b Eben ausgeschlüpfte Raupe. c Ausgewachsene Raupe. d Puppe. e Angegriffene Kapsel, geöffnet, zeigt Raupe und Puppe in der Baumwolle und auch einen Samen, in welchem eine überwinternde Raupe sitzt. f Derselbe Same geöffnet, um die rote Raupe besser zu zeigen. g Die Motte ruhend. h Dieselbe mit ausgebreiteten Flügeln.

bleibt dort mehrere Monate und wird mit dem Samen in die verschiedensten Erdteile getragen. — Einziges Gegenmittel: Unterlassen des Anbaues für eine Reihe von Jahren."

Morstatt gibt S. 24 die Originalbeschreibung von Saunders (1844) wieder: Schmetterling dunkel schwärzlich braun, Kopf und Brust etwas heller. Vorderflügel mit einem verwaschenen, runden schwärzlichen Fleck auf dem Mittelfelde, etwas über der Mitte, und einer ebenso gefärbten Binde, welche die Flügel etwas vor der schwarzen Spitze kreuzt. — Hinterflügel silbergrau, nach dem Hinterrand zu dunkler. Beine und Füße schwarzbraun, mit hellen Gelenken. Länge 10 mm (Flügelspannung 18—21 mm).

Nach Vosseler III u. IX, S. 338, ist die Motte 8 mm, nach Richards 10 mm lang, Flügelspannung 18—19 mm. Grundfarbe grau, Kopf, Bruststück, Körperseite und Vorderflügel etwas gelbbraun, Hinterrand der einfarbigen Hinterflügel lang befranst. — Auf den Vorderflügeln unscharf umgrenzte dunklere Flecke, deren stärkste, nahe der Flügelspitze, bei der natürlichen dachförmigen Ruhelage der Flügel ungefähr eine Querbinde über das Tier bilden. Je eine weniger deutliche Binde von der Mitte der Flügel und an deren Spitze vor den langen Fransen.

Die $^1/_2$ mm langen Eier werden 3—4 Wochen nach der Aussaat zu 100—200 von einem Weibchen einzeln an den grünen Teilen, besonders auf der Außenseite der grünen Kapseln abgelegt. Die auskriechenden winzigen Räupchen bohren sich nach Vosseler sofort in die Kapsel ein, nach Maxwell Lefroy fressen sie dagegen erst einige Tage außen an der Kapsel, ehe sie ins Innere eindringen. Nach Richards fressen sie sich auch in die Blütenknospen ein. Sie bohren sich schließlich in die Samen ein und fressen sie aus. Die Verpuppung erfolgt im Samen oder in dem inzwischen durch den Fraß erweiterten und mit bräunlichen Exkrementen erfüllten Fraßgang. Nach dem Verlassen der Kapsel weist diese ein großes Bohrloch auf, während die ursprüngliche Einbohröffnung vernarbt und nicht mehr leicht nachzuweisen ist[1]). Fraßzeit 12 bis 14 Tage, Puppenruhe etwa 2 Wochen, somit für eine Generation eine Entwicklungszeit von 4—6 Wochen. Nach Richards 25—30 Tage. Von Juli bis Oktober können 4 Generationen entstehen, so daß schließlich fast jede Kapsel mit einer oder mehreren Raupen besetzt ist.

Die erwachsene Raupe ist etwa 10—12 mm lang, 2,5 mm breit, in der Jugend fast weiß mit dunklem Kopf, später auf dem Rücken fleischrot (englisch pink, daher pink bollworm), Kopf glänzend hellbraun, mit dunkleren Mundwerkzeugen; das harte Nackenschild glänzend braun, mit heller Längslinie in der Mitte.

Die Verpuppung erfolgt in einem dünnen weißen, spindelförmigen Gespinst.

Die Gelechia befällt nach Morstatt fast ausschließlich die Kapseln, keine anderen Teile der Baumwollstaude. Sie nährt sich von den ölhaltigen Samen; auf dem Wege zu diesen wird aber in den grünen Kapseln die unreife Wolle zerfressen, und außerdem auch die in der Nähe der Bohrgänge liegende Wolle durch den feuchten Kot der Raupe gelb gefärbt und verklebt.

Durch den beim Verlassen der Kapsel gebohrten weiten Gang dringen dann Tau und Regen und in deren Gefolge Schimmelpilze in die Kapsel ein, welche zusammen mit den Exkrementen auch die noch unbeschädigte Wolle durchdringen und sie gelb bis braun verfärben.

---

[1]) Das Bohrloch des gefleckten Kapselwurms bleibt nach Richards offen. Die vom pink bollworm besetzten Kapseln fallen nicht ab. Richards gibt eine genaue Darstellung der Lebensweise beider Arten.

An älteren Kapseln sind gewöhnlich nur ein oder zwei Fächer durch den Fraß der Raupe zerstört, während die jung befallenen klein bleiben, notreif werden und schließlich vertrocknen, ohne überhaupt eine brauchbare Wolle zu liefern.

Auch in der aufbewahrten Saat, die von befallenen Feldern herrührt, findet sich stets der rote Kapselwurm vor und kann durch Verschickung der Saat verschleppt werden. Wahrscheinlich liegen diese Raupen lange in dem Samen, ehe sie sich verpuppen; das nennt Maxwell Lefroy „überwintern".

Wahrscheinlich ist die *Gelechia gossypiella* auch in Ostafrika einheimisch; an einer wilden Baumwollenart, Gossypium Kirkii, ist sie aber noch nicht gefunden. Dagegen hat Aders auf Sansibar den Kapselwurm in reifen Früchten von Hibiscus esculentus (mbamia) angetroffen, und in Ostindien ist er an dieser Art, wie an Hibiscus cannabinus L., dem Deccan- oder Ambari-Hanf, häufig.

Verbreitung: Der rote Kapselwurm ist außer in Ostafrika noch besonders in Ostindien verbreitet: Maxwell Lefroy schätzt den jährlichen Schaden dort auf 1 crore, gleich 10 Millionen Rupien à 1,25 Mark.

In Ägypten ist er erst 1912 von Willcocks nachgewiesen, und mehrfach ist er in Ostafrika an neu eingeführter Baumwolle beobachtet worden. Er ist auch auf den Philippinen gefunden und in Hawai an eingeführter Baumwolle.

Nach Morstatt[1]) ist Gelechia gossypiella, der rote Kapselwurm, seit 1913 der gefährlichste Schädiger der Baumwolle in Ägypten, wo er jährlich 17% der Ernte zerstört. Man nimmt an, daß er 1906—7 mit Saat aus Indien eingeschleppt ist. Schnell hat er sich auch in Brasilien verbreitet, wo die Regierung 1911—13 ägyptische Baumwollsaat einführte. Der dortige Schaden wurde schon 1919 auf 30—66% der Ernte in einigen Staaten geschätzt. Mit ägyptischer Saat kam er auch nach Mexiko, wo er schon 1916 allgemein auftrat und wenigstens 30% des Ertrages vernichtete. Im Herbst 1916 wurde er auch in dem benachbarten Texas gefunden, und die Regierung der Ver. Staaten bewilligte große Summen zur Verhinderung der Weiterverbreitung. 1921—22: 554840 Dollars, gegen das Vorjahr eine Zunahme von 66820 Dollars[2]).

In Ägypten hatte früher der „Stengelspitzenbohrer" oder gemeine (ägyptische) Kapselwurm, Earias insulana, die erste Rolle gespielt, jetzt ist es der rote Kapselwurm. Man berief den anerkannten Entomologen H. A. Ballou 1916 aus Westindien nach Ägypten. Es zeigte sich nach seinen und anderer Untersuchungen, daß man Generationen mit kurzer und solche mit langer Entwicklungsdauer unterscheiden muß (short cycle moths and long cycle worms, kurzlebige Motten und langlebige Würmer).

Die Motten der kurzfristigen Generation kommen im Herbst (Oktober) aus und können noch unter Umständen zwei Generationen erzeugen, sie sterben ab, falls sie keine frischen Pflanzen zur Eierablage finden. — Die langfristige Generation dagegen überwintert als Raupe in den Samen, sie

---

[1]) Morstatt, H.: Die Bekämpfung des roten Kapselwurmes der Baumwolle. Tropenpflanzer 1922, Nr. 1/2; und Die Bekämpfung des roten Kapselwurms im Sudan. Ebenda 1925, Nr. 5.

[2]) Experiment Station Record Bd. 44, Nr. 5. 1921.

ergibt erst in der nächsten Baumwollsaison mit Beginn des Monsuns die Motten und überträgt so den Befall von Jahr zu Jahr[1]).

Gegenmittel: 1. Frühreife Sorten und Entfernung der alten Baumwollpflanzen nach dem letzten Pflücken.

2. Sammeln und Verbrennen aller grünen und trockenen Kapseln, die nach dem letzten Pflücken noch hängen.

3. Behandlung der ganzen Baumwollsaat durch Räucherung oder trockene Hitze sofort nach dem Entkörnen.

Das Verfahren Nr. 2 wurde schon seit 1873 gegen den gemeinen oder gefleckten Kapselwurm, Earias insulana (auch eine Mottenraupe), mit Erfolg angewendet und 1914 gegen den roten befohlen, sogar das Verbrennen der ganzen Stengel; doch bei der Holzarmut in Ägypten stieß das auf Widerstand der Fellachen, die überhaupt das Sammeln der Kapseln nicht ordnungsmäßig vornahmen, sondern sie abschlugen und auf den Boden fallen ließen. Auf einer ganz isolierten Fläche von 2093 Feddan (à 0,42 ha) wurde aber bei einem gründlichen Versuch von 1917—1919 die Zahl der Raupen an je 100 Pflanzen auf weniger als ein Drittel vermindert und der Verlust von $17\,^0/_0$ auf $5\,^1/_2\,^0/_0$; nach Abzug aller Unkosten ergab sich ein Gewinn von 6 ägyptischen Pfund pro Feddan.

Die Frühreife erzielt man durch geringere Bewässerung von Mitte Juli an. Durch frühreife Sorten wird verhindert, daß die Vermehrung des Schädlings zur Hauptreifezeit schon den vollen Umfang erreicht hat.

Die langfristige Generation tritt erst im Spätsommer auf, nimmt dann aber schnell zu; 100 grüne Kapseln hatten zu Anfang August noch keine langfristigen Raupen, Anfang September 6, Anfang Oktober aber 93! — Die Pflückzeit konnte in den letzten Jahren allmählich um einen ganzen Monat früher gelegt werden; dadurch und durch das frühere Abräumen der Felder ist ein Rückgang der Beschädigung, auch der durch den gewöhnlichen Kapselwurm (Earias), früher der schlimmste Baumwollschädling Ägyptens, zu verzeichnen.

Die Saatgutbehandlung ist eine absolut notwendige Ergänzung all dieser Verfahren. Man ist über die beste Methode und die Apparate noch nicht einig, ob heiße Luft oder Räucherung mit giftigen Gasen oder Einweichen in eine giftige Lösung (cyllin solution 1 : 1000). Letzteres kann nur direkt vor der Saat angewendet werden.

Für die Versuche in Ägypten sind eine ganze Anzahl von Maschinen[2]) gebaut worden, für Räucherung mit Schwefelkohlenstoff, Blausäuregas, Hitze, oder mit den bei der Destillation von Baumwollstengeln (aus deren zahlreichen auf der Rinde sitzenden Drüsen. L. W.) erzeugten Dämpfen.

In Amerika werden Samen und Rohbaumwolle im Vakuum desinfiziert, in Anstalten, die mehr als 1000 Ballen täglich bewältigen, 6 Unzen (Cyan-

---

[1]) **Storey**, G.: The present situation with regard to the control of the pink boll worm in Egypt. Min. Agric. Egypt. Bull. 1921, Nr. 16. — Siehe auch **Richards** a. a. O. **Willcocks**, F. C.: The Insect and related pests of Egypt. I. The pink bollworm. Cairo Egypt. Sultanic Agr. Soc. 1916, 23 u. 339. 17 Abb., 10 Taf. Ref. in Journ. Econ. Entom. 11, S. 486 u. 487. 1918. Ferner Entomological section (Pink boll worm). Minist. Agric. Egypt. Cotton Res. 3rd Ann. Rep. 1922—1924, S. 59—66. — **Willcocks**, F. C.: Experiments in Egypt on the surval of the Pink bollworms, resting stage-larvae in ripe damaged cotton bolls buried at several depths. Bull. Pusa Nr. 167.

[2]) **Storey**, G.: Machines for the treatment of cotton seed against pink boll worms. Minist. Agr. Egypt. Bull. Nr. 14, 1921.

natrium auf 100 Kubikfuß[1]). Die Einfuhr von Baumwollsaat ist in den Ver. Staaten verboten, und der Verkehr mit Mexiko wird überwacht.

Das Abräumen der Felder nach der Ernte und Verbrennen der Stauden war für das ehemalige Deutsch-Ostafrika in § 7 der Baumwollverordnung vom 30. Juli 1910 vorgeschrieben. In Nyassaland ist neuerdings befohlen, die Pflanzen auszureißen und zu verbrennen bis zum letzten Oktober bzw. letzten Dezember. Bei mehrjähriger Kultur (Caravonica-Baumwolle) müssen die Pflanzen mit Abschluß der Ernte stark zurückgeschnitten und die Abfälle verbrannt werden.

Nach Vosseler kann man Samenbaumwolle, d. h. nicht entkörnte, von den Raupen befreien, wenn man die Wolle auf Wellblech in der Sonne zum Trocknen ausbreitet. Die Sonnenhitze bewirkt, daß selbst in 10 bis 15 cm dicken Lagen die Wolle sich so erwärmt, daß die Raupen erst unruhig herumkriechen und dann etwas aufgedunsen absterben.

Mometa zemioides Durrant g. n. (von μομητός, getadelt werden). Eine neue Baumwollsaatmotte in Südnigeria[2]).

Gelechia sp. Blasenminiermotte. Morstatt fand im mittleren und südlichen Teil des ehemaligen Deutsch-Ostafrika außerordentlich häufig eine Blasenminiermotte.

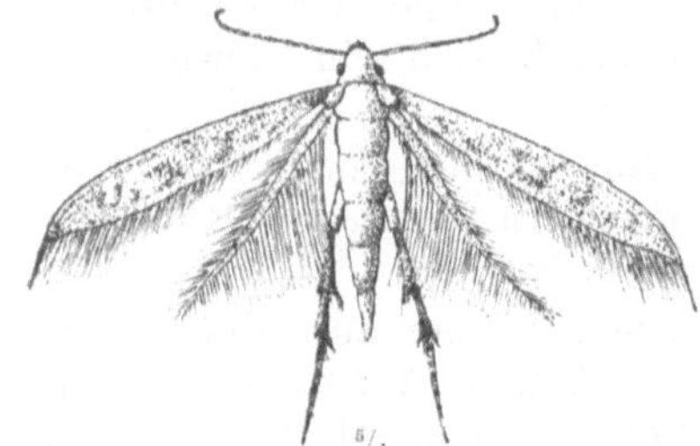

Abb. 82. Pyroderces simplex.
Kleiner Kapselwurm.
Nach Morstatt.

Die kleinen Raupen leben unter der Haut der Blattoberseite in ausgedehnten Fraßstellen, welche durch die blasig emporgehobene und vertrocknete Oberhaut weiß aussehen. Schaden unbedeutend. — Nach Dr. Aders auch auf Sansibar massenhaft.

Pyroderces simplex Wlsm. **Kleiner Kapselwurm.** (Pyroderces gossypiella Wlsm. und Stagmatophora gossypiella Wlsm.)

Eine ebenfalls rötliche, aber viel kleinere Raupe als die von Gelechia gossypiella, auf die man erst neuerdings aufmerksam geworden ist. Sie scheint ebenso verbreitet zu sein und tritt zuweilen noch zahlreicher als die Gelechia auf.

Schmetterling nur 9—11 mm, 18—19 mm Spannweite, heller gefärbt. Grundfarbe hell bräunlich, die schwarzen und weißen Stellen wenig auffallend. Raupe fleischrötlich, 8 mm lang. Puppe hellbraun, 5—5,5 mm lang. Anscheinend nach Zimmermanns Beobachtungen dieselbe Lebensweise wie der rote Kapselwurm, wohl oft übersehen, aber weit verbreitet, auch 1911 in Amani gefunden, dann beim „Lampenfang" in Mombo und Gomba zahlreich, schon 1901 von Stuhlmann in Daressalam als schädlich bezeichnet.

Verbreitung ganz Mittelafrika mit Madgaskar, Indien, Tonkin. Scheint nach neueren Beobachtungen ein sekundärer Bewohner der Kapseln zu sein. (Vayssière et Mimeur, Les insectes unisibles au cotonnier... Paris 1926.)

Pyroderces rileyi Wlsm. ist mit voriger nahe verwandt, aber in den Ver. Staaten den westindischen Inseln und in Queensland. Befällt außer Baumwolle auch andere Pflanzen.

Literatur: Durrant: Bulletin of entomol. research Bd. 3, S. 203. 1912 (referiert im „Pflanzer" Bd. 8, S. 695. 1912).

Gracilaria sp., eine unbestimmte, 2,5 mm lange Blattminiermotte in Amani auf Baumwolle. Bohrt geschlängelte Gänge im Blattgewebe.

---

[1]) Hunter, W. D.: The pink boll worm, with special reference to steps taken by the Department of Agriculture to prevent its establishment in the United Staates. U. S. Dept. Agr. Bull. Nr. 723. 1918. — Gough, L. H.: Maschine zum Töten der Gelechia. Larven durch Heißluft. Min. Agr. Egypt. Tech. and Sci. Serv. Bull. 6, 15 S., 3. Taf. 1916. — Mehrere andere Arbeiten Bull. 2, 6 S. 1916. Bull. 13. 1917. Bull. Ec. Res. 9, S. 279—284, 1 Taf. 1918—19.

[2]) Bull. of Entomol. Research, Bd. 5, S. 243. 1914—19.

V. Thysanoptera, Fransenflügler. Blasenfüße.

Von der einzigen Familie dieser Ordnung, den Blasenfüßen (Thrips), die meist nur mit der Lupe erkannt werden können, da sie nur 2—3 mm lang sind, kommen verschiedene Arten auf Baumwolle vor, sind aber nirgends so schädlich wie die bei uns an Getreide sich findenden. Die Larven sind meist rot oder wenigstens hell gefärbt, die erwachsenen Tiere dunkel bis schwarz. Es sind saugende Insekten, meist durch ihre schwarzen Exkremente kenntlich, die sich bei der Baumwolle auf den Blättern finden. Die angegriffenen Blätter fallen häufig vorzeitig ab. Im allgemeinen ist der Schaden nicht sehr groß. Ashmead nennt für Mississippi zwei Arten:

Phloeothrips mali Fitch und P. tritici Fitch, während Thrips trifasciatus Ashm. sich durch Vertilgung der Schildlaus, Aleurodes gossypii, nützlich macht.

Heliothrips cestri Perg. wurde von Pergande[1]) stellenweise auf Baumwolle beobachtet.

Eine neue Blasenfußart (Thrips) *Sericothrips gracilipes* hat in Mexiko 1917 mehrere tausend acres in Tlahualil, Coahuila verwüstet[2]).

VI. Fliegen. Diptera.

Nur zwei Arten sind schädlich.

Porrichondyla gossypii, eine Gallmücke, deren Larven nach Labroy[3]) in Barbados unter der Rinde von Baumwollstengeln gefunden sind.

Contarinia gossypii. Nach Labroy in den Knospen der Baumwolle, bringt diese und die jungen Kapseln zum Abfallen. Kommt auch auf Clerodendron aculeatum vor.

Gegenmittel: Vernichten der alten Pflanzen und Bespritzen der jungen mit Schwefelbrühe.

VII. Schnabelkerfe, Halbflügler. Rhynchota oder Hemiptera.

A. Wanzen. Heteroptera.

Pyrrhocoridae.

127—136 Dysdercus. Rotwanzen (cotton stainer, d. h. Baumwollfärber, Baumwollbesudler)[4]).

Die Rotwanzen gehören zu den häufigsten und, wie sich erst neuerdings herausgestellt hat, auch schädlichsten Insekten der Baumwolle. Die Jugendstadien sind leuchtend blutrot mit schwarzen Flecken und schmalen weißen Binden. Die ausgewachsenen geflügelten Wanzen sind 12—20 mm lang, schmal, gelblich, rötlich oder olivengrün, auf den Vorderflügeln häufig mit schwarzer Binde, das häutige Ende der Flügeldecken auch schwarz. Bauchseiten meist lebhaft gefärbt, oft mit weißen, schwarzen und roten Querbinden. Die Larven machen fünf Häutungen durch. Abb. 83, 84[5]).

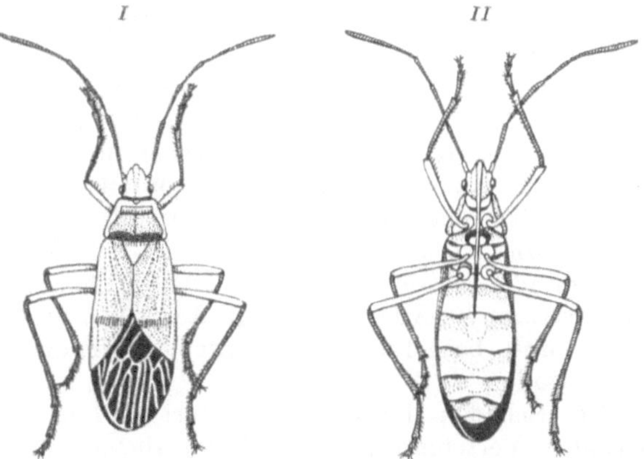

Abb. 83. Dysdercus sp. Rotwanze.
I von oben, *II* von unten.
Nach Zimmermann.

---

[1]) Pergande, Th.: Observations on certain Thripsidae. Insect Life, Bd. 7, S. 391.

[2]) Journ. Text. Inst. 1925, A. 14.

[3]) Labroy, O.: La culture du coton aux Antilles britanniques. Journ. d'Agric. trop. 1910, S. 40.

[4]) Neuere Zusammenfassungen sind: Mumford, E. P.: Cotton stainers and certain other sapfeeding insect pests of the cotton plant, London 1926 (Arten und Verbreitung mit ausführlichem Literaturregister) und Morstatt, H.: Schaden und Bekämpfung der Baumwollwanzen. Tropenpflanzer, Bd. 30, Nr. 4. 1927.

[5]) Abb. Zimmermann: Fig. 19, 20; unsere Abb. 83, 84.

Das Weibchen, das stets etwas größer ist als das Männchen, legt 50 bis 60 gelbliche Eier in losen Haufen auf den Boden, meist in kleine Vertiefungen, die noch mit Erde bedeckt werden, oder in moderndes Laub. Nach weniger als einer Woche kriechen die kleinen roten Wanzen aus. Die Rotwanzen halten sich auch sonst vielfach am Boden auf. Die Gattung Dysdercus umfaßt über 70 Arten, von denen 21 an Baumwolle vorkommen. Diese verteilen sich auf die meisten größeren Baumwollgebiete der Erde, frei davon sind nur Ägypten, Südrußland und Mesopotamien, während im eigentlichen cotton belt der Vereinigten Staaten zwar Rotwanzen vorkommen, aber kaum schädlich sind.

Für Ostafrika kommen hauptsächlich 4 Arten in Betracht: D. nigrofasciatus Fabr., D. superstitiosus Fabr., D. fasciatus Sign. und cardinalis Gerst. Diese sind z. T. auch im übrigen Afrika verbreitet, z. T. dort durch andere Arten ersetzt.

Zimmermann nennt noch folgende Arten aus anderen Ländern:

Dysdercus cingulatus Fabr. in Vorderindien und Ceylon, Java, und nach Kuhlgatz [1] im Bismarck-Archipel. H. Maxwell-Lefroy gibt von Dysdercus cingulatus eine schöne Farbentafel in Memoirs of the Department of Agric. in India, Entomological Series, Bd. 2, Nr. 3, S. 47—58, Tafel V. August 1908.

Dysdercus sidae Montr. in Neuvorpommern und Australien. Nach Naumann im Bismarck-Archipel.

Dysdercus suturellus K. Sch. in den Baumwollstaaten Nordamerikas. Westindien, Brasilien.

Dysdercus andreae L, D. delauneyi Leth. und

Dysdercus Howardi Ballou auf den westindischen Inseln, erstere auf Jamaika weniger schädlich für Sea-Island- als für Upland-Baumwolle [2]).

Dysdercus ruficollis L. Mexiko, Brasilien, Peru.

Del Guercio führt eine neue Art D. scassellatii für das italienische Süd-Somaliland auf.

Die Rotwanzen leben vom Saugen der Säfte von Pflanzen und bevorzugen dabei ölhaltige Samen. Sie greifen daher an der Baumwolle hauptsächlich die reifenden Kapseln an und versammeln sich gern in den eben aufgesprungenen Kapseln. Außerdem werden auch die Knospen von ihnen angestochen, dagegen die Triebspitzen nicht (Zimmermann).

Die Rotwanzen stechen auch andere ölhaltige Samen an, die sie aussaugen. Häufig finden sie sich z. B. in Ostafrika an herabgefallenen Früchten des Baobab-Baumes (mbuyu, Adansonia digitata), auch in den Samen des Kapok (Bombax Ceiba) und bei einer verwandten Bombax rhodognaphalon (fune) in der Fruchtwolle.

Der Schaden der Wanzen äußert sich in verschiedenen Formen. Das oft erwähnte Verschmutzen der Wolle durch Wanzen, die beim Entkörnen zerquetscht werden, spielt praktisch die geringste Rolle. Dagegen ist der Verlust an Kapseln, die schon als Knospen angestochen werden und abfallen, beträchtlicher, wird aber wenig beachtet. Jung angestochene Kapseln verkümmern oder werden notreif und brechen vorzeitig auf. Im späteren Stadium reifen die Kapseln normal aus, die Wolle wird aber vom Stichkanal aus gelb oder braun verfärbt und dadurch minderwertig; dies ist die bisher bekannte wichtigste Schädigung, die zuweilen sehr großen Umfang annimmt. Auch die angestochenen

---

[1]) Kuhlgatz, Th.: Schädliche Wanzen und Cicaden. Mitt. a. d. Zool. Museum in Berlin, Bd. 3, S. 41. 1905.

[2]) Siehe auch Watts, F.: Dysdercus delauneyi Imp. Dep. Agric. West Indies, Rep. Agric. Dep. St. Vincent 1917, S. 12—14.

Samen leiden teilweise, indem sie keimungsunfähig oder überhaupt taub werden können und jedenfalls viel weniger Öl enthalten.

Erst in neuerer Zeit ist man aber darauf aufmerksam geworden, daß auch die sog. internal boll disease eine Folge der Wanzenstiche ist. Durch den Stichkanal dringen verschiedene Pilze und Bakterien in die Kapsel ein, welche die Wolle durchgehend gelb verfärben und bei stärkerem Auftreten eine Fäulnis des ganzen Kapselinhaltes herbeiführen. Die Krankheit tritt besonders stark in Westindien, auch in Westafrika auf und ist von Nowell näher untersucht[1]). Er unterscheidet „stigmonose", direkte Stichschädigung, und „stigmatomycosis", Infektion der Einstiche, und bei letzterer eine pilzliche Form, an der vier verschiedene Pilze beteiligt sein können, und eine bakterielle Form.

Bekämpfung: Auslegen von Ködern, z. B. kleinen Häufchen von Baumwollsamen oder -früchten des Affenbrotbaumes oder Zuckerrohrabfällen und Bespritzen der sich darauf sammelnden Wanzen mit Petroleum oder heißem Wasser. Legt man die Baumwolle an die Sonne, am besten auf Wellblech, so kriechen die Wanzen heraus. Auch das Absammeln kann gelegentlich zu Beginn der Zuwanderung oder Vermehrung der Wanzen durchgeführt werden.

Wichtiger sind aber neben diesen kleinen Mitteln allgemeine Kulturmaßnahmen: das Abräumen und Reinhalten der Felder nach der Ernte, Einrichtung einer baumwollfreien Zeit und Fruchtwechsel, Vertilgen der sonstigen Nährpflanzen und Anbau frühreifer Sorten, die beim ersten Pflücken die Haupternte bringen.

Die Rotwanzen haben auch natürliche Feinde, aber nur einer ist häufiger, in Ostafrika wenigstens. Das ist die ähnlich aussehende, aber größere Raubwanze, Phonoctonus fasciatus Pallisot de Beauvois. Kenntlich an dem durch einen langen Hals abgesetzten Kopf und kurzem, stark gekrümmten Saugrüssel. Praktische Bedeutung kommt ihr aber nach Morstatt nicht zu, da sie höchstens zu 1% sich unter den Rotwanzen, die sie aussaugt, findet.

Lygaeidae.

Oxycarenus hyalinipennis Costa. Kleine graue Baumwollwanze. Abb. 87[2]).
Ebenso verbreitet wie die Rotwanze und steter Begleiter der anderen Kapselschädlinge, besondes des roten Kapselwurms. Geflügelte Wanze nach Morstatt, 4 mm lang, schwarz, mit durchsichtigen, daher grau erscheinenden Flügeldecken, Kopf, Rücken und Schild dicht punktiert und dicht weißgrau behaart. An der Spitze der vorderen Hälfte der Flügeldecken stets ein kleiner dunkler Fleck. Färbung verschieden, in Amani der Hinterleib oft scharlachrot. Die Art ist über das ganze mediterrane und afrikanische Gebiet verbreitet, an Baumwolle im ehemaligen Deutsch-Ostafrika, Uganda, Nyassaland, Togo, Ägypten.
Die Wanze legt ihre elliptischen gelben, 1 mm langen Eier in die eben geöffneten Kapseln an die Wolle; denn da sie einen kurzen Stechrüssel hat, kann sie die Kapseln nicht anstechen, bevorzugt deshalb schon verletzte Kapseln. Die Tiere ernähren sich von dem Samen.
Der Schaden ist unbedeutend, aus der Baumwolle kann man sie ebenso wie die Rotwanzen dadurch entfernen, daß man die Wolle eine Zeitlang auf Wellblech in die Sonne legt.

Oxycarenus gossypinus Dist. und O. Dudgeoni Dist. Westküste von Afrika.

O. laetus Kirby (syn. O. lugubris Motsch.) Indien.

Literatur: More, W.: Notes on insects injurious to cotton in South-Afric. Agric. Journ. of South-Africa, Bd. 6, Nr. 5. 1912.

---

[1]) West Indian Bull. XVI, 152 und 203, XVII, 1.
[2]) Abb. Zimmermann 21.

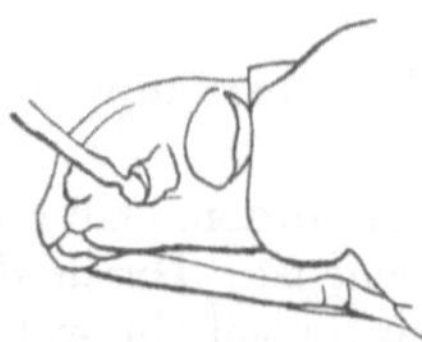

Abb. 84. Kopf der Rotwanze,
Dysdercus.

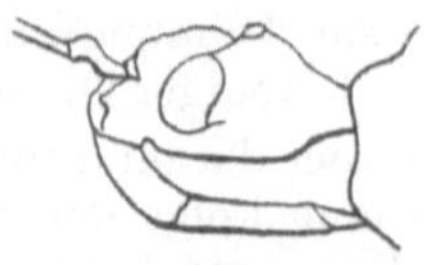

Abb. 85. Kopf der Raubwanze,
Phonoctonus fasciatus Pal.
Kopf an dem langen Hals
abgesetzt, Saugrüssel
gekrümmt.

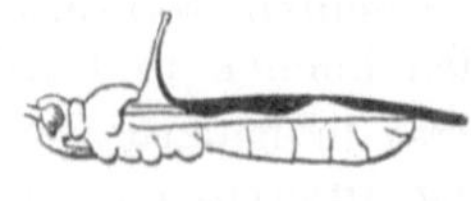

Abb. 86. Helopeltis sp.
Seitenansicht des Körpers.

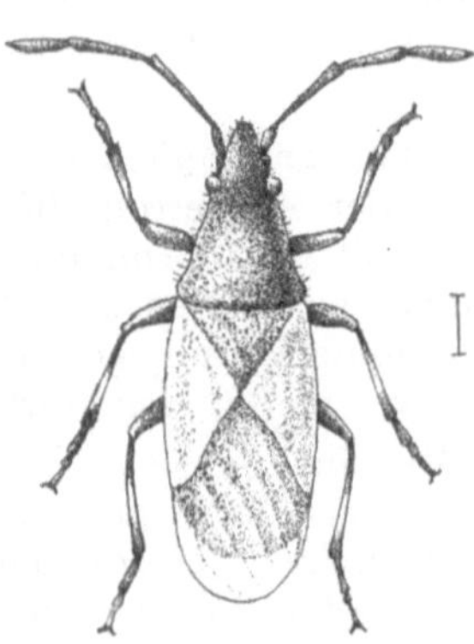

Abb. 87. Kleine graue Baumwollwanze,
Oxycarenus hyalinipennis, vergr.

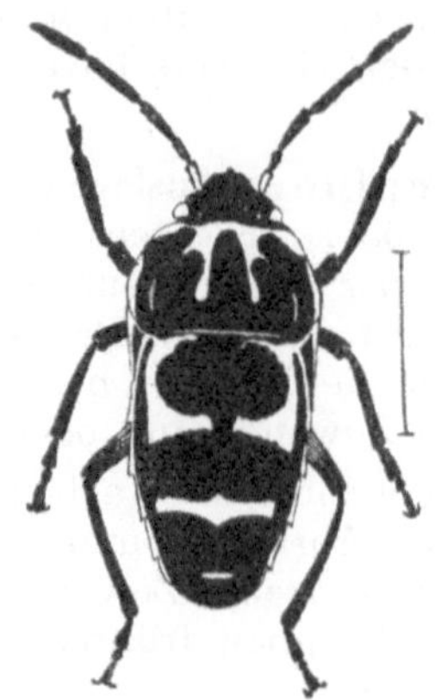

Abb. 88. Calidea apicalis.

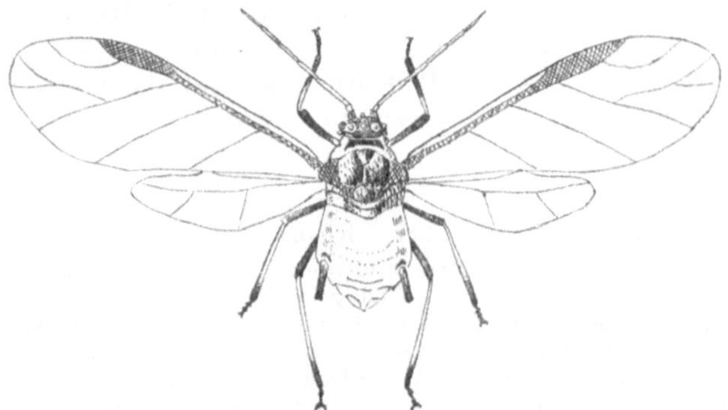

Abb. 90. Baumwollblattlaus, Aphis gossypii.
Abb. 84—90 nach Schouteden.

Pentatomidae.

Nezara hilaris Say, green bug, eine von Nordamerika bis Brasilien verbreitete und sehr polyphage Wanze, ist in Westindien vielfach in gleicher Weise wie die Rotwanzen (s. d.) an Baumwolle schädlich.

Nezara viridula L., kosmopolitische und ebenfalls polyphag, besonders in Nordamerika und im Sudan an Baumwolle, sticht die jungen Triebe an, die schwarz werden, und die grünen Kapseln, die infolge des Befalls häufig abfallen.

Calidea apicalis Schout. (C. rufopicta Walk.) Abb. 88. Nach Morstatt 13—16 mm lang, 6 mm breit, metallisch gelbrot bis rot, mit großen schwarzblauen Flecken.

Die Calidea-Arten sind große, stark gewölbte, metallisch buntgefärbte Wanzen, bei denen das Schild den ganzen Hinterleib mit den Flügeln bedeckt, so daß sie einem Käfer ähnlich sehen.

C. apicalis ist in Ostafrika bis zum Tanganyika auf Blättern und Blüten verbreitet, C. dregei dagegen in Westafrika, besonders im Kongogebiet. Bei C. apicalis ist das Ende der Schenkel dunkel, bei C. dregei sind die ganzen Schenkel blaß.

Eine dritte Art, C. bohemanni, unterscheidet sich von C. apicalis durch das Fehlen der kleinen schwarzen Flecke auf den Seitenwänden jedes Abschnittes.

Capsidae (Miridae) Abb. 86[1]).

Helopeltis bergrothi Reuter. In Amani auf Cinchonabäumen sehr schädlich, von Zimmermann auch auf Baumwolle gefunden. Sie erzeugt durch ihren Stich schwarze, meist längsgestreckte Flecke auf den jungen Blättern und Stengeln, häufig verbunden mit Verkrümmungen der Blattnerven.

Die Wanze ist nach Morstatt schmal, 6 mm lang, hell orangerot mit schwarzen Augen und schwarzer Stirn. Es kommen zwei Varietäten dieser Art in Amani vor, var. disciger Popp. und var. rubrinervis Popp. Sie unterscheiden sich von der Hauptart durch schwarze Färbung einzelner Teile des Körpers, der Flügel und der Beine.

Die Gattung Helopeltis ist an einem aufrechten Dorn auf dem Schildchen zu erkennen.

Literatur.

Poppius, B.: Die afrikanischen Arten der Miridengattung Helopeltis Sign. Rev. Zool. afric., I, 1911, S. 89 ff.

Der Baumwollfloh in Texas.

Die Capside *Psallus seriatus* Reut., cotton hopper oder cotton flea, ist in Süd-Texas 1923 viel schädlicher geworden als der Kiepselkäfer. Man vermutet, daß er ein Virus überträgt, welches das Absterben junger Knospen und Verringerung der Fruchtzweige bewirkt, während der Hauptstengel dabei übermäßig wächst. Auch in Georgia und Südkarolina 1924[2]).

Weitere Wanzen.

Lohita grandis Grey in Ostindien. Serinetha augur. Fabr. auf Ceylon, auf Baumwolle, scheint aber die Wolle nicht merklich zu schädigen. Ebenso S. hexophthalma Thunberg in Ostafrika.

Tectacoris cyanipes F. (T. lineola var. cyanipes) auf Java und im Bismarckarchipel. Legt ihre Eier in Ringen um die jungen Zweige. Die jungen Larven saugen sich schnell in der Nähe fest, und der Zweig stirbt dann meistens ab. Außerdem stechen die älteren Larven und erwachsenen Insekten oft Blätter, Zweige und reifende Früchte an und bewirken an jüngeren Teilen oft Verkrümmungen. — Nach Kuhlgatz auch in Neuvorpommern. Neuerdings in Queensland schädlich.

In Nordamerika stechen eine Anzahl Wanzen die jungen Kapseln an und erzeugen darauf schwarze Flecke. Dudgeon nennt folgende:

Calicorus rapidus Say. — Nezara hilaris. — Leptoglossus phyllopus L. und L. oppositus Say. Dagegen kommen im Bismarckarchipel vor:

Leptoglossus australis, die nach Zacher[3]) ein Seitenstück bildet zu der wegen ihrer breiten Hinterschienen „paddle-legged bug" genannten Wanze Leptoglossus membranaceus F., die nach Gowdey in Britisch-Ostafrika an Baumwolle, nach Green auf Ceylon auch auf allerlei anderen Pflanzen, besonders Obst, lebt.

In Mexiko sind schädlich: Leptoglossus zonatus Dall. und Pentatoma ligata Say. Letztere soll durch Anstechen der Kapseln sehr großen Schaden verursachen.

Metapodius femoratus Fabr. Ähnlich an Kapseln, ± schädlich in Texas und Mississippi.

Euschistus pyrrhocerus H. Sch. bohrt in Mississipi die jungen Triebe an.

Nyssus angustatus Uhl. in Texas, stellenweise sehr schädlich.

---

[1]) Abb. Zimmermann, Fig. 22.
[2]) Hunter, W. D.: Journ. Econ. Entomol. Bd. 17, S. 604, 1924 und U. S. Dept. Agric., Dept. Circular 361, 1926.
[3]) Zacher: Tropenpflanzer, Bd. 17, S. 133, 1913.

Lamenia vulgaris Fitsch saugt in Mississippi am Stengel junger Baumwollpflanzen. — In Mississippi kommen nach Ashmead nach folgende Wanzen vor:

Charisterus antennator Fabr. — Geocoris bullatus Say. — Hymenarcys nervosa Say. — Neides muticus Say und Triphlebs insidiosus Say.

In Texas nach Sanderson: Corizus piptipes Stal. — Largus succinctus L. — Proxis punctulatus und Thyantha custator Fabr. Letztere beiden vielleicht nicht schädlich.

Jadera haematoloma H. Sch. in den Südstaaten Nordamerikas gelegentlich schädlich.

Andererseits gibt es aber daselbst und wahrscheinlich überall auch nützliche Wanzen, die viele Läuse, Raupen und andere schädliche Insekten vernichten.

Zacher führt für den Sudan als Schädiger der Blätter an: Neben der grünen weit verbreiteten Nezara viridula S. und der auch im ehemaligen Deutsch-Ostafrika gefundenen Hotea subfasciata Westm. noch Acanthomia hystricoides Stab., die als Schädling für Baumwolle bisher nicht bekannt war.

B. Zikaden (Cicadidae). (Homoptera.)   Abb. 89 [1]).

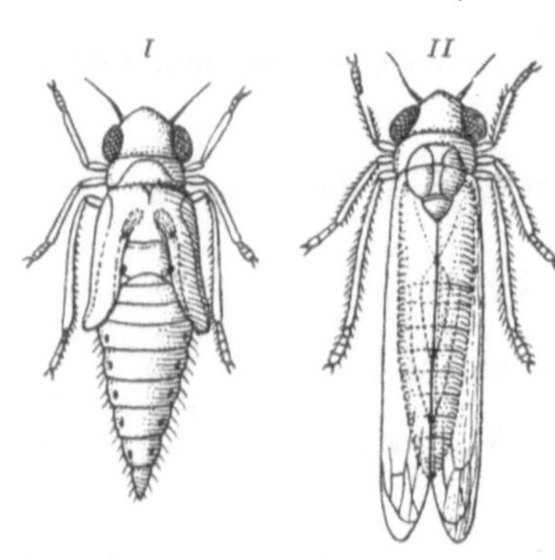

Abb. 89. Deutsch - Westafrikanische Baumwoll-Zikade, Chlorita facialis und andere Arten.
I Larve, *II* Ausgebildetes Insekt $^{12}/_1$.
Nach Zimmermann.

Die kleinen gelbgrünen, nur 3,5 mm langen Zikaden sind überall in Baumwollfeldern massenhaft zu finden und sind sehr scheu. — Von den verschiedenen (5) Arten in Ostafrika ist erst eine bestimmt:

Chlorita facialis Jac., 3—3,5 mm lang, blaßgelb mit orangeroten, elfenbeinfarbigen und dunklen Zeichnungen. Kränzlin hat die Lebensgeschichte genauer verfolgt. Daraus ergibt sich:

1. Die Eier werden in oder an den Blättern der Wirtspflanze abgelegt, wahrscheinlich im Blatte.

2. Die jungen Tiere sind beim Ausschlüpfen hellgelbgrün und ca. 0,5 mm lang.

3. Erste Häutung am 4. Tage, die zweite am 8.—9. Tage, die dritte am 11. Tage. Nach der dritten Häutung sind die Tiere ausgewachsen und flugreif.

4. Entwicklungsdauer vom Ausschlüpfen bis zur Flugzeit 10—11 Tage.

5. 9 Tage nach der letzten Häutung schlüpfen die Nachkommen derselben aus.

6. Die Entwicklung der Zikade von Ei zu Ei dauert demnach 19—20 Tage, die Lebensdauer einer Generation von der Ablage des Eies bis zum Tode des Individuums umfaßt ca. 20—22 Tage.

Die Zikaden rufen die Kräuselkrankheit der Blätter hervor, wahrscheinlich durch Übertragung eines Virus. Dadurch wird hauptsächlich die Ausbildung der später angelegten Kapseln verhindert. C. fascialis ist neuerdings besonders in Südafrika schädlich.

Zimmermann führt noch folgende Zikaden auf:

Eine Jassus-Art [Zwergzikaden] in Ostindien, die im kleinen durch Ölemulsion (1 : 50 Wasser) bekämpft wurde. — In Java eine unbestimmte Art. Beide bewirkten Kräuselung der Baumwollblätter.

Homalodiscus coagulata Say. In Louisiana in großen Mengen. Die Eiablage soll in der Knospe erfolgen, die jungen Tiere Knospen, Blätter und junge Kapseln anstechen, welch letztere dann abfallen.

Cicada erratica Osborn (früher als C. nigriventris W. bezeichnet). In Louisiana an Baumwolle und Mais. Die Eier werden in großen Mengen in die jungen Stengel und Seitenzweige gelegt, beim Mais in den Stiel der männlichen Blüten.

In den Südstaaten Nordamerikas kommen noch viele andere Arten vor: Aulacizes irrorata Fabr. — Homalodisca triquetra Fabr. — Oncometopia undata Fabr. — Oncometopia lateralis Fabr. — O. costalis Fabr. — O. undulata Fabr. — Gypona octolineata Say. — Diedrocephala flaviceps Riley. — D. versuta. — Cicadula 4-lineata Forbes. — Cicadula 6-punctata Fabr. — Entettia seminudus Say.

---

[1]) Abb. Zimmermann, Fig. 23.

Entilia sinuata Fabr. — Phlepsius excultus Uhl. — Ob alle diese schädlich für Baumwolle, ist noch fraglich.

In Texas: Aecanthus niveus de G. ist nützlich durch Vertilgen von Blattläusen.

Tibicen dahli Kuhlgatz in großen Mengen in Neuvorpommern. Die in der Erde lebenden Larven verursachen beträchtlichen Schaden durch Anstechen und Aussaugen der Wurzeln

Bekämpfung: Eine direkte Bekämpfung der Zikaden ist nicht möglich. Die Gebrüder Pentzel empfehlen, zwischen 100 m breiten und möglichst langen Streifen der Baumwollfelder je einen Streifen brach liegen zu lassen. Dann würden sich auf dem Brachstück die Ameisen zahlreich aufhalten und von da auf die Zikaden gehen. In Südafrika versucht man jetzt, durch Züchtung widerstandsfähiger (behaarter) Sorten der Krankheit entgegen zu wirken. Die amerikanischen Sorten sind dort alle anfällig.

Literatur.

Kränzlin, H.: Beitrag zur Kenntnis der Kräuselkrankheit der Baumwolle. „Pflanzer", Bd. 6, Nr. 9—12, S. 129 ff., 1910. — Derselbe: Etwas über die Baumwollzikade. „Pflanzer", Bd. 7, S. 76, 1911. — Derselbe: Beiträge zur Kenntnis der Kräuselkrankheit der Baumwolle. „Pflanzer", Bd. 7, S. 327.

Thiele, R.: Ein Fall typischer Kräuselkrankheit bei Baumwolle im Gewächshaus. Zeitschr. f. Pflanzenkrankheiten, Bd. 23, S. 198, 1913.

Blattflöhe (Psyllidae).

Die Larven dieser kleinen Insekten haben häufig eine gewisse Ähnlichkeit mit manchen Schildläusen. Sie scheiden als Exkremente einen süßen Saft ab, der wie Perlen auf den Blättern haftet. In Sadani, Ostafrika, beobachtete Vosseler, daß eine Menge Ameisen sich wegen der süßen Ausscheidungen der auf der Unterseite der Blätter sitzenden Larven einfanden.

Zugleich war es auffallend, daß auf diesem Felde die Baumwolle fast ganz vom roten Kapselwurm, Gelechia gossypiella, verschont war, während die benachbarten Felder, wo Blattflöhe und Ameisen fehlten, sehr stark davon heimgesucht waren. Es bleibt fraglich, ob die Anwesenheit der beiden Insekten die Gelechia von der Eiablage abhielt, oder ob die Ameisen die Motte (Mottenräupchen) vertilgt haben. (Letzteres scheint mir das wahrscheinlichere. L. W.)

C. Pflanzenläuse (Phytophthires).

1. Blattläuse. Aphidae. (Abb. 90)[1]

Die an der Baumwolle in Ostafrika häufig vorkommenden Blattläuse sind noch nicht näher untersucht worden. Nach Morstatt lassen sich praktisch zwei Arten unterscheiden, eine hellgrüne, die an der Unterseite der Blätter meist in kleineren Gesellschaften lebt, und eine schwarze, welche die Triebspitzen dicht besiedelt. Im übrigen Afrika sind an Baumwolle bekannt:

Aphis gossypii Glov. Sehr verbreitet, auch auf anderen Pflanzen. Blaßgrün oder gelblich, auf der Unterseite der Blätter. In Uganda, Togo, Ägypten, auch in Ostindien, ferner in Nordamerika und Westindien.

Aphis sorghi Theob., die Mtama-Blattlaus im Sudan, ebenfalls auf der Blattunterseite.

Aphis malvae Koch, in Ägypten und im Sudan.

Aphis medicaginis Koch, in Texas.

Aphis maidi-radicis, lebt in Nord- und Süd-Carolina außer an Mais auch an Baumwollwurzeln und verursacht krüppelhafte Entwicklung, zuweilen Absterben. Namentlich bei kühlem Wetter schädlich[2].

In Ostafrika treten besonders im Bezirk Muansa die Blattläuse zuweilen in Massen auf und veranlassen dort die Mafutakrankheit der Baumwolle.

---

[1] Abb. Zimmermann, Fig. 24.
[2] Thomas, A. W.: Cotton root louse. South Carolina State Bull., 175, 3 Seiten. 1914.

Mafuta ist der Name für den Honigtau, den die Blattläuse ausscheiden, in Ägypten auf arabisch nedwet el assal oder nadwet y assabyia, auch assali, d. h. Honig, genannt.

Sie soll mit der Regenzeit einsetzen, die Blätter zum Verdorren bringen, die Stengel brüchig machen und Rußtau im Gefolge haben. Kränzlin, der die Krankheit genauer beschrieb, fand noch als Folgen des Honigtaues eine leicht gelbliche Verfärbung an den Rändern und Spitzen der Blätter, aber keinen Rußtau.

Im allgemeinen ist die Mafutakrankheit nicht von großem Einfluß auf die Ernte. Die Behauptung, daß die Blattläuse von der Mtama (Sorghum) auf die Baumwolle übergehen, scheint richtig. Aphis sorghi spritzt auch am meisten Honigtau aus. An Sorghum soll aber noch Aphis sacchari Zehntn. schädlich sein[1]).

Eine Bekämpfung ist nur im kleinen möglich durch Spritzmittel, wie Tabak, Seifenlösung, Petroleumemulsion usw.

Natürliche Feinde sind die Marienkäfer, namentlich Alesia striata, auch Chilomenes lunata F., letzterer auch in Uganda; ferner Cydonia vicina Muls und eine Chilocorus-Art im Sudan.

Literatur.

Kränzlin, G.: Die Mafutakrankheit der Baumwolle. „Pflanzer", Bd. 8, S. 640. 1912.

2. Schildläuse, Coccidae.

In Ostafrika fanden sich:

Pseudococcus citri (Risso) Fern. (syn. Dactylopius citri). Weiße Wurzellaus. An krautigen Gewächsen oder anderen jungen Pflanzen, meist an den Wurzeln, nicht nur durch ihr Saugen schädlich, sondern auch dadurch, daß zahlreiche Ameisen hinzukommen, die den Boden um die Wurzeln herum so aushöhlen und lockern, daß die Pflanzen vertrocknen. — Wahrscheinlich ist die Schildlaus, die sich in dichten Kolonien unter dem Außenkelch und im Innern aufgesprungener Kapseln findet, dieselbe Art.

Phenacoccus obtusus Ldgr. Pseudococcus filamentosus (Ckll.) Tern. = Pseudococcus perniciosus Newst. et Will., eine weiße Wollaus, die an Blättern und grünen Trieben auch großer Bäume sehr gefährlich werden kann, ist an Baumwolle auch gefunden, ohne aber sich so stark zu vermehren.

Pinnaspis minor (Mask.) Ldgr., in Amani an Baumwollstengeln.

Lecanium nigrum Nietner, in Kilwa an ägyptischer, in Amani an mexikanischer Baumwolle. Ferner

Eriococcus sp. an Kapseln.

Pulvinaria jacksoni Newst., in Uganda.

Dactylopius sp., Lecanium und Pulvinaria, meist auf Pflanzen, die auf schlechtem Boden standen.

In Togo:

Chionaspis aspidistrae Cool. var. gossypii, von Busse gefunden, ohne merklichen Schaden zu tun.

Auf Ceylon:

Dactylopius virgatus Ckll. — Hemichionaspis aspidistra. — Lecanium nigrum.

In China:

Chionaspis gossypii Fitch.

Auf Hawai:

Pseudococcus virgatus Ckll. und Ps. filamentosus Ckll.

In Mississippi:

Aleurodes gossypii Fitch., ohne viel zu schaden.

In Texas:

Diaspis amygdali Tryon und Lecanium imbricatum Cock.

Auf Jamaica:

Dactylopius virgatus, Diaspis pentagona Br. und Hemichionaspis minor.

In Panama Icerya zeteki[2]).

---

[1]) Vgl. Busse: Untersuchungen über die Krankheiten der Sorghumhirse. Arbeiten der Biol. Anstalt, Berlin 1904.

[2]) Siehe Cockerell, T. D. A.: A new cotton scale firom Panama (Icerya zeteki). Journ. Econ. Entom. Bd. 7, S. 148. 1914.

VIII. Netzflügler, Neuroptera.

Hiervon kommen keine Baumwollschädlinge vor, sondern nur nützliche, nämlich die Florfliegen (Hemerobiina), deren Larven, wie bei uns, namentlich Blattläuse vertilgen. Die Eier stehen auf langen Stielen. Ashmead führt für Mississippi sechs Arten auf.

IX. Holzläuse (Psocidae).

Elipsocus inconstans Perk., in Hawai sehr häufig auf welken Blättern und Kapseln. Wahrscheinlich fressen diese Insekten aber nur tote Pflanzenteile und Überbleibsel von anderen Insekten.

X. Weiße Ameisen (Termitidae, Isoptera).

Termiten fressen nach Vosseler in Ostafrika zuweilen die Stengel junger Pflanzen am Wurzelhals an, so daß die Pflanzen eingehen. Er empfiehlt Köder auszulegen, kleine Kuchen aus 1 Teil Arsenik $^1/_2$ Teil Soda, 6—8 Teilen Melasse-Sirup oder dgl. mit Mehl zu einem dicken Teig vermengt. Diese legt man auf den Feldern in der Nähe der Termitenhaufen unter Steinen oder Erde aus. Ebenso kann man Sägemehl oder alte Lappen mit dem Arsen-Zuckergemisch auslegen.

D. Tausendfüße (Myriopoda).

Kleinere Arten von Tausendfüßen, 4—6 cm lang, nagen bei Nacht Sämlinge und ältere Pflanzen nahe dem Boden an. Tagsüber verkriechen sie sich in den Boden. Es handelt sich meist um Arten der Gattung Odontopyge nach Gowdey, und hat ein einstündiges Beizen der Saat in Sublimatlösung (1:1000) vorzügliche Erfolge.

Der große schwarze Riesentausendfuß (Spirostreptus), der für unschädlich galt, hat, wie Kränzlin beobachtete, durch seinen Fraß junge Baumwollpflanzen beschädigt und neuerdings durch massenhaftes Auftreten auch junge Kautschukpflanzen. Bei seiner Größe und auffallend schwarzen Färbung läßt er sich leicht sammeln.

E. Spinnentiere (Arachnoidea).

Milben (Acarinae).

Hierzu gehört die bekannte rote Spinne, Tetranychus telarius und deren Verwandte. Sie sitzen an der Unterseite der Blätter, saugen diese aus, ähnlich wie die Blattläuse und überziehen sie meist mit einem zarten weißlich glänzenden Gespinst. Die Blätter werden gelb oder rötlich. — Sie treten besonders bei anhaltend trockenem Wetter auf. Die Tiere sind so klein, daß man sie nur mit einer guten Lupe erkennen kann. — Vertilgung durch Bestäubung mit Schwefelblumen oder einem Gemisch von diesem mit feinem gelöschten Kalk, morgens im Tau, nicht bei Regen und nicht bei Sonnenschein. Auch Bespritzen mit Schwefelblumen in Wasser (1:150) oder mit starker Seifenlösung (4—6 $^0/_0$ Schmierseife) wird empfohlen. — Nur bei stärkerem Befall sind diese Bekämpfungsmittel lohnend, oft hilft schon fleißiges Bespritzen mit Wasser.

Nach künstlicher Bewässerung verschwanden auch auf Baumwollfeldern am Kilimandscharo die Milben, welche nach Merk ein Einrollen und Verkümmern der Blätter bewirkten.

Tetranychus sp. auf Blättern und Kapseln in Hawai, die fleckig wurden; sonst wenig Schaden.

Tetranychus gloveri, verursacht in Nordamerika auf der Unterseite der Blätter, ein Rotwerden („redrust") derselben. Später werden die Blätter gelbbraun und fallen ab.

Eriophyes gossypii Banks, erzeugte auf einigen westindischen Inseln Verkrümmungen an Baumwollblättern und Gallen.

F. Krebstiere (Crustaceae).

Asseln (Isopoda).

Nach Pierce hat in Texas Armadillidium vulgare Lato. in der Nähe
von Häusern die Spitzen der Zweige abgefressen und die Pflanzen getötet.

G. Würmer (Vermes).

Fadenwürmer (Nematodes).

Hierzu gehört das Wurzelälchen, Heterodera radicicola Greef, das
an den Wurzeln bis erbsengroße Gallen, root-knot, erzeugt. Die aalförmigen
Tierchen sind nur mit dem Mikroskop deutlich zu erkennen. Sie sind an
vielen Pflanzenwurzeln zu finden, doch hat Baumwolle weniger darunter zu
leiden als manche anderen Pflanzen. Sie sollen nach Atkinson nur dann
besonders schädlich sein, wenn gleichzeitig die Welkekrankheit vorhanden ist.

Zweijähriges Liegenlassen des Bodens ohne allen Pflanzenwuchs soll die
Älchen vertreiben (wohl aushungern).

Von den zur Gründüngung verwendbaren Pflanzen soll die Bohne *Mucuna
utilis* fast gar nicht oder überhaupt nicht an Älchen leiden.

Eine ganze Anzahl meist minder schädlicher Insekten in Dahomey und an der
Goldküste werden aufgeführt im Journ. Textile-Institute Manchester Bd. 17 A, S. 169, 170,
219. 1926. Viel Literatur bei P. Vayssière und J. Mimeur, in Agron. colon. 1925,
Nr. 93 und 94 und als Buch: Les insectes nuisibles au cotonnier en Afrique occidentale
française. Paris 1926. Über brasilianische Baumwollschädlinge siehe auch Tropenpflanzer
1926, Nr. 10, S. 335. Siehe auch P. Koenig, Über Baumwollschädlinge und ihre Bekämpfung, in v. Tubenf's Zeitschrift für Pflanzenkrankheiten und Pflanzenschutz.
Jahrg. 37 (1927) S. 215—223.

IX. Krankheiten der Baumwolle.

Eine gute Übersicht über die durch Pilze veranlaßten Krankheiten und
über die tierischen Schädlinge der Baumwolle gibt u. a. A. Zimmermann
in seiner „Anleitung für die Baumwollkultur in den deutschen Kolonien“,
2. Aufl., Berlin 1910. — Siehe auch Schanz, Moritz: Baumwollkrankheiten
und Schädlinge[1]). — Neuerdings hat Karl Snell die Krankheiten der Baumwolle in Ägypten in der Zeitschrift „Angewandte Botanik“ Bd. 5. S. 121,
Berlin 1923. besprochen. Die erste Krankheit, die Snell beschreibt, ist der
sogenannte

„Sore shin“ oder „Sore Shine“, der das Umfallen der Keimlinge
veranlaßt; in Ägypten sehr schädlich. Die Erscheinung wird auch „Damping
off“ oder „Seedlings Rot“ genannt. Der Pilz, der das verursacht, ist noch
nicht genau bekannt. Man sieht ein durch Querwände geteiltes Pilzgewebe, also
kann es nicht Pythium de Baryanum sein, wie Fletcher, der die Krankheit 1902 zuerst beobachtete, meinte; denn das hat ungegliedertes Pilzgewebe.
Nach Shearer ist Corticium solani die Ursache[2]).

Balls hatte Behandeln der Samen mit Naphthalin und Gips als Gegenmittel empfohlen, das hat aber nach Snells Versuchen nicht gewirkt. Snell
empfiehlt für Ägypten: sorgfältige Bearbeitung des Bodens, dann Bewässern
und Aussäen von 8—10 Samen an eine Pflanzstelle, solange der Boden
noch genügend feucht ist. Treten dann noch Fehlstellen auf, so ist ein
Nachsäen nicht zu vermeiden. Bei den später herrschenden höheren Wärme-

---

[1]) Tropenpflanzer Bd. 18, Beiheft 1, S. 76 u. 77, 1914; Bd. 18, Beiheft 6, S. 570—576, 1915.
[2]) Shearer: 3rd Ann. Rep. Cotton Research Board Min. Agr. Egypt. 1922—1924,
S. 37—40. — Derselbe: Cotton wilt. Ebenda S. 37—40.

graden ist aber dann der Pilz nicht mehr imstande, die neu erwachsenen Keimpflänzchen anzugreifen.

Ob der Pilz identisch ist, mit einem, der in den Ver. Staaten ähnliche Erscheinungen hervorruft und der von Atkinson[1]) und Earle[2]) für eine Rhizoctonia gehalten wird, ist noch unsicher. Rhizoctonia lebt im Erdboden. Gegenmittel in Amerika: Tief pflügen, gut entwässern, fleißig hacken.

Viel verbreiteter, aber in Ägypten selten auftretend, ist die Welkekrankheit, wilt disease („Frenching", „cotton wilt", „black heart" oder „black rost")[3]), die einen großen Schaden in den Ver. Staaten anrichtet und ein Zurückbleiben im Wuchs, Welken und Absterben der Pflanzen veranlaßt. Sie wird nicht, wie zuerst vom Entdecker Erwin F. Smith[4]) angenommen wurde, durch Neocosmospora vasinfecta E. F. Smith verursacht, sondern durch einen anderen Pilz, Fusarium vasinfectum Atk., der auch andere Pflanzen, Vigna sinensis (cowpea) und Wassermelonen befallen soll.

Fusarium ist die Conidienform, d. h. die Form mit ungeschlechtlichen (sichelförmigen) Sporen. Später fand Smith auch die Schläuche mit Sporen, d. h. die geschlechtliche Form, und nannte sie Nectriella tracheiphila Smt., später erst Neocosmospora, d. h. Sporen der Neuen Welt.

Es gelang Smith nicht, den Pilz von den anderen Pflanzen, Wassermelonen usw., auf Baumwolle zu übertragen. Sein Gewebe, wenigstens das von Wassermelonen, lebt jahrelang saprophytisch, d. h. faule Stoffe bewohnend, im Erdboden.

Zimmermann fand den gleichen Pilz mit der charakteristischen Schlauchform in Mombo, Ostafrika, auf Baumwolle. Snell fand Neocosmospora auch auf welkekranken Pflanzen, sagt aber, daß nach Wollenweber[5]) nicht sie, sondern Fusarium vasinfectum die Ursache der Welkekrankheit ist.

Der Pilz dringt in die Wurzeln ein, verstopft die Gefäße und färbt das Holz in Wurzel und Stengel braun[6]). Er tritt besonders schädigend auf in Alabama, Mississippi und den Sea-Island-Distrikten, in Georgia und Florida. Nach dem Yearbook d. Dep. of Agr. für 1921 ist er besonders in den sandigen Gegenden der Küstenebene von Südvirginien und Nordcarolina bis Arkansas und dem östl. Texas verbreitet, gelegentlich auch im Piedmont- und anderen Distrikten. — Das Department of Agriculture hat durch W. A. Orton widerstandsfähige Sorten züchten lassen und diese verbreitet. Von Upland sind es besonders Dillon und Dixie, von Sea Island Rivers und Centerville. Nach Watt, S. 320, soll „Sensation Island" noch im 7. Jahre ebenso widerstandsfähig gewesen sein wie im ersten.

Gute Erfolge wurden auch durch Kalisalze erzielt.

Während eine Düngung mit 500 Pfund eines Düngemittels von 10% Phosphorsäure und 3% Stickstoff pro acre nur kranke Pflanzen ergab, brachte dieselbe Mischung bei Zusatz von 500 Pfund Kainit mit einem Gehalt von 12,5% Kali guten Erfolg. Die so hergestellte Mischung enthielt 5% lös-

---

[1]) Atkinson, G. T.: Diseases of Cotton. U. S. Dep. Agr. Office of Experiment Stations Bull. 33, S. 79. 1896.

[2]) Earle, F. S.: Diseases of Cotton. Alabama Exp. Station Bull. 107, S. 289. 1899.

[3]) Siehe Orton, W. A.: The control of cotton wilt and root knot. U. S. Dep. Agr. Bur. Plant Industry Circ. 92. Washington 1912 — Derselbe: Cotton Wilt. U. S. Dep. Agr. Farmers Bull. 333, m. Abb., Washington 1910.

[4]) Smith, Erwin F.: Wilt disease of cotton, watermelon and cowpea. U. S. Dep. of Agr. Div. of vegetable Phys. and Pathol. Bull. 17. 1899.

[5]) Wollenweber, H. W.: Pilzparasitäre Welkekrankheiten der Kulturpflanzen. Berichte d. Deutsch. bot. Ges. 1913. — Welkepilze, Angewandte Botanik, Bd. 4, S. 1—14, 1922.

[6]) Gute Abb. bei Orton: Cotton Wilt, S. 8—9.

liche Phosphorsäure, 1,5% Stickstoff und 6,25% Kali. Sie wurde vor der Aussaat in Höhe von 1000 Pfund je acre gegeben. Die so gedüngten Flächen brachten 1127 Pfund Samenbaumwolle je acre, die ohne Kali nur 225 Pfund[1]).

In der Türkei soll nach Snell die Welkekrankheit in den Versuchsfeldern bei den Dardanellen großen Schaden angerichtet haben. Das türkische Landwirtschaftsministerium hat ein Rundschreiben über die Mittel zur Bekämpfung der Welkekrankheit erlassen[2]).

Die Welkekrankheit findet sich auch in verschiedenen Gegenden Ostindiens[3]), und Zimmermann fand sie schon in Deutsch-Ostafrika, als die Baumwollkultur erst wenige Jahre eingeführt war[4]). Neuerdings ist sie auch in Südafrika aufgetreten[5]).

In Ägypten sind 1902 drei wichtige Veröffentlichungen über das Vorkommen der Welkekrankheit erschienen, die Snell anführt:

Delacroix, G.: Sur la maladie du cotonier en Egypte. Bull. du jardin colonial et des jardins d'essais des colonies françaises 1902, S. 135—143. — Derselbe: 6. Okt. 1902, Nr. 16.

Fletcher, F.: Notes on two diseases of cotton. Journ. of the Khedivial Agric. Soc. Bd. 4, S. 238—241. 1902.

Mosséri, V.: La Wilt diesease du cotonier. Bull. de l'Union syndicale des agriculteurs d'Egypte 1902, Nr. 15 und 17.

Wichtig ist auch Orton, W. A.: The Wilt disease of cotton and its control. U. S. Dep. of Agric. Div. of Veget. Phys. and Path. Bull 27. 1900.

Snell fand die Welkekrankheit in Ägypten in einem Felde bei Koraschije in der Provinz Garbije; die befallene Fläche war aber nicht sehr groß. Das einzige äußerlich wahrnehmbare Merkmal war ein Rollen der Blätter. Der Pilz ließ sich aus geschnittenen Stengeln bei Kultur in feuchter Kammer innerhalb 24 Stunden ziehen. Die Eigenschaften der Hyphen (der Pilzfäden) und Sporen waren dieselben, wie sie E. T. Smith beschrieben hat.

Im August 1913 erhielt Snell Baumwollblätter, die von der Welkekrankheit befallen waren, und fand am Wurzelhals der abgestorbenen Pflanzen einen rötlich weißen Überzug, der sich unter dem Mikroskop aus einer Unmenge mondsichelförmiger Sporen zusammengesetzt zeigte, wie sie Smith auf seiner Tafel I abgebildet hat. Im Innern des Marks im Wurzelhals der zerstörten Pflanzen fanden sich feine dunkle Pünktchen, die sich unter dem Mikroskop als Perithecien (Sporenkapseln) erwiesen. Sie waren von derselben Form, wie sie Smith abgebildet hat, aber von gelblich brauner Farbe. Die Sporen in den Perithecien waren oval.

Zur Bekämpfung hat Delacroix empfohlen, den Boden mit 40% Formalin zu desinfizieren; das wird aber viel zu teuer.

Wie oben gesagt, gibt es viele widerstandsfähige Sorten, besonders sind auch die ägyptischen Baumwollen wenig empfänglich, aber nach Victor

---

[1]) Say, E. Rast: Journ. of the American Society of Agronomy Bd. 14, Nr. 6. Sept. 1922. Siehe auch die Broschüre des Kalisyndikats Berlin SW 11, „Die Kalidüngung in den Tropen und Subtropen", daraus den Sonderabdruck „Die Kalidüngung der Baumwolle und der sonstigen Gespinstpflanzen".

[2]) N. H. Zaprometoff in Taschkent nennt den Pilz Nectriella vasinfecta. Die Sämlinge zeigen gewöhnlich eine Anschwellung an der Basis des Stengels. Ref. in Journ. Text. Inst, Bd. 17 A, S. 219. 1926.

[3]) Buller, E. J.: The wilt disease of pigeon-pea and the parasitisme of Neocosmospora vas infecta Smith-Memoirs of the Dep. of Agr. in India, Bd. 2, Nr. 9. 1910.

[4]) Zimmermann, A.: Untersuchungen über tropische Pflanzenkrankheiten. Erste Mitt. in „Berichte über Land- und Forstwirtschaft in Deutsch-Ostafrika", Bd. 2, S. 20. 1904.

[5]) Journ. Textile Institute Manchester 1925, April, A. 113.

Mosséri gibt es keine Sorte, die vollkommen widerstandsfähig wäre. Es muß daher bei der züchterischen Bearbeitung einer Saat besonders die Auswahl widerstandsfähiger Pflanzen ins Auge gefaßt werden. Am widerstandsfähigsten sind nach Harding[1]) Dillon, Dixie, Triumph und Dixie Cook.

Der „Cotton Council of the Association of Southern Agricultural Workers" empfiehlt für Böden, die den Welkepilz, Fusarium vasinfectum, enthalten, gute Saat der sehr widerstandsfähigen Sorten Dixie, Triumph, Toole und Lewis 63 zu bauen.

Wo Wurzelälchen (Heterodera radicicola) und Welkekrankheit beide vorhanden, empfiehlt sich 3 jähriger Fruchtwechsel, mit Mais, Kleinkörnern, Erdnüssen, Sammetbohnen, eine Mucuna-Art und Brabham[2]) oder iron cow peas (Vigna sinensis). — Ein 2 jähriger Fruchtwechsel wird wegen Anthraknose, Glomerella gossypii, empfohlen, und Entfernen der Haare vom Samen durch Schwefelsäure gegen Angular leafspot (eckige Blattfleckenkrankheit), Black arm und bakterielle Kapselfäule, alle veranlaßt durch Bacterium malvacearum.

Welkekrankheit in Ostindien (Bombay und Zentralprovinzen[3]). Impfung in Bombay: Von 431 Pflanzen Wagale wurden 4 % welk, von 414 Dharwar Nr. 2 30 %, von 419 Kumpta 39 %, andere Sorten 56—83 %. — Bei der F_1-Generation, einer Kreuzung von Dharwar I, und einer reinen welkewiderständigen Wagale war Widerstandsfähigkeit dominant, wenigstens während des größten Teils der Wachstumszeit. — Broach Deshi, Plant 6 ist völlig immun.

Negative Resultate wurden in den Zentralprovinzen erhalten nach Einimpfung von Fusarium-Arten und Cephalosporium von welken Stengeln und Wurzeln auf gesunde Baumwollpflanzen.

Wir folgen in nachstehender Aufzählung der Pilze besonders Zimmermann; in der Anordnung der Familien aber dem Syllabus der Pflanzenfamilien von Engler und Gilg, 9. u. 10. Auflage, Berlin 1924.

1. Klasse. Phycomycetes.

Mucoraceae. Rhizopus nigricans Ehrb. Von Atkinson in Texas auf absterbenden Keimpflanzen gefunden. In Arkansas nach Schäden, die der Kapselkäfer angerichtet, beobachtet. Nicht sehr schädlich[4]).

2. Klasse. Ascomycetes. Schlauchpilze.

Perisporiaceae. Capnodium sp. auf Baumwollblättern aus Daressalam von Hennings[5]) gefunden. Bildet schwarze Überzüge (Rußtau) an den Hauptnerven.

In Jamaika wurde nach Cockerell[6]) eine Mehltauart auf Blättern gefunden: Erysiphe sp. Der Schaden war nicht bedeutend. Euro-

---

[1]) Harding: Cotton in Australia, S. 250, London 1924.

[2]) Brabham ist, wie iron cow peas, eine Sorte der Bohne Vigna sinensis.

[3]) Mc. Rae, W.: Rev. Appl. Mycology Bd. 3, S. 570. 1924. (Ann. Rept. Board Scientific Advice, India, 1922—1923, S. 31—35.) Ref. in Journ. Text. Inst. 1925, Nr. 1, A. 10.

[4]) Elliot. Arkansas Agr. Exp. Station, Bull. 173, S. 13. 1921.

[5]) Hennings, P.: Schädliche Pilze auf Kulturpflanzen aus Deutsch-Ostafrika. Notizblatt d. Bot. Gartens und Museums, Berlin, Nr. 30, S. 239.

[6]) Cockerell, T. D. A.: Agricultural Pests. Institute of Jamaica Lectures, 1893 S. 97.

tium rubrum, ein Schimmelpilz, von Bremer nach Drabble[1]) und Saccardo (XVII, S. 528) auf Baumwollsaatkuchen angegeben. Gegenmittel: Trocken aufbewahren. Ein Eurotium sp. fand Atkinson bei künstlichen Kulturen auf Baumwollwurzeln. Thielavia basicola Zopf verursacht nach Smith an Baumwollpflanzen an oder unter der Erdoberfläche Wunden, die nach innen vordringen[2]).

Hypocreaceae. Fusarium vasinfectum Atk. siehe „Wilt disease", S. 306. Gibberella pulicaris nach Saccardo auf Baumwollzweigen.

Sphaeriaceae. Botryosphaeria Berengeriana De Notaris (synonym: B. fuliginosa E. et A. und B. Quercuum Sacc.) nach Earle a. a. S., S. 117, auf Baumwollkapseln in Alabama.

Botryosphaeria horizontalis Sacc. (nach Earle, S. 318, synonym mit Melogramma horizontalis B. et C.) wurde nach Saccardo I, S. 463, in Südcarolina auf Baumwollstengeln gefunden.

Botryosphaeria subconnata Cke. nach Earle, S. 318, in Carolina und Georgia auf Baumwollstengeln.

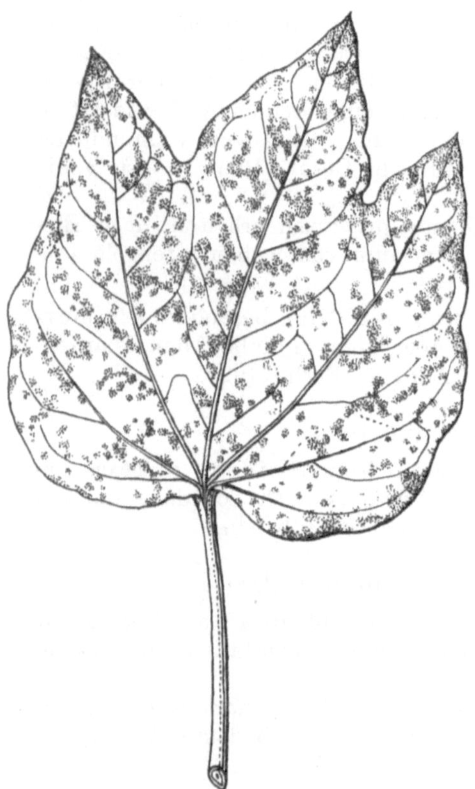

Abb. 91. Blatt von Hindi-Baumwolle mit Rostflecken von Uredo Gossypii. Nach Zimmermann.

Mycosphaerella gossypina (syn. Sphaerella gossypina Atk., Macrosporium nigricantium Atk.), zu der nach Atkinson, S. 308, als Konidienfruktifikation, d. h. ungeschlechtliche Form, Cercospora gossypina Cke. gehört, bewirkt die als Brand der Blätter (Cotton Leaf Blight, Black rust, Leafspot) bezeichnete Krankheit. Es erscheinen zunächst kleine rötliche Flecken, die allmählich 1—2 cm Durchmesser annehmen und, abgesehen von dem rotbleibenden Rande, eine bräunliche oder weiße Farbe annehmen. Wenn der Pilz allein auftritt, soll er von geringer Bedeutung sein, zumal er namentlich nur ältere und geschwächte Blätter befällt. Er wurde aber auch bei der sogenannten Mosaikkrankheit beobachtet. Snell fand in Ägypten im August auf den Blättern Flecken von Mycosphaerella gossypii und auf den Kapseln Flecken von Colletotrichum gossypii, beide aber wenig und nicht sehr schädigend.

Valsa gossypina Cke. nach Saccardo I, S. 127, in Carolina auf Baumwollzweigen.

Uredinaceae, Rostpilze (Abbildung 91)[3]).

----

[1]) Drabble, E.: Commercial Investigations. Liverpool University Quarterly Journ. Bd. 1, S. 12. 1906.
[2]) Smith, E. F.: Wilt disease of Cotton etc. U. S. Dep. Agr. Div. of veg. Phys. and Pathol. Bull. 17, S. 38. 1899.
[3]) Abb. Zimmermann, Fig. 26.

Uredo Gossypii Lag. Der Baumwollrost verursacht nach Hennings, S. 243, auf in Daressalam gesammelten Baumwollblättern mehr oder weniger zahlreiche, oft herdenweise auftretende, kleine, rundliche, rotbaune Flecken (Fig. 26 bei Zimmermann). In der Mitte derselben treten einzelne erhabene gelbliche Pusteln auf. Die befallenen Blätter fallen schließlich ab. Busse[1] fand denselben Pilz in Togo auf Sea-Island-Baumwolle und einer Hybriden. Ein Absterben oder Abfallen der Blätter wurde aber nicht bemerkt, ebensowenig eine allgemeine Schädigung der befallenen, im Reifestadium befindlichen Pflanzen. — Nach Petch[2] kommt der Pilz auch auf Ceylon vor und nach Raciborski[3] häufig auf Java an Gossypium herbaceum; die Blätter waren aber nicht stark beschädigt. Dagegen ist er in Ecuador nach Earle, S. 323, verderblich. Er ist überhaupt weit verbreitet, aber meist nicht sehr schädlich.

Aecidium desmium B. et Br. nach Berkeley und Broome in Ceylon auf Baumwollblättern (Saccardo VII, S. 782).

Aecidium Gossypii Ell. et Ev. wurde nach Earle, S. 317, in Kalifornien auf Baumwollblättern gefunden. J. J. Taubenhaus fand es in Texas[4].

Ustilaginaceae. Brandpilze. Doassansia Gossypii Lag. in Ecuador auf Baumwollblättern (Sacc. XI, S. 235).

3. Klasse. Schizomycetes. Spaltpilze. Bakterien.

Bacillus gossypinus Stedman. Soll nach Stedman namentlich bei feuchter Witterung ein Absterben der Kapseln („Cotton Boll Rot") veranlassen. Nach Earle, S. 311, sollen aber, wenigstens in einem untersuchten Falle, namentlich Zikaden die erste Ursache sein. Auch Pilze, namentlich Colletotrichum Gossypii, sind auf faulenden Kapseln beobachtet. Die Krankheit soll namentlich bei allzu kräftigem Wachstum der Pflanzen auftreten. Es wird deshalb empfohlen, allzu reichen Boden zunächst mit Mais oder Futterpflanzen zu bebauen, ferner durch weites Pflanzen der Baumwolle die Luftzirkulation zu vermehren und eventuell mit Phosphorsäure zu düngen.

R. G. de Sousa führt den Bacillus gossypinus im Boll. Agr. Sao Paulo, Brasilien, Bd. 19, S. 477 u. 478, 1. Abt., 1918, als schädlich an Kapseln auf.

Pseudomonas Malvacearum Smith (syn. Bacterium Malvacearum) bewirkt die von Atkinson und Earle als Angular Leafspot" (eckige Blattflecken) auch als bacterial blight, stem blight, boll rot, bezeichnete Krankheit. Zuerst treten wässerige Flecke auf, die häufig von den Blattnerven begrenzt werden; später schwärzt sich das befallene Gewebe und vertrocknet schließlich; häufig löst es sich dann auch ganz vom Blatte ab. Nach Smith befällt diese Bakterie auch die Baumwollkapseln. Dieser Spaltpilz ist in fast jedem Baumwollfelde des Cotton Belt zu finden, aber die Upland-Sorten sind ganz widerstandsfähig dagegen, und die Verluste daher nicht so groß als bei ägyptischen Sorten, die sehr empfindlich sind. Nach dem Yearbook des Dep. of Agr. 1921 ist das beste Gegenmittel, Saat von nicht befallenen Pflanzen zu nehmen und einen Fruchtwechsel eintreten

---

[1] Busse, W.: 1. Bericht über die pflanzenpathologische Expedition nach Kamerun und Togo 1904/05. Tropenpflanzer 1906, Beiheft, S. 304.

[2] Petch, T.: Mycological Notes. The Trop. Agric., Bd. 25, S. 298.

[3] Raciborski, Parasitische Algen u. Pilze.

[4] Science, n. s., Bd. 46, S. 267—269. 1917. — Java, I. Teil, S. 23. Batavia 1900.

zu lassen. Nach Rolfs[1]) und Faulwetter[2]) geben die Samen, deren Fasern durch Schwefelsäure entfernt sind, gesunde Pflanzen, weil durch die Schwefelsäure die Sporen auf dem Filz getötet werden. Auch Anthracnose oder Diplodia-Kapselfäule, trat dann nicht ein. Saat, die über 2 Jahre alt ist, überträgt die Krankheit ebenfalls nicht[3]).

Nach Mc. Call[4]) ist Pseudomonas Malvacearum auch in British Nyassaland sehr schädlich und tritt namentlich auf Böden mit stagnierendem Wasser oder ungenügender Durchlüftung auf. Die befallenen Blätter fallen meist ab. Außerdem aber dringt der Pilz von den Blattnarben aus auch in den Stengel ein und bewirkt an demselben unregelmäßige dunkle Flecken. Die Krankheit wird daher dort „Black Arm" genannt. — Die im November und Dezember gesäten Pflanzen sollen der Bakterienkrankheit viel weniger gut widerstehen als die im Januar und Februar gesäten, wohl weil die ersteren im April und Mai, wenn die Krankheit gewöhnlich auftritt, durch Blüten und Früchte mehr geschwächt sind als die später gesäten jüngeren Pflanzen. Sea Island, ägyptische, brasilianische und Caravonica-Baumwolle leiden sehr, während die in British Nyassaland angebaute Upland-Varietät, wie in den Ver. Staaten, große Widerstandsfähigkeit zeigt, ebenso ein Bastard zwischen Upland und ägyptischer Baumwolle.

Nach Nowell ist Bact. malvacearum wahrscheinlich auch in vielen Fällen der Erreger der inneren Kapselkrankheit.

In Bulgarien beobachtete Malkoff nach Hollrung, Jahresbericht 1907, S. 267, an Baumwollstauden einige Zentimeter über dem Erdboden bis zu 6 cm große Anschwellungen, die sich nach und nach mit einer gelblich-grünen Flüssigkeit füllen. In dieser ist ein noch nicht näher untersuchtes Bakterium enthalten.

Crown Gall, Pseudomonas tumefaciens S. et T. Stev. Bildet am Wurzelhals und an den Hauptwurzeln Gallen. Nicht wichtig.

Fungi imperfecti. Unvollkommen bekannte Pilze.

Sphaerioideaceae. Diplodia Gossypii Zimm. fand Zimmermann[5]) in Deutsch-Ostafrika auf durch Neocosmospora angegriffenen Wurzeln; wohl nur ein sekundärer Parasit.

Diplodia Gossypina Cke. Nach Saccardo (III, S. 366) auf Baumwollkapseln in Bombay und in Nordamerika, nach Hennings a. a. O. S. 243 auch in Daressalam.

Diplodia Boll-Rot. Diplodia-Kapselfäule. Diplodia gossypina Edgerton[6]) befällt die Kapseln am Stiel, bildet dunkelgrüne oder braune wasserhaltige Flecke und überzieht bald die ganze Kapsel, die dann verfault.

[1]) Rolfs, F. M.: Angular leaf spot of cotton in South Carolina Bull. 184. 1915.

[2]) Faulwetter, R. C.: The angular leaf spot of cotton. South Carolina Bull. 198. 1919.

[3]) Elliot, John A.: Arkansas cotton diseases. Arkansas Agric. Exp. Station Bull. 173, S. 7. Fayette, Arkansas 1921.

[4]) Mc. Call, J. St. J.: Notes on Bacterial Blight. Cotton in Nyassaland Protectorate Agric. and Foreign Dep. 1910, Nr. 2.

[5]) Zimmermann, A.: Untersuchungen über tropische Pflanzenkrankheiten. Berichte über Land- und Forstwirtschaft in Deutsch-Ostafrika Bd. 2, S. 23.

[6]) Edgerton, C. W.: The rots of the cotton boll. Louisiana Exp. Station Bull. 137. 1912.

Winzige Bläschen erscheinen auf der Oberfläche, aus denen schwarze, rußartige Sporen hervortreten, welche die ganze Oberfläche der Kapsel bedecken. Die Infektion scheint nur an beschädigten Kapseln zu erfolgen. Der Pilz überwintert an kranken Pflanzen und wird zweifellos auch damit auf Baumwollsamen übertragen. Besonders schädlich in Arkansas und Louisiana, in letzterem 10 % Verlust. Gegenmittel: Fruchtwechsel und Vernichten der alten Baumwollstrünke.

Eine Form von Botryodiplodia Theobromae hält N. Patouillard für den Pilz, der in Dahomey Gossypium punctatum befällt, auch auf verschiedenen anderen Pflanzen vorkommt[1]).

Phyllosticta Gossypina Ell et M. wurde von Earle a. a. O., S. 321, auf welken Blättern beobachtet. Zimmermann a. a. O., S. 24, fand diesen Pilz auf Baumwollkapseln im ehemaligen Deutsch-Ostafrika.

Eine unbestimmte Phoma-Art erschien in Arkansas plötzlich nach kühlem Wetter anfangs Juni an den Stengeln nahe der Basis der Blätter, bildete schwarze Flecke, auch auf den Kapseln. Die Pflanzen sterben ab, können bei Trockenheit aber etwas wieder austreiben[2]).

Phyllosticta malkoffii Buback, wurde in Bulgarien von Malkoff auf Baumwollblättern entdeckt[3]). Erzeugt kreisförmige oder auch eckige, 2—4 mm Durchmesser haltende, in der Mitte bräunlich bis weiß gefärbte Flecke, die von einer dunkelbraunen Linie umzogen sind. Pykniden auf der Oberseite.

Septoria Gossypina Cke. wurde von Earle u. Tracy (I, S. 111) in Mississippi auf Baumwollblättern gefunden.

Phoma roumii Frou. soll eine ernste Baumwollkrankheit in Afrika veranlassen.

Melanconidaceae. Colletotrichum Gossypii Southw. syn. Glomerella gossypii Edg., erzeugt die so gefährliche, von Atkinson S. 293 als „Anthracnose“ beschriebene Krankheit. Sie kann junge Sämlinge zum Absterben bringen, auch die älteren Pflanzen etwas schädigen, aber am schlimmsten leiden die Kapseln, die bei feuchtem Wetter faulen. Auf der Kapsel entstehen kleine dunkelrote Flecke und schwache Einsenkungen. Später werden die Flecke schwärzlich und, wenn die Sporen erscheinen, schmutzig grau oder fleischfarbig. Die Flecken wachsen gleichzeitig vielfach zusammen und können schließlich die halbe Oberfläche der Kapsel bedecken. Die befallenen Kapseln bleiben entweder geschlossen oder öffnen sich nur an der Spitze. Der Pilz kann auch in die Wolle eindringen, die vielfach durch das Hinzutreten verschiedener, mehr saprophytisch lebender Pilze gänzlich unbrauchbar gemacht wird.

Atkinson fand den Pilz auch an verletzten Stengelteilen und an den Blattnarben, sowie an den Keimpflänzchen an oder dicht unter der Erdoberfläche. Das befallene Gewebe rötet sich und schrumpft in Längsstreifen zusammen. Die Pflanzen welken und sterben ab. Auch die Keimblätter werden häufig befallen.

Die Übertragung findet vielleicht durch in dem Samen enthaltene Pilzfäden statt und wird deshalb gesunde Saat und Fruchtwechsel empfohlen. Überjährige Saat gibt keine Anthracnose. Besonders infiziert ist die Saat der Sorte „Half and Half“.

----

[1]) Revue Bact. Appl. et agric. 1922, 2, 41—43, daraus in Journ. Text. Inst. Bd. 15, Nr. 6, A. 141. 1924.

[2]) Elliot, John A.: Arkansas Agr. Exp. Station Bull. 173, S. 9. 1921.)

[3]) Hollrung: Jahresbericht 1907, S. 267.

Der Pilz ist über den ganzen Baumwollgürtel verbreitet und nach Spechnew[1]) mehr oder weniger auch im Kaukasus gefunden. — Auf Barbados wurden 50% der Kapseln zerstört [2]).

Eine schöne farbige Abbildung befallener Kapseln, die durch den Pilz rosa gefärbt sind, gibt H. W. Barre in South Carolina Agric. Exp. Station Bull. Nr. 164, 1912. Cotton Anthracnose. Nach ihm hat Frl. E. A. Southworth vom U. S. Dep. of Agric. die Anthracnose 1890 zuerst untersucht, und um dieselbe Zeit auch Atkinson. — Barre nennt den Pilz Glomerella gossypii und bildet dessen Mycel und Sporen ab. John Elliot[3]) nennt ihn auch so.

Neuerdings wird von S. G. Lehman Erhitzen der Samen empfohlen[4]). Man erwärmt 24 Stunden bei $60-65^0$, darauf 12 Stunden lang bei $95-100^0$ C. Bei großer Feuchtigkeit des Samens ist letzteres gefährlich; wenn aber der Feuchtigkeitsgehalt nicht 3,62% des Trockengewichts übersteigt, ist keine Gefahr, bei 3,19% keimten die Samen schneller.

Nach C. A. Ludwig[5]) wird der Pilz durch Lagern der Samen getötet. Feuchte Luft tötet auch den Pilz. Auch durch Delinting und Sterilisieren der Samen geht er zugrunde.

Zwei Bakterienarten bewirken nach J. C. Hopkins[6]) die Kapselfäule. Die eine scheint assoziiert mit dem Pilz der Anthracnose. Sea-Island- und Cauto-Sorten sind widerstandsfähig.

Colletotrichum Gossypii barbadense ist von Lewton-Brain in Westindien gefunden[7]). Soll etwas abweichend vom vorigen sein, erzeugt aber dieselbe Krankheit. Lewton-Brain empfiehlt Verbrennen aller erkrankten Kapseln, Fruchtwechsel auf den infizierten Feldern und Samenbeize mit Sublimat (1:1000).

Mucedinaceae. Ramularia areola Atk. bewirkt nach Atkinson (S. 309) den Areolated Mildew of Cotton (d. h. kreis- oder fleckenförmiger Mehltau). Die Blätter zeigen weiße, reifähnliche Flecken, auf der Unterseite sind diese meist stärker ausgebildet. Besonders an feuchten Plätzen, befällt nur ältere Pflanzen, ohne erheblichen Schaden zu tun. In fast allen Weltteilen. In Uganda wurden 1922 bei nassem Wetter die Bläter sehr angegriffen[8]).

Dematiaceae. Macrosporium nigricantium Atk., d. h. schwärzliche Großspore. Ist meist der erste Pilz, der bei der gefürchteten Mosaikkrankheit oder Rost[9]) auftritt. Nach Atkinson (X, S. 281) und Earle (S. 301). — Auf den Blättern finden sich gelbe Flecke, die meist von den feineren

---

[1]) Spechnew, N. N. v.: Beiträge zur Kenntnis der Pilzflora d. Kaukasus. Zeitschr. f. Pflanzenkrankheiten, Bd. 11, S. 82. 1901.

[2]) Journ. Text. Inst. Bd. 17, A. 117. 1926.

[3]) Elliot, John: Arkansas Agr. Exp. Stat. Bull. 173. 1921.

[4]) North Carolina Agric. Exp. Sta. Techn. Bull., Nr. 26, 71 S. 1925; daraus in Rev. Appl. Mycol, Bd. 5, S. 90. 1926; Ref in Journ. Text. Inst., Bd. 17, A. 293. 1926.

[5]) South Carolina Agric Exp. Sta. Bull., Nr. 222, S. 1—52. 1925; daraus in Bot. Abst., Bd. 14, S. 1392. 1925; Ref. Journ. Text. Inst., Bd. 17, A. 293. 1926.

[6]) Ann. Appl. Biol., Bd. 13, S. 260—265. 1926; daraus in Journ. Text. Inst., Bd. 17, A. 294. 1926.

[7]) Hollrung: Jahresbericht 1904, S. 211.

[8]) Ref. in Journ. Text. Inst. 1924, A. 114.

[9]) Der Ausdruck „Rost" sollte vermieden werden, der eigentliche Rost, Uredo Gossypii ist etwas ganz anderes. Dagegen ist der Ausdruck Rust in Amerika eine allgemeine Bezeichnung, mit der aber bei der Baumwolle eine nichtparasitäre Krankheit bezeichnet wird.

Nerven begrenzt sind, während die Umgebung der stärkeren Nerven grün bleibt. Später werden die Flecken braun, und die Blätter sterben ab. In manchen Fällen sollen auch die scheinbar gesunden Blätter durch das schnelle Wachstum der verschiedenen Pilze sogleich welk und schwarz werden und oft sehr schnell sämtlich abfallen. Nach Atkinson und Earle müssen zwei Faktoren zusammenwirken, um die Krankheit zu erzeugen: 1. Schwächung der Pflanzen durch ungeeignete Bodenverhältnisse, Nässe und Kalimangel. 2. Angriffe von verschiedenen fakultativen Parasiten. Zu letzteren gehören außer dem Macrosporium: eine Alternaria-Art, Colletotrichum gossypii und Cercospora Gossypina.

Alternaria tenuis Nees, von Gasparini in Italien an Baumwollen, die von der „Pelagra" befallen, beobachtet, aber von Faulwetter[1]) auch in Amerika, auf den Blättern kleine schwarze Flecken erzeugend. Nicht sehr schädlich. Nach Atkinson (S. 282) vielleicht identisch mit obiger Alternaria.

Alternaria macrospora Zimm., wurde von Zimmermann[2]) im ehemaligen Deutsch-Ostafrika auf Blattflecken und geschwärzten Teilen der Kapseln beobachtet.

Alternaria Leaf Spot. Alternaria-Blattfleckenkrankheit von einer unbestimmten Alternaria-Art. Amerika und Australien. In Neu-Süd-Wales zusammen mit Flecken auf Blättern und Kapseln.

Nach Sharp[3]) besitzt eine

Cercospora sp., die wohl mit C. gossypina identisch ist, große Verbreitung, ist aber nur auf Baumwolle, die unter ungünstigen Verhältnissen wächst, z. B. in zu großer Trockenheit oder saurem Boden, von erheblichem Schaden. Bekämpfung: Abpflücken und Verbrennen der befallenen Blätter und Bespritzen mit Bordelaiser Brühe (Kupfervitriol und Kalkmilch).

Helminthosporium Gossypii Tucker n. sp. in Journ. Agr. Research. Bd. 32, S. 391—395. 1926. — Bildet in Porto Rico rote, zuletzt aschgraue Flecke auf Blättern, Hüllkelch und Kapseln.

Fusarium-Kapselfäule. Nach Elliott[4]) können mindestens zwei Fusarium-(Spindelsporen-)Arten Kapselfäule erzeugen. Der gewöhnlichste dringt in Wunden, besonders auch in solche, die durch „angular leaf spot" (Bacterium Malvacearum E. F. Smith) veranlaßt sind, ein und verursacht ein langsames Absterben der Kapsel und der Baumwolle. Die Sporen erscheinen auf der Oberfläche auf den dunklen Stellen in unregelmäßigen blaßrosa oder fast weißen Flecken. Die Wolle wird leicht gefärbt und kann schließlich ganz verfaulen.

Eine andere Art Fusarium, die Elliott genauer untersucht hat, färbt die Wolle leuchtend rosarot und hat Sporen, die schön rosarot erscheinen, wenn sie in Massen auf den faulenden Kapseln gesehen werden. Auf künstliche Nährlösung gebracht, wird letztere auch rosarot. Auf Agar erstreckt sich die Rotfärbung viel weiter als das wachsende Pilzgewebe. Die Fäulnis greift schnell um sich, ungefähr so schnell, wie die Diplodia-Kapselfäule. Die Flecken sind zuerst dunkelwässeriggrün, später braun, und dann, wenn die Sporen erscheinen, rosa. Gesunde Kapseln werden nicht angegriffen. — Die Art ist noch nicht benannt.

---

[1]) Faulwetter: Phytopath. Bd. 8, S. 98—105. 1918.

[2]) Zimmermann, A.: Untersuchungen über tropische Pflanzenkrankheiten S. 24.

[3]) Sharp, Th.: Cotton. Jamaica Bull. of the Dep. of Agr. Bd. 3, S. 201. 1905.

[4]) Elliott, John A.: Arkansas cotton diseases. Arkansas Agr. Exp. Station Bull. 173, S. 13. 1921.

Mycelia sterilia, Sterile Pilzgewebe. Eine Ozoniumart, O. omnivorum Shear[1]) (O. auricomum Pammel ist es nach Atkinson nicht), syn. Phymatotrichum omnivorum (Shear) Duggar, ein noch nicht genau bekannter Pilz, erzeugt die gefährliche Wurzelfäule, Root Rot, Texas Root Rot. Einzelne Pflanzen werden plötzlich welk, und das nimmt nach allen Richtungen zu, besonders, wenn auf Regen Sonnenschein folgt, sterben sie sehr schnell ab. Die Wurzeln der kranken Pflanzen sind mit weißen, sich allmählich bräunenden Pilzfäden bedeckt. Meist wird die Pfahlwurzel zuerst angegriffen, häufig nahe der Erdoberfläche. Mikroskopisch konnten die Pilzfäden auch in den Markstrahlen und Gefäßen nachgewiesen werden. Bei abgestorbenen Pflanzen wurden auf der Oberfläche der Wurzeln warzenähnliche Körper (Sklerotien?) beobachtet. — Besonders auf schwerem Boden sehr schädlich. Gegenmittel: Nach Atkinson dreijähriger Fruchtwechsel namentlich mit Gräsern, da diese von dem Ozonium nicht angegriffen werden. Shear[1]) empfiehlt tiefes Pflügen, 7—9 Zoll im Herbst, um den Boden besser zu durchlüften, und 2—3 Jahre Fruchtwechsel mit Gras oder Körnerfrüchten. Shear und Miles[2]) schätzten 1907 den Schaden durch Wurzelfäule in Texas auf 3 Millionen Dollar; 1906 war dort der Verlust 52000 Ballen, gleich 1,3% der Ernte.

Schwerer Boden mit dichtem Bestande und feuchtes Wetter mit intermittierendem Regen begünstigen den Pilz. — Siehe auch Taubenhaus[3]).

Die Ansicht, daß die Wurzelfäule alle Jahre auf derselben Stelle im Felde wieder auftrete, ist durch Versuche von Scofield[4]) widerlegt.

Ein Sclerotium sp., d. h. ein hartes, meist überwinterndes Pilzgewebe, dessen Fruktifikation nicht bekannt ist, tötet nach Smith (a. a. O., S. 44) in Florida viele Baumwollpflanzen. Der Pilz umhüllt die Basis des Stengels mit einem ziemlich dichten, weißen Myzel, das an seiner Oberfläche zahlreiche kleine Sklerotien bildet. Diese sind zuerst weiß, später braunrot, schließlich dunkelbraun.

Internal Boll Disease, Innere Kapselkrankheit. Hauptsächlich in Westindien und Westafrika. Die Baumwolle in den ungeöffneten Kapseln wird verfärbt, oft fault der Inhalt mehr oder weniger. Nowell fand vier Pilze, die er vorläufig A, B, C, D nennt, auch Bakterien. Die Krankheit wird durch Wanzenstiche, hauptsächlich Rotwanzen übertragen.

Von den Pilzen sind B und D als Eremothecium cymbalariae Borzi und Nematospora Coryli Peglion bestimmt; unter den Bakterien scheint außer anderen Bact. malvacearum vielfach der Erreger zu sein. Eine zusammenfassende Darstellung dieser wichtigen, außerhalb Westindiens noch

---

[1]) Shear: Bull. Torrey Botanical Club, Bd. 34, S. 305. 1907. — Auch erwähnt von Hibbard: Mississipi Agr. Stat. Bull. 140. 1910. — Shear vermutet neuerdings, daß die vollkommene Form ein Stachelschwamm (Hydnum) sei: Journ. Agric. Research, Bd. 30, S. 474—477, 1925, Ref. in Journ. Text. Inst. 1925, N. 10, A. 302. — M. T. Cook führt die Wurzelsäule in Porto Rico auf ein Fusarium sp. und auf Sclerotinum rolfsii zurück. Ref. in Journ. Text. Inst. 1926, Bd. 17, A. 219.

[2]) Shear, G. L. und G. F. Miles: The control of Texas root rot of Cotton. U. S. Dep. of Agr. Bur. of Plant Industry Bull., Nr. 102, S. 6. 1907. — Dieselben: Texas root rot of Cotton. Field Experiments in 1907. Bur. of Plant Industry Circular, Nr. 9. Washington 1908. Neuere Beschreibung in U. S. Dept. of Agric., Dept. Bull. 1417, 1926, Ozonium root rot.

[3]) Taubenhaus, J. J. und D. T. Killough: Texas root rot of cotton and methods of its control (Phymatotrichum omnivorum). Texas Agric. Exp. Stat. Bull. 307, 98 S., 15 Abb., II 46. 1923.

[4]) Scofield, C. S.: Cotton root rot spots. Journ. of Agric. Research, Bd. 18, Nr. 6, S. 305—310, 7 Abb. Washington 1909.

nicht genügend untersuchten Krankheit hat Nowall in seinem Buche Diseases of crop plauts in the Lesser Antilles, London 1923, S. 263 ff., gegeben.

Krankheiten, die nicht auf tierische oder pflanzliche Schädlinge zurückzuführen sind.

Das Abwerfen der Kapseln (Shedding of bolls).

Nach Earle[1]) fallen oft plötzlich viele Kapseln ab, ohne daß Parasiten zu finden sind. Ursachen: Plötzliche Trockenheit, plötzlicher Regen, der starkes vegetatives Wachstum hervorruft, lange anhaltendes feuchtes Wetter. Ferner ungünstige Struktur des Bodens, namentlich zu geringe wasserhaltende Kraft. Auch einseitige Düngung mit Phosphat oder Phosphat und Kainit soll das Abfallen begünstigen. Die verschiedenen Sorten verhalten sich verschieden. Es tritt meist bald nach der Blüte ein.

Stengelbräune.

Vosseler[2]) beschreibt eine in Ostafrika aufgetretene Stengelbräune. Am Hauptstamm und den Seitenzweigen zeigen sich längsgestreckte, unregelmäßig begrenzte, braune bis schwarzbraune Rindenflecken. Die oberhalb derselben gelegenen Teile der Pflanzen sterben meist ab. Ausschließlich auf saurem Boden, besonders in dem betreffenden nassen Jahr.

Blattrotflecken-Krankheit.

Nach Vosseler (a. a. O.) zeigen sich auf den Blättern vom Rande ausgehende zackige, blasse Flecken. Später erhält das ganze Blatt dunkelrote unregelmäßige Flecken, und endlich wird das ganze Blatt mehr oder weniger gleichmäßig rot, dabei tritt oft eine Verkrümmung der Blattfläche ein. Endlich verfärbt sich das Blatt durch leuchtend Hellrot in Gelb und fällt schließlich ab. Zimmermann fand in den gekräuselten und gelben Blättern keine Pilze, meint aber, daß in den rotgefärbten wohl stets parasitive Pilze nachzuweisen seien. Ob diese die Ursache der Rotfärbung sind, steht noch dahin. Diese Rotfleckenkrankheit scheint nach Zimmermann eine weitgehende Übereinstimmung mit der nordamerikanischen Mosaikkrankheit (Macrosporium nigricantium Atk.) zu haben.

Sonnenbrand, Sonnenschorf, Sun Scald. In trockener heißer Jahreszeit erzeugt die Hitze oder das Licht zunächst Rotfärbung der Kapseln und dann Absterben an der belichteten Seite, meist der Südwestseite. Die Kapseln brechen auf und können dann leicht von Pilzen infiziert werden[3]).

Blitzschäden. Blitzschäden an Baumwolle sind u. a. in Arkansas sehr häufig. Die betroffenen Stellen sind meist kreisrund, die ersten getöteten Pflanzen stehen im Zentrum, dann folgen weitere mehrere Wochen lang. Die zuerst absterbenden Pflanzen zeigen keine besonderen Symptome, aber die später absterbenden zeigen am Stengel eine beschädigte Stelle an der Erdoberfläche; oberhalb derselben hat sich der Stengel verdickt, unterhalb derselben ist keine Verdickung erfolgt[4]).

---

[1]) Earle, F. S.: Diseases of cotton. Alabama Agric. Exp. Station Bull., 107, S. 289. 1899. Vgl. auch Farmers Bull. 1187, U. S. Dept. of Agric.

[2]) Vosseler: Zwei Baumwollkrankheiten. Immune Baumwollsorten. Mitt. a. d. Biol. Landw. Institut Amani, Nr. 32. 1904.

[3]) Elliott, John A.: Arkansas cotton diseases. Arkansas Agric. Exp. Stat. Bull. 173, S. 12 mit Abb., Tafel V, Fig. 3. 1921.

[4]) Elliott: a. a. O. S. 14, m. Abb., Tafel V, Fig. 5.

Nach dem Yearbook des Dep. of Agr. 1921, S. 356, tritt bei rust frühzeitige Entlaubung und Absterben der Pflanzen ein, besonders auf Böden, die arm sind an organischer Substanz und Kali, oder die schlecht entwässert sind. Der rust ruft im ganzen Baumwollgürtel jährlich große Verluste hervor. Gegenmittel: Gute Bestellung, besonders Anwendung von Kalidüngern, Stallmist oder Gründüngung und Entwässerung.

Kalihunger (Potash hunger) oder red rust. Bei Kalimangel wachsen die Pflanzen schlecht, und die Blätter werden rot, wie im Herbst die Ahornblätter. Dabei fallen viele Blütenknospen (squares) ab. In trockenen Jahren häufiger[1]).

Blattzerschneidung. Leaf-Cut oder Tomosis[2]). O. F. Cook beschreibt in Circ. 120 des Bureau of Plant Industry die Beschädigung der Blätter an Keimpflanzen mit Abbildung, für die er die Bezeichnung Tomosis vorschlägt, im Gegensatz zur Kräuselung der Blätter, die durch Blattläuse (Aphis gossypii Glover) erfolgt und für die er die Bezeichnung Hybosis[3]) empfiehlt.

Die Blätter bekommen bei Tomosis Löcher oder am Rande Einschnitte, es ist also eine Verstümmelung. Oft verheilen die Wunden, die vielfach radiale Narben zwischen den Hauptnerven bilden (wohl ähnlich wie bei jungen Kastanienblättern, die vom Frost zwischen ihren Rippen getötet werden. L. W.). Schon in der Knospe können die noch zusammengefalteten Blätter beschädigt werden.

Ursachen: Nachtfröste, besonders aber greller Sonnenschein nach kühlen Nächten töten die Zellen. Daß der Frost weniger dabei beteiligt ist, zeigt sich daran, daß die Beschädigungen auch bei spät gesäten Pflanzen auftreten, wenn längst kein Frost mehr vorkommt. Pflanzen, die auf feuchtem Boden dicht stehen und sich gegenseitig teilweise beschatten, leiden weniger.

Beschädigung der End- und Achselknospen.

Diese tritt zwar nicht so häufig auf, ist aber viel gefährlicher. In den schlimmsten Fällen können $30-60\%$ der Endknospen beschädigt werden, ja an den Keimpflanzen können nicht nur die Endknospen, sondern auch Knospen in den Achseln der Keimblätter betroffen werden. Wenn das Verdünnen hinausgeschoben wird, bis die Pflanzen 10—12 Zoll hoch sind, kann man die so mißgestalteten Pflanzen leicht erkennen und entfernen.

Die Empfänglichkeit für Blattverstümmelung ist gewöhnlich beschränkt auf die Sämlinge und die jungen Pflanzen unter 10 Zoll Höhe, und manchmal ist der Wechsel von Empfänglichkeit zu Immunität ganz plötzlich. Pflanzen, die bis zum 6. oder 8. Blatt beschädigt sind, können von da an ganz gesunde Blätter erzeugen. Das kann ganze Reihen, ja ganze Felder betreffen, so, als wenn nach einem Hagel Pflanzen wieder austreiben. Durango und andere Uplandsorten leiden viel mehr als daneben stehende Reihen von ägyptischen Sorten; aber letztere können zur selben Zeit mehr Beschädigung der End- und Achselknospen zeigen.

Kearney fand 1918 unter 1109 Pima-Pflanzen 44 oder nahezu 4%, bei denen die Endknospe verkümmert war. Die Ursache ist unbekannt, häufig

---

[1]) Elliott: Arkansas Agr. Exp. Stat. Bull. 173, S. 13. 1921.
[2]) Tomosis vom griechischen τόμος, Abschnitt.
[3]) Hybosis vom griechischen ὕβος, Buckel.

ist gleichzeitig Tomosis vorhanden. Glücklicherweise konnte Kearney durch Aussaatversuch jetzt feststellen, daß die Verkümmerung nicht erblich ist[1]).

Der Gesamtschaden, der durch Krankheiten an Baumwolle in den Ver. Staaten entsteht, wurde 1920 vom Plant disease Survey of the U. S. Dep. of Agr. auf über 13% der ganzen Ernte geschätzt. Die in den Ver. Staaten vorkommenden wichtigeren Krankheiten sind beschrieben in U. S. Dep. of Agr. Farmers Bulletin Nr. 1187.

Harding führt noch folgende Krankheiten auf:

Club Leaf, Kolbenblättrigkeit oder Cyrtosis (von κυρτός, krumm). Besonders in China von O. F. Cook 1920 untersucht. Ein Organismus ist nicht gefunden, die Blätter werden kleiner und verdreht, folgen dicht aufeinander, weil die Internodien des Zweiges und die Blattstiele verkürzt werden und die Verzweigung sich vermindert. Vielleicht ähnlich der Mosaik- oder der Kräuselkrankheit. Besonders bei heißem Wetter schädlich, daher früh säen.

Blaue Baumwolle. In beschränktem Maße auf den Sea Islands und in Florida. Die Blätter werden tiefgrün oder bläulich, die Pflanzen niederliegend, die Früchte fallen ab. Stalldünger scheint das Übel zu vergrößern. Dagegen haben auf den Sea Islands Salz, Schlamm und Kalk, auch Entwässerung genützt.

Southern Blight[2]), Sclerotium rolfsii Sacc., findet sich auf vielen Pflanzen in den Südstaaten. Die Pflanzen verlieren die Farbe, welken und können absterben. — Der Pilz sitzt an der Basis des Stengels und an den Wurzeln, dort ist das dichte Pilzgewebe von einer großen Zahl der charakteristischen braunen kugeligen Körper, der Sklerotien, bedeckt.

False oder Areolate Mildew, Ramularia areola Atk. Weniger wichtig. Besonders auf alten Blättern, bildet unregelmäßige, bleiche, durchscheinende Flecke mit einem scharfumschriebenen Rand. Früh werden die Blätter gelblich, braun und weißlich.

Nach Butler werden exotische Baumwollen, die nicht gut akklimatisiert sind, in Ostindien von einer Alternaria-Art befallen.

Über die Schäden, die besonders an lagernder Baumwolle auftreten, veröffentlichte H. J. Denham eine Preliminary note on the destruction of the cotton hair by microorganisms im Journ. of the Textile Institute Manchester, Bd. 13, S. 240—248 (3 Taf., 3 Textabb.). 1922. Ref. von Tobler in Bot. Centralbl. Bd. 144, S. 286. 1923[3]).

Die Wirksamkeit von Pilzen und Bakterien der (z. B. feucht gewordenen) Baumwolle ist auch mikroskopisch wahrnehmbar; sie ist verderblich für die Haarlänge, schon bevor ein merkbarer Geruch auftritt. Das Haar wird am meisten und leichtesten am offenen Ende, weniger leicht an Abschürfungen und schwerer an der unverletzten Kutikula angegriffen. Die meisten Mikroorganismen leben im Lumen des Haares und zehren von dessen Inhalt an Stickstoffkörpern, andere leben in oder auf der Zellwand.

Manche gehen vom Lumen später in die Wand über, die Wand wird dünner und platzt; am offenen Ende wird sie in fibrillärer oder schleimiger Form aufgelöst. Alle Vorgänge der Baumwollbereitung, die zur Verletzung der Haare führen, sind für das Eindringen der Organismen bedeutungsvoll. Unreife Haare sind empfindlicher.

---

[1]) Kearney, Thomas, H.: Non-Inheritance of terminal bud abortion in Pima Cotton. Journ. Agric. Research, Bd. 28, S. 1041–1052, Nr. 10, 1 Taf. Washington D. C. 1429.
[2]) Unter blight versteht man die verschiedensten Krankheiten, Mehltau, Brand usw.
[3]) Vgl. auch Weather damage to cotton. U. S. Dept. Agric., Dept. Bull. 1926, S. 1438.

Über **feuchte** Baumwolle schrieb neuerdings M. C. Burns[1]).

Bollies und Snaps. Bollies nennt man in den Ver. Staaten die Baumwollen, die vom **Frost** angegriffen wurden; die Kapseln kamen nicht zur Reife, mußten abgepflückt und zu Hause daraus die Baumwolle entnommen werden. Beim Entkörnen gelangen dann viele Schalenteile mit in die Wolle, die außerdem einen schlechten, flaumweichen Charakter hat.

Snaps sind reife Baumwollen, die wegen Mangel an Arbeitskräften oder schlechten Wetters nicht auf dem Felde aus den Kapseln entnommen werden konnten und wie bei den Bollies aus den abgepflückten Kapseln maschinell entfernt werden mußten. Hierbei gelangen Kapselstücke, Laub, kleine trockene Stengelreste in die Wolle. Beim Hineinfassen stechen diese die Hand, ein fast untrügliches Kennzeichen.

In den „Snaps" findet man hauptsächlich kleingeschlagene Schalenteile, die der Faser anhaften und in der Spinnerei viel Unheil anrichten. Bollies und Snaps kommen besonders in Baumwollen aus Arkansas, Oklahoma und Texas vor, solche Wollen wurden 1924 meist als „low grade tinged cotton" 250—600 Punkte unter der Terminnotierung vom Mai 1924 in New York klassiert. („Trade Journal", New Orleans, vom 28. Febr. 1925 und Baumwollbericht von Knoop und Fabarius in Bremen vom 20. März 1925. Daraus in Tropenpflanzer 1925, S. 80.)

Erblicher Chlorophyllmangel an Keimpflanzen ist von Stroman und Mahony nachgewiesen (Texas Agricultural Experiment Station, Brazos County, Bull. Nr· 333, Aug. 1925). — Es werden zwei Arten unterschieden. Die eine hat gelbe Keimblätter und nur wenig Chlorophyll. Das wird bewirkt durch die Gegenwart von zwei rezersiven genetischen Faktoren, die sie $Y2$ und $y1$ nennen. — Die andere Art zeigt Übergänge von ganz chlorophyllfreien Stellen zu anderen mit wenig Chlorophyll im ganzen Blatt. Sie wird bewirkt durch einen oder zwei, möglicherweise drei Faktoren.

X. Chemie der Baumwollpflanze.

Bearbeitet von Dr. St Fraenkel, Berlin.

Die chemische Untersuchung der Baumwollpflanze ist lange Zeit hindurch vernachlässigt und eigentlich erst in den letzten zwei Jahrzehnten systematisch in Angriff genommen worden. Die Baumwollfaser enthält neben Zellulose (ca. 90%), über die im 1. Bande dieses Werkes ausführlich berichtet wird, und Wasser (ca. 7%) ca. 3% andere Bestandteile. Die Notwendigkeit einer systematischen Schädlingsbekämpfung gab zu einer Untersuchung der aromatischen Bestandteile der Baumwolle Anlaß. Auch die beim Baumwollanbau abfallenden Nebenprodukte, die aus dem Samen der Pflanze gewonnen werden, wurden — vor allem hinsichtlich ihrer Eignung als Nahrungs- und Genußmittel — eingehend erforscht. Eine gute Übersicht über die Fortschritte, die die Erforschung der Baumwolle innerhalb der letzten Jahre erzielt hat, gibt eine Zusammenfassung von Browne[2]).

Eine große Schwierigkeit beim Vergleich und bei der Auswertung der Analysenergebnisse der einzelnen Autoren ergibt sich daraus, daß das zur Untersuchung verwendete Material in den meisten Fällen nicht nach Sorte

---

[1]) Damp seed cotton; bacterial detoriation and ginning of Journ. Text. Inst. Bd. 16, S. 185 u. 196. 1925.

[2]) Browne, C. A.: Journ. oil and fat ind. 2, 87. 1925.

und Beschaffenheit einheitlich definiert wurde, auch waren die angewandten Untersuchungsmethoden zum Teil recht verschieden. In den letzten Jahren zeigt sich jedoch, ausgehend von den amerikanischen und englischen Forschungsinstituten, das Bestreben, auch für die Untersuchung der Baumwollfaser und des Baumwollsamens sowie deren Produkten gewisse Standard-Methoden zu schaffen, wie sie bereits für andere technisch wichtige Natur- und Kunstprodukte vorliegen.

1. Gesamtanalysen.

Ganze Pflanzen wurden selten untersucht. Nachstehend zwei ältere Angaben.

Tabelle 1. Bestandteile der Baumwollpflanze in % nach Dabney.

	Wasser	Asche	Protein	Rohfaser	N-freie Extraktstoffe	Fett
Reife Pflanze (25. Okt.) . . .	7,36	5,81	9,13	30,94	42,84	3,92

Tabelle 2. Anteil der einzelnen Pflanzenteile am Gewicht der ganzen Pflanze (Nach Mc. Bryde in Tennessee Sta. Bul. Bd. IV, Nr. 5.)

	g	%
Wurzeln	14,55	8,80
Stengel	38,26	23,15
Blätter	33,48	20,25
Kapseln	23,49	14,21
Samen	38,07	23,03
Fasern (Lint) . . .	17,45	10,56
Insgesamt	165,30	100

Für amerikanische Sorten betrug nach Hefter[1]) das Verhältnis der Faser zum Samen in den Jahren 1902—1907: 29,6—34,0 zu 66,0—70,4 (Faser + Samen = 100). Der Samen besteht aus dem Kern und der Schale (letztere enthält meistens noch etwas kurze Fasern), die sich, wie folgt, verteilen (in %):

Tabelle 3. Die Verteilung von Kern und Schale im Samen.

Sorte	% Kern	% Schale	Autor	Bemerkungen
Nordamerikanische I .	61,0	39,0	Wagner u. Clement[2])	lange Wollhaare
„ II .	55,3	44,7	„	kurzer dichter Filz
Südamerikanische I .	59,1	40,9	„	von Lint befreit
„ II .	58,4	41,6	„	„
Afrikanische	62,9	37,1	„	„
Ägyptische	63,0	37,0	„	„
Indische	50,4	49,6	„	„
Amerikanische Upland	62,6—66,7	33,3—37,4	Wells u. Smith[3])	sorgfältig von Lint befreit
Amerikanische	55,0	45,0	Thompson[4])	—
Indische	44,4	55,6	„	—
Amer. Georgia	55,0	45,0	Wesson[5])	—
Amer. Texas	53,0	47,0	„	—

[1]) Hefter, G.: Technologie der Fette und Öle, Bd. 2. Berlin 1908.
[2]) Wagner, H., u. J. Clement: Zeitschr. f. Unters. d. Nahrungs- u. Genußmittel, 16, 145. 1908.
[3]) Wells, C. A., u. F. H. Smith: Journ. of ind. and eng. chem. 7, 217. 1915.
[4]) Thompson, F. W.: Seifenfabrikant, 27, 1147. 1907.
[5]) Wesson, D.: Journ. oil and fat ind. 3, 115. 1925.

Tabelle 4. Zusammensetzung der ganzen Saat in %.

Sorte	Wasser	Fett*	Protein	N-freie Extrakt-stoffe	Roh-faser	Asche	Autor
Nordamerikanische I .	11,70	22,94	19,30	21,21	21,44	3,94	Wagner u. Clement[1]
„ II .	11,58	21,48	16,80	23,59	23,08	4,02	„
Südamerikanische I .	9,15	21,26	21,86	23,52	21,07	3,80	„
„ II .	9,58	20,91	22,15	21,98	22,46	3,50	„
Afrikanische	11,54	22,46	18,87	23,52	19,90	4,34	„
Ägyptische	12,36	23,16	19,23	22,14	16,90	4,04	„
Indische	12,31	17,31	19,18	28,23	20,10	3,28	„
Verschiedene** . . .	9,29	19,95	19,09	23,41	23,75	4,51	Nach König[2]
Sea Island	8,05	19,71	20,96	31,44	15,31	4,53	Skinner[3]
Ägytische	11,42	23,34	19,94	22,08	18,93	4,29	Cosack[4]
Kleinasiatische . . .	10,17	17,08	15,44	32,45	21,13	3,73	Nach König[2]
Indische	7,60	19,25	19,00	28,15	22,00	4,00	„
Upland	7,04	27,53	19,16	24,56	23,43	3,28	Mc Bryde[5]

* Als Fett gilt der Ätherextrakt.   ** Mittelwerte aus den Jahren 1856—1892.

Im Bericht der amerikanischen Cottonseed-Kommission für 1925—26[6] (im Original zahlreiche Analysen) werden folgende, nach verschiedenen Analysenmethoden erhaltene Extremwerte für die Zusammensetzung der Saat angegeben (in %): Wasser (5,12—11,86; Stickstoff 4,07—4,48 (im Orginal als Ammoniak angegeben); Öl 17,32—21,02.

Geschälte Kerne wurden meist nur auf ihren Fett- und Stickstoffgehalt untersucht.

Tabelle 5. Zusammensetzung der geschälten Samenkerne.

Sorte	Wasser	Fett	Stickstoff	Protein	N-freie Extrakt-stoffe	Rohfaser	Asche	Autor
Sea Island	6,47	34,65	—	34,00	16,80	2,31	5,77	Skinner[3]
Verschiedene . . .	7,28	27,23	—	29,55	24,07	4,62	7,25	„
Amer. Georgia . .	—	37,00	5,43	36,99	—		—	Nach König[2]
„ Texas . . .	—	31,20	6,91	43,50	—		—	Wesson[7]
„ Upland . .	7,59	40,28	5,58	—	—		—	„
Durango	5,93	39,97	4,94	—	—		—	Wells und Smith[8]
Ägyptische	5,66	36,68	4,73	—	—		—	Schwartze und Alsberg[9]

In den Kernen findet sich auch Gossypol, und zwar bis zu 1,2% der geschälten Kerne.

[1] Wagner, H., u. J. Clement: Zeitschr. f. Unters. d. Nahrungs- u. Genußmittel, 16, 145. 1907.

[2] König, J.: Chemie der menschl. Nahrungs- u. Genußmittel, 4. Aufl. 1903.

[3] Skinner, F. S.: Exper. Stat. Rec. 1902, S. 110, zit nach Hefter.

[4] Cosak, J.: Landw. Z. f. Westfalen u. Lippe 1884, S. 185, zit. nach Hefter.

[5] Mc Bryde: Jahresber. üb. Agrikulturchemie 1892, S. 175, zit. nach Hefter.

[6] Journ. oil and fat ind. 3, 197, 1925.

[7] Wesson, D.: Journ. oil and fat ind. 3, 115. 1925.

[8] Wells, C. A., u. F. H. Smith: Journ. of ind. and eng. chem. 7, 217. 1915.

[9] Schwartze, E. W., u. C. L. Alsberg: Journ. Agr. Res. 25, 285, 1923 und 28, 173, 1924.

Tabelle 6. Zusammensetzung der Samenschalen (in %).

Wasser	Fett*	Protein	N-freie Extraktstoffe	Rohfaser	Asche		Autor
10,29	3,04	6,71	44,73	32,22	3,01		Skinner[1]
11,36	2,22	4,18	34,19	45,32	2,73	**	Hefter[2]
9,2—10,6	2,4—2,5	6,0—6,1	38,3—39,5	39,7	2,8—3,0		Böhmer[3]
13,80	0,75	2,78	14,41	65,59	2,73	***	„

* Siehe Bemerkung in Tabelle 4.   ** Mittelwerte.
*** Schale mit der Hand vollständig vom Kernfleisch befreit.

Die technisch gewonnenen Samenschalen enthalten meistens noch beträchtliche Mengen Kernfleisch, wie der Vergleich der in Tabelle 6 zuletzt angeführten Analyse mit den vorhergehenden zeigt.

Tabelle 7.   1. Wurzeln in % = 8,8% der ganzen Pflanze.

A. Anorganische Bestandteile.

	Wasser	Asche	Stickstoff	Phosphorsäure	Kali	Kalk	Magnesia
Minimum	6,93	3,01	0,47	0,14	0,70	0,36	0,26
Maximum	10,00	7,23	1,58	0,92	3,10	1,18	0,81
Mittel	9,66	4,50	0,92	0,49	1,28	0,64	0,41

B. Organische Bestandteile.

	Wasser	Asche	Protein	Rohfaser	N-freie Extraktstoffe	Fett
Maximum	7,23	9,89	48,57	39,15	2,77
Minimum	3,01	2,92	38,55	29,14	0,96
Mittel	4,43	5,60	44,19	33,92	2,04

Die Rinde der Wurzel ist offizinell: „Gossypii radicis cortex" (U. S. P.) und soll als Ersatz für Mutterkorn Verwendung finden; doch haben die Untersuchungen von Eckler[4] gezeigt, daß die Wirkung des Extraktes von Baumwollwurzelrinde bedeutend schwächer ist als die des Secale. Power und Browning[5] haben mittels heißen Alkohols 11% der Rinde extrahiert, die beobachteten Produkte sind in den Kapiteln 4, 8 und 10 besprochen. Auffallenderweise wurde weder Tannin noch ein Alkaloid gefunden.

Tabelle 8.   2. Stengel.
(Gesammelt vom 2. Juli 1890 bis 22. August 1890 und 18. Juni bis 28. August 1891.)

A. Anorganische Bestandteile.

	Wasser	Asche	Stickstoff	Phosphorsäure	Kali	Kalk	Magnesia
Minimum	8,41	2,34	0,74	0,17	0,26	0,56	0,10
Maximum	11,71	9,64	3,28	1,08	3,91	1,52	0,72
Mittel	10,01	4,80	1,46	0,59	1,41	0,97	0,43

[1] Skinner, E. S.: Exper. Stat. Rec. 1902, S. 110, zit. nach Hefter.
[2] Hefter, G.: Technologie der Fette und Öle, Bd. 2. Berlin 1908.
[3] Böhmer, A.: Landw. Presse 30, 158. 1903.
[4] Eckler, A.: Americ. Journ. Pharm. 92, 285.
[5] Power, F. B., u. H. Browning: Pharm. Journ. [4] 39, 420. 1914.

B. Organische Bestandteile.

	Wasser	Asche	Protein	Rohfaser	N-freie Ex-traktstoffe	Fett
Reifer Stengel 1889 (jüngere 2. 7. 1890 bis 28. 8. 1891)	10,06	4,09	4,90	45,16	35,04	0,81
Maximum		9,64	20,45	49,44	39,87	3,50
Minimum		2,75	4,90	32,51	25,59	0,81
Mittel	10,00	5,23	9,54	40,77	32,63	1,83

Die Rohfaser nahm beim Reifen zu, das Protein nahm ab.

Tabelle 9. 3. Blätter.
A. Anorganische Bestandteile.

	Wasser	Asche	Stickstoff	Phosphorsäure	Kali	Kalk	Magnesia
Reife Pflanze (Blätter v. Juli—August)	9,50	16,42	2,37	0,46	0,83	7,08	1,26
Minimum	9,50	9,33	1,41	0,42	0,83	2,71	0,97
Maximum	12,14	17,26	4,27	2,08	2,63	7,08	1,28
Mittel	10,10	13,11	3,21	1,19	1,80	4,44	0,87

Es zeigte sich eine leichte Abnahme der Asche und Zunahme der Phosphorsäure bei fortschreitender Vegetation.

B. Organische Bestandteile.

	Wasser	Asche	Protein	Rohfaser	N-freie Ex-traktstoffe	Fett
Blätter (reife Pflanze) .	10,82	14,24	15,06	10,04	43,32	6,52
Maximum	—	15,32	26,64	18,15	44,16	8,87
Minimum	—	10.73	15,06	9,50	29,72	3,97
Mittel	—	12,87	21,64	12,57	36,82	6,05

Der Rohfasergehalt (Zellulose) in den Blättern war klein und fiel plötzlich in der letzten Periode. Der Proteingehalt war hoch, wurde aber bei der Reife ständig geringer.

Nach Power und Chesnut[1]) enthalten die Blätter 20% Trockensubstanz und 0,003% mit Wasserdampf flüchtige Stoffe. Die von diesen Autoren teils aus dem Wasserdampfdestillat der frischen Blätter, teils aus dem alkoholischen Extrakt des Trockenrückstandes der Blätter isolierten Verbindungen sollen in den Kapiteln 3, 4, 6, 8 und 10 besprochen werden. Bezüglich der sonstigen Mineralbestandteile des Zellsaftes siehe Kap. 3.

Tabelle 10. 4. Kapseln.
A. Anorganische Bestandteile.

Proben	Wasser	Asche	Stickstoff	Phosphorsäure	Kali	Kalk	Magnesia
Kapseln m. Lint Durchschnitt		4,90	2,54	0,96	1,81	0,51	0,40
Leere Kapseln Durchschnitt	11,92	9,21	1,08	0,48	2,66	1,80	0,43

Die Mineralbestandteile nahmen wie in früheren Fällen mit der Reife ab.

---

[1]) Power, F. B., u. V. K. Chesnut: Journ. Am. Chem. Soc. 47, 1751, 1925 und 48, 2721, 1926.

B. Organische Bestandteile.

	Wasser	Asche	Protein	Rohfaser	N-freie Extraktstoffe	Fett
Maximum		6,02	19,48	30,36	64,60	8,70
Minimum		3,43	10.65	7,04	26,85	2,72
Mittel		4,90	15,89	19,72	45,42	4,07
Leere Kapseln	11,92	7,34	6,96	32,50	39,90	1,38

Tabelle 11. 5. Haare, Fasern (Lint) machen $10,56\,^0/_0$ der reifen Pflanze aus.

A. Anorganische Bestandteile.

Sea-Island- und Uplandsorten	Wasser	Asche	Stickstoff	Phosphorsäure	Kali	Kalk	Magnesia
Minimum	4,72	0,93	0,20	0,05	0,28	0,07	0,02
Maximum	6,77	1,80	0,54	0,18	0,85	0,48	0,17
Mittel	6,07	1,37	0,34	0,10	0,46	0,19	0,08

B. Organische Bestandteile.

Faser	Wasser	Asche	Protein	Rohfaser	N-freie Extraktstoffe	Fett
Nur eine Analyse v. d. Tennessee-Station . .	6,74	1,65	1,50	83,71	5,79	0,61

Nachstehend einige neuere Angaben über die neben Zellulose in der Faser vorhandenen Bestandteile (in %): Wasser[1]) 6,03—7,10; Asche[2]) 1,05—1,47; Stickstoff[3]) 0,180—0,317; Phosphorsäure[4]) (P_2O_5) 0,04—0,13; Fette Wachse und Harze[5]) 0,40—0,75.

Im folgenden sei noch kurz die Zusammensetzung der bei der Verarbeitung des Samens anfallenden Produkte besprochen. Diese sind: Baumwollsamenöl (Cottonoil), roh und raffiniert, Baumwollsamenkuchen, Baumwollsamenmehl und sogenannter Soapstock. Bezüglich der Mengenverhältnisse gibt Ubbelohde[6]) folgende Übersicht (in % des ganzen Samens): Aus dem Samen werden erhalten: 44,6% Schalen, 1,0% kurze Fasern und 54,4% Samenfleisch; das letztere liefert bei der Pressung 40,0% Kuchen und 14,4% Rohöl, das 13,0% raffiniertes Öl und 1,4% Soapstock ergibt. Benedikt[7]) findet ähnliche Zahlen, während Hoffmann[8]) die Ausbeute an Rohöl zu 19,0% angibt.

Das Rohöl ist dunkel gefärbt und besitzt einen unangenehmen Geschmack und Geruch. Es enthält neben den verschiedenen Glyzeriden noch 0,15 bis 0,46% freie Fettsäuren, ferner Farbstoffe, phoshorhaltige Verbindungen, eine leichtflüchtige Schwefelverbindung und etwas Gossypol (nur bei kalter Pressung); es scheidet bei längerem Stehen bis zu $10\,^0/_0$ seines Gewichtes eines schleimigen Niederschlages ab. Über dessen Untersuchung siehe Jamieson und Baughman[9]).

<hr>

[1]) Urquard, J. C., u. Williams: Journ. Text. Inst. 15, T. 138, 1924.
[2]) Fargher, R. G., u. M. E. Probert: Journ. Text. Inst. 17, T. 46. 1926.
[3]) Rigde, R. P.: Journ. Text. Inst. 15, T. 94. 1924.
[4]) Geake, A.: Journ. Text. Inst. 15, T. 81. 1924.
[5]) Fargher, R. G.: Journ. soc. dyers and color. 40, 283. 1924.
[6]) Ubbelohde u. Goldschmidt, Handbuch d. Fette u. Öle, Bd. 2. 1924.
[7]) Benedikt-Ulzer: Analyse d. Fette u. Wachsarten. 5. Aufl. Berlin 1908.
[8]) Hoffmann, R.: Chem.-Z., Jg 1913, 1309.
[9]) Jamieson, G. S., u. W. F. Baughman: Journ. oil and fat ind. 2, 101. 1925.

Das Rohöl wird durch Behandlung mit Natronlauge raffiniert, wodurch alle Verunreinigungen im Niederschlag (Soapstock) abgeschieden werden. Das raffinierte Öl besteht aus Glyzeriden der gesättigten und ungesättigten Fettsäuren, wobei die letzteren überwiegen, und wenig Unverseifbarem. Über die Zusammensetzung der Fettsäuren siehe Kapitel 4. In der Kälte scheiden sich die Glyzeride der Palmitin-, Stearin- und Arachinsäure als sogenannte „Cottonmargarine" ab. In älteren Ölen sollen sich auch Oxyfettsäuren vorfinden.

Der bei der Raffination abfallende Soapstock setzt sich nach Wagner und Clement[1]) wie folgt zusammen (2 Proben):

Tabelle 12. Zusammensetzung des Soapstock nach Wagner und Clement, 2 Proben (in %).

Wasser	Mineral-bestandteile	Verseifbares	Unverseiftes
42,67	10,52	10,55	34,56
34,35	8,34	23,70	33,18

Die Kuchen unterscheidet man in solche aus geschälter und solche aus ungeschälter Saat.

Tabelle 13. Zusammensetzung der Kuchen.

Wasser	Roh-protein	Rohfett	N-freie Extraktstoffe	Rohfaser	Asche	Autor
10,0	23,5	6,4	31,5	21,7	6,9	Ubbelohde[2])
10,8	24,7	6,4	26,6	24,9	6,6	Pott[3])
10,0	43,0	16,0	15,8	8,0	7,2	Ubbelohde[2])
9,6	43,9	12,9	20,5	5,7	7,4	Pott[3])

Die ersten beiden Analysen betreffen Kuchen aus ungeschälten Samen.

Die feingemahlenen und durch Sieben von Fasern und Schalenresten größtenteils befreiten Kuchen nennt man Baumwollsamenmehl, dessen Zusammensetzung nicht unbeträchtlich nach der Herstellungsart schwankt. Nach Macy und Outhouse[4]) enthält das Mehl: 51,99 % Protein, 11,40 % Fett, 3,05 % Fasser, 22,22 % stickstofffreie Extraktstoffe, 6,14 % Wasser und 6,0 % Asche. Hamilton, Nevens und Grindley[5]) geben einen durchschnittlichen Stickstoffgehalt von 6,8 % an, Richardson und Green[6]) finden 5,5 % Mineralbestandteile. Aus dem Baumwollsamenmehl wurde auch durch Extraktion mit Alkohol Raffinose erhalten, deren Menge von Englis, Decker und Adams[7]) zu 2,5 % angegeben wird, was mit älteren Angaben übereinstimmt.

---

[1]) Wagner, H., u. J. Clement: Zeitschr. f. Unters. d. Nahrungs- u. Genußmittel, 17, 266. 1909.

[2]) Ubbelohde u. Goldschmidt, Handbuch d. Fette u. Öle, Bd. 2. 1924.

[3]) Pott, Landwirtschaftliche Futtermittel. Berlin 1889, zit. nach Hefter.

[4]) Macy, J. G., u. J. P. Outhouse: Americ. Journ. Physiol. 69, 78, 1924.

[5]) Hamilton, T. S., W. B. Nevens u. H. Grindley: Journ. biol. chem. 48, 249. 1921.

[6]) Richardson, A. E., u. H. S. Green: Journ. biol. chem. 25. 307, 1916.

[7]) Englis, D., R. Decker u. A. Adams: Journ. Am. Chem. Soc. 47, 2424. 1925.

2. Düngung und Stimulation.

Die Baumwolle entnimmt dem Boden verhältnismäßig wenig Nährstoffe, wie die folgenden Tabellen zeigen (nach Mac Bryde[1])).

Tabelle 14. Eine Ernte von 100 Pfund Lint (Baumwollfasern) pro acre entnimmt dem Boden in Pfunden (à 450 g) pro acre (à 0,40 ha):

	Pfund	Stickstoff	Phosphorsäure	Kali	Kalk	Magnesia
Wurzeln	83	0,76	0,43	1,06	0,53	0,34
Stengel	219	3,20	1,29	3,09	2,12	0,92
Blätter	192	6,16	2,28	3,46	8,52	1,67
Kapseln	135	3,43	1,30	2,44	0,69	0,54
Samen	218	6,32	2,77	2,55	0,55	1,20
Lint	100	0,34	0,10	0,46	0,19	0,08
Summe	947	20,71	8,17	13,06	12,60	4,75

Mc. Bryde sagt, daß selbst wenn die Samen mit dem Lint entfernt werden, die Baumwolle immer noch weniger Nährstoffe aus dem Boden nimmt, als Hafer oder Mais. Abweichend hiervon sind z. T. die neueren Zahlen des Kalisyndikats in Berlin:

Tabelle 15. Wenn 1 acre (0,4 ha) 300 Pfund Fasern liefert, werden dem Boden entzogen durch:

	Pfund	Ammoniak Pfund	Kali Pfund	Phosphorsäure Pfund
Faser	300	0,87	2,22	0,18
Samen	654	24,30	7,63	6,66
Schale	404	5,45	12,20	1,14
Blätter	575	16,76	6,57	2,57
Stengel	658	6,26	7,74	1,22
Wurzeln	250	1,96	2,75	0,38

Im Süden der Ver. Staaten hat sich der fortgesetzte Baumwollbau auf demselben Felde bewährt, und nur $\frac{1}{5}$ oder $\frac{1}{6}$ der Fläche wird alljährlich statt mit Baumwolle mit Mais bestellt.

Man kann den Verlust des Bodens an Nährstoffen auf ein Minimum verringern, wenn man die Baumwollsamen wieder ganz oder teilweise zur Düngung verwendet, was auch in einigen Gegenden geschieht. Hefter[2]) gibt den Gehalt der Samen, Kuchen und Samenschalenasche an den wichtigsten Düngesalzen wie folgt an:

Tabelle 16.
Gehalt der Samen an Kali, Phosphorsäure und Stickstoff in % nach Hefter.

	Mittel	Maximum	Minimum	
Stickstoff	3,13	5,17	1,96	Ganze Samen
Phosphorsäure	1,27	1,77	0,76	" "
Kali	1,17	1,63	0,73	" "
Stickstoff	6,79	8,08	3,23	Kuchen
Phosphorsäure	2,88	4,62	1,26	"
Kali	1,77	3,32	0,87	"
Phosphorsäure	9,08	15,37	2,37	Samenschalenasche
Kali	23,40	44,72	7,02	"

[1]) Mac Bryde: Bull. 33 Depart. of Agric. Office Exper. Stat., Nr. 5, S. 433.
[2]) Hefter, G.: Technologie der Fette und Öle.

Das Kalisyndikat empfiehlt folgende Düngung[1]): Je Hektar 500—600 kg Superphosphat und 600—800 kg Kainit oder statt des Kainits 200—250 kg Chlorkalium. Der etwa fehlende Stickstoff ist am billigsten durch Aussaat von Leguminosen als Gründüngungspflanzen, wie z. B. Cowpeas (Vigna sinensis) oder andere in dem betreffenden Lande einheimische Stickstoffsammler zu beschaffen.

Nach dem Berichte der Versuchstation Tove in Togo von John Robinson wurden auf dem im Juni 1902 bepflanzten Versuchsfelde folgende Erträge an Saatbaumwolle erzielt:

Tabelle 17.

Parzelle N.	Düngung für 1 Hektar	Ertrag vom Hektar
1	Ungedüngt	188 kg
2	830 kg Baumwollsaatmehl	319 „
3	150 „ Kainit	740 „
4	140 „ Kainit und	
	225 „ Superphosphat	540 „
5	225 „ „	261 „

Mac Bryde vergleicht den Gehalt von gedüngten und ungedüngten Baumwollpflanzen an Kali, Phosphorsäure und Stickstoff und findet:

Tabelle 18. Aschenbestandteile von Pflanzen auf armem und reichem Boden, ungedüngt und Volldüngung mit Kali, Phosporsäure und Stickstoff in %.

	Kali		Phosphorsäure		Stickstoff	
	Blütezeit	Kapsel-zeit	Blütezeit	Kapsel-zeit	Blütezeit	Kapsel-zeit
1. Armer Boden						
ungedüngt	2,03	1,26	0,93	0,79	3,49	1,88
Volldüngung	2,55	2,56	0,83	0,56	3,65	1,83
2. Reicher Boden						
ungedüngt	3,14	2,61	0,83	0,74	3,99	2,31
Volldüngung	3.61	3,05	0,86	0,70	4,35	2,34
Mittel	2,79	2,10	0,83	0,65	3,85	2,10

Wir haben in Tabelle 18 die einseitigen Düngungen fortgelassen, weil diese im allgemeinen in der Praxis nicht vorkommen. Aus den mitgeteilten Zahlen ergibt sich schon, daß der Gehalt von Kali, Phosphorsäure und Stickstoff je nach dem Boden sehr variiert. — Es zeigt sich ferner wieder, daß mit fortschreitendem Wachstum der Gehalt an diesen notwendigen Nährstoffen abnimmt.

Rast[2]) findet, daß jedes Pfund Düngemittel (Kali, Phosphorsäure und Stickstoff gemischt) einen Mehrertrag von ca. 1 Pfund ergibt.

P. Jl. Draganoff[3]), Agronom in Charmanli, Südbulgarien, wo viel Baumwolle gebaut wird, berichtet sehr günstig über die Stimulierung der Samen.

Dr. M. Popoff hat nachgewiesen, daß es mit Hilfe gewisser Chemikalien, besonders Magnesia, Mangan und Kalisalzen sowohl bei einzelligen Tieren (z. B. Paramecium) und Pflanzen, wie bei vielzelligen gelingt, die Lebensfunktionen der Zellen zu steigern und

---

[1]) Die Kalidüngung der Baumwolle und anderer Gespinstfasern.
[2]) Rast: Amer. Fertilizer 54, Nr. 4, 72 u. Nr. 9, 59, 1921.
[3]) Draganoff: Deutsche landw. Presse 1924, S. 211.

so bei Pflanzen höhere Erträge zu erzielen. Dies gelang ihm auch bei Baumwolle, wie er im Februar 1924 im Ausschuß der Saatzuchtabteilung der deutschen Landwirtschaftsgesellschaft an Photographien zeigte.

Draganoff verfuhr nach den ihm von Popoff persönlich gemachten Angaben und benutzte zwei Lösungen:

$$\text{I.} \quad MgCl_2 + MnSO_4 + KCl,$$
$$\text{II.} \quad MgSO_4 + MnSO_2.$$

Die Sorte war „Königsbaumwolle“, die Samen wurden erst, wie das in Bulgarien üblich, 10 Stunden in einer frischen Kuhmistaufschwemmung etwas geweicht und dann ausgesäet.

Abb. 92. Baumwollpflanzen, links nicht stimuliert, rechts stimuliert.
Nach Draganoff.

Größe der Versuchsfläche 2 Deka (20 ar), davon die Hälfte für die Kontrollsamen, die andere Hälfte für die stimulierten Samen. Vorfrucht Weizen. Beackerung 3 mal, im Herbst und im Frühjahr.

Aussaat: 25. März 1923. Furchenentfernung 75 cm; in die Furchen wurden mit 10 cm Abstand eine Anzahl Samen gelegt, von denen nach dem Aufgang nach dortigem Gebrauch je 4 Pflanzen stehen blieben (in Ägypten nur 1—2).

Die stimulierten Samen gingen am 10. April auf, die Kontrollen am 12. April. Bodenlockerung 3 mal: 16. und 24. April und 5. Mai. Schon bei der zweiten Bodenlockerung am 24. April waren die stimulierten Pflanzen viel tiefer grün und reicher verzweigt, auch 22—25 cm höher als die Kontrollen. Aufblühen der ersten Blüte am 27. Juni, bei den Kontrollpflanzen am 2. Juli. Höhe zur vollen Entwicklungszeit 1,5 m. Die Kontrollen nur 90 cm. Die stimulierten Pflanzen hatten bis zu 65 Blüten an einem Stock. Fünf mittlere Knospen wogen 125 g, fünf der Kontrolle nur 90 g. Dem starken Wuchs entsprechend waren auch die Wurzeln kräftiger, aber die Reifezeit verzögerte sich etwas; die ersten aufgeplatzten Kapseln erschienen bei der Kontrolle am 10. September, bei den stimulierten am 15. September. Letztere waren aber schwerer; fünf mittelgroße geplatzte Früchte wogen 55 g, die der Kontrolle nur 28 g. Die Samen zeigten trotz der verschiedenen Kapselgröße keinen merklichen Unterschied in der Größe.

Die Ernte war auf beiden Flächen am 18. Oktober beendet und ergab bei den stimulierten Pflanzen 123 kg rohe Baumwolle (Samen und Fasern); bei den Kontrollpflanzen nur 55 kg, also ein Mehrertrag von über 100%. Die Qualität der Fasern war nach Gutachten von Praktikern fein und ausgezeichnet.

Dieser Artikel ist von Popoff wörtlich wiedergegeben in der von ihm und Dr. Gleisberg herausgegebenen Zeitschrift „Zell-Stimulationsforschungen", Bd. 1, Heft 2, S. 215 (1924) mit 1 Abb., Berlin: Verlagsbuchhandlung Paul Parey, der wir die Abbildung verdanken.

Nach Privatmitteilungen des Herrn Professor Dr. Popoff sind seine Angaben über die Stimulation der Baumwolle im Jahre 1924 ebenfalls durch die Versuche des Herrn stud. med. Smijanoff bestätigt worden.

Große Bedeutung für das Wachstum der Baumwollpflanze hat auch der Gehalt des Bodens an Wasser und Mineralbestandteilen, besonders Sulfaten und Chloriden. Es besteht ein deutlicher Zusammenhang zwischen Salz-, Säure- und Wassergehalt des Bodens einerseits, osmotischem Druck, elektrischer Leitfähigkeit und Azidität des Zellsaftes andererseits, wie die Untersuchungen von Harris[1], Atkins[2], Balls[3] und Joseph[4] zeigen. Harris[1] schließt aus den hohen Werten für den osmotischen Druck und die elektrische Leitfähigkeit, die er für den Zellsaft ägyptischer Sorten verglichen mit amerikanischen Sorten erhielt, daß die ägyptischen Sorten in stark salzhaltigem Boden besser gedeihen als jene. Bezüglich des Gehaltes des Zellsaftes an Sulfaten und Chloriden siehe Kap. 3.

Die Baumwolle ist in hohem Grade widerstandsfähig gegen Salzgehalt. Kearney[5] hat den Wuchs von ägyptischer Baumwolle auf Alkaliböden in Arizona, bei Sacaton, untersucht und festgestellt, daß die Fruchtbarkeit der Pflanzen vermindert wird, wenn der Salzgehalt 0,4% des Trockengewichtes des Bodens beträgt, die Faser leidet aber noch nicht bei 0,55%. Die Bodenfeuchtigkeit ist auch ein Faktor, der Größe, Kräftigkeit und Fruchtbarkeit der ägyptischen Pflanzen beeinflußt. Bei 12% des Trockengewichtes des Bodens an löslichen Alkalisalzen kann man noch eine gute Handelsqualität der Faser erzielen, vorausgesetzt, daß kohlensaure Verbindungen (Karbonate) nicht oder nur wenig vorhanden sind.

---

[1] Harris, A.: Journ. Agric. Res. 27, 267, 295, 305, 1924; ibid. 28, 695; ibid. 31, 653 u. 1027, 1925.

[2] Atkins, W.: Proc. Royal Dublin soc. 16, 369. 1922.

[3] Balls, W. L.: Proc. Cambridge phil. soc. 17, 466. 1914.

[4] Joseph, G.: Journ. agric. science 15, 407. 1925.

[5] Kearney, Th.: U. St. Dept. Agric. Circ. 112, S. 17.

3. Mineralbestandteile.

Sämtliche Teile der Baumwollpflanze enthalten Mineralbestandteile. Ganze Pflanzen wurden selten untersucht, Mc Bryde[1]) macht darüber folgende Angaben:

Tabelle 19. Mineralbestandteile junger Baumwollpflanzen (ganze Pflanzen, in $^0/_0$).

	Jahr	Wasser	Asche	Stick-stoff	Phosph.-Säure	Kali	Kalk	Magnesia
1. Junge Pflanzen mit 2 Blättern, 3. Juni gesammelt, wasser-frei	1890	—	17,36	3,82	3,51	2,69	5,34	1,29
2. Junge Pflanzen, 23. Juni gesammelt, wasserfrei	1890	—	16,21	3,93	2,10	1,96	4,70	1,15
3. Reife Pflanzen . .	1857	—	4,57	—	0,44	1,17	0,82	0,46
Desgl.	1890	7,36	5,81	1,46	0,44	1,32	1,42	0,52

Die am 23. Juni gesammelten Pflanzen zeigen eine Abnahme der Aschenbestandteile gegenüber den 20 Tage früher gesammelten, besonders an Phosphorsäure.

Die Samen enthalten ca. 4% Mineralbestandteile, wovon auf den Kern ca. 3% und auf die Samenschalen ca. 1% entfallen. Sie bestehen im einzelnen nach Skinner[2]) aus (die Prozentzahlen beziehen sich auf das untersuchte Produkt):

Tabelle 20. Mineralbestandteile der Samen nach Skinner.

	Ganze Saat	Samenkern	Samenschale
P_2O_5	1,63	2,68	0,39
K_2O	1,61	1,73	1,35
CaO	0,32	0,37	0,24
MgO	0,66	0,90	0,33
Unlösl., $(SiO_2$?)	0,04	0,05	0,05
Zusammen	4,26	5,73	2,36

Jamieson und Baughman[3]) fanden in den sich aus dem Rohöl abscheidenden Niederschlägen Kalzium, Magnesium und Eisen, und Raikow[4]) wies im gereinigten Cottonöl Chlor nach.

Das Baumwollsamenmehl enthält ca. 5,5% Mineralbestandteile, die sich nach Richardson und Green[5]) folgendermaßen verteilen (in Prozent des Mehles): SiO_2 0,14; SO_3 0,06; P_2O_5 2,57; K_2O 2,01; CaO 0,26; MgO 0,25. Hart und Peterson[6]) geben für Baumwollsamenmehl einen Schwefelgehalt von 0,487% an, und nach Wait[7]) enthält Baumwollsamenmehl sogar Titan, und zwar zu 0,02% TiO_2.

Der Chlorid- und Sulfatgehalt des Zellsaftes steigt mit fortschreitendem Wachstum der Pflanze, wie Harris[8]) bei ägyptischer und amerikanischer

---

[1]) Bryde, Mac: Bull. 33 Dep. of Agric. Office Exper. Stat., Nr. 5, S. 433. 1896.
[2]) Skinner, F. S.: Exper. Stat. Rec. 1902, S. 110, zit. nach Hefter.
[3]) Jamieson, G. S., u. W. F. Banghman: Journ. of oil and fat ind. 2, 101. 1925.
[4]) Raikow, N.: Chem. Z. 23, 769. 1899.
[5]) Richardson, A. E., u. H. S. Green: Journ. of biol. chem. 25, 307. 1916.
[6]) Hart, E. B., u. W. H. Peterson: Journ am. chem. soc. 33, 549. 1911.
[7]) Wait, C. F.: Journ. am. chem. soc. 18, 402. 1896.
[8]) Harris, A.: Journ. Agric. Res. 28, 695, 1924; ibid. 31, 653, 1027, 1925.

Baumwolle zeigen konnte, und beträgt für amerikanische Upland (in Gramm Chlor, resp. SO_4 pro 1 Liter Zellsaft): 1,0—4,2 Cl und 14,67—17,33 SO_4; für ägyptische Pima: 2,4—7,8 Cl und 10,55—14,16 SO_4. Diese Zahlen lassen die bemerkenswerte Tatsache erkennen, daß die beiden untersuchten Sorten bei der Aufnahme von Chloriden und Sulfaten aus dem Boden selektive Absorption zeigen. — Power und Chesnut[1]) fanden in den Blättern auch Kaliumchlorid und -nitrat.

Im Gegensatz zu der sauren Reaktion des Zellsaftes zeigt der von den Blättern der Baumwollpflanze gesammelte Tau deutlich alkalische Reaktion, was Smith[2]) auf die Ausscheidung von Alkali- und Erdalkalikarbonaten und -bikarbonaten durch die Blätter zurückführt. Er untersuchte 1300 ccm Tau von den Blättern (frei von Verunreinigung durch Sand und Staub) und fand (in $^o/_{oo}$): Feste Bestandteile insgesamt 1,023; SiO_2 0,013; $Fe_2O_3 + Al_2O_3$ 0,017; SO_4 0,026; Cl 0,019; CaO 0,529; MgO 0,100; CO_2 0,618; K_2O 0,252. Nachdem aber Power und Chesnut[1]) (siehe Kap. 6) festgestellt haben, daß die lebende Pflanze Ammoniak und Trimethylamin ausscheidet, dürfte es kaum fraglich sein, daß die alkalische Reaktion des Taus auf die Anwesenheit dieser beiden Verbindungen zurückzuführen ist.

Es wurde beobachtet, daß die Pima-Baumwolle, eine langstapelige Sorte des ägyptischen Typus, die in Arizona angebaut wird, schwer zu spinnen sei, wenn große Luftfeuchtigkeit herrsche, und man vermutete, daß dies von dem salzhaltigen Boden herrühre, da dadurch die Faser salzhaltig und hygroskopisch würde.

Kearney und Scoffield[3]) haben aber nachgewiesen, daß der Salzgehalt der Faser nicht die Ursache der geringeren Spinnbarkeit bei feuchter Luft sein kann.

Tabelle 21. Trocken- und Feuchtgewicht der Faser vor und nach dem Auswaschen der wasserlöslichen Salze nach Kearney und Scoffield.

Sorte	Probe	Nicht ausgewaschen			Ausgewaschen		
		Trockengewicht g	Gewicht nach Aufbewahrung in feuchter Luft g	Prozent d. absorbierten Wassers	Trockengewicht g	Gewicht nach Aufbewahrung in feuchter Luft g	Prozent d. absorbierten Wassers
B. Pima von salzhalt. Boden aus ungeöffneten Kapseln	1	2,86	3,10	8,4	2,76	2,98	8,0
	2	2,86	3,10	8,4	2,76	2,98	8,0
	3	2,86	3,10	8,4	2,77	2,99	7,9
Durchschnitt		2,86	3,10	8,4	2,76	2,98	8,0
C. Pima von nicht-salzhaltigem Boden, desgl.	1	2,87	3,10	8,0	2,80	3,01	7,5
	2	2,86	3,10	8,4	2,76	2,99	8,3
	3	2,85	3,10	8,8	2,76	2,99	8,3
Durchschnitt		2,86	3,10	8,4	2,77	3,00	8,0

[1]) Power, F., u. V. K. Chesnut: Journ. am. chem. soc. 47, 1751; ibid. 48, 2721, 1926.
[2]) Smith: Science 61, 571.
[3]) Kearney, T. H., u. C. S. Scoffield: Journ. of Agric. Res. 28, 293. 1924.

Die Probe Pima B, die auf Alkaliboden gewachsen war, hatte

Summe beider

1,73 % des Trockengewichts an wasserlöslichen Salzen
0,28 % „   „   „ unlöslichen Salzen   2,01

Eine Probe C von gutem Boden

1,58 % des Trockengewichts an wasserlöslichen Salzen
0,22 % „   „   „ unlöslichen Salzen   1,80

Hieraus ergibt sich, daß die Pima B von salzhaltigem Boden mehr Salze enthielt (2,01) als die Pima C von gutem Boden. Aber aus der Tabelle geht hervor, daß die Aufnahmefähigkeit der Pimafaser für hygroskopisches Wasser nicht wesentlich durch Entfernung der wasserlöslichen Salze beeinflußt wird; denn die nicht ausgewaschenen Proben hatten im Durchschnitt nur 0,4 % mehr atmosphärische Feuchtigkeit aufgenommen als die ausgewaschenen. Die Hygroskopizität der Salze in der nicht ausgewaschenen Faser ist daher praktisch zu vernachlässigen. Es ist ferner ersichtlich, daß die Faser von salzhaltigem Boden (B) keine höhere Aufnahmefähigkeit für hygroskopisches Wasser besitzt als die Fasern von nicht salzhaltigem Boden (C)[1].

Ure[2]) fand in der Sorte Sea Island 1% Asche, die folgende Zusammensetzung hatte:

Tabelle 22.

	%		%
Kaliumkarbonat	44,8	Kalziumkarbonat	10,6
Kaliumchlorid	9,9	Magnesiumphosphat . .	8,4
Kaliumsulfat	9,3	Eisenoxyd	3,0
Kalziumphosphat	9,0	Aluminium und Verlust . .	5,0

Einen besonders hohen Aschengehalt weisen die indischen Sorten auf, was seinen Grund zum Teil darin haben soll, daß die Faserstapel von den dortigen Pflanzern mit Mineralsalzen, besonders Salpeter, beschwert werden. Barnes[3]) untersuchte verschiedene indische Sorten, für die er einen Aschengehalt von 1,27—3,99% und einen Wassergehalt von 2,23—5,41% fand. Durchschnittlich 10—15% der Asche sind in kochender Salzsäure unlöslich und werden von Barnes als Kieselsäure bezeichnet. Im einzelnen fand Barnes bei zwei Gesamtanalysen der Asche folgende Zusammensetzung derselben (in % der Asche):

Tabelle 23. Mineralbestandteile der Faser nach Barnes.

SiO_2	Al_2O_3	Fe_2O_3	CaO	MgO	SO_3	P_2O_5	K_2O	Cl	CO_2	Na_2O	Verlust u. Unbest.
15,5	10,80	5,89	9,75	1,87	1,96	3,26	27,32	6,55	12,19	4,51	0,34
14,9	12,87	1,92	10,65	4,36	2,52	4,46	26,03	3,84	8,03	8,40	2,52

Barnes bemerkt, daß die Baumwollfaser meistens mehr als 1% Asche enthält und daß der nach Qualität und Quantität wechselnde Mineralgehalt die Ursache gewisser beim Färben der Baumwolle auftretenden Unregelmäßigkeiten ist.

---

[1]) Der Waschverlust beträgt durchschnittlich 0,10 g oder 3,5 % des Trockengewichts vor dem Waschen. — Der Gehalt an Elektrolyten in 2 Proben B und C beträgt im Durchschnitt 1,65 % des Trockengewichts. Es scheint danach, daß die Elektrolyten annähernd die Hälfte der wasserlöslichen Substanz bei diesen Proben ausmachen.

[2]) Ure: Bull. Nr. 33 U. S. A. Depart. Agric. 1896.

[3]) Barnes, A.: Journ. Soc. chem. Ind. 35, 1191. 1916.

Fargher und Probert[1]) unterziehen die bisherigen Untersuchungen der Mineralbestandteile der Faser einer Kritik und sind der Ansicht, daß die von anderen Autoren angegebenen schwankenden und teilweise sehr hohen Werte ihren Grund in der Verunreinigung des untersuchten Materials haben. Die von ihnen untersuchten Fasern wurden vor der Veraschung durch Kämmen mit der Hand sorgfältig gereinigt. Fargher und Probert halten es nach dem Vorschlag von Birtwell und Mitarbeitern für praktisch, statt des Aschengehaltes die Aschenalkalinität anzugeben. Die Aschenalkalinität ist definiert durch die Anzahl ccm n/1-Säure, die zur Neutralisation der Asche von 100 g Faser nötig ist; sie wird entweder total oder bezogen auf 1 g Asche angegeben, was noch bessere Vergleichswerte ergibt, wie die folgende Tabelle zeigt.

Tabelle 24. Aschengehalt und Aschenalkalinität der Faser.

Sorte	% Asche			Aschenalkalinität			Aschenalkalinität pro 1 g		
	Min.	Max.	Mittel	Min.	Max.	Mittel	Min.	Max.	Mittel
Nordamerikan.	1,05	1,28	1,17	14,46	18,54	16,46	13,12	15,74	14,10
Südamerikan.	0,84	1,35	1,16	10,80	19,46	16,67	12,81	15,33	14,30
Indisch-amer.	1,00	1,47	1,25	15,30	22,40	18,60	12,80	15,70	14,90
Amer.-afrikan.	1,19	1,82	1,47	18,05	27,32	22,50	14,45	16,03	15,30
Ägyptische I.	1,11	1,27	1,20	17,28	19,01	18,28	14,86	15,64	15,28
„ II.	1,05	1,45	1,26	16,64	22,36	20,04	15,33	16,41	15,86
Indische	0,98	1,58	1,28	15,45	22,16	19,20	13,61	16,51	15,10
Sea Island	0,70	1,24	1,05	11,06	19,14	15,04	11,63	15,85	14,50

Aus der obigen Tabelle geht hervor, daß man die einzelnen Sorten durch Bestimmung der Aschenalkalinität bequem analytisch unterscheiden kann.

Die Untersuchung von Baumwolle während der einzelnen Stadien der Kämmung zeigte, daß die Aschenalkalinität pro Gramm unverändert bleibt, mit anderen Worten, daß die in der rohen Baumwolle gefundenen Mineralbestandteile ursprünglich in der Faser vorhanden sind und nicht aus Verunreinigungen stammen.

4. Fette, Wachse und Harze[2]).

Fette und Wachse sind in der Baumwollpflanze hauptsächlich im Samenkern vorhanden, wie aus den im Kap. 1 mitgeteilten Gesamtanalysen hervorgeht, doch sind dieselben auch in der Faser, in den Blättern und in der Wurzelrinde nachgewiesen worden.

Power und Browning[3]) fanden im alkoholischen Extrakt der Baumwollwurzelrinde Öl- und Palmitinsäure, Cerylalkohol und einen nicht näher identifizierten Alkohol (wahrscheinlich $C_{20}H_{42}O$). Bezüglich der sonstigen Bestandteile des Extraktes siehe Kap. 8 u. 10.

Das im Samen enthaltene Öl besteht hauptsächlich aus den Glyzeriden der Stearin-, Palmitin-, Myristin-, Arachin-, Öl- und Linolsäure, die sich im gereinigten Öl wie folgt verteilen.

---

[1]) Fargher, R. G., u. M. E. Probert: Journ. Text. Inst. 17, T. 46. 1926.

[2]) In diesem Abschnitt werden neben den echten Fetten, Wachsen und Harzen auch deren Einzelkomponenten, die fetten Säuren und die Wachsalkohole, besprochen.

[3]) Power, F., u. H. Browning: Pharm. Journ. [4] 39, 420. 1914.

Tabelle 25. Zusammensetzung des raffinierten Öles
(Fettsäuren als Glyzeride, in %).

Palmitin-säure	Stearin-säure	Arachin-säure	Myristin-säure	Linol-säure	Ölsäure	Unverseift	Autor
20,0	2,0	0,6	0,3	41,7	35,2	0,2	Jamieson u.B.[1]
Zusammen 20,0—25,0			—	25—30	45—50	0,7—1,6	Herbig[2]
Zusammen 22—26			—	46,5	26,5	—	Fahrion[3]

Das Rohöl enthält außerdem noch etwas Harze, die bisher noch nicht näher untersucht wurden. Nach Morrison und Bosart[4] soll der Stearingehalt des Öles von der geographischen Lage des Anbauortes abhängen, und zwar enthalten die im Norden gezogenen Samen weniger Stearin als die im Süden geernteten.

Auch aus der Faser erhält man durch Extraktion derselben mittels Benzol, Benzin, Chloroform oder anderen Solventien eine wachsartige Substanz, die zum ersten Male von Schunk[5] untersucht wurde, der sie für identisch mit Karnaubawachs hielt. Die späteren Untersuchungen haben aber diese Vermutung nicht bestätigt, sondern ergeben, daß das Baumwollwachs ein kompliziertes Gemisch von zahlreichen Körpern ist. Die bei der Extraktion der Faser erhaltene Menge des Wachses ist je nach der Sorte und dem angewandten Extraktionsmittel (am besten hat sich nach Clifford, Higginbotham und Fargher[6] Chloroform bewährt) sehr verschieden und beträgt (in % der Faser):

Tabelle 26. Wachsgehalt der Faser.

Sorte	Extraktionsmittel	% Wachs	Autor
Amerikanische	Chloroform	0,78	Clifford, Higginbotham u. Fargher[6]
Ägyptische	„	0,68	„ „ „
Amerikanische	Benzin*	1,22	Knecht und Streats[7]
Ägyptische	„ *	0,92	„ „
Amerikanische**	Tetrachlor-Kohlenstoff	0,44	Lecomber und Probert[8]
Ägyptische	„	0,38	„ „
Sea Island	„	0,51	„ „
Südamerikanische	„	0,41	„ „
Indische	„	0,34	„ „

* Zweimalige Extraktion, nach der ersten Extr. wurde die Faser mit Salzsäure gekocht.
** Mittelwerte aus mehreren ungekämmten und gekämmten Proben.

Die ägytischen Sorten zeigen durchgehend einen niedrigeren Wachsgehalt als die amerikanischen, doch lassen sich die einzelnen Sorten nicht nach dem Wachsgehalt — wie etwa nach dem Stickstoff- und Phosphorgehalt — unterscheiden. Das Wachs aus indischen Sorten unterscheidet sich von dem Wachs anderer Sorten stark durch seinen Schmelzpunkt, seine Jodzahl und andere Konstanten.

[1]) Jamieson, G. S., u. W. F. Banghman: Journ. am. chem. soc. 42, 1197. 1920.
[2]) Herbig: Die Öle und Fette in der Textilindustrie. 1923.
[3]) Fahrion, W.: Chem. Z. 24, 654. 1900.
[4]) Morrison, H. J., u. S. W. Bosart: Journ. oil and fat ind. 3, 130. 1926.
[5]) Schunk: Mem. Manchester litt. phil. soc. 24, 95. 1871.
[6]) Clifford, P. H., L. Higginbotham u. R. G. Fargher: Journ. Text. Inst. 15, T. 120 u. T. 401. 1924.
[7]) Knecht, G., u. H. Streats: Journ. soc. dyers and color. 36, 43. 1920.
[8]) Lecomber, L. V., u. M. Probert: Journ. Text. Inst. 16, T. 338 u. T, 345. 1925.

In der sog. „toten" Baumwolle erhöht sich der Wachsgehalt nach Hefter[1]) bis auf 3%.

Die im Baumwollwachs enthaltenen Fette, Wachse und Harze wurden bei zwei amerikanischen Varietäten, Upland[2]) und Missisippi-Delta[3]), und bei der Sakellaridis[4])-Varietät genau untersucht. Dabei ergab sich, daß die meisten Bestandteile allen untersuchten Sorten gemeinsam sind, nur das Vorkommen einiger weniger, in geringer Menge vorhandenen Verbindungen ist auf einzelne Sorten beschränkt. In sämtlichen untersuchten Sorten wurden gefunden[5]): Gossypolalkohol $C_{30}H_{62}O$ (bis zu 85% des Wachses); Montanylalkohol $C_{28}H_{58}O$; der Alkohol $C_{32}H_{66}O$; die Glykole $C_{28}H_{58}O_2$ und $C_{30}H_{62}O_2$; Glyzerin und amorphe, nicht näher bestimmte Harzalkohole; ferner Palmitin-, Stearin-, Öl-, Karnauba- und Montanylsäure, die Säure $C_{34}H_{68}O_2$ und amorphe Harzsäuren. Die Alkohole sind zum größten Teil als Ester vorhanden, und zwar Glyzerin als Palmitat, Stearat und Oleat, Gossypolalkohol als Karnaubat und Gossypolat, Montanylalkohol als Montanylat, doch kommen auch die freien Alkohole und Säuren vor. Von Harzen wurde nur das Amyrin isoliert. Außerdem enthalten die einzelnen untersuchten Sorten noch folgende Fette, Wachse und Harze: a) amerikanische Upland: Cerylalkohol $C_{26}H_{54}O$ und einen Alkohol $C_{34}H_{70}O$, ferner Cerotylsäure und eine ungesättigte Säure $C_{16}H_{30}O_2$. Das Wachs der Upland-Baumwolle enthält viel freie Wachsalkohole und wenig Wachsester. Die Ester bestehen zum größten Teile aus Glyzeriden sowie aus Harz- und Phytosterolester. b) Am. Missisippi-Delta: Gossypyl- und Melissylsäure und Lupeol. c) Ägyptische Sakelaridis: Cerylalkohol, Isobehen-, Lignocerin- und Gossypylsäure sowie eine ungesättigte Säure $C_{20}H_{38}O_2$. Über die sonstigen im Baumwollwachs vorkommenden Verbindungen siehe Kap. 8 und 10.

In den Blättern der Baumwollpflanze wurde von Power und Chesnut[6]) auch Palmitinsäure gefunden.

5. Proteine und andere stickstoffhaltige Verbindungen.

Der Stickstoff ist in der Baumwolle zum größten Teil in Form von Proteinen enthalten, die als solche bisher nur in den Baumwollsamen untersucht wurden, während man sich betreffs der Faser mit der Feststellung des Stickstoffgehaltes begnügte. Andere Stickstoffverbindungen wurden aus der Baumwolle nur in kleiner Anzahl und Menge isoliert. Nach Hamilton, Nevens und Grindley[7]) sind nur ca. 6,0% des in den Kernen enthaltenen Stickstoffs nicht als Protein vorhanden.

Baumwollsamen enthalten ca. 20% Proteine, gleich 3,5—4,0% Stickstoff, und zwar größtenteils im Kern, die Samenschale enthält nur ca. 6% Protein.

Baumwollsamen und insbesonders die daraus hergestellten Kuchen und Mehle haben infolge ihres hohen Protein- und Fettgehaltes einen im Vergleich zu anderen Nahrungsmitteln sehr hohen Nährwert. Nach Wesson[8]) ergibt der Vergleich der Baumwollsamen mit den wichtigsten Nahrungsmitteln hinsichtlich des Protein- und Fettgehaltes folgendes Bild.

[1]) Hefter, G.: Technologie der Fette und Öle.
[2]) Fargher, G., u. M. E. Probert: Journ. Text. Inst. 14, T. 49; ibid. 15, T. 337.
[3]) Clifford, P. H., u. M. E. Probert: Journ. Text. 15, T. 401.
[4]) Fargher, R G., u. L. Higginbotham: Journ. Text. 15, T. 419.
[5]) Fargher, R. G.: Journ. soc. dyers and color. 40, 283.
[6]) Power, F., u. V. Chesnut: Journ. am. chem. soc. 47, 1751; ibid. 48, 2721. 1926.
[7]) Hamilton, T., W. B. Nevens u. H. S. Grindley: Journ. biol. chem. 48, 249. 1921.
[8]) Wesson, D.: Journ. oil and fat ind. 3, 115. 1926.

Tabelle 27.

	% Protein	% Fett		% Protein	% Fett
Baumwollsamen	21,5	20,0	Gerste	11,2	2,1
Weizen	13,2	1,6	Mais	10,6	6,5
Hafer	12,0	6,0	Kartoffel . . .	2,0	0,6
Roggen	11,4	1,7			

Wells[1]) hebt hervor, daß Baumwollsamenmehl pro 1 engl. Pfd. 1600 Kalorien enthält, dagegen z. B. Rindfleisch nur 900 Kalorien. Auch die Verdaulichkeit des Baumwollsamen-Proteins ist eine außerordentlich hohe. Besonders auf die Milchabsonderung soll das Protein der Baumwollsamen quantitativ und qualitativ steigernd wirken[2]). Über toxische Bestandteile und Wirkungen der Baumwollsamen siehe Kap. 9.

Osborn und Voorhees[3]) isolierten aus den Kuchen ein Globulin in der Menge von 15,85 % des ölfreien Kuchens, dessen Analyse folgende Mittelwerte ergab: C = 51,71 %, H = 6,86 %, N = 18,64 %, S = 0,62 %, O = 22,17 %. Sie nannten dieses Globulin „Edestin", doch zogen sie dessen Identität mit dem aus anderen Naturprodukten isolierten Edestin in einer späteren Arbeit[4]) in Zweifel. Abderhalden und Rostocki[5]) fanden an Abbauprodukten des Baumwollsamen-Proteins folgende Aminosäuren: Glykokoll, Alanin, Aminovaleriansäure, Leucin, α-Prolin, Phenylalanin, Asparagin- und Glutaminsäure, Serin, Tyrosin und Tryptophan. Hamilton, Nevens und Grindley[6]) sowie Jones und Csonka[7]) untersuchten nach der Methode von van Slyke die quantitative Verteilung des im Baumwollsamen enthaltenen Protein-Stickstoffs auf die einzelnen Monoaminosäuren. Jones und Csonka gelang es auch, zwei Globuline zu isolieren, ferner ein Pentoseprotein und und sehr kleine Mengen eines Körpers mit den Eigenschaften eines Glutelins, dagegen waren keine Nukleinsäuren vorhanden.

Nach älteren Angaben[8]) enthalten Baumwollsamen an sonstigen Stickstoffverbindungen noch Betain und Cholin, letzteres wahrscheinlich nicht primär, sondern als Abbauprodukt des im Samen vorkommenden Lezithins (siehe Kap. 7). Maxwell[9]) erhielt aus $2^1/_2$ kg Kuchen 1,080 g Cholinchlorhydrat und 6,168 g Betainchlorhydrat.

Betain und Cholin sind nach Power und Chesnut[10]) auch in den Blättern der Pflanze vorhanden, in dem alkoholischen Extrakt der Wurzelrinde wurde Betain ebenfalls von Power und Browning[11]) nachgewiesen. Das Vorkommen von Betain und Cholin im Blattsaft erklärt auch die merkwürdige, von Power und Chesnut[10]) beobachtete Tatsache, daß von den Blättern der lebenden Pflanze Trimethylamin und Ammoniak ausgeschieden werden, die sich auch in dem Wasserdampf-Destillat und in dem alkoholischen Extrakt aus den Blättern und Blüten frisch gepflückter Pflanzen vorfinden. Wahrscheinlich ist das Trimethylamin die schon von anderen Autoren ge-

---

[1]) Wells, C. A.: Journ. ind. and eng. Chem. 6, 338. 1914.
[2]) Beckmann: Biochem. Zentr. Bl. 1, 550 u. Geisler, J. oil and fat ind. 3, 115. 1926.
[3]) Osborn, Th. B., u. C. H. Voorhees: Journ. Am. Chem. Soc. 16, 778. 1894.
[4]) Osborn, Th. B., u. J. F. Harris: Journ. Am. Chem. Soc. 25, 323. 1903.
[5]) Abderhalden, E., u. O. Rostocki: Ztschr. f. physiol. Chem. 44, 265, s. a. ibid. 46, 159.
[6]) Hamilton. T., W. B. Nevens u. H. S. Grindley: Journ. biol chem. 48, 249. 1921.
[7]) Jones, D. Br., und F. A. Csonka: Journ. biol. Chem. 64, 673. 1925.
[8]) Ritthausen, H., und F. Weger: Journ. f. prakt. Chem. (II) 30, 32. 1884.
[9]) Maxwell, W.: Amer. chem. Journ. 13, 16 u. 469. 1891.
[10]) Power, F. B., u. V. Chesnut: Journ. Am. Chem. Soc. 47, 1751; ibid. 48, 2721. 1926.
[11]) Power, F. B., und Browning, H.: Pharm. Journ. [4] 39, 420. 1914.

suchte Riechsubstanz, die den bollweevill anzieht. Das Vorkommen von Ammoniak und Trimethylamin erklärt auch die bereits von Smith[1] beobachtete Alkalinität des von den Blättern der Baumwollpflanze gesammelten Taus. Power und Chesnut[2] sind der Ansicht, daß die Pflanze aus kleinen Drüsenhaaren einerseits Cholin und Betain, andererseits Alkali- und Erdalkalikarbonate und -bikarbonate abscheidet, welche dann miteinander unter Bildung von Trimethylamin und Ammoniak reagieren. Über den Karbonatgehalt des Taus siehe Kap. 3.

Der Stickstoffgehalt der Faser ist sehr gering, er beträgt ca. 0,2 % und zeigt für die verschiedenen Sorten keine derartigen Schwankungen wie etwa der Phosphorgehalt. Auch in der Faser ist der Stickstoff wahrscheinlich größtenteils in der Form von Proteinen enthalten. Vielleicht besteht das von Hardy[3] aus Sea-Island-Faser extrahierte und als Pektin bezeichnete Produkt ganz oder teilweise aus Proteinen. Ridge[4] untersuchte den Stickstoffgehalt der Faser an verschiedenen Sorten und erhielt die folgenden Mittelwerte:

Tabelle 28.

	Stickstoff %		Stickstoff %
Ägyptische Sakellaridis . . .	0,317	Ostindische Broach	0,266
„ Uppers	0,292	Peruanische Mitafifi	0,254
Amerikanische Texas	0,204	„ Tanguis	0,216
„ Georgia . . .	0,221	„ Fine smooth . . .	0,246
Sea Island Westindien . . .	0,285	Brasilianische Pernam	0,260
Ostindische Bengalen	0,241	„ Ceara	0,221
„ Surtee	0,280	„ Musgrave . . .	0,277
„ Oomra	0,180		

Über die den Stickstoffgehalt der Faser betreffenden Angaben anderer Autoren gibt Ridge[4] folgende Übersicht.

Tabelle 29.

Ägyptische Sorten		Amerikanische Sorten	
Autor	% N	Autor	% N
Schindler[5]	0,253	Knecht[6]	0,138
Knecht u. Hall[6]	0,262	„	0,150
„ „	0,248	Knecht u. Hall[6]	0,204
Higgins[7]	0,275	Higgins[7]	0,180
		Hebden[8]	0,191

6. Die Phosphorverbindungen.

Phosphor kommt in den Samen, Wurzeln und Blättern größtenteils in organisch gebundener Form vor, während er in der Faser auch teilweise in Form von Mineralphosphaten vorhanden zu sein scheint.

In den Samen ist Phosphor hauptsächlich in Form von Lezithin und Inosit-Phosphorsäure vorhanden. Nach Maxwell[9] beträgt der Lezithingehalt der Samen ca. 1% und nimmt bei der Keimung nach anfänglicher starker Zunahme

[1] Smith: Science 61, 571.
[2] Power, F. B., u. V. Chesnut: Journ. Am. Chem. Soc. 47, 1751; ibid. 48, 2721. 1926.
[3] Hardy, A.: Tropical Agric. 1, 28. 1914.
[4] Ridge, B. T.: Journ. Text. Inst. 15, T. 94.
[5] Schindler: Journ. soc. dyers and color. 24, 106. 1908.
[6] Knecht u. Hall: Journ. soc. dyers and color. 34, 220. 1918.
[7] Higgins: Journ. soc. dyers and color. 35, 169. 1918.
[8] Hebden: Journ. ind. and eng. chem. 6, 714. 1914.
[9] Maxwell, W.: Amer. chem. Journ. 13, 16 u. 469. 1891.

stetig ab. Rather[1]) gibt an, daß nur ca. 5% des im Baumwollsamenmehl vorhandenen Phosphors in anorganischer Form vorliegen. Calvert[2]) findet in der Samenasche 1,092% des gesamten Samens, d. i. ca. $^1/_3$ der Gesamtasche, an Phosphaten, während die Asche der Samenschalen nur 0,30% enthält, und zwar 0,18% in wasserlöslicher Form (Alkaliphosphate) und 0,12% in wasserunlöslicher Form (Ca-, Mg- und Fe-Phosphat). Jamieson und Baughman[3]) finden in den sich aus dem Rohöl bei wochenlangem Stehen abscheidenden Niederschlägen eine lezithinartige organische Phosphorverbindung, die aber nicht näher untersucht wurde. Dieser Körper wirkt emulgierend und soll infolgedessen die Zurückhaltung von Öl im Soapstock bewirken. Jones und Csonka[4]) erhielten aus den von Fett, Harz und Farbstoffen befreiten Kuchen durch Extraktion mittels Natriumchlorid- und -hydroxydlösung neben Proteinen einen Körper von unbekannter Konstitution mit 68% Aschenbestandteilen von folgender Zusammensetzung:

P_2O_5 57,29%, CaO 9,71%, MgO 16,62%, Na_2O 13,90%.

Im Baumwollsamenmehl wurde sowohl von Rather[1]) als auch von Anderson[5]) Phosphor auch in Form von Inosit-Phosphorsäuren gefunden. Nach Rather[1]) bestehen diese Inosit-Phosphorsäuren in allen untersuchten Proben hauptsächlich aus Inosit-penta-Phosphorsäure, in einigen Proben war auch Inosit-tri-Phosphorsäure vorhanden. Dagegen ist Anderson[5]) der Ansicht, daß im Baumwollsamenmehl nur Inosit-hexa-Phosphorsäure enthalten ist; er stellte aus 25 Pfund Mehl 69 g des Bariumsalzes dieser Säure dar. Jamieson und Baughman[3]) nehmen an, daß die im unverseifbaren Anteil des rohen Baumwollsamenöls nachgewiesenen Metalle (Ca, Fe, Mg) als Salze der Inosit-Phosphorsäuren vorliegen.

Die Wurzeln und Blätter der Pflanze scheinen ebenso wie die Samen Lezithin zu enthalten, da dessen Abbauprodukte Cholin, Palmitin- und Ölsäure von Power und Browning[6]), resp. von Power und Chesnut[7]) aus den alkoholischen Extrakten isoliert wurden.

Der Phosphorgehalt der Faser wurde von Calvert[2]) untersucht, und zwar behandelte er Baumwolle wiederholt mit Wasser und bestimmte in den eingedampften Lösungen die Phosphorsäure. Er fand für verschiedene Sorten im Durchschnitt 0,05% des Gewichtes der Faser an P_2O_5. In neuerer Zeit hat Geake[8]) den Gesamtphosphorgehalt für verschiedene Fasern wie folgt bestimmt:

Tabelle 30.

Sorte	$^0/_0$ P_2O_5	Sorte	$^0/_0$ P_2O_5
Südamerikanische	0,054—0,075	Ägyptische Brown Mitafifi .	0,105
Indische	0,054—0,124	„ Uppers	0,077
Australische	0,083	„ Sakellaridis . .	0,117—0,134
Am. Texas, gekämmt . . .	0,042		

Man kann demnach gewisse Baumwollen, besonders ägyptische und amerikanische am Phosphorsäuregehalt unterscheiden. Sakellaridis (90% der jetzigen ägyptischen Baumwollernte ist Sakellaridis) hat annähernd 0,12% Phosphor-

[1]) Rather, J. B.: Journ. Am. Chem. Soc. 39, 777. 1917.
[2]) Calvert, M. F.: Comptes rendus 65, 1150. 1867.
[3]) Jamieson, G. S., u. W F. Baughman: Cottonoil-Press 7, Nr. 5, 29.
[4]) Jones, D. Br., u. F. A. Csonka: Journ. biol. chem. 66, 673. 1925.
[5]) Anderson, R. J.: Journ. biol. Chem. 13, 311; ibid. 17. 141.
[6]) Power, F. B., u. H. Browning: Pharm. Journ. [4] 39, 420. 1914.
[7]) Power, F. B., u. V. Chesnut: Journ. Am. Chem. Soc. 47, 1751; ibid. 48, 2721. 1926.
[8]) Geake, A.: Journ. Text. Inst. 15, T 81, 1924.

säure, die amerikanischen Sorten nur 0,04—0,06; auch hier zeigte sich wieder, daß aus ägyptischen Samen in Arizona gezogene Baumwolle ihren hohen Phosphorgehalt, 0,105% P_2O_5, beibehielt. Reife Baumwolle enthält weniger Phosphor als unreife.

7. Die Zucker, Glukoside, Farb- und Riechstoffe.

In der Baumwollpflanze kommen verschiedene Monosen und eine Biose vor, erstere teils in freiem Zustand, teils gebunden an andere Verbindungen in Form von Glukosiden.

Das Baumwollsamenmehl enthält einen Zucker, der von Berthelot[1]) als Melitose bezeichnet wurde und nach der Meinung dieses Autors eine lockere Verbindung von Raffinose und sogenanntem „Eukalin" darstellt. Rieschbiet und Tollens[2]) wiesen jedoch nach, daß diese Melitose mit Raffinose vollkommen identisch ist. Durch Extraktion des Mehls mit heißem Alkohol erhielten sie $2^1/_2$% des Mehls an Raffinose. Neuerdings wurden diese Angaben durch Englis, Decker und Adams[3]) bestätigt. Auch in dem unverseifbaren Anteil des Rohöls fanden Jamieson und Baughman[4]) Raffinose, und zwar ca. 0,06% des gesamten Rohöls. Im Baumwollsamenmehl und im Rohöl sind außerdem noch Pentosen von Jones und Csonka[5]) sowie Jamieson und Baughman[4]) nachgewiesen worden. Hier sei auch der mit den Pentosen isomere zyklische Alkohol Inosit erwähnt, der von Rather[6]) sowie Anderson[7]) im Baumwollsamenmehl in Form von Inosit-Phosphorsäuren (siehe Kap. 7) gefunden wurde.

In der Wurzelrinde der Pflanze fanden Power und Browning[8]) eine kleine Menge einer Hexose, die wahrscheinlich, ebenso wie die von Power und Chesnut[9]) in dem alkoholischen Extrakt der Blätter gefundene Glukose, als Glukosid vorhanden ist.

Auch in dem aus der Faser durch Extraktion erhaltenen Wachs ist Zucker in Form von Glukosiden vorhanden. Clifford und Probert[10]) fanden im Wachs amerikanischer Sorten das Glukosid eines Sterols $C_{27}H_{46}O$ (Sitosterol), Fargher und Higginbotham[11]) im Wachs ägyptischer Sorten das Glukosid eines anderen Sterols $C_{29}H_{50}O$ (Phytosterol). Der von Piest[12]) in einer Menge von 1,32% der Faser erhaltene Holzgummi dürfte kein einheitlicher Körper sein. Über das Vorkommen von Holzgummi in der halbgereinigten Baumwolle siehe auch Freiberger[13]) sowie Suringar und Tollens[14]).

Die Farbstoffe der Baumwolle kommen als Glukoside in der Blüte vor, und zwar in Verbindung mit d-Glukose; sie wurden von Perkin[15]) eingehend

[1]) Berthelot: Comptes rendus 103, 533. 1886.

[2]) Rieschbiet, P., u. B. Tollens: Zeitschr. d. Ver. f. d. Rübenzuckerindustrie d. Deutsch. Reiches 36, 204. 1886.

[3]) Englis, D. T., R. T. Decker u. A. Adams: Journ. Am. Chem. Soc. 47, 2424. 1925.

[4]) Jamieson, G. S., u. W. F. Baughman: Cottonoil-Press 7, Nr. 5, 29.

[5]) Jones, D. Br., u. F. A. Csonka: Journ. biol. chem. 64, 673. 1925.

[6]) Rather, J. B.: Journ. Am. Chem. Soc. 39, 777. 1917.

[7]) Anderson, R. J.: Journ. biol. Chem. 13, 311; ibid. 17, 141.

[8]) Power, F. H., u. H. Browning: Pharm. Journ. [4] 39, 429. 1914.

[9]) Power, F., u. V. K. Chesnut: Journ. Am. Chem. Soc. 47, 1751; ibid. 48, 2721. 1926.

[10]) Clifford, P. H., u. M. Probert: Journ. Text. Inst. 15, T 401. 1924.

[11]) Fargher, R. G., u. L. Higginbotham: Journ. Text. Inst. 15, T 419. 1924.

[12]) Piest, C.: Zeitschr. f. angew. Chem. 25, 396. 1912.

[13]) Freiberger, M.: Zeitschr. f. anal. Chem. 56, 299. 1917.

[14]) Suringar, H., u. B. Tollens: Zeitschr. f. angew. Chem. 10, 4. 1897.

[15]) Perkin, G.: Journ. Chem. Soc. London 75, 825; ibid. 95, 2181; ibid. 103, 650; ibid. 109, 145.

untersucht. Er fand folgende Glukoside: Quercimeritrin, Gossypitrin und Isoquercitrin. Quercimeritrin und Isoquercitrin sind isomere Verbindungen mit der Formel $C_{21}H_{20}O_{12}$ und liefern beide bei der Hydrolyse den Farbstoff Quercetin. Quercetin ist ein Flavonderivat mit folgender Konstitutionsformel:

$$\text{HO}\diagdown\diagup\diagdown\!-\!\text{O}\!-\!\underset{\displaystyle\parallel}{\text{C}}\diagup\diagdown\ \ \overset{\displaystyle \text{OH}}{\diagdown}\!\text{OH}$$

Quercetin wurde reichlich gefunden in verschiedenen Pflanzen, entweder frei oder in Verbindungen. Da einige dieser Verbindungen leicht hydrolysiert werden, kann das Auffinden von freiem Quercetin oft der Hydrolyse während der Extraktion zu verdanken sein. Die meisten Quercetinverbindungen sind Glukoside.

Gossypitrin hat die Formel $C_{21}H_{20}O_{13}$ und zerfällt bei der Hydrolyse in den Farbstoff Gossypetin und d-Glukose. Gossypetin ist wahrscheinlich ebenfalls ein Flavonderivat. Auch in den Blättern der Pflanze wurde von Viehoever, Chernoff und Johns[1]) Quercimeritrin und von Power und Chesnut[2]) das Hydrolysenprodukt desselben, Quercetin, gefunden.

Der Farbstoff der Samen ist noch nicht näher untersucht worden, Jamieson und Baughman[3]) fanden nur kleine Mengen Xanthophyll im Rohöl, aber keinen der in den Blüten vorkommenden Farbstoffe. Die Farbe des Rohöls rührt jedoch nicht von dem Gossypol her.

Nicht alle Sorten Baumwolle enthalten sämtliche oben angeführte Farbstoffe in den Blüten; Viehoever, Chernoff und Johns[1]) geben darüber folgende Übersicht:

Tabelle 31. Vorkommen der Glukoside und deren Hydrolysenprodukte in den wichtigsten Sorten.

Vulgärname	Name	Geprüfter Teil	Glukoside		Produkt der Hydrolyse	Glukosid	Produkt der Hydrolyse
			Quercimeritrin	Isoquercitrin	Quercetin	Gossypitrin	Gossypetin
Ägyptische Baumwolle	Gossypium barbadense	Blumen	vorhanden	vorhanden	vorhanden	vorhanden	vorhanden
Upland-B.	G. hirsutum	Blätter	do.	—	do.	—	—
do.	do.	Blumen, d. Bl.-Blät. entfernt	do.	—	—	—	—
do.	do.	Blu.-Blät.	do.	vorhand.	—	—	—
Gewöhn. gelb- blüh. ind. B.	G. herbaceum	Blumen	—	do.	vorhanden	vorhanden	vorhanden
Gelbe ind. B.	G. neglectum	do.	—	do.	do.	do.	do.
Rote Baumw.	G. arboreum	do.	—	do.	do.	—	—
Blaßrote (Pink) B.	G. sanguineum	do.	—	—	do.	—	—
Weiße ind. Baumwolle	G. neglectum var. roseum	do.	—	—	—	—	—

[1]) Viehoever, A., L. H. Chernoff u. L. O. Johns: Journ. biol. chem. 24, XXVIII u. Journ. Agric. Res. 13, 345. 1919.

[2]) Power, F., u. V. K. Chesnut: Journ. Am. Chem. Soc. 47, 1751; ibid. 48, 2721. 1926.

[3]) Jamieson, G. S., u. W. F. Baughman: Cottonoil-Press 7, Nr. 5, 29.

Über den Ursprung der Farbstoffe in der Pflanze sowie über die Umwandlung von Quercimeritrin in Gossypol unter der Einwirkung des Lichtes hat Stanford[1]) eingehende Untersuchungen angestellt. Diesem Autor zufolge enthält die Baumwollpflanze in allen ihren Teilen kleine Drüsen, die z. B. im Samenfleisch schon bei schwacher Vergrößerung sichtbar sind. Diese Drüsen sezernieren nebst Harz (und vielleicht noch andern Stoffen) die Glukoside, wenn sie dem Sonnenlicht ausgesetzt werden. Im Finstern oder bei schwachem Licht produzieren die Drüsen dagegen Gossypol, das aber bei genügender Belichtung wieder verschwindet, und zwar tritt an dessen Stelle meistens Quercimeritrin auf.

An Riechstoffen wurden von Power und Chesnut[2]) in dem Wasserdampf-Destillat der Blätter Vanillin und zwei Sesquiterpene $C_{15}H_{24}$ (davon das eine optisch aktiv) gefunden. Der alkoholische Extrakt aus den Blättern enthält nach den Angaben dieser Autoren folgende Terpene: ein Dipenten $C_{10}H_{16}$, eine terpenartige, sauerstoffhaltige Verbindung $C_8H_{10}O$, ein optisch-aktives Sesquiterpen $C_{15}H_{24}$ und ein Gemisch isomerer Diterpene $C_{20}H_{32}$.

Der den Bollweevill anziehende Riechstoff scheint das Trimethylamin zu sein (Kap. 6).

Hier sei auch die von Dupont[3]) sowie von Wagner und Clement[4]) im Wasserdampf-Destillat des Rohöls gefundene, unangenehm riechende schwefelhaltige Verbindung erwähnt, die nach Dupont im Rohöl zu 0,42 % vorhanden ist und vielleicht dessen charakteristischen Geruch verursacht.

8. Gossypol.

Die nach dem Verfüttern von Baumwollsamen und deren Preßkuchen manchmal auftretenden Vergiftungserscheinungen legten die Vermutung nahe, daß in dem Samen ein giftiger Stoff enthalten sei. Withers und Carruth[5]) wiesen als erste auf die Giftigkeit des von Marchlewski[6]) im Baumwollsamen gefundenen Gossypols hin, doch wurde die Richtigkeit dieser Annahme vielfach in Zweifel gezogen; durch die Untersuchungen von Schwartze und Alsberg[7]) scheint aber endgültig erwiesen zu sein, daß das Gossypol die Ursache der toxischen Wirkung der Baumwollsamen ist. Diese Autoren konnten auch nachweisen, daß die toxische Wirkung der Baumwollsamen ihrem Gossypolgehalt symbat ist und daß im südwestlichen Teil Amerikas, wo der Gossypolgehalt der Samen am geringsten ist, Vergiftungen durch Baumwollsamenkuchen oder -mehl so gut wie unbekannt sind.

Gossypol wird nach Carruth[8]) (siehe auch Stanford[9])) von kleinen Drüsen abgeschieden, die sich in allen Teilen der Pflanze vorfinden. Der Gehalt der Samen an Gossypol beträgt 0,4—1,2 %, im Mittel 0,6 % und steigt mit dem Ölgehalt der Samen. Er ist mehr von klimatischen Einflüssen, resp. von der geographischen Lage des Anbauortes als von der Sorte

[1]) Stanford, F. E.: Journ. Agric. Res. 13, 419. 1919.
[2]) Power, F., u. V. K. Chesnut: Journ. Am. Chem. Soc. 47, 1751; ibid. 48, 2721. 1926.
[3]) Dupont, M.: Bull. de la soc. chim. de France (3) 13, 696. 1895.
[4]) Wagner, H., u. J. Clement, Zeitschr. f. Untersuch. d. Nahrungs- u. Genußmittel 16, 145. 1908.
[5]) Withers u. F. Carruth: Journ. Agric. Res. 5, 261.
[6]) Marchlewski, L.: Journ. f. prakt. Chem. [3] 60, 84. 1894.
[7]) Schwartze, E. W., u. C. L. Alsberg: Journ. Agric. Res. 25, 285, 1923; ibid. 28, 173 u. 191. 1924.
[8]) Carruth, F. E.: Journ. Am. Chem. Soc. 40, 647. 1918.
[9]) Stanford, E. E.: Journ. Agric. Res. 13, 419. 1919.

abhängig und schwankt auch stark mit den Jahren. Schwartze und Alsberg[1]) geben den Gossypolgehalt für einige Sorten wie folgt an: Trice
0,416%, Lone Star 0,518%, Durango 0,984%, Ägyptische 1,180%.

Die chemische Konstitution des Gossypols ist noch nicht geklärt, nach
Carruth[2]) hat es ein Molekulargewicht von 530 (oder 532), dem nach dem
Analysenbefund die Formel $C_{30}H_{28}O_9$ (oder $C_{30}H_{30}O_9$) entsprechen würde.
Es zeigt saure Reaktion, und zwar werden pro 1 Mol 2 Äquivalente Lauge
neutralisiert, doch wird die Azidität nicht auf COOH-, sondern auf CO- und
OH-Gruppen zurückgeführt und vermutet, daß das Gossypol ein Flavonderivat ist. Für diese Annahme würde auch die von Stanford[3]) beobachtete
Umwandlung von Gossypol in Quercimeritrin in der Pflanze unter dem Einfluß des Sonnenlichtes sprechen. Das Gossypol ist jedenfalls kein Glukosid,
da es bei der Hydrolyse keinen Zucker liefert. Beim Erhitzen auf 186—190°
wird das Gossypol zersetzt unter Bildung verschiedener Produkte, deren
Giftigkeit nur noch sehr gering ist. Dadurch wird auch das verhältnismäßig
seltene Auftreten von Vergiftungen durch Baumwollsamen-Futter erklärt, da
bei der (meistens angewendeten) warmen Pressung das Gossypol oxydiert
wird. In den auf diese Weise erhaltenen Preßkuchen wurden daher auch
nur Spuren Gossypol gefunden. Bei der kalten Pressung gelangt zwar nach
Carruth[4]) ca. $^3/_4$ des Gossypols in das Öl, doch wird es bei der Raffination
mittels Lauge vollkommen entfernt. Auch durch Extraktion mittels Äther
kann man die Giftigkeit der Samen auf ein Minimum reduzieren, was
Osborne und Mendel[5]) bestätigen.

Nach Menaul[6]) besteht die toxische Wirkung des Gossypols in einer
Beeinträchtigung der Sauerstoff-Assimilation im Blute, wobei das Gossypol auch
auf die roten Blutkörperchen hämolytisch wirkt. Jones und Waterman[7])
finden, daß Gossypol die Verdauung des Eiweißes sehr beeinträchtigt, was
von Macy und Outhouse[8]) bestätigt wird. Bezüglich der toxischen Wirkung von Baumwollsamen seien noch die Arbeiten von Richardson und
Green[9]), Mac Gowan[10]) und Crichton sowie Nevens[11]) genannt.

9. Sonstige organische Verbindungen.

Außer den bereits besprochenen Verbindungen sind aus den Samen, Wurzeln, Blättern und Fasern der Pflanze noch einige andere organische Körper
isoliert worden. Hier wären zunächst die besonders in den Samen, in kleinen
Mengen aber auch in den Blättern und in der Faser vorgefundenen Sterine
und Sterole (die Nomenklatur dieser Verbindungen ist bei den einzelnen
Autoren nicht immer eindeutig) zu nennen. Matthes und Heintz[12]) beschreiben ein aus dem unverseifbaren Anteil des Rohöls isoliertes Phytosterin (Kp. = 139°), das eine Doppelbindung enthält und optisch-aktiv ist.
Nach Anderson[13]) besteht dieser Körper aber aus zwei isomeren Verbindungen

[1]), [2]) und [3]) s. Fußnoten [7]), [8]) und [9]) auf S. 340.
[4]) Carruth, F. E.: Journ. biol. chem. 32, 87. 1917.
[5]) Osborne, P. B., u. B. Mendel, Journ. biol. chem. 29, 289. 1917.
[6]) Menaul, P.: Journ. Agric. Res. 26, 233. 1923.
[7]) Jones, D. B., u. H. C. Waterman: Journ. biol. chem. 56, 501. 1923.
[8]) Macy, J. G., u. J. P. Outhouse: Am. Journ. physiol. 69, 78.
[9]) Richardson, A. E. und H. S. Green: Journ. biol. chem. 25, 307. 1916.
[10]) Gowan, J. P. Mac, u. A. Crichton: Biochem. Journ. 18, 273. 1924.
[11]) Nevens, W. B.: Journ. of dairy science 4, 552. 1921.
[12]) Matthes, H., u. W. Heintz: Archiv d. Pharm. 247, 161. 1909.
[13]) Anderson, R.: Journ. Am. Chem. Soc. 45, 1944.

(Kp $= 134$—135^0 und 138—139^0) von der Formel $C_{27}H_{45}OH$. Nach Fargher und Probert[1]) enthält das aus der Faser amerikanischer Upland-Sorten gewonnene Wachs ein Phytosterol $C_{27}H_{46}O$ und ein Sitosterolin $C_{33}H_{56}O_6$. Clifford und Probert[2]) fanden in dem Wachs einer anderen amerikanischen Sorte (Mississippi-Delta) ein Sitosterol $C_{27}H_{46}O$ und ein neues Sterol $C_{34}H_{58}O$, die zum Teil auch als Glukoside vorliegen. Fargher und Higginbotham[3]) fanden in dem Wachs ägyptischer Sorten das Phytosterol $C_{29}H_{58}O$ und dessen Glukosid.

Auch aus der Rinde der Wurzel isolierten Power und Browning[4]) ein Phytosterol, während nach Power und Chesnut[5]) in den Blättern ein Phytosterolin $C_{33}H_{56}O_6$ vorhanden ist, das bei der Hydrolyse ein Phytosterin und Glukose liefert.

Aus dem alkoholischen Extrakt der Wurzelrinde stellten Power und Browning[4]) außer den bereits besprochenen noch folgende Verbindungen dar: Acetovanillon, ein Phenol (wahrscheinlich 2,3-Dihidroxybenzoësäure, Salizylsäure, zwei unbekannte phenolische Substanzen (F. $= 258$—260^0, resp. 210—212^0) mit den Formeln $C_9H_{10}O_3$, resp. $C_{13}H_{18}O_{15}$, einen Alkohol $C_{20}H_{42}O$ (F. $= 78^0$) und kleine Mengen eines Kohlenwasserstoffes, wahrscheinlich Triakontan. Außerdem waren noch Betain, Cerylalkohol, Öl- und Palmitinsäure sowie Hexosen vorhanden, die bereits in den betreffenden Kapiteln erwähnt wurden.

Power und Chesnut[5]) fanden in den Blättern und Blüten der Pflanze ebenfalls eine große Anzahl verschiedener Verbindungen, von denen bereits die Kaliumsalze, Ammoniak, Trimethylamin, Betain, Cholin, Palmitinsäure, die Phytosterine, Glukose, Quercetin, Vanillin und die Terpene besprochen wurden. Außerdem sind vorhanden: Methyl- und Amylalkohol, Acetaldehyd und Spuren Aceton, ein Phenol (wahrscheinlich m-Kresol), Ameisen-, Essig-, Butter-, Valerian-, Kapron-, Bernstein- und Salizylsäure, sowie eine Säure von phenolischem Charakter (F. $= 188$—189^0); die Kohlenwasssserstoffe Pentatriacontan $C_{35}H_{72}$ und Azulen $C_{15}H_{18}$.

In dem Wachs der Faser sind neben den Fetten, Wachsen und Harzen sowie deren Komponenten, den Sterolen, Glyzerin und kleinen Mengen Hexosen, noch einige Kohlenwasserstoffe vorhanden. Das Wachs amerikanischer Sorten enthält nach Clifford und Probert[4]) neben flüssigen, zum Teil ungesättigten Kohlenwasserstoffen, die wegen ihrer geringen Menge nicht näher untersucht werden konnten, den festen gesättigten Kohlenwasserstoff Heptakosan $C_{27}H_{56}$. Die in einer früheren Arbeit von denselben Autoren gefundenen Kohlenwasserstoffe Triakontan und Hentriakontan wurden als Verunreinigungen des anfänglich zur Extraktion verwendeten Benzols erkannt. Fargher und Higginbotham[5]) fanden im Wachs ägyptischer Sorten den Kohlenwasserstoff Triakontan neben kleinen Mengen eines Gemisches von ungesättigten Kohlenwasserstoffen. Außerdem wurde in allen untersuchten Sorten ein Gemenge von zwei Glykolen, wahrscheinlich $C_{28}H_{58}O_2$ und $C_{30}H_{62}O_2$, angetroffen.

[1]) Fargher, R. G., u. M. E. Probert: Journ. Text. Inst. 14, T. 49. 1923.
[2]) Clifford, P. H., u. M. E. Probert: Journ Text. Inst. 15, T. 401. 1924.
[3]) Fargher, R. G., u. L. Higginbotham: Journ. Text. Inst. 15, T. 419. 1924.
[4]) Power, F., u. H. Browning, Pharm. Journ. [4] 39, 420. 1914.
[5]) Power, F., u. V. Chesnut: Journ. Am. Chem. Soc. 47, 1751; ibid. 48, 2721. 1926.

Technologie der Textilfasern

Herausgegeben von

Dr. R. O. Herzog

Professor, Direktor des Kaiser-Wilhelm-Instituts für Faserstoffchemie
Berlin-Dahlem

Übersicht über die bisher erschienenen und zunächst erscheinenden Bände:

Band I:
Chemie und Physik der faserbildenden Stoffe. In Vorbereitung.

Band II, Erster Teil:
Die Spinnerei. Von Geh. Hofrat Prof. Dr.-Ing. e. h. A. Lüdicke. Mit 440 Textabbildungen. VI, 268 Seiten. 1927. Gebunden RM 28.—

Band II, Zweiter Teil:
Die Weberei. Von Geh. Hofrat Prof. Dr.-Ing. e. h. A. Lüdicke.
Die Maschinen zur Band- und Posamentenweberei. Von Prof. K. Fiedler.
Die Bindungslehre. Von Johann Gorke. Mit insgesamt 854 Abbildungen im Text und auf 30 Tafeln. VII, 319 Seiten. 1927. Gebunden RM 36.—

Band II, Dritter Teil:
Wirkerei und Strickerei, Netzen und Filetstrickerei. Von Fachschulrat Carl Aberle.
Maschinenflechten und Maschinenklöppeln. Von Walter Krumme.
Flecht- und Klöppelmaschinen. Von Geh. Regierungsrat Prof. H. Glafey.
Samt, Plüsch, künstliche Pelze. Von Geh. Regierungsrat Prof. H. Glafey.
Die Herstellung der Teppiche. Von H. Sautter.
Stickmaschinen. Von Regierungsrat Dipl.-Ing. R. Glafey. Insgesamt 824 Textabbildungen. VIII, 615 Seiten. 1927. Gebunden RM 57.—

Band III:
Künstliche organische Farbstoffe. Von Prof. Dr. H. E. Fierz-David. Mit 18 Textabbildungen, 12 einfarbigen und 8 mehrfarbigen Tafeln. XVI, 719 Seiten. 1926. Gebunden RM 63.—

Band IV, Erster Teil:
Botanik und Kultur der Baumwolle. Von Geh. Reg.-Rat Prof. Dr. L. Wittmack. Mit einem Abschnitt: Chemie der Baumwollpflanze. Von Dr. H. Fraenkel. Mit 92 Textabbildungen. Gebunden RM 36.—

Band IV, Zweiter Teil:
Mechanische Technologie der Baumwolle. In Vorbereitung

Band IV, Dritter Teil:
Chemische Technologie der Baumwolle. Von Direktor Dr. Haller.
Mechanische Hilfsmittel zur Veredelung der Baumwolltextilien. Von Geh. Regierungsrat Prof. H. Glafey. Mit etwa 260 Textabbildungen.
Erscheint Frühjahr 1928.

Band IV, Vierter Teil:
Die Baumwollwirtschaft. Von Direktor Dr. P. Koenig. In Vorbereitung.

Band V, Erster Teil:
Botanik und Anbau des Flachses. Von Dr. Ernst Schilling.
Röste, Ausarbeitung und Verarbeitung der technischen Faser. Von Dr. W. Müller.
Chemische Aufarbeitung des Flachses. Von Dr. W. Kind.
Weltwirtschaft des Flachses. Von Direktor Dr. P. Koenig.
Spinnerei. Von Direktor R. Naacke und Geh. Hofrat Prof. Dr.-Ing. e. h. A. Lüdicke.

Springer-Verlag Berlin Heidelberg GmbH

Technologie der Textilfasern

Herausgegeben von

Dr. R. O. Herzog

Professor, Direktor des Kaiser-Wilhelm-Instituts für Faserstoffchemie
Berlin-Dahlem

Band V, Erster Teil:
Weißweberei und Schwerweberei. Von Dr. Schreiber und Ing. F. Bühring.
In Vorbereitung.

Band V, Zweiter Teil: Hanf und Hartfasern.
Die Hanfpflanze. Von Prof. Dr. O. Heuser.
Die Hanfweltwirtschaft. Von Direktor Dr. P. Koenig.
Mechanische Technologie des Hanfes. Von Oberingenieur O. Wagner.
Chemische Technologie des Hanfes. Von Dr. G. v. Frank.
Weltwirtschaft und Landwirtschaft der Hartfasern und anderer Fasern. Von Direktor Dr. P. Koenig.
Verarbeitung der ausländischen Fasern zu Seilerwaren. Von Hermann Oertel und Dr.-Ing. Fr. Oertel. Mit insgesamt 105 Textabbildungen. VII, 266 Seiten.
1927. Gebunden RM 24.—

Band V, Dritter Teil:
Jute. Von Direktor Dr.-Ing. E. Nonnenmacher. In Vorbereitung.

Band VI, Erster Teil:
Die Seidenspinner, Systematik, Anatomie, Physiologie und Biologie. Von Prof. Dr. Harms. In Vorbereitung.

Band VI, Zweiter Teil:
Technologie der Seide. Von Dr. Hermann Ley. Mit etwa 400 Textabbildungen.
In Vorbereitung.

Band VII: Kunstseide
Zur Kolloidchemie der Kunstseide. Von Prof. Dr. R. O. Herzog.
Die Nitrokunstseide. Von Oberreg.-Rat Prof. Dr. A. v. Vajdaffy.
Über Kupferoxyd-Ammoniak-Zellulose. Von Prof. Dr. W. Traube.
Kupferseide. Von Dr. H. Hoffmann.
Die Viskosekunstseide. Von Dr. R. Gaebel.
Über Azetatseide. Von Dr. A. Eichengrün.
Die Färberei der Kunstseide. Von Dr. A. Oppé.
Mechanische Technologie der Kunstseideverarbeitung. Von Prof. Dipl.-Ing. E. A. Anke.
Wirtschaftliches. Von Dr. Fritz Loewy.
Mit insgesamt 203 Textabbildungen. VIII, 354 Seiten. 1927. Gebunden RM 33.—

Band VIII, Erster Teil:
Wollkunde. Von Prof. Dr. Frölich, Privatdozent Dr. Spöttel und Privatdozent Dr. Tänzer.

Band VIII, Zweiter Teil:
Mechanische Technologie der Wolle. Von Prof. Dr. A. Haußner.

Band VIII, Dritter Teil:
Chemische Technologie der Wolle und die zugehörigen Maschinen. Von Prof. G. Ulrich und Prof. Dr. A. Haußner.

Band VIII, Vierter Teil:
Weltwirtschaft der Wolle. Von Dr. Behnsen und Dr. Genzmer.
In Vorbereitung.

Band IX—X: Ergänzungsbände. In Vorbereitung.

Ein ausführlicher Sonderprospekt über das Gesamtwerk steht auf Wunsch zur Verfügung.

Springer-Verlag Berlin Heidelberg GmbH

Die künstliche Seide, ihre Herstellung und Verwendung. Mit besonderer Berücksichtigung der Patent-Literatur bearbeitet von Dr. **K. Süvern,** Geh. Regierungsrat. Fünfte, stark vermehrte Auflage. Unter Mitarbeit von Dr. H. Frederking. Mit 634 Textfiguren. XIX, 1108 Seiten. 1926. Gebunden RM 64.50

Die Kunstseide und andere seidenglänzende Fasern. Von Dr. techn. **Franz Reinthaler,** a. o. Professor an der Hochschule für Welthandel, Wien. Mit 102 Abbildungen im Text. V, 165 Seiten. 1926. Gebunden RM 14.40

Die mikroskopische Untersuchung der Seide mit besonderer Berücksichtigung der Erzeugnisse der Kunstseidenindustrie. Von Prof. Dr. **Alois Herzog,** Dresden. Mit 102 Abbildungen im Text und auf 4 farbigen Tafeln. VII, 197 Seiten. 1924. Gebunden RM 15.—

Die Unterscheidung der Flachs- und Hanffaser. Von Prof. Dr. **Alois Herzog,** Dresden. Mit 106 Abbildungen im Text und auf einer farbigen Tafel. VII, 109 Seiten. 1926. RM 12.—; gebunden RM 13.20

Mechanisch- und physikalisch-technische Textiluntersuchungen. Von Prof. Dr. **Paul Heermann,** früher Abteilungsvorsteher der Textilabteilung am Staatl. Materialprüfungsamt in Berlin-Dahlem. Zweite, vollständig umgearbeitete Auflage. Mit 175 Abbildungen im Text. VIII, 270 Seiten. 1923. Gebunden RM 12.—

Technologie der Textilveredelung. Von Prof. Dr. **Paul Heermann,** früher Abteilungsvorsteher der Textilabteilung am Staatlichen Materialprüfungsamt in Berlin-Dahlem. Zweite, erweiterte Auflage. Mit 204 Textabbildungen und einer Farbentafel. XII, 656 Seiten. 1926. Gebunden RM 33.—

Handbuch der Spinnerei von Ing. **Josef Bergmann †,** o. ö. Professor an der Technischen Hochschule in Brünn. Nach dem Tode des Verfassers ergänzt und herausgegeben von Dr.-Ing. e. h. **A. Lüdicke,** Geh. Hofrat, o. Professor emer., Braunschweig. Mit 1097 Textabbildungen. VII, 962 Seiten. 1927. Gebunden RM 84.—
Ein ausführlicher Prospekt über das Werk steht auf Wunsch zur Verfügung.

Technik und Praxis der Kammgarnspinnerei. Ein Lehrbuch, Hilfs- und Nachschlagewerk. Von Direktor **Oskar Meyer,** Spinnerei-Ingenieur zu Gera-Reuß, und **Josef Zehetner,** Spinnerei-Ingenieur, Betriebsleiter in Teichwolframsdorf bei Werdau i. Sa. Mit 235 Abbildungen im Text und auf einer Tafel sowie 64 Tabellen. XI, 420 Seiten. 1923. Gebunden RM 20.—